本书获西南石油大学研究生教材建设项目资助

石油高等院校研究生规划教材

油气藏酸化增产理论与技术

李年银 编著

石油工业出版社

内 容 简 要

本书全面、系统地介绍了油气藏酸化增产中的基础知识、基本原理、数学模型、设计方法、工艺技术，包括油气藏损害机理与评价、酸—岩反应特征与反应动力学、砂岩油气藏酸化理论与技术、碳酸盐岩油气藏酸化理论与技术、油气藏酸化数值模拟、油气藏酸化工作液体系与添加剂、油气藏酸化方案设计等方面的内容。

本书可供石油院校石油工程专业高年级本科生和研究生阅读，也可作为从事酸化压裂、采油采气工程、井下作业、油田化学和油气田开发工作的管理人员和技术人员的培训教材和参考书目。

图书在版编目（CIP）数据

油气藏酸化增产理论与技术/李年银编著.
—北京：石油工业出版社，2023.6
石油高等院校研究生规划教材
ISBN 978-7-5183-5980-6

Ⅰ.①油… Ⅱ.①李… Ⅲ.①油气藏-酸化压裂-高等学校-教材 Ⅳ.①TE357.2

中国国家版本馆 CIP 数据核字（2023）第 074092 号

出版发行：石油工业出版社
（北京市朝阳区安定门外安华里2区1号楼　100011）
网　　址：www.petropub.com
编辑部：（010）64523694
图书营销中心：（010）64523633
经　销：全国新华书店
排　版：三河市聚拓图文制作有限公司
印　刷：北京中石油彩色印刷有限责任公司

2023年6月第1版　2023年6月第1次印刷
787毫米×1092毫米　开本：1/16　印张：23
字数：586千字

定价：59.90元
（如发现印装质量问题，我社图书营销中心负责调换）
版权所有，翻印必究

前言

酸化是油气田投产、增产（或注水井增注）的重要技术措施之一。油气井在钻井、固井、完井、修井以及在采油等作业过程中都可能受到入井液的伤害，采用酸化措施一方面能为认识和发现油气藏提供技术手段，另一方面可显著提高油气井产能；对于低渗透碳酸盐岩则可通过大型酸压改造地层，获得更多的地质储量，提高油气井开采效率。酸化作为油气田增产增注的主流技术，为油气田高效、快速开采发挥了重要作用，取得了显著的增产效果。

油气藏酸化技术是一门综合性很强的学科，它涉及的学科和技术非常广泛，如地质学、岩石力学、流体力学、材料力学、管柱力学、物理化学、油田化学、数学和最优化理论、技术经济学、计算机技术、节能技术和环境保护等。酸化技术的主要特点表现为：（1）属于应用科学，涉及的技术面广、综合性强而又复杂；（2）与采油气工程和油气藏工程有着紧密的联系；（3）工作对象是生产条件随油气藏动态的变化而不断变化的采油气井和注入井；（4）技术理论发展较快，新技术理论层出不穷。伴随着石油科学技术的进步、油气资源开采难度的增加与能源需求的增长，各种酸化新技术、新材料发展迅速。

西南石油大学是我国最早系统开展酸化增产技术研究的单位，作为全国最重要的酸化压裂理论创新和技术创新的支撑基地之一，从20世纪70年代末期就开展了有关酸化方面的研究，是全国酸化理论创新和技术创新的源头，一直保持国内领先地位。通过在酸—岩反应机理、酸化数学模拟、酸化新工艺、酸液体系及添加剂等多方面的研究，形成了国内酸化领先的新理论、新方法、新产品及其配套工艺技术，保持了自己的特色与优势，为我国油气藏酸化增产技术进步做出了突出贡献，同时积累了大量理论与实践经验，储备了较多基础研究和应用成果。目前国内尚无关于油气藏酸化理论与技术方面的专门教材和专著，为了满足该领域高级技术人才培养需要，推动酸化技术在我国的广泛应用和发展，西南石油大学组织编写本书责无旁贷。

在本书的编写过程中，本着加强基础、理论联系实际的原则，从基础入手，系统而广泛地介绍酸化技术领域内的有关基本知识和基本理论，力求具有科学性、系统性、完整性、针对性，并着眼于实用性。全书共分七章：第一章介绍油气藏伤害机理与评价；第二章介绍酸—岩反应特征与反应动力学；第三章介绍砂岩油气藏酸化理论与技术；第四章介绍碳酸盐岩油气藏酸化理论与技术；第五章介绍油气藏酸化数值模拟；第六章介绍油气藏酸化工作液体系与添加剂；第七章介绍油气藏酸化方案设计与效果评价。

本书以西南石油大学"油气藏增产改造理论与技术"课程讲义为基础，结合了我校酸化工艺与技术创新团队多年来在该领域形成的大量研究成果。本书由李年银编著。中海石油

（中国）有限公司湛江分公司田宇、中海石油（中国）有限公司深圳分公司高晓飞及西南石油大学博士研究生余佳杰、王元也参与了部分章节的编写工作；西南石油大学赵立强教授、刘平礼教授担任主审；在编写过程中得到了酸化课题组罗志锋、杜娟、陈薇羽等老师的大力支持，硕士研究生黄仁刚、张海燕、王嘉羽、蒋晨、张红等在编排与校对等方面亦做了大量工作；西南石油大学研究生院和石油与天然气工程学院的领导给予了很大的关切和支持，在此一并表示诚挚的谢意。

由于编著者水平有限，不妥和错误之处在所难免，热忱希望广大读者提出宝贵意见。

编著者
2022 年 9 月

目录

绪 论 1
　第一节　酸化的作用和分类 1
　第二节　酸化工艺的发展历史及研究现状 3
　思考题 20

第一章　油气藏伤害机理与评价 21
　第一节　储层岩石矿物组成及性质 21
　第二节　油气藏伤害类型与机理 29
　第三节　油气藏伤害的室内评价 44
　第四节　油气藏伤害数值模拟 70
　思考题 84

第二章　酸—岩反应特征与反应动力学 86
　第一节　酸—岩化学反应当量与化学平衡 86
　第二节　酸—岩反应动力学 93
　第三节　酸—岩反应产物 112
　第四节　酸化作业中的储层伤害 116
　思考题 121

第三章　砂岩油气藏酸化理论与技术 123
　第一节　砂岩油气藏基质酸化理论 123
　第二节　砂岩油气藏酸化工艺 127
　第三节　酸液分流布酸技术 133
　思考题 138

第四章　碳酸盐岩油气藏酸化理论与技术 140
　第一节　碳酸盐岩油气藏基质酸化理论 140
　第二节　碳酸盐岩油气藏酸压理论 149
　第三节　碳酸盐岩油气藏酸化工艺 160
　思考题 165

第五章 油气藏酸化数值模拟 …… 166

第一节 砂岩油气藏基质酸化数值模拟 …… 166
第二节 碳酸盐岩油气藏基质酸化数值模拟 …… 200
第三节 碳酸盐岩油气藏酸压数值模拟 …… 219
思考题 …… 241

第六章 油气藏酸化工作液体系与添加剂 …… 242

第一节 砂岩油气藏酸化酸液体系 …… 242
第二节 碳酸盐岩油气藏酸化酸液体系 …… 253
第三节 酸液添加剂 …… 260
第四节 酸液添加剂及酸液体系性能评价 …… 271
第五节 酸液体系选择 …… 293
思考题 …… 297

第七章 油气藏酸化方案设计与效果评价 …… 299

第一节 油气藏酸化选井选层 …… 299
第二节 砂岩油气藏酸化方案设计 …… 308
第三节 碳酸盐岩油气藏酸化方案设计 …… 319
第四节 酸化效果矿场评价方法 …… 339
第五节 酸化效果经济评价方法 …… 350
思考题 …… 356

参考文献 …… 357

绪论

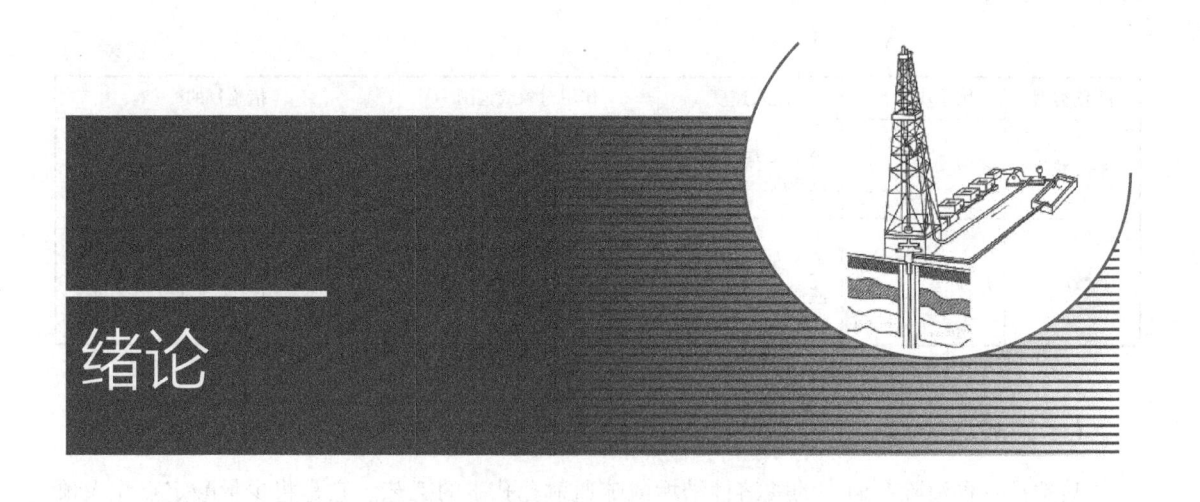

第一节 酸化的作用和分类

一、酸化的作用

油气井在钻井、固井、完井、修井以及在采油等作业过程中都可能受到入井液的伤害，研究结果和矿场生产实践均表明，地层污染和伤害是油气井的杀手，储层受到伤害后，油气井产能大大降低。酸化是油气田投产、增产（或注水井增注）的重要技术措施之一。

若在钻井、完井过程中储层受到伤害，表现为油气井产能十分低下，可能不具备工业开采价值，采用酸化解堵既可认识油气藏又可为发现油气藏提供技术手段。在生产过程中受到的伤害，酸化后可提高油气井产能和原油开采效率，其次，可避免油气井过早废弃（死井救活）。对于低渗透碳酸盐岩则可通过大型酸压改造地层，提高油气井开采效率。

总之，酸化已成为油气井增产增注的主流技术，得到广泛应用与实施，取得了显著的增产效果，带来了良好的经济效益和社会效益，得到了各界人士的高度重视与广泛认可。

二、酸化工艺分类

从注入参数、处理范围和作用原理划分，酸化工艺可以分为三种基本类型：酸洗、基质酸化及酸压。表1是各种酸化工艺的特点及适用情况对照表。

表1 各种酸化工艺的特点及适用情况对照表

酸化类型	施工压力 p_i	注入速度	作用对象或范围	措施目的
酸洗	无外力或轻微搅动	不流动或沿井筒的正、反循环	溶蚀井壁及射孔孔眼	储层的表皮解堵或射孔孔眼的清洗、井筒结垢及螺纹脂的清除

续表

酸化类型	施工压力 p_i	注入速度	作用对象或范围	措施目的
基质酸化	$p_s<p_i<p_F$	小于地层极限吸液速度	沿地层孔隙作径向流动，溶蚀孔隙及其中堵塞物质，溶蚀范围有限	解除近井地带的污染，恢复或提高地层的渗透率，能在不增大水、气产量的情况下增产
酸压	$p_i>p_F$	大于地层极限吸液速度	形成人工裂缝，沿裂缝流动反应，有效作用距离可达几十到上百米	在碳酸盐岩储层中形成人工裂缝，解除近井带污染，改变储层中流体流动形态，沟通深部油气区，可大幅度提高油气井产量

注：p_s—地层压力；p_F—地层岩石破裂压力。

（一）酸洗

酸洗是一种清除井筒中的酸溶性结垢或疏通射孔孔眼的工艺。它是将少量酸定点注入预定井段，溶解井壁结垢物或射孔眼堵塞物（图1）。另外，也可通过正反循环使酸不断沿孔眼或井壁面流动，以此增大活性酸到井壁面的传递速度，加速溶解过程。

酸洗的特点是，酸液局限于井筒和射孔眼附近，一般不进入地层或进入很少，泵注压力很小。显然，酸洗不能改善地层渗流条件。

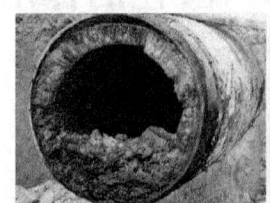

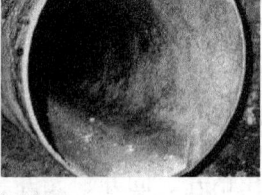

(a) 筛网酸洗前后　　　　　　　(b) 井筒酸洗前后

图1　筛网和结垢井筒酸洗前后对比

（二）基质酸化

基质酸化是在低于岩石破裂压力下将酸注入地层孔隙（晶间、孔穴或裂缝），其目的是使酸大体沿径向渗入地层，溶解孔隙空间内的颗粒及堵塞物，通过扩大孔隙空间，以消除井筒附近地层渗透率降低的不良影响（污染），恢复和提高地层渗透率，从而达到增产的目的。对于碳酸盐岩储层而言，则通过溶解微裂缝堵塞或形成新的类似蚯蚓的孔道（图2），简称酸蚀蚓孔而旁通伤害带，从而改善储层渗流条件。由于页岩易碎，或者为了保持天然液流边界以减少或防止水、气采出，而不能冒险进行酸压时，一般最有效的增产措施就是基质酸化。特别是施工目的只是在解堵时，基质酸化是优先考虑的处理措施。基质酸化的特点是不压破地层，因此需要首先知道地层破裂压力，并据此设计最大井口限制压力和最大施工排量。

（三）酸压（酸化压裂）

酸压是在高于地层破裂压力或天然裂缝的闭合压力下，将酸液（或前置液）挤入地层，在地层中形成裂缝，同时酸液与裂缝壁面岩石发生反应，非均匀刻蚀缝壁岩石，形成沟槽状、凹凸不平的刻蚀裂缝（图3）。由于溶蚀后岩石壁面的不整合性，施工结束裂缝不完全闭合，最终形成具有一定几何尺寸和导流能力的人工裂缝，改善了油气井的渗流状况，从而使油气井获得增产。这种工艺方法一般只在碳酸盐岩油气层中应用。

图2　碳酸盐岩基质酸化酸蚀蚓孔

图3　酸压裂缝刻蚀形态

砂岩储层的酸化通常只进行酸洗和基质酸化，不进行酸压。其原因是砂岩储层的胶结疏松，酸压时大量溶蚀可能致使岩石松散，引起油井过早出砂；酸压可能压破地层边界以及水、气层边界，造成地层能量亏空和过早见水、见气；由于酸沿缝壁均匀溶蚀岩石，不能形成沟槽，酸压后裂缝大部分闭合，形成的裂缝导流能力低，且由于砂岩储层酸处理一般采用含氟的酸液体系，酸压时酸液与地层矿物的长时间作用可能产生大量沉淀物堵塞流道。因此，砂岩储层一般不能冒险进行酸压，要大幅度提高产能可采用加砂压裂措施。

酸压技术根据采用的液体及实施工艺的不同，又可划分为多种，并有各自的适应性，将在后面部分讨论。

第二节　酸化工艺的发展历史及研究现状

酸化作为一种油气井增产措施的历史可以追溯到20世纪20年代。在20世纪20年代初，美国石油工业开始使用盐酸和硝酸等强酸来处理低产油井，以增加产量。后来，这种技术逐渐发展为酸化处理技术。随着技术的进步和不断的实践，酸化处理技术逐渐成为一种常用的油气井增产措施。

一、酸化工艺的发展历史

（一）酸化处理开端

第一次酸化处理作业始于1895年，由赫曼·佛拉施（Herman Frasch）提出，1896年3月17日他发表了最富有指导意义的油井酸化专利，采用的是盐酸与石灰岩反应，其中记载了当今酸处理中仍使用的许多基本原理。而佛拉施的密友——太阳炼油厂总经理文恩·狄克（John W. Van Dyke）的另一同类专利采用的是硫酸，技术上虽不重要，但也有一定历史意义。后来，佛拉施及文恩·狄克将各自专利权的一半转让给对方，可能是因为他们对各自专利的成败尚无把握。

佛拉施的专利采用盐酸与石灰岩反应产生可溶性生成物——二氧化碳及氯化钙，它们可随井中生产油气排出地层。相反，文恩·狄克则采用硫酸，生成物为难溶的硫酸钙，会导致地层堵塞。

佛拉施的酸化工艺含有许多现代技术要素。他在当年就指出该方法用化学手段溶解地层矿物，疏通液流通道，改善地层的渗流能力。同时他还预见高压注酸的必要性、酸液的溶蚀形态及将酸液推入深部地层以提高处理范围的重要性，认识到了酸化液（处理液、后置液及顶替液）等的作用并给出了选用的初步方法，在工艺中考虑了酸液的腐蚀性及注酸时的分隔技术。现在看来，这些技术要素从构思发展到当时的完善程度需要独创和技巧，以及具有油井及化学过程的实践知识，具有十分重要的指导意义。

佛拉施与文恩·狄克在俄亥俄州利马地区的油井上进行了试验，并大获成功。在此后两三年内，这项新工艺得到多次应用，但由于某种原因，后来的30年中应用减少，这方面的历史记载亦无据可考。

（二）酸化新时代

酸化新时代是以1932年普尔石油公司与道化学公司（Dow Chemical Company）之间的合作研究为起点的。1932年2月11日，在美国的密歇根州的一口井进行了首次工业性应用，并且取得了成功。实施时将酸注入地层后关井进行酸—岩反应，通过抽汲方式将残酸排出，处理前不出油的这口井后来产量达6bbl/d。然后对其他井也作了酸处理，其中一些井的效果比第一口井还好。

我国于1943年首次在陕北的延长油矿进行了酸化作业试验。

（三）酸化作业公司的形成

随着酸化的技术经济影响迅速扩大，在20世纪30年代提供酸化服务的专业公司纷纷成立。Dow公司于1932年11月19日新成立一个专门经营这项酸化业务的分公司。取Dow公司及其井下服务组（Well Service）其中的两个单词，发音不变，即现在知名的世界石油公司道威尔（Dowell）公司。

应运而生的其他公司有：1932年6月在密歇根成立的石油制造者公司；1932年10月在得克萨斯创立的化学工艺公司；1932年4月在俄克拉何马创建的威廉斯兄弟处理公司。以上各家公司的业务量迅速增长。1935年3月，哈里伯顿（Halliburton）油井固井公司开始经营油井酸处理业务。专业酸化服务公司的形成标志着酸化技术作为一种常规应用的技术正式诞生，并开始进行工业化应用。

（四）早期砂岩酸化历史

人们从盐酸处理油气层获得成功得到启发，1933年3月16日，J. R. 威尔逊（Wilson）与印第安那的标准石油公司一起对氢氟酸处理砂岩工艺申请专利。该项工艺中，氢氟酸生成于井筒或地层内，以防在地面生酸发生危险。威尔逊认为氢氟酸可与砂岩或其他含硅物质发生反应。从他的有关论述可以看出，当时他已预见这种处理方法对于清除地层污染非常有效。

同期，其他学者已在进行这种尝试。如1933年初，得克萨斯州威齐塔福尔斯A. M. 麦克佛逊（McpHerson）等向哈里伯顿经理提出用氢氟酸处理砂岩的建议。1933年5月3日，威尔逊在现场进行了土酸酸化试验。当时对酸的处置采取了专门防护措施，但试验结果令人失望。混合酸溶掉砂岩中的钙基质，在井筒内残留了大量非胶结性砂粒，这些砂子靠抽汲才能清除。因此哈里伯顿公司后来中止了这项工作。直到20世纪50年代中叶，氢氟酸与盐酸的混合物才获得工业应用。

虽然威尔逊的专利并未讨论氢氟酸的最佳浓度，但它承认处理过程中存在许多问题，包括胶态硅酸及氟硅酸对地层的堵塞、采用前置酸来防止不溶性钠盐、钙岩或胶性物质沉积等问题。除此以外，威尔逊专利对存在的问题还作了极其深刻的论述，它推荐的技术迄今仍在采用。

土酸首次工业性应用是由道威尔公司于1940年进行的，其用途是溶解钻井过程中以滤饼形式出现的钻井液沉积物。第一次现场应用是在海湾沿岸进行的，这次成功使这项技术受到了更广泛的关注及应用。这种处理方法后经改进一直沿用至今。

（五）全面工业化应用

自油气藏酸化技术获得成功的工业化试验后，在全世界范围内得到广泛的应用，取得了长足的进步和发展，经济和社会效益显著，如今已成为增产的主流技术。许多专家、学者对酸化技术作了大量的理论研究和实验工作，发展了多种酸液及添加剂、新工艺、完善的室内模拟、试验方法、计算机优化设计方法及专家辅助设计系统、酸化施工的现场实时监测、质量控制技术及效果评价等一整套的酸化设计和实施方法。目前酸化技术不但能成功地对常规油气层进行增产改造，也可对特殊油气井（如高温深井、低压低渗油井、高含硫井、高孔低渗井）及水平井等进行有效的作业，为油气田增储上产作出重要贡献。

二、油气藏酸化技术研究现状

（一）砂岩油气藏酸化研究现状

砂岩储层酸化技术在经历了近一个世纪的发展，特别是进入20世纪70年代以后的迅速发展，已经由单一的工艺方法发展成为一门包括多学科、多专业的综合技术。这种发展集中反映在近年来出现的新工艺、新技术和新材料。国内外在砂岩储层酸化方面的研究中做了大量工作，在砂岩酸化机理、砂岩酸化数学模型、砂岩储层酸化酸液体系以及砂岩储层酸化工艺等方面都进行了较为系统的研究，取得了不少成果，推动了酸化工艺技术的发展。

1. 砂岩酸化机理研究现状

Smith和Hendrichson由试验得出了以下结论：①氢氟酸与砂岩的反应是一级反应；②氢氟酸与黏土反应比与石英的反应速度快得多，因此，氢氟酸与砂岩的反应是一选择性优先反应过程；③酸浓度、地层矿物组成、地层温度和压力以及孔隙度—渗透率关系是影响酸岩反应的主要因素；④氢氟酸处理的效果取决于所采用的工艺以及地层伤害的原因和程度，只有受伤害的地层进行基质酸化才有望获得好的经济效益。Labrid用具有代表性的砂岩和氢氟酸反应，在一定的假设条件下，经模拟计算求出了反应平衡常数。其主要结论是：氢氟酸溶解矿物，反应产物主要是氟硅酸及少量的胶态二氧化硅。长石和黏土的第一步酸蚀反应是均匀改变晶格，然后萃取铝，并形成氟化络合物。继Labrid之后，Hekim和Fogler研究了土酸与纯铝—硅酸盐反应的化学计量关系，并给出了其计算方法。

由于氢氟酸与砂岩矿物的反应十分复杂，这些结论对选择最佳处理条件和预测处理效果具有重要意义，但对于指导酸化设计和模拟仍有缺陷，传统的理论不能完全解释实验室岩心流动试验和土酸酸化井返排液的分析结果。国内外通过应用核磁共振（$^{19}F\ NMR$）、分维数孔隙体积流动试验、HF 化学计量学的精确认识等最新试验技术，结合长、短岩心酸化流动模拟试验和电感耦合等离子体仪（ICP）的残酸分析，研究 HF 和 H_2SiF_6 同砂岩的反应机理取得了新的进展。最具代表性的是美国 Halliburton 能源服务公司的 Rick Gdanski 和 Chris E. Shuchart 等在 SPE 会议上发表的系列文章。研究结果表明，砂岩酸化中的反应分为三次，氟化硅、氟化铝和 HCl 之间的化学平衡控制了 HF 酸化的一次、二次反应的反应速率或化学计量系数。温度对二次反应和三次反应进行程度和反应速率的影响很大。Gdanski 实验表明在低于 50℃ 的环境下，二次反应速度很缓慢，温度超过 65℃ 后，反应速度将很快，并且反应进行得很彻底；温度低于 93℃，三次反应速度很慢，反应的进行需要长时间与储层接触。

在国内，针对砂岩开展的酸—岩反应机理研究相对较少。西南石油大学的任书泉、赵立强等人设计并研制出国内第一台旋转岩盘酸—岩反应动力学实验装置，并投入酸液体系的反应动力学参数的测定。张黎明基于分形理论研究了岩石孔隙结构对酸—岩反应的影响。2016年，李年银基于理论分析与室内试验，揭示了砂岩酸化中氢氟酸与砂岩矿物作用的主要型体，论证了盐酸对氢氟酸溶解砂岩矿物的催化作用的存在及作用模式；并基于 Freundlich 吸附理论，考虑氢氟酸溶解砂岩矿物时直接与矿物晶格键作用，以及盐酸吸附在晶格表面催化氢氟酸溶解反应的共同影响，建立了酸—岩反应速率机理模型。

上述研究成果很好地促进了对酸—岩反应机理的认识，但还存在明显的不足，主要体现在：①单矿物的反应难以代替系统反应，部分实验没有考虑多组分矿物对酸—岩反应的影响；②没有考虑反应产物与反应物间的竞争反应；③岩心流动实验采用小岩心，难以监测到二次或三次反应的发生。砂岩酸化酸—岩反应平衡及反应速率受温度、压力、矿物组成、面容比、同离子效应、流速、酸浓度、HF/HCl 配比、矿物溶解量等诸多因素的影响。然而受早期仪器设备及检测手段的限制，实验条件与地层实际反应条件相差甚远，许多结论尚需借助先进的实验设备作进一步验证。

2. 砂岩酸化模拟研究现状

自 1969 年 Schechter 和 Gidley 建立了描述砂岩反应的毛细管模型以来，Willams 和 Whiteley、McCune 和 Fogler、Labrid、Hekim、Taha 和 Hill、Bryant 和 Motta、Walsh、Lake 和 Secheter、Li、Sevougian 和 Lake，Murtaza Ziauddin 等人相继建立了描述多孔介质注酸后孔隙结构中酸浓度分布和孔隙度分布的数学模型。

砂岩基质酸化数学模型总的来说可以分成两大类。一类是从微观上引入孔隙大小分布函数来描述复杂的三维空间注酸后孔隙结构的变化，这类模型有 Gidley 和 Schechter 的毛细管模型以及 Williams 和 Whiteley 的慢反应模型。另一类模型则不依赖于孔隙结构形状的描述，而是依照试验结果，通过试验确定渗透率和孔隙度的关系、可溶矿物的含量、矿物的溶解速度等，然后从宏观上描述酸—岩反应的规律，其中有代表性的有 Hekim 等的分布参数模型和 Taha 等的非均质模型。

由于上述酸化模型都受当时对反应机理和反应动力学研究水平的限制，都没有考虑在酸化过程中生成的次生沉淀对酸化效果的影响，它们都假定次生沉淀发生在远离井眼的区域，而对酸化效果不会有负面影响。Bryant 和 da Motta 等提出论据认为：用两矿物模型不能恰当地描述砂岩酸化过程，特别在高温情况下。他们提出两酸三矿物模型，但还没进行过广泛试验。后来 Walsh 等相继提出地球化学模型、局部平衡模型，Murtaza Ziauddin 提出一个考虑二次反应和三次反应的化学反应模型。

西南石油大学在酸—岩反应数学模拟方面也开展了一系列研究，建立了改进的集总参数模型、地球化学模型、缓速酸酸—岩反应模型、裂缝中流动反应模型，分析了砂岩微观孔隙结构、酸—岩反应速率、离子沉淀等对酸液流动反应的影响。由于砂岩介质结构的复杂性，在其内部的流体流动以及反应扩散过程远比一般单一介质中的反应扩散现象复杂得多。另一方面，多孔介质内非均相反应的发生，会导致组成多孔介质的固体矿物成分及体积发生变化，从而引起孔隙结构的改变，又进一步使问题复杂化。以往的一些孔隙介质模型过于简单，往往与实际岩石中孔隙结构相差太大，理论计算难以适应极其复杂的实际岩石孔隙结构，通常不加简化就难以求解，计算结果与实际情况相差较大。

3. 砂岩酸化酸液体系及添加剂研究现状

土酸是砂岩储层酸化的常规酸液体系，土酸液与砂岩中的黏土、石英及近井地带的非胶结基质的反应速度快，而且在反应过程中 HF 与矿物反应的某些中间产物的沉淀，可能会造成对地层的永久性二次伤害。对黏土的过度溶解也可能让近井地带的地层变得疏松和胶结不稳固，地层胶结松散和生成沉淀物堵塞孔道这在很大程度上限制了酸化效果，且由于穿透深度小，酸化井初期增产而后期迅速递减。为了达到深穿透的目的，国内外又相继研制出一系列用于砂岩酸化的缓速酸液体系，主要包括氟硼酸体系、自生氟硼酸体系、自生成土酸体系、有机土酸体系、磷酸缓速土酸体系、胶束酸体系、铝盐缓速酸体系、硝酸粉末酸体系、氟硅酸体系、醇土酸体系、多氢酸体系、黏弹性表面活性剂酸液体系等十多种砂岩酸化酸液体系。在添加剂方面，种类则更加繁多，常用的酸液添加剂有缓蚀剂和缓蚀增效剂、铁离子稳定剂、助排剂（水湿性表面活性剂）、互溶剂、防乳化破乳剂、黏土稳定剂、微粒悬浮剂、降阻剂、暂堵剂（分流剂）、抗渣剂、起泡剂/消泡剂、杀菌剂、抗石膏剂、微粒固定剂（不同于黏土稳定剂）、醇类、醋酸等。各种添加剂又包括很多小的类型。据统计，仅酸化缓蚀剂国内外就有上千种。当然对于砂岩酸化酸液体系还远不止这些。

从酸液体系的发展来看，目前的砂岩基质酸化酸液体系以含氟体系为主，其研究主要集中以下四个方面：①延缓氢氟酸的消耗使之穿透得更深；②阻止二次沉淀的发生；③阻止酸的过度溶蚀导致岩石软化或损坏岩石骨架；④稳定黏土矿物颗粒。

4. 砂岩储层酸化工艺研究现状

在砂岩储层酸化工艺方面近期内取得的较大进展是分流布酸技术的采用和实时监测评价技术的成功应用。常见的酸化工艺技术包括全井笼统酸化工艺、机械分层酸化工艺、化学微粒暂堵分流酸化技术、泡沫酸分流酸化技术、增稠酸分流酸化技术以及清洁自转向酸化技术。砂岩储层一般进行基质酸化，而不采取酸压措施。1989 年酸压技术引入了砂岩地层并申请了专利，但该专利技术在现场并没有获得推广应用。近年来国内文献报道了砂岩储层酸压在柯克亚凝析气田、玉门油田白垩系特殊岩性储层、青海尕斯 E_3^2 复杂岩性油藏和川西新场复杂砂岩气藏取得了成功。

在国内外众多学者的不懈努力下，对酸—岩反应动力学机理、砂岩酸化模型的研究以及砂岩酸化酸液体系和施工工艺等的研究长达几十年，取得了丰硕的成果。但是由于砂岩基质酸化涉及岩石矿物学、流体力学、物理化学、化学反应动力学、油层物理、渗流力学等多门学科知识，而且油藏岩石矿物组成和结构、酸岩液固反应和酸化处理过程的复杂性、多样性及随机性，导致其在理论解释、研究手段和实际应用等方面仍有一些复杂问题亟待解决。同时酸化工艺又是一门科学性、实践性和经验性都很强的工作，需要具有广泛的专业知识和现场经验，甚至有些实际问题根本就无法从理论上给出解释，也正是这些问题困扰着酸化工艺的发展。特别是最近几年，酸化工艺的发展基本上没有大的、新的突破和进展，这与水力压裂技术的迅速发展形成了强烈的反差和鲜明的对照。

5. 砂岩酸化专家系统研究现状

酸化是一项消除近井地带地层伤害、恢复或提高油气井产能的重要措施。在该领域开发专家系统有助于提高酸化设计水平和作业成功率。20世纪90年代初，国外大型石油公司和大学的研究机构相继开发研制了几个较为实用的基质酸化优化设计专家系统。

1986年由美国Petrosoft有限公司和Hendrickson公司首次开发砂岩酸化专家系统。该系统由四个软件包组成：软件包1用于优选酸化基液；软件包2用于选择配伍性添加剂；软件包3根据贝叶斯定理，采用逆向推理技术，用来处理不确定因素，还能对每种情况推荐多种酸液配方，并给每个配方附上一定的可信度以供用户选择；软件包4是四个软件包中最好的一个，它除了包括软件包中所特有的归纳方法外，还综合吸取了其他软件包的内容，此外还能对用户提出的酸化井数据进行简单计算。

1990年由ARCO石油公司开发研制出ACDIAMAN专家系统，用于设计和评价基质酸化，可在PC机和APPLEMacintosh^{TM}机上运行，使用"IF…THEN"的产生式规则表示知识，采用反向链接推理技术，并具有处理不确定性知识的能力，可进行酸液选择、酸液用量选择、添加剂和转向剂的选择。系统基本输入数据包括油井类型、采出流体、井史及伤害类型。酸液选择主要取决于伤害类型、地层类型及温度。酸液用量主要取决于伤害深度、油层温度、层段长度、矿物含量、孔隙度、渗透率及经济效益。添加剂的选择根据输入数据及二次反应可能带来的伤害来确定。

1992年由Halliburton Services公司开发的MAXS系统用于酸化液的辅助设计。该系统采用Nexper Object^{TM}专家系统外壳建立知识库，用db—VTSTA^{TM}进行数据库管理，用Tool—book^{TM}来开发用户接口软件包。该系统将基质酸化解堵措施分为四类：解除井眼周围的污染、油管清洗、井眼清洗、除垢。在处理方式中，考虑的输入参数包括地层特征、矿物组成、油井资料、井史资料、污染评价及防腐规范等。系统提供的体系分为三种：系统推荐的产品、主要替代产品、次要替代产品。根据所选产品，系统分阶段（包括预处理液、酸液、酸化顶替液）向用户提供最终推荐结果；对于每个阶段，除了给出基液和添加剂之外，还给出用液量和预期的注入排量及顶替液用量。

1992年由Dowell Schlumberger公司开发的基质酸化处理液体选择专家系统，采用NEX-PER Object专家系统外壳，针对给定的不同条件确定出不同的流体序列，并按效率大小排序，给出各种液体的动态解释，并指明其浓度。该系统可给出关于所选流体特性的定性信息及流体浓度，但不计算注入量或注入速率。系统通过两个阶段的推理，为用户选择出完整的流体序列。第一阶段，系统选择储层的伤害机理，其中包括污染矿物溶解，表面油膜包覆的脱附，绕过污染层、乳化剂两个阶段的溶解作用，溶解污染矿物及稳定剩余颗粒，根据所选择的伤害机理再选择出主要流体序列。第二阶段进行风险评价，加入添加剂。酸化设计阶段给出现场产品。

近年来，ARCO勘探开发公司和Dowell Schlumberger石油公司联合开发了新一代基质酸化优化设计及评价综合系统 StimCADE。它将砂岩、碳酸盐岩基质酸化模拟计算、地层伤害机理分析、液体体积优化、酸液添加剂及酸液体系优选、现场实时监测评估结合在一起。此外还具有结垢预测、转向剂置放、临界压差估算、产量预测及经济评价等功能。美国得克萨斯大学的 U. Sumotarto 将基质酸化专家系统与砂岩酸化模拟器综合起来,开发研制了优化专家系统 ASSESS。首先通过专家系统选择酸液类型、浓度、用量、注入排量、压力等参数,然后再将这些参数作为输入参数启动"两酸三矿物"砂岩酸化模拟器,最后得到优化设计结果,以期提高酸化有效率。

1997 年西南石油大学蒋建勋博士也开展了砂岩基质酸化专家系统方面的探索,但也仅限于提出了一些砂岩储层基质酸化专家系统的构想。

上述这些酸化专家系统基本上仅局限于将专家系统技术用于确定酸液配方、优选酸液和添加剂的类型及用量方面,这些专家系统还不能进行完整的酸化设计,因而还不能称得上是完整的酸化设计专家系统。砂岩储层酸化专家系统是一个非常复杂而庞大的系统工程,涉及的知识领域广阔、信息量巨大,还有许多问题仍需进一步深入和不断完善。同时采用酸化专家系统进行酸化设计时只能进行定性分析,而不能进行定量模拟计算,因而还不能完全满足酸化设计技术需求。

2015 年西南石油大学李年银在前人研究的基础上首次提出将主要用于知识处理的专家系统和主要用于模型计算的决策支持系统有机结合,来辅助砂岩储层酸化决策。通过对砂岩储层酸化专家决策支持系统的理论及实现方法的探索性研究,建立起了相对完善的砂岩储层酸化专家决策支持系统架构,基本实现了砂岩储层酸化专家决策支持系统的储层伤害诊断、酸化井层选择、酸液和添加剂的优选、酸化方案设计、经济评价及酸化实时监测等功能,为研制一个商业化的砂岩酸化专家决策支持系统进行了有益的尝试。

(二)碳酸盐岩油气藏酸化研究现状

1. 碳酸盐岩酸—岩反应机理研究现状

1)酸—岩反应动力学实验

通过国内外学者数十年的努力,逐步建立了适合不同酸—岩反应模式下的经典物理模型(旋转岩盘、空心岩心流动装置、平板裂缝流动装置等)及酸—岩反应数学模型(扩散对流偏微分方程,以分形几何学为分析工具建立的数学模型)。酸—岩反应的基本模式为:石灰岩储层受传质反应控制,白云岩储层主要受温度控制($T \leq 65℃$,反应主要受表面反应控制;$T \geq 93℃$,反应主要受传质反应控制)。

国内李年银等人先后开展了石灰岩、白云岩及复杂岩性储层的高温酸—岩反应动力学实验研究,当温度从 120℃升到 140℃,普通酸的反应速度增加了 57%,稠化酸的反应速率增加了 30%,乳化酸的反应速度增加了 40%;这与以往利用 120℃以下的数据外推高温储层的反应速度是很不相同的。实验表明,在相同酸浓度下,温度上升,反应速度增加,其中对普通酸的影响更为明显,其次为乳化酸,胶凝酸增加较为缓慢。

任书泉等通过对考虑同离子效应的氢离子有效传质系数变化规律的试验研究,探讨了酸液浓度、黏度、传质系数、雷诺数之间的关系,并建立了相应的经验公式;Economides(1992)认为任何温度的石灰岩酸化均属传质控制范围;Li 等(1993)的旋转圆盘试验将石灰岩酸化的传质控制范围向下扩展到−7.2℃。而 Lund 和 Hoefner 等认为这一温度在 0℃以上。

Roziers（1994）研究了胶凝酸和乳化酸从鲜酸到残酸的有效扩散系数，结果表明：胶凝酸的有效扩散系数约为普通酸的 1/3，乳化酸的有效扩散系数为胶凝酸的 1/10～1/100。Mumallah（1997）研究了自然对流与强迫对流对扩散系数的影响，通过环空流动仪来测试有效扩散系数，结果表明，28%HCl 在蒸馏水中的有效扩散系数为 $1.15×10^{-5} cm^2/s$，在海水中的扩散系数为其一半；含有降滤剂的 15%HCl 有效扩散系数是采用蒸馏水稀释的 15%HCl 的有效扩散系数的 1/7。研究说明稀释介质不同，酸溶液中其他成分含量不同，有效扩散系数会产生一定的影响。

2）反应动力学模型发展

Conway 等（1999）使用隔板扩散室和旋转岩盘进行研究，将计算扩散系数的方程进一步改进，发展了一个新的模型来计算传递系数，即用舍伍德数（Sh）来表示传递系数。该研究仅针对低温下的扩散系数，未探讨胶凝酸、乳化酸的酸—岩反应特性和动力学方程以及黏度对酸—岩反应的影响。Marten Buijse（2003）等首次探讨了有机酸的酸—岩反应机制，建立了考虑有机酸酸液体系的酸—岩反应模型，这个模型适用于强酸，也适用于弱酸和盐酸的组合酸液体系，弱酸体系以乙酸和甲酸为主。

3）酸蚀裂缝导流能力模拟试验

20 世纪 90 年代以来，多采用"多级注入酸压+闭合裂缝酸化"组合技术方法来进行室内试验，也开展了单一胶凝酸、乳化酸酸压导流能力与组合闭合裂缝酸化后获得的导流能力试验的比较。试验表明：闭合酸化提高导流能力可以达到几倍甚至数十倍，而多级注入酸压裂缝闭合酸化技术更能几十倍甚至上百倍地提高酸蚀裂缝导流能力。Ruffet 等（1997）运用地貌学的原理分析探讨了在酸压过程中酸蚀裂缝壁面的几何形态以及对酸蚀导流能力的影响。Gong 等（1998）建立了考虑裂缝壁面粗糙变形下的酸蚀裂缝新模型，研究表明，酸蚀裂缝导流能力受闭合应力影响的裂缝宽度和面容比的影响，同时裂缝壁面的非均匀刻蚀程度和支撑裂缝的岩石的嵌入强度等也明显影响最终裂缝导流能力，因此建立考虑非均匀刻蚀和岩石力学性质的裂缝扩展模型更加符合现场的实际条件。

4）酸液滤失机理及溶蚀孔洞形成机制研究

Daccord（1981）使用 DLA 模型和三维网络模型，定量模拟研究井筒向地层基岩注液和裂缝面发生滤失的两种情况，确定了形成不同形态溶蚀孔洞所需的条件；Hoefner 等（1988）采用三维三角形网络模型对溶蚀孔洞进行了定性研究，重点分析了不同注入速度与岩心渗透率比值的关系；Navarreate 等（1998）系统进行了石灰岩酸—岩反应中酸液滤失及导流能力模拟试验研究，比较了普通盐酸和乳化酸的效果。试验表明，乳化酸的缓速能力是普通盐酸的 8.5 倍，而且乳化酸在高温储层比其他技术更加有效。

酸液滤失试验及计算，具有代表性的有 Wang 等介绍的滤失实验系统和方法、Gulbis 等的空心岩心滤失实验系统和方法、Harris 及 Penny 的径向流动滤失实验系统和方法等。Hill（1992）建立了考虑酸液溶蚀孔洞的计算模型；Settari（1991）提出了一种确定酸液滤失速度的新方法。

5）基于数字岩心的酸岩反应机理研究

三维数字岩心（DRP）技术是利用计算机图像处理技术，将岩心微观结构以图像或数据的形式刻画出来，并通过数学建模、定量分析、物理场模拟来研究岩石微观结构及岩石物理属性的一门技术。近几年发展起来的三维数字岩心技术能较为准确地反映岩石的孔隙结构与矿物组成特征，从而实现对岩心微观尺度表征并定量研究各种微观因素对岩石物理属性的影响，DRP可弥补传统岩石物理实验的诸多不足，它可以揭示传统实验无法展现的岩石内部物理现象，从微观角度解释宏观现象，从根本上解释和解决岩石物理机理问题。岩石的矿物组分及分布是表征岩石的关键参数之一，在基于数字岩心的酸—岩反应模拟中，矿物的类型和分布对酸化反应有很大的影响，明确各个矿物组分的类型和分布形式，可以更准确地开展基于数字岩心的岩石物理数值模拟。

2. 碳酸盐岩酸液体系与酸压工艺研究现状

改造是碳酸盐岩储层增储、建产、上产的主要工程技术手段。近年来，从获得长的酸蚀裂缝和高的裂缝导流能力的角度，在延缓酸岩反应速率、降低酸液滤失、实现非均匀刻蚀和均匀布酸的关键材料和技术方面取得显著进展。

1) 高温深井提高酸液有效作用距离的酸液体系

对于高温地层，提高有效作用范围是突出问题，可以应用甲酸和乙酸等有机酸体系。但是由于这两种酸液价格昂贵，溶蚀能力相对较弱，现在多采用以盐酸为主体的缓速酸液体系，达到增加酸蚀缝长的目的。其缓速机理主要包括：①控制酸—岩反应平衡实现缓速，如铝盐缓速酸体系；②控制H^+的传质系数达到缓速，如向酸液中加入性能优良的稠化剂或胶凝剂形成胶凝酸、交联酸；③控制H^+的离解速度达到缓速，如高温延迟酸；④在岩石表面与酸液之间制造阻挡层缓速，如表面活性剂酸；⑤应用酸包裹技术实现缓速，如泡沫酸、乳化酸、胶束酸、固体酸。除此之外，近些年来清洁、绿色、友好型酸液体系也成为高温碳酸盐岩储层酸液体系发展的新动向。

（1）清洁自转向酸体系

酸液中的黏弹性表面活性剂控制其黏度，使其能随着酸—岩反应的进行而变化。酸液黏度变化主要依赖于表面活性剂形态的变化过程，初始为单体形式，鲜酸黏度较低；随着酸—岩反应的进行，pH值升高并生成Ca^{2+}、Mg^{2+}等阳离子，酸液中黏弹性表面活性剂从单体形式转为杆状胶束形式，形成黏弹体，增加液体的黏度，有效地将未反应酸液转向分流到其他缝洞和地层中去；酸化后，产出的油气或某种互溶剂与杆状胶束接触，将其转换成球形胶束，黏度明显下降，使得残酸能够顺利彻底返排。

（2）友好酸体系

该体系中关键组分是从天然氨基酸—L—谷氨酸制备而成。友好酸在碳酸盐岩储层酸化中具有以下显著特点和优势：①能在碳酸盐岩岩心中有效地产生酸蚀蚓孔；②在不同pH值下均能有效螯合钙盐和镁盐；③热稳定性好，在175℃下仍具有较好的稳定性；④表现出比其他螯合剂更强的提高岩心渗透率的能力；⑤酸—岩反应具有定向性，且有效作用距离远；⑥腐蚀性低，相较其他螯合剂和有机酸有着更低的腐蚀速率，仅需加入极少量缓蚀剂便能达到现场缓蚀要求；⑦"友好酸"是一种环境友好型酸液体系，具有很好的生物降解性且没有毒性，对环境更友好。

2) 高闭合应力储层提高酸蚀裂缝导流能力的措施

为了确保高闭合应力条件下酸蚀裂缝导流能力仍能保持较高水平，国内外专家学者提出前置液酸化压裂或多级交替注入酸化压裂工艺，依靠前置液与酸液的黏度差异，注液过程中的黏性指进实现非均匀刻蚀。此外，研究表明：采用具有不同黏度和反应性的酸液体系交替注入来实现非均匀刻蚀，这样既可以减少由于前置液的引入对地层造成的伤害，同时也可以避免由于前置液与酸液的不配伍造成大量液体浪费。

3）缝洞型储层酸化降滤失措施

天然缝洞的存在及酸蚀蚓孔的形成，导致酸液滤失量大，限制酸蚀缝长。优选降滤措施是提高酸化压裂效果的关键。目前常用的酸化压裂降滤措施包括以下几种。

（1）液体稠化降滤技术

采用高黏酸液（如胶凝酸、交联酸、转向酸等）降低滤失。一方面，黏度较高，阻碍酸液在天然裂缝及溶蚀孔道中的流动，从而降低酸液的滤失；另一方面，增加酸液黏度有助于降低酸—岩反应速率，延缓酸蚀孔的生长发育，进而降低酸液通过酸蚀蚓孔的滤失。

（2）固相颗粒降滤技术

固相颗粒降滤，即采用工作液携带固相颗粒（粉陶、可解除化学微粒及固体酸）封堵和填充缝洞，从而阻止酸液进入，注酸结束后，大部分固相颗粒被解除或随工作液返排出地层。其中固体酸降滤酸化压裂技术可确保在缝洞型油藏酸化压裂中获得良好效果：①降滤可提高工作液效率；②可输送至裂缝深部才发挥作用；③颗粒与裂缝壁面的不均匀接触，实现对裂缝壁面的差异化刻蚀，显著提高酸蚀导流能力。

（3）可降解纤维与转向酸协同降滤技术

转向酸在处理存在裂缝尺度较大地层时会受到限制。固体降滤剂广泛运用于碳酸盐岩储层的酸化压裂降滤施工中。Schlumberge 和 Aramco 公司（2008）提出了针对天然裂缝储层酸化压裂降滤及转向的纤维增强体系。纤维作为一种特殊的材料，具有封堵能力强、能控制温度、降解后呈弱酸性、对地层伤害小等特点，对深层高温高压缝洞型碳酸盐油气层的增产改造是一种十分理想的物质。可降解纤维与转向酸协同降滤技术在酸化压裂改造中起到了良好效果。国内目前最大的单体气藏——龙王庙气藏，开发井主要采用水平井模式，在开发的 29 井次中，单井测试产量都超过 $100×10^4 m^3/d$，该类储层基本采用转向酸+转向剂体系进行施工。中国石化西北油田分公司在塔里木缝洞型碳酸盐岩储层酸化压裂改造中进行了纤维转向酸体系的先导性实验并获得了较好的改造效果。

（4）泡沫酸/泡沫段塞降滤技术

液体稠化及固相颗粒都可以起到较好的降滤失效果，但也不可避免会对地层造成一定的伤害。泡沫作为一种特殊的流体具有很好的降滤失作用。根据室内试验，泡沫酸在低渗透油层的滤失系数比常规液体低两个数量级。与常规酸液相比，它具有黏度高、滤失低、摩阻低、缓速好、造缝能力强、易返排、伤害小等特点，对低压、低渗透碳酸盐油气层的增产改造是一种十分理想的酸液体系。

4）复杂地层流体应对技术措施

（1）高含 H_2S、CO_2 酸性气体

面临的主要问题是酸性气体对管柱的腐蚀问题以及铁和硫的沉淀问题。打破铁沉积的溶度积条件，即控制游离铁离子浓度；采用 H_2S 吸收剂来弱化其反应活性，从而达到控制铁和硫沉淀的目的。另外酸液中还需要选用高性能缓蚀剂及铁离子稳定剂。

（2）气井、凝析气井

凝析气藏与一般常规气藏比较具有异常高温高压的特点，其中压力起着主导作用。在凝析气藏碳组分中，90%以上的是 C_1~C_3。对于气井、凝析气井实施酸化作业，面临的一个重要问题是解决水锁和反凝析。采用低表面张力酸液，并加入易挥发的极性物质无水乙醇，在

凝析液中也能溶解。另外在酸液中加入互溶剂（乙二醇单丁醚），作为驱替近井眼附近反凝析液/水的一种双效溶剂，可解除水锁和促进返排。

（3）稠油油藏

稠油油藏酸化时容易形成酸渣，同时注酸困难。对于该类油藏实施自生热酸酸化技术，酸液和生热剂体系在地层中混合后会产生热量、气体（在地面和井筒中不能与酸液接触，不会产生热量和气体），在酸、热量及气体协同作用下，解除有机质伤害，同时酸液与地层岩石反应形成酸蚀通道。

5）水平井分段改造措施

以往水平井压裂酸化改造往往沿用直井改造的方法进行笼统压裂酸化、水平井连续油管定点酸化或局部酸化压裂改造，对于碳酸盐岩油气藏，由于天然裂缝或溶蚀孔洞的存在，可能造成酸液的大量漏失，这些技术均难以获得令人满意的效果。近年来，随着分段完井工具和喷射工具的突破，国内外的水平井分段改造技术得到了迅速的发展，可分为限流改造、机械封隔、连续油管、水力喷射以及化学隔离等五类分段改造技术。各项技术的特点及适用条件归纳见表2。总体来讲，水平井限流改造分段段数少、可靠性差，近年来较少使用；机械封隔分段酸压为目前水平井分段酸压主流技术，国内在分段工具性能、分段级数及施工稳定性方面与国外仍存在差距；连续油管措施受排量及深度影响，一般主要用于水平井的基质酸化；水力喷射分段酸压无需射孔，可对任意井段实施，同时对裂缝条数没有限制，不需下机械隔离工具，但施工规模受到一定限制，喷嘴节流作用明显，深井压裂受限；液体胶塞分段压裂作用周期长，冲胶塞施工过程中易造成伤害，不适用于低渗致密气藏。

3. 碳酸盐岩酸压模拟及效果评价研究进展

随着酸压处理的广泛使用与发展，复杂油气藏（如高温深井）酸压施工难度增大，关于酸压处理效果的评价问题日益受到重视。油气井经过酸压施工后，酸蚀裂缝几何尺寸、地层渗透率、裂缝导流能力等是我们十分关心的问题。酸压作业成本较高、风险性大，所以酸压效果评价同酸压设计同等重要。酸压处理不是每次都成功的，有时所预期的效果未能达到，于是就要求找出原因，从而完善设计，指导酸压施工。

根据大量的文献调研，国内外广泛采用不稳定压力试井方法，对资料进行常规分析和典型曲线拟合分析确定出井下储层和裂缝的情况，并用干扰试井确定裂缝方位，井温测井、放射性示踪测井确定裂缝层位及高度，用先进的裂缝识别测井和井下电视了解裂缝形态。它们均有各自的优点和局限性。

在解释中不同的方法得出的结果有时相差很大，常见的是实际增产倍数的计算值与酸压设计的预计值很难相符合，这就要求在酸压效果评价中联系对酸压工艺的评价，确定出理论与实际差别的原因，用一套系统的方法来评价酸压效果。

1）室内试验评价酸压效果

（1）岩类学分析方法

岩类学分析方法包括X射线衍射（XRD）、薄片鉴定和扫描电镜（SEM）等，借助于此可以评价地层潜在敏感性伤害，检查酸压对地层的影响、酸处理液对地层的伤害程度。

表 2　水平井分段酸化压裂改造技术

序号	类型	分段酸化压裂工艺	工具/供应商	完井方式	动管柱	可分段数	优点	缺点
1	限流改造	限流酸化压裂	—	套管射孔	否	2~3	无工具下入，无工具的投入和风险	裂缝（储层）覆盖率和水平段的改造不确定；各裂缝启裂、延伸不均衡；每段的注入排量和体积受到限制；射孔孔眼少，打开程度不完善，产量较大时一定程度上影响后期产量
2		投球酸化压裂	—	套管射孔	否	2~3	堵塞球作用效率低	水平井分段改造段数少，可靠性差
3	机械封隔	多级封隔器+滑套分段酸化压裂	stageFRAC/SLB、Frac Point/BAKER、ZoneSelect/威德福、Delta stim/Halliburton、Directstim/BJ	裸眼完井套管射孔	否	决定于管径和球、机械开关不受限，一般开关6~17级	分段隔离针对性好；可根据需要开关滑套，实现选层开采；井眼尺寸大小6~17级	对裸眼井，裂缝（储层）覆盖率和坐封有效性无法验证；分段器、封隔器存在打不开的风险
3		环空封隔器+滑套分段酸化压裂	吉林	套管完井	否	3	分段隔离针对性好；可根据需要开关滑套，实现选层开采	水平井分段压裂级数较少；应用于浅层；目需要压裂施工时，造成二次伤害；滑套存在打不开不开的风险
4		双封单卡分段酸化压裂	大庆	套管完井	是	受限	分段隔离针对性好；施工连续	对于高压井，上提管柱时需要压裂、地层伤害
5		机械桥塞分段酸化压裂	特殊桥塞/Halliburton	套管完井	是	不受限	分段隔离效果好	作业周期长，对高压气井、下桥塞过程中需压井作业
6	连续油管	仅有连续油管		套管未射孔	是	不受限	井下工具串相对简单，作业周期小；可实时监控井底压力；无需射孔、封隔器，无需砂塞	塞，需要用连续油管或套油管下桥塞，下桥塞毕后机械压井需重新下管柱
7		连续油管+单封隔器	OptiFrac 系列/BJ、CobraMax /Halliburton	套管未射孔	是	不受限	无需跨式皮碗，实时监控井底压力；无需射孔、无需砂塞，作业时间短	
8		连续油管+跨隔封隔器		套管未射孔	是	不受限		深度及排量受限
9	水力喷射	拖动式	Surgifrac/Halliburton、中国石油大学（华东）、川庆钻探	各种完井方式	是	不受限	无需射孔；可对任意井段进行实施，同时对裂缝条数设有限制，不需下机械隔离工具	施工规模受到一定限制（喷嘴寿命），深井压裂受限，节流作用明显，高压气井需上提管柱；施工完毕后需要采用压井装置；施工完毕后机械完井需重新下管柱
10		滑套式	中国石油大学（华东）	各种完井方式	否	3~8		施工规模受到一定限制（喷嘴寿命），深井压裂受限
11	化学隔离	液体胶塞分段压裂	—	套管完井	是	不受限	封堵性能好，不受井眼方位限制；定时破胶，易清除	作用周期长，冲胶塞施工过程中易造成伤害；不适用于低温密气藏

岩相和电镜扫描分析用来描述地层孔隙内和孔隙空间周围聚集的矿物种类。X射线衍射用来分析岩石中各种矿物成分和含量。薄片分析粒径、孔隙大小，识别颗粒间、孔隙内的胶结物。通过分析可了解岩石的结构，裂缝分布及数量，裂缝的张开度与充填状况，岩石成分，敏感矿物类型、数量和位置。岩心经模拟酸处理后再作同样分析就可了解其变化情况，确定出酸处理对地层的可能伤害。

(2) 岩心流动试验

通过试验评价酸处理对岩石的作用情况，重要的是测定过酸前后岩心渗透率的变化。系统的流动试验包括酸液滤失试验、酸蚀裂缝导流能力试验、动态刻蚀试验以及旋转圆盘反应动力学试验。通过试验，可评价酸液是否伤害地层，掌握酸液滤失速度、酸—岩反应动力学参数、酸液常规性能等。

2) 用酸压施工曲线分析酸压效果

酸压施工曲线是施工现场第一手资料，它反映了施工过程中各工艺参数（泵压、排量、套压等）的变化，直接反映出酸压时处理液在储层中流动状态和地层渗透性的变化，用它分析酸压效果是实用可靠的。分析酸压施工曲线的变化可以检查施工的连续性、井下封隔器密封程度，以及主要施工参数是否达到要求，根据施工曲线的变化特征，判断酸压是否起到解堵、沟通、压开、二次压开等作用。

3) 矿场不稳定试井评价酸压效果

试井是通过对油气井生产动态的测试来研究储层各种物理参数及油气井生产能力。不稳定试井的主要功能在于确定油气藏的地层压力、地层参数、完井效率以及判断油气藏的边界性质和估计油气井控制的地质储量。所以分析酸压后的不稳定试井资料可以很好地评价酸压效果。但对低渗透油藏，用该方法认识储层渗透率，费时费钱。油藏低渗透，油井可能无自然产能，不稳定试井不仅缺乏产量基础，而且要获得分析所需的径向流段参数需要较长的测试时间。

4) 生产测井评价酸压效果

为了确定酸压作业中实际压开层位、裂缝走向、垂直裂缝缝高和方位角等信息，从而分析酸压成败的原因（固井质量的影响、处理液在井下互窜、压开水层等），在酸压前后进行生产测井是评价酸压效果的重要方法。目前用于评价酸压效果的测井方法主要有井温测井、声波测井、放射性示踪测井（RTS）等。根据这些测井资料，结合其他油气井动态资料，对酸压效果综合解释，判断酸压层位及裂缝延伸等情况。

酸压前后的井温测井、放射性测井是评价裂缝的好方法。井温法主要是根据酸压施工时酸液进入裂缝井层所引起的热场的变化情况来判断酸压效果；放射性示踪剂测井是将配有同位素示踪剂的酸液（即活化酸）注入井内，在地层返排残酸之前测一条伽马曲线，将它与酸压施工前测的自然伽马曲线相对比，确定活化酸在井剖面的分布情况。声波幅度法则是用来检查酸压前后套管和水泥环胶结状况，作为评价酸压效果的辅助手段。

另外还有井下超声电视测井（BHTV）、裂缝识别测井（FIL）等测井方法。应看到在用一种方法判断酸压效果时总存在一定的局限性，所以比较可靠的是采用井温、放射性同位素、声波幅度、声波变密度等测井资料进行综合评价。

5) 压后裂缝参数评估技术

McGuire与Sikora（1960）发表了在封闭油藏中考虑裂缝为有限导流能力的增产倍比曲线，即McGuire&Sikora曲线，在20世纪70年代以前一直是压裂设计与评估的基本油藏手段。Prats（1961）采用数学分析，在假设稳态条件下进行了有限导流能力的综合研究。Novotny（1977）给出了闭合期间的容积平衡分析，它基本上是压力降落分析的组成部分。Nolte（1979）给出了用以估算 PKN 裂缝几何模型的流体滤失系数和裂缝长度的一般分析方法，该方法被进一步应用到别的 2D 裂缝几何模型（Nolte，1986）。Simonson 等（1978）研究了缝高延伸入应力隔层的情况。Nolte 和 Smith（1981）建立了双对数坐标系下净压力曲线与裂缝几何尺寸的变化关系，即用双对数曲线作为诊断裂缝增长特征的工具。Clifton 和 Abou-Sayed（1981）建立了裂缝模型和压力动态与三维（3D）水力压裂模型的关系。

后来的发展偏向于更接近油田实际的非理想条件。Solimon（1986）开发的考虑停泵以后由流体压缩性和温度变化引起的效应。Castillo（1987）提出一校正模型，考虑了压力依赖于液体滤失特性。Nolte（1991）提出了几种注入过程和停泵后的非理想条件下诊断压力动态的技术。Meyer（1986）发展了关于施工结束后滤失系数的变化和有流体回流产生影响的半解析的方法。Nolte 等（1993）提出了针对裂缝闭合期包括一系列非理想系数的压降分析方法。

压力分析自 20 世纪 80 年代早期就被用于各种应用中以改进压裂设计。在油田开发早期阶段描述裂缝延伸特性是非常有用的，各种传统的校正测试也被提出用于特殊的目的，如变排量/返排测试确定闭合压力（Felsenthal，1974；Nolte，1983；Singh 等，1985；P1ahn 等，1997）。变排量测试是为了确定近井筒效应（Cleary 等，1993）和短时脉冲泵注测试以获得储层渗透率（Gu 等，1993；Abousleinan 等，1994）。另外的研究（Meyer hofer 等，1993；Nolte 等，1997）将压裂压力分析应用到实际试井中，使得通常通过试井获得的储层资料由测试施工也能取得。

① 裂缝净压力双对数曲线分析。

裂缝净压力与时间的双对数斜率代表了各种裂缝几何形态和延伸模式。双对数曲线的斜率和压力导数可以作为一种诊断工具来解释压裂过程。该分析方法假定测试压力反映实际压裂的特征，折算为近井筒效应，而且施工期间泵注速率和液体特性相对不变。

② 裂缝净压力拟合。

净压力拟合是指将水力压裂施工时监测到的井底缝口净压力与设计软件模拟计算的缝口净压力进行拟合，通过拟合这两个压力，可以知道压裂施工中地下裂缝延伸状态和评价压裂施工效果。

③ 压后压力降落解释。

压后压力降落分析方法是应用压裂施工过程和停泵后裂缝内物质平衡方程和连续性方程，结合裂缝几何参数计算模型，由压力降落变化，确定出裂缝几何尺寸、闭合压力、滤失系数等参数。

自从 Nolte（1979）首次提出了用压裂停泵后的压降曲线求解裂缝几何参数和压裂滤失系数的二维模型和解释方法后，压裂井的压后压力降落分析模型已从二维模型逐渐发展到拟三维甚至全三维模型。但是目前针对酸压井的压后裂缝参数的诊断、评估技术和解释模型还研究甚少。基于 Nolte 理论所提出的 G 函数压降分析法并不适用于酸压井。首先酸压井施工停泵后，酸—岩反应还在继续，其产生的 CO_2 对酸液和残酸的压缩性、停泵后的压力动态都会有显著的影响；其次酸—岩反应热增加酸液和残酸的温度，进而影响停泵后的压力动态；此外，酸液的滤失机理与压裂液还存在很大的不同，其滤失系数的计算方法也有别于压裂液的滤失系数计算方法。

④ 三维酸压反拟合裂缝参数。

随着压裂酸化技术水平的提高和提出的假设条件的不同,迄今为止国内外先后提出了二维(2D)、拟三维(P3D)和全三维(3D)模型。二维模型认为裂缝高度恒定,而限制了该类模型的应用;国内外还没有将全三维模型引入酸压设计和现场实时监测当中,只是提出了基于拟三维裂缝延伸模型的全三维酸—岩反应模型。目前普遍采用Palmer拟三维模型。

三维酸压反拟合就是三维酸压软件,根据实际的施工参数进行反拟合计算酸蚀裂缝参数,以评价酸压效果,指导酸压设计。

6) 数值模拟方法进行压后动态产能预测

运用数值模拟技术既可模拟单井压后生产动态,又可模拟油藏(井组)整体压裂生产动态,国内外对单井压后的数值模拟法开展了大量的研究。

Soliman(1986)提出了一套预测压裂井产量的数值模拟方法,他描述了单相油在水力裂缝和油藏中的渗流模型,考虑了裂缝相对导流能力随相对裂缝半长位置变化的三种递减关系(线性、指数Ⅰ、指数Ⅱ),假定油藏流体在支撑裂缝中的流动服从达西定律,采用有限差分法求解渗流模型,得到了压裂井在不同导流能力模式下的产量关系曲线,这是国内外用数模方法处理压裂井生产动态预测评价的新起点。

赵金洲等(1995)提出了一个预测压裂井压后单井生产动态的二维二相模型,考虑了裂缝导流能力随位置和时间的变化以及地层污染对产量预测的影响,该模型和方法在压裂优化设计和压裂经济分析以及整体压裂方案编制中得到了较好的应用。范学平、赵立强等针对酸压特点,考虑了非达西效应、油藏污染、裂缝闭合应力和岩石嵌入强度对裂缝导流能力的影响,以及沿裂缝导流能力和裂缝几何尺寸变化等因素,建立了较为符合实际的三维酸压生产动态预测模型和求解方法,并对诸因素进行了综合分析。

4. 中国碳酸盐岩储层特征及酸化改造主要技术难点

中国典型海相碳酸盐岩储层特征见表3,酸化压裂增产改造面临系列技术难题。

表3 中国典型海相碳酸盐岩储层特征

油气田	主要产层	岩性	埋深 m	厚度 m	孔隙度 %	渗透率 mD	含油气饱和度 %	地层温度 ℃	地层压力 MPa	流体性质
塔河	奥陶系	石灰岩,白云岩	6300	50~200	15~20	15	45~90		47~58	稠油、凝析油、天然气
轮南	奥陶系	石灰岩,白云岩	4950~6500	50~230	2.2~4.9	0.3	68~78	130	52.03~63.19	稠油、常规油、天然气
塔中	上奥陶统良里塔格组	石灰岩	4520~5640	52.1~63.2	1.5~10.0 (平均3.3)	0.008~448 (平均5.35)	74.7~78.8	140	58.03~64	凝析气
靖边	奥陶系马家沟组五段	白云岩	3150~3765	3.4~13.7	2.53~15.2 (平均6.2)	0.0126~1036 (平均2.63)	79	105.1	0.99~31.92	干气

续表

油气田	主要产层	岩性	埋深 m	厚度 m	孔隙度 %	渗透率 mD	含油气饱和度 %	地层温度 ℃	地层压力 MPa	流体性质
罗家寨	下三叠统飞仙关组一至三段	白云岩,石灰岩	3215~4570	37.7	2.86~9.32(平均7)	20	89		40.45~43.40	高含H_2S和CO_2的干气
磨溪	三叠系嘉陵江组二段	白云岩	3101~3251	12.1	3~26.7(平均7.09)	0.001~230(平均0.56)	55.1	97.26	66.10~69.98	低含H_2S的干气
普光	下三叠统飞仙关组,上二叠统长兴组	白云岩	5104.5	66~518.8	2~29(平均7.52)	0.012~9664.88(平均180.04)	90	130	55.61~56.29	高含H_2S和CO_2的干气
五百梯	石炭系黄龙组、上二叠统长兴组	白云岩	4020~5100	8.47~27.15	0.15~26.39(平均6.21)	1.0~2.5(平均0.77)	80.77		60.05	低含H_2S的干气
千米桥	奥陶系马家沟组及峰峰组	石灰岩,白云岩	4180~4700	32.8~91.6	4.5~16.3	0.2~0.6	73~88	120	31.1~65.1	凝析油气

① 储层埋藏深，大多呈现高温、高压等特征。

塔深 1 井（井深 8408m），埋藏 7000~8400m 之间，发现了良好的白云岩储层。对于该类埋深超过 8000m，地层温度超过 170℃，地层压力高于 80MPa，溶蚀孔、洞、缝异常发育的复杂碳酸盐岩油气藏，在世界范围内实属罕见。该储层特征使得酸化压裂改造面临的技术难点包括：施工摩阻大，地面施工压力高，注酸排量受限；地层温度高加剧酸液腐蚀、加快酸—岩反应速度；储层岩性致密要求施工规模大、排量高，才能形成长的酸蚀裂缝。

② 天然气高含硫化氢和二氧化碳，腐蚀严重，且易产生沉淀。

由于四川盆地海相碳酸盐岩储层天然气具有显著的高含硫特征，如龙岗地区龙岗 3 井在飞仙关组 H_2S 含量为 354~493g/m^3，龙岗 6 井 H_2S 含量为 44.8~55.2g/m^3；川东北海相碳酸盐岩气藏飞仙关组 H_2S 含量 12.6%，CO_2 含量 9.1%。该储层特征使得酸化压裂改造面临的技术难点包括：酸性气体的存在将加剧对管柱的腐蚀，形成硫及其化合物（硫化亚铁、硫化铁）的沉淀，要求酸液体系具有更好的缓蚀性能和稳铁能力。

③ 地层时代较老，多已进入成岩作用后期阶段，基质孔隙度和渗透率低，裂缝、溶蚀孔洞发育，且具有显著的非均质性，天然微裂缝和溶蚀孔洞对产量贡献大。

中国海相油气藏地质时代偏老，多以元古宙和古生代为主，储层从成岩以后一般经历了多期构造运动，加上长期风化剥蚀淋滤作用，使得形成了多组断层和裂缝，部分地区甚至形成了复杂的缝网结构，孔、洞、缝非常发育，且以不连续的发育带形式分布，非均质严重。基质孔隙度和渗透率低，天然微裂缝和溶蚀孔洞对产量贡献大。海相碳酸盐岩储层储集介质一般为复合型介质，由溶洞、裂缝和溶孔组成，且储集体的空间分布具有相当的随机性，塔里木盆地塔河油田就属于典型的孔洞缝非常发育的高产储集体。该储层特征使得酸化压裂改造面临的技术难点包括：裂缝发育规律及渗流机理复杂，表征困难；裂缝及蚓孔效应影响，酸化压裂液体滤失量大，难以有效造缝；滤失定量表征及预测复杂且困难；酸—岩反应速率快，反应特征复杂，无有效的物理模拟手段。

④ 多旋回发育和多次构造运动导致油气成藏规律和储层岩性复杂，纵向上变化大。

经历了多旋回发育和多次构造运动（国外相对简单），油气成藏更加复杂，油气成藏规律更加难以认识和把握。不同成因的孔、洞、缝表现出不同尺度、不同规模的连通性。纵向上，储层岩性分布复杂，且变化大，天然裂缝与孔隙结构的匹配关系不尽相同。该储层特征使得酸化压裂改造面临的技术难点包括：酸化压裂改造的工艺和酸液体系与各改造层段之间应具有良好的匹配性和针对性。例如对于白云化程度较高的储层，需重点采用提高酸蚀裂缝导流能力的酸液体系和工艺技术。

⑤ 大量储层采用水平井/大斜度井进行开发。

为了提高开发效果，大量海相碳酸盐岩储层采用水平井/大斜度井进行开发，水平井分段改造属世界级难题。致密碳酸盐岩储层有效渗流距离短，单条酸蚀裂缝控制储层体积有限，如何最大程度地动用整个储层，实现长井段致密储层的体积酸化压裂改造是目前面临的挑战。水平井酸化压裂措施段长度、用酸强度、用酸量，以及最终形成的人工裂缝形态、条数、长度等确定难度大，尤其是裂缝位置和间距的优化还必须结合天然裂缝发育及油气显示情况来综合考虑。水平井分段改造工具是决定酸化压裂施工成功与否及酸化压裂增产改造效果好坏的关键。国内目前各种工具的性能难以很好地满足复杂地层条件下大排量、大液量、高泵压、多段改造的要求。

5. 中国碳酸盐岩油气藏酸化理论研究及工艺技术发展趋势

中国海相碳酸盐岩储层改造工艺技术得到了迅速的发展。近年来，以塔里木盆地、四川盆地、鄂尔多斯盆地和渤海湾潜山为代表的海相碳酸盐岩油气田在储层识别与预测、压裂酸化机理、特定储层改造工艺、工作液体系、井下作业工具、压裂优化设计、压后效果评估与诊断等方面都已经形成了一套较为完备的技术体系。但是，由于我国海相碳酸盐岩层系的复杂性和特殊性，随着海相油气勘探开发的不断深入，高温/超高温储层、深层/超深储层、复杂流体储层、异常高破裂压力储层，水平井/大位移井等复杂结构井压裂酸化改造技术难度越来越大，对压裂酸化理论和技术的发展与应用提出了更多需要攻克的理论和技术难题。

① 静态资料与动态资料结合、宏观分析与微观描述相结合，实现碳酸盐岩储层天然缝洞系统的识别技术研究；

② 随着勘探开发向更深层发展，超高温地层酸化压裂对酸液体系提出更大挑战，目前耐高温体系难以满足 200℃ 及以上地层温度条件，需研制新型抗特高温、高剪切、低腐蚀酸液体系；

③ 针对超深井（深度大于 10000m）、异常高破裂压力储层酸压，目前的酸液体系在加重、降阻和缓蚀等方面难以同时满足施工要求，需要研制新型的高密度、低腐蚀、低摩阻酸液体系；

④ 针对裂缝、溶洞型储层酸化压裂裂缝起裂机理及延伸规律研究，目前的理论难以实现天然缝洞与人工裂缝的动态耦合，可引入分形理论反演模拟天然裂缝网络，考虑了线弹性和弹性裂缝变形和就地应力场，建立节理、断层条件下裂缝剪切扩展理论；

⑤ 高温、高压、高腐蚀性介质中的满足大排量、大液量、高泵注压力施工的相关设备

和井下作业工具研究受到国外技术的约束，今后需要在耐高温/高压分段压裂井下封隔工具、特大型压裂输砂设备、井底压力计及温度计的无线实时传输设备、远程数据卫星传输系统或实时传递的视频远程操控系统、海上压裂船等方面加大研究力度。

应该说上述几点是目前碳酸盐岩储层改造亟待解决的重大技术难题，需要广大酸化工作者付出更多的智慧来实现理论创新与技术突破。

思考题

1. 酸化在油气藏开发中有哪些作用？
2. 简要描述油井酸化的发展历史。
3. 从措施目标、作用对象、工艺参数、适用范围等角度，对比分析酸洗、基质酸化和酸压三种工艺的差异性。
4. 简述砂岩储层酸化面临的主要技术难点及对策。
5. 试分析我国海相碳酸盐岩储层特点及酸化改造面临哪些技术难点。
6. 简述碳酸盐岩油气藏酸化理论研究及工艺技术发展趋势。

第一章
油气藏伤害机理与评价

储层伤害是造成油气井产能下降的主要原因之一，对于由于储层伤害所造成的产能下降，酸化则是解除伤害、恢复或提高产能的主要手段。酸化时酸液溶解储层岩石矿物从而对储层实现一定程度改造实现增产，同时解除伤害物使得受到伤害而降低的产能得以恢复。对储层伤害的分析和认识是酸化的基础，储层伤害的评估是基质酸化选井和方案设计的最重要组成部分。酸化方案设计过程均是从储层伤害评估开始的，研究油气藏伤害机理与评价方法是十分有必要的。另外，储层潜在的伤害与其矿物组成及分布密切相关。本章将从储层岩石矿物组成及性质、油气藏伤害机理、地层伤害的室内评价和油气藏伤害数值模拟几个方面分别进行介绍。

第一节 储层岩石矿物组成及性质

随着我们对所处理的油气藏物理和化学性质理解程度的进一步加深，油气井的完井和增产措施已经越来越趋于完善化。储层岩石与流体的性质，与油气藏的伤害机理及解堵增产措施密切相关。在没有对复杂油气系统中储层岩石与流体的物理和化学性质进行全面评价之前，制定出的特定措施井的增产作业模式和工艺是不可接受的。当试图设计某一口井增产措施方案时，了解储层的这些化学组分很重要，化学组分通常是设计人员最关心的内容。

一、岩石类型与矿物组成

沉积岩是组成岩石圈的三大类岩石（岩浆岩、变质岩、沉积岩）之一，在沉积岩中蕴藏着大量矿产，世界资源总储量的75%~85%是沉积和沉积变质成因的。石油、天然气、煤、油页岩等可燃有机矿产以及盐类矿产几乎全部是沉积成因的。

常见沉积岩矿物可按矿物成分的起源分为4种主要类型：①在风化作用和搬运作用期间留存下来的矿物（碎屑类矿物）；②在风化作用和搬运作用期间所形成的矿物（次生矿物）；③由于化学反应或生物化学反应而直接从溶液中沉淀形成的矿物（沉淀矿物）；④在沉积过程中和沉积之后于沉积物中形成的矿物（自生矿物）。

主要碎屑矿物是石英、正长石、微斜长岩和斜长石。黏土矿物构成了次生矿物的主体，而方解石和霰石则构成了沉积矿物的主体，所有这些矿物可以是自生矿物。白云岩主要以自生矿物形成。

砂岩可被视为经石英分解作用而形成的岩石，相似地可将石灰岩视为CaO的分解作用而形成的岩石。绝大多数石灰岩含有很少量的碎屑矿物和次生硅酸盐矿物。砂岩地层和石灰岩地层由于自生矿物的形成可在成矿期间历经重要的变化。

（一）砂岩

火成岩、变质岩和沉积岩经过机械风化和化学风化后形成的石英颗粒和混杂的岩石碎屑沉积成砂岩。砂岩的组分依赖于矿物的来源（火成岩、变质岩和沉积岩）和沉积环境。Theodorovich应用最普遍的三种砂岩组分建立分类图。图1-1包含了大多数碎屑岩岩石类型。

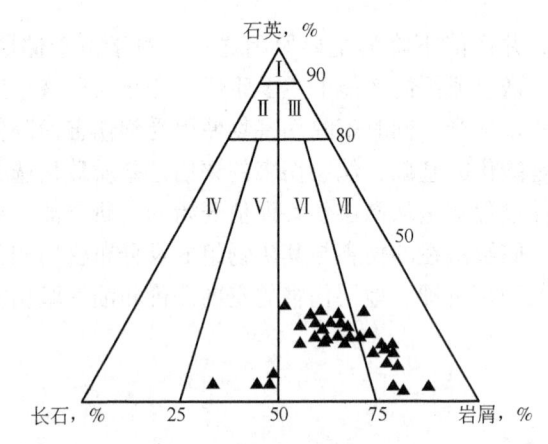

图1-1 砂岩类型划分三角图
Ⅰ—石英砂岩；Ⅱ—长石石英砂岩；Ⅲ—岩屑石英砂岩；Ⅳ—长石砂岩；
Ⅴ—岸屑长石砂岩；Ⅵ—长石岩屑砂岩；Ⅶ—岩屑砂岩

砂岩的矿物成分较为复杂，常见的有二氧化硅（石英）、硅酸盐（长石和黏土等）和其他碎屑。除石英外，其他矿物的化学成分都非常复杂，表1-1为砂岩中主要矿物组成及化学分子式。

表1-1 砂岩中主要矿物组成及化学分子式

成分	矿物		化学分子式
砂粒（碎屑矿物）		石英	SiO_2
	长石	正长石	$KAlSi_3O_8$
		钠长石	$NaAlSi_3O_8$
		斜长石	$(Na,Ca)Al(Si,Al)Si_2O_8$
胶结物	云母	黑云母	$K(Mg,Fe^{2+})_3(Al,Fe^{3+})Si_3O_{10}(OH)_2$
		白云母	$KAl_2(AlSi_3)O_{10}(OH)_2$
	黏土	绿泥石	$(Mg,Fe^{2+},Fe^{3+})AlSi_3O_{10}(OH)_8$
		高岭石	$Al_2SiO_5(OH)_4$

续表

成分		矿物	化学分子式
胶结物	黏土	伊利石	$(H_3,O,K)_y(Al_4Fe_4Mg_4Mg_6)(Si_{8-y}Al_y)O_{20}(OH)_4$
		蒙脱石	$(Ca_{0.5}Na)_{0.7}(Al,Mg,Fe)_4(Si,Al)_8O_{20}(OH)_4H_2O$
	碳酸盐	方解石	$CaCO_3$
		白云石	$CaMg(CO_3)_2$
		铁白云石	$Ca(Fe,Mg,Mn)(CO_3)_2$
	硫酸盐	石膏	$CaSO_4 \cdot 2H_2O$
		硬石膏	$CaSO_4$
	其他	盐	$NaCl$
		氧化铁	FeO,Fe_2O_3,Fe_3O_4

砂岩区别于其他岩类的特征是具有层理面，显示为深色的水平条纹。层理面是区域长期沉积过程中沉积环境改变产生的层状沉积的结果。成层显示出在垂直（垂直层面方向）和水平（平行层面方向）方向上流体流动的明显差异。垂向渗透率比水平渗透率低50%~75%，因此，在任何流体流动实验或数值模拟中，必须考虑渗透率的方向性。

（二）碳酸盐岩

碳酸盐岩形成于浅水海洋环境。许多小的分泌石灰（CaO）的生物和细菌生活在浅水中，其分泌物和外壳形成碳酸盐岩。

石灰岩包括3个主要类型，通常都是生物成因：鲕粒灰岩是由小的球形方解石颗粒组成的（包含化石和贝壳碎片）；白垩质灰岩是由微小生物的骨骼或残留贝壳聚集沉积形成的；贝壳灰岩是含有化石的石灰岩，大部分由化石碎片组成，通过含钙的泥土胶结而成。

许多碳酸盐岩，特别是古生代岩石和前寒武纪岩石中均含有大量的白云岩，形成于海水被限制的区域，由于蒸发作用该区域的盐浓度增加，当镁的浓度增加时，与已经沉积的方解石反应生成白云岩。任何一种白云石矿物含量超过50%的岩石均可以称为白云岩。碳酸盐岩类型的划分如图1-2所示。

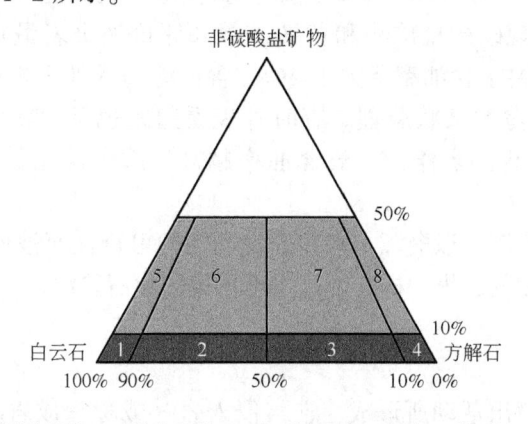

■ 纯的碳酸盐岩类：1—纯白云岩；2—灰质白云岩；3—白云质灰岩；4—纯石灰岩
▨ 不纯的碳酸盐岩类：5—泥质白云岩；6—泥质灰质白云岩；7—泥质白云质灰岩；8—泥质灰岩
□ 非碳酸盐岩类

图1-2 碳酸盐岩类型划分三角图

碳酸盐岩分布占全球沉积岩总面积的20%，所蕴藏的油气储量约占世界总储量的52%，目前已查明以碳酸盐岩为主要烃源岩的含油气盆地众多，储量巨大，一直是全球油气勘探开发的重点。我国碳酸盐岩油气藏有着广泛的分布，已在四川、渤海湾、塔里木、鄂尔多斯、珠江口、北部湾、柴达木、苏北等盆地获得发现，包括海相和湖湘碳酸盐岩油气藏。

（三）页岩

页岩的主要矿物成分是黏土矿物（包括高岭石、蒙脱石、伊利石、绿泥石）和石英。页岩中含量最高的氧化物是 SiO_2 和 Al_2O_3。当含硅的贝壳类或火山灰与碎屑石英在岩石中共生时，就会出现特别高的硅含量。K_2O 含量高或许是由于黏土矿物吸附的钾碎屑岩石、自生长石、碎屑白云母、伊利石所致。页岩也含有某些有机质。页岩脆性矿物含量较高。美国页岩脆性矿物含量约为46%~60%，其中石英含量约为28%~52%，碳酸盐岩含量约为4%~16%。我国页岩脆性矿物含量均大于40%，其中上扬子区古生界海相页岩总脆性矿物含量约为40%~80%；四川盆地须家河组石英、长石等脆性矿物含量约为50%；鄂尔多斯盆地上古生界煤系页岩总脆性矿物含量约为40%~58%；中生界三叠系湖相页岩脆性矿物含量约为58%~70%。商业开发的页岩脆性矿物含量一般要大于40%，黏土矿物含量小于30%。

页岩发育多种类型尺度的孔隙，包括粒间孔、颗粒溶孔、黏土片孔、溶蚀杂基内孔、粒内溶蚀孔及有机质孔，孔径大小从 1~3nm 至 400~750nm 不等，平均约为 100nm，比表面积较大，故可吸附大量的气体。页岩基质孔隙度、渗透率很低，典型的含气页岩孔隙度范围为4%~6.5%，渗透率小于 $0.1 \times 10^{-3} \mu m^2$。

（四）油页岩

油页岩又称为油母页岩，是指主要由藻类及一部分低等生物的遗体经腐泥化作用和煤化作用而形成的一种高灰分、低变质的腐泥煤。油页岩含有一定的沥青物质或油母物质，通过加热（干馏）可从中提取原油。油页岩的有机成分有碳、氢、氧、氮、硫等。与煤不同的是其碳氢比低（<10），含油率高，氮、硫含量也较高。油页岩的无机成分一般为黏土和粉砂，有时也出现碳酸盐矿物和黄铁矿等。评价油页岩最重要的工艺指标是含油率和发热量，一般工业要求含油率要大于4%，含油率高的油页岩可点燃。油页岩的页状层理发育，甚至可呈极薄的纸状层理。有时外表看起来也呈块状，但一经风化，其页理就呈现出来了。油页岩颜色多样，一般含油率越高，颜色越暗。相对密度为1.4~2.3，比一般的页岩轻。

油页岩属于非常规油气资源，以资源丰富和开发利用的可行性而被列为21世纪非常重要的接替能源。与石油、天然气、煤一样，都是不可再生的化石能源。

（五）火山岩

火山岩缘于地下岩浆的喷出活动所形成，它与侵入岩（或称深成岩）两者构成岩浆岩的两大类别。火山岩岩性复杂，储层由安山岩状熔岩、凝灰岩、流纹岩、集块岩、凝灰角砾岩、次火山岩和变质岩等组成，常夹杂陆源碎屑岩与碳酸盐岩类。

迄今为止，世界上已发现数量较多的火山岩气藏几乎遍及各大洲，但大多数火山岩气藏规模不大，储量很小，与世界上占主导地位的砂岩油气藏和碳酸盐岩油气藏相比，火山岩油气藏占比不到1%。我国相继在准噶尔盆地西北缘、渤海湾盆地、松辽盆地、二连盆地、塔里木盆地和四川盆地等火山岩油气勘探中取得了重大突破。

二、黏土矿物及其特点

为了设计一套合理的油气井增产措施施工流程，关键是要考虑措施流体与地层物质间的配伍性以及许多可以直接影响措施井生产动态的其他参数。经常见到由于外来流体的注入导致该井被报废，或是压裂井无法达到预期的产能，或是措施井产能在增产措施完毕以后迅速递减之类的案例，所有这些都有可能是外来流体与地层中的黏土存在相互作用导致。理解这些黏土矿物与流体之间以及黏土矿物与黏土矿物之间的相互作用机理，以便探索出这些相互作用对地层渗透率的影响，明确这些作用机理如何导致地层渗透率的降低尤为关键。

黏土矿物的种类有多种，每一种黏土与不同组分的流体相互作用时均表现出不同的反应结果。要弄清黏土矿物对油气井产能和增产措施效果的影响，必须先了解黏土矿物的结构。

（一）黏土矿物的基本结构

砂岩中富含四种黏土矿物，即高岭石、蒙脱石（或微晶高岭石）、伊利石和绿泥石，下面对每一种黏土矿物的结构加以简述。

1. 高岭石的结构

根据可连结成一层的片状结构的数目和类型可对黏土加以分类。当一四面体片与一八面体片连结起来时便形成1：1结构的黏土矿物。图1-3为由两体（硅四面体和铝八面体）片连结在一起所构成的层示意图。硅四面体片和铝八面体片之间由共价氧原子连结，而八面体片的底面则由图1-3所示的氢氧离子组成。故每一铝原子均与二个氧原子和一个羟基团键接。硅原子与氧原子键接，其中一个硅原子位于八面体片上面，而其他三个硅原子位于晶格顶端。

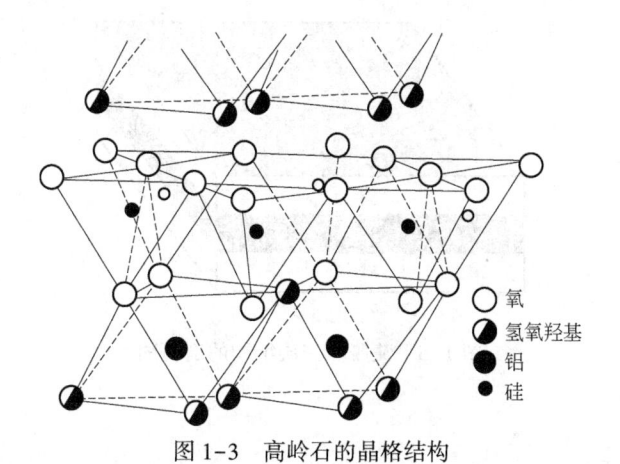

图1-3 高岭石的晶格结构

由于铝原子和硅原子共享氧原子而共价地将铝片和硅片键连在一起，故水动力、毛细管力、电子力或溶剂化力将不足以分离此二片而形成单一层。但是自然形成的高岭石颗粒具有由许多一层接一层地堆叠起来的层状结构，如图 1-4 所示。使各层连结在一起的键力是由范德华力强化的氢键力。当高岭石颗粒沉浸于水中时，这一键合强度足以阻止各层间水浸入。故此可将高岭石归为非膨胀黏土类，但是易于分散和移动。

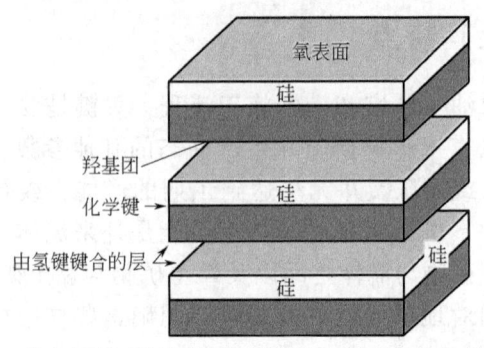

图 1-4　形成高岭石晶体的由两片体组成的层结构堆叠示意图

2. 蒙脱石的结构

蒙脱石（微晶高岭石）由以一个铝氧八面体片为中心周围包络两个硅四面体片所形成的层状结构组成。同一方向四面体点位的所有顶端原子均指向该基本结构单位中心。四面体片和八面体片被结合起来而使四面体片的顶端原子和八面体片的氢氧单位中的基本结构单位共同形成基本表面。

在硅片—铝片—硅片堆叠期间，每一基本结构单位的含氧原子层与相邻基本结构单位的相应含氧原子层相接而导致在基本结构单位间形成能量很弱的键和清晰的解理缝。蒙脱石这种结构的特殊性使水和其他的极性分子能够进入单位层间隙内，引起晶格膨胀。各层间的层间距不是固定不变的，而是在 0.96nm（1nm=10^{-9}m）左右变化。

在此条件下，蒙脱石被分为 2∶1 的黏土结构和以共价键结合形成一个层的三片体状结构（图 1-5），每一层均被内部可能含有阳离子有机质和水的薄膜所分离。碱离子交换能力强，易于吸附 Na^+ 使其高度膨胀和分散。

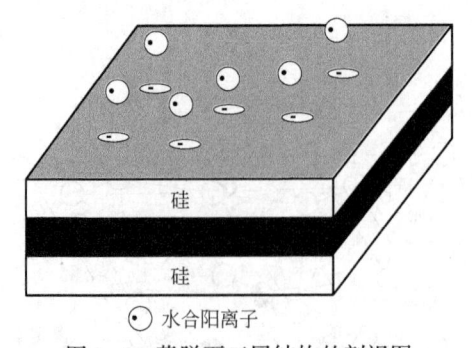

图 1-5　蒙脱石三层结构的剖视图

3. 伊利石的结构

伊利石矿物的基本结构与蒙脱石相近，每一层均由中间嵌有八面体片状结构的片状硅四面体所组成。每一片状硅的四面体尖端均指向该结构单位的中心并与单层结构中以 O 置换

OH 的八面体相结合。在该结构单位中，除了该结构中某些硅总是被铝所取代，且总电荷缺乏是由位于层间的钾离子所平衡之外，这种单位结构与蒙脱石单位结构相近。

在某些天然伊利石中，铝取代硅的数目较少，且各层间的钾离子可被其他（如钙离子、镁离子或氢离子）阳离子部分取代，这将取决于铝取代硅和其他阳离子的程度。伊利石在某种程度上的取代反应像蒙脱石的取代反应，表现出取决于与水接触程度的某些膨胀现象。故有时伊利石膨胀作用也趋于降低地层渗透率。伊利石既可分散又可膨胀，最难保持稳定。

4. 绿泥石的结构

尽管绿泥石在其特有的结构中会表现出很强的取代反应，但是绿泥石通常包括不同的高岭石型结构层和水镁石型结构层。由于取代反应的结果和邻接的氧基和羟基相互作用的部分结果导致绿泥石层间键合特性为部分静电特性，后者的氢键形成机理与高岭石的氢键形成机理相似。绿泥石基本结构如图 1-6 所示。

（二）黏土矿物的赋存状态

容易对地层造成伤害的黏土就是形成于岩石孔隙体系内且常常吸附在岩石矿物表面的黏土矿物。由于分散的黏土矿物通常作为岩石孔隙充填组分而生成，且有各种晶体大小和晶体形状，故

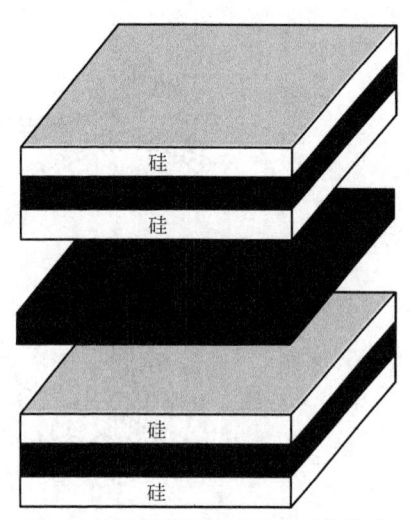

图 1-6 绿泥石混合层黏土矿物结构

这些黏土矿物对岩石流体流动和流体饱和度性质产生广泛负面影响。

Neasham 阐述了三种不同类型的分散黏土：

① 离散颗粒型黏土。这种类型的黏土反映了砂岩中高岭石产生的典型模式。高岭石通常作为或附着于岩石孔隙壁或占据粒间孔隙空间的拟六方体片状晶体而生成。图 1-7(a) 展示了离散的板片状高岭石结构。广泛充填孔隙空间的高岭石晶体相互间随机排列并主要通过降低粒间孔隙体积和孔隙体系内颗粒运移而影响岩石的物理性质。

② 孔壁附着型黏土。这种类型的黏土附着于孔隙壁上，通常形成较连续且薄（<12μm）的黏土矿物覆膜，如图 1-7(b) 所示。这种黏土矿物晶体或平行于孔隙壁表面排列或垂直于孔隙表面排列。若晶体是垂直于孔隙壁表面排列，则晶体会交互生长，形成包含孔隙直径介于 2μm 以内的、丰富的、微孔隙间的连续黏土层。

③ 孔隙搭桥型黏土。这种类型的黏土也包括伊利石、绿泥石和蒙脱石。如图 1-7(c) 所示，孔隙体系内激活形成的交互生长和/或缠结的黏土晶体既形成了微孔隙，又创造了流体弯曲的流道。

Neasham 观察到：如果黏土是孔隙搭桥型黏土，则表现出较低气相渗透率和水相渗透率，具有大量孔隙搭桥型黏土和离散颗粒型黏土的砂体仍有很高渗透率。

孔壁附着型黏土和孔隙搭桥型黏土通常具有较高的束缚水饱和度，当所有这类黏土体系的油相相对渗透率大约相同时，则说明那些极细孔隙内将饱含大量水；另外，所有黏土体系在有残余油时水相相对渗透率很低，而且当黏土体系从离散型向孔隙搭桥型演化时水相相对渗透率将减小。

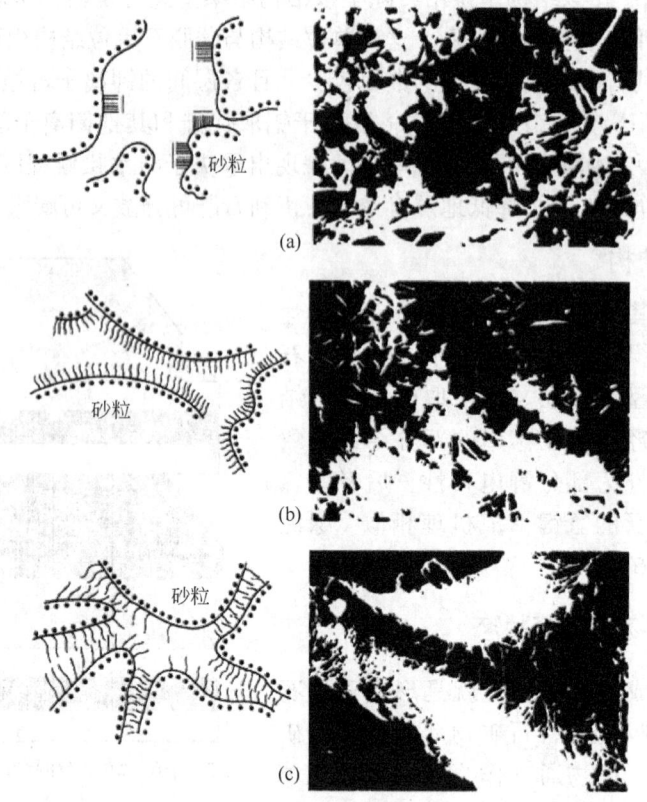

图 1-7 不同类型的分散黏土示意图
(a) 离散颗粒型高岭石；(b) 孔壁附着型绿泥石；(c) 孔隙搭桥型伊利石

（三）黏土矿物微观形貌

各矿物具体形态描述以及潜在伤害类型见表 1-2。

表 1-2 自生黏土矿物形态及潜在伤害问题

矿物	表面积，m^2/g	形态描述	主要储层问题
高岭石	20	叠板状或叠产状	脱落分散、运移并聚集在孔隙喉道，引起严重的堵塞及渗透率下降
绿泥石	100	板状、蜂窝状、玫瑰花状或扇状	对酸性和氧化水特别敏感，产生 $Fe(OH)_3$ 沉淀堵塞喉道
伊利石	100	具有长条壳刺状或长条颗粒不规则形状	与其他迁移微粒一起堵塞喉道，钾离子淋滤引起黏土膨胀
蒙脱石	700	不规则、波状、皱纹层状、网状或蜂窝状	水敏膨胀引起微孔隙度和渗透率下降
伊—蒙混层	100~700	丝状或丝带状	脱落分散成块状和桥状通过孔隙引起渗透率下降
绿—蒙混层			

研究黏土的微观形貌有助于辨别黏土矿物组成。在扫描电镜下，蒙脱石的集合体常呈花朵状、蜂窝状等形态或充填于颗粒之间，同时蒙脱石是砂岩中的主要黏土矿物。高岭石在扫描电镜下呈现叠板状或叠产状。各矿物微观形貌如图 1-8 所示。

(a) 高岭石叠片支架状微结构　　(b) 绿泥石支架状微结构

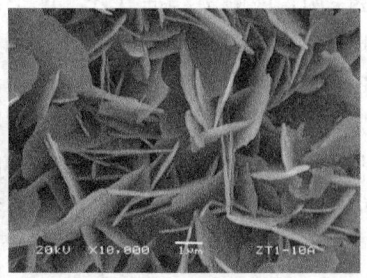

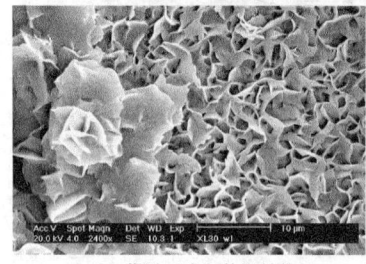

(c) 蒙脱石蜂窝状微结构　　(d) 伊利石头发丝状微结构

图1-8　不同黏土矿物微观形态

第二节　油气藏伤害类型与机理

油气藏伤害在钻井、完井、固井、修井、开采、注水等任意过程中都可能出现，严重影响油气井的产量。因此，研究油气层伤害及保护油气层的工作日益重要。在近井地层范围内，限制油气达到最大天然产能的障碍，称为油气层伤害。

油气层伤害的主要表现有两类：一类是油气层伤害引起的绝对渗透率的降低；另一类是油气层伤害引起的烃渗透率的降低。影响油气层伤害的严重程度主要有两个因素：伤害区渗透率降低的程度和伤害范围。

储层伤害的实质为储层孔隙结构变化导致的渗透率下降。通常是由内因、外因及内外因的综合作用导致储层伤害的发生，在研究储层伤害机理的时候也要综合考虑内外因的影响。

储层伤害的内因是指那些因外界环境的变化可能导致储层伤害的储层自身特点。它是储层自身固有的特性，包括储层物性以及所处的成藏环境。储层伤害的外因是指在钻井、完井、试井、采油、增产等施工环节中，能够改变储层微观结构、降低储层渗透率的施工作业。

一、油气藏伤害类型

在钻井和注水开发过程中的任何作业都可能伤害井眼附近地层的渗透率，主要原因为：①各种作业中流体携带的固体微粒进入地层；②侵入流体与岩石矿物及地层流体的相互作用导致了孔道中固体颗粒的运移和化学反应。

除岩石渗透性伤害能够引起油气井产能下降外，机械类成因造成的地层伤害也能影响油气井产能，此种伤害称为拟表皮效应。部分完井、斜井、孔密过低、射孔深度过浅及生产率过高都会导致井眼附近产生紊流和应力变化。油藏流体黏度的变化也能导致产能降低，因为钻井液和完井液的侵入常常会导致井眼附近产生乳化伤害。

从地层到射孔孔眼再到井筒（图1-9）的整个流动通道范围内都可能发生渗透率伤害现象。因此，在设计产层保护措施方案时，必须同时考虑渗透率伤害的类型和位置。

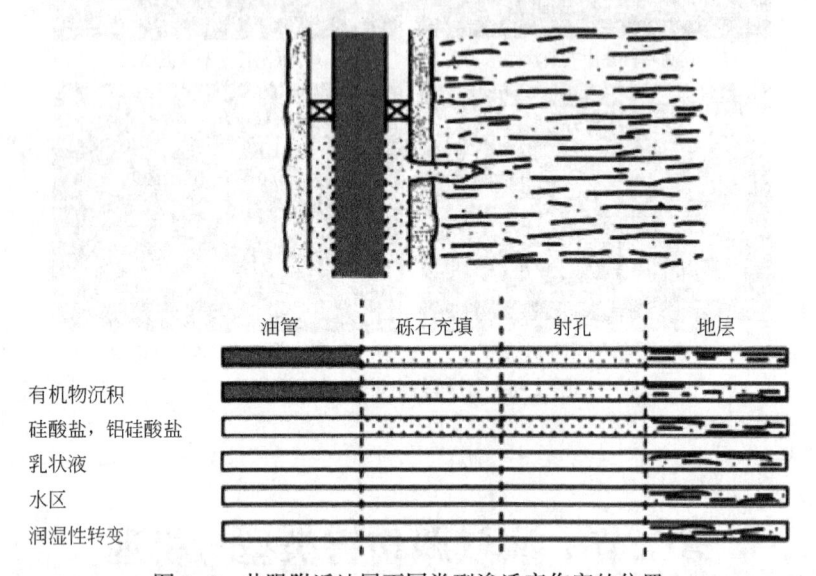

图1-9 井眼附近地层不同类型渗透率伤害的位置

由于钻井液是油藏工程师而不是钻井监督选定，因此钻井引起的地层伤害几乎是不可避免的。例如，低滤失性钻井液可减小地层伤害，降低压差卡钻；而高滤失性钻井液可减小岩屑压制，提高钻进速率。同时，防止泥岩膨胀和黏土分散对于井眼稳定、减少地层伤害是十分重要的，但是泥页岩固体颗粒的分散有助于控制水基钻井液的黏度、胶体强度及滤失。从表1-3中可看出，滤液引起的伤害范围主要取决于地层岩石的敏感性和滤液的类型。高渗透性滤饼、高井筒压力（井筒压力大于地层压力）、钻井液长时间浸泡是加重滤液侵入地层伤害的最主要原因。油基钻井液可减小渗透率伤害，因而被广泛应用。然而，由于高含泥（黏土）地层对水特别敏感，即使油基钻井液比水基钻井液含有更多固体颗粒，钻井时仍将油基钻井液作为该类地层的首选，这也意味着可能会引发固体颗粒侵入而导致严重的渗透率伤害。

表1-3 近井地带地层钻井滤液的侵入深度

时间, d	侵入深度, in		
	油基钻井液	胶质基钻井液	水基钻井液
1	1.2	3.3	7.7
5	4.6	11	12
10	7.7	17	18
15	10	21	23

续表

时间，d	侵入深度，in		
	油基钻井液	胶质基钻井液	水基钻井液
20	12	23	27
25	14	29	31
30	16	32	34

钻井液中的固相颗粒（如黏土颗粒、岩屑、加重剂及堵漏剂）侵入地层的深度比滤液侵入深度（可达4.5m）要浅（5~10cm），但它能使渗透率降低90%。钻井液固相颗粒引起的地层伤害主要取决于岩石孔隙和孔喉大小分布（大的孔隙及孔喉尺寸易于固体颗粒的侵入）、钻井液中颗粒大小分布、井眼附近的裂隙和天然裂缝以及井筒高压。为了降低钻井液固相颗粒的侵入，常使用非固相盐水和降滤失剂。

表1-4中列出了各种作业中可能产生的地层伤害类型。表1-5归纳了地层伤害问题的成因、机理及类型。表1-6列出了井和油藏开发过程中不同阶段地层伤害的严重程度。

表1-4 钻完井、修井及生产作业中可能出现的地层伤害

作业类别	地层伤害类型	
钻井	钻井液固相及微粒侵入	孔喉阻塞
		微粒运移
	钻井液滤液侵入	黏土溶胀、絮状扩散、运移
		微粒运移及堵塞孔喉
		流体不配伍引起的乳化/水锁或者无机沉积
		钻头作用引起近井地带孔隙结构的变化
下套管和注水泥	挤入的前置水泥引起的水泥和钻井液颗粒堵塞孔道	
	前置水泥段塞与油藏流体不配伍	
	水泥滤液侵入引起的结垢、黏土熟化、颗粒运移和硅土溶解	
完井	过大流体静压引起的固相颗粒和压井液进入地层	
	压井液与地层流体的不配伍性引起的孔隙堵塞	
	射孔液中的颗粒侵入和射孔弹火药微粒引起的孔隙堵塞	
	射孔弹爆炸引起近井带地层的破碎和压实	
	射孔弹壳碎片（氧化皮、螺纹涂料和污垢）引起的堵塞	
	完井液添加剂引起的润湿性变化	
修井	和完井中出现的问题相似	
	压井液中的固相颗粒堵塞地层	
	压井液与岩石矿物、压井液与地层流体的不配伍性	
	封隔液侵入引起的黏土伤害	
增产措施	压井液中固体颗粒堵塞炮眼、地层孔隙和裂缝	
	循环滤液侵入地层引起的不配伍性	
	酸化过程中氢氟酸反应引起的二次沉淀	
	酸化中产生的微粒和地层结构破坏	

续表

作业类别	地层伤害类型
增产措施	离子反应物的二次沉淀
	污染的酸化液堵塞孔隙和裂缝
	高黏度压裂液不合理破胶引起有效裂缝的堵塞
	堵漏剂或分散剂堵塞炮眼、地层孔隙和有效裂缝
	支撑剂被压碎引起的微粒运移和堵塞
	井筒中的有机及无机物垢堵塞炮眼、孔隙或酸蚀裂缝
	支撑剂嵌入地层引起裂缝导流能力降低
生产过程	大压差生产测试引起颗粒运移
	热力学条件失衡引起的无机或有机物垢沉淀
	水侵入产层引起疏松地层出砂
	出砂产生的粉砂、黏土、泥、垢等堵塞砾石充填管
	防砂填料和固砂剂堵塞固砂井
二次采油作业——注入井	注入水中的活性污染物改变地层润湿性
	注入水中的悬浮物（黏土、垢、油和细菌）堵塞地层引起注入能力降低
	离子侵蚀产物堵塞地层
	注入水与地层水不配伍引起无机物结垢
	注气时，压缩机润滑剂气雾可以改变地层润湿性并堵塞地层
	缓蚀剂堵塞地层，降低注气能力
提高采收率	热采中，高 pH 值的蒸汽冷凝液与地层接触引起微粒运移、黏土膨胀和硅土溶解
	热采中引起砾石溶解和地层出砂
	注蒸汽引起热动力条件变化，导致无机物沉淀
	注 CO_2 过程中，碳酸盐沉积导致堵塞
	CO_2 与含沥青的原油接触产生沥青质沉积
	CO_2 吞吐过程中使地层乳化
	化学复合驱时的热动力学条件变化引起的黏度与渗流速度改变，导致微粒运移

表 1-5 地层伤害问题的机理及类型

类别	来源	机理	地层伤害的类型
固相侵入			
固相类型	1. 钻屑（砂、泥砂、黏土和硅土）	物理	堵塞有效流动通道
	2. 加重剂（重晶石、膨润土）		
	3. 堵漏材料		
	4. 降滤失剂		
	5. 固相沉淀物		
	6. 活有机质（细菌）		
	7. 悬浮固相颗粒（泥砂、黏土、油）		
	8. 射孔岩屑（粉石、大岩屑）		
	9. 被压碎的支撑剂		

续表

类别	来源	机理	地层伤害的类型
固相来源	1. 钻井液 2. 完井液 3. 修井液 4. 增产液 5. 补充注入液（水、蒸汽、化学剂）	物理	堵塞有效流动通道
流体入侵			
液体类型来源	1. 水 2. 化学剂 3. 油	化学 物理 生物	改变流体饱和度分布；改变毛管压力；引起地层矿物的不稳定；黏土膨胀；微粒运移；云母矿物变化
液体类型来源	1. 钻井液滤液 2. 水泥滤液和隔离液 3. 完井液和修井液 4. 增产液 5. 化学添加剂 6. 补充注入液	化学 物理 生物	润湿性转变；碳酸盐相对渗透率减小；孔隙的乳化堵塞；无机结垢；有机结垢；矿物运移；砂的运移
热动力（压力、温度）和应力改变			
来源	1. 生产（压差） 2. 钻井/完井/修井液 3. 增产液（酸化/压裂） 4. 补充注入液（水、蒸汽、气体）	化学 物理	无机结垢（诱导/自然）；有机结垢（诱导/自然）；离子交换导致地层矿物变化；压差导致的渗透性受损；次生矿物沉淀
操作条件			
参数	1. 井筒受压不平衡 2. 操作时间 3. 开采速度 4. 注入速度	化学 物理	井筒腐蚀；地层矿物不稳定；黏土/微粒的运移；流体/固相的侵入；岩石结构破坏
来源	1. 钻井 2. 完井（射孔） 3. 增产（酸化/压裂） 4. 中途测试 5. 生产 6. 补充注入液	化学 物理	井筒腐蚀；地层矿物不稳定；黏土/微粒的运移；流体/固相的侵入；岩石结构破坏

表1-6 钻井及油藏开采各阶段中地层伤害的严重程度

问题类型	钻井过程				油藏开采		
	钻井、固井	完井	修井	增产	中途测试	一次采油	补充注入液
钻井液颗粒堵塞	****	**	***	—	*	—	—
微粒运移	***	****	***	****	****	***	****

续表

问题类型	钻井过程				油藏开采		
	钻井、固井	完井	修井	增产	中途测试	一次采油	补充注入液
黏土溶胀	＊＊＊＊	＊＊	＊＊＊	—	—	—	＊＊
乳化/水锁	＊＊＊	＊＊＊＊	＊＊	＊＊＊＊	＊	＊＊＊	＊＊＊＊
改变润湿性	＊＊	＊＊＊	＊＊＊＊	＊＊＊	—	—	—
减小相对渗透率	＊＊＊	＊＊＊	＊＊＊	＊＊＊	—	＊＊	—
有机结垢	＊	＊	＊＊＊	＊＊＊＊	—	＊＊＊＊	—
无机结垢	＊＊	＊＊	＊＊	＊	—	—	＊＊＊
注入颗粒堵塞	—	＊＊＊＊	＊＊＊	＊＊＊	—	—	＊＊＊＊
次生矿物沉淀	—	—	—	＊＊＊＊	—	—	＊＊＊
细菌堵塞	＊＊	＊＊	＊＊	—	—	＊＊	＊＊＊＊
出砂	—	＊＊＊	＊＊＊	—	—	＊＊＊	＊＊

注：＊＊＊＊很严重；＊＊＊严重；＊＊较严重；＊不严重；—可以忽略。

可通过岩心分析进行评价的近井眼渗透率伤害如下：

① 钻井、完井、修井和提高采收率作业中产生的固相颗粒对孔隙及孔喉的封堵；

② 生产或注水过程中黏土水化和膨胀及黏土颗粒扩散和运移；

③ 各作业过程中外来流体侵入引起的近井眼地层水锁或含水饱和度增加；

④ 疏松砂体运移导致的油气井产量下降。

从图 1-10 可以看出水锁对相对渗透率的影响。A 点含水饱和度与产层束缚水饱和度一致。A 点含水饱和度增加 14%（从 a 到 d）导致相对渗透率减少了 60%（从 A 到 D）。C 和 c 点表示井眼附近地层因水锁严重而导致油的相对渗透率几乎为零。水锁是钻井和完井作业过程中水基滤液侵入或生产过程中原生水指进、锥进引起的。因此，为了减小或控制油井水锁，钻井或取心过程中应使用低滤失的水基钻井液，完井作业中应使用油基或反油乳化钻井液。对于气井的钻井和取心，推荐使用气体循环。气井中使用油基钻井液会引起严重的渗透

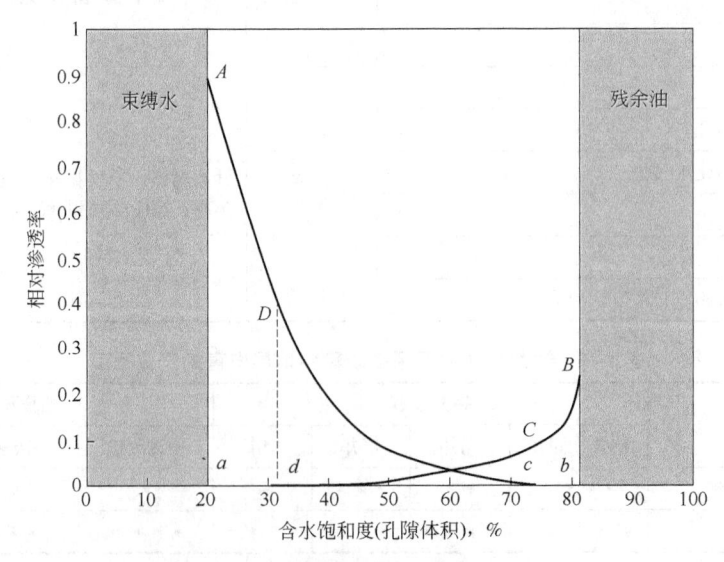

图 1-10 水锁对相对渗透率的影响

率伤害。一旦油（气）井出现水锁现象，岩心试验是确定水锁程度和选择补救措施最好的方法。对于油井，通常选用降低表面张力的化学剂（如表面活性剂和醇类）来解决水锁问题。对于气井，一般是向地层中注入醇酸溶液来蒸发液相。与亲油地层出现水锁问题相似，亲水岩石则会出现油锁。

当地层黏土与钻井或完井中使用的水基液体接触时，黏土膨胀使得渗流通道堵塞而导致井产量降低。由黏土颗粒的扩散与随后的运移导致孔道堵塞引起的渗透率伤害现象普遍存在，目前成为实验与理论研究的热点。本章将适当进行讨论。

疏松地层的井壁通常不稳定，容易出砂而导致油气井产能下降。当流体系统具有低滤失性或钻完井作业中使用含活性剂的入井液时，井筒会变得更不稳定。含活性剂的入井液会溶解胶结物质，进而导致井壁坍塌。产水也会导致弱胶结地层出砂。地层水产出会加剧地层中的微粒移动，这些微粒在井眼附近地层的孔隙（孔喉）处受阻而容易发生桥接。严重的桥接需要增大压降才能维持产能，而这又会导致地层砂的运移和产出。过大的压降使得井眼附近地层的应力状态突然改变，引起地层岩石压缩，进而导致地层坍塌以及随之产生的砂粒流入井筒。砾石充填（特别是在裸眼井中）、安装筛管和预制衬套是最常见的防砂方法。

常见的其他地层伤害类型还有地层乳化、润湿性变化、结垢以及有机物沉积等，如图1-11所示。在钻井液滤液侵入过程中，水基流体与油藏中的油或油基流体与地层水混合会发生乳化。在亲水油藏中，地层岩石吸附油基流体中的表面活性剂是引起润湿性改变的主要原因。润湿性变化可以引起水锁，从而导致油气井产能降低。生产过程中井眼内或附近地层温度及压力的降低都能引起矿物在地层孔隙和井筒内沉积，这些无机质沉积称为结垢，也是常见的引起严重井筒堵塞的原因之一。有机沉积（如石蜡和沥青的沉积）也是引起地层伤害的主要原因。在生产过程中，随着压力、温度降低，无机矿物沉积（结垢）及有机物沉积（结蜡）会在地层岩石孔隙表面或油管内堆积。图1-11展示了不同的地层伤害类型及其处理方法。

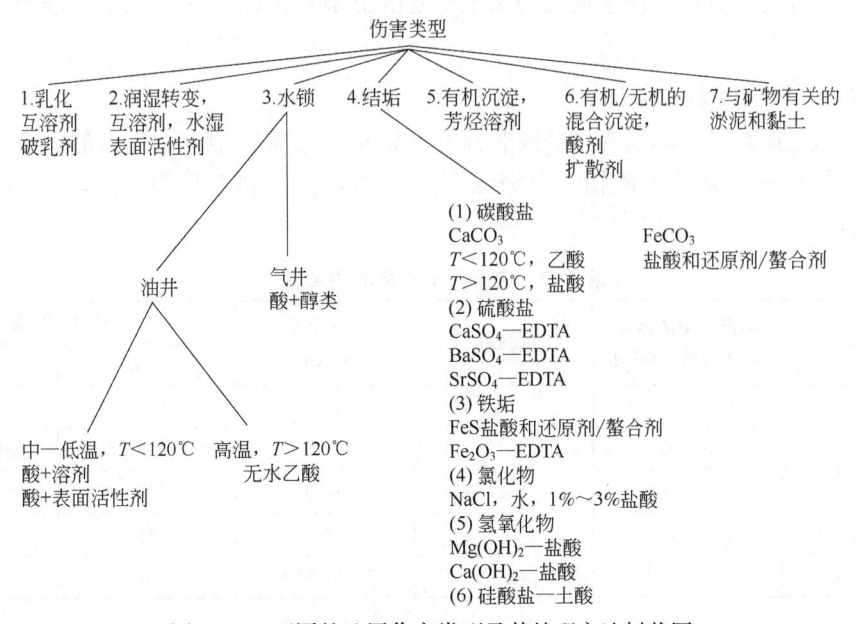

图1-11 不同的地层伤害类型及其处理方法树状图

增产措施（如清洗井筒、酸化和注入流体以提高采收率）和生产过程中造成的地层伤害一样普遍。大多数引起产能降低的问题都出现在洗井、酸化、注水、化学驱和注入蒸汽等作业中。通过精心设计和正确实施这些作业，产能最终会得到提升。

二、油气藏伤害机理

油气层伤害机理就是油气层伤害产生的原因和伴随伤害发生的物理、化学变化过程。而研究油气藏伤害机理的目的是认识和诊断油气层伤害原因及伤害过程，以便为推荐和制定各项保护油气层和解除油气层伤害的技术措施提供科学依据。油气藏伤害的类型可以分为黏土伤害、无机结垢伤害、有机沉积伤害、外来固相伤害、液锁伤害以及其他伤害。下面将分别对各伤害机理进行阐述。

（一）黏土伤害机理

在实际的开发生产中我们发现，储层敏感性伤害是影响产量的关键因素。国内国外有很多学者进行了相关研究，研究结果都表明注入水、孔隙中黏土矿物的种类和含量以及储层物性等因素都会影响储层的敏感程度。黏土矿物是引起油气层伤害的最主要因素，黏土矿物的成分、含量和产状是决定储层敏感性的主要因素。钻井、完井、注水等过程向储层中引入水相，往往会导致黏土水化膨胀伤害。黏土膨胀伤害是一类重要的储层伤害类型。

1. 黏土矿物的水化膨胀

在储层条件下，黏土矿物通过阳离子交换作用可与任何天然储层流体达到平衡。但是在注水开采过程中，不匹配的外来液体会改变孔隙流体的性质并破坏平衡。当与地层不配伍的外来流体进入地层后，会引起黏土矿物水化、膨胀，从而减小甚至堵塞孔隙喉道，使渗透率降低，造成储层伤害，这一现象即为储层的水敏性。

储层水敏程度一方面取决于储层内黏土矿物的类型及含量，另一方面取决于外来流体的矿化度。

1) 黏土矿物的膨胀性

大部分黏土矿物具有不同程度的膨胀性。在常见黏土矿物中，蒙皂石的膨胀能力最强，其次是伊—蒙和绿—蒙混层矿物，而绿泥石膨胀力弱，伊利石很弱，高岭石则无膨胀性（表1-7）。

表1-7 常见黏土矿物的主要性质

特征矿物	阳离子交换容量 mg（当量）/100g	膨胀性	比表面积 m^2/cm^3	相对溶解度 盐酸	相对溶解度 氢氟酸
高岭石	3~15	无	8.8	轻微	轻微
伊利石	10~40	很弱	39.6	轻微	轻微至中等
蒙皂石	76~150	强	34.9	轻微	中等
绿泥石	0~40	弱	14	高	高
伊—蒙混层		较强	39.6~34.9	变化	变化

黏土矿物的膨胀有两种情况：一种是层间水化膨胀（内表面水化），它是液体中阳离子交换和层间内表面电特性作用的结果，水分子易于进入可扩张晶格的黏土单元层之间，从而

发生膨胀；另一种是外表面水化膨胀，当黏土矿物表面表生水化，形成水膜（一般为四个水分子层左右），使黏土矿物发生膨胀，而且比表面积越大，膨胀性越强。

黏土矿物为层状硅酸盐，其膨胀性取决于晶体结构特征。层间电荷为零的电中性层和层间无阳离子的层状结构一般不膨胀。如高岭石为1:1型层状结构，由一个四面体片和一个八面体片组成，层间缺乏阳离子，阳离子交换能力弱，层间膨胀非常弱，只靠外表面水化撑开晶层，且高岭石比表面积又较低，故高岭石几乎无膨胀性。伊利石、蒙皂石、绿泥石矿物属2:1型结构，由两个四面体片和一个八面体片组成。伊利石虽具有较大的层电荷，并且层间具有较强的静电吸引力，但为钾离子所补偿，在加入水时，层间钾离子并不发生交换作用，故层间不发生水化膨胀，因此，伊利石只发生外表面水化，其阳离子交换容量与膨胀率均小于蒙皂石。而在蒙皂石的层状结构中具有离子半径小的Ca^{2+}和Na^+，这些阳离子的水化和溶解都会引起晶体膨胀。

蒙皂石的膨胀特性还取决于复合层阳离子的种类。钠蒙皂石比钙蒙皂石的膨胀性强，当有淡水注入时，钙蒙皂石略显膨胀，而含钠高的蒙皂石可膨胀至原体积的6~10倍。但当蒙皂石层间有K^+时，在水中不具有膨胀性，原因是钾离子的大小正好填满蒙皂石复合层的间隙，这与伊利石的情况相同。

2）外来流体性质与临界盐度

当外来流体为高浓度盐水时，黏土矿物（包括蒙皂石在内）均不膨胀或膨胀性很弱；而当外来流体为淡水时，黏土矿物膨胀性极强，说明流体性质对黏土矿物的膨胀程度影响很大。当不同盐度的流体流经含黏土的储层时，在开始阶段，随着盐度的下降，岩样渗透率变化不大，但当盐度减小至某一临界值时，随着盐度的继续下降，渗透率将大幅度减小，此临界点的盐度值称为临界盐度。

在系列盐溶液中，由于黏土矿物的水化、膨胀而导致储层渗透率下降的现象称为储层的盐敏性。储层盐敏性实际上是储层耐受低盐度流体的能力的度量。度量指标即为临界盐度。黏土膨胀过程可分两个阶段。第一阶段是由表面水合能引起的，即外表面水化膨胀，黏土矿物颗粒周围形成水膜，水可由渗透效应吸附，并使黏土矿物发生膨胀。但当溶液的盐度低到临界盐度时，膨胀使黏土片距离超过1Å（相当于4个单分子层水），表面水合能不再那么重要，而层间内表面水化膨胀（双电层排斥）变为黏土膨胀的主要作用，此时进入黏土膨胀的第二阶段，即内表面水化阶段，其体积膨胀率有时可达100倍以上。临界盐度正是这两个过程的交点。外表面水化膨胀是可逆的，而当盐度低于临界盐度时内表面水化膨胀是不可逆的。

黏土矿物的膨胀性主要与阳离子交换容量有关。水溶液中的阳离子类型和含量（即矿化度）不同，那么其阳离子交换容量及交换后引起的膨胀、分散、渗透率降低的程度也不同。在水中，钠蒙皂石膨胀的层间距随水中钠离子的浓度而变化。如果水中钠离子减少，则阳离子交换容量较大，层间距增大，钠蒙皂石从准晶质逐渐变为凝胶状态。总的来说，储层水敏性与黏土矿物的类型、含量以及流体矿化度有关。储层中蒙皂石（尤其是钠蒙皂石）含量越多，水溶液矿化度越低，则水敏强度越大。

2. 微粒的迁移

在地层内部，总是不同程度地存在着非常细小的微粒。这些微粒或被牢固地胶结，或呈半胶结甚至松散状分布于孔壁和大颗粒之间。当外来流体流经地层时，这些微粒可在孔隙中迁移，堵塞孔隙喉道，从而造成渗透率下降。地层中微粒的启动、分散、迁移是由于外来流体的速度或压力波动引起的。储层因外来流体流动速度的变化引起地层微粒迁移，造成渗透率变化的现象称为储层的速敏性。

1) 外来流体速度对微粒迁移和孔喉堵塞的影响

流体一开始流动，储层中未被胶结的、细小的微粒便开始移动。但在流速较低的情况下，只能启动细小的地层微粒，且启动的微粒的数量也不多，这样难于形成稳定的"桥堵"，且即使出现"桥堵"，其稳定性也较差，在流体的冲击下，"桥堵"很容易解体。当流速增至某一值时，与喉道直径较匹配的微粒开始移动。一方面，这部分微粒可以在喉道处形成较稳定的桥堵；另一方面，由于此时的流速较大，启动的微粒也较多，因此导致岩石中的喉道在短时间内大量地被堵塞，致使渗透率骤然下降。这一引起渗透率明显下降的流体流动速度称为该岩石的临界流速（v_c）。临界流速所标志的并不是微粒运移的开始，而是稳定"桥堵"的大量形成。临界流速后将有一段渗透率随流速增加而急剧下降的区间。此时，流速增加将导致岩石渗透率的大幅度降低，其渗透率的损害可达原始渗透率的20%~50%，甚至超过50%。但这个区间很短，这是由于与喉道匹配的微粒数目通常只占地层微粒的一小部分。当流速超过一定值时，启动的微粒粒径过大，与喉道直径不匹配，难于形成新的"桥堵"，而随着流速的进一步增加，高速流体冲击着微粒和"桥堵"，一部分微粒可能被流体带出岩石，从而使渗透率回升（图1-12）。

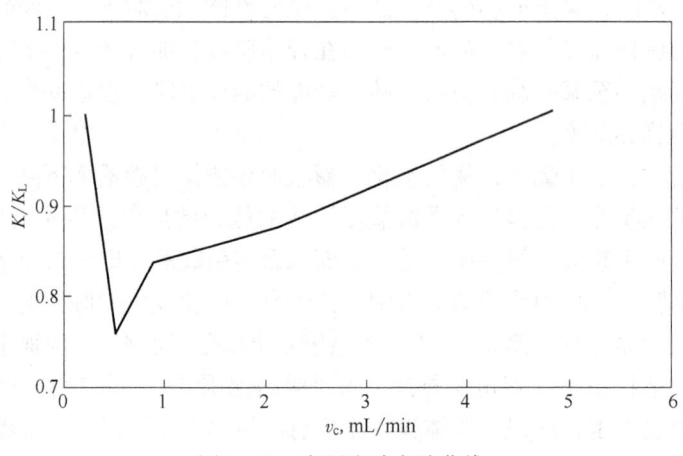

图1-12 岩石流动实验曲线

2) 大孔道的形成

对于实际的储层，地层微粒还有另一种迁移情况，即随着流体流速的增加，地层内部的微粒并不形成"桥堵"，而是直接被流体冲击而带出储层，致使渗透率随流速增大而升高。这种情况往往发生于骨架颗粒分选性较好、地层微粒较小而孔隙喉道相对较大的岩石中，因此难以形成"桥堵"。在长期注水开发的油田，一些中高渗储层经过注入水的长期冲刷，在地层内部形成了"大孔道"（即宽度相对较大的孔隙喉道），地层微粒则顺着"大孔道"被带出岩石，且随着流速的增加和时间的持续，"大孔道"越来越大，地层微粒被带出的越来越多，渗透率越来越大，在注水开发的地层剖面中形成了注入水"孔内指进""单层突进"的现象。这是与正常速敏不同的"速敏性"，可暂称其为"增渗速敏"。

在此值得一提的是，大孔道的内涵是增大的孔道，即原始孔道在开发过程中由于"增渗速敏"而增大，从而比岩石中的一般孔道的直径更大。另外，储层内部由于岩相的差别，一些孔道明显比其他孔道大，虽然这些孔道也可称为大孔道，并在后期注水开发中表现为注入水"孔内指进""单层突进"，但其内涵与增大的孔道有明显的成因差别。当然，增大孔道一般是在原始"大孔道"基础上发展起来的。

3）速敏矿物与地层微粒

速敏矿物是指在储层内随流速增大而易于分散迁移的矿物。高岭石、毛发状伊利石以及胶结不紧的微晶石英、长石等均为速敏性矿物（表1-8）。如高岭石常呈书页状（假六方晶体的叠加），晶体间结构力较弱，常分布于骨架颗粒间而与颗粒的黏结不坚固，因而容易脱落、分散，形成黏土微粒。

表1-8 可能伤害地层的敏感性矿物及流体

敏感性类型		敏感性矿物	伤害形式
水敏性		蒙皂石、伊/蒙混层、绿/蒙混层、降解伊利石、降解绿泥石、水化白云母	晶格膨胀分散迁移
速敏性		高岭石、毛发状伊利石、微晶石英、微晶长石等	微粒分散迁移
酸敏性	HCl	蠕绿泥石、鲕绿泥石、绿/蒙混层、铁方解石、铁白云石、赤铁矿、黄铁矿、菱铁矿	化学沉淀 $Fe(OH)_3\downarrow$，SiO_2 凝胶↓，释放微粒
	HF	方解石、白云石、钙长石、沸石类（浊沸石、钙沸石、斜钙沸石、片沸石、辉沸石）	化学沉淀 $CaF\downarrow$，SiO_2 凝胶↓

地层内部可迁移的微粒包括三种类型：

① 储层中的黏土矿物，包括速敏性黏土矿物（高岭石、毛发状伊利石等）和水敏性黏土矿物（蒙皂石、伊—蒙混层）等。水敏性矿物在水化膨胀后，若受高速流体冲击会发生分散迁移。

② 胶结不坚固的碎屑微粒，如胶结不紧的微晶石英、长石等。

③ 油层酸化处理后被释放出来的碎屑微粒。

微粒迁移后能否堵塞孔喉和形成桥塞，主要取决于微粒大小、含量以及喉道的大小。当微粒尺寸小于喉道尺寸时，在喉道处既可发生充填作用又可发生去沉淀作用，喉道桥塞即使形成也不稳定，易于解体；当微粒尺寸与喉道尺寸大体相当时，则很容易发生孔喉的堵塞；若微粒尺寸大大超过喉道尺寸，则发生微粒聚集并形成可渗透的滤饼，微粒含量越多，堵塞程度越严重。另外，颗粒形状对孔喉堵塞也有影响，细长颗粒不能单独形成桥堵，而球状颗粒相对而言能形成稳定的桥堵。

由于储层微观孔隙的非均质性，微粒在孔喉中的迁移也是非均匀的。较大孔道中的微粒经水驱后，易被冲散、迁移、随水流带出，从而使孔道变得干净、畅通，扩大了喉道直径；另一方面，一些被剥落或冲散的黏土可能在小孔隙中或大孔隙角落中重新聚集，从而加剧了孔间矛盾。

4）流体性质对速敏性的影响

对速敏性有影响的流体性质主要为盐度、pH值以及流体中的分散剂，这些性质对水敏性黏土矿物的分散迁移影响较大。

低盐度的流体使水敏性黏土矿物水化、膨胀和分散，它们在较低的流速下便会发生迁移，并可堵塞喉道，从而导致岩石临界流速值减小；同时，由于水敏性黏土在低盐度流体中易水化膨胀，在高速流体冲击下易于分散，不仅释放出更多更细小的黏土微粒，而且释放出由黏土矿物作为胶结物的其他矿物颗粒，从而使地层微粒数量增加，使速敏性增强。较高的pH值也将使地层微粒数量增加，这主要是由于高pH值将减弱颗粒与基质间的结构力，使那些与基质胶结不好或非胶结的地层微粒释放到流体中去，从而导致临界流速减小，速敏性增强。这实际上是"碱敏性"之一。

分散剂对速敏性的影响与高pH值流体相似。钻井液滤液是最强的黏土分散剂之一，由此引起的黏土分散导致的渗透率伤害不容忽视。

3. 酸化后的沉淀

在油田开发过程中，为了增产，常常进行油层酸化处理。酸化的主要目的是通过溶解岩石中的某些物质以增加油气井周围的渗透率。但是，在岩石矿物质被溶解的同时，可能产生大量的沉淀物质。如果酸处理时的溶解量大于沉淀量，就会导致储层渗透率的增加，达到油气井增产的效果；反之，则得到相反的结果，造成储层伤害。

酸化液进入地层后与地层中的酸敏矿物发生反应，产生沉淀或释放出微粒，使储层渗透率下降的现象，即为储层的酸敏性。

美国墨西哥湾岸许多古近系储层因黏土问题而受到严重伤害。有些井用15%的盐酸进行酸化处理，结果生产能力反而降低，平均每口井日产量由$40m^3$下降至$1.6m^3$。通过扫描电镜观察，砂岩中有富铁绿泥石的孔隙衬边以及氧化铁、黄铁矿和铁方解石充填孔隙。酸化确实起了作用，它使孔隙衬边和充填孔隙的铁方解石等矿物溶解掉，但同时析出大量铁，形成胶状的$Fe(OH)_3$，在孔隙喉道中重新沉淀，使生产能力大大下降。

储层中与酸液反应产生化学沉淀或酸化后释放出微粒引起渗透率下降的矿物，称为酸敏性矿物。酸化过程中的酸液包括盐酸（HCl）和氢氟酸（HF）两类。在酸化处理中，多用盐酸处理碳酸盐岩油层和含碳酸盐胶结物较多的砂岩油层，用土酸（盐酸和氢氟酸的混合物）处理砂岩油层（适用于碳酸盐含量较低、泥质含量较高的砂岩油层）。

对于盐酸来说，酸敏性矿物主要为含铁高的一类矿物，包括绿泥石、绿/蒙混层矿物、海绿石、水化黑云母、铁方解石、铁白云石、赤铁矿、黄铁矿、菱铁矿等。它们与盐酸发生化学反应后，随着酸的耗尽，溶液的pH值会逐渐增大，酸化析出的Fe^{3+}和Si^{4+}会生成$Fe(OH)_3$沉淀或SiO_2凝胶体，堵塞喉道，同时，酸化释出的微粒对孔喉堵塞也有一定的影响。

对于氢氟酸来说，酸敏性矿物主要为含钙高的矿物，如方解石、白云石、钙长石、沸石类（浊沸石、钙沸石、斜钙沸石、片沸石、辉沸石等），它们与氢氟酸反应后会生成CaF_2沉淀和SiO_2凝胶体，从而堵塞喉道。

（二）无机结垢伤害机理

结垢是油田注水开发中所遇到的重要问题之一。结垢往往会降低供、注水管道和油管的流量，引起地面设备和设施的磨损或堵塞，甚至堵塞注入水流经的地层孔道，造成产能下降。矿物水溶液的化学和热力学平衡状态发生改变而变成过饱和时，无机垢则从中沉淀出来。无机结垢可以发生在油管中，也可发生在注采井眼附近的地层中。产生过饱和的条件可以由储层不同开采阶段中的不同机理所产生。与提高采收率方法（如注入水、碳酸水、碱水和二氧化碳）有关的结垢，可能因不配伍流体混合和压力温度的变化引起。

常见垢的类型有：

① 碳酸盐垢，包括碳酸钙（$CaCO_3$）和碳酸亚铁（$FeCO_3$），常见于富含钙和碳酸盐或重碳酸盐离子的储层。对于碳酸钙垢，温度 $T>120℃$ 时，用乙酸处理；温度 $T<120℃$ 时，用盐酸处理。对于碳酸亚铁垢，可用盐酸和还原剂或多价整合剂处理。

② 硫酸盐垢，它以石膏（$CaSO_4·2H_2O$）或硬石膏（$CaSO_4$）为主，但也存在硫酸钡（$BaSO_4$）和硫酸锶（$SrSO_4$），其量的多少主要取决于地层水和外来液体的离子类型与多少。硫酸盐垢常用 EDTA 来解除，但最好用 EDTA 的四钠盐或二钠盐。另外，也可用同族的其他强多价螯合剂。

③ 氯化物垢，常表现为氯化钠（NaCl），主要是由于盐浓度高于其临界饱和浓度而析出的晶体。这类垢用清水或弱酸（盐酸、乙酸等）即可溶解掉。

④ 铁垢，例如硫化亚铁（FeS）或氧化铁（Fe_2O_3），可用盐酸加上还原剂（异抗坏血酸）及螯合剂[氮川三乙酸（NTA）、乙二胺四乙酸（EDTA）、柠檬酸或乙酸]即可溶解这类垢，且可防止副产物（例如氢氧化铁和硫）的再沉淀。

⑤ 硅质垢，这类垢常呈很细小结晶状的玉髓沉淀物或呈非晶蛋白石，用土酸即可溶解掉。

⑥ 氢氧化物垢，属这类垢的有氢氧化镁[$Mg(OH)_2$]或氢氧化钙[$Ca(OH)_2$]，用盐酸或任何能充分降低 pH 值且不使钙或镁沉淀的酸即可消除。

另外，可用聚丙烯酸酯、膦酸酯、聚磷酸型防垢剂防垢。

结垢机理可分为两类：自然结垢和诱发结垢。

自然结垢大多发生在近生产井区，这是由于产生了较大的压差导致溶解的轻质气从地层水中释放出来，促进了碳酸钙沉淀。可以运用 Le Chatelier 原理解释这种现象：若因压力下降 CO_2 被释放出来并被带走，CO_2 浓度就降低，为了补偿这种影响，将有更多的 $CaCO_3$ 产生以保持化学平衡常数不变。

诱发结垢是钻井、固井、完井和修井作业期间侵入到地层中的外来流体与地层水混合而造成的，由于不配伍性，两者混合发生结垢现象。地层水和注入水中含有大量的成垢离子，地层水中含有较高的 Ca^{2+} 和 Ba^{2+}，注入水含 HCO_3^- 和 SO_4^{2-} 的成垢阴离子，会形成难溶的 $CaCO_3$ 或 $BaSO_4$，如果过饱和就会产生沉淀。

（三）有机沉积伤害机理

开采过程中油层、油井和输油管线内常见的有机沉淀为石蜡、沥青质和胶质。作为一通用术语，蜡指的是某些无机成分，例如黏土、砂和其他碎屑，掺杂石蜡、沥青质、胶质的沉淀。油管表面和地层孔隙中都可以产生有机沉淀，阻塞流动通道。

通常情况下，储层原油体系处于稳定状态。在注水开采过程中，由于储层的温度、压力等条件发生变化，则会导致胶质、沥青质聚集、沉积，阻塞流动通道。常见的有机沉淀有石蜡、沥青质及胶质。其中石蜡沉淀形成的主要原因是由环境温度、压力的降低而结晶析出产生；胶质和沥青质等重质组分的沉淀则是由多分散性效应、立体胶体效应和聚集效应等多种复杂机理而形成的。

（四）外来固相伤害机理

当含有固相颗粒的外来流体进入地层时，固相颗粒将不同程度地滞留在孔隙网络中，造成地层渗透能力下降。固相颗粒包括地层微粒、地面水源中的粉砂、油滴、流体混合产物、腐蚀产物等。固相颗粒进入储层后，在其中的某些部位沉积，使流体流通喉道缩小，甚至将其堵死。固相颗粒一般对近井附近造成严重堵塞，堵塞程度受悬浮颗粒浓度、悬浮颗粒粒径、储层孔喉半径及施工作业的参数（压差、注入速度、剪切速率和作业时间等）的影响。

根据流体中固相颗粒堵塞机理及内部滤饼形成的特性，固相颗粒的堵塞伤害主要有四种类型，如图 1-13 所示。四种类型造成堵塞伤害的原因分别如下：

① 固相颗粒在井壁上形成外滤饼使井眼变窄；
② 固相颗粒在近井壁附近形成内部滤饼，使储层渗透率下降；
③ 固相颗粒在井底沉积，致使产层厚度减小；
④ 固相颗粒停留在炮眼处，造成炮眼堵塞。

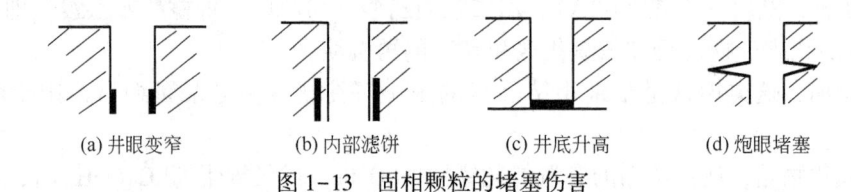

(a) 井眼变窄　　(b) 内部滤饼　　(c) 井底升高　　(d) 炮眼堵塞

图 1-13　固相颗粒的堵塞伤害

固相颗粒封堵孔隙喉道的机理是由于固相颗粒侵入以后，增大了固相颗粒与孔壁的附着面积，并在井底与地层之间压差作用下使得固相颗粒封堵孔隙喉道更为有效。固相颗粒被孔壁吸附的条件是吸附力 F_a 等于或大于由于压差造成的剪切力 F_s。通常在钻开油层、注水泥及试油作业时，$F_a > F_s$。F_a 的大小取决于固相颗粒的物理性质及孔隙结构。

固相颗粒对岩心的堵塞程度与颗粒多少、颗粒直径及颗粒分布有很大关系。固相颗粒对岩心的堵塞机理方面的研究报道很多，一般认为有以下几点：

① 颗粒在喉道处堵塞。当颗粒粒径小于喉道直径的 15% 时，颗粒能顺利通过喉道，不会造成伤害；当颗粒粒径为喉道直径的 15%~30% 时，颗粒进入地层，并造成"深部伤害"；当颗粒粒径大于喉道直径的 30% 时，颗粒极易在喉道处"架桥"，从而限制后面的颗粒继续进入，导致颗粒在"桥塞"处堆积；当颗粒尺寸接近于喉道直径的 30%~50% 时，最容易堵塞；颗粒尺寸大于喉道直径的 73% 时，颗粒不能进入地层，不会造成堵塞。

② 颗粒浓度越大，堵塞越严重。不同浓度的颗粒对岩心的伤害不同，一般来讲，颗粒浓度越大，伤害就越大，主要是由于颗粒浓度大时，颗粒易形成"桥塞"，从而堵塞严重。

③ 驱替压力越大，伤害越大。这可理解为随着驱替压力的增加，固相颗粒形成的"桥塞"离井筒越远，而堵塞越深，同时形成的"桥塞"也越致密。

④ 颗粒粒径分布是堵塞轻重的关键。如果颗粒粒径分布窄，直径很小，则不易形成"桥塞"；颗粒粒径大时，即使形成"桥塞"，其渗透率也很高，不会对地层造成大的伤害；当颗粒粒径分布范围较广时，较大的颗粒形成"桥塞"，而较小的颗粒则嵌入"桥塞"中，造成岩心渗透率的大幅度下降。

（五）液锁伤害机理

液锁伤害是由于外来流体侵入、液相析出、钻井液吸附滞留以及水相反渗吸等作用而导致储层气相渗透率不同程度降低的现象。这种伤害可能是暂时性的，也可能是永久性的。这是在低渗透储层开采过程中不可避免的问题，而且会对油气井的生产带来不同程度的影响。

低渗透油气层中的液锁效应主要分为两种情况：如果储层原生水饱和度低于束缚水饱和度，则油、气驱替外来流体时一般最多只能将含水饱和度降至束缚水饱和度，则必然出现液锁效应，而且原始含水饱和度与束缚（残余）水饱和度的差值越大，渗透率下降幅度越大，伤害越严重。另一种情况是外来流体返排缓慢，在有限时间内含水饱和度降不到束缚水饱和度，其差值越大，液锁伤害越严重。两种情况相比较，前者的伤害率总是小于后者。对某一特定储层，前者的伤害率一般为一定值，而后者的损害率则随着时间的延续而逐渐降低，降低的速度因储层孔隙结构和外来流体的性质及数量不同而不同。

由 Young-Laplace 方程及 Bennion 预测液锁伤害的公式可知，液锁伤害程度（R_s）主要与低渗储层的气测渗透率（K_a）、孔隙度（ϕ）、初始含水饱和度（S_{wi}）及外来流体侵入后油水界面张力等因素有关，还与储层岩性特征、胶结物类型及含量、孔隙结构、外来流体的性质等有关。资料统计表明，岩心气测渗透率越大、初始含水饱和度越大，液锁伤害程度越小。岩心气测渗透率大于 $500×10^{-3}\mu m^2$ 时，基本不会发生液锁伤害。

（六）其他伤害机理

1. 化学吸附和润湿性改变

在油田的注水作业中，依据不同施工要求，缓蚀剂、阻垢剂、破乳剂、黏土稳定剂和表面活性剂等工作剂往往随注入水一起注入储层中。这些工作剂具有很强的极性，吸附在岩面和裂缝面上，它们具有的大分子结构降低了有效流道空间，导致储层渗透率的下降。

表面活性剂甚至有可能使岩石的润湿性反转，由水润湿性变为油润湿性，导致原油占据小孔隙角隅或吸附在颗粒表面，减少油相的有效流道，降低了采收率和油气有效渗透率。

2. 乳化堵塞

外来流体可能导致油水界面性能发生改变，致使外来油与地层水或者外来流体与油气层中的油相互混合，形成了油和水的乳化液。一方面，比孔喉尺寸大的乳状液滴可以堵塞孔喉，降低储层渗透率；另一方面，流动阻力由于流体黏度的升高而增加。

1）回注的产出水对油相圈闭损害

回注的产出水量越来越大，产出水成为注入水的主要水源，经过处理后的产出水仍含有一定量的原油。油田注水过程中产生乳化条件有两种情况：一是油田注入水中，含油的产出水在一些具有表面活性剂作用的添加剂作用下产生乳状液；二为注入水与地层中残余的原油接触时，原油中的脂肪酸等天然表面活性剂在剪切力的作用下发生乳化产生了乳状液。

2）乳化油滴伤害

① 液阻效应。当乳状液的液珠尺寸大于孔喉直径时，乳状液的液珠会阻塞孔喉且外形发生变化，如图 1-14 所示。当生产压差大于毛管力时，油滴受压将被挤过孔喉；当生产压差小于毛管力时，油滴将在孔喉处滞留，堵塞储层。

② 吸附作用。乳状液的液珠在孔隙中受到重力、范德华力、电应力等的共同作用，部分液珠吸附在孔隙的某处，如图 1-15 所示。在孔喉附近吸附的油滴会使有效孔隙直径缩

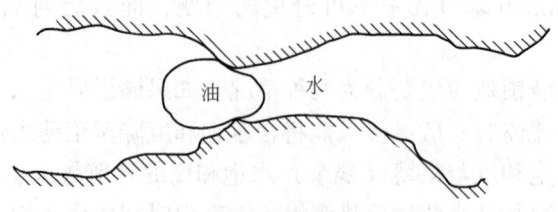

图 1-14　乳化油滴在孔道窄口的液锁

小，降低了储层的渗透率，进而影响注入效果。有时候，注水泵或其他设备的润滑油、蜡或者氧化原油等进入注入水中，它们在原油中的溶解度较低且黏度较高，可能在注水井周围形成一个高黏层，导致储层渗透率的降低。

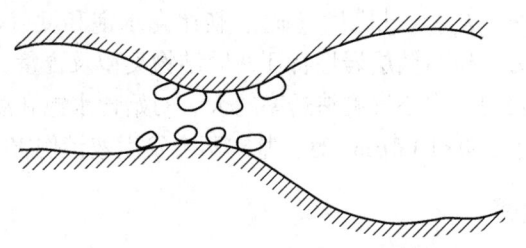

图 1-15　乳化油滴在孔道窄口的吸附

3. 微生物引起的伤害

通常注入水中含有一定量硫酸盐还原菌（SRB）、腐生菌（TGB）和铁细菌等细菌。它们在地面设备、注水管线、油管、井下注入设备及储层中生长和繁殖，其生长和繁殖的最佳pH 值为 5~9，最佳温度为 40~70℃。

硫酸盐还原菌可以把水中的硫酸根离子还原成二价硫离子，同时也产生了副产物 H_2S，因此比其他细菌引起更严重的腐蚀。硫酸盐还原菌的活动会产生三种危害：①硫酸盐还原菌直接参与腐蚀；②细菌产生的 H_2S 能增加水的腐蚀性；③腐蚀反应产生的 FeS 能造成地层堵塞。

腐生菌是能够在固相表面上产生黏稠液的细菌。它既能在盐水中生存也能在淡水中生存，既能在有氧条件下成活与繁殖也能在缺氧条件下成活与繁殖。腐生菌可以从有机物中得到能量，分泌出的黏性物质可以和代谢产物积累成沉淀，造成堵塞。

铁细菌从 Fe^{2+} 的氧化过程中得到能量，生长过程中能在其周围形成 $Fe(OH)_3$ 保护膜。铁细菌在淡水中居多，也可在盐水中生长。虽然它不直接参与腐蚀，但是通过 $Fe(OH)_3$ 层下的硫酸盐还原菌（SRB）的活动，也能引起腐蚀。铁细菌沉淀出的大量 $Fe(OH)_3$ 会对储层造成严重的伤害。

第三节　油气藏伤害的室内评价

通常我们采用地层岩样模拟地层条件开展流动试验来研究油层潜在伤害程度、避免地层伤害的方法以及损害的补救措施，基于岩心流动试验深化岩心对流体条件的反应及流体对岩心性质转化的影响的认识。这些数据可用来对导致地层伤害的过程进行模型辅助分析。这一手段将为判定各种机理在地层伤害中所起的作用提供重要信息，并有助于确定相应伤害作用的各种参数值。这些信息可用来模拟油田规模的地层伤害过程。这为快速评价和筛选各种替代方案，以及对现场应用的优化提供有价值的手段，用以避免油藏地层伤害或使伤害降低到最低程度。

下面将对常用的室内分析方法和测量技术进行介绍。

一、油气藏伤害室内试验流程及装置

评价油田操作中的潜在地层伤害，以及修复和改造伤害地层的室内试验和数据解释技术对油藏的高效开发至关重要。试验系统和方法的设计应立足于获取有意义的和准确的试验数据。将试验数据与现有模拟分析解释方法相结合，对于可靠经验公式的建立、数学模型的验证、主控因素的判别以及相关参数的确定都是重要的，然后基于试验结果制定储层保护对策。室内试验是地层伤害诊断的重要组成部分。地层伤害描述需要有完整的井史资料，必须从钻井到注采的每个阶段进行评价。钻井、固井、射孔、完井和修井、砾石充填、采油、油层改造以及注入都会造成地层伤害，了解每一种伤害是必需的。例如，油基钻井液会导致乳化和润湿性改变，固井时会因井眼附近 pH 值的变化导致地层结垢。水平井的钻井伤害会非常严重，因为地层在钻井过程中会长时间暴露于钻井液当中。所以井史资料可给出多种可能的伤害源及伤害类型。为获得有意义的地层伤害描述，室内岩心流动试验应尽可能模拟地层条件下进行：

① 应考虑实际的流体和地层岩石样品，以及所有潜在的流体—岩石的反应；

② 室内试验的设计应立足于所有现场操作的条件，包括钻井、完井、油层改造，以及目前和将来的油气开采对策和技术；

③ 室内试验所用盐水的离子组成应与现场作业中的地层水和注入水相同；

④ 不要对取自油层的岩心进行抽提，以保持其天然的残余油状态。这一点非常重要，Mungan（1989）指出，"原油，尤其是重油和沥青质原油在油层中具有内在的黏土和微粒稳定效应，这一效应会因抽提而消失。"

（一）油气藏伤害的机理作用

油层的地层伤害可由各种各样的机理和作用引起，这取决于油层岩石和所含流体的性质以及地层条件。对常见的岩石—流体、流体—流体间的反应及其各种机理造成地层伤害的基本作用可划分为：①物理—化学作用；②化学作用；③水动力作用；④热力作用；⑤生物作用。

室内试验旨在确定、搞清和定量描述各种伤害作用机理和大小。为方便起见，将常见的地层伤害机理划分为两类：流体—流体间的反应；流体—岩石间的反应。流体—流体间的反应包括乳化堵塞、无机沉淀、有机沉淀。流体—岩石间的反应包括地层微粒的脱落、运移和沉淀；外源微粒的运移和沉淀；吸收、吸附、润湿性改变以及膨胀等表面作用引起的颗粒和孔隙介质性质的转化；其他作用引起的伤害，如对流吸渗、固相颗粒的冲蚀作用等。

（二）储层配伍流体的选择

Masikewich 和 Bennion（1999）对储层伤害识别与配伍性工作液设计编制了相应的评价流程（图 1-16）。他们将流体试验和设计所需的工作分成了六个步骤：

① 流体和岩石特性识别；
② 潜在地层伤害机理分析；
③ 试验验证并定量描述地层伤害机理；
④ 减轻潜在地层伤害的技术研究；
⑤ 有效的桥堵体系研制；
⑥ 候选流体评价。

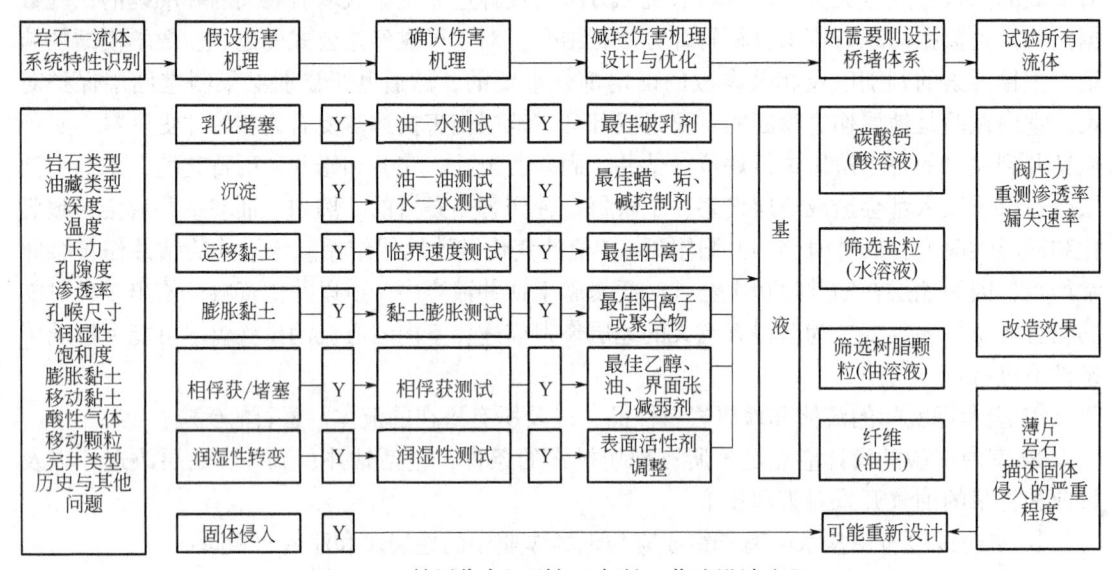

图 1-16　储层伤害识别与配伍性工作液设计流程

（三）岩心伤害测试实验装置

油层岩心样品流动试验设备的设计，依具体对象和应用的不同而不同。典型的试验系统包括岩心夹持器，流体容器，泵，流量计，试样收集器，温度、压力或流量控制系统，以及数据采集系统。岩心试验设备设计的复杂程度取决于特定试验条件和期望的要求。图 1-17、图 1-18 和图 1-19 分别描述了室温下操作的基本系统的典型设计、油藏温度下正压和负压下操作的岩心测试仪。

如图 1-17 所示，基本的岩心测试系统包括岩心夹持器、控制岩心两端压差的压力传感器、向装有岩心的橡胶套施加上覆压力的环空泵、装有测试流体（如钻井液或滤液）的容器以及将试验流体压入岩心柱的活塞泵和流出液收集容器（如试管）。该系统没有温度控制装置，在室温下操作。

图 1-18 为典型正压岩心试验设备的构成示意图。该系统旨在接近地层温度和应力条件下进行岩心试验，其他特点与图 1-17 所示的基本系统类似。图 1-19 为典型的负压岩心试验设备构成示意图，该系统也在接近地层温度和应力条件下操作。

图 1-17 基本的钻井液评价系统

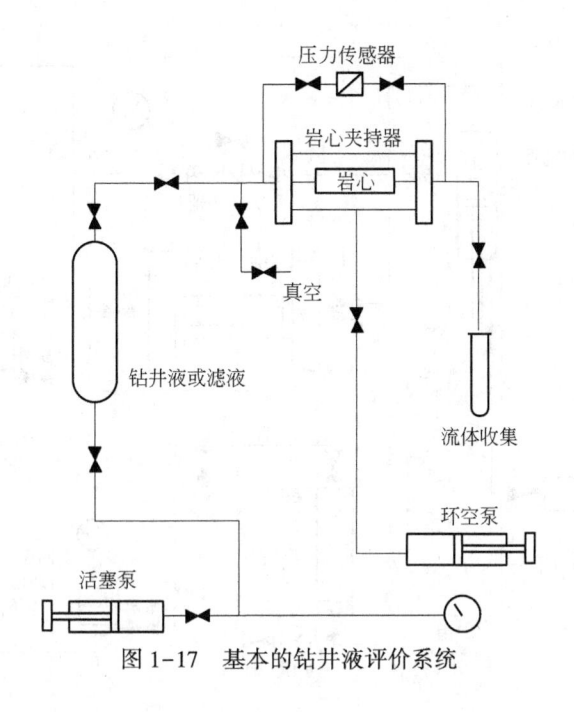

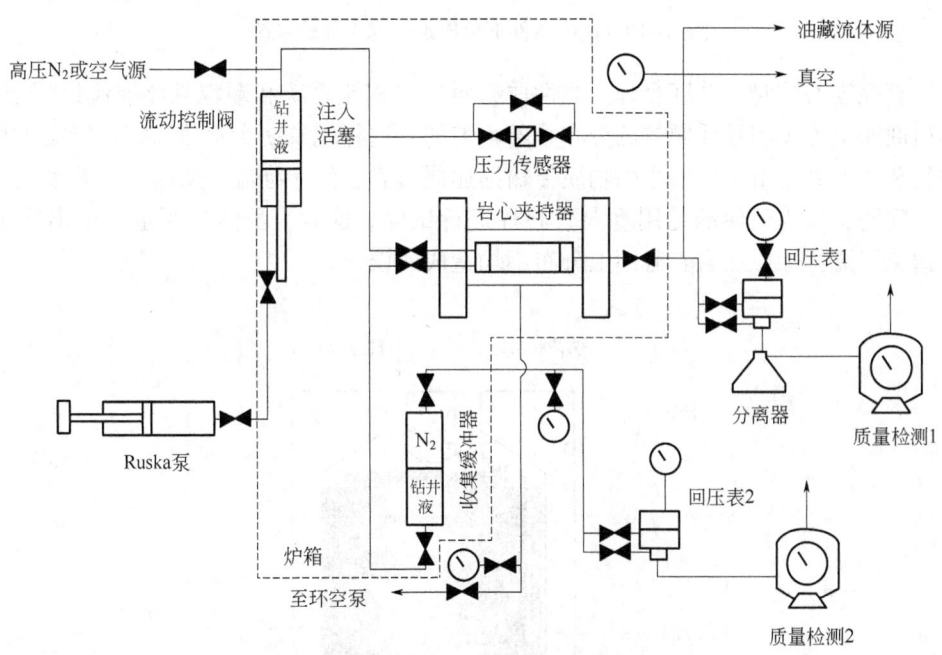

图 1-18 通用的油藏条件下液体滤失评价系统

（四）专用岩心夹持器

岩心流动试验的模式可以是一维线性流，也可以是径向流。Saleh 等（1997）提出的图 1-20 为典型的径向流模型。径向流模型能更好地显示近井地带的汇或源流动。但线性模型在试验及岩心样品制备上较为方便。多数岩心流动试验采用水平岩心柱，因为达西定律应用于水平流动时不包含重力项，而且使解释试验数据的解析求导得以简化。该方法在单相流

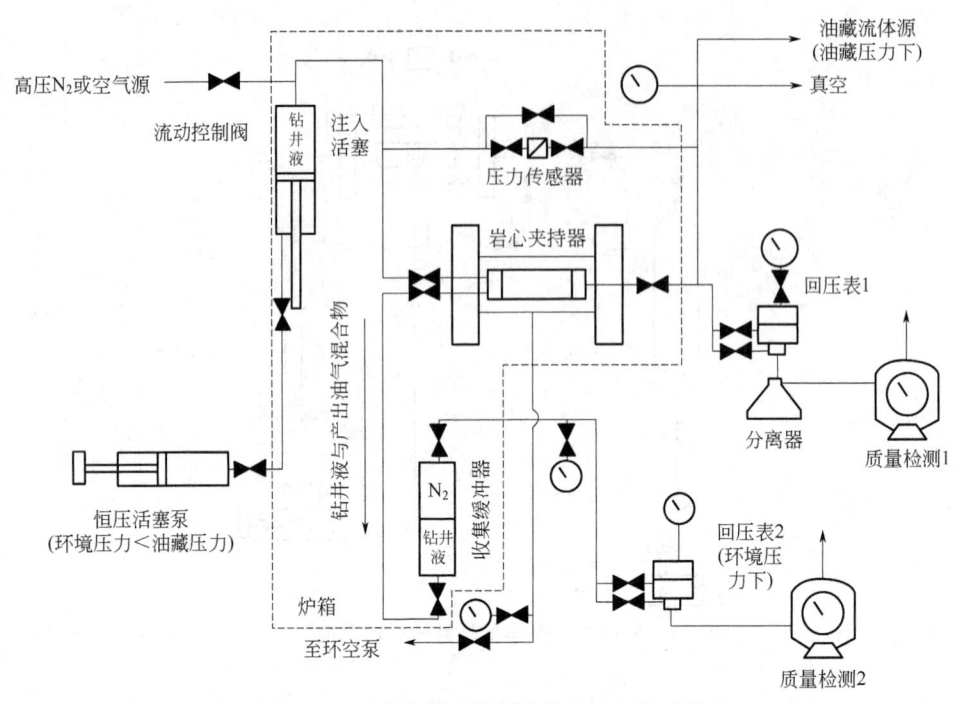

图 1-19　油藏条件下负压液体滤失评价系统

体流过小直径岩心柱时，精度合理。当性质迥异的多相流系统和颗粒悬浮液流过岩心柱时，岩心的横截面上流体和悬浮颗粒的分布是不均匀的。这种现象使实验数据解释所需方程的求解变得复杂。尤其是由于把岩心内物质传输描述成沿岩心的一维流，从而使误差增大。为了缓解这一问题，较为简便的是用垂向岩心柱进行试验。这时，虽然达西定律中出现了重力项，但避免了流体性质在岩心截面上分布不均造成的误差。

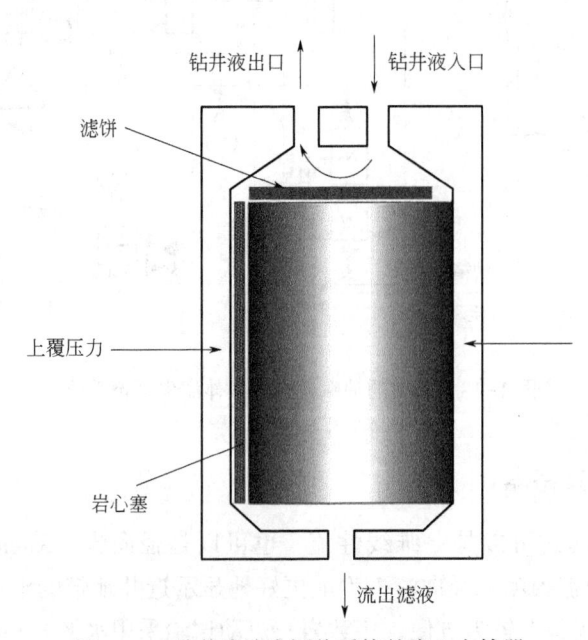

图 1-20　钻井液滤失评价系统的岩心夹持器

岩心尺寸是非常重要的参数，应该进行认真的选择以得出有意义的数据。一般用直径 1~2in（2.54~5.08cm）、长度 1~4in（2.54~10.16cm）的岩心柱。岩心柱的长宽比定义为岩心的直径—长度比。小直径岩心在橡胶套覆盖的岩心柱体表面附近产生明显的边界效应。这在采用一维模型时，因多数应用常出于计算简化目的，反而给模型辅助数据解释和分析带来误差。另一方面，短岩心不能为研究沉淀和溶解作用以及颗粒侵入深度提供足够的长度。测量分段和空间渗透率与孔隙度变化时，应采用较长的岩心。

如 Doane 等（1999）所述，已设计了一些专用岩心夹持器。图 1-20 为一单块岩心夹持器，只有出入口压力能够测量。这种系统往往用小岩心柱，得出的只是对岩心长度积分的岩心响应。而中间装有测压孔的长岩心试验装置可给出有关岩心长度上渗透率分段变化的信息，如图 1-21 所示。尤其旨在进行层析成像分析［采用诸如核磁共振（NMR）、计算机辅助测试扫描（Cat-scan）等先进技术］，有的岩心夹持器可获得更多的岩心内部数据。但并非总能得到足够长的岩心柱。在这种情况下，可将若干直径相同的岩心放入同一岩心夹持器形成一长岩心（20~40cm），在岩心柱之间放置毛管接触膜以保持毛管连续性（Doane 等，1999）。

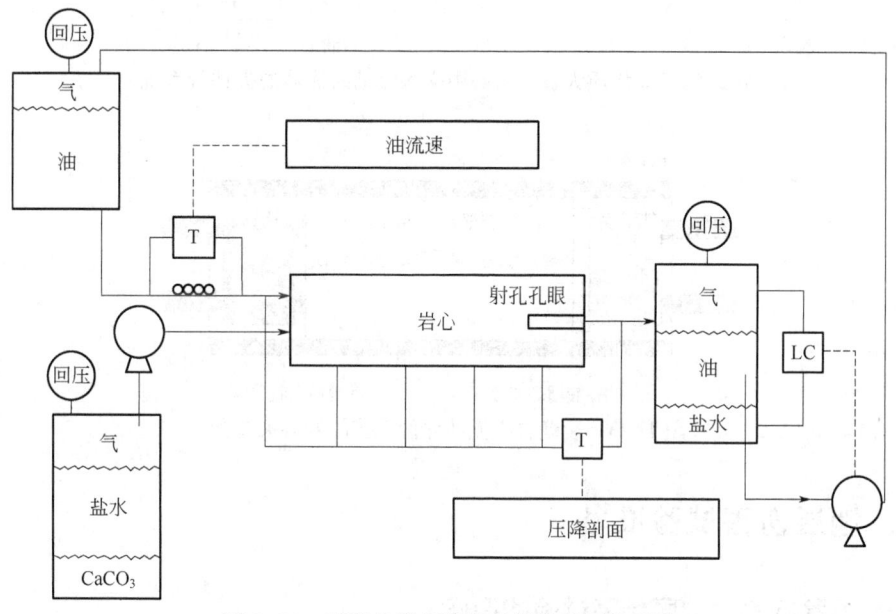

图 1-21　可测分段压降的结垢伤害评价系统

小直径的岩心柱不足以测试非均质性孔隙岩石，所以采用了大直径岩心以解决这一问题。但是当横向和纵向渗透率有明显各向异性时（如典型碳酸盐岩地层中的各向异性），大直径岩心并不具备代表性。对于碳酸盐岩地层的各向异性，推荐如图 1-22 所示的岩心夹持器的配置。在该系统中，将岩心柱两个对口侧面对着弄平，并通过特殊设计的岩心套使流体经过岩心侧面流动。这样就有更大部分的岩心表面暴露于流体中，以反映岩心柱的非均质性效应。

获取并测试有代表性的裂缝地层样品是比较困难的，一般采用含天然裂缝的实际岩心样品。但往往由于胶结差而难以取样，而且可能不含有天然裂缝。这时可用水力压裂设备制备人工造缝岩心柱，如图 1-23 所示。

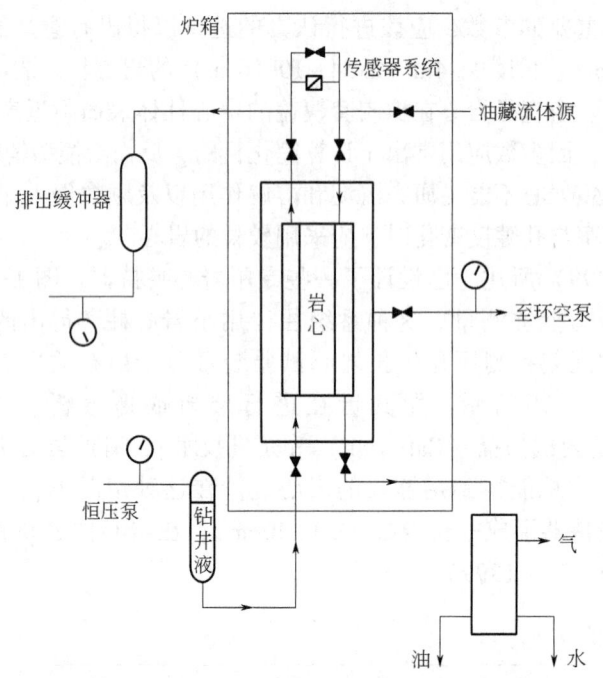

图 1-22　非均质大直径岩心中交叉流动时流体滤失评价系统

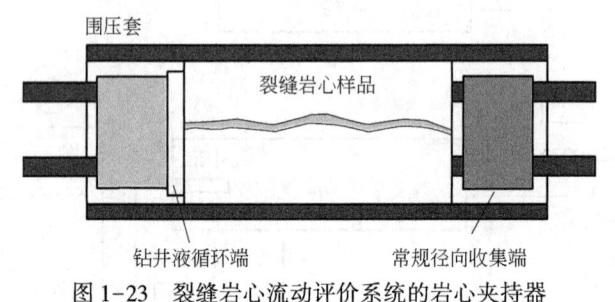

图 1-23　裂缝岩心流动评价系统的岩心夹持器

二、地层伤害试验准备

（一）推荐的室内地层伤害试验的操作

试验设计的下述流程旨在提供各种试验条件下地层伤害的评价方法。因而该流程并非处处都是严格的，试验者在该流程的某些方面对所使用的准确的方法或技术进行选择是必要的。但如果严格按该流程操作，可最大限度地减小试验结果的不确定性。如果确实违背了该流程，也将有助于将不同试验得出的数据进行比较。

1. 岩心制备与特征描述

1）岩心柱的切割与修整

岩心要切割，最小直径为 1in（2.54cm）。最好使用与岩心夹持器相匹配的较大尺寸的岩心柱。样品长度至少为 1in（2.54cm），应从岩心中部取样以最大限度地减少取心液侵入的影响。样品钻取方法和所用的钻头润滑剂应视岩心保存状态和油层类型而定。

(1) 胶结岩心的切割

标准旋转式岩心推杆器，要和以下所选润滑剂一起使用：

① 保存好的岩心。如果岩心保存良好，就要用所取层位的合适的地层流体，即油井采用地层水或原油，气井采用地层水。

② 保存差的岩心。如果岩心保存较差且试验前要清洗，则取样液应为惰性矿物油，不应采用诸如原油和地层水的流体，因为它们会在岩心内部产生沉淀。

(2) 非胶结岩心的切割

应根据样品的状态，采用以下方法之一：

① 均质样品。要用插入式取样，即将边缘锋利的金属圆筒压入软的岩石。

② 非均质样品。如果样品含硬结核、胶结包块或纹理，则应采用旋转式取样器，以压缩空气（室温样品）或液氮（冷冻样品）作为润滑剂。

(3) 岩心柱的修整

取样后，要对岩样进行修整，使垂直于岩心柱的两侧端面平整。在进行清洗或试验之前，应将样品保存在取样液中。所有柱状样品端面都要清洗掉修整过程中产生的微粒或岩石粉末。

2) 岩心柱的安装与标识

在这一阶段，岩心要用惰性材料包装，但保持两端面暴露，材料用聚四氯乙烯带和热收缩管。对于胶结差的样品，可在岩心柱端面使用阻隔网。岩样有井号和层位顶、底深度，将其标于岩心柱的侧面，不能标于两端面。

3) 清洗和烘干

在某项研究中，一旦选定清洗和烘干的方法，所有样品要一视同仁。

(1) 原状岩心

原状岩心样品不应进行清洗，用后面"基础饱和度制备"中描述的方法之一，以适当的单相流体制备束缚水饱和度 S_{wi}。

(2) 非原状岩心

对于没有处在原始状态的岩心样品，要求进行清洗。可采用以下方法之一得到清洗样品：

① 对于不含易损或敏感性矿物的样品，可用溶剂或溶剂混合物在标准的岩心分析索氏萃取器中清洗，然后在高温炉（90℃）中烘干。对于含有伊利石和蒙脱石等易损或敏感性矿物的样品，应采用冷态溶剂连续浸渍方式清洗，在临界点干燥烘干。如果没有所要求的设备或者要求采用较快的方法时，可采用索氏萃取器连续浸渍的方法对样品进行清洗，然后用低温炉（60℃）烘干。在测量基本参数之前，洗净烘干后的样品应保存在干燥器内。清洗样品常用的溶剂包括甲苯、二甲苯、甲醇、氯仿和丙酮。给定情况下，至于哪种溶剂最佳，没有共识。

② 样品可在岩心夹持器内用流动混相溶剂（或溶剂混合物）加以清洗。

③ 样品可用交替流动轻质矿物油（如果量足够，也可用原油）和地层盐水清洗直至原始流体被完全驱替为止。油流动到 S_{wi} 时停止清洗。如有必要，可在 S_{wi} 下用原油混相驱替掉矿物油。应采用油藏温度。

(3) 恢复态样品

如果需要恢复态样品，就首先按上述"非原状岩心"叙述的程序操作，再按下面的

"岩心柱饱和"叙述的方法饱和样品，然后在油藏条件下进行长时间的老化（3~6周）即可。

4）岩心柱选择

驱替试验前，应选择足够数量的样品，以使整个试验程序基本上可使用同一岩石样品进行。岩心柱选择过程中有待使用的标准如下：

① 渗透率大小相似（最好按 K_a 或原状岩心 K_o，定在20%范围以内）；

② 粒度/孔喉尺寸分布相似（用岩心柱余料或骨架材料通过扫描电镜、薄片分析确定，如有可能，用压汞确定）；

③ 组成/岩性相似（用岩心余料或骨架材料由X射线衍射、扫描电镜、薄片或岩心柱的CT扫描确定）。

②和③中的参数难以定量确定，替代岩心的可比性必须采纳专家意见。

5）岩心柱饱和

100%饱和定义为基础饱和度不超过2%。地层盐水饱和洗净的样品最初应用地层盐水饱和。采用以下两种方法之一即可做到：

① 如果样品已经用浸渍法洗净，则将干燥样品放入饱和容器，抽真空，然后注入地层盐水，再施加足够压力使样品100%饱和地层盐水（可由称重法确定）。

② 如果样品在岩心夹持器已被流动溶剂洗净，那么视作100%饱和甲醇（由流出液组分确定），就用地层盐水以混相驱方式置换掉所有甲醇，至含水饱和度100%（由流出液组分确定）。通过施加回压将气相消除。

6）基础饱和度制备

在驱替试验之前，不论是原状岩心还是恢复原状岩心，都应使之达到某一规定的饱和度/毛细管压力值。对于油井和气井，应采用地层束缚水饱和度。有多种方法可使岩心达到这一饱和度值，包括多孔板、动态岩心夹持器以及超速离心机。由于岩心样品性质差异很大加上试验目的各异，故没有一种方法被认为能适用一切情况。制备基础饱和度以后，在进行渗透率测试之前，样品应保存在适宜的流体和条件下。

2. 流体制备

1）模拟地层水

模拟地层水（SFW）的制备应采用分析纯级无机盐，以获得适当的离子水平（由元素分析确定），然后脱气。模拟地层水应过滤至 $0.45\mu m$。

2）初始和最终渗透率测量所用流体——煤油或惰性矿物油

煤油或惰性矿物油应过滤至 $0.45\mu m$。

① 地层盐水。如果有的话，地层盐水就应在油藏温度下向 $0.45\mu m$（过滤器）过滤。或者按上述"模拟地层水"中所述，应即配即用。

② 原油。通常采用脱气原油，但应除去其中可能含有的某些产出水。应采用 $0.45\mu m$ 的过滤器将原油过滤，温度保持在析蜡温度以上。

③ 气体。应采用 $0.45\mu m$ 过滤器滤过的无氧氮气。过滤后的氮气应在入口压力条件下加湿，以防止在试验过程中样品变干。

3) 钻井液（全配方钻井液）

恢复渗透率测试要用的钻井液应尽可能有代表性。如果使用室内制备钻井液，则钻井液中应包括配方中的所有成分，包括加重剂和杂质，且应按现有标准的 API 程序混合。在试验之前，室内制备钻井液应通过热压方式，在相应井底温度下人工老化16h。这些钻井液也应通过网筛来模拟相应地方的钻井液调节（筛网尺寸体现现场应用的钻井液振动筛的筛网尺寸）。

如果采用现场钻井液，则在使用之前，每实验室桶（350mL）钻井液应用 Silverson 搅拌器进行剪切（油包水乳化钻井液采用方孔乳化器筛网，水基钻井液用聚合物搅拌头）5min，以保证钻井液的代表性。同样也要将钻井液用网状筛过滤以模拟相应地方的钻井液调节。

① 钻井液（滤液）。按上述操作和要求准备好钻井液，然后对其进行过滤以使所获得的滤液能够代表经滤饼往地层滤失的滤液。滤液既可通过离心样品，也可用高温、高压液体滤失器获得。然后，将收集到的滤液进一步过滤至油层岩心平均孔喉直径的约 1/3，而且应在过滤后 16h 内使用。

② 无固相完井液。无固相完井液（如盐水、酸）的制备应包括计划在井中使用的所有添加剂，这些添加剂应过滤到符合地层/油田实际需要的合理的技术要求。

③ 含固相完井液。这里主要是指降滤失剂。制备这些液体时应使其颗粒分布能反映井下预期的特征。制备液的过滤不是必需的，视有待测量的效应类型而定。

4) 井筒流体充填

供评价的制备样品应装入岩心夹持器。岩心夹持器能达到与地下油层条件相匹配的油层净围压和额定温度。连续记录压力和流速随时间的变化。

应将岩心按水平位置放置，以便进行分析。加载在样品上的围压应逐渐增大，同时就地流体孔隙压力也增加，以保持与地下油层应力条件相同的净围限应力比。样品上的净应力的增大率不应超过每小时 1000psi（6.9MPa）。

试验设备和样品都应加热到等值油层温度。加热过程中，应对孔隙压力和围压进行调整以保持原始条件。要求监测样品温度和施加的孔隙压力和围压，以确定何时达到油层条件。在试验开始之前，样品应在测试温度和压力下稳定至少 4h。

注意，为防止流动测试过程中微粒移动对样品造成的损害，建议进行单独的临界速度试验，以确定不至于因微粒运移造成渗透率降低的可采用的流速。临界速度样品的制备技术应与测试样品的制备技术相同。

5) 初始渗透率

地层流体应在恒速注入下朝采出方向流动（由"地层"至"井眼"）。在临界速度未知的情况下，流速应尽可能慢，但仍足以产生可测量的压降。如果试验材料的临界速度已知，则流速应不大于 50%的临界流速。应记录样品两端的压差。应特别注意测试样品内微粒矿物移动引起的异常。流动要持续至压降稳定为止，其变化不超过 10 倍孔隙体积的最小值的 5%。一旦初始渗透率确立，液体流动即停止。

6) 钻井液充填

为模拟井的条件，钻井液应流过样品的"井眼"表面。在充填钻井液之前应将其预热以匹配井筒条件。钻井液应在与油藏正压相同的压力下施加于样品表面，且动态循环至少 4h。对所要求地层进行钻井液对比试验时，每种钻井液的流速都为一常数。循环过程中要记录钻井液压力和孔隙压力，以保证其稳定（变化小于 5%）。

在钻井液动态循环过程中，应从样品的"地层"端监测样品中的液体侵入量。对使用的监测方法应作记录。要记录侵入量随时间的变化，以评价滤饼形成的初滤失和滤饼阻止滤液侵入样品（滤失）的效果。

静态钻井液的充填应与动态钻井液的相同。在静态充填过程中，要保持钻井液压力，使钻井液不会流过样品的"井眼"表面。静态充填的时间至少为16h。与动态充填时一样，要记录"地层"表面测得的侵入量随时间的变化，以监测滤饼动态。静态充填后，动态循环钻井液至少1h。

规定有冲洗液或破乳液的流体系统，必须一步到位，纳入模拟充填及与此流体接触的试验程序。

在油藏温度下以1mL/min的速率注入10倍孔隙体积的滤液，以井眼朝地层方向通过岩心，并测量压差。

7) 完井液充填——无固相完井液

在静态油藏温度下注入10倍孔隙体积的完井液，以井眼朝地层方向通过岩心。液体注入速率应与建立初始渗透率时的速率相似（见上述"初始渗透率"）。

防滤失剂应在适当的正压下与井眼表面接触，这应在静态油藏温度下进行，总时间应体现模拟作业所确定的时间长短，但以至少16h为宜。应记录这一段时间的滤失、接触期间的压差以及滤饼厚度。

8) 清洗处理

任何清洗处理都应在与油藏条件相适应的压差下流过样品的井眼表面。一旦突破仍应使流体流过岩心，并保持压差直至获得有代表性的滤失量。如要适于模拟现场的操作，流体循环之前或循环以后一段关井时间即可利用。应记录整个时间的滤失量和压差。

9) 生产模拟

完成了钻井液（和可能的其他流体）的充填后，重要的是模拟由地层朝井眼方向的返排，模拟可在恒定压力或恒定流速下进行。渗透率可用以下方法的任意一种予以确定。

① 确定恒定压力（压差）下的流速。通过降低岩心柱井眼端的压力，将地层端的压力保持在允许流体通过岩心柱、滤饼和钻井液的孔隙压力，可以实现压降。该压降应模拟用于油藏的压降。压差持续至达到恒定流速为止。如果不能实现，应记录在报告中。在这一过程中应测量压力和流速。注意，岩心夹持器设计允许的地方，应采用兼顾岩心面两侧流动的流态。

② 恒定流速下压差的确定。本步骤与上述①不同，采用了恒定流速，并测量相应的岩心两端的压差。流速应能代表井眼表面的流量。流动持续至达到恒定压力为止。应记录流动起动所要求的压力。

10) 恢复渗透率的确定

最终渗透率或恢复渗透率的测量可分两个阶段进行：

① 在上述"生产模拟"以后立即测量。当达到一稳定的流速/压降时即可测量试验岩心柱的渗透率。

② 完成岩心柱制备（方法同测初始渗透率时的相同，见上述"岩心制备与特征描述"）以后即可测量渗透率。

确定恢复渗透率时重复"初始渗透率"中所用的方法，测量初始渗透率时则保证采用完全相同的流体和流速。

（二）岩心驱替试验

岩心驱替试验可通过各种方法进行，这取决于专项应用的要求和试验的方便性和现有的解释方法。

岩心驱替试验往往在岩心两端恒定压差或岩心柱中恒定流速的条件下进行。这为利用数学模型解释试验数据提供了方便。但是，尽管应用优质设备，在实际试验条件下保持恒定的压差或恒定的流速是困难的，事实上不可能做到。所以，最好选用考虑不同流动条件的解释方法。

岩心驱替试验可采用单个或多个岩心夹持器。根据特定的目的，多个岩心夹持器可采用串联或并联方式。有多种原因可以要求用并联岩心夹持器。流体可以同时流过相似的并联岩心柱，且每个岩心柱在不同时间里可单独测量某些地层伤害的参数，如滤饼厚度、孔隙度以及沉淀量。确定渗透率差异影响的试验（如波及控制研究的试验）要求驱替时将不同渗透率的岩心柱并联。串联的岩心柱可用来模拟长距离的地层伤害效应。

岩心驱替试验可按两种方式进行：间断岩心驱替和连续岩心驱替。间断驱替试验中，按一定时间间隔中断注入流体，并测量渗透率。而连续驱替试验则是在注入过程中测量有效渗透率。

三、常见油气藏伤害室内评价方法

本节将根据 Keelan 和 Koepf（1997）的研究，描述常见地层伤害问题的室内评价方法。他们将常见的地层伤害问题分为四类：

① 钻井或完井、修井和流体注入带来的固相颗粒对孔隙通道的堵塞；
② 黏土与水的反应导致黏土的水化和膨胀，或随注入或产出水流动，发生黏土颗粒分散和孔隙堵塞；
③ 液堵，通常由钻井、取心、完井或修井过程中外来流体进入井眼中地层而引起；
④ 井壁坍塌和后续的未胶结砂流入井眼。

（一）液锁伤害

图 1-24 是液体堵塞降低了油气的有效渗透率的试验结果。在伤害以前，原始可动水饱和度范围为 $0.2<S_w<0.8$。与地层不配伍的外来流体侵入孔隙介质以后，束缚水饱和度由原始的 0.2 上升到约 0.34。所以线 $\overline{AA'}$ 右移至 $\overline{DD'}$。这样，束缚水饱和度下油的相对渗透率就由 0.9 降至约 0.3，即降低了 2/3。另一方面，不配伍外来流体侵入造成的黏土水化和微粒堵塞使残余油饱和度由原始的 $0.2(S_w=0.8)$ 增至约 $0.26(S_w=0.74)$。这样，线 $\overline{BB'}$ 左移至 $\overline{CC'}$。水相渗透率也有所降低。

毛细管压力方程为：

$$p_c = \frac{2\sigma\cos\theta}{r} \tag{1-1}$$

式中，p_c 表示使水滞留所需的毛细管压力，σ 为水与烃之间的表面张力，θ 为水与烃之间的接触角，r 为孔隙半径。

毛细管压力方程式(1-1)表明，可通过降低表面张力或增大接触角以减弱亲水性的修井方案来减少水的滞留。

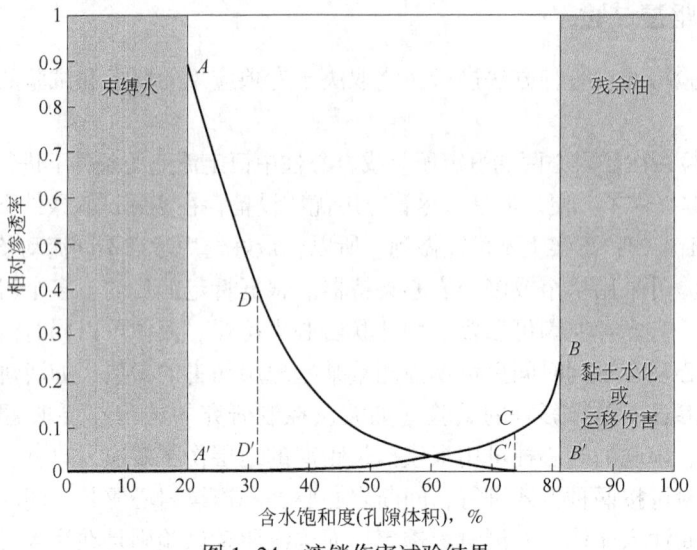

图 1-24　液锁伤害试验结果

（二）钻井液伤害

含有固相颗粒的钻井液会在井壁形成滤饼，滤饼会阻碍钻井液侵入近井地层，但往往不可避免地发生滤失和微粒侵入。滤液可能与地层固有的黏土发生反应，导致黏土膨胀、松动和运移。释放的颗粒和微粒会被滤液带进地层，可以堵塞孔隙，降低渗透率。水基滤液会使束缚水饱和度升高并产生水堵，降低油（气）相渗透率。

岩心样品的表面在岩心两端压差下暴露于钻井液之中，试验程序可分两种情况，即岩心中有可动烃和岩心中无可动烃。图 1-25 描述了岩心中无可动烃的试验程序，并给出了确定地层伤害或补救程度的方程。该试验表明，钻井过程中的黏土水化和颗粒在地层中的运移对产能有伤害，但以反向流入井眼时对除去微粒却是有利的。岩心柱用有待试验的盐水饱和，可含有或不含有残余的、不可动油。这样，由于含水饱和度为常数，水堵效应就可排除。在这些试验中，测量滤失量或滤失速率与滤失时间的关系直至泥封。如果试验设计允许，也应对滤饼的性质，如孔隙度、渗透率和厚度，以及流出液中的微粒和液体体积进行测量。加在岩心柱两端的压差应根据设计的钻井正压按比例确定。

图 1-26 描述了岩心柱中有可动烃的试验程序，并给出了确定地层伤害或补救程度的方程。该试验中，含水饱和度是变化的，可通过测量流出液的滤液量来计算。在采出全部注入的外来过滤水以后，如果仍有渗透率降低，则是黏土水化和钻井液固相颗粒侵入的结果。

（三）水力压裂液评价

压裂液通过水堵、与滤失有关的颗粒侵入以及近裂缝地层中的黏土水化造成地层伤害。所以，采用配伍流体和降滤失剂非常重要。因此建议从要压裂储层中取岩样进行试验，通过这些试验对初滤失、滤失系数、添加剂效果、地层酸溶性以及与酸反应的微粒释放进行评价。

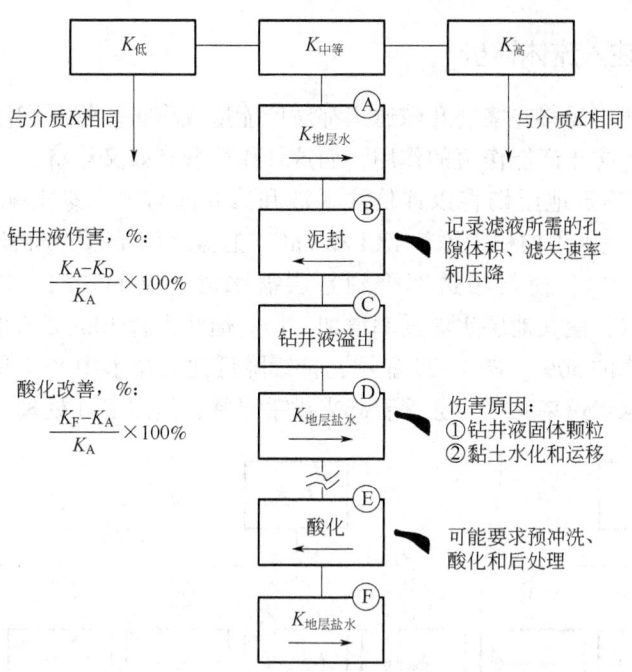

图 1-25 无可动烃存在时的试验步骤

K_A—钻井液伤害前渗透率；K_D—钻井液伤害后渗透率；K_F—酸化后渗透率

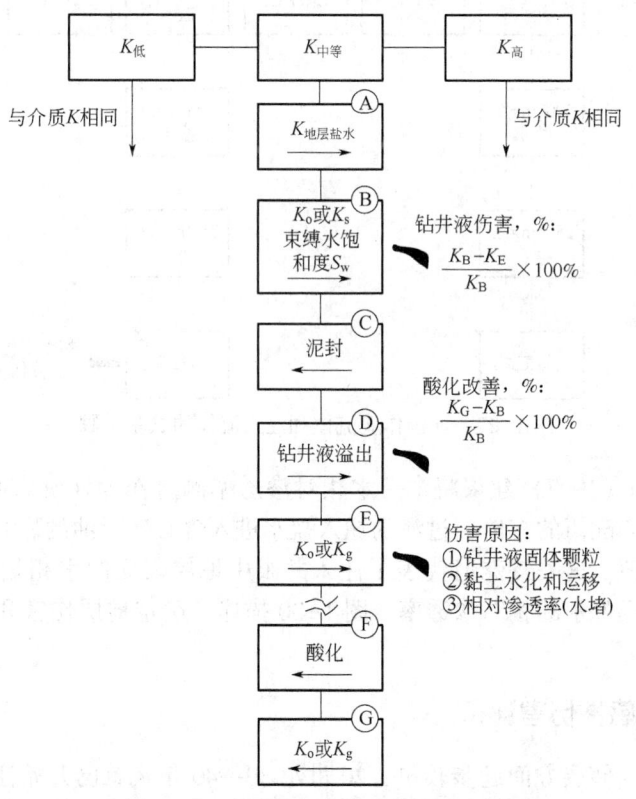

图 1-26 有可动烃存在时的试验步骤

K_A—钻井液伤害前地层水渗透率；K_B—钻井液伤害前烃类渗透率；
K_E—钻井液伤害后烃类渗透率；K_G—酸化后烃类渗透率

（四）修井和注入流体评价

黏土膨胀、脱离、运移并堵塞孔隙通道都对产能造成伤害。修井和注入流体中加入防膨剂往往起稳定黏土、防止产能伤害的作用，而这种作用既有效又经济。

图 1-27 给出了确定地层伤害以评价注入液和修井液与地层黏土配伍性所需的试验步骤。图 1-28 显示了注入添加和未添加 KCl 和 $CaCl_2$ 的盐水的结果。向岩样 A 中注入一种盐水（而不是地层盐水），使其渗透率降到地层盐水渗透率的 50%。向岩样 B 中注入含 100mg/L 的 KCl 盐水，使其地层水渗透率增加一倍。但注入含 100mg/L 的 $CaCl_2$ 盐水使渗透率降至地层水渗透率的 50%。图 1-29 显示，持续降低注入盐水中 KCl 和 $CaCl_2$ 的浓度使渗透率超过原始地层水渗透率。尽管数据看起来异乎寻常，但用 KCl 处理是有效的。

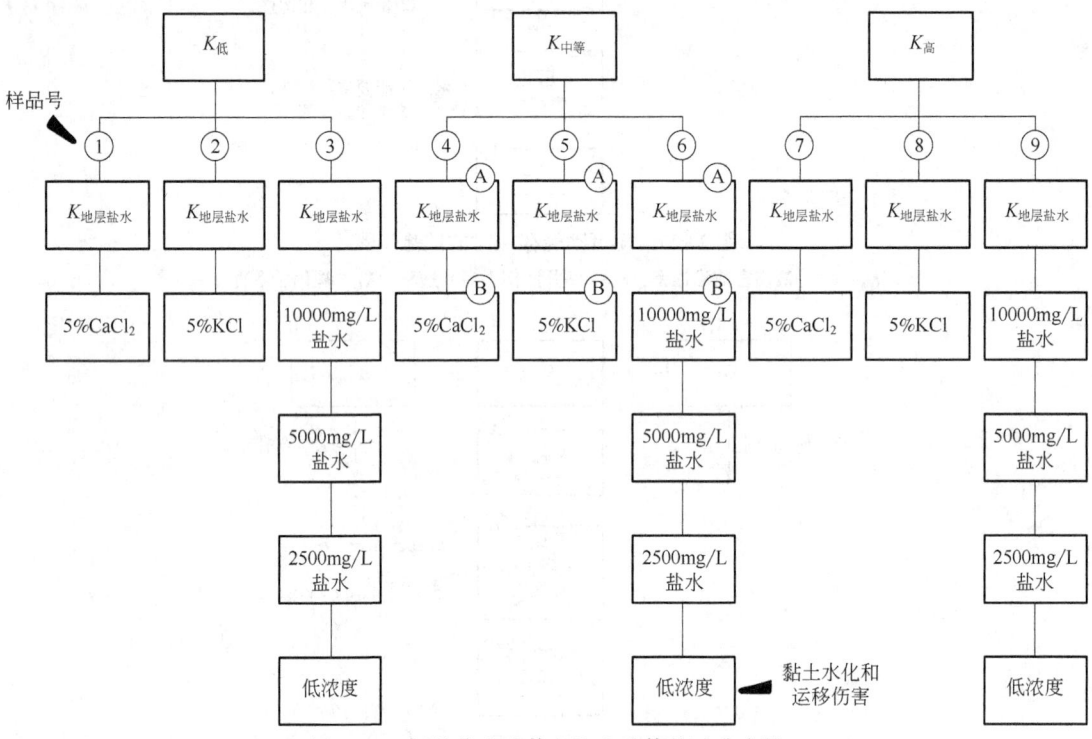

图 1-27　评价作业流体和注入流体的试验步骤

Keelan 和 Koepf（1997）建议将油—水相对渗透率测量作为评价岩心伤害的实用方法。但他们指出，与岩心配伍的流体，过滤的注入盐水进入含有残余油的岩心时，会得到一特殊的水相相对渗透率值。这一特殊值代表了注入井眼中地层表面的水相相对渗透率，而 B 点则代表距井眼足够远处水的相对渗透率。图 1-30 描述了确定地层伤害和评价水堵补救剂所需的试验程序。

（五）储层敏感性伤害评价

国外在保护油气储层方面起步较早，20 世纪 30—40 年代就已开始注意到外来流体造成储层伤害的问题；70 年代由于大型电子仪器的发展，X 射线衍射、电子显微镜广泛用于岩石学的研究，特别是对黏土矿物的研究，大大弥补了过去主要靠岩石薄片鉴定的不足。此外，应用物理模型、数值模拟以及其他物理化学方法研究地层中固相微粒的运移，微粒的侵

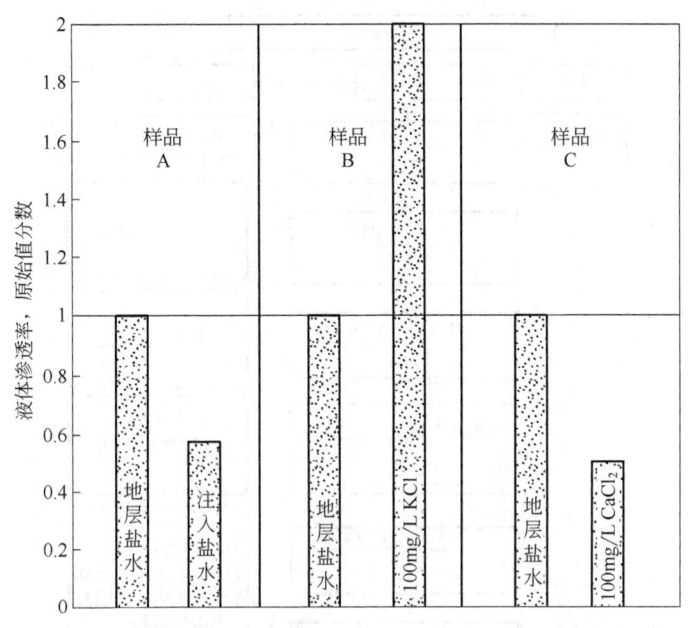

图1-28 注入添加和未添加 KCl 和 CaCl$_2$ 盐水渗透率的变化

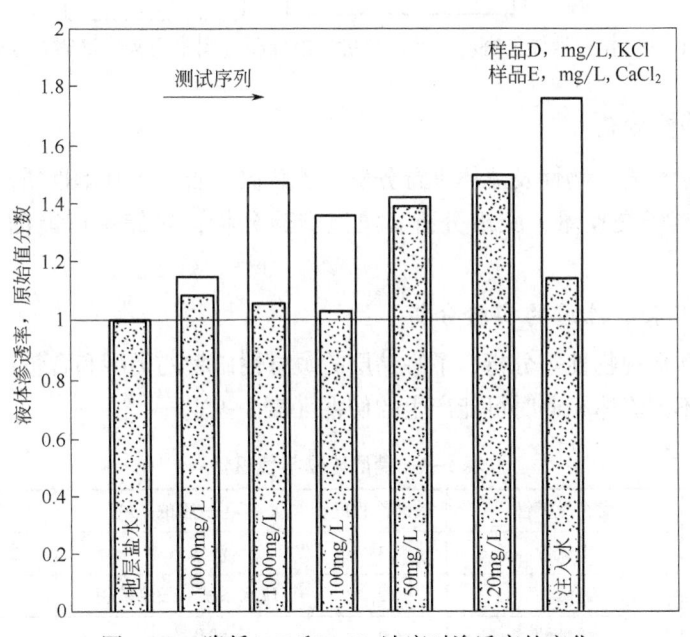

图1-29 降低 KCl 和 CaCl$_2$ 浓度时渗透率的变化

入深度,黏土的膨胀,地层中流体的运动状态,地层渗透率随时间、流速、流体盐度、不同流体的变化,逐渐加深了对油气储层伤害的认识和对伤害程度的评价,并在20世纪80年代中期形成了一套油气储层伤害的标准评价程序。

我国在保护油气储层方面的工作起步较晚,钻井系统是从20世纪80年代中期开展研究工作,并从1987年开始在国内石油系统全面展开。目前在引用国外评价系统的基础上,经补充修改,已初步形成了我国的地层伤害评价系统。

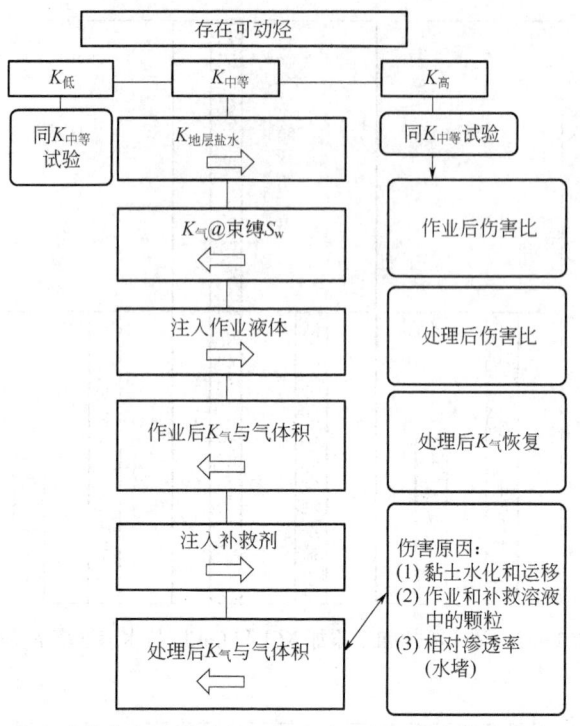

图 1-30 作业液体伤害和补救剂评价试验程序（图中箭头代表驱替方向）

1. 潜在敏感性分析

通过对岩石学和岩石物性及流体进行分析，了解储层岩石的基本性质及流体性质，同时结合膨胀率、阳离子交换量、酸溶分析、浸泡实验分析，对储层可能的敏感性进行初步预测。

1) 储层岩石基本性质的实验分析

通过岩石学和常规物性等分析，了解储层的敏感性矿物的类型和含量、孔隙结构、渗透率等，预测其与不同流体相遇时可能产生的伤害（表 1-9）。

表 1-9 储层矿物与敏感性

敏感性矿物	潜在敏感性	敏感性程度	产生敏感的条件	抑制敏感的办法
蒙脱石	水敏性	3	淡水系统	高盐度流体、防膨剂
	速敏性	2	淡水系统、较高流速	酸处理
	酸敏性	2	酸化作业	酸敏抑制剂
伊利石	速敏性	2	高流速	低流速
	微孔隙堵塞	2	淡水系统	高盐度流体、防膨剂
	酸敏（K_2SiF_6）	1	HF 酸化	酸敏抑制剂
高岭石	速敏性	3	高流速、高 pH 值及高瞬变压力、酸化作业	微粒稳定剂低流速、低瞬变压力酸敏抑制剂
	酸敏性	2		
绿泥石	酸敏［$Fe(OH)_3↓$］	3	富氧系统，酸化后	除氧剂、酸敏抑制剂
	酸敏［$MgF_2↓$］	2	高 pH 值，HF 酸化	

续表

敏感性矿物	潜在敏感性	敏感性程度	产生敏感的条件	抑制敏感的办法
混层黏土	水敏性	2	淡水系统	高盐度流体、防膨剂
	速敏性	2	高流速	低流速
	酸敏性	1	酸化作业	酸敏抑制剂
含铁矿物（铁方解石、铁白云石、黄铁矿、菱铁矿）	酸敏 [Fe(OH)$_3$↓]	2	高 pH 值，富氧系统	酸敏抑制剂、除氧剂、除垢剂
	硫化物沉淀 酸敏 [Fe(OH)$_3$↓]	1	流体含 Ca^{2+}、Sr^{2+}、Ba^{2+}，高 pH 值，富氧系统	酸敏抑制剂、除氧剂
方解石（白云石）	酸敏（CaF$_2$↓）	2	HF 酸化	HCl 预冲洗、酸敏抑制剂
沸石类	酸敏（CaF$_2$↓）	1	HF 酸化	酸敏抑制剂
钙长石	酸敏	1	HF 酸化	酸敏抑制剂
非胶结的石英、长石微粒	速敏	2	高流速	低流速
			高的瞬变能力	低的瞬变能力

岩石基本性质的测试项目包括岩石薄片鉴定、X 射线衍射分析、毛细管压力测定、粒度分析、阳离子交换实验等。下面简要介绍储层敏感性评价所要求的岩石基本性质的测试内容。

(1) 岩石薄片鉴定

岩石薄片鉴定可以提供岩石的最基本性质，了解敏感性矿物的存在与分布。鉴定的内容包括：①碎屑颗粒；②胶结物；③自生矿物和重矿物；④生物或生物碎屑；⑤含油情况；⑥孔隙、裂缝；⑦微细层理构造。

(2) X 射线衍射分析

X 射线衍射分析是鉴定微小黏土矿物最重要的分析手段，可以定量地测定蒙皂石、伊利石、高岭石、绿泥石、伊/蒙混层、绿/蒙混层等黏土矿物的相对含量及绝对含量。

(3) 扫描电镜分析

扫描电镜分析能观察并确定黏土矿物及其他胶结物的类型、形状、产状、分布；观察岩石孔隙结构特别是喉道的大小、形态及喉道壁特征；了解孔隙结构与各类胶结物、充填物及碎屑颗粒之间的空间联系。扫描电镜与电子探针相结合还可以了解岩样的化学成分、含铁矿物的含量及位置等。这对确定水敏、酸敏、速敏等有关储层问题均很重要。除进行以上常规观察外，扫描电镜还可以观察黏土矿物水化前后的膨胀特征。

(4) 粒度分析

细小颗粒运移是造成储层伤害的重要原因，因此需要了解碎屑岩中的颗粒粒度大小和分布。但是并非所有的细小颗粒都会运移，主要是那些未被胶结或胶结不好的微粒会被流速较大的外来液体所冲散和运移，因此应用粒度分析数据评价储层伤害时，还必须结合岩石薄片鉴定的资料加以分析。

对于比较疏松易于分散的碎屑岩的粒度分析，通常采用筛析法和沉降法。对于泥质以外的胶结物，分析前需要用盐酸等化学药品进行处理。

(5) 常规物性分析

常规物性分析可测定岩石的孔隙度、渗透率和流体饱和度，选择低孔低渗储层进行敏感性专项实验。

（6）毛细管压力测定

通过毛细管压力测定，可以获取孔隙结构参数。

岩石的孔隙结构在评价储层敏感性中十分重要。通常孔隙结构较差（孔喉尺寸较小、孔喉分布不均匀）的岩石受到的伤害比孔隙结构较好的岩石明显。同时，根据 Barkman 和 Davidson 对悬浮物在多孔介质中渗流的研究结果认为，当 $3d_\text{颗}>d_\text{孔}$ 时，颗粒在岩石表面堵塞，形成外滤饼；当 $3d_\text{颗}<d_\text{孔}<10d_\text{颗}$ 时，颗粒侵入岩石，在孔隙喉道部位搭桥形成内部滤饼；当 $d_\text{孔}>10d_\text{颗}$ 时，则颗粒更深入地侵入岩石，并在孔隙内自生移动。因此，在储层敏感性评价中孔隙结构的测定是必不可少的。

2）流体分析

在油气勘探和开发的各个环节，外来流体与地层流体之间、不同外来流体之间均存在发生化学反应的可能性。因此，应对有关流体进行化学成分分析，预测各种流体之间形成化学结垢的可能性。这些流体主要是地层水、注入水、钻井液滤液、射孔液等。

3）水敏性预分析

水敏性预分析通常测定岩石的膨胀率和阳离子交换能力，定性地预测岩石水敏性的可能程度（表1-10）。

表 1-10 水敏性分析指标

水敏性程度	水敏黏土含量,%	膨胀率,%	阳离子交换,mg（当量）/100g
弱	0~10	0~3	0~1.4
中	10~20	3~10	1.4~4
强	>20	>10	>4

（1）岩石的膨胀实验

了解岩石的膨胀性可以知道岩石与外来流体接触后的变化程度，也可以帮助分析流动实验中岩样渗透率变化的原因。

黏土膨胀测定的方法很多，主要有两大类：一种是比较简单的量筒法，取一定量通过100目筛网的粉碎岩样放入量筒，注入被测液体（水、处理剂溶液、钻井液滤液等），定时记录岩样体积，直到膨胀达到平衡，求出样品的膨胀率；另一种方法是通过膨胀仪测定的，取一定量通过100目筛网的粉碎岩样，在膨胀仪的样品测量室中压实后，加放被测液体，通过千分表或传感器记录样品的线膨胀率或体膨胀率，记录绘制膨胀动力学曲线。

（2）阳离子交换实验

通过阳离子交换实验，可以测定阳离子交换容量等特征，用于判断岩石所含黏土矿物颗粒吸附各种添加剂的能力、黏土的水化膨胀和分散性等。这对研究储层的水敏性很有用。黏土矿物的阳离子交换性质主要是由晶体结构中电荷不平衡而产生的。当黏土矿物与含离子的水溶液接触时，黏土矿物的某些阳离子就与溶液中的其他阳离子交换，并且同时存在包括阴离子交换的阴离子等价效应。虽然其他有机和无机的天然胶体也显示离子交换性质，但在矿物分类中，黏土矿物的离子交换作用能力最强。影响离子交换作用反应程度的因素有：所含黏土矿物的种类、结晶程度、有效粒级、该类黏土矿物及水溶液的阳离子（或阴离子）化学性质，以及该体系中的 pH 值。通常黏土矿物离子交换能力依次降低的顺序是蒙皂石、伊利石、绿泥石、高岭石。

蒙皂石的阳离子交换能力最强。由于蒙皂石中存在的阳离子数少，这就容易造成层间阳离子的水化和溶解，以及可逆的晶内膨胀。阳离子水化和层状结构的膨胀扩展，就使原来的阳离子与溶液中的其他离子进行交换，例如：

$$钠蒙皂石+KCl \Longleftrightarrow 钾蒙皂石+NaCl$$

在该反应中，混合的 Na、K 氯化合物溶液之间建立了平衡。在浓度高的溶液中，原始的层间阳离子（R^{2+}）能完全被其他阳离子置换。在这类反应中，（R^{2+}）置换（R^+）比（R^+）置换（R^{2+}）容易。蒙皂石的离子交换能力基本上取决于层间阳离子数目。

4）酸敏性预分析

一般通过酸溶分析和浸泡观察研究静态条件下岩样可能产生的酸敏性。

（1）酸溶分析

酸溶分析的目的是通过静态实验，检验酸—岩反应过程中是否存在产生二次沉淀的可能性。

由于同一储层岩样在不同条件下进行酸处理，其溶失率和释放出来的酸敏离子的数量是不同的，而且不同储层岩样在同一条件下进行酸处理，其溶失率和释放出的酸敏性离子的数量也是不同的，因此需要在不同条件下进行酸溶分析，测定不同条件下岩样的酸溶失率及残酸中酸敏性离子的含量，以考察储层的酸化能力，筛选不同种类的酸及酸配方，判断二次沉淀产生的可能性和类型以及时间、温度对酸—岩反应的影响等。酸溶失率是指酸溶后岩样失去的质量与酸溶前岩样质量的百分比：

$$R_\mathrm{w} = \frac{W_\mathrm{o} - W}{W_\mathrm{o}} \tag{1-2}$$

式中　R_w——酸溶失率，%；
　　　W_o——酸溶前岩样质量，g；
　　　W——酸溶后岩样质量，g。

在酸溶实验中，将一定量的岩样分别置于一定量的盐酸和土酸中，在不同的温度和时间下，测定其溶解速度和岩样的溶失率，同时还取浸泡岩样后的盐酸残液进行滴定，标定残酸浓度，计算出岩样中的碳酸盐含量，也滴定酸中的钙、镁、铁离子的含量。

（2）浸泡观察

浸泡观察是指分别用盐酸、土酸、氯化铵溶液和蒸馏水浸泡岩样，观察是否有颗粒胶结或骨架坍塌等现象；并可进行显微照相或录像，观察浸泡前后岩样表面的显微变化。

5）碱敏性预分析

目前比较常用的碱敏性预分析方法为碱水膨胀率测定、化学碱敏实验。

碱水膨胀率测定是评价已知碱配方使地层岩石产生水化膨胀的程度，其操作方法及评价指标与水敏性预分析类似。

化学碱敏实验与化学酸敏性实验方法基本相同。

2. 岩心流动实验与储层敏感性评价

岩心流动实验是储层敏感性评价的重要组成部分。它通过岩样与各种流体接触时发生的渗透率变化，评价储层敏感性的程度。

1）速敏性流动实验与评价

速敏性评价实验的目的在于了解储层渗透率变化与储层中流体流动速度的关系。如果储层具有速敏性,则需要找出其开始发生速敏时的临界流速(v_c),并评价速敏性的程度。通过速敏性评价实验,既可为室内其他流动实验限定合理的流动速度(因此速敏性实验应是最先开展的岩心流动实验),也可为油藏的注水开发提供合理的注入速度。在实验中,以不同的注入速度(从小到大)向岩心注入地层水,在各个注入速度下测定岩石的渗透率,编绘注入速度与渗透率的关系曲线(图1-31),应用关系曲线判断岩石对流速的敏感性,并找出临界流速。

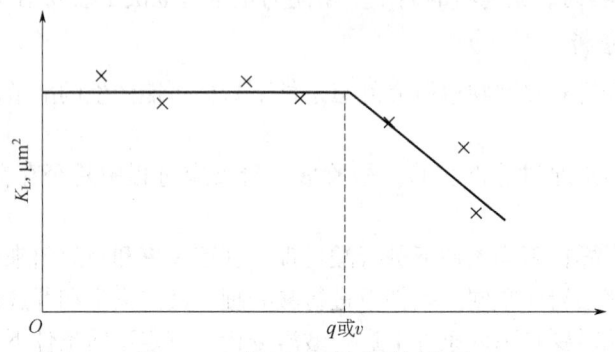

图1-31 岩心速度敏感性评价图

与速敏性有关的实验参数主要为临界流速、渗透率伤害率及速敏指数。

(1) 渗透率伤害率

渗透率伤害率计算公式为:

$$D_K = \frac{K_L - K_{LA}}{K_L} \tag{1-3}$$

式中 D_K——渗透率伤害率;

K_L——伤害前岩样液体渗透率;

K_{LA}——伤害后岩样渗透率的最小值。

渗透率伤害程度与渗透率伤害率的关系见表1-1。

表1-11 渗透率伤害程度与渗透率伤害率的关系

强	$D_K \geq 0.70$
中等偏强	$0.70 > D_K \geq 0.50$
中等偏弱	$0.50 > D_K \geq 0.30$
弱	$0.30 > D_K \geq 0.05$
无	$D_K \leq 0.05$

(2) 速敏强度

当某些岩样的临界流速相近时,由速敏性产生的渗透率伤害率越大,则速敏性越强。但实际情况往往复杂得多,有些岩样虽然渗透率差值较小,但临界流速可能也小,前者反映速敏性较弱,而后者反映速敏性较强。为此,需综合这两个参数进行综合评价,即用速敏指数(I_v)来表述速敏性的强弱,其与岩样的临界流速成反比,与由速敏性产生的渗透率伤害率成正比,即:

$$I_v = \frac{D_K}{v_c} \tag{1-4}$$

式中 I_v——速敏指数；

　　　D_K——渗透率伤害率；

　　　v_c——临界流速。

速敏强度与速敏指数的关系如下：强速敏，$I_v \geqslant 0.70$；中等偏强速敏，$0.70 > I_v \geqslant 0.25$；中等偏强速敏，$0.25 > I_v \geqslant 0.10$；弱速敏，$I_v \leqslant 0.10$。

2）水敏性流动实验与评价

储层中的黏土矿物在接触低盐度流体时可能产生水化膨胀，从而降低储层的渗透率。水敏性流动实验的目的正是了解这一膨胀、分散、运移的过程以及储层渗透率下降的程度。

水敏性评价实验的做法是：先用地层水（或模拟地层水）流过岩心，然后用矿化度为地层水一半的盐水（即次地层水）流过岩心，最后用去离子水（蒸馏水）流过岩心，分别测定这三种不同盐度（初始盐度、盐度减半、盐度为零）的水对岩心渗透率的定量影响，并由此分析岩心的水敏程度（图1-32）。其结果还可以作为盐敏性评价实验选定盐度范围提供参考依据。水敏性实验主要是研究水敏矿物的水敏特性，故驱替速度必须低于临界流速以保证没有"桥堵"发生，这样产生的渗透率变化才可以认为是由于黏土矿物水化膨胀引起的。在驱替过程中采用的速度要随着液体矿化度的降低而降低，否则由于微粒运移而形成的"桥堵"，会给分析储层伤害的原因带来困难。

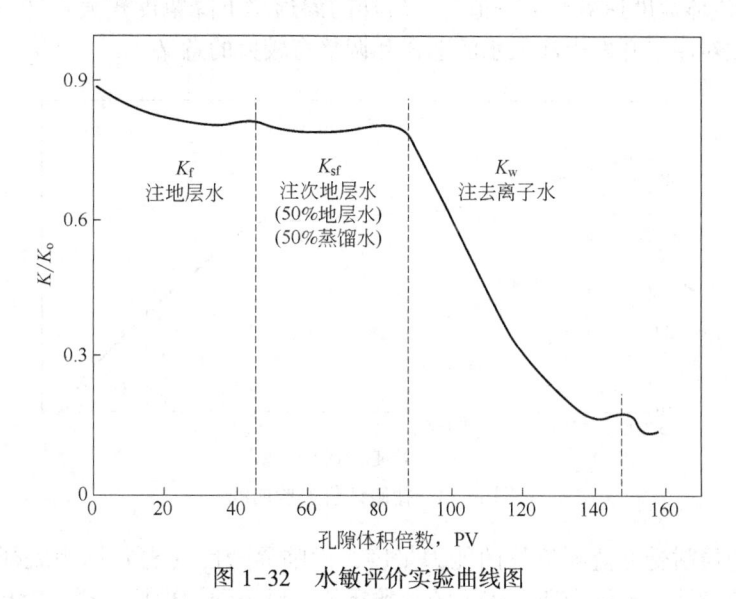

图1-32　水敏评价实验曲线图

可采用水敏指数评价岩样的水敏性，水敏指数定义如下：

$$I_w = \frac{K_L - K_w^*}{K_L} \tag{1-5}$$

式中 I_w——水敏指数；

　　　K_L——岩样没有发生水化膨胀等物理化学作用的液体渗透率，通常用标准盐水测得的渗透率值；

　　　K_w^*——去离子水（或蒸馏水）渗透率。

水敏性强度与水敏指数成正比，其对应关系见表1-12。

表 1-12　水敏性强度与水敏指数对应关系（据姜德全等，1994）

无水敏	$I_w \leqslant 0.05$
弱水敏	$0.05 < I_w \leqslant 0.30$
中等偏强水敏	$0.30 < I_w \leqslant 0.50$
中等偏强水敏	$0.50 < I_w \leqslant 0.70$
强水敏	$0.70 < I_w \leqslant 0.90$
极强水敏	$I_w \geqslant 0.90$

3）盐敏性评价实验

盐敏性评价实验的目的是了解储层岩样在系列盐溶液中盐度不断变化的条件下渗透率变化的过程和程度，找出盐度递减的系列盐溶液中渗透率明显下降的临界盐度，以及各种工作液在盐度曲线中的位置。因此，通过盐敏性评价实验可以观察储层对所接触流体盐度变化的敏感程度。

在盐敏性实验中，先配制不同矿化度的盐水，由高矿化度到低矿化度依顺序将其注入岩心（按照盐度减半的预期降低盐度），并依次测定不同矿化度盐水通过岩样时的渗透率值（图 1-33）。当流体盐度递减至某一值时，岩样的渗透率下降幅度较大，这一盐度就是临界盐度。这一参数对注水开发中注入水的选择和调整有较大的意义。

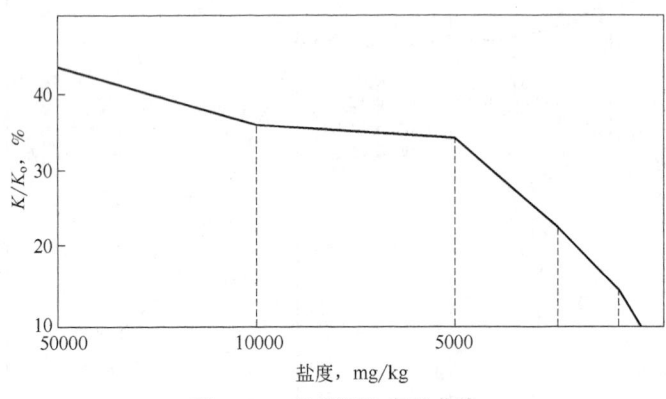

图 1-33　盐敏评价实验曲线

盐敏性是地层耐受低盐度流体的能力量度，而临界盐度（S_c）即为表征盐敏性强度的参数。另外，盐敏性与流体中所含离子的种类有关，对于同一地层来说，对单盐（如 NaCl）的临界盐度通常高于复合盐（如标准盐水）的临界盐度。

① NaCl 盐水（单盐）：弱盐敏，$S_c \leqslant 5000\text{mg/kg}$；中等偏弱盐敏，$5000\text{mg/kg} < S_c \leqslant 10000\text{mg/kg}$；中等盐敏，$10000\text{mg/kg} < S_c \leqslant 20000\text{mg/kg}$；中等偏强盐敏，$20000\text{mg/kg} < S_c \leqslant 40000\text{mg/kg}$；强盐敏，$40000\text{mg/kg} < S_c \leqslant 100000\text{mg/kg}$；极强盐敏，$S_c \geqslant 100000\text{mg/kg}$。

② 标准盐水（复合盐）：弱盐敏，$S_c \leqslant 5000\text{mg/kg}$；中等偏弱盐敏，$5000\text{mg/kg} < S_c \leqslant 10000\text{mg/kg}$；中等偏强盐敏，$10000\text{mg/kg} < S_c \leqslant 20000\text{mg/kg}$；强盐敏，$10000\text{mg/kg} < S_c \leqslant 30000\text{mg/kg}$；极强盐敏，$S_c \geqslant 30000\text{mg/kg}$。

临界盐度 S_c 的单位为 mg/L。

4) 酸敏性评价

酸敏性评价实验的目的在于了解准备用于酸化的酸液是否会对地层产生伤害及伤害的程度，以便优选酸液配方，寻求更为有效的酸化处理方法。

流动酸敏评价以注酸前岩样的地层水渗透率为基础，然后反向注0.5~1PV（孔隙体积倍数）的酸（注酸量不能太大，否则反映的是酸化效果，而不是酸敏效果。酸化效果评价时注入酸液量为5PV以上）。然后，再进行地层水驱替，通过注酸前后岩样的地层水渗透率的变化来判断酸敏性影响的程度。

选择长度等于或大于5cm、直径2.5cm的岩样，注入1PV孔隙体积15%HCl（或0.5PV孔隙体积15%HCl+0.5PV孔隙体积的12%KCl+3%HF），反应时间为1~2h，定义酸敏指数为：

$$I_a = \frac{K_w - K_{wa}}{K_w} \tag{1-6}$$

式中 I_a——酸敏指数；

K_w——地层水渗透率；

K_{wa}——酸化后的地层水渗透率。

酸敏指数与酸敏性的关系见表1-13。

表1-13 酸敏指数与酸敏性对应关系（据姜德全等，1994）

无酸敏	$I_a \leq 0.05$
弱酸敏	$0.05 < I_a \leq 0.30$
中等酸敏	$0.30 < I_a \leq 0.70$
强酸敏	$I_a > 0.70$

5) 碱敏性流动实验

碱敏性流动实验开展较晚，其一般的评价方法是：以一定浓度（通常大于1%）的NaCl标准盐水、碱度依次递增的碱水（NaCl/NaOH）流经岩样，最后用一定浓度（通常大于1%）的NaOH溶液再流经岩样（一个系列通常由五种以上的碱水组成）。分别测定不同溶液流经岩样后的渗透率，并根据NaOH溶液的岩石渗透率与标准盐水的岩石渗透率评价其碱敏性。评价指标参见水敏性评价指标。

6) 正反向流动实验

正反向流动实验是指在用流体作正向流动后，在不中断流动的状态下，按着以同样的流体、同样的流速作反向流动，以观察岩样中的微粒运移及其产生的渗透率的变化情况。在正向流动的情况下，由于流体的流动速度超过了临界流速，造成了较多的微粒在喉道外"桥堵"，引起流体渗透率的大幅度下降；当反向流动时，这些堵塞在喉道的微粒会被冲开，解除了"桥堵"，使流体渗透率上升（图1-34）。但是，若有较多的可移动微粒的存在，往往过了一段时间之后，它们又在其他喉道处形成"桥堵"，导致渗透率再次下降。

正反向流动过程是检验与核实微粒运移程度的实验，但它又受岩样本身正反两个方向渗透率差异的影响，故应采用换向时渗透率的波动值与最终渗透率值的比较来评价微粒运移程度。可采用运移敏感指数评价一定流速下微粒的活动性：

$$I_m = \frac{K_{max} - K_{min}}{K_{反}} \tag{1-7}$$

式中　I_m——运移敏感指数；
　　　K_{max}——换向后渗透率的最大值；
　　　K_{min}——换向后渗透率的最小值；
　　　$K_{反}$——反向流动后的最终平衡渗透率。

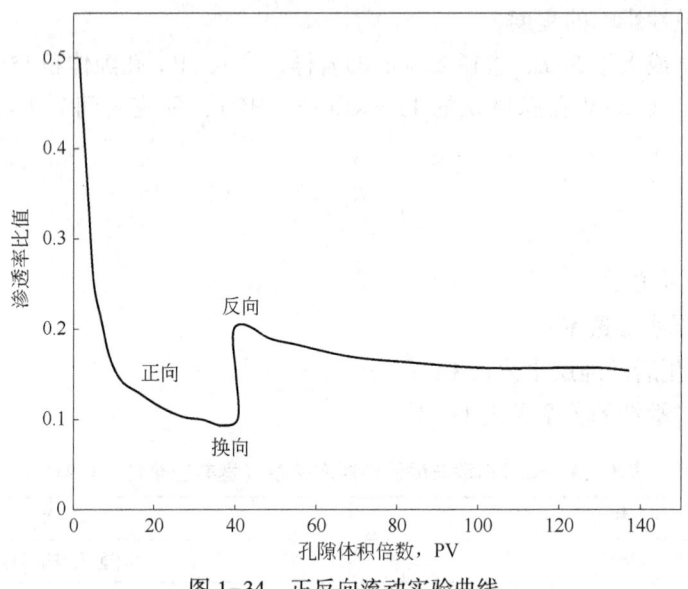

图1-34　正反向流动实验曲线

运移敏感指数与微粒活动性的关系见表1-14。

表1-14　运移敏感指数与微粒活动性关系（据姜德全等，1994）

无微粒运移	$I_m \leq 0.05$
有微粒运移	$0.05 < I_m < 0.25$
中等程度微粒运移	$0.25 \leq I_m \leq 0.50$
严重的微粒运移	$I_m > 0.50$

7）体积流量评价实验

体积流量评价实验的目的是了解储层渗透率的变化与流过储层液量之间的关系。由于需要进行长时期注水，因而也称其为长期水驱实验。

（1）实验原理

在低于临界流速下，用大量液体流过岩样，考察岩样胶结物的稳定性。注入水的体积流量实验可以通过不同注入孔隙体积倍数的情况下岩样渗透率的变化来评价注入水注入量的敏感性（图1-35）。

（2）定性评价

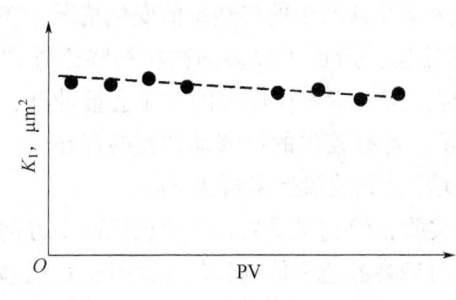

图1-35　体积流量评价实验曲线图

在注水实验前后，分别应用薄片、电镜、

X射线衍射、压汞、离心毛细管压力、粒度等分析手段进行岩石特征分析，比较不同含水期储层性质的动态变化。

（3）定量评价

采用体积敏感指数来评价体积流量对岩样的伤害程度。体积敏感指数定义如下：

$$l_q = \frac{K_1 - K_{1p}}{K_1} \tag{1-8}$$

式中　l_q——体积敏感指数；

K_1——实验前用地层水测定的渗透率（或烘干岩样的渗透率）；

K_{1p}——实验结束后用地层水测定的渗透率（或烘干岩样的渗透率）。

体积敏感指数与伤害程度的关系见表1-15。

表1-15　体积敏感指数与伤害程度关系（据姜德全等，1994）

弱	$l_q \leq 0.30$
中等偏弱	$0.30 < l_q < 0.50$
中等偏强	$0.50 \leq l_q < 0.70$
强	$l_q \geq 0.70$

8）系列流体评价实验

该实验模拟油气藏开发过程中地层与外来流体的接触顺序，先后用地层水、钻井液、完井液、射孔液、注入水与岩样接触或者直接用它们的滤液测定岩样渗透率值，可以评价储层经历开发过程所造成的伤害，以及每种液体对地层的伤害程度（图1-36）。

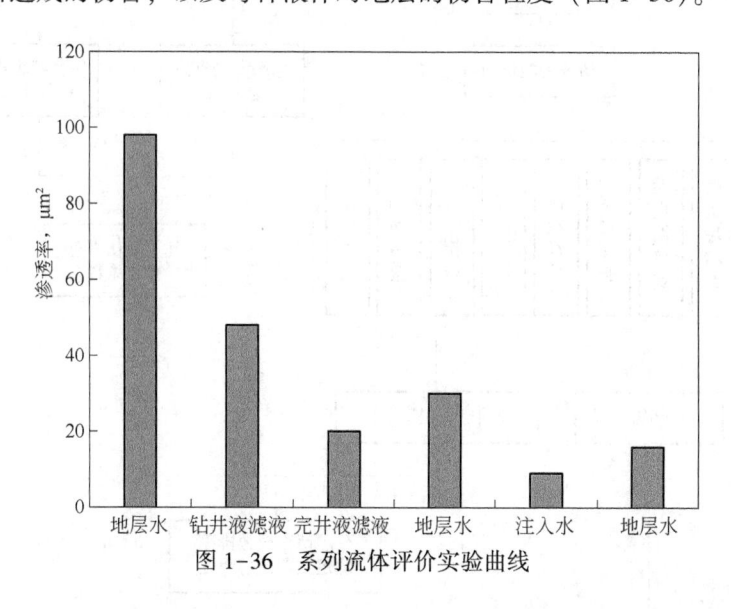

图1-36　系列流体评价实验曲线

系列流体评价采取工作液滤失伤害的评价办法。由于钻井液和完井液中常含有一定量的聚合物，因而它们的滤液不是牛顿流体，因而不适于用达西定律直接测定与计算渗透率。因此目前倾向于测定束缚水状态下的油相渗透率，然后依次压入钻井液滤液、完井液滤液、射孔液和注入水，然后再测定其伤害后的油相渗透率，通过伤害前后渗透率的变化来评价其伤害程度。

在所有上述敏感性流动实验中，应该特别注意下述环节：

①钻取岩样柱塞。为了避免岩样受到人为的伤害,应杜绝用清水钻取,而应该采用地层水或煤油作为钻取液。流动实验的样品每组应取直径 25mm、长 50mm 的圆柱六个(水平方向)。

②岩样端面处理。为了避免切割岩样端面时将切削的岩屑粉末堵塞岩样端面孔喉,最好是用专用凿子将柱塞剁开。

③洗油。应在不高于 65℃下用溶剂将油清除,特别应避免使用高压高温洗油,以防止岩样中所含黏土矿物的层间水被脱掉。

④烘干。岩样应在 60~50℃、相对湿度 40%~50%下烘干。

⑤饱和工作液。岩样饱和后应该使工作液与岩样达到离子交换平衡与吸附平衡。

第四节 油气藏伤害数值模拟

对于一口给定井,往往多种伤害并存,可以利用生产动态资料定量化判别各种分项伤害因素对油水井的伤害程度,并最终确定出主要伤害,储层伤害定量诊断流程如图 1-37 所示。该流程主要从储层基本参数、井史资料、生产动态资料和完井资料入手来进行伤害分

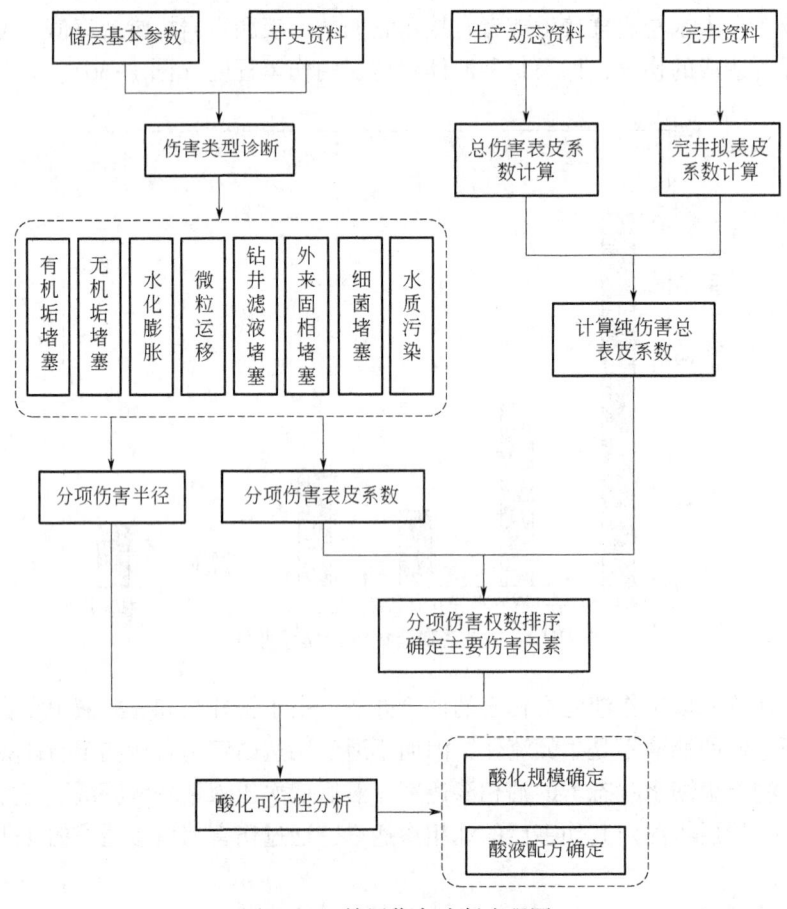

图 1-37 储层伤害诊断流程图

析。从储层基本参数和井史资料分析诊断伤害类型,包括有机垢堵塞、无机垢堵塞、水化膨胀、微粒运移、钻井滤液堵塞、外来固相堵塞、水质污染和细菌堵塞等八个方面。从生产动态资料和完井资料分析计算纯伤害总表皮系数。最后进行酸化可行性分析后确定酸化规模和酸液配方。

一、外来固相堵塞诊断模型

钻井、完井以及增产措施中的作业流体渗入油气层,其中的固相颗粒会堵塞孔隙,而滤液又会造成微粒运移、化学沉淀或水堵等地层伤害,两者使油气层渗透率严重下降。根据物质守恒原理建立起固相微粒侵入地层的数学模型,可以求出地层伤害程度并研究各种施工因素(如流体浸泡时间、渗流压差等)对地层伤害程度的影响。

(一)孔隙度分布模型

油气层渗流的几何模型如图 1-38 所示。

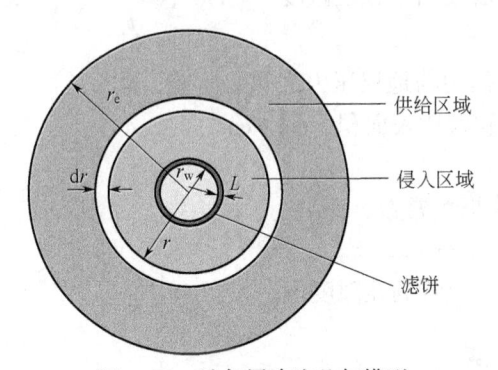

图 1-38 油气层渗流几何模型

油气层渗流控制方程可以表达为:

$$\begin{cases} D\dfrac{\partial^2 \phi}{\partial r^2}+\left(\dfrac{D}{r}-\dfrac{Q}{2\pi rh\phi}\right)\dfrac{\partial \phi}{\partial r}+\dfrac{\Delta QC\phi}{2\pi rh\mathrm{d}r\phi_i(\rho_s-C_i)}=\dfrac{\partial \phi}{\partial t} \\ \phi_{r,0}=\phi_i \\ \phi_{0,t}=\phi_c \\ \phi_{N+1,t}=\phi_i \end{cases} \quad (1\text{-}9)$$

式中 r_w——井半径,cm;

r_e——井的供给半径,cm;

D——扩散系数,cm^2/s;

Q——dt 时间内通过小单元体的平均滤液流量,cm^3/s;

C——dt 时间内小单元体中固相颗粒的平均浓度,g/cm^3;

ρ_s——悬浮液中固相颗粒浓度,g/cm^3;

C_i——初始固相颗粒浓度,g/cm^3;

ϕ_i——初始孔隙度,%;

ΔQ——相邻两时间步长对应的流量之差，cm^3/s；

N——小单元体总数；

ϕ_c——滤饼孔隙度，%。

滤饼孔隙度可用下式迭代求出：

$$\frac{1}{2}\left(\frac{1}{\phi_c^2}-\frac{1}{\phi_i^2}\right)+\ln\frac{\phi_i}{\phi_c}+2\left(\frac{1}{\phi_i}-\frac{1}{\phi}\right)=B_A t \quad (1-10)$$

其中

$$B_A=\frac{10^8 \Delta p A_s (C_s-C_1)}{K''\mu S_p^2 L^2 (L+2r_w)\pi h \rho_s} \quad (1-11)$$

$$K''=\frac{10^8 \phi_i^3 [r_w+(L/2)]\ln(r_e/r_w)}{K_i(1-\phi)^2 S_p L} \quad (1-12)$$

$$A=\pi[r_w+(L/2)]h$$

式中 C_s——侵入滤饼的悬浮液固相颗粒浓度，g/cm^3；

C_1——流经滤饼后滤液固相颗粒浓度，g/cm^3；

A——滤饼面积，cm^2；

Δp——钻井液液柱压力与地层压力之间的压差，MPa；

S_p——滤饼的固相颗粒比表面积，cm^2/cm^3；

h——地层厚度，cm；

L——滤饼厚度，常取为常数，cm；

μ——悬浮液黏度，mPa·s。

由该模型可得到径向各位置的孔隙度值。

（二）渗透率计算模型

储层伤害过程中，渗透率的变化与孔隙度的改变有关，而孔隙度的改变是可以计算的。因此，可以通过孔隙度随伤害过程的瞬态变化间接求解渗透率的变化。由数值计算得到孔隙度后，渗透率由 Kozeny-Carman 方程计算：

$$K=\frac{\phi^3}{K_z(1-\phi)^2} \quad (1-13)$$

假设孔隙介质的性质不随固相颗粒的侵入而发生变化，则 K_z 为一定值，因此可由初始渗透率和初始孔隙度求得：

$$K_z=\frac{\phi_0^2}{K_0(1-\phi_0)^2} \quad (1-14)$$

根据不同径向距离的瞬时渗透率变化曲线可求出对应于某一时刻的伤害半径 r_d，从井眼到某一伤害半径 r_d 内的平均渗透率 K_d 为：

$$K_d=\frac{\ln\dfrac{r_d}{r_w}}{\displaystyle\int_{r_w}^{r_d}\frac{1}{K}d\ln r} \quad (1-15)$$

式中 L——滤饼厚度，cm；

ϕ_c——滤饼孔隙度，%；

K_c——滤饼渗透率，$10^{-3} \mu m^2$；
K_0——地层原始渗透率，$10^{-3} \mu m^2$；
r_w——井眼半径，m。

地层的污染比 R_{ck} 可按下式计算：

$$R_{ck} = K_d / K_0 \tag{1-16}$$

二、钻井滤液堵塞诊断模型

当钻井液液柱压力大于地层孔隙内的流体压力时，钻井液会侵入油气层，在近井眼周围形成一个伤害区，造成渗透率下降。借鉴 Civan 和 Engler 模拟的钻井液侵入地层数学模型，建立了预测侵入井眼地带钻井液的浓度随径向距离变化的数学模型，确定钻井滤液侵入深度和伤害程度。

（一）钻井液浓度分布模型

该模型所做的假设条件如下：①储层各向均质同性；②流体在井筒周围为单相不可压缩流动；③伤害发生于近井壁区。

侵入多孔介质中钻井液的浓度可用对流—扩散方程和有关约束条件来描述。在径向流条件下，物质的运移可由下面的质量守恒方程表示：

$$\begin{cases} \dfrac{1}{r}\dfrac{\partial}{\partial r}\left(Dr\dfrac{\partial C}{\partial r}\right) = \dfrac{u}{\phi}\dfrac{\partial C}{\partial r} + \dfrac{\partial C}{\partial t} & (r_w < r < r_e, t > 0) \\ C(r,0) = 0 & (r_w \leq r \leq r_e, t = 0) \\ u_0 C_0 = uC - D\phi \dfrac{\partial C}{\partial r} & (r = r_w, t > 0) \\ \dfrac{\partial C}{\partial r} = 0 & (r = r_e, t > 0) \end{cases} \tag{1-17}$$

（二）辅助方程

渗滤速度的表达式为：

$$u = \dfrac{q}{2\pi r h} \tag{1-18}$$

受滤饼影响的渗滤流量的经验方程为：

$$q = a\exp(-bt) \tag{1-19}$$

扩散系数由关于渗滤速度的经验函数式确定：

$$D = D_m + fu^g \tag{1-20}$$

其中
$$f = 51.7, g = 1.25 \tag{1-21}$$

式中 q——钻井液渗滤流量，m^3/h；

r_w——井眼半径，m；

t——时间，h；

ϕ——孔隙度，%；

D_m——分子扩散系数（可以忽略），m^2/h；

a——经验常数，m^3/h；

f——经验常数，$(m^2/h)^{1-g}(m/h)^{-g}$；
r——径向距离，m；
r_e——外边界半径，m；
u——渗滤速度，$m^3/(m^2/h)$；
D——扩散系数，m^2/h；
C——钻井液浓度，kg/m^3；
b——经验常数，1/h；
g——经验参数。

三、微粒运移诊断模型

大量实验证明，微粒运移程度随岩石中流体流动速度的增大而增加，但不同岩石中的微粒对速度增加的反应不同。当流体流速增大时，有的反应甚微，岩石对流动速度不敏感，有的岩石则表现出渗透率明显下降。对于特定的储层，可以通过速敏评价找出储层中流速变化与其渗透率下降的关系，并找出其开始发生渗透率伤害的临界流速。而在地层中径向流情况下的裸眼井和射孔井的临界流量均可通过实验室临界流速转换得到。

（一）裸眼完井临界流速的数学模型

设实验中岩心线性流动时的临界流量为 Q_c，则线性流动时视临界流量 V_c 应等于 Q_c 除以岩心横截面积和孔隙度 ϕ，即：

$$V_c = \frac{Q_c}{\pi r_{core}^2 \phi} \tag{1-22}$$

对于地层径向流动时的渗流速度为：

$$v = \frac{Q}{2\pi rh\phi} \tag{1-23}$$

式中，地层中流速 v 与距井眼中心半径 r 成反比，r 越小，则 v 越大，即在井壁 $r=r_w$ 处，v 是最大的。为了限制 v 不超过临界流速，应该在 $r=r_w$ 处，令 $v=v_c$，即临界流速为：

$$v_c = \frac{Q}{2\pi r_w h \phi} \tag{1-24}$$

将式（1-22）代入式（1-24）可得裸眼井临界注和采量 Q_o 关系式为：

$$Q_o = Q_c \frac{2r_w h}{r_{core}^2} \tag{1-25}$$

式中 Q_o——裸眼井临界注、采量，m^3/d；
Q_c——实验室临界流量，cm^3/min；
h——层厚，m；
r_w——井半径，m；
r_{core}——岩心半径，m。

（二）射孔完井临界流速的数学模型

对于射孔井，利用 Muskat 等建立的（Q_p/Q_o）与射孔特性（ar_p）之间的关系，可将实验室测定的临界流量换算成射孔完井的临界流量（Q_p）。依据 Muskat 的数据拟合得到的关系式为：

当 $r_w < 11.43$ cm 时，

$$Q_p = Q_o \left(\frac{1.036X}{0.9932X + 0.7718} \right) \quad (1-26)$$

当 $r_w > 11.43$ cm 时，

$$Q_p = Q_o \left(\frac{1.0259X}{0.9742X + 0.8845} \right) \quad (1-27)$$

式中，$X = a_p r_p$，可以得到射孔井的临界流速为：

$$v_c = \frac{Q_p B_o}{2\pi h r_w^2 \phi} \quad (1-28)$$

式中　Q_p——射孔完井临界流量，m^3/d；
　　　a_p——射孔密度，孔/m；
　　　r_p——射孔半径，cm。
　　　B_o——原油体积系数，m^3/m^3。

（三）微粒运移诊断

在对储层速敏特性有了一定的认识后，往往希望用临界流速来限定油井产量、注水井的注水量，但是，在实际生产中临界流速往往不能满足工程的要求，这时就需要考虑对油层进行预处理，并确定处理范围即伤害半径有多大。

对于两种完井方式，其微粒运移引起的伤害半径对应于渗流速度等于临界流速处的半径，即：

$$r_c = \frac{QB_o}{2\pi h \phi v_c} \quad (1-29)$$

式中　Q——单井注、采量，m^3/d。

即在半径为 r_c 的井底区域可能会发生微粒运移伤害。

四、黏土膨胀诊断模型

不同的黏土矿物具有不同的阳离子交换容量 C.E.C，可以定性地判断岩石中黏土矿物的类型。蒙脱石的 C.E.C 为 80~150mg（当量）/100g，伊利石为 10~40mg（当量）/100g，高岭石为 8~15mg（当量）/100g，绿泥石为 10~40mg（当量）/100g。那些黏土总量高、膨胀性黏土成分多的样品都具有较大的阳离子交换容量。同时，由于黏土矿物遇水膨胀性也取决于其阳离子交换能力，因此，阳离子交换容量越大，黏土的膨胀性越强，油层伤害的可能性就越大。在对水的配伍性评价中，当阳离子交换值 C.E.C 大于 0.09mol/g（按一价离子计算）时，就不能忽视黏土的水化膨胀。

按照盐敏性评价步骤，分别测定来自不同井岩样的盐敏性，并求出临界盐度值 C_c，然后再根据所用岩样的黏土矿物和非黏土矿物含量，以及它们的电位值和所用流体的电荷数，进行多元非线性回归处理可以得到计算临界盐度的经验公式：

$$C_c = 1000\left(\frac{658.973Q_{蒙}}{Q_{泥}} + \frac{753.6464Q_{高}}{595.219Q_{石英}Q_{泥}} + 72.2886\right) \quad (1-30)$$

若 $C_{污水} \geqslant C_c$，则不存在水化膨胀，由水化膨胀导致的表皮系数为0，否则存在水化膨胀。当实际流体盐度低于临界盐度所导致的渗透率伤害值为：

$$K_d = 6.9807 \times 10^{-2} K_c^{1.6016} \left(\frac{0.618C_c + 0.8K_c}{140.6257}\right)^{1/C_{污水}} \quad (1-31)$$

式中　C_c——岩样的临界盐度，mg/L；

　　　$Q_{蒙}$——蒙脱石含量，小数；

　　　$Q_{高}$——高岭石含量，小数；

　　　$Q_{石}$——石英含量，百分数；

　　　$Q_{泥}$——泥质含量，百分数。

　　　K_d——伤害后渗透率，$10^{-3}\mu m^2$；

　　　K_c——临界盐度下的渗透率值，$10^{-3}\mu m^2$；

　　　$C_{污水}$——污水盐度，mg/L。

五、无机垢堵塞诊断模型

无机垢堵塞诊断数学模型主要分为油田水饱和度指数模型、碳酸钙结垢模型、硫酸盐结垢预测模型和结垢伤害程度诊断模型。下面将分别对几个模型进行介绍。

（一）油田水饱和度指数方程

在预测油田水结垢趋势时，饱和度指数是一个重要概念，根据化学反应动力学基本原理，有下列等式成立：

$$SI = \lg\frac{[Me][An]}{K_c(T,p,I)} \quad (1-32)$$

式中　$[Me]$——Mg^{2+}、Ca^{2+}、Sr^{2+} 或 Ba^{2+} 等阳离子的活度；

　　　$[An]$——CO_3^{2-} 或 SO_4^{2-} 等阴离子的活度；

　　　K_c——平衡常数，与温度、压力以及离子强度有关。

离子强度由下式给出：

$$I = \frac{1}{2}\sum C_i Z_i^2 \quad (1-33)$$

式中　I——离子强度；mol/L；

　　　Z_i——各离子电荷数；

　　　C_i——各离子浓度，mol/L。

判断结垢的标准为：当 $SI=0$ 时，溶液处于平衡状态，这时形成固体垢；当 $SI>0$ 时，表示过饱和或结垢状态；当 $SI<0$ 时，表示欠饱和或溶液的非结垢状态。

(二) 碳酸钙结垢预测

碳酸钙结垢预测中要考虑 pH 值的影响，而在油气井中，实际的 pH 值的测量几乎是不可能的，Oddo-Tomson 饱和指数法很好地解决了这个问题，根据有无气相给出了 pH 值的计算方法，并考虑了二氧化碳逸度的变化和弱酸的影响。

① 气相存在情况下（油层压力小于饱和压力）：

$$SI = \lg\left\{\frac{[Ca^{2+}][HCO_3^-]^2}{145py_g^{CO_2}f_g^{CO_2}}\right\} + 5.85 + 15.19 \times 10^{-3}(1.8t+32) - 1.64 \times 10^{-6}(1.8t+32)^2$$

$$-764.15 \times 10^{-5}p - 3.334I^{\frac{1}{2}} + 1.43I \qquad (1-34)$$

$$pH = \lg\left\{\frac{[HCO_3^-]}{145py_g^{CO_2}f_g^{CO_2}}\right\} + 8.60 + 5.31 \times 10^{-3}(1.8t+32) - 2.253 \times 10^{-6}(1.8t+32)^2$$

$$-324.365 \times 10^{-5}p - 0.990I^{1/2} + 0.658I \qquad (1-35)$$

其中 $f_g^{CO_2} = \exp[145p(2.84 \times 10^{-4} - 0.225/(1.8t+32+460))]$；

$$y_g^{CO_2} = y_t^{CO_2} \Big/ \left[1 + \frac{145pf_g^{CO_2}(5Q_w + 10Q_o) \times 10^{-5}}{35.32Q_g(1.8t+32+460)}\right];$$

$[Ca^{2+}] = $ 测量浓度 (mg/L) ÷ 40080；

$[HCO_3^-] = $ 测量浓度 (mg/L) ÷ 61000

式中 $[Ca^{2+}]$——水中钙离子浓度，mol/L；

$[HCO_3^-]$——水中碳酸氢根离子浓度，mol/L；

$y_g^{CO_2}$——在特定压力、温度下气相 CO_2 的摩尔百分比，%；

$f_g^{CO_2}$——二氧化碳气体的逸度系数，无因次；

Q_g——标准状态下日产气量，$10^6 m^3$；

Q_w——日产水量，m^3；

Q_o——日产气量，m^3；

p——总绝对压力，MPa；

T——温度，℉；

I——离子强度，mol/L。

② 气相不存在情况下：

$$SI = \lg\left\{\frac{[Ca^{2+}][HCO_3^-]^2}{C_{aq}^{CO_2}}\right\} + 3.63 + 8.68 \times 10^{-3}(1.8t+32) - 8.55 \times 10^{-6}(1.8t+32)^2$$

$$-951.2 \times 10^{-5}p - 3.42I^{1/2} + 1.373I \qquad (1-36)$$

$$pH = \lg\left\{\frac{[HCO_3^-]}{C_{aq}^{CO_2}}\right\} + 6.39 - 1.198 \times 10^{-3}(1.8t+32) - 7.94 \times 10^{-6}(1.8t+32)^2$$

$$-511.85\times10^{-5}p-1.067I^{1/2}+0.599I \tag{1-37}$$

其中
$$\begin{cases} C_{aq}^{CO_2}=7289.3\times n_t^{CO_2}/6.29(Q_w+3.04Q_g) \\ n_t^{CO_2}=y_t^{CO_2}\times35.32Q_g \end{cases} \tag{1-38}$$

式中 $y_t^{CO_2}$——地面条件下，油、气、盐水混相中气相 CO_2 的体积摩尔百分比，%；

$C_{aq}^{CO_2}$——每日在盐水和油中采出的 CO_2 气量，mol/L；

$n_t^{CO_2}$——标准状态下 CO_2 日产量，$10^6 m^3$。

③ 气相存在或不存在，pH 值为测量值：

$$SI=\lg[(Ca^{2+})(HCO_3^-)]+pH-2.76+9.88\times10^{-3}(1.8t+32)+0.61\times10^{-6}(1.8t+32)^2$$
$$-439.35\times10^{-5}P-2.348I^{\frac{1}{2}}+0.770I \tag{1-39}$$

（三）硫酸盐结垢预测

硫酸盐垢主要是由 Ca^{2+}、Sr^{2+}、Ba^{2+} 与 SO_4^{2-} 结合形成的 $CaSO_4$、$SrSO_4$、$BaSO_4$ 等硫酸盐难溶物。而当温度在不同的范围变化时 Ca^{2+} 和 SO_4^{2-} 会形成不同的 $CaSO_4$ 水合物，即石膏（$CaSO_4\cdot2H_2O$）、半水合物（$CaSO_4\cdot\frac{1}{2}H_2O$）和硬石膏（$CaSO_4$）。

① 硫酸钙结垢预测。温度 $t<80℃$ 时，形成二水硫酸钙：

$$SI=\lg\{[Ca^{2+}][SO_4^{2-}]\}+3.466+1.79\times10^{-3}(1.8t+32)+2.536\times10^{-6}(1.8t+32)^2$$
$$-856.515\times10^{-5}p-1.132I^{0.5}+0.366I-1.95\times10^{-3}I^{0.5}(1.8t+32) \tag{1-40}$$

$80℃\leqslant t<121℃$ 时，形成半水硫酸钙：

$$SI=\lg\{[Ca^{2+}][SO_4^{2-}]\}+4.04-1.9\times10^{-3}(1.8t+32)+11.878\times10^{-6}(1.8t+32)^2$$
$$-1000.79\times10^{-5}p-1.659I^{0.5}+0.486I-0.658\times10^{-3}I^{0.5}(1.8t+32) \tag{1-41}$$

$t\geqslant121℃$ 时，形成无水硫酸钙：

$$SI=\lg\{[Ca^{2+}][SO_4^{2-}]\}+2.519+9.98\times10^{-3}(1.8t+32)-0.973\times10^{-6}(1.8t+32)^2$$
$$-445.73\times10^{-5}p-1.088I^{0.5}+0.495I-3.3\times10^{-3}I^{0.5}(1.8t+32) \tag{1-42}$$

② 硫酸锶结垢预测方程为：

$$SI=\lg\{[Sr^{2+}][SO_4^{2-}]\}+6.105+1.98\times10^{-3}(1.8t+32)+6.379\times10^{-6}(1.8t+32)^2$$
$$-663.085\times10^{-5}p-1.887I^{0.5}+0.667I-1.88\times10^{-3}I^{0.5}(1.8t+32) \tag{1-43}$$

③ 硫酸钡结垢预测方程为：

$$SI=\lg\{[Ba^{2+}][SO_4^{2-}]\}+10.025-4.77\times10^{-3}(1.8t+32)+11.411\times10^{-6}(1.8t+32)^2$$
$$-688.75\times10^{-5}p-2.616I^{0.5}+0.889I-2.03\times10^{-3}I^{0.5}(1.8t+32) \tag{1-44}$$

以上五种硫酸盐的饱和指数的计算需要各游离阳离子 Ca^{2+}、Sr^{2+}、Ba^{2+} 和游离 SO_4^{2-} 的浓度。溶液中的 SO_4^{2-} 会和 Ca^{2+}、Mg^{2+}、Sr^{2+}、Ba^{2+} 等离子络合，而络合程度取决于溶液的温度、压力、离子强度及金属离子和 SO_4^{2-} 的总浓度。在溶液饱和态形成之前必须计算游离态和络合态的 SO_4^{2-} 浓度。

在室温下，钙、镁、锶、钡的硫酸盐络合物的缔合常数几乎相等，于是有：

$$K_{st}=\frac{[CaSO_4^0]}{[Ca^{2+}][SO_4^{2-}]}=\frac{[MgSO_4^0]}{[Mg^{2+}][SO_4^{2-}]}=\frac{[SrSO_4^0]}{[Sr^{2+}][SO_4^{2-}]}=\frac{[BaSO_4^0]}{[Ba^{2+}][SO_4^{2-}]} \quad (1-45)$$

稳定常数 K_{st} 计算过程为：

$$\lg K_{st}=1.858+4.51\times10^{-3}T-1.17\times10^{-6}T^2+155.15\times10^{-5}p-2.378I^{0.5}+0.583I-1.3\times10^{-3}I^{0.5} \quad (1-46)$$

从而游离的硫酸根离子和金属离子可由下式计算：

$$[SO_4^{2-}]=\frac{-\{1+K_{st}(\sum C_M-C_{SO_4})\}+\{[1+K_{st}(\sum C_M-C_{SO_4})]^2+4K_{st}C_{SO_4}\}^{0.5}}{2K_{st}} \quad (1-47)$$

其中
$$\begin{cases} \sum C_M=C_{Ca}+C_{Mg}+C_{Sr}+C_{Ba} \\ [Mg^{2+}]=C_{Mg}/\{1+K_{st}[SO_4^{2-}]\} \\ [Ca^{2+}]=C_{Ca}/\{1+K_{st}[SO_4^{2-}]\} \\ [Sr^{2+}]=C_{Sr}/\{1+K_{st}[SO_4^{2-}]\} \\ [Mg^{2+}]=C_{Ba}/\{1+K_{st}[SO_4^{2-}]\} \end{cases} \quad (1-48)$$

（四）垢伤害程度的诊断

1. 碳酸钙结垢量预测方程

$CaCO_3$ 结垢最大量预测方程为：

$$W_1=\{m_++m_--[(m_+-m_-)^2+4K_{sp}]^{0.5}\}/2 \quad (1-49)$$

式中　W_1——$CaCO_3$ 最大沉淀量，mg/L；

　　　m_+——二价盐的正离子的初始浓度，mol/L；

　　　m_-——二价盐的负离子的初始浓度，mol/L。

$CaCO_3$ 最大生成量对于确定防垢剂的用量、浓度及其他防垢与垢处理措施非常重要，也同时对地层进行酸化解堵的施工给出定量指标。

2. 硫酸盐结垢量预测方程

硫酸盐垢最大沉淀量可以从下式中得出：

$$W_{2i}=M_i(C_i-S_i) \quad (1-50)$$

其中　
$$S_i=1000\{[(m_{i+}-m_-)^2+4K_{spi}]^{0.5}-(m_{i+}-m_-)\} \quad (1-51)$$

三种硫酸盐垢的沉淀量 K_{spi} 可通过下式计算：

$$K_{spi}=(m_{i+}-\Delta W_{i+})[m_--(\Delta W_{1+}+\Delta W_{2+}+\Delta W_{3+})] \quad (1-52)$$

式中　i——1，2，3，分别代表结垢阳离子钡、锶、钙；

　　　W_{2i}——硫酸盐垢的最大沉淀量，mg/L；

M_i——硫酸盐垢的分子量；

C_i——溶液中硫酸盐的实际浓度，mol/L；

S_i——硫酸盐的溶解度，mol/L；

m_-——SO_4^{2-} 的初始浓度，mol/L；

m_{i+}——结垢阳离子的初始浓度，mol/L；

ΔW_{i+}——硫酸盐垢的沉淀量，mol/L。

分别把 Ba^{2+}、Sr^{2+}、Ca^{2+} 的初始浓度和对应的 K_{sp} 代入预测方程，得到关于未知量 ΔW_{1+}、ΔW_{2+}、ΔW_{3+} 的非线性代数方程组，求解即可得到对应的沉积量。

3. 结垢半径计算

地层中结垢量与结垢半径的经验关系为：

$$100y = 40 \times 1366.05 \times r^{-0.664} \tag{1-53}$$

式中　y——结垢离子沉积量，mg；

　　　r——结垢半径，m。

4. 渗透率下降模型

由于无机结垢堵塞地层孔隙，从而降低地层绝对渗透率，而渗透率下降可用以下经验公式表示：

$$\frac{K_d}{K_0} = (1-\sigma)^m \tag{1-54}$$

其中

$$\sigma = \frac{C_d}{\rho \phi} \tag{1-55}$$

式中　K_d——伤害后渗透率；

　　　K_0——初始渗透率；

　　　m——通过室内岩心流动实验结果与模拟结果相互匹配的经验常数；

　　　σ——成垢离子沉积量与孔隙体积之比；

　　　C_d——成垢离子沉积量；

　　　ρ——垢密度，kg/m^3。

六、有机垢堵塞诊断模型

原油中石蜡、胶质沥青含量越高，原油凝点就越高，越容易发生有机垢沉积，从而引起储层堵塞。沥青质是否发生沉积主要取决于体系的热力学状态（温度、压力和原油组成）。在组成上，油的胶溶性（即保持沥青质处于稳定的悬浮状态的能力）取决于原油中石蜡、芳烃和胶质的相对含量。

计算胶体不稳定指数的 SARA 方法公式是：

$$CI = (S+As)/(R+Ar) \tag{1-56}$$

式中　CI——胶体不稳定指数；

　　　S——饱和烃含量，%；

　　　Ar——芳香烃含量，%；

　　　R——胶质含量，%；

　　　As——沥青质含量，%。

如果 CI 值不小于0.9，则这种原油易发生沥青质沉积。另外，当原油的芳香烃含量低于40%时，沥青质以聚集体或颗粒形式析出沉积。

影响沥青沉积的因素有三个，即压力、温度和原油组成的变化。若原油组成不变，压力和温度降低，原油对沥青的溶解能力下降，从而引起沥青沉降并堵塞近井地带。油井在生产过程中，地层温度变化相对较小，因此压力变化成为影响沥青沉积的主要因素。借鉴 Kumar 等关于液体中悬浮颗粒对油层堵塞的理论可以计算出沥青沉积所引起的地层伤害表皮系数。

（一）孔隙度变化模型

根据物质守恒原则，不同径向位置由于物理堵塞而引起孔隙度变化的微分方程为：

$$D\frac{\partial^2 \phi}{\partial r^2}+\left[\frac{D}{r}+\frac{Q}{2\pi rh}\frac{(\rho_s-C_i)\phi_0}{\rho_s\phi^2}\right]\frac{\partial \phi}{\partial r}-\frac{\partial \phi}{\partial t}=0 \qquad (1-57)$$

式中 Q——产量，m^3/d；
ϕ——孔隙度，%；
ρ_s——堵塞物密度，kg/m^3；
h——油层厚度，m；
C_i——堵塞物悬浮浓度，kg/m^3；
r——径向位置，m；
t——时间，d；
D——扩散系数，cm^2/s。

（二）渗透率下降模型

假设油层渗透率的变化是由于胶质、沥青颗粒的体积变化导致地层孔隙的变化引起的，如果颗粒的尺寸增加，则导致油藏岩石的孔隙度、渗透率减小，则在数值计算得到孔隙度后，渗透率的降低可由下式计算：

$$K=K_0\phi^\beta/\phi_0 \qquad (1-58)$$

其中
$$\beta=1+\left[C_1-e^{\lg(C_2T)}\right] \qquad (1-59)$$

式中 K_0——初始渗透率，μm^2；
ϕ_0——初始孔隙度，%；
C_1，C_2——拟合常数；
T——时间，d。

（三）表皮系数的计算

沥青质物理堵塞伤害程度可用堵塞因子 S 表示，应用 Hawkins 表皮系数定义式可给出不同计算环形单元的堵塞因子：

$$S_i=\left(\frac{K_0}{K_i}-1\right)\ln\frac{r_i}{r_{i-1}}(i=1,2,3,\cdots,M) \qquad (1-60)$$

式中 i——径向单元序数；
K_i——区域 i 堵塞后的渗透率；

从 r_w 至 r_M 处的平均堵塞因子由算术平均值求得：

$$\overline{S} = \frac{1}{M}\sum_{i=1}^{M} S_i \qquad (1-61)$$

七、水质污染诊断模型

(一) 水质污染的数学模型

由水质引起的地层伤害机理比较复杂，目前分析常用 Barman 方法，该方法建立了水质造成的地层伤害程度引起的注入率变化与时间关系的数学表达式：

$$t_a = (F)(G) \qquad (1-62)$$

$$F = \frac{\pi r_w^2 H \rho_c}{i_0 W \rho_w} \qquad (1-63)$$

式中 t_a——注水率递减到初值的某一百分数 a 所需时间，h；
 H——吸水层段厚度，m；
 W——注入水中固相悬浮物浓度，mg/kg；
 ρ_w——注入水密度，kg/m³；
 ρ_c——滤饼毛体积密度，kg/m³；
 F——估计在初始注入量下整个井底容积被固体物充满所需时间的函数；
 G——伤害机制函数。

对于由水质造成地层伤害的不同伤害机制，F 函数是相同的。而伤害机制函数 G 函数是随每一项伤害因素而异的。

1. 井筒变窄

固相颗粒在井壁上形成滤饼，导致井底变窄。井筒变窄伤害机制的 G 函数的精确表达式为：

$$G = 1 + \frac{1}{2\ln\theta} - \left(\frac{1}{\alpha} + \frac{1}{2\ln\theta}\right)\theta^{\frac{2(\alpha-1)}{\alpha}} \qquad (1-64)$$

其中

$$\theta = \left(\frac{r_e}{r_w}\right)^{\frac{K_c}{K_f}}, \alpha = \frac{i}{i_0} \qquad (1-65)$$

式中 α——目前注入量与原始注入量的比值，小数；
 K_c——滤饼渗透率，μm²；
 K_f——地层渗透率，μm²。

2. 固相入侵

注水过程中，注入水中的机械杂质和悬浮物在注水井井眼周围沉积下来造成堵塞。固相入侵的伤害机制函数为：

$$G = \frac{r_d^2 \phi^2}{r_w^2}\left[1 + \frac{\beta}{2\ln\theta} - \left(\frac{1}{\alpha} + \frac{\beta}{2\ln\theta}\right)\theta^{\frac{2(\alpha-1)}{\alpha\beta}}\right] \qquad (1-66)$$

其中
$$\beta = 1 - \frac{K_c}{K_f} \tag{1-67}$$

式中　ϕ——地层孔隙度，%；

　　　r_d——固相入侵对地层的伤害深度，m。

在现行注水条件下，机械杂质和悬浮物在井眼周围的沉积位置可用下式估计：

$$r_d = 0.00106 \cdot \frac{QB_w}{2\pi U_c h(1-S_{or})\phi} \tag{1-68}$$

式中　r_d——侵入深度，m；

　　　h——射开厚度，m；

　　　Q——注水井的实际日注量，m^3/d；

　　　ϕ——孔隙度，%；

　　　B_w——注入水的体积系数；

　　　S_{or}——残余油饱和度，小数；

　　　U_c——该饱和度下地层水临界流速，m/s。

3. 射孔孔眼堵塞

固相颗粒嵌入射孔孔眼中，造成射孔孔眼堵塞。其伤害机制函数为：

$$G = \left(\frac{1-\alpha^2}{64\alpha^2}\right)\left(\frac{K_c}{K_f}\right)\left(\frac{d_p^4 m^2}{r_w^2}\right)\ln\frac{r_e}{r_w} \tag{1-69}$$

式中　d_p——孔眼直径，m；

　　　m——单位层段长度上的孔眼数，小数。

4. 井底填高

固相颗粒由于重力作用在井底沉积下来，导致吸水层段净厚度减小，井底填高伤害机制函数为：

$$G = \ln\frac{1}{\alpha} \tag{1-70}$$

（二）水质污染的伤害诊断

若注水时间 t 已知，F 函数中参数已知，令注水能力比 i/i_0 是稳定量，通过下式导出由水质污染引起的四项伤害表皮系数：

$$\alpha = \frac{i}{i_0} = \frac{\ln\frac{r_e}{r_w} - 0.75}{\ln\frac{r_e}{r_w} - 0.75 + S_i} \tag{1-71}$$

式中　S_i——某伤害机制引起的表皮系数。

因此，水质污染引起的表皮系数为：

$$S = \sum_{i=1}^{4} S_i \tag{1-72}$$

八、细菌堵塞诊断模型

机械杂质（固相颗粒）不仅包含纯固相颗粒、油珠，同时还应包含一些腐蚀产物。腐蚀产物会随着注水过程不断进入储层而导致储层堵塞发生。注入水中细菌含量越多，细菌体积越大，细菌繁殖速度越快，发生细菌堵塞的可能性就越大。有资料表明，20～40℃的温度范围最适合细菌的生长和繁殖。油田注入水标准规定对硫酸盐还原菌（SRB）和腐生菌（TGB）的要求为：SRB 必须小于 102 个/mL，TGB 必须小于 103 个/mL。硫酸盐还原菌（SRB）还原成二价硫引起注水管线的腐蚀是导致腐蚀的原因之一。

硫酸盐还原菌还原的二价硫量可由下面的经验公式计算：

$$S^{2-} = 6.004 \times 10^{-4} (\lg SRB + 50)^2 + 2.3983 \times 10^{-2} \lg(SRB+50) \lg(1+t^{0.3})$$
$$- 4.4650 \times 10^{-3} \lg t^{2.5} - 0.067 \tag{1-73}$$

式中 SRB——注入水中硫酸盐还原菌的含量，个/mL；

t——放置的时间，d；

S^{2-}——还原为二价硫的量，mg/L。

腐生菌是一种嗜氧性短杆状菌。菌体大量繁殖能产生黏性物质，与某些代谢产物累积沉淀。它既可附在管壁上给硫酸盐还原菌造成一个厌氧环境加剧腐蚀，它本身又能起堵塞作用。腐生菌堵塞引起的储层渗透率下降百分值 R 为：

$$R = \left(\frac{0.81}{\lg K_0} + 6.6385 \times 10^{-2} \times \lg TGB - 0.4040982 \right) \times V_1 + 0.1633 \tag{1-74}$$

其中

$$V_1 = \frac{V}{\pi \times h (r_e^2 - r_w^2) \phi} \tag{1-75}$$

式中 R——地层渗透率下降百分数，%；

TGB——腐生菌含量，个/mL；

K_0——岩样的初始渗透率值，$10^{-3} \mu m^2$；

V_1——注入的孔隙体积倍数。

V——注水井总注水量，m^3。

渗透率保持值为：

$$K_d = (1-R) \times K_0 \tag{1-76}$$

因此，细菌堵塞引起的表皮系数可通过下式得到：

$$S = \left(\frac{K_0}{K_d} - 1 \right) \times \left(\ln \frac{r_e}{r_w} - 0.75 \right) \tag{1-77}$$

思考题

1. 简要描述砂岩和碳酸盐岩的分类方法。
2. 常见的黏土矿物有哪些，简要描述不同黏土矿物微观形态以及潜在伤害类型。
3. 对于以下伤害类型，你推荐的处理对策是什么：①地层温度达到150℃的液锁伤害油井；②$CaSO_4$ 垢；③FeS 垢；④有机沉积。
4. 常见的油气井伤害类型有哪些，其伤害的机理是什么？

5. 油气井酸化实施前一般要先研究其伤害类型、伤害程度和伤害位置，为什么？

6. 为获得有意义的地层伤害描述，室内岩心流动试验应尽可能模拟地层条件下进行，具体一般有哪些注意事项？

7. 简要描述储层"五敏"评价的试验流程，区别水敏伤害评价与水锁伤害评价方法的差异。

8. 岩心流动实验前，一般需要对岩样进行清洗处理，清洗样品常用的溶剂有哪些？

9. 简要分析不同类型油气藏伤害诊断数值模型建立的基本思路。

第二章
酸—岩反应特征与反应动力学

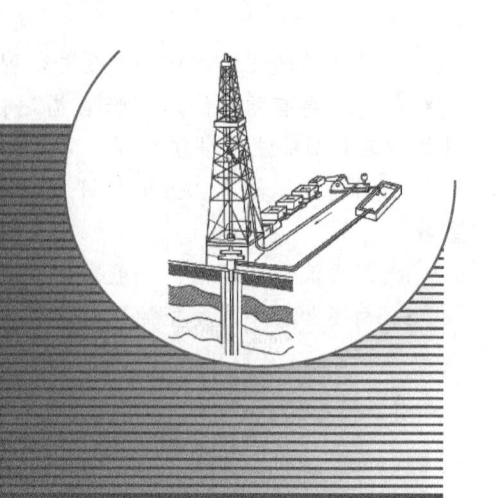

酸化工艺在油气田开采的过程中，对油水井的增产增注发挥着重要作用。研究酸—岩反应特征和酸—岩反应动力学对探究酸化机理具有重要意义，其结果为酸化优化设计和酸液体系优选提供参数和依据。本章将从酸—岩化学反应当量与化学平衡、酸—岩反应动力学、酸—岩反应产物和酸化作业中的储层伤害来进行介绍。

第一节 酸—岩化学反应当量与化学平衡

化学当量、化学平衡及反应速率是酸液体系选择时必须考虑的三个相关而又不同的化学因素。酸与地层物质作用的化学当量与反应物及生成物的分子个数比有关。已知化学当量后，一定量的酸所能溶解的地层物质数量即可算得，与酸的化学当量有关的参数之一就是溶解力。确定酸—岩化学反应平衡可以有效地控制生成物的沉淀，并利用化学平衡原理控制酸—岩反应速率。

在本章将描述酸液与地层矿物反应的化学机理。这包括酸—岩反应的化学计量法，消耗一定数量酸所溶解的岩石量，酸—岩反应的化学平衡以及酸—岩反应产物及其状态。

一、盐酸与碳酸盐岩反应的化学当量

化学当量，即参加反应的各种反应物及生成物的比例。盐酸与碳酸钙或白云岩的反应易于测定，但由于天然碳酸盐岩中夹杂有碳酸钙外的可溶性矿物成分，而使酸的反应复杂化。

酸与碳酸盐岩反应都生成二氧化碳（CO_2），水及钙盐或镁盐，其典型反应为：

$$2HCl+CaCO_3 \rightleftharpoons CaCl_2+H_2O+CO_2\uparrow \tag{2-1}$$

$$4HCl+CaMg(CO_3)_2 \rightleftharpoons CaCl_2+MgCl_2+2H_2O+2CO_2\uparrow \tag{2-2}$$

从反应式中可看出反应的化学当量。例如，式（2-1）表明 2mol 盐酸（HCl）与 1mol 石灰岩（$CaCO_3$）反应，生成 1mol 氯化钙（$CaCl_2$）、1mol 水（H_2O）及 1mol 二氧化碳（CO_2）。与反应物相乘之数称为化学当量系数。考虑式（2-1）及式（2-2）中各种组分的分子量

（表2-1），便可算出溶解一定量碳酸盐岩所需的酸量、反应生成物的数量以及其他化学当量数据。表2-2列出了1m³的盐酸所溶解的碳酸盐量以及生成物的数量。

表2-1　HCl与碳酸盐岩反应中各种组分的分子量

组分	分子式	分子量
碳酸钙（石灰岩）	$CaCO_3$	100.49
碳酸钙镁（白云岩）	$CaMg(CO_3)_2$	184.3
氯化钙	$CaCl_2$	110.99
氯化镁	$MgCl_2$	95.3
二氧化碳	CO_2	44.01
水	H_2O	18.02

表2-2　不同浓度盐酸与碳酸钙和碳酸钙镁作用情况表

反应物和生成物	HCl kg	石灰岩，kg				白云岩，kg				
		$CaCO_3$	$CaCl_2$	CO_2	H_2O	$CaMg(CO_3)_2$	$CaCl_2$	$MgCl_2$	H_2O	CO_2
分子量	36.5	100	111	44	18	184.3	111	95.3	18	44
15%HCl	161	211	245	97	40	203.2	122.4	105.1	353	97
28%HCl	319	437	485	192	79	402.7	242.5	208.2	69.9	192.3

应用上，引入酸的溶解力概念，定义为：单位体积酸液溶解的岩石体积，可用于直接比较各种用酸成本。用 β 表示反应酸质量与溶解的岩石质量之比：

$$\beta = \frac{岩石矿物分子量与其化学当量系数的乘积}{酸的分子量与其化学当量系数的乘积} \tag{2-3}$$

例如，方解石与100%HCl反应的 β_{100} 为：

$$\beta_{100} = \frac{100.09 \times 1}{36.47 \times 2} = 1.372 \frac{石灰岩溶解质量(g)}{100\%HCl 反应质量(g)} \tag{2-4}$$

若酸的质量浓度为15%，则：

$$\beta_{15} = \beta_{100} \times 0.15 = 0.206 \frac{石灰岩溶解质量(g)}{15\%HCl 反应质量(g)} \tag{2-5}$$

用相应的密度比作为质量比与式(2-4)相乘便可得出单位体积酸液所能溶解的岩石体积（用 X 表示），即溶解力，碳酸盐岩酸化常用酸的溶解力见表2-3。计算中未将岩石的孔隙度考虑在内。对于质量浓度为15%的盐酸计算结果为：

$$X_{15} = \frac{\rho_{15\%HCl} \beta_{15}}{\rho_{CaCO_3}} \tag{2-6}$$

式中　$\rho_{15\%HCl}$——质量浓度为15%的盐酸密度，取 1.07g/cm^3；

ρ_{CaCO_3}——碳酸钙的密度，取 2.71g/cm^3。

将其代入式(2-5)中可得：

$$X_{15} = \frac{1.07 \times 0.206}{2.71} = 0.082 \frac{石灰岩溶解的体积数}{15\%HCl 反应的体积数} \tag{2-7}$$

表 2-3　碳酸盐岩酸化常用酸的溶解力

组分别	酸	β	5%	10%	15%	30%
石灰岩（$CaCO_3$）$\rho=2.71g/cm^3$	盐酸（HCl）	1.37	0.026	0.053	0.082	0.175
	甲酸（HCOOH）	1.09	0.020	0.041	0.062	0.129
	乙酸（CH_3COOH）	0.83	0.016	0.031	0.047	0.096
白云岩（$CaMgCO_3$）$\rho=2.87g/cm^3$	盐酸	1.27	0.023	0.046	0.071	0.152
	甲酸	1.00	0.018	0.036	0.054	0.112
	乙酸	0.77	0.014	0.027	0.041	0.083

注：凡有机酸数据均未作平衡修正。

虽然式(2-7)中的体积单位为 cm^3，但体积之比与单位无关，只要单位统一，任何其他体积单位均可使用。盐酸及常用有机酸的溶解力见表 2-3。对比表 2-3 中数据，盐酸的溶解力最强，其次是甲酸，然后是乙酸。表中所列数据没有考虑化学平衡的影响。例如，在现场施工中，有机酸并非完全起反应，故一定体积的酸所能溶解的岩石量将少于表 2-3 列举的数字。为了修正溶解力，必须乘以一校正系数，即在反应条件（地层温度、压力及生成物浓度）下达到化学平衡之前消耗的酸量。下面将讨论酸—岩反应程度的计算方法。

二、氢氟酸与砂岩反应的化学当量

砂岩酸化中，用化学计量系数来描述消耗酸后所能溶解的岩石量。化学计量系数定义为：溶解 1mol 矿物需要消耗的酸的摩尔数。对于酸与碳酸盐岩、石英矿物的反应，化学当量系数是一简单的数值，但与硅铝酸盐矿物反应，化学当量系数则同时受温度、酸浓度和矿物溶解量的影响。

砂岩地层酸处理一般采用 HCl 与 HF 的混合酸，其他许多酸如 HBF_4 以及许多地下生成土酸其中起作用的主体酸都是 HCl 和 HF。当砂岩地层碳酸钙含量很高时，也可单独采用盐酸。HF 与基质中的硅质或碳酸盐的反应比较简单，但与黏土或长石之类的硅酸盐的反应则很复杂，这是因为砂岩矿物复杂，呈三维晶体，无法用单一的化学当量形式来表示。

下列各式描述了 HF 和 SiO_2、硅酸盐矿物及方解石作用的化学当量。这些反应式中，由于黏土成分复杂，因地层不同而异，以 HF 与硅酸钠的反应代表砂岩基质的硅酸盐的反应，砂岩酸化中的主要化学反应见表 2-4。

表 2-4　砂岩酸化中 HF 与矿物主要化学反应

石英	$4HF+SiO_2 \longrightarrow SiF_4$（四氟化硅）$+2H_2O$ $2HF+SiF_4 \longrightarrow H_2SiF_6$
钠长石	$NaAlSi_3O_8+14HF+2H^+ \longrightarrow Na^++AlF_2^++3SiF_4+8H_2O$
正长石（钾长石）	$KAlSi_3O_8+14HF+2H^+ \longrightarrow K^++AlF_2^++3SiF_4+8H_2O$
高岭石	$AlSi_4O_{10}(OH)_8+24HF+4H^+ \longrightarrow 4AlF_2^++4SiF_4+18H_2O$
蒙脱石	$AlSi_8O_{20}(OH)_4+40HF+4H^+ \longrightarrow 4AlF_2^++8SiF_4+24H_2O$

与二氧化硅的反应式为：

$$SiO_2+4HF \rightleftharpoons SiF_4+2H_2O$$

$$SiF_4 + 2HF \rightleftharpoons H_2SiF_6$$

与硅酸盐（长石或黏土）反应式为：

$$Na_4SiO_4 + 8HF \rightleftharpoons SiF_4 + 4NaF + 4H_2O$$

$$SiF_4 + 2NaF \rightleftharpoons Na_2SiF_6 \downarrow$$

与方解石的反应式为：

$$CaCO_3 + 2HF \rightleftharpoons CaF_2 \downarrow + H_2O + CO_2 \uparrow$$

同碳酸盐岩一样，从这些反应式便可算出 HF 的溶解力。计算结果见表 2-5。由于 HCl 与砂子及黏土矿物无明显反应，故未纳入计算之列。

表 2-5　氢氟酸的溶解能力

酸浓度 %	石英 β	石英 X	钠长石（NaAlSi$_3$O$_8$）β	钠长石 X
2	0.015	0.006	0.019	0.008
3	0.023	0.010	0.028	0.011
4	0.030	0.018	0.037	0.015
6	0.045	0.019	0.056	0.023
8	0.060	0.025	0.075	0.030

注：β=溶解岩石的质量/已反应酸的质量；X=溶解岩石的体积/已反应酸的体积。

地层中的矿物含量变化很大，土酸溶解的地层矿物体积也相应发生变动。原则上是可以从地层的矿物成分计算出其酸溶性部分，但实际上，往往靠室内试验来确定更为稳妥。Labrid 研究砂岩酸化反应平衡的结论是："对氢氟酸溶解矿物这一过程进行热力学研究的结果表明：作用于二氧化硅时，主要生成物是氟硅酸及少量胶态二氧化硅，长石及黏土的第一步酸—岩反应是均匀地改变晶格，然后萃取铝，形成氟化络合物。"本章讨论的有关化学当量、溶解力、化学计量系数对于酸化设计计算是不可缺少的参数，应予重视。

三、盐酸与碳酸盐岩反应的化学平衡

平衡状态与酸的反应有一定关系。酸的反应达到平衡状态时，即使酸分子依然存在，却不再溶解地层物质。当反应生成物的化学活度（视为化学变化的动力）与反应物的化学活度均衡时就达到平衡状态。热力学的观点认为，在平衡状态下，各个生成物活度的乘积与各个反应物活度的乘积的比值等于一个常数，称为平衡常数。对于反应通式：

$$A + B \longrightarrow C + D$$

其平衡常数定义为：

$$K = \frac{a_C a_D}{a_A a_B} \tag{2-8}$$

a_i 是某种物质 i 的化学活度。这些活度均属热力势，计算困难。因此，常靠实验数据确定其精确值。一种物质的活度随其浓度增大而增加，但活度与浓度间的关系一般不呈线性关系。通常将化学活度与浓度的比例常数定义为活度系数（$a_i = \gamma_i c_I$），以表达这种关系。表 2-6 列举了关于盐酸的活度系数。

表 2-6 盐酸的活度系数

浓度，mol/L	活度系数	浓度，mol/L	活度系数
0.1	0.80	4.0	1.96
0.5	0.76	6.0	4.19
1.0	0.81	8.0	9.60
2.0	1.04	1.20	32.16

（一）酸的电离平衡

酸的一种重要特性是，在水溶液中建立如下离解反应：

$$HA \longrightarrow H^+ + A^- \tag{2-9}$$

式中，以 HA 表示一般酸类，离解后产生 H^+ 及 A^- 离子。例如，盐酸离解后产生氢离子（H^+）及氯离子（Cl^-）。盐酸的离解平衡可表达为：

$$K_D = \frac{a_{H^+} a_{Cl^-}}{a_{HCl}} \tag{2-10}$$

平衡常数 K_D 被称为离解常数。平衡状态下酸的离解程度高，K_D 值就大，酸的离解程度低，K_D 值就小。

离解常数取决于温度：

$$-\lg K = \frac{A_1}{T} - A_2 + A_3 T \tag{2-11}$$

式中，T 为绝对温度，常数 A_1、A_2、A_3 可从表2-7中查得。表2-8是各种酸的酸离解常数 K_D 值。从表2-8中看出，乙酸与甲酸的离解常数都比盐酸小。这说明条件相同时，其离解量甚少，因此常被称为弱酸。

表 2-7 确定酸离解常数的各常数值

酸型	A_1	A_2	A_3
乙酸	1170.48	6.2949	0.013399
甲酸	1342.85	5.2743	0.015168
丙酸	1213.26	3.3860	0.014055
氯醋酸	1229.13	6.1714	0.016486

表 2-8 酸离解常数的常用值

酸型	离解常数 K_D			
	25℃	37.8℃	65.6℃	121℃
乙酸	1.754×10^{-5}	1.716×10^{-5}	1.4822×10^{-5}	8.194×10^{-6}
甲酸	1.772×10^{-4}	1.735×10^{-4}	1.486×10^{-4}	7.732×10^{-5}
盐酸	10			

（二）弱酸与碳酸盐岩的反应平衡

在地层条件下，由于受化学平衡的限制，有机酸无论与石灰岩或白云岩反应均不完全。反应达到平衡时，生成物 CO_2 由于储层压力而滞留在溶液中不能逸出。此时，酸溶液中起作用的酸只是一部分，故要对溶解力进行较正。Chalelair 等利用试验研究了高温、高压下酸的反应平衡。如图 2-1 和图 2-2 所示。在 6.95MPa 的压力下，由于全部 CO_2 都滞留于溶液中，所以有关结论适用于各种高压情况。这些因子可用于修正有机酸的溶解力。例如，从图 2-2 可看出，在 46℃ 及 6.95MPa 的压力下，浓度为 10%（重量）的甲酸溶液只有 50% 起作用。

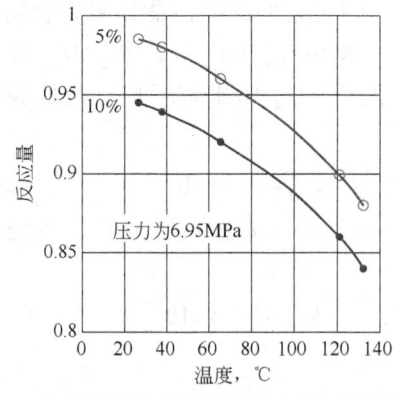

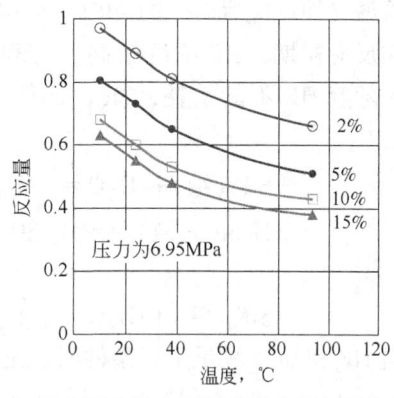

图 2-1　反应平衡状态下乙酸反应量与温度的关系　　图 2-2　反应平衡状态下甲酸反应量与温度的关系

至于图 2-1、图 2-2 中未列举的其他条件的平衡状态可从以下经验公式估算：

$$1.6\times10^4 K_D = \frac{c_{CaA_2} c_{CO_2}}{c_{HA}} \tag{2-12}$$

式中，c_i 是组分 i 的摩尔浓度，i 指 CaA_2 和 CO_2。经验证明，白云岩的平衡条件与石灰岩十分相似，因此，该公式亦适用于白云岩。

四、氢氟酸与砂岩反应的化学平衡

（一）化学反应平衡

酸液与砂岩矿物的反应，包括非均相液—固表面反应和均相液—液反应。由于存在反应产物与反应物间的竞争反应，实际酸—岩反应十分复杂，本节主要讨论均相反应。HF 溶解黏土的含硅、铝矿物时，溶液中产生氟铝络离子和氟硅络离子，在一定条件下达到热力平衡时，溶解的铝能与氟形成 6 种络合物。25℃时，离子平衡等式及平衡常数如下：

$$Al^{3+}+HF \Longleftrightarrow AlF^{2+}+H^+, \quad K_1=897 \tag{2-13}$$

$$AlF^{2+}+HF \Longleftrightarrow AlF_2^+ +H^+, \quad K_2=68.9 \tag{2-14}$$

$$AlF_2^+ +HF \Longleftrightarrow AlF_3(液)+H^+, \quad K_3=4.62 \tag{2-15}$$

$$AlF_3(液) \Longleftrightarrow AlF_3(气), \quad K_4=2.5\times10^{-4}(1atm/mol) \tag{2-16}$$

$$AlF_3(液)+HF \Longleftrightarrow AlF_4^- +H^+, \quad K_5=0.36 \tag{2-17}$$

$$AlF_4^- +HF \Longleftrightarrow AlF_5^{2-}+H^+, \quad K_6=2.8\times10^{-2} \tag{2-18}$$

$$AlF_5^{2-}+HF \Longleftrightarrow AlF_6^{3-}+H^+, \quad K_7=1.9\times10^{-3} \tag{2-19}$$

氟络合物主要有：

$$SiF_4(液) \Longleftrightarrow SiF_4(气), \quad K_8=7.1\times10^{-7}(1atm/mol) \tag{2-20}$$

$$\text{SiF}_4(\text{液}) + 2\text{HF} \rightleftharpoons \text{SiF}_6^{2-} + 2\text{H}^+, \quad K_9 = 0.45 \tag{2-21}$$

在酸性介质（H^+浓度大）以及高浓度的 HF 溶液中 HF 发生部分离解和聚合，以多种化学形式化合成诸如 HF_2^- 等络合离子型：

$$\text{HF} \rightleftharpoons \text{H}^+ + \text{F}^-, \quad K_{10} = 6.6 \times 10^{-4} \text{mol/L} \tag{2-22}$$

$$\text{HF} \rightleftharpoons \text{H}^+ + \text{HF}_2^-, \quad K_{11} = 6.6 \times 10^{-4} \text{mol/L} \tag{2-23}$$

盐酸参加反应后产生的 AlCl_3 和 SiCl_4 可略去不计，因为它们的自由能比氟络合物小得多。在反应初期，HF 浓度较高。有利于生成 Na_2SiF_5、K_2SiF_5、Na_3AlF_5、K_3AlF_5 和 CaF_2 沉淀。随着 HF 不断消耗，SiF_4 浓度增加，则有利于发生 SiF_4 的水解反应，生成胶质沉淀 H_4SiO_4：

$$\text{SiF}_4(\text{液}) + 4\text{H}_2\text{O} \rightleftharpoons \text{H}_4\text{SiO}_4(\text{液}) + 4\text{HF}, \quad K_{12} = 9.3 \times 10^{-10} \tag{2-24}$$

$$\text{H}_4\text{SiO}_4(\text{液}) \rightleftharpoons \text{H}_4\text{SiO}_4(\text{沉淀}), \quad K_{13} = 7.25 \times 10^2 \tag{2-25}$$

所以：

$$\text{SiF}_4(\text{液}) + 4\text{H}_2\text{O} \rightleftharpoons \text{H}_4\text{SiO}_4(\text{液}) + 4\text{HF}, \quad K_{14} = 6.75 \times 10^{-7} \tag{2-26}$$

当 HF 和 SiF_4 满足下式条件时，沉淀即产生：

$$\left[\frac{2.84 \times 10^{-2}}{\text{HF}}\right]^4 \times [\text{SiF}_4] > 1 \tag{2-27}$$

$$2\text{K}^+ + \text{SiF}_6^{2-} \rightleftharpoons \text{H}_2\text{SiF}_6 \downarrow, \quad K_{15} = 2.08 \times 10^{-6} \tag{2-28}$$

则产生 K_2SiF_6 沉淀的条件是：

$$2.08 \times 10^{-6} \cdot [\text{K}^+]^2 \cdot [\text{SiF}_6^{2-}] > 1 \tag{2-29}$$

（二）温度和压力的影响

当反应温度改变，平衡常数对应也要发生改变，其关系可由 Vanit—Hoff 方程描述：

$$K_i(T) = K_i(T_0) \exp\left[\frac{\Delta H_i}{R}\left(\frac{1}{T_0} - \frac{1}{T}\right)\right] \tag{2-30}$$

式中，ΔH_i 为 25℃ 条件下反应热。

压力对平衡常数的影响由下式描述：

$$\left(\frac{\xi \ln K_i}{\xi p}\right)_T = -\frac{1}{RT}\left(\frac{\xi \Delta G^o}{\xi p}\right)_T = -\frac{\Delta V^o}{RT} \tag{2-31}$$

式中，ΔV^o 为标准状态下，生成物偏摩尔体积的总和减去反应物偏摩尔体积的总和。对于液相反应，体积变化不大，压力的影响很小，可以忽略。

（三）反应产物浓度分布的计算方法

均相反应产物的量是酸浓度、温度和岩石溶解量的函数，在平衡条件下，可得酸浓度平衡表达式：

$$[\text{H}^+] = [\text{HCl}]_o + \sum_{j=1}^{2}[\text{H}_{j-i}\text{F}_j] + \sum_{j=1}^{6}j[\text{AlF}_j] + 2[\text{SiF}_6^{2-}] \tag{2-32}$$

$$[\text{HF}] = [\text{HF}]_o - \sum_{j=1}^{6}j[\text{AlF}_j] - \sum_{j=1}^{2}j[\text{H}_j - i\text{F}_j] - \sum_{j=2}^{3}2j[\text{SiF}_{2j}] \tag{2-33}$$

给定一定的酸浓度初值和溶解量，在计算出对应的络离子浓度后，代入方程 (2-32)

与方程（2-33）中计算新的酸浓度，反复迭代，直到满足误差即可。改变酸液浓度、温度和矿物溶解量即可求得不同的反应产物分布。

第二节　酸—岩反应动力学

酸和岩石的反应为非均相或复相反应，因为它们是在不同相与不同界面上发现的各种化学物质之间的反应，即酸的水溶液与固体矿物质之间的反应。反应动力学就是各反应物质接触后化学反应速率的描述。当酸通过扩散或对流达到矿物表面时，在酸与矿物之间就发生了反应。酸液消耗或矿物溶解的总速度将决定于两个明显的现象：酸通过扩散或对流传到矿物表面的速度和矿物表面上的实际反应速率。通常，这些过程中的某一个将比其他过程慢得多，在此情况下，可忽略最快的过程，因为与慢的过程相比，可以认为它发生在一个可以忽略的时间内。

本节将详细讨论酸—岩反应机理、酸—岩反应速率、动力学方程及动力学参数的测定方法，分析影响酸—岩反应速率的因素，为后续的酸化模拟及酸化设计奠定理论基础。

一、碳酸盐岩酸化酸—岩反应机理

（一）酸—岩反应过程

以盐酸和碳酸盐岩的反应为例，酸与碳酸盐岩的反应为酸岩复相反应，反应只在液固界面上进行，因而可知，液固两相界面的性质和大小都会影响复相反应的进行。把与酸液接触的岩石视为一个壁面，如图 2-3 所示。考虑到任一固体表面都具有吸附物质的剩余力场，所以假设其反应过程中包含吸附作用步骤，因而酸与碳酸盐岩的反应历程可描述为：①H^+向岩石表面传质；②被吸附的 H^+ 在岩石表面反应；③反应产物通过传质离开岩石表面。上述三个步骤中速度最慢的一步为整个反应的控制步骤，它决定着总反应速率的快慢。

酸液里的 H^+ 在岩面上与碳酸盐岩的反应，称为表面反应。对石灰岩地层来说，表面反应速率非常快，几乎是 H^+—接触岩面，反应立刻完成。H^+ 在岩面上反应后，就在接近岩面的液层里堆积起生成物 Ca^{2+}、Mg^{2+}、CO_2 气泡。岩面附近这一堆积生成的微薄液层，称为扩散边界层，该边界层与溶液内部的性质不同。溶液内部，在垂直于岩面的方向上，没有离子浓度差；边界层内部，在垂直于岩面的方向上，则存在有离子浓度差。

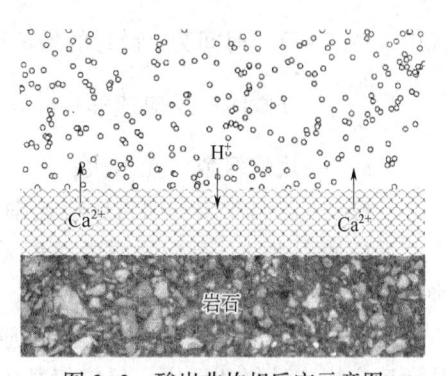

图 2-3　酸岩非均相反应示意图

由于在边界层内存在着上述离子浓度差，反应物和生成物就会在各自的离子浓度梯度作用下，向相反的方向传递。这种由于离子浓度差而产生的离子移动，称为离子的扩散作用。

在离子交换过程中，除了上述扩散作用以外，还会有因密度差异而产生的自然对流作用。实际酸处理时，酸液将按不同的流速流经裂隙，H⁺会发生对流传质，尤其由于裂隙壁面十分粗糙，极不规则，容易形成旋涡。所以，由于酸液的端流流动，将会产生离子的强迫对流作用。

总之，酸液中的H⁺是通过对流（包括自然对流和一定条件下的强迫对流）和扩散两种形式，透过边界层传递到岩面，H⁺透过边界层达到岩面的速度，称为H⁺的传质速率。

（二）酸—岩反应速率及动力学方程

酸与岩石的反应过程，就是盐酸被中和或被消耗的过程，这一过程进行的快慢，可用酸与岩石的反应速率来表示。酸—岩反应速率与酸处理效果有着密切的关系。因为，酸处理的目的除了清除井底附近地层中的堵塞以外，还希望在地层中尽可能得到足够深度的溶蚀范围。假如盐酸与碳酸盐岩的反应速率很快，新鲜酸液一进入地层很快就反应完毕成为残酸，那么，酸只能对井底附近的地层起溶蚀作用，增产效果必然不大。酸—岩反应速率，属于化学反应动力学的研究范畴，问题比较复杂。研究这一问题，有助于我们寻找控制酸—岩反应速率的方法，以提高酸处理的效果。在此前，介绍几个基本概念。

酸—岩反应速率—单位时间内，酸浓度的降低值［常用单位为 mol/(L·s)］或用单位时间内，岩石单位面积的溶蚀量（或称溶蚀速度），常用单位为 mg/cm²·s。实际工作中，按需要选取单位。鲜酸——未与岩石发生化学反应的酸液；余酸——酸—岩反应过程中，含有反应产物，但未失去反应性的酸；残酸——完全失去反应能力的酸液。

1. 酸—岩反应速率—质量作用定律

根据质量作用定律，在温度、压力不变时，化学反应的速率与各作用物质浓度 m 次幂乘积成正比。对于酸—岩反应（液固相反应）来说，固相反应物的浓度可视作不变，因此在恒温、恒压条件下，酸—岩反应速率的数学表达式可写为：

$$-\frac{\partial c}{\partial t}=KC^m \tag{2-34}$$

式中　C——反应时间为 t 瞬时的酸浓度，mol/L；

$\frac{\partial c}{\partial t}$——$t$ 瞬时的反应速率，mol/(L·s)；

m——反应级数，无因次；

K——比例系数，称为反应速率常数，$(mol/L)^{1-m}/s$。

反应速率常数与反应物质的浓度无关，只与反应物质的性质、温度和压力有关，由实验确定。

对于基元反应，反应级数等于反应方程式中反应物前的系数之和。对于两个或两个以上基元反应构成的复杂反应，反应级数由最慢的一个基元反应的反应级数所确定。反应级数表示反应物浓度对反应速率的影响程度，是一个实验经验数据，不一定为整数，与化学反应方程中反应物前的系数不一定符合。质量作用定律的反应式则以实验室测定为依据，不能根据反应方程式决定反应速率与反应物浓度之间的关系。值得注意的是，由于酸浓度随时间的增加而减小，为使反应速率为正值，须冠以负号。

酸与岩石反应时，H⁺的传质速率、H⁺在岩面上的表面反应速率式由式(2-34)表示，生成物离开岩面的速率，均对反应速率有影响，但起主导作用的是其中最慢的一个过程。在层流条件下，H⁺传质速率一般比它在石灰岩表面上的表面反应速率慢得多。因此，酸与石灰岩系统的整个反应速率，主要取决于H⁺透过边界层的传质速率，在室内实际测定的酸液与石灰岩反应速率，主要是反映了H⁺的传质速率。

对于白云岩其动力学有时为表面反应所限定，但是温度升高将使其转向传质限定。对于黏土和石英，其动力学几乎总为表面反应所限定。

在实际中由于岩性及储层条件、施工参数的不同，表现出酸—岩反应过程既受表面反应控制，又受传质控制的情况，称为混合动力学。

2. 斐克定律

对于石灰岩储层，酸—岩复相反应速率主要取决于H⁺传质速率，可以用离子传质速率的斐克定律，表示酸—岩反应速率和扩散边界层内离子浓度梯度的关系式：

$$-\frac{\partial c}{\partial t} = D_e \cdot \frac{S}{V} \cdot \frac{\partial c}{\partial y} \tag{2-35}$$

式中　$-\dfrac{\partial c}{\partial t}$——酸—岩反应速率，mol/(L·s)；

$\dfrac{\partial c}{\partial y}$——扩散边界层，垂直于岩面方向的酸液浓度梯度，mol/(L·cm)；

$\dfrac{S}{V}$——岩石反应面积和酸体积之比，简称面容比，cm²/cm³；

D_e——H⁺传质系数，cm²/s。

3. 酸—岩反应动力学方程

盐酸是一种强酸，即意味着当HCl溶在水中时，酸分子几乎完全离解成氢离子（H⁺）和氯离子（Cl⁻）。HCl与碳酸盐矿物间的反应，实际上是H⁺与矿物之间进行的反应。但对于弱酸由于酸不是完全离解，因此限制了可供反应的H⁺的来源。因为H⁺是活性物质，因此通过考虑酸的离解平衡，HCl反应动力学也可用于弱酸。

对于盐酸与方解石、盐酸与白云石的反应，其动力学方程可以写成：

系统反应动力学方程：

$$J = KC^m \tag{2-36}$$

表面反应（本征反应）动力学方程：

$$J = K_s C_s^m (1-\phi) = \frac{\partial C}{\partial t}\left(\frac{V}{S}\right) \tag{2-37}$$

式中　J——物流量；

K_s——表面反应速率常数；

ϕ——岩石孔隙度，小数。

弱酸—碳酸盐矿物的反应动力学可由HCl反应动力学得到：

$$J_{弱酸} = K K_d^{m/2} C_{弱酸}^{m/2} \tag{2-38}$$

式中　K_d——弱酸离解常数；

K——HCl—矿物反应速度常数。

从反应动力学方程（2-36）、方程（2-37）、方程（2-38）可知，反应速率的大小与反应速度常数K（或K_s）是密切相关的。K越大，反应进行越快。反应速率常数是反应物浓度为单位浓度时的反应速率。每个反应都有表征其本身特性的速率常数，其值决定于反应物本身和反应系统的温度。人们发现，化学反应速率对温度非常敏感，这将在后面进行讨论。

二、砂岩酸化酸—岩反应机理

砂岩酸化时，酸与岩石的反应发生在多孔介质中，即属多相反应，同时反应表面也难以预测，正是由于这一复杂过程，准确预测砂岩酸化结果是困难的。

本章将简要介绍有关砂岩与土酸反应的一些基本理论及室内研究结果。在这项研究中，Fofier、Lund、Mccune、Hendrickson 和 Gatewood 等人曾对单一矿物的反应速率进行研究，总结出一些不同形式的酸—岩反应动力学方程。

（一）HF 的缔合

据 Ryss 等人的研究，HF 在低浓度下是弱酸：

$$HF \rightleftharpoons H^+ + F^- \tag{2-39}$$

平衡常数为：

$$K_{R1} = \frac{[H^+] \cdot [F^-]}{[HF]} \tag{2-40}$$

在高浓度溶液中和在无水氯化氢中，氯化氢的酸性类似于硫酸这样的强酸，其特征是 HF 的缔合形成强酸 H_iF_i：

$$nHF \rightleftharpoons H^+ + H_{n-1}F_n^-, n=1,2,3,\cdots \tag{2-41}$$

平衡常数为：

$$K_{Rn} = \frac{[H^+] \cdot [H_{n-1}F_n^-]}{[HF]^n} \tag{2-42}$$

式中，浓度单位为 gmol/L。现已测出 25℃下，$n=1$、2 的平衡常数：

$$K_{R1} = 6.6 \times 10^{-4}, K_{R2} = 2.2 \times 10^{-3}$$

更高级数的平衡常数还不知道，但它们只在 HF 浓度高于 10gmol/L（质量分数为 17.4%）才显得重要。

HF 酸溶液中 [H^+] 的浓度可由式(2-43)求得：

$$(H^+)^2 = \sum_{i=1}^{n} K_{Ri}(HF)^i \tag{2-43}$$

$$(HF) = \sum_{i=1}^{n} iK_{Ri}\frac{(HF)^i}{[H^+]} \tag{2-44}$$

由于平衡常数 K_{R1} 值难于确定，所以 [H^+] 的范围也很难确定，需要通过以下简单情形求得。

当 [HF] < 0.1g mol/L：

$$[H^+] = [K_{R1}[HF]]^{1/2} = 2.569 \times 10^{-2}[HF]^{1/2}$$

对 1.5 < [HF] < 10：

$$[H^+] = K_{R2}^{1/2}[HF] = 4.69 \times 10^{-2}[HF]$$

（二）溶解硅酸盐矿物（均一矿物）

当氢氟酸溶解硅酸盐矿物时，可能形成几种氟硅化合物。可由下述离子平衡方程表示：

$$2H^+ + SiF_6^{2-} \rightleftharpoons SiF_4 + 2HF$$

$$H^+ + SiF_5^- \rightleftharpoons SiF_4 + HF$$

在25℃、1atm下，SiF_4是气态。但在大多数地压力下SiF_4仍留在溶液中（液态），SiF_5^-离子的存在是纯理论的，它是作为解释HF溶液可能溶解过量的硅的一种途径而提出的。该反应平衡可表示为：

$$K_{Q1} = \frac{[SiF_4] \times [HF]^2}{[SiF_6^{2-}] \times [H^+]^2} = 1.49(20℃) \tag{2-45}$$

$$K_{Q2} = \frac{[SiF_4] \times [HF]}{[SiF_5^-] \times [H^+]} = 5.6 \times 10^{-3}(25℃) \tag{2-46}$$

SiO_2在HF—HCl中的溶解反应为：

$$SiO_2 + 4HF \rightleftharpoons SiF_4 + 2H_2O$$

存在下列平衡关系：

$$K'_{Q1} = \frac{[SiF_4]}{[HF]^4 \times [SiO_2]} \tag{2-47}$$

对于水化硅，$K'_{Q1} = 4 \times 10^{10}$（11℃），如果溶液与$SiO_2$固体达到平衡，平衡关系可表示为：

$$K_{Q1} = [SiF_4]/[HF]^4 \tag{2-48}$$

尽管α-石英在25℃、1atm下是热力学上的稳定形式，但是仍然存在其他几种形式的SiO_2，例如：玻璃状硅、琉态硅和水化程度不同的水化硅$SiO_2 \cdot nH_2O$。当然，K_{Q1}的值将依赖于SiO_2以何种形式存在，不幸的是，几乎没有关于SiO_2存在形式的资料，对由水溶液沉积形成的水化硅，$K_{Q1} = 1.0 \times 10^8$（11℃），对α-石英，K_{Q1}的值估计范围在$10^6 \sim 10^8$之间。SiF_4可以进一步与氟离子反应：

$$SiF_6^{2-} \rightleftharpoons SiF_4 + 2F^-$$

$$K_{Q2} = \frac{[SiF_4] \times [F^-]^2}{[SiF_6^{2-}]} \tag{2-50}$$

Kleboth在4mol/L $LiCl_4$水溶液中详细研究了SiF_4、SiF_5^-、SiF_6^{2-}间存在的平衡。然而，如果假设（水化）SiO_2的饱和浓度受LiCl存在的影响很小，25℃时K_{Q3}的值为3.8×10^{-6}，在平衡关系给出后，就可计算HF/HCl混合液与过量硅的反应程度。例如：HF初始浓度大于0.05mol/L，HF与Si的反应可认为是不可逆的。因为计算表明，95%以上的HF都被消耗了。

又如，[HF]$<5\times10^{-4}$mol/L 时的反应程度小于5%。除α-石英外，砂岩中通常的硅酸盐是铝硅酸盐，这些矿物含有 Si、Al、Na、K、Hg、Ca 等元素，并且溶解化学与α-石英也不相同。铝硅酸盐溶解时释放的铝离子也可能参与一系列的平衡反应中：

$$\text{AlF}_n^{+(3-n)} \rightleftharpoons \text{AlF}_{n-1}^{+(4-n)} + \text{F}^- \tag{2-51}$$

$$K_{An} = \frac{[\text{AlF}_{n-1}^{+(4-n)}]\times[\text{F}^-]}{[\text{AlF}_n^{+(3-n)}]} \tag{2-52}$$

式中，K_{An} 为平衡常数，$n=1,2,\cdots,6$，在20℃时有：

$$K_{A1}=7.4\times10^{-7}, K_{A4}=1.8\times10^{-3},$$
$$K_{A2}=9.7\times10^{-6}, K_{A5}=2.4\times10^{-2},$$
$$K_{A3}=1.4\times10^{-4}, K_{A6}=0.34$$

HF/HCl 混合酸中，HCl 能影响平衡常数值，原因有二：一是 HCl 改变了活度系数，二是 Cl^- 和 F^- 产生竞争，这两种影响交替起主导作用，则：

$$K'_{Q3}=K_{Q3}/K_{R1}=5.8\times10^{-3} \tag{2-53}$$

$$K_{Q4}=\frac{[\text{SiF}_5^-]\cdot[\text{HF}]}{[\text{SiF}_6^{2-}][\text{H}^+]}=\frac{K_{Q2}}{K_{Q3}\times K_{R1}}=260 \tag{2-54}$$

$$K'_{AN}=\frac{[\text{AlF}_{n-1}^{+(4-n)}]\cdot[\text{HF}]}{[\text{AlF}_n^{+(3-n)}][\text{H}^+]}=\frac{K_{An}}{K_{R1}} \tag{2-55}$$

$$K'_{A1}=9.3\times10^{-4}, K'_{A3}=0.18, K'_{A5}=30$$
$$K'_{A2}=1.2\times10^{-2}, K'_{A4}=2.3, K'_{A6}=430$$

用以上平衡常数值，即可算出溶液中各种离子的含量。

（三）酸—岩反应动力学方程

1. 土酸与砂岩的反应机理分析

按反应的难易程度，砂岩组分可分为反应易溶物（长石、黏土）和反应"惰性物"（石英、硅质）。长石及黏土的结构单元是由硅氧四面体和铝氧八面体组成的。晶格表面具有强烈的吸水性，以形成羟基类化学键（如 Si—OH，Al—OH），所不同的是长石晶格的空间处填充了 Na^+、K^+、Ca^{2+}、Mg^{2+} 等阳离子满足晶格的电中性，但是在水溶液及酸性介质中，长石并不稳定，易转化为水合硅铝酸盐，这一过程可表示为：

$$y\text{AlSi}_3\text{O}_8+n\text{H}_3\text{O}^+ \rightleftharpoons (\text{H}_3\text{O})n\text{AlSi}_3\text{O}_8+y^{n+} \tag{2-56}$$

例如钾长石可以与纯水反应：

$$\text{KAlSi}_3\text{O}_8+2\text{H}_2\text{O} \rightleftharpoons (\text{H}_3\text{O})\text{AlSi}_3\text{O}_8+\text{K}^++\text{OH}^- \tag{2-57}$$

y^{n-} 表示 Na^+、K^+、Ca^{2+} 离子，在长石结构中既有共价键（Si—O，Al—O，Si—OH，Al—OH），也有离子键。砂岩矿物的溶解过程则涉及这些化学键的断裂而释放出硅和铝，由于离子键较弱，可逆交换反应比晶格中共价键的断裂速度快得多，所以，共价键的断裂是溶解过程的控制步骤。因此，长石和黏土矿物的溶解速度和速度方程表达式差别不大。由于石英的溶解速度比长石、黏土慢得多，故可假设，共价键 Si—O—Si 和 Si—O—Al 的断裂是溶解过程的控制步骤：

$$Si—O—X+HF \longrightarrow X—OH+SiF \qquad (2-58)$$

式中，X 表示 Al 或 Si。

当强酸（如盐酸）与 HF 一起存在时，砂岩溶解速度会明显加快，分析表明：溶解过程沿着两种平行的途径进行。一是 HF 直接与 Si—O—X 作用，二是 H^+ 因 Si—O—Si 和 Si—O—Al 的极性而强烈地吸附在矿物表面，如下式所示：

$$Si—O—X+H^+ \to X—(HO)\cdots Si^+ \qquad (2-59)$$

吸附作用可降低 Si—O 键的强度，催化 HF 的反应：

$$X—(OH)\cdots Si+HF \longrightarrow X+SiF+H^+ \qquad (2-60)$$

一般地，HF/HCl 混合酸与矿物表面的反应可表示为：

$$A+HF \longrightarrow 产物 \qquad (2-61)$$

$$A+H^+ \longrightarrow AH^+ \qquad (2-62)$$

$$AH^+ +HF \longrightarrow 产物 \qquad (2-63)$$

式中　A——单位面积上的 Si—O—X 数（可直接与酸反应），$1/cm^2$；

AH^+——单位面积上，因吸附形成活性中间产物的 $X—(OH)\cdots Si^+$ 数，$1/cm^2$。

H^+ 在矿物表面的吸附可据 Freunlich 等温吸附式表示为：

$$[AH^+]=K_0[A_t]\cdot [H^+]^a \qquad (2-64)$$

式中　A_t——单位面积上的总的 Si—O—X 数；

K_0、a——Freundlich 经验常数（$0<a<1$）。

溶解反应按两种平行途径进行时，总反应速度为两反应速度的叠加，应用质量作用定律写出表达式：

$$J=K_1[A][HF]^b+K_2[AH^+][HF]^b \qquad (2-65)$$

将式(2-64) 代入式(2-65) 可得：

$$J=K_1[A][HF]^b+K_0K_2[A_t][H^+]^a[HF]^b \qquad (2-66)$$

2. HF/HCl 与钠长石、钾长石的反应

钠长石的组成为 $(Na_{0.72}K_{0.08}Si_{0.80})(CaAl)_{0.20}\cdot AlSi_2O_8$，钾长石的组成为 $(K_{0.76}Na_{0.18}Si_{0.94})(CaAl)_{0.06}\cdot AlSi_2O_6$。

在压力为 40psi，温度分别为 25℃、100℃下试验结果为：

$$r_Z=K(1+K^a_{C_{HCl}})\cdot C^b_{HF}$$

式中　r_Z——Z 种物质的反应速度（如 $Z=K^+$，表示 K^+ 的消耗速度），$gmol/(cm^2\cdot s)$；

C_{HCl}，C_{HF}——分别为 HCl 和 HF 的浓度，gmol/L。

对钠长石，反应速度使用 r_{Na^+} 表示，参数如下：

$$\begin{cases} a=1.0, b=1.0 \\ K=1.30\times 10^{-9}, K_{C_{HCl}}=0.4(25℃时) \\ K=1.85\times 10^{-8}, K_{C_{HCl}}=0.3(100℃时) \end{cases}$$

对钾长石，反应速度为 r_{K^+}，参数如下：

$$\begin{cases} a=0.4, b=1.2 \\ K=1.46\times 10^{-9}, K_{C_{HCl}}=1.4(25℃时) \\ K=3.4\times 10^{-8}, K_{C_{HCl}}=0.7(100℃时) \end{cases}$$

测得的该矿物溶解速度可以容易地与通过计算酸消耗速度得到的其他矿物溶速作比较。简单起见，假设只有 HF 存在，利用化学平衡关系，可得钾长石的反应速率定律：

$$K = 3.8 \times 10^{-8}(25℃), k = 5.4 \times 10^{-7}(100℃) \tag{2-67}$$

3. HF/HCl 与石英的反应

一些研究者测定了 α-石英的溶解速度：结果表明 HF 浓度小于 4mol/L 时，溶速与 HF 浓度量成正比，在 HF/HCl 酸混合液中，也注意到一些与 HCl 浓度有关的反应，HF 浓度较高时，溶解反应的级数随 HF 浓度的增加而增加，这也许是高浓度 HF 溶液酸性加强的结果（由于 HF 缔合成 H_nF_n），α-石英在 HF 或 HF/HCl 中溶解反应在 35℃时由下式表示：

$$r = 9.2 \times 10^{-9}(1 + 0.8 C_{HCl}) \cdot C_{HF} \tag{2-68}$$

4. 对某油田岔河集 S_3 砂岩实验结果

试验条件为 40atm、40℃、300rpm、5%HF+12%HCl，酸—岩反应表观速率为：

$$J = 2.24 \times 10^{-8}(1 + 0.168 C_{HCl}) \times C_{HF} \tag{2-69}$$

式中 J——酸—岩反应表观速率，$\text{gmol HF}/(cm^2 \cdot min)$。

反应活化能为：

$$K = K_0 e^{-E_a/RT} \tag{2-70}$$

式中 K_0——频率因子，与 K 相同因次；
E_a——反应活化能，kcal/mol；
R——反应常数，取 $1.978 kcal/(mol \cdot K)$；
T——绝对温度。

用 5%HF 实验求得：

$$E_a = 8.70335 kcal/mol, K_0 = 0.041$$

用土酸 5%HF+12%HCl 求得 $E_a = 7.3397 kcal/mol$，则 $K_0 = 0.006 (mol/L)^{1-1.26} L/(cm^2 \cdot min)$。
$$\tag{2-71}$$

三、酸—岩反应特性影响因素

（一）影响碳酸盐岩与酸反应特性的因素

在明确了酸—岩反应过程之后，有必要从理论上对影响酸—岩反应速率的因素进行分析，找出延缓反应速率的方法，有效地发挥各种酸的作用，指导酸化实践，减少不利因素的影响。由斐克定律可知，酸—岩反应速率与酸—岩系统的面容比、与边界层内传质于岩面方向的酸浓度梯度有关、与 H^+ 传质系数有关。因此凡会影响 H^+ 的传质系数，或者会影响酸浓度梯度，或者会影响面容比的各种因素，都会影响整个酸—岩反应系统的反应速率。多年的研究表明，影响酸—岩反应速率的主要因素有：温度、酸液浓度、岩石类型、同离子效应、酸液类型、酸岩系统的面容比、酸液流速以及压力等。

1. 温度的影响——Arrhenius 方程

温度对酸—岩反应速率的影响主要体现在其对酸—岩反应速率常数的影响，这可由著名的 Arrhenius 方程来描述。

根据 Arrhenius 理论，温度对化学反应速率的影响可表示为：

$$K = K_0 \exp\left[\frac{Ea(T-T_0)}{RT_0T}\right] \tag{2-72}$$

结合酸与岩石反应特点，酸—岩反应速率可表示为：

$$J = KC^m = K_0 \exp\left[\frac{E_a(T-T_0)}{RT_0T}\right] \cdot C^m \tag{2-73}$$

分析酸—岩反应速率计算式，可看出温度对酸—岩反应速率影响很大，其理论数值分析见表 2-9。温度增加时反应速率增加倍数关系如图 2-4 所示。

表 2-9 温度对酸—岩反应速率的影响

温度 ℃	反应速率常数 $(mol/L)^{1-m} \cdot [mol/(cm^2 \cdot s)]$	反应速率 $mol/(cm^2 \cdot s)$	反应速率 增加倍数
20.00	2.0000×10^{-3}	8.3859×10^{-3}	1.00
30.00	3.3312×10^{-3}	1.3968×10^{-2}	1.67
40.00	5.3706×10^{-3}	2.2519×10^{-2}	2.69
50.00	8.4061×10^{-3}	3.5246×10^{-2}	4.20
60.00	1.2808×10^{-2}	5.3703×10^{-2}	6.40
70.00	1.9042×10^{-2}	7.9840×10^{-2}	9.52
80.00	2.7680×10^{-2}	1.1606×10^{-1}	13.84
90.00	3.9417×10^{-2}	$1.6527E \times 10^{-1}$	19.71
100.00	5.5076×10^{-2}	2.3093×10^{-1}	27.54
110.00	7.5624×10^{-2}	3.1709×10^{-1}	37.81
120.00	1.0218×10^{-1}	4.2842×10^{-1}	51.09
130.00	1.3600×10^{-1}	5.7026×10^{-1}	68.00
140.00	1.7854×10^{-1}	7.4862×10^{-1}	89.27
150.00	2.3139×10^{-1}	9.7020×10^{-1}	115.69

由表 2-9 数据及图 2-4，温度变化对酸反应速率影响很大，在低温条件下，温度变化对反应速率变化的影响相对较小，高温条件下，温度变化对反应速度的影响较大。例如，温度由 20℃ 增加到 30℃，反应速度增加 1.6656 倍；温度由 90℃ 增加到 100℃，反应速度增加了 7.7297 倍。可见，随着温度升高，反应速度增加的幅度加大。因此，温度越高，反应速度越快，高温下的酸—岩反应速度很快，不采取措施，很难达到有效的酸化效果。

为什么酸—岩反应速度会随温度的升高而加快呢？这可从化学动力学的角度来解释。由于温度的升高，分子运动加快，单位时间内分子的碰撞次数增加，有效碰撞次数的比例随之增加，导致反应速率加快。另一方面，温度升高，使较多的普通分子获得足够多能量而变为活化分子，因而增大了活化分子的百分数，结果使单位时间内分子的有效碰撞次数大大增加，导致反应速度升高。同时，随着温度的升高，分子、离子的运动加剧，H^+ 向岩面的传质速率加快，岩面上的 Ca^{2+}、Mg^{2+} 离开岩面向酸液中的扩散也加剧。温度的升高，还使扩

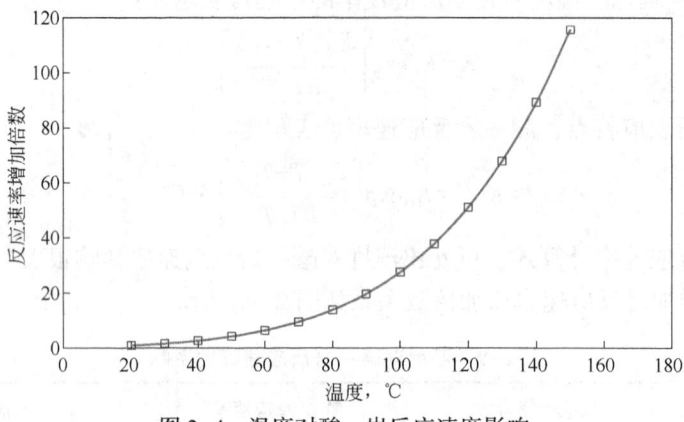

图 2-4 温度对酸—岩反应速度影响

散边界层的黏度降低，从而减小 H^+ 离子传质过程中的阻力，进而加快传质速率。因此，不论是表面反应控制还是传质反应控制，温度的升高都会使酸岩系统的反应速率加快。

酸—岩反应温度主要受地层温度、注酸温度以及酸—岩反应热等控制。

2. 面容比

面容比表示酸岩系统中岩石的反应面积与参加反应的酸液体积的比值：

$$S_\phi = \frac{S}{V} \tag{2-74}$$

式中 S_ϕ——面容比，cm^2/cm^3；

S——与酸液接触的岩石面积，cm^2；

V——酸液体积，cm^3。

下面列出几种常见情况的面容比计算公式。

① 对于宽 W、高 H、长 L 的垂直裂缝：

$$S_\phi = \frac{4HL}{2WHL} = \frac{2}{W} \tag{2-75}$$

② 对于宽 W，半径为 R_f 的水平裂缝：

$$S_\phi = \frac{2\pi R_f^2}{W\pi R_f^2} = \frac{2}{W} \tag{2-76}$$

③ 对于直径为 d，长度为 L 的孔隙：

$$S_\phi = \frac{\pi d L}{\frac{\pi}{4}d^2 L} = \frac{4}{d} \tag{2-77}$$

表 2-10 为各种条件下的面容比，由表中数据可知，孔隙性岩石的面容比最大。面容比越大，一定体积的酸液与岩石接触的分子就越多，发生反应的机会就越大，反应速率就越快。在小直径孔隙和窄的裂缝中，酸—岩反应时间是很短的，这是由于面容比大，酸化时挤入的酸液类似于铺在岩面上，盐酸的反应速率接近与表面反应速率，酸—岩反应速率很快。在较宽的裂缝和较大的孔隙地层中反应时间较长，面容比小，酸—岩反应时间较长。

表 2-10　各种条件下的面容比数值

条件		面容比，cm^2/cm^3
孔隙性岩石渗透率（孔隙度 10%）	$10\times10^{-3}\mu m^2$	7050
	$50\times10^{-3}\mu m^2$	3160
	$100\times10^{-3}\mu m^2$	2240
裂缝宽度	0.1mm	200
	0.5mm	40
	1.0mm	20
	5.0mm	4
圆形孔道直径	0.05mm	800
	0.25mm	400
	0.5mm	80
裸眼井筒直径	5¾in	0.274
	7¾in	0.205

图 2-5 酸压时面容比对酸—岩反应速率的影响实验结果曲线，显然面容比越大，酸—岩反应速率越快。因此，形成的裂缝较宽，裂缝的面容比较小，酸—岩反应速率相对变慢，活性酸深入地层的距离较远，酸压处理的效果就越显著。在裸眼井段的酸洗（酸浸）也属于面容比小、反应速率慢情况。因此酸洗要关井一段时间，让其充分反应。

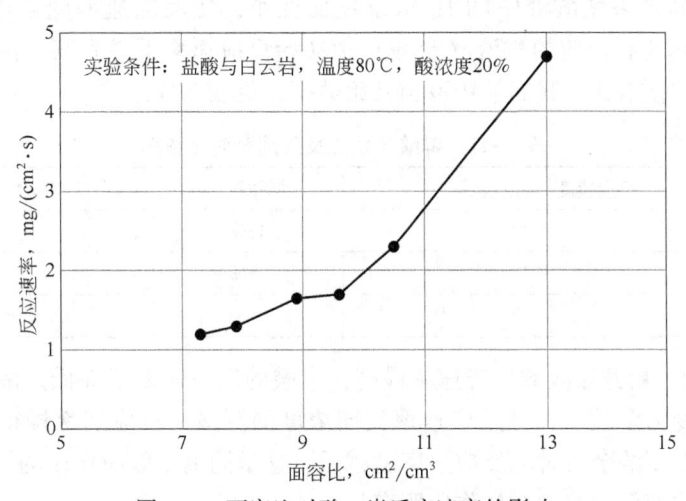

图 2-5　面容比对酸—岩反应速率的影响

3. 酸液浓度对反应速率的影响

盐酸与碳酸盐岩反应时，酸浓度对反应速率的影响曲线如图 2-6 所示。图中实线表示不同浓度的盐酸的反应速度。由图可以看出，浓度小于 20% 时，反应速率随酸浓度的增加而加快；当盐酸的浓度超过 20%，这种趋势变慢。当盐酸的浓度达 24%~25% 时，反应速率达到最大值；当浓度超过这个数值，反应速率反而下降。

酸—岩初始反应速率随盐酸浓度而变化的规律，可以从盐酸的离解度随其浓度的增加而降低来解释。盐酸离解度随酸液浓度的增加而降低。因为随浓度增大，溶液中的离子数增

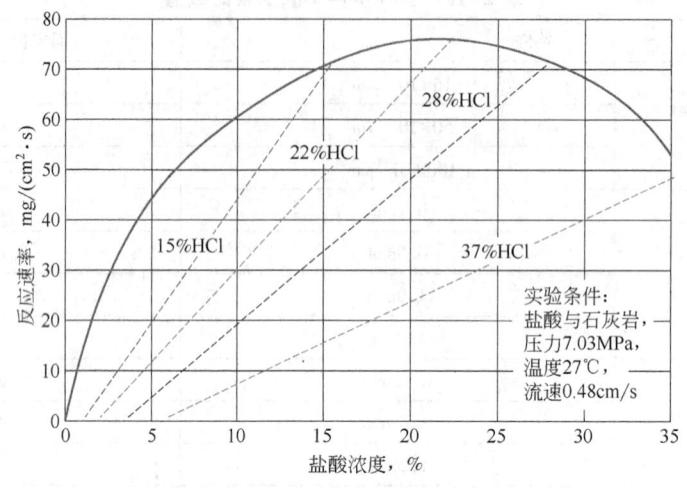

图 2-6 盐酸浓度对酸—岩反应速率的影响

多，带正负电荷的离子受到周围带极性相反电荷离子的约束，自由运动受到限制，表现为电解质—盐酸的表观离解度减少。溶液中离子浓度增加，一方面 HCl 分子数目不断增加，另一方面离解度不断下降，但由于前者增加的幅度大于后者减少幅度，其结果使得酸液中 H^+ 浓度随盐酸浓度的增大而增加，致使酸—岩反应速率随浓度的增加而渐渐加快。同理，当盐酸浓度超过24%~5%时，虽然 HCl 分子数目随其浓度增加而变多，但 HCl 的离解度降低的幅度越来越大。其结果使酸液中的 H^+ 浓度反而变小，使反应速率随浓度的增加而变慢。图 2-6 中虚线表示正在反应的酸液（余酸）由初始反应速率下降到某一浓度时反应速率的变化规律。为了方便对比，我们从中取出几组数据，见表 2-11。

表 2-11　鲜酸与余酸反应速率对比数据

鲜酸浓度，%	反应速度，mg/（cm²·s）	余酸浓度，%	反应速率，mg/（cm²·s）
28%	72	15%	33
22%	73	15%	46
15%	69	—	—

从表 2-11 知，新鲜酸液的反应速率最高，余酸的反应速率下降低。浓酸的初始反应速率虽快，但当其变为余酸时，其反应速率比同浓度的鲜酸的反应速率慢得多。初始浓度越高，下降到某一浓度的余酸时的反应速率就越低，这是同离子效应作用的结果。这也可以说明浓度高的酸比浓度低的酸的有效作用距离长。

4. 同离子效应对酸—岩反应速率的影响

余酸比鲜酸反应速率低，这一规律可以由同离子效应来解释。当酸液经过一定时间反应后，酸液中已经存在大量的 $CaCl_2$ 和 $MgCl_2$，Ca^{2+}、Mg^{2+}、Cl^- 浓度升高，酸液中离子浓度增大，致使离子之间的相互牵制作用加强，离子的运动变得更加困难，盐酸的表观离解度降低，致使 H^+ 浓度下降，反应速率变慢。由化学动力学理论可知，溶液中 Ca^{2+}、Mg^{2+}、Cl^- 浓度的升高，会抑制正反应的进行；且 Ca^{2+}、Mg^{2+} 等的存在使扩散边界层内扩散速率减缓。这样酸—岩反应速率就降低了。

5. 酸液流速对反应速率的影响

酸—岩的反应速率随酸液流速增大而加快，图 2-7 为盐酸与白云岩裂缝流动反应时，酸液流速与反应速率的实测数据曲线（试验温度80℃，压力7MPa，裂缝初始宽度1.0mm）。由曲线可知，在酸液流速较低，酸液流速的变化对反应速率并无显著的影响，在酸液流速较高时，由于酸液液流的搅拌作用，离子的强迫对流作用大大加强，H^+的传质速率显著增加，致使反应速率随流速增加而明显加快。

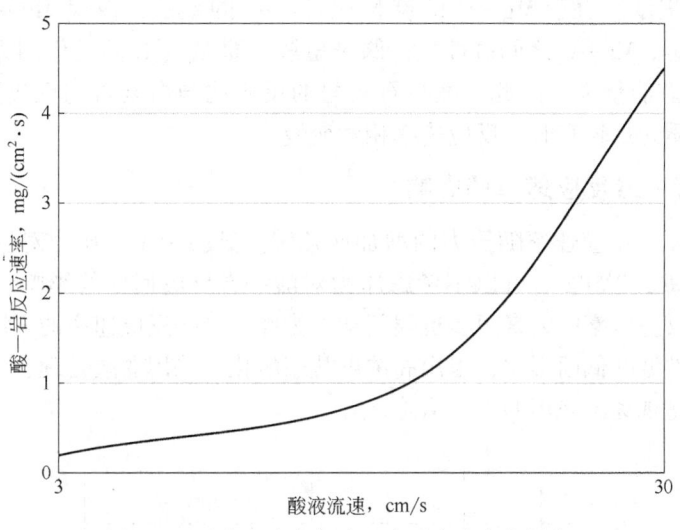

图 2-7 酸液流速度与酸—岩反应速率的影响

但是，随着酸液流速的增加，酸—岩反应速率增加的倍比，小于酸液流速增加的倍比，酸液来不及反应完，已经流入地层深处，故提高注酸排量可以增加活性酸深入地层的距离。在酸化施工时在井筒条件允许及不压破邻近的盖层和底层的情况下，一般充分发挥设备的能量，以大排量注酸。

6. 酸液类型对酸—岩反应速率的影响

各种类型的酸液，其离解度相差很大。如盐酸在18℃、0.1当量浓度时，离解度为29%，绝大部分 HCl 分子能离解成为 H^+ 和 Cl^-；而醋酸在相同条件下的离解度仅为1.3%。因此酸液中的 H^+ 较少，即 H^+ 浓度较小。

酸—岩复相反应速率表达式为：

$$-\frac{\partial c}{\partial t} = De \cdot \frac{S}{V} \cdot \frac{\partial c}{\partial y} \tag{2-78}$$

若近似认为边界层内 H^+ 浓度呈线性变化，酸液内部 H^+ 浓度为 c，岩面上 H^+ 浓度为 c_s，边界层厚度为 δ，则式(2-78)可改写为：

$$-\frac{\partial c}{\partial t} = De \cdot \frac{S}{V} \cdot \frac{c-c_s}{\delta} \tag{2-79}$$

对于盐酸与石灰岩，由于表面反应速率极快，可认为 $c_{s=0}$。因此式(2-79)变为：

$$-\frac{\partial c}{\partial t} = De \cdot \frac{S}{V} \cdot \frac{c}{\delta} \tag{2-80}$$

由此可知，反应速率与酸液内部 H⁺ 浓度成正比。因此，采用强酸时反应速率快，采用弱酸时反应速率慢。虽然采用弱酸处理可延缓反应速率，对扩大酸液处理范围有利，但从货源、价格及溶蚀能力方面来衡量，盐酸仍是酸化中应用最广泛的酸。

7. 地层岩石对酸—岩反应速率的影响

石灰岩同盐酸的反应速率比白云岩同盐酸的反应速率快。这是因为 Ca^{2+} 的离子半径比 Mg^{2+} 的离子半径大 40%。当阳离子较小且带高正电荷，阴离子较小且带高电荷时，离子键具有较高的共价程度。由于 Mg—O 的键长比 Ca—O 的键长，而使 Mg—O 键偶极矩小于 Ca—O 键的偶极矩。Mg—O 之间键性强，偶极矩短，即 Mg—O 间的作用力大，破坏该键比破坏 Ca—O 键所需能量大。因此，酸与石灰岩的反应比与白云岩的反应速率要快。另外，在碳酸盐岩中泥质含量较高时，反应速率相对变慢。

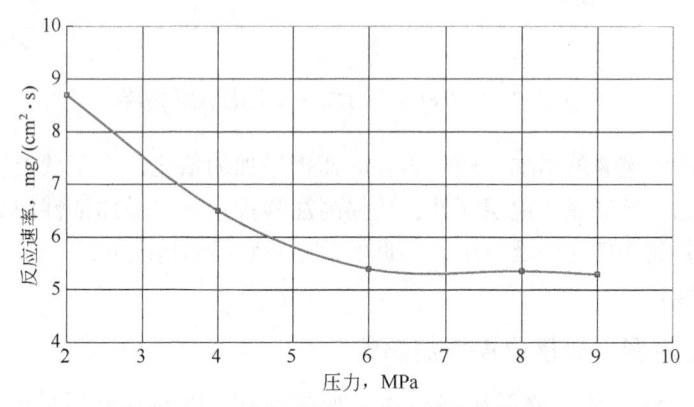

8. 压力对酸—岩反应速率的影响

如图 2-8 所示，反应速率随压力的增加而减缓。试验指出，压力对反应速率的影响不大，特别是压力高于 7MPa 后可以不考虑压力对酸—岩反应速率的影响。通过以上分析可知，影响酸—岩反应速率的因素很多也很复杂。为此，延缓反应速率的方法和途径也是各式各样的。如造宽裂缝降低面容比、采用高浓度盐酸酸化、采用弱酸处理、洗井井底降温、提高注酸排量等均是现场已采用的工艺措施。

图 2-8 压力对酸—岩反应速率的影响

（二）影响砂岩与酸反应特性的因素

将土酸注入砂岩地层时，土酸与砂岩接触过程中主要存在三种反应，分别为土酸与碳酸盐岩的反应、土酸与基质砂粒的反应和土酸与黏土等矿物的反应。

① 土酸与碳酸盐岩的反应。

HF 与碳酸盐岩的反应速率比与黏土、砂岩的反应快，HF 与 $CaCO_3$ 反应时，将生成 CaF_2 沉淀，这是使地层渗透率降低的主要原因，当然在地层酸处理条件下，地层中的 pH 值和压力会延缓 CaF_2 的生成。

土酸中 HF 和 HCl 都能与方解石反应，但盐酸更易于离解，消耗速度也比氢氟酸快。由于大多数砂岩中的方解石含量较少，在用 HF 处理之前，先加入 HCl，溶解方解石，这样能大大减少 HF 损耗量，因此，HCl 是一种十分有效的前置液；因为 HCl 能和碳酸盐类迅速反应，从而暴露出能和 HF 选择性反应的黏土。

② 土酸与基质砂粒的反应。

这时土酸中 HCl 只与残留的碳酸盐作用，与砂粒起反应的主要是 HF，但 HCl 在一定程度上起催化 HF 反应的作用。必须指出，砂岩土酸酸化的目的不在于溶蚀砂岩基质，基质溶蚀过量会造成油层疏松，出砂严重。

③ 土酸与黏土等矿物的反应。

地层流体流动通道主要是地层中较大的连道孔隙（孔隙直径大于 1um）。若这些通道被堵塞，油井产能就很低，砂岩酸化的目的就在于解除孔道堵塞，用酸溶解堵塞于孔道中的黏土杂质及胶结物。土酸中起溶解作用主要也是 HF、HCl 起催化作用。

土酸与地层的三种反应有优先选择，土酸与地层的碳酸盐类间的反应最快，并且土酸中 HCl 的反应速率比 HF 的快；土酸与黏土等的反应次之，石英与土酸的反应最慢。但需注意的是，正是因为砂子表面积大，使约有一半的土酸与黏土反应，而另一半的酸与砂粒反应。当然实际中酸—岩反应量应从各矿物成分的反应速率及反应面、流动状态等方面加以考虑。

控制土酸在砂岩中相对反应速率的因素主要有温度、酸浓度、基质化学组成、压力及酸岩面容比。目前研究控制反应速率的因素的方法有两种：一种是用单一矿物作试验，分析各单一参数对反应速率的影响；另一种是用岩心流动试验仪和旋转圆盘仪试验，研究实际砂岩岩心与土酸的反应，以及影响酸—岩反应速率的因素。

1. 酸浓度对酸—岩反应速率的影响

用 Berea 岩心做流动试验，如图 2-9 所示，试验中使用的酸量为一个孔隙体积。酸岩初始反应速率比较如下：8%HF 比 4%HF 反应速率快 2 倍，比 2%HF 快 4 倍，这说明浓度越高，酸—岩反应速率越快。

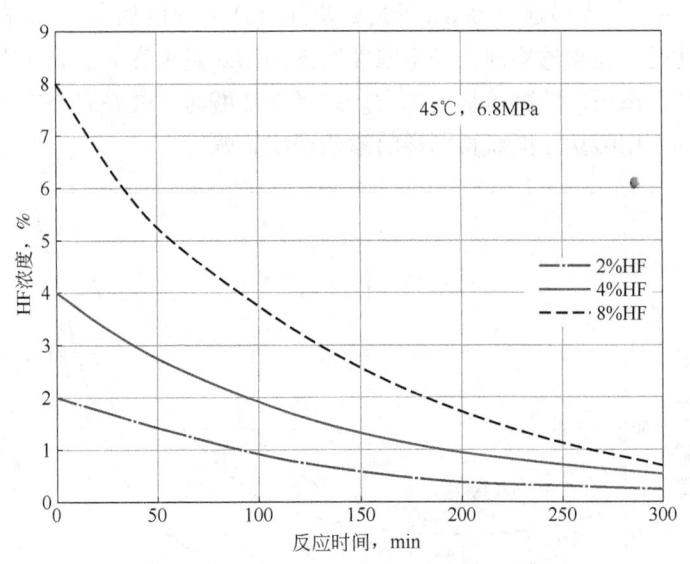

图 2-9 HF 浓度与反应时间的关系

2. 压力的影响

随着 HF/HCl 在地层中的消耗，地层中可能产生两种物质：CO_2 和四氟化硅（SiF_4），

HCl 与 CaCO₃ 反应时，酸液中 CO_2 使反应速率变慢。HF 与砂岩反应生成 SiF_4，通常为气态，在油藏条件下溶于溶液中，加快酸与砂岩的反应速率，用含有 SiF_4 的酸液与玻璃作用反应速率提高 20%，与石英的反应速率提高 24%。岩心流动试验结果如图 2-10 所示。

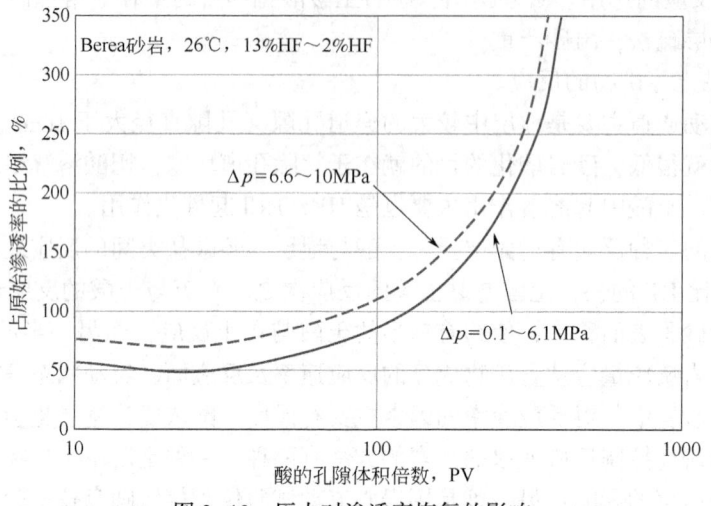

图 2-10　压力对渗透率恢复的影响

回压为 6.9MPa 时比回压为大气压下渗透率提高，这是因为在回压作用下气体溶解在溶液中，从而使反应能力提高了。可见压力高时，SiF_4 溶解在酸液中，增加了能继续反应的氢离子及 HF，提高了反应能力。

3. 流速率的影响

如图 2-11 所示，加大酸通过 Berea 砂岩的流速（压力梯度加大），则岩心渗透率的初始降低幅度变大，此时，使渗透率回升一定幅度所需的用酸量也变大。其原因是流速大，液流生产的拉力大，从而离析出的微粒量也加大。以高速注酸时，酸在岩心中滞留期间并非全部发生反应，故需加大用酸量才能获得同样的渗透率增长幅度。

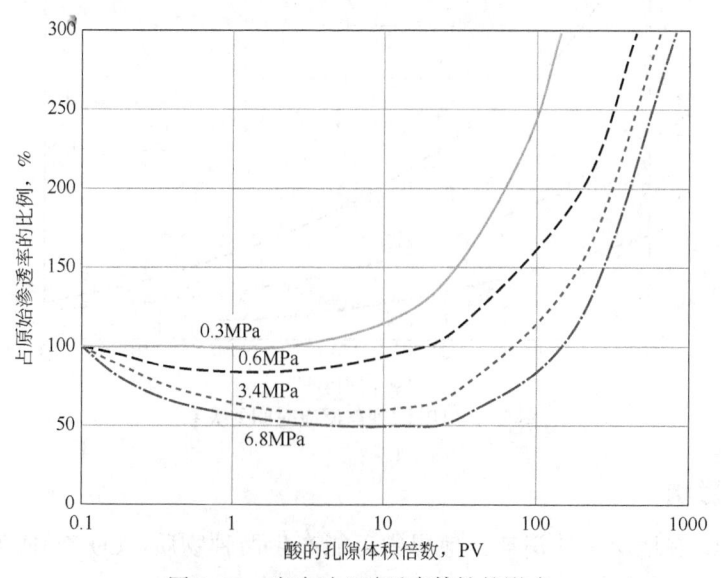

图 2-11　流速对土酸反应特性的影响

4. 温度的影响

温度是影响反应速率的主要因素之一，如图 2-12 所示，随着温度的升高，反应速率加快。温度对反应速率的影响关系可由 Arrhenius 方程 $K=K_0\mathrm{e}^{-E_a/RT}$ 表示。

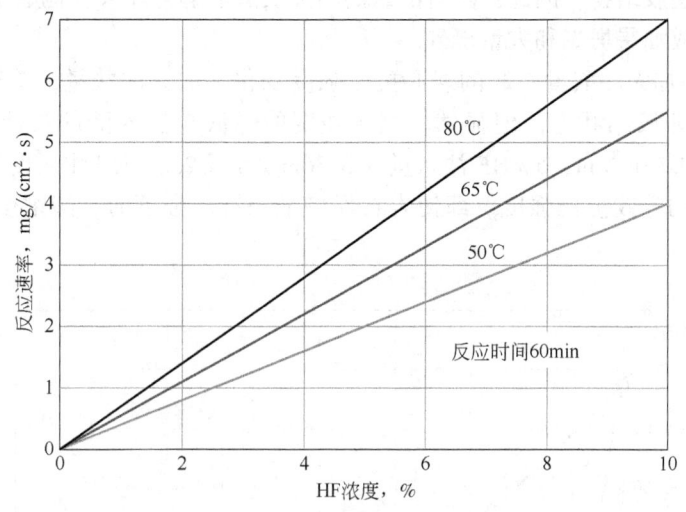

图 2-12　温度对反应速率的影响

5. 基质成分对岩心的土酸反应特性的影响

图 2-13 是具有不同基质成分的砂岩与土酸的反应特性。图中 A、B、C 分别表示 Donovan 地层，Cotton Valley 地层和东得克萨斯的 San Migmel 地层岩心的土酸反应特性。

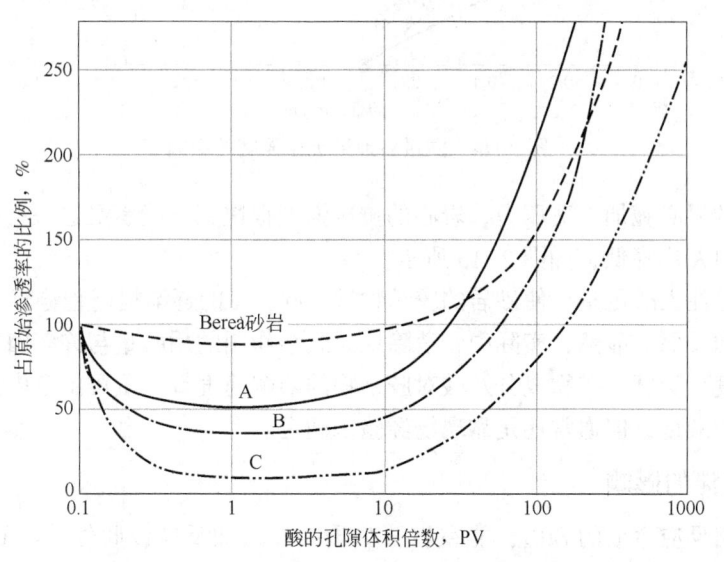

图 2-13　不同岩心对土酸反应特性的影响

Berea 砂岩中黏土含量少，初与酸接触时，K 只有少量降低，而其他层的砂岩，K 降低较多，这是因为 HF/HCl 处理岩心时，常由于水敏性和黏土剥落，黏土膨胀造成渗透率下降。岩心 C 的石英质粉砂含量高于黏土，试验层的渗透率降低幅度大些。岩心 C 表明：要使 K 回升一定幅度，含石英质粉砂地层的用酸量大于黏土含量大的地层。从图 2-12 还可看出,不同的岩心由于其他化学组成不同,它与酸的反应特性完全不同,因此不能用一种岩心试验取得的数据直接用于其他砂岩。

6. 土酸反应特性对岩石机械强度的影响

酸能溶解地层胶结物,因此,随着酸量的增加及酸溶解力加大,地层强度逐渐变弱,直到最后解体,造成油层坍塌和大量出砂。

图 2-14 表明加大注酸量引起的岩心抗压强度变化。加大注酸量,单轴抗压强度降低,直到砂岩最后呈非胶结状态。但显然,抗压强度的降低与注入酸的总溶解力有关。例如 8%HF 注入量为 $0.21m^3/m$,5%HF 注入量为 $0.36m^3/m$ 及 2.5%HF 注入量为 $0.91m^3/m$ 都可获得 18~22MPa 的等效抗压强度。即使岩石保持某一抗压强度时,酸浓度越高,注酸量必然越小。

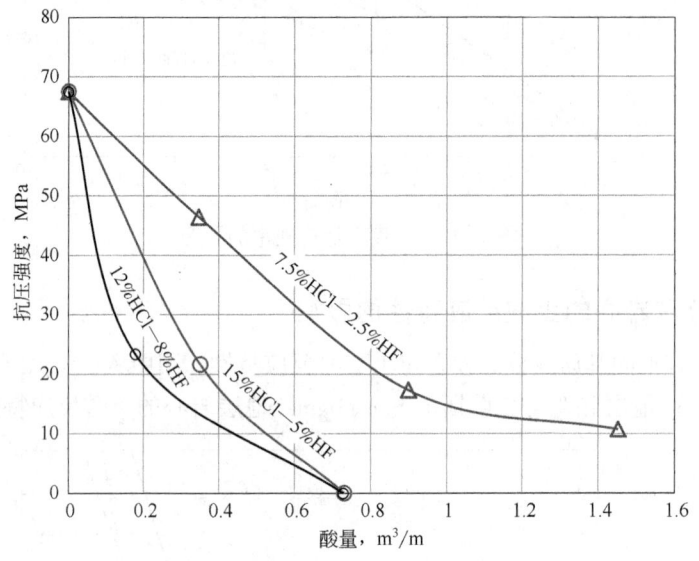

图 2-14 酸量对地层抗压强度的影响

对酸化后的岩心施加上覆压力,岩心的抗压强度很快就不能承受这一负荷,此时,岩心重新压紧,ϕ 和 K 均降低,如图 2-15 所示。

注意:一旦注入酸足量,使砂岩的胶结物被清除,K 的逐渐提高趋势就会随酸量的加大而减小,并走向反面。显然,实际中,消除地层胶结作用的用酸量与许多因素有关,如地层的原始抗压强度、深度、矿物成分及酸对胶结物的溶解速度等。虽可由室内试验估计某一地区初期处理的用酸量,但通常还是靠现场经验来确定。

7. 次生沉淀的影响

土酸与砂岩反应生成的 SiF_4,能在岩石基质中起附加反应,此外,与 $CaCO_3$ 反应可能产生 CaF_2 沉淀,与金属盐反应生成不溶性复合物等可能造成油层的再次伤害。室内用砂岩岩心试验,2%的 HF 处理含 15%的方解石岩心。结果 CaF_2 含量小于 0.012%,岩心渗透率净增超过 100%。当 CaF_2 确已形成,它对地层还不足以造成明显的危害。CaF_2 沉淀的浓度小于流出液中其他硅酸盐的浓度。CaF_2 粒子非常小而分散,是微粒晶格,足以在流动通道中移动,使堵塞作用减少到最低程度。

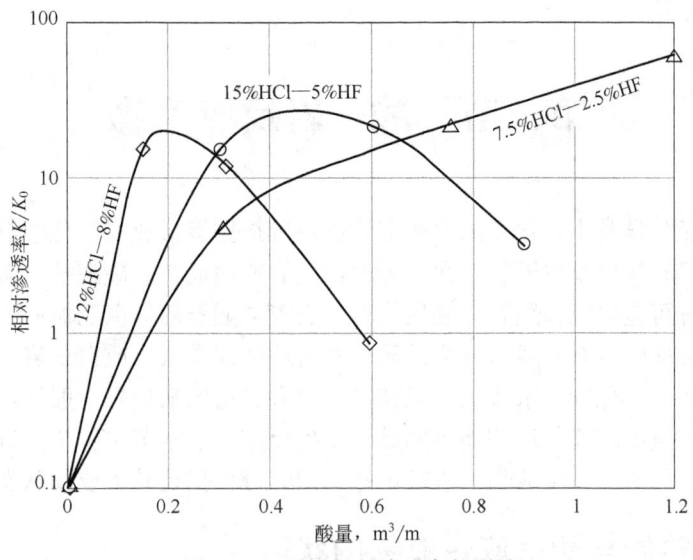

图 2-15 用酸量对渗透率的影响

重要的因素是酸液在岩心中的停留时间，时间越长，CaF_2 沉淀越多。研究表明，实际影响 CaF_2 沉淀的因素主要是酸度和酸的停留时间。在酸液中加 HCl，CaF_2 的溶解度增大，这是因为溶液的 pH 值下降的缘故。因此，保持低 pH 值和适当的关井时间是防止 CaF_2 大量沉淀的行之有效的措施。当然最好消除 CaF_2 生成的源泉，即事先将 $CaCO_3$ 除去，采用注土酸时预先注入 HCl 可起一定作用。

当 HF 在砂岩中消耗时，要产生六氟硅酸盐，反应如下：

$$SiO_2 + 4HF \longrightarrow SiF_4 + 2H_2O \text{（主要反应）}$$

$$SiF_4 + 2HF \longrightarrow H_2SiF_6 \text{（氟硅酸）}$$

氟硅酸能部分离子化，产生 H^+、SiF_6^{2-}。在压力作用下，H^+ 可促进总的反应过程，并使 HF 反应能力增加，SiF_6^{2-} 能与存在于地层中的一般正离子，如 Na^+、K^+、NH_4^+ 和 Ca^{2+} 离子等进一步反应。

与钙作用产生氟硅酸钙，$CaSiF_6$ 氟硅酸钙在水中的溶解性很好（10.6g/100m），而在酸液中，$CaSiF_6$ 溶解性更好，所以不是主要问题。把一定量的硼酸加入氢氟酸中，能促进 HF 和方解石反应生成 $CaSiF_6$，并减弱 HF 的反应能力。与铵作用生成 $(NH_4)_2SiF_6$。NH_4^+ 的引入是因为用氟化铵生成的土酸。六氟硅酸铵溶解性能好（18.6g/100mL），当消耗过的废酸返回井筒时，它随酸液从地层排出。由于 NH_4^+ 能提高反应生成物的溶解度，故土酸中含有 NH_4^+ 是有益的。与 Na^+、K^+ 作用产生 Na_2SiF_6，这两种硅酸盐溶解性相当不好，其沉淀物是胶状，因此要避免与 Na^+、K^+ 接触。施工时不应把土酸与外加岩盐一起输送。

室内试验中，NH_4HF_2 用来代替直接注入 HF，既起到了试验所需的 HF 的作用，又避免了十分严重的氟硅酸钠、钾沉淀。所以现在有油田对注水井常采用 NH_4HF_2 酸化。尽管土酸酸化反应产物可能带来许多麻烦，但用 HF 进行酸化确实提高了处理岩心的渗透率。关键是针对不同地层，采用适当的酸液和适当的施工工艺。对于 $CaCO_3$ 含量在大于 20% 的砂岩地层，不宜使用土酸，而可用 HCl 直接处理就能获得所需的渗透率改善，而无副作用。对于地层中 K^+、Na^+ 要特别防范，以免产生胶态沉淀；Ca^{2+} 最好设法预先除去或使之降为最小含量，可避免 CaF_2 沉淀的危险。

第三节 酸—岩反应产物

碳酸盐岩是靠化学及生物化学的水相沉积或由碎屑搬运形成的。化学沉积形成的碳酸盐岩储层一般为结晶石灰岩及白云岩，泥灰岩及白垩岩亦属此类。碳酸盐岩有些较纯，有些含有硅盐。硅盐成分可能属沉积燧石、硅质化石、石英或燧石碎屑以及泥质岩之类。随着硅盐含量的增加，所形成的岩石一般可分为砂质、燧石质或泥质灰岩或白云岩。一般来说酸与碳酸盐岩反应都生成二氧化碳、水及钙盐或镁盐。对砂岩层的酸处理一般采用盐酸及氢氟酸的混合酸，这是由于氢氟酸能与近井地带的黏土发生反应。在本节中，主要分为碳酸盐岩与酸反应生成物和砂岩与酸反应生成物来进行讨论，同时分析描述其生成物状态。

一、碳酸盐岩与酸反应生成物的状态

表 2-12 列出了不同浓度的盐酸与碳酸钙反应的数量关系。

表 2-12 不同浓度盐酸与碳酸钙作用情况表

盐酸浓度, %	盐酸相对密度	$1m^3$ 盐酸中含氯化氢重量 kg	$1m^3$ 盐酸含水重量 kg	$1m^3$ 盐酸溶蚀碳酸钙量 kg	$1m^3$ 盐酸溶蚀碳酸钙量 m^3	生成 CO_2 气体体积 m^3	完全反应后 $CaCl_2$（残酸）重量浓度, %	溶蚀 $1m^3$ $CaCO_3$ 所需酸量, m^3
5	1.025	51	974	70	0.026	15.8	7.3	38.4
10	1.05	105	945	144	0.053	32	14.1	18.9
15	1.075	161	914	220	0.081	49.5	20.0	12.4
20	1.10	220	880	301	0.111	68	26.3	9.0
28	1.14	320	820	438	0.162	98	35	6.0

从盐酸溶解碳酸盐岩的数量关系来看，渗透性应有明显的增加。然而酸处理后，地层的渗透性能是否得到改善，仅仅根据盐酸能溶解碳酸盐岩是不够的。可以设想，如果反应生成物都沉淀在孔隙或裂缝里，或者即使不沉淀但黏度很大，以致在现有工艺条件下排不出来。那么，即使岩石被溶解掉了，但对于地层渗透性的改善仍是无济于事的。因此，必须研究反应生成物的状态和性质。

（一）$CaCl_2$ 状态分析

根据盐酸与碳酸钙的化学反应方程式可知，$1m^3$ 28%浓度的盐酸和碳酸钙反应，生成486kg 的氯化钙。假设全部溶解于水，则此时氯化钙水溶液的质量分数为：

$$w = \frac{m(CaCl_2)}{m(H_2O) + m(CaCl_2)} \times 100\% \tag{2-81}$$

全部水的质量等于 $1m^3$ 28%盐酸溶液中水的质量与反应生成水之和。将具体数值代入式(2-81)，则得：

$$w = \frac{486}{820 + 79 + 486} \times 100\% = 35\% \tag{2-82}$$

由氯化钙在不同温度条件下的溶解度曲线（图2-16）可看出，氯化钙极易溶于水，在30℃时，$CaCl_2$溶解度为52%，此值大大超过35%。因此，486kg的氯化钙能全部呈溶解状态，不会产生沉淀。由于实际地层温度一般都高于30℃，而且盐酸浓度一般最高使用28%左右，因此在实际施工条件下，是不会产生氯化钙沉淀的，可以把残酸水当成水溶液来考虑。

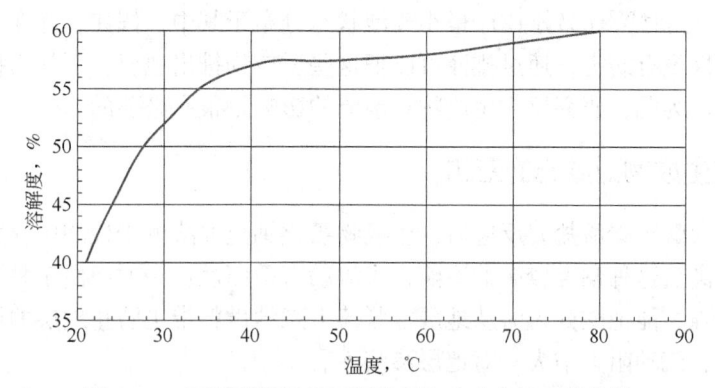

图2-16 不同温度条件下氯化钙在水中的溶解度曲线

一般储层温度均高于40℃以上，且其溶解度随温度升高而增大。因而$CaCl_2$全部处于溶解状态，不会产生沉淀。实际施工时，地层中滞留的并非水溶液，而是残酸液，二者主要差别在于残酸液pH值略低于水溶液，即呈酸性，而酸性环境会使$CaCl_2$盐类的溶解度更大，因而在实际施工条件下，不会产生$CaCl_2$沉淀。

（二）CO_2在地层条件下的状态

由碳酸钙与盐酸反应的化学反应方程式可知，$1m^3$ 28%浓度的盐酸和碳酸钙反应，生成193kg的二氧化碳，根据阿伏加德罗定律，这193kg的二氧化碳在标准状况下的体积为$98m^3$。这$98m^3$（标准状况）的二氧化碳，在油层条件下，部分溶解于酸液中，部分呈自由气状态，这与地层压力的大小有关。

由图2-17可知，CO_2的溶解度和地层温度、压力及残酸水中的氯化钙溶解量有关。地层温度越高、残酸水中的氯化钙溶解量越多、地层压力越低，CO_2越难以溶解。如前所述，$1m^3$28%的盐酸与碳酸钙反应后，生成的$CaCl_2$水溶液液的浓度为35%，现假设地层温度为348℃，地层压力为20MPa，根据CO_2的溶解度曲线可知，在以上地层条件下，每立方米残

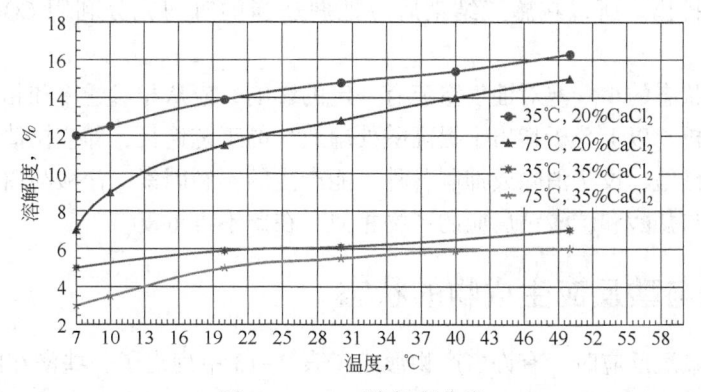

图2-17 CO_2溶解度曲线

酸液中只能溶解 $5m^3$（标准）CO_2，剩下 $93m^3$（标准）仍为气态。根据气体状态方程式，这 $93m^3$（标准）的 CO_2 气体，在上述地层条件下，约为 $0.59m^3$，大体上呈小气泡分散在残酸水中（CO_2 的临界温度为 31℃）。

归纳以上分析可知，酸处理后，地层中大量的碳酸盐岩被溶解，增加了裂缝的空间体积，为提高孔隙性和渗透性提供了必要条件。另一方面，反应后的残酸水是溶有少量 CO_2 的 $CaCl_2$ 水浴液，同时留有部分 CO_2 呈小气泡状态分布于其中，假如，存在于裂隙中的反应物对地层的渗透性没有妨害，通过排液可以把这些反应物排出地层，那就为提高地层的渗透性能创造了条件。为此，研究反应生成物对渗流的影响是很有必要的。

（三）反应生成物对渗流的影响

如前所述，盐酸与碳酸盐岩反应后，生成物氯化钙全部溶解于残酸中，氯化钙溶液的密度和黏度都比水高。这种黏度较高的溶液，对流动有两面性：一方面由于黏度较高，携带固相微粒的能力较强，能把酸处理时从地层中脱落下来的微粒带走防止地层的堵塞；另一方面由于其黏度较高，流动阻力增大，对地层渗流不利。

残酸液一般都具有较高的界面张力，有时残酸液和地层油还会形成乳状液，这种乳状液有时相当稳定，其黏度有时高达几个帕秒，对地层渗流非常不利。此外，油气层并不是纯的碳酸盐，或多或少含有如 Al_2O_3、Fe_2O_3、FeS 等金属氧化物杂质，当盐酸与碳酸盐反应的同时，也会与这些杂质反应。再则当盐酸经由金属管柱进入地层时，首先会腐蚀金属设备，或者将一些铁锈 Fe_2O_3 及堵塞在井底的杂质带入地层，盐酸与这些杂质反应后，生成 $AlCl_3$、$FeCl_3$ 等，当残酸水的 pH 值逐渐增加到一定程度以后 $AlCl_3$、$FeCl_3$ 等会发生水解反应，生成 $Fe(OH)_3$、$Al(OH)_3$ 等胶状物，这些胶状物是很难从地层中排出来的，形成了所谓二次沉淀，堵塞了地层裂缝，对渗流极为不利。

酸化后有部分的 CO_2 溶于酸液中，而大部分以游离态存在。不论 CO_2 以溶解态还是游离态，在酸化作业过程中及关井反应的时间内，都由酸蚀孔或裂缝壁向基质滤失，施工结束后，大部分都滤失到了基质中，滞留在酸蚀孔或裂缝中的仅有一小部分，其最终结果是在多数游离地区（酸蚀孔周围，裂缝壁面附近）保持和储集能量。在返排过程中，压力逐渐降低时，一方面游离态的 CO_2 开始膨胀，释放其能量；另一方面溶解气开始从混合液中释放出来。这样，地层压力及气体能量传递给处理液，驱动滤失进基质的残酸液及部分地层流体反向滤失，使它们由基质流进酸蚀孔和裂缝中，在这种能量的进一步驱动下流入井筒，从而使残酸液有效地排出。所以在施工结束后应把握适当的时间充分利用 CO_2 的膨胀能进行排液。

当然，游离状态的小气泡对油气渗流有一定的影响，应从相渗透率和相饱和度的关系上作具体的研究分析。以上分析指出了提高酸处理效果的工艺途径，即应搞清楚地层岩石矿物成分，采取各种措施，设法消除或抑制各种可能产生的不利因素。盐酸与白云岩地层的化学反应的产物状态与盐酸和碳酸钙反应的产物相似，在此不再重复。

二、砂岩与酸反应生成物的状态

当矿物与氢氟酸反应时，有许多产物形成，表 2-13 中列出了一些潜在的沉淀物。如果产生了沉淀，大多数钙和钠的化合物沉淀能够用硼酸重新进行溶解，然而，对斜长石和一些镁化物不行。实验室和油田实践都表明，斜长石的化合物的溶解性很小。

表 2-13　室温下，氢氟酸的反应副产品在水中的溶解能力

二次产物	溶解能力，g/100cm³
H_4SiO_4	0.015
CaF_2	0.0016
Na_2SiF_6	0.65
Na_3AlF_6	微溶
K_2SiF_6	0.12
$(NH_4)_2SiF_6$	18.6
$CaSiF_6$	微溶
AlF_3	0.559
$Al(OH)_3$	不溶
FeS	0.00062

产生硅胶的部分原因是氟与铝的亲和力大于氟与硅。这个过程加速了 SiF_6 的水化作用，因为释放的 F^- 进一步包含在铝化合物中，并有更多的单硅酸 [$Si(OH)_4$] 产生。一些作者强调硅胶沉淀物在多孔介质中有高的潜在堵塞能力，然而这种堵塞从来没有被很好地证明。相反，Crowe 等提出这样的"沉淀"实际是地球化学反应导致（从六氟化硅离子中产生的氟与粉砂和黏土表面的铝发生交换），并且它们不能减少堵塞。

（一）氟化钙

一些碳酸盐岩在前置液之后仍然存在，这是因为砂岩中碳酸盐岩胶结物的起始数量或是碳酸盐岩的初始硅酸盐保护层的造成的。尽管有轻微溶解性，但当方解石与氢氟酸接触时，容易形成 CaF_2 细晶体，这能导致相当大的堵塞：

$$CaCO_3 + 2HF \longrightarrow CaF_2 + H_2O + CO_2 \tag{2-83}$$

这个沉淀形成但没有完全堵塞地层孔隙，到施工结束时，随着氢氟酸接近完全消耗，部分堵塞可以被重新溶解。这时，溶液中氟离子的浓度很低以至于与铝几乎不反应，并主要以自由 Al^{3+} 形式出现（Labrid，1971）。这些铝离子能够从 CaF_2 沉淀中吸附氟，正如它们对硅氟酸一样，根据下列方程式 CaF_2 部分重新溶解：

$$3CaF_2 + 2Al^{3+} \longrightarrow 3Ca^{2+} + 2AlF^{2+} \tag{2-84}$$

（二）硅氟酸碱金属和氟铝酸碱金属

一旦碱金属的浓度高的足以形成不溶的氟硅酸碱金属或是氟铝酸碱金属时，铝或硅的氟化物能和从高含量的黏土和正长石中释放的金属离子反应：

$$2Na^+ + SiF_6^{2-} \longrightarrow Na_2SiF_6 \quad (K_s = 4.4 \times 10^{-5})$$

$$2K^+ + SiF_6^{2-} \longrightarrow K_2SiF_6 \quad (K_s = 2 \times 10^{-8})$$

$$3Na^+ + AlF_3 + 3F^- \longrightarrow Na_3AlF_6 \quad (K_s = 8.7 \times 10^{-18})$$

$$2K^+ + AlF^{4-} + F^- \longrightarrow K_2AlF_5 \quad (K_s = 7.8 \times 10^{-10})$$

式中，K_s 是溶解常数。

在高浓度的氢氟酸中容易产生氟铝酸碱金属沉淀。从土酸与正长石和黏土反应后产生的硅氟酸沉淀物容易结晶,并且堵塞严重(Bertaux,1989),在前置液的用量不足以及氢氟酸接触含有碱金属离子的地层盐水时这些沉淀也能形成。

(三) 氟化铝和氢氧化铝

随着酸的消耗,氟化铝(AlF_3)或氢氧化铝[$Al(OH)_3$]以水铝矿的形式沉淀。在保持高比例盐酸与氢氟酸的溶液中AlF_3沉淀物会减少(Walsh 等,1982)。这些沉淀物根据下列反应形成:

$$Al^{3+}+3F^- \longrightarrow AlF_3$$
$$Al^{3+}+3OH^- \longrightarrow Al(OH)_3 \quad (K_s=10^{-32.5})$$

(四) 铁化合物

形成氟化铁的机理仅仅可应用于相对纯的砂岩。有黏土存在时,被溶解的铝离子比铁离子与氟有更大的亲和力,因此,不能形成氟化铁,但是在 pH 值大于 2.2 的溶液中氢氧化铁仍然能沉淀。沉淀的特征(结晶和非结晶的)随阳离子的存在而发生变化(Smith 等,1969)。氢氧化铁能被静电引力较强地吸附在石英颗粒的表面,这是由于同性电荷点的 pH 值大于 7。如果存在过剩的碳酸盐,被溶解的 CO_2 能导致不溶的铁碳酸盐(菱铁矿物和铁白云石)沉淀。

第四节 酸化作业中的储层伤害

酸化施工过程中,由于设计及处理不当,可能造成严重的储层伤害,最常见的储层伤害主要在于酸化后二次产物的沉淀,酸液与储层岩石、流体的不配伍以及储层润湿性的改变,毛管力的产生,酸化后疏松颗粒及微粒的脱落运移堵塞、产生乳化等。本节将对酸化作业中常见的储层伤害类型进行介绍。

一、酸液与储层流体不配伍

(一) 原油与酸液的不配伍

酸液与储层中含沥青原油接触时,会产生酸渣。酸渣由沥青、树脂、石蜡和其他高分子碳氢化合物组成,是一种胶态的不溶性产物,一旦产生,会对储层带来永久性伤害,一般很难加以消除。

原油中的沥青物质以胶态分散相形式存在,它是以高分子量的聚芳烃分子为核心,此核心被较低分子量的中性树脂和石蜡包围,周围靠吸附着较轻的和芳香族特性较少的组分所组成,在无化学变化时,这种胶态分散相相当稳定,但当与酸接触时,酸与原油从油酸界面上开始反应,并形成不溶性薄层,该薄层的凝聚导致酸渣颗粒的形成。研究表明,酸液中若不加入适当的抗酸渣添加剂,一般都有产生酸渣的危险,且用酸浓度越高,酸渣越多;当酸液

中含有一定量的 Fe^{3+} 和 Fe^{2+} 时，将大大增加酸渣的生成量，其中 Fe^{3+} 对酸渣的影响特别明显。

（二）地层水与酸液的不配伍

地层中水与酸接触带来的危害，主要是反应沉淀问题。不考虑注入酸液与岩石反应时，酸与储层中水接触产生的危害不大。室内试验表明：用不同配方的酸液与 $NaHCO_3$ 型储层水反应，80℃条件下反应 4h，未产生不溶物，但冷却后可见到少量沉淀物，但要注意，当储层中水富含 Na^+、K^+、Mg^{2+}、Fe^{2+}、Fe^{3+}、Al^{3+} 等时（这些离子有些是原储层水中本身就存在的，有些是由于酸化过程中不断产生的），酸液（特别是 HF）将与这些离子作用而产生有害沉淀物，因此，酸化时要设法避免 HF 与储层水接触。

二、酸液与储层岩石不配伍

储层岩石矿物成分复杂，酸液注入后对不同矿物产生的溶解机理及其他作用不同，会带来不同类型不同程度的储层伤害。黏土矿物普遍存在于油、气储层中，最常见的是蒙脱石、伊利石、混层黏土（以伊利石—蒙脱石为主）、高岭石以及绿泥石。不同的黏土矿物其组成、结构以及理化性质不同，酸液对其反应亦各异，产生的伤害机理也不同。

（一）酸液引起黏土矿物膨胀

酸液注入含蒙脱石或伊利石—蒙脱石含量较高的储层，酸液中水被蒙脱石所吸收，引起这类黏土矿物的膨胀。特别是高含 Na 蒙脱石类黏土，膨胀体积可达 6～10 倍，因而使喉道变窄甚至堵死孔道，使储层丧失渗透性。即使酸液溶解掉部分黏土矿物，也很难抵消其造成的伤害。

（二）酸液的冲刷及溶解作用造成微粒运移

高岭石类黏土在储层中很难结晶，它们松散地附着在砂粒表面，随着酸液的冲刷，剥落下来的微粒将发生迁移，造成孔隙喉道的堵塞，进而降低渗透率。伊利石类黏土在砂岩中可以形成大体积的微孔（蜂窝状），这些微孔可以束缚酸中水，有时在孔隙中还可发育成类似毛状的晶体，增加了孔隙的弯曲性，降低渗透率，酸化过程中或酸化后随酸液或流体流动而破碎迁移，引起孔道堵塞。

不论是哪类黏土矿物，酸化过程中酸溶解胶结物不同程度的使储层颗粒或微粒松散，脱落而运移堵塞，这些微粒随酸液的流动搅拌极易促进酸液与储层中原油一起形成稳定的乳化液，产生液堵。

（三）酸液溶解含铁矿物生产不溶产物

绿泥石类黏土是水合铝硅酸盐，常常含有大量的铁和镁，对酸和含氧的水非常敏感，它很容易溶于稀酸，用酸处理时可以被溶解掉，但当酸耗尽时，Fe^{3+} 可以再次以氢氧化铁凝胶沉淀出来，堵塞储层，特别是酸液中未添加螯合剂时，这种情况更为严重。

（四）酸化后产物的结垢

酸化过程中产生的过剩的 Ca^{2+} 等离子，在酸化后若不能及时排出，将与油层中的 CO_2

作用生成碳酸钙再次沉淀结垢，这些垢与砂子及重油等一起堵塞储层。

（五）酸化产生液堵和岩石润湿性改变

酸液注入储层后，井壁附近含水大大增加，水油流度比大于1时会出现水锁，因此应加强酸化后排液工作。酸液中的表面活性剂可能改变岩石润湿性引起储层伤害，若酸化时再形成乳化、泡沫等，两相流动阻力增大，特别是气泡流经喉道时，产生贾敏效应，封堵喉道。

三、酸液与储层矿物反应产生二次沉淀伤害

酸化过程中，酸溶解矿物而扩大孔隙或裂隙空间，但若溶解后的产物再次沉淀出来，则会重新堵塞孔道，酸化后再次沉淀物一般如下。

（一）铁质沉淀

酸化时除上述绿泥石被溶解释放出铁离子之外，储层中其他矿物的溶解也可能释放铁离子。此外，酸液本身在生产、储运过程中都会含有铁离子（一般的含量为0.018%左右）。其中轧屑、鳞屑等外来溶于酸液中的铁大多为三价，而储层矿物溶于酸中的铁多为二价（黄铁矿、磁铁矿、菱铁矿）。这些铁离子可以水化沉淀或与储层内部物质反应生成沉淀。

1. 残酸 pH 值的改变

铁在酸中溶解度与酸液的 pH 值有密切关系，三价铁离子 Fe^{3+} 在酸液 pH 值为2.2时就开始以 $Fe(OH)_3$ 的形式产生沉淀，pH 值为3.2时 Fe^{3+} 完全沉淀；二价铁离子 Fe^{2+} 只有在 pH 值达到7以上才开始沉淀。由于残酸通常能达到的最大 pH 值为5.5左右，因此，在残酸排出储层之前，引起堵塞的主要是三价铁离子的沉淀。

2. 铁离子与储层中硫化氢反应

酸化含硫化氢的油气储层时，酸化产生的 Fe^{3+} 与 H_2S 相遇要发生氧化还原反应（H_2S 为还原剂），反应过程如下：

$$2Fe^{3+} + H_2S \longrightarrow S\downarrow + 2Fe^{2+} + 2H^+$$

$$Fe^{3+} + 3H_2O \longrightarrow Fe(OH)_3\downarrow + 3H^+$$

其结果生成硫和氢氧化铁沉淀，另一方面二价铁离子与 H_2S 反应也会生成沉淀，反应过程如下：

$$Fe^{2+} + H_2S \longrightarrow FeS\downarrow + 2H^+$$

FeS 在酸液 pH 值升到1.9时便开始沉淀，pH 值升至3.55时，则完全沉淀。因此对于含有 H_2S 的井，无论是三价还是二价铁离子都能形成沉淀，故需添加性能较好的铁离子稳定剂。

3. 铁与沥青质原油结合

酸化作业时，沥青质原油对 Fe^{2+}、Fe^{3+} 非常敏感。形成的铁化物即为酸渣形式的胶体沉淀，既可堵塞储层，又是一种乳化稳定剂，促使沥青胶质堵塞储层。

（二）氢氟酸反应产物产生沉淀

砂岩储层酸化使用的酸液，不论属于何种体系，其主要酸都为HF，HF与储层矿物反应后可产生多种沉淀，这历来受到人们的重视。

1. 钙盐沉淀

HF 与 $CaCO_3$ 反应生成细白粉末状氟化钙沉淀，反应过程如下：

$$CaCO_3 + 2HF \longrightarrow CaF_2 \downarrow + H_2O + CO_2 \uparrow$$

CaF_2 很容易沉淀，但由于 CaF_2 粒子很小而且分散，若能在流动通道中移动，可减少其堵塞作用。CaF_2 沉淀是由于酸液在储层中停留时间太长，并且随着酸的消耗，pH上升所致。加入HCl可增加 CaF_2 的溶解度，减轻伤害。一般保持低pH值和适当的关井时间是防止 CaF_2 大量沉淀的行之有效的措施。

2. 钠盐和钾盐沉淀

氢氟酸与砂子及黏土等反应生产氟硅酸和氟铝酸，反应过程如下：

$$SiO_2 + 6HF \longrightarrow H_2SiF_6 + 2H_2O$$

$$Al_2Si_4O_{10}(OH)_2 + 36HF \longrightarrow 4H_2SiF_6 + 12H_2O + 2H_3AlF_6$$

$$Na_4AlSi_3O_8 + 22HF \longrightarrow 3H_2SiF_6 + 4NaF + 8H_2O$$

氢氟酸与砂子及黏土反应生成的两种酸，又将与储层岩石中或储层水中的钾、钠等离子反应产生不溶性沉淀物，反应过程如下：

$$H_2SiF_6 + 2Na^+ \longrightarrow Na_2SiF_6 + 2H^+$$

$$H_2SiF_6 + 2K^+ \longrightarrow K_2SiF_6 \downarrow + 2H^+$$

$$H_3AlF_6 + 3Na^+ \longrightarrow Na_3AlF_6 \downarrow + 3H^+$$

$$H_3AlF_6 + 3K^+ \longrightarrow K_3AlF_6 + 3H^+$$

这些反应生成的氟硅酸盐和氟铝酸盐是胶状物质，沉淀下来后可占据大量的孔隙空间，它们牢牢地黏附在岩石表面上，产生的伤害十分严重。

3. 水化硅沉淀

研究表明，水化硅的生成是由于HF与砂岩反应后的残酸再与黏土矿物发生二次反应的结果，酸化时，随着HF的不断消耗，当游离 F^- 浓度减到 10^{-5} mol/L 时，最初溶解于酸中的硅又将以水化硅胶态沉淀下来，其反应方程如下：

$$Al_2Si_2O_5(OH)_4 + 18HF \longrightarrow 2H_2SiF_6 + 2AlF_3 + 9H_2O$$

$$H_2SiF_6 + 4H_2O \longrightarrow Si(OH)_4 + 6HF$$

水化硅在岩石基质内沉淀会伤害储层，室内试验用 H_2SiF_6（残酸液）处理岩心，使岩心渗透率下降20%左右。然而，由于产生的胶状水化硅沉淀覆盖于黏土表面，从而使岩心的水敏性得到一定的抑制作用。

为了减轻水化硅沉淀，可采用如下方法：酸化后迅速排液，研究表明，残酸在岩心中停留时间越长，水化硅沉淀量越多；使用低浓度的 HF 酸化。HF 浓度越低，溶解的硅越少，沉淀出的硅自然也少；注水井可采用过量冲洗，将近井带的残酸驱至远离井壁。

四、酸与有机质接触对储层的伤害

酸化中存在的一个普遍问题是酸不能穿透岩石或结垢表面上的有机覆盖层而使处理失败，这对沥青质原油的储层尤为突出。这类储层酸化前，采用溶剂或酸/溶剂混合物作预处理，也可采用注热油处理，但如果施工不当，把被溶解的有机沉淀物注到储层中，发生再沉淀，也会堵塞储层。酸化时则要在酸液中加入抗酸渣剂以免酸与原油作用产生酸渣。

五、添加剂选择不当造成储层伤害

针对不同储层岩石和流体，酸液中应加入相应的添加剂，比如常用的铁离子稳定剂、黏土及矿物微粒稳定剂、助排剂以及防破乳剂等，加入的添加剂应在使用类型和用量上精确设计，否则达不到防止伤害和提高酸化效果的目的。所以在对不同储层进行酸化作业前，应分析酸化要求，评价储层特点后对酸液的添加剂进行选择。

六、酸液滤失造成的伤害

滤失问题发生在各种酸化施工过程中，碳酸盐岩基质酸化时，酸液沿大孔道竞争反应的结果是产生溶蚀孔道，大多数酸液进入溶蚀孔不断加长和扩大溶蚀孔而提高近井带流体渗流能力，酸液沿溶蚀孔向基岩发生滤失，滤失直接影响溶蚀孔的长度和大小；碳酸盐岩酸压主要靠酸蚀缝来提高储层流体渗透能力；酸压时缝壁也会产生溶蚀孔，但这些溶蚀孔带来的后果是增加了酸液沿缝壁的滤失，溶蚀孔越多、越大，酸液向储层中滤失的液量越多，直接影响酸蚀缝长和缝宽，而影响酸蚀缝的导流能力，降低酸压效果。

酸液滤失造成的储层伤害有二。一是酸液或前置液渗入细微的粒间孔道，产生毛管阻力。返排时压差不能克服毛管阻力，造成这些流道的液阻。二是酸液中固相颗粒，酸液溶蚀下的储层微粒，特别是高黏前置液中残渣等在孔道中运移堵塞孔道，并在裂缝壁面形成滤饼，酸压后若这种堵塞不能去除，会给储层流体流动带来阻力；酸液中基液渗入基岩后，使岩石中的水敏性矿物膨胀吸附或迁移，减小粒间孔道或堵塞，因此，酸液的滤失可能带来较大的伤害，严重时可能使酸压措施完全失效，实际工作中应重视酸液滤失问题。

七、施工参数选择不当引起储层伤害

酸浓度对酸化效果的影响占首要地位，酸浓度高，溶解一定量矿物所需酸量少，但浓度过高，一是缓蚀问题难以解决，可能严重腐蚀管材而引入大量铁离子等有害物进入储层造成伤害；二是可能大量溶蚀基质颗粒，在砂岩储层中造成岩石骨架的破坏，引起大量出砂或储层坍塌，进而堵塞储层流道。因此，酸液浓度的选择要结合室内溶解试验和岩心流动试验确定。

施工泵压的选择对于基质酸化而言，要据储层吸酸能力限制泵压，不能压破储层，否则可能造成压破遮挡层，引起油井过早见气、见水，产生两相流动，过早消耗储层能量。砂岩基质酸化压破储层后，酸主要沿裂缝流动，不能达到解除其他部位储层伤害的目的。此外，酸化结束时，裂缝立即闭合，由于不能形成酸蚀缝导致产生的悬浮物和沉淀物不能排出储层造成新的伤害。

酸液用量要选择适当，解堵酸化设计用酸量应以刚好解堵为佳，过多的酸量进入储层若不能顺利返排将带来上述一系列储层伤害问题。

八、施工过程引入的储层伤害

配酸过程中操作不严格，使用不清洁的基液引入固相颗粒杂质、细菌等带入储层会造成伤害；洗井不规范将管中杂物及锈垢等带入储层造成堵塞，且有些杂物与酸作用会产生二次沉淀。实际案例：酸从油管注入，由套管环空返出，带出一吨多从井下管柱上清除下来的油污和固体，按一般的程序，这些污泥/固体混合物将在酸之前注入储层，其对储层的伤害可想而知。因此，施工中注意酸液的配制过程，严格按设计要求配酸，注液时清洗净管柱，将大大减少酸化对储层的伤害，提高酸化效果。

酸化过程对储层造成的伤害原因很多，但只要认真处理酸化中每一个环节，始终考虑到储层保护问题，采取一些必要的措施就能防止或减轻伤害，使酸化技术充分发挥其效益。

思考题

1. 何为化学当量、溶解力、化学计量系数？
2. 研究酸—岩反应化学平衡的意义是什么？如何获取化学反应平衡常数？
3. 表征酸—岩反应速率的质量作用定律和斐克定律的各自内涵是什么？
4. 酸—岩反应速率主要受氢离子的传质速率和表面反应速率控制，为了延缓酸—岩反应速率，降低氢离子传质速率和表面反应速率的方法有哪些？
5. 影响酸—岩反应速率的因素有哪些？为了降低酸—岩反应速率，可以采取哪些措施？
6. 盐酸与碳酸盐岩反应的反应产物有哪些？这些反应产物的状态对酸化后地层油气渗流有何响应？
7. 砂岩酸化后可能的二次沉淀有哪些？为了预防或减少这些沉淀的发生，有哪些有效控制手段？
8. 酸化过程中可能对地层造成伤害的因素有哪些？如何避免？
9. 下表是某油田盐酸酸与石灰岩反应速率试验结果。试利用该数据作出反应速率随时间的变化关系曲线。采用最小二乘法，对 $\lg J$ 和 $\lg C$ 进行线性回归处理，求反应级数 m 和反应速率常数值，并确定酸—岩反应动力学方程。

测点	酸浓度 mol/L	C mol/L	反应时间 s	酸液体积 L	反应速率 10^{-5} mol/(cm²·s)
1	5.8200	0.0698	120	0.93	4.7698
2	4.7026	0.0513	120	0.94	3.5433
3	3.4540	0.0458	120	0.93	2.5421
4	2.2535	0.0233	120	0.945	1.6179

注：岩样直径为3.8cm。

10. 一口井半径为0.12m，并且有200m的泄油半径，该井射孔表皮系数为3。另外，一个渗透率为原始渗透率10%的污染带从井筒延伸0.23m。试计算解除这个污染能使产能提高多少，并计算污染解除前后的表皮效应。

11. 试确定在40℃下哪个总反应速率较高：3%HF与比表面积4000m^2/kg的伊利石反应，或3%HF与比表面积20m^2/kg的钠长石反应。

12. 将一个3%HF+12%HCl的处理液在没有HCl的前置液的情况下注入一个含有10%CaCO$_3$的砂岩油藏中。如果一半HF已与CaCO$_3$反应生成了CaF$_2$，在考虑CaCO$_3$的溶解与CaF$_2$的沉淀后，计算净孔隙度变化量。假设与酸接触的区域内的所有CaCO$_3$都被溶解，CaF$_2$密度是2.5g/cm^3。

第三章

砂岩油气藏酸化理论与技术

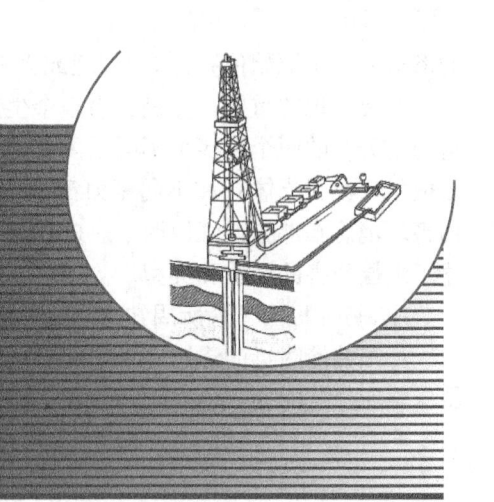

砂岩基质酸化工艺是指以低于地层压力向井中注入酸的过程。酸液被挤进近井地带周围地层孔隙空间中。酸侵入带中的岩石相继被溶解后形成可有助于油气从井中采出的渗流通道。这种工艺措施适用于清除近井层段的伤害。基质酸化是砂岩油气藏增产增注的重要措施之一，本章将从砂岩油气藏基质酸化理论、砂岩油气藏酸化工艺和酸液分流布酸技术等三个方面对砂岩油气藏基质酸化理论与技术进行介绍。

第一节 砂岩油气藏基质酸化理论

砂岩酸化最常用的酸有盐酸（HCl），主要用于溶解碳酸盐矿物；盐酸与氢氟酸（HF/HCl）的混合物，用于溶解类似黏土和长石的硅酸盐矿物；其他酸溶液，特别是一些弱有机酸，是作为特殊用途用的。基质酸化是一种处理近井地带的作业。在砂岩地层中，所有酸反应都在井筒周围 1~2m 范围内进行。当井筒附近地层确实存在污染时，砂岩基质酸化能够极大地提高井的产量。相反，对未污染井来说却没有多少好处。因此，一般说来，只有当一口井具有高表皮效应，且这种高表皮效应又不是因部分穿透、射孔不完善或其他完井机械方面的原因所造成时，才进行砂岩基质酸化。

一、油井的认识与评估

由试井分析表明近井地带储层的条件对渗流是非常关键的。van Eveidingen 等引入了表皮效应来表征这一区域所具有的稳态压差 Δp_s，它与表皮效应成正比。井的表皮效应是一个综合变量。一般说来，使流线偏离井的方向或限制流量（可看作是对孔喉的破坏）的任何现象都会导致正表皮效应。像局部完井（即射孔高度小于油气藏高度）、孔眼数目不合适（会引起流线变形），这些机械原因以及相变（主流体相对渗透率的降低）、湍流和对油气藏渗透率的伤害等都会产生正正表皮效应。负表皮效应表明近井地带的压降小于油气藏正常的压降。这种负表皮效应，即对总表皮效应的负贡献，可能是由对基质的增产处理（井眼附近的渗透率高于原始值)、水力裂缝或大斜度井引起的。

需要认识的重要一点是，沿整个生产段长度上，表皮的差异可能很大，这种情况在合采垂向上分开的两个或多个不同层段的井上最为可能出现。不同的地层性质（渗透率、应力、机械稳定性、流体）和不同压力都能造成钻井液侵入、井眼清洗不好及其他原因的非均匀伤害环境。本部分详细说明了表皮效应及其构成，作为适当选择基质增产措施的基础，也概述了地层伤害的性质和类型。

Hawkins 提出了众所周知的表皮效应方程式，通常叫 Hawkins 公式。

如果井筒附近的渗透率为地层渗透率（即没有伤害），那么外边界压力 p_s 与井底间的稳态压降所产生的 $p_{\rm wf,ideal}$ 可由下式给出：

$$p_s - p_{\rm wf,ideal} = \frac{q\mu}{2\pi Kh} \ln \frac{r_{\rm d}}{r_{\rm w}} \tag{3-1}$$

如果井筒附近的渗透率变为 $K_{\rm d}$，那么真实井底压力的关系式为：

$$p_s - p_{\rm wf,real} = \frac{q\mu}{2\pi K_{\rm d} h} \ln \frac{r_{\rm d}}{r_{\rm w}} \tag{3-2}$$

$p_{\rm wf,ideal}$ 与 $p_{\rm wf,real}$ 之差恰好等于表皮效应所引起的附加压降 Δp_s，由下式给出：

$$\Delta p_s = \frac{q\mu}{2\pi K_{\rm d} h} S \tag{3-3}$$

故由方程 (3-1)、方程 (3-2) 及方程 (3-3) 得：

$$\frac{q\mu}{2\pi K_{\rm d} h} S = \frac{q\mu}{2\pi K_{\rm d} h} \ln \frac{r_{\rm d}}{r_{\rm w}} - \frac{q\mu}{2\pi Kh} \ln \frac{r_{\rm d}}{r_{\rm w}} \tag{3-4}$$

进一步化简得：

$$S = \left(\frac{K}{K_{\rm d}} - 1\right) \ln \frac{r_{\rm d}}{r_{\rm w}} \tag{3-5}$$

方程 (3-5) 即为 Hawkins 公式。该公式在评估渗透率伤害的相对程度和伤害深度时是非常有用的。

【例 3-1】 渗透率伤害与伤害深度的关系

假设井的半径 $r_{\rm w}$ 为 0.12m，而伤害深度为 0.88m（即 $r_{\rm d}=1.0$m）。若渗透率伤害导致 $K/K_{\rm d}=5$ 和 $K/K_{\rm d}=10$，则表皮因子分别为多少？若保持后者的表皮因子不变，由 $K/K_{\rm d}=5$ 及给定的 $r_{\rm d}$、$r_{\rm w}$，得：

$$S = (5-1)\ln \frac{1.0}{0.12} = 8.48$$

对 $K/K_{\rm d}=10$ 及 $r_{\rm d}=1.0$m，得 $S=19.1$。

但若 $S=19.1$，$K/K_{\rm d}=5$，则：

$$r_{\rm d} = r_{\rm w} \exp\left(\frac{S}{K/K_{\rm d}-1}\right) = 0.12\exp\left(\frac{19.1}{5-1}\right) = 14.2({\rm m}) \tag{3-6}$$

由此表明，渗透率伤害所引起的表皮效应的影响比伤害深度的影响要大得多。除与相变有关的表皮效应外，像方程 (3-6) 计算的伤害深度是不可能的。因此由试井得到的表皮效应（常在 5~20 之间）基本上是由井底地带的严重渗透率伤害引起的，这一点对设计基质酸化是特别重要的。

通常表皮因子由部分完井和井斜造成的表皮、射孔表皮、拟表皮及地层伤害表皮等构成，而基质酸化只能降低非机械表皮，即伤害表皮。因此，对地层伤害的认识和评估，对基质酸化是十分关键的。

二、酸化增产机理

砂岩储层的酸化增产作用主要表现在：

① 酸液挤入孔隙或天然裂缝与其发生反应，溶蚀孔壁或裂缝壁面，增大孔径或扩大裂缝，提高地层的渗流能力；

② 溶蚀孔道或天然裂缝中的堵塞物质，破坏钻井液、水泥及岩石碎屑等堵塞物的结构，使之与残酸液一起排出地层起到疏通流动通道的作用，解除堵塞物的影响，恢复地层原有的渗流能力。

为了进一步说明基质酸化的增产原理，首先我们分析井底附近的流动特点。地层流体（油、气、水）从地层径向流入井内时，越靠近井底，流通面积越小，流速越高，流体所受渗流阻力越大，从而克服渗流阻力所消耗的压力越大。压力损耗在井底附近呈漏斗状。在油井生产中，80%~90%的压力损耗发生在井筒周围10m的范围内，而在这范围内，气井要消耗90%的压力。因此，提高井底附近的渗流能力，降低压力损耗，在生产压差不变时，可显著提高油气产量。井筒附近受了伤害和污染时，地层渗透率下降，油气产量将大大下降。对于近井地带液流受阻的井，即污染井，基质酸化处理最有效。我们通过下面的实例计算来进行说明。

【例3-2】 污染或未污染井中酸化时的最大产量效益。某井筒周围有 0.3m 的污染区（$r_w = 0.1m$）。污染区内渗透率为未污染油藏渗透率的 5%~100%。请计算酸化解除污染后的采油指数与污染井的采油指数之比。另外，假设该井开始时未被污染，且酸液使井筒周围 0.3m 内的渗透率增大到原始油藏渗透率的 20 倍。计算措施后的采油指数与未污染井的采油指数之比。在两种情况下，均假设为稳定状态流和非机械表皮效应。

解： 在一个欠饱和油藏中，井的采油指数为：

$$J = \frac{q}{p_e - p_{wf}} = \frac{KH}{141.2\mu B[\ln(r_e/r_w) + S]} \tag{3-7}$$

计算井的措施后的采油指数与污染的采油指数之比，注意，当污染解除后，$S = 0$，得到：

$$\frac{J_i}{J_d} = \frac{\ln(r_e/r_w) + S}{\ln(r_e/r_w)} \tag{3-8}$$

用 Hawkins 公式将表皮效应与渗透率和污染区半径关联起来。将 S 代入方程（2.6）得：

$$\frac{J_i}{J_d} = 1 + \left(\frac{1}{X_d} - 1\right)\frac{\ln(r_s/r_w)}{\ln(r_e/r_w)} \tag{3-9}$$

式中，X_d 是已污染的渗透率与未污染的渗透率之比 K_s/K，对于 X_d 为 0.5~1，应用方程（3-9）得到如图 3-1 所示的结果。对于严重的污染，污染区渗透率是原始渗透率的 5%，污染井的表皮因子是 26，当酸化解除污染时可使采油指数增加 4.5 倍。对于污染渗透率为原始值 20% 的情况（钻井中产生的污染），其表皮系数是 5.6。如果完全解除污染，采油指数可增加大约 70%。

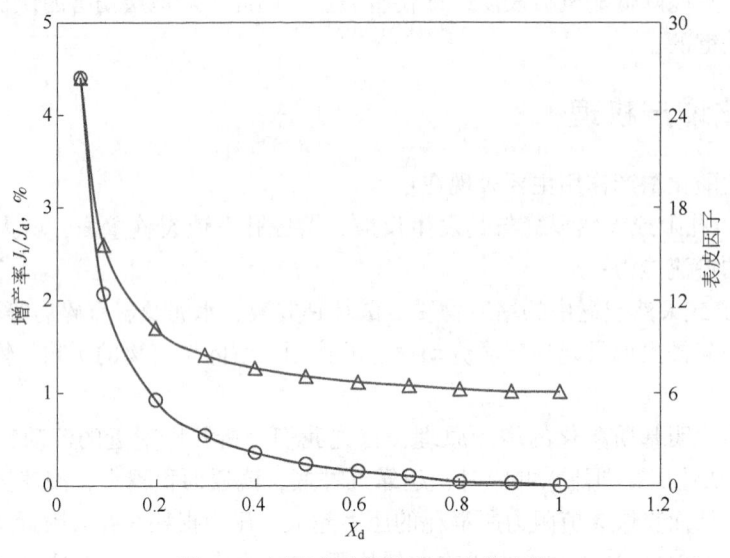

图 3-1 污染井酸化的潜在产能改善

对一口未污染井进行措施，措施后井的采油指数与原始采油指数之比为：

$$\frac{J_i}{J} = \frac{1}{1+[(1/X_i)-1][\ln(r_s/r_w)/\ln(r_e/r_w)]} \tag{3-10}$$

式中，X_i 是措施后的渗透率与原始渗透率的比值。图 3-2 和图 3-3 的 X_i 为 1~20。对于这种未污染井，使井筒周围 0.4m 半径范围的渗透率增加 20 倍，非机械表皮因子却只从 0 下降到-1.3 左右，采油指数也只能增加 21%。事实上，如果这 0.4m 半径范围内的渗透率是无穷大（无阻力流动），产能也只能增加 20%。

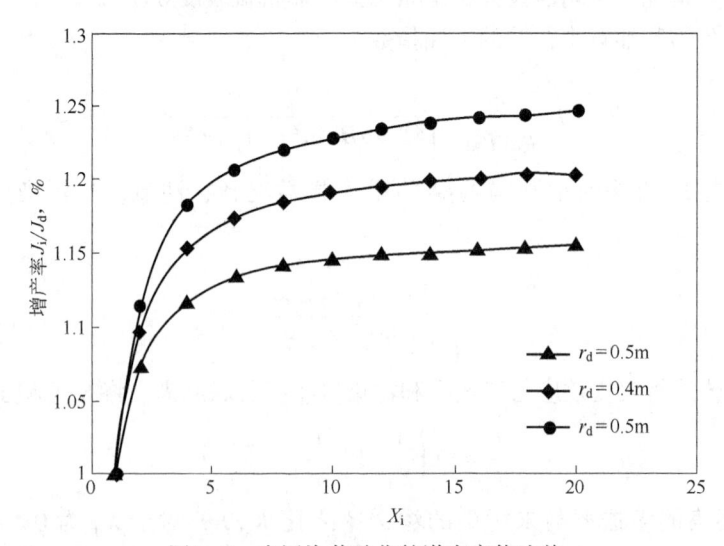

图 3-2 未污染井酸化的潜在产能改善

由此说明，对于受伤害的油井，采用解堵酸化措施，可以大大提高油井产能，而对于未受到伤害的井，解堵酸化效果不大。

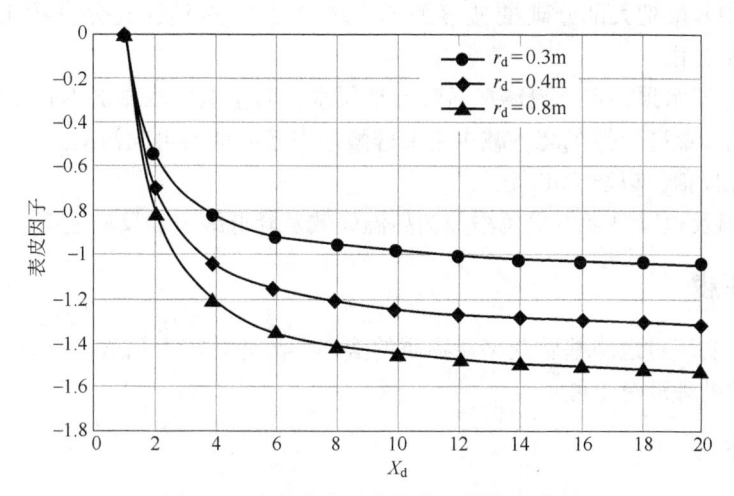

图 3-3 未污染井酸化的非机械表皮降低

由上面分析可见：

① 地层存在严重污染时，基质酸化处理可大幅度提高油气井产量。因此，实际工作中，地层是否进行基质酸化处理，应根据地层是否受伤害来决定，受伤害地层基质酸化处理后一般可获得较好增产效果。

② 无污染地层基质酸化处理效果甚微，实际若是无污染地层，而要作增产处理应考虑采用其他增产措施，如压裂。

第二节　砂岩油气藏酸化工艺

前已述及，砂岩酸化主要是进行基质酸化，其主要目的是解除由于钻井、完井生产作业，生产过程中以及地层本身（石蜡、沥青等胶体堵塞次生沉淀）造成的地层堵塞，恢复油气井天然产能或起部分增产作用。

从酸化工艺上要求采用适当的工艺方法，使酸能均匀进入产层，并获得较大的穿透力。在注酸时将地层压开往往有害无益。因此为了不压开砂岩地层，施工时要严格控制注酸排量，一般情况下采用比设计中最大允许排量小 10% 的排量施工。砂岩酸化工艺很多，不同的工艺酸液类型及其注液顺序也不同，适应性也不同。下面分别进行介绍。

一、砂岩常规酸化工艺

常规土酸酸化是使用时间最早，油田应用十分普遍的工艺。一般要想获得最好的效果，需要分段注入不同的液体。该工艺施工较为简单，典型的工序为：注前置液→注土酸液→注后置液→注顶替液。

（一）前置液

一般用 6%~15%HCl 作预处理，前置液预处理的作用是：

① 前置液中盐酸把大部分碳酸盐溶解掉，减少 CaF_2 沉淀，充分发挥土酸对黏土、石英、长石的溶蚀作用。

② 盐酸将地层水顶替走，隔离氢氟酸与地层水，防止地层水中的 Na^+、K^+ 与 H_2SiF_6 作用形成氟硅酸钠、氟硅酸钾沉淀，减少由氟硅酸盐引起的地层再次污染。

③ 维持低 pH 值，以防 CaF_2 沉淀。

④ 降低井温及地层温度，避免添加剂高温失效及降低酸—岩反应速率。

（二）处理液

处理液主要实现对地层基质及堵塞物质的溶解，沟通并扩大孔道，提高地层渗透性。砂岩常规酸化用的处理液是土酸。

（三）后置液

注后置液的作用在于能迅速净化地层，并使之得到充分的改善。要达到此目的，后置液应满足：① 能使地层中微小颗粒具有水湿性；② 能最大限度地提高油气的相对渗透率；③ 对处理液没有不利的反应；④ 有利于排酸，提高土酸处理效果。

（四）顶替液

顶替液一般是由盐水或淡水加表面活性剂组成的活性水。它的作用是将井筒中的酸液顶入地层，把地层中的残酸顶向深部，以保证处理后油气能够顺利流向井筒。上述四个段塞液体的应用是典型的砂岩储层酸化步骤。除此之外，考虑有机质伤害的解除、预防结垢等还需要相应的段塞。

二、砂岩深部酸化工艺

砂岩深部酸化的基本原理是注入本身不含 HF 的化学剂进入地层后发生化学反应，缓慢生成 HF，从而增加活性酸的穿透深度，解除黏土对地层深部的堵塞，达到深部解堵的目的。深部酸化工艺主要包括 SHF 工艺、SGMA 工艺、BRMA 工艺、HBF_4 工艺等。

（一）顺序注盐酸—氟化铵工艺

该工艺利用黏土的天然离子交换性能，在黏土表面生成 HF 而就地溶解黏土。向地层注入 HCl 和 NH_4F，这两种物质本身不含 HF，但注入地层两种液混合后，便缓慢生成 HF。

1. SHF 作用原理

先把 HCl 注入地层，HCl 和黏土接触，H^+ 和黏土表面的阳离子（Na^+，Ca^{2+}、Mg^{2+} 等）进行离子交换，由于黏土表面有了 H^+，黏土变成酸性土（氢基黏土）；接着注入 NH_4F，溶液中的 F^- 与黏土表面上的 H^+ 在黏土表面相遇结合成 HF，就地溶解黏土。同时黏土又可进行阴离子交换，当和 NH_4F 接触时，F^- 又可取代黏土表面的阴离子，再次注入 HCl 时，同样有 HF 在黏土表面形成，这样交替注入 HCl 和 NH_4F，便可达到一定的处理深度，实现对地层的深部酸化。

由于 HCl 和 NH_4F 不是同时注入地层，这两种液体在与黏土颗粒接触之前不会生成 HF，因而 SHF 的活性酸穿透深度与黏土难以消耗的单一组分所能达到的深度相同，注液时，HCl

和 NH₄F 可根据需要多次重复使用，以达到预期的酸化深度，SHF 法的处理深度取决于 HCl 和 NH₄F 的用量和浓度。

2. SHF 酸化的特性

室内进行的试验研究表明，SHF 工艺具有如下特性：
① SHF 方法只对含黏土的岩心起作用，不易和砂子反应，对不含黏土的岩心无作用；
② SHF 方法在提高岩心的渗透率和穿透深度方面都优于常规土酸；
③ SHF 酸化的酸化效果受 SHF 的交替次数的影响，一般情况下，次数越多，效果越好。

3. SHF 的应用

施工时按地层黏土含量及伤害深度确定酸处理的规模。SHF 的典型施工步骤如下：
① 用 HCl 作前置液预处理；
② 注土酸（3%HF+12%HCl）；
③ 注入 NH₄F（用 NH₄OH 将 pH 值调整到 7~8）；
④ 用 HCl、NH₄F、柴油或煤油顶替。

步骤③和④称为 SHF 的一个处理级，每一级 SHF 的最低推荐用量为 $0.3m^3$，一次酸处理由 3~6 级处理组成。该方法的优点是工作剂成本较低，穿透深度大，适于黏土造成的油层伤害储层处理。缺点是工艺较复杂，溶解能力较低。

（二）自生土酸酸化工艺

1. 作用原理

该工艺是向地层注入一种含 F^- 的溶液和另一种能水解后生成有机酸的脂类，两者在地层中相互反应缓慢生成 HF，由于水解反应比 HF 的生成速度和黏土溶解速度慢得多，故可达到缓速和深度酸化的目的，脂类化合物按地层温度条件进行选择。

1) SG-MF（甲酸甲酯）

其反应过程如下（适用温度 52~82℃）：

$$HCOOHCH_3 + H_2O \longrightarrow HCOOH + CH_3OH$$

$$HCOOH + NH_4F \longrightarrow NH_4^+ + HCOO^- + HF$$

2) SG-MA（乙酸甲酯）

其反应过程如下（适用温度 82~102℃）：

$$CH_3COOCH_3 + H_2O \longrightarrow CH_3COOH + CH_3OH$$

$$CH_3COOH + NH_4F \longrightarrow NH_4^+ + CH_3COO^- + HF$$

3) SG-CA（氯醋酸铵）

作用原理如下（适用温度 88~138℃）：

$$CH_2ClCOONH_4 + H_2O \longrightarrow HOCH_2COOH + NH_4Cl$$

$$HOCH_2COOH + F^- \longrightarrow HOCH_2COO^- + HF$$

$HOCH_2COOH$ 为乙醇酸，以上脂类水解后与 F^- 结合产生 HF，与黏土就地反应。此外，还有苯磺酰氯适用于地层温度±25℃；α苯基氯适用于地层温度 90~100℃；三氯甲苯适用于地层温度 30~60℃。

2. SGMA 工艺的应用

自生氢氟酸酸化的特点是，注入混合处理液后关井时间较长（一般为 6~30h），待酸反应后再缓慢投产。这样长的时间选择添加剂难度大，工艺不当易造成二次伤害，应慎重选用，一般处理工艺如下：

① 用土酸进行预处理；
② 注隔离液（3%NH_4Cl 水溶液）；
③ 注处理液（用量按处理半径为 1~2m 孔隙体积计算）；
④ 注顶替液（NH_4Cl），用量据油井条件计算。

该系统酸化适于泥质砂岩储层，成功的 SGMA 酸化可获得较长的稳产期。

（三）缓冲调节土酸工艺

该系统由有机酸及其铵盐和氟化铵按一定比例组成，通过弱酸与弱酸盐间的缓冲作用，控制在地层中生成的 HF 浓度，使处理液始终保持较高的 pH 值，从而达到缓速的目的。所用弱酸不同，pH 值范围也不同：甲酸/甲酸盐（称为 BR-F 系列），pH 值为 3.1~4.4；乙酸/乙酸盐（称为 BR-A 系列），pH 值为 4.2~5；柠檬酸/柠檬酸盐（称为 BR-C 系列），pH 值为 5~5.9。

该工艺可用于储层温度较高的油井酸化，在温度高达 185℃的含硫气井进行 BR-A 系列试验，效果良好。因此，可用于处理高温井而不用担心腐蚀问题，可不加缓蚀剂，避免了缓蚀剂对渗透率的伤害。

（四）缓速酸酸化工艺

缓速酸由无机酸、氟化物、有机酸及有机酸盐等组成。无机酸、氟化物在地层中能够缓慢生成氢氟酸，氢氟酸的生成增加了活性酸的作用半径。有机酸具有弱电离特性，在地层条件下缓慢释放氢离子，有机酸及有机酸盐构成低 pH 值缓冲体系，不但可以保持体系的低 pH 值，还具有良好的螯合性能。在地层条件下，多元酸可进行多级离解，根据离解平衡，离解出的 H^+ 溶蚀地层胶结物，这样就使酸液的酸化作用距离延长，实现深部酸化的目的。同时由于酸液的缓冲作用，可以避免过度溶蚀，酸与地层岩石矿物作用后的残酸能保持较低的 pH 值，避免了二次沉淀的生成，有效地恢复和提高地层的渗透率。

三、砂岩储层酸压工艺

传统的增产理论认为酸压适合于碳酸盐岩地层，因为碳酸盐岩矿物成分简单，一般为石灰岩或白云岩，盐酸可溶物高，同时盐酸与碳酸盐岩矿物反应速率很快，再加上孔隙介质的天然非均质性，容易形成具有较高导流能力的酸蚀通道。与碳酸盐岩相比，砂岩储层矿物复杂，主要成分是砂粒和胶结物，其中砂粒主要由石英、长石和各种岩屑组成；胶结物主要由黏土和碳酸盐岩类及硅质、铁质胶结物组成。砂岩储层酸化的主要酸液体系是土酸或包含 HF 的酸液体系。砂岩酸化过程中，HF 会与其接触到的所有矿物发生反应，各种矿物与酸液反应速率都不一样，形成一个非均质前缘。但是酸液与矿物发生反应的速率比酸的传质速率要小得多，整个反应速率受表面反应控制。因此，整体上酸液均匀刻蚀裂缝面，裂缝闭合后很难获得有效的导流能力。

近来的研究表明，在一定条件下，砂岩储层也可进行酸压，但需具备以下基本条件：①酸压后酸—岩反应产物对酸蚀裂缝或储层产生的二次伤害较小，不能因酸化后的反应产物对其造成堵塞而引起产能的下降；②储层岩石壁面经酸液刻蚀后能形成较高或一定的裂缝导流能力；③砂岩储层胶结好，酸压时不因酸液对储层岩石的溶蚀而引起岩石松散，造成储层岩石垮塌和出砂。

形成有效的酸蚀裂缝导流能力，只要能获得较高的导流能力，砂岩储层酸压将是可行的。

（一）酸—岩反应动力学影响

要想获得一定的酸蚀裂缝导流能力，首先要保证酸液对砂岩储层岩石的有效溶蚀，即酸液与储层岩石的反应。只有具备了一定的溶蚀量，才有可能形成有效的渗流通道。

由于酸—岩反应的复杂性导致反应产物繁多，酸化过程中可能形成多种沉淀。这些沉淀不仅降低了一次反应的效果，甚至可能对储层造成严重的二次伤害。砂岩酸处理过程中可能形成的沉淀物可分为两大类：一类为非氢氧化物沉淀；另一类为氢氧化物沉淀。

除了要尽量避免各种沉淀、保证溶蚀效果以外，对于砂岩储层还必须考虑到酸液过量溶蚀对储层中岩石结构的破坏。由于沙砾是通过黏土矿物胶结在一起的，如果酸液过量或浓度过高，可能造成岩石解体破坏，造成沙砾和地层微粒运移堵塞。

（二）储层特性影响

由于酸化过程中酸液只有对裂缝壁面形成非均匀刻蚀后才能形成良好的导流能力，而非均匀刻蚀是由于岩石的矿物分布和储层的渗透性不均一所致，因此不可避免地，储层特性将对裂缝导流能力产生重要影响。事实上，砂岩储层内存在着较强的微观非均质性。储层微观非均质性是指微观孔道内影响流体流动的地质因素，主要包括孔隙、喉道的大小、分布、配置及连通性，以及岩石组分和胶结物类型等。其中黏土胶结物对砂岩储层的孔隙特征、渗透率和机械性质有重要影响，因此也是影响酸蚀裂缝导流能力的重要物理因素。

黏土矿物类型较多，常见的有伊利石、蒙脱石、高岭石、绿泥石，以及它们的混层黏土。不同类型的黏土矿物其性质不同。根据黏土矿物在孔隙空间的分布特征，可将黏土矿物在孔隙中的分布分成以下三种产状类型：孔隙充填式、孔隙附着式和孔隙搭桥式，如图3-4所示。

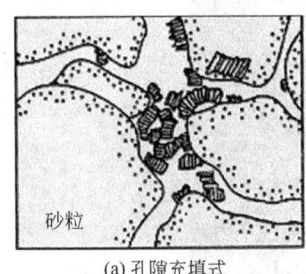

(a) 孔隙充填式 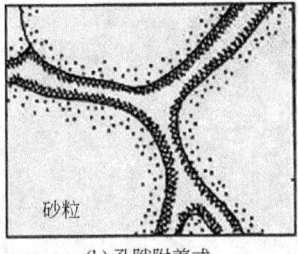　　(b) 孔隙附着式 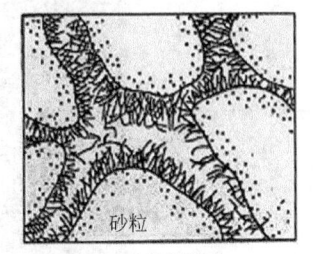　　(c) 孔隙搭桥式

图3-4　黏土矿物分布类型

黏土矿物对砂岩储层孔隙形态的影响，决定于它们在孔隙中的分布特征。不同的黏土矿物，它们在孔隙中的分布特征不同，对储层孔隙形态的影响不同；同一种黏土矿物，它们在孔隙中的分布特征不同，对孔隙形态的影响也不同。黏土矿物分布的非均质性影响了储层孔

隙和渗透率的非均质分布。同时，储层岩石的机械性质也因黏土矿物胶结程度的不同而存在差异。

因此，砂岩储层中存在着程度不同的孔隙形态和机械强度的非均质性。由于这种储层微观非均质性的存在，实际上导致了相对的酸—岩反应的非均质性，特别是在高温储层中。研究表明，孔隙度大的区域会表现出类似于"贼层"的效应，接受了相对更多酸液，形成点蚀、坑蚀甚至能够形成砂岩酸蚀孔道结构。这种砂岩酸蚀孔道类似于碳酸盐岩中的酸蚀蚓孔现象但其机理又有所不同：虽然它们都是在局部位置产生了明显的溶蚀，但是砂岩酸蚀孔道的形成取决于孔隙和黏土矿物的分布以及颗粒胶结疏松程度的不同。这种砂岩酸蚀孔道结构是典型的酸液非均匀流动溶蚀的结果。

图3-5是国外某砂岩油田岩心采用土酸酸化前后的切片照片。照片显示，酸化前岩心内孔隙和黏土分布具有不均匀特点，大部分孔隙充填有黏土矿物，同时存在一些不含黏土的高渗透率区域，这些孔隙直径大约在100μm。酸化后岩心孔隙结构发生了明显变化，由于酸液不均匀的溶蚀在高渗透率区形成了几个大的孔隙通道，孔隙直径扩大了几倍。

(a) 酸化前 　　　　　　　　(b) 酸化后

图3-5　储层岩心切片酸化前后孔隙结构照片

图3-6是岩心酸化后电镜扫描照片，由照片可以清晰地发现由于孔隙和黏土矿物分布的非均匀性，酸化后右下角区域胶结物明显溶蚀较多，孔隙扩大形成类似孔道结构，而周围其他区域仍分布有大量伊利石依然覆盖在岩石颗粒表面。

图3-6　岩心酸化后电镜扫描照片

图3-7是酸化后岩心的入口端面、中间部位以及出口端面的切片照片。在岩心各个位置处都可以发现比较明显的酸蚀孔道结构，表明在非均质分布作用下酸液在岩心内已经形成了非均匀流动和刻蚀。

孔道

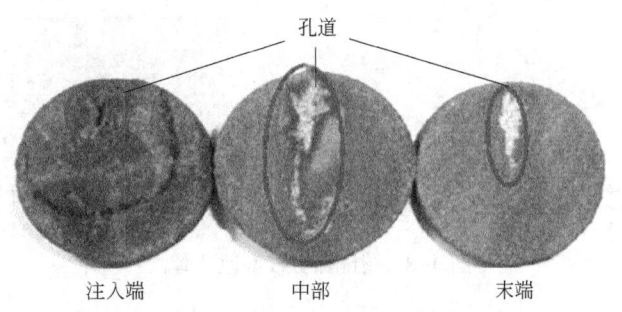

注入端　　　　　　　中部　　　　　　　末端

图 3-7　岩心酸化后不同位置切片照片

综合理论分析和以往研究资料表明，在优选酸液体系的基础上，储层特性特别是矿物分布是影响酸压导流能力的重要因素。对于高温、储层非均质性明显的砂岩储层，选择适宜的酸液体系有可能形成酸液对裂缝壁面的非均匀刻蚀，并最终形成一定的酸压裂缝导流能力。

第三节　酸液分流布酸技术

基岩酸化处理成功的关键因素是酸的合理驱替，以使所有生产层段与足够体积的酸接触。如果油藏渗透率有明显的变化，酸将倾向于进入高渗透率地段，而剩下的低渗透段实际上没有受到处理，即使相对均质的地层伤害也不可能均匀分布。在不采用改进酸驱替的情况下，大部分污染可能仍没有被处理。因此，在基岩酸化中，酸进入地层的分布情况，是一个非常重要的因素，并且在措施设计中应包括酸驱替的安排。

为了改善油层的吸酸剖面，实现均匀布酸的酸化工艺，20 世纪 70 年代以来，国外有许多的研究成果。国内从 80 年代初开始在这方面有所研究。目前主要的工艺技术可分为机械分流技术与化学分流技术。

一、机械分流酸化技术

（一）机械分层技术

通过安装井下封隔器的机械方法可比较准确地实现酸化层段的隔离，能较好地控制酸液在各层间的注入，以完成酸液均匀分布，如图 3-8 所示。但机械分流方法工艺复杂，且对于裸眼完井或筛管完井无法安装井下封隔器，不能采用该方法进行酸液分流置放。

（二）连续油管布酸

Economides 等非常推崇使用连续油管进行布酸，如图 3-9 所示，该技术标准操作是先将连续油管下至油井最底端，在按照一定速度上提油管的同时注酸，以实现均匀布酸。这种技术能够使得整个井段都有酸液注入，能够极大地改善各层间注液剖面，并且施工方便。

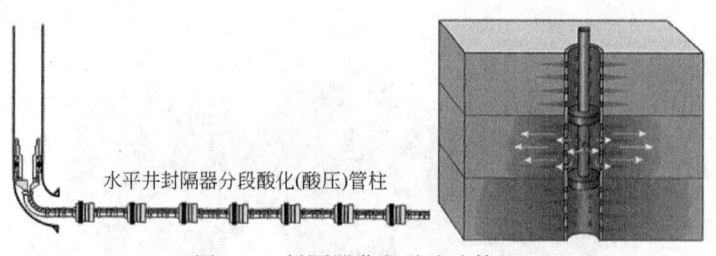

图 3-8　封隔器分段酸改造管柱

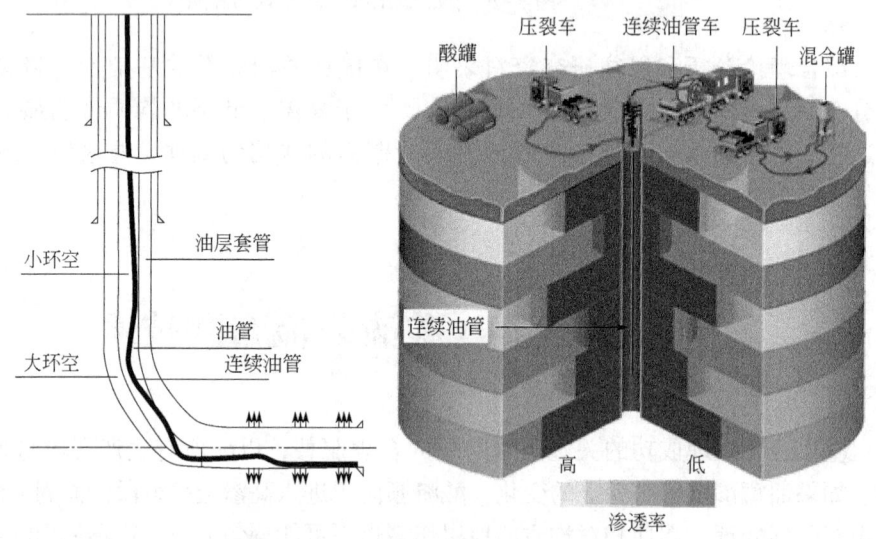

彩图 3-9

图 3-9　连续油管酸转向酸处理技术

虽然连续油管注酸是国内外比较推崇的一种分流方式，但用于酸化作业的连续油管管径普遍较小（1¼in～2⅞in），会增加施工过程中的摩阻，难以提高施工排量，因而制约了连续油管布酸技术在现场的应用。此外，由于管径较小难以与微粒及投球方式的分流技术结合使用，而且连续油管的腐蚀特别严重，这都是必须考虑的问题。

（三）部分完井部分处理技术

严格而言，部分完井处理技术属于使用机械进行选择性酸化的一种技术。该技术的提出是考虑到地层中始终存在滤失层，并且目前尚未找到能够消除全部伤害的分流技术，大量使用酸液还会造成管线腐蚀及经济费用问题。部分完井处理技术具体操作是指仅对优选出的部分井段进行射孔和增产处理，而其余井段不处理。好处是能降低生产费用，并获得较好的处理后生产动态。理论研究和生产实例都说明该技术的效果优于对全井段进行射孔和处理。但该工艺要求完井方式为下套管注水泥射孔完井，对于裸眼完井、裸眼射孔完井及筛管完井不能采用该方法。

（四）投球坐封

堵球分流技术的首次运用是 1956 年。通过酸液携带具有一定直径的堵球，泵入油管，堵球将优先封堵吸酸能力强的层段的射孔孔眼，将酸液强制转向进入吸酸能力弱的层段，如

图 3-10 所示。投球封堵效果主要取决于射孔孔眼圆度、堵球圆度及两者之间的相容性。这种措施成功的前提是需要有足够排量来维持孔眼的压差，以保持堵球对孔眼的有效坐封。但该技术只能用于射孔完井，同样不适用于裸眼完井、裸眼射孔完井及筛管完井油井分流酸化。

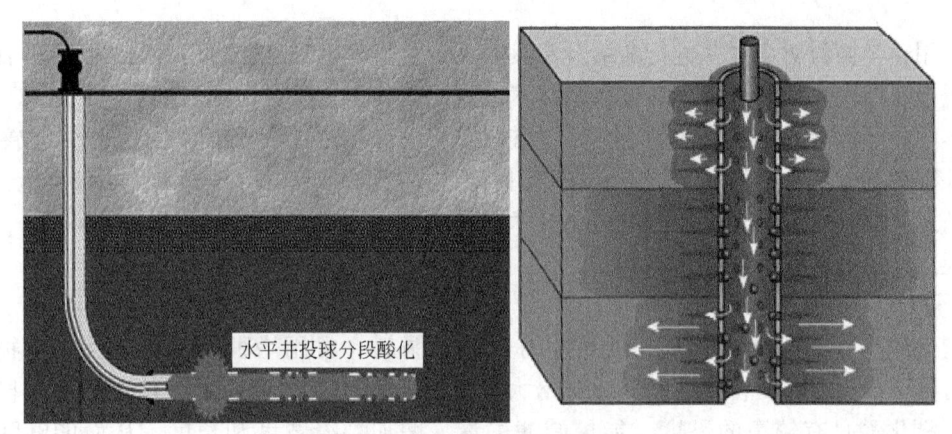

图 3-10　投球分段酸化改造技术

（五）最大化压差排量注酸（MAPDIR）

MAPDIR 法的倡导者认为在不使用任何分流技术时，在低于地层破裂压力的条件下用最大压力注入酸液，此时该方法实际上比分流剂的效果更好。MAPDIR 使各层都有酸液注入的原因在于：如果为改善严重伤害产层的注入能力，处理时间维持足够长以注入较少量的酸液，则注入比会降低并且整个井段都能被处理。然而，这种方法不是真正的分流技术，因为它并没有调整天然流动剖面，也没有有效地分配酸液和解除地层损害。对于薄差型储层以及储层渗透率差异较小时，MAPDIR 可以取得很好的改造效果，但对于长井段或含有微裂缝储层转向效果不好。总体上讲，几乎所有酸化施工都借用了 MAPDIR 技术的思想，但单独使用该技术较少，大多与其他转向技术联合使用。

总的来说，各种机械分流方式都有特殊的要求或适用条件，且机械分流是一种井筒内部的分流方式，即使在井筒内部实现了酸液的有效分流置放，当酸液进入缝洞极度发育的储层后，依然会遵循最小阻力原理进入缝洞发育的高渗层而达不到分流的目的。

二、化学分流酸化技术

（一）化学微粒分流技术

化学微粒分流技术也称暂堵酸化技术。该技术是在酸液中加入一种可溶性的化学微粒，对于油井使用油溶性化学微粒，注水井使用水溶性化学微粒。化学微粒伴随着酸液的注入，微粒将在地层表面上形成封堵后续酸液进入的滤饼层，通过低渗透性滤饼来调节各层的注入能力。高渗透层开始时注入能力强，将快速形成滤饼，阻碍后续酸液进入。由于化学微粒的封堵使层间差异逐渐减小，最终达到各层均匀进酸的目的。

化学微粒分流可以实现一次酸化同时解开各层污染堵塞的效果，其技术难点在分流剂（即暂堵剂）的类型、粒径分布确定、化学上与地层流体的溶解性，即要实现在酸液中保持惰性，在地层流体中能全部溶解，且物理上能有效封堵储层，形成各层均匀进酸的效果。自20世纪60年代起，用于生产井的石蜡—聚合物混合物烃树脂，用于气井的蛋白质、橡胶、糖酶的混合物，以及用于注水井的苯甲酸和盐岩，均在一定条件下可实现分流。Crowe和Hinchin对油溶性树脂微粒进行了研究，认为可作为较为理想的油井分流材料。

采用化学微粒对水平井进行酸液分流具有廉价、省时现场施工方便等诸多优点，比较适合渗透性分布不均匀的长井段酸化。其技术难点在于确定化学微粒的类型、粒径分布、与地层流体的配伍性等等。到目前为止，用于酸化分流的可溶性化学微粒体系已经比较成熟，在国内外都有很多成功的实例。该技术在四川、百色、吐哈、华北、塔里木等油田实施，都取得了满意的酸化效果，是目前分流酸化技术中较成功的技术。

（二）稠化酸分流技术

稠化酸是在普通酸液中加入了线性高分子增稠剂（常用增稠剂分为改性聚合物和合成聚合物），以增加酸液的黏度，通过增大渗流阻力而增大注入压差，使更多的层段都能吸酸。稠化酸具有较高的黏度，能控制滤失量，增加裂缝宽度和长度，从而能够降低酸岩反应速率，减小摩阻，提高施工排量，实现深度酸化。开发稠化酸主要是为压裂作业，但后来在基质酸化中得到了应用。特别是在裂缝型或者溶蚀型低原生孔隙度地层的基质酸化中，稠化酸可以获得较好的效果。此时，稠化酸的作用主要为清洗高渗通道和使井底液体滤失进入低渗地层中的滤失量最小。此外，稠化酸也可以用作堵球或颗粒转向剂的携带液。

该方法类似于最大化排量笼统注酸。稠化酸使用温度较高，根据已有研究指出，对于中等温度（即温度达到110℃）使用黄胞胶即可满足要求，且稳定性较好，但酸液浓度不能超过15%。而在温度条件更为严格时，合成的高分子的使用温度可达到205~230℃。

但是大量的室内试验和现场应用都表明，普通稠化酸并不能从根本上改变高、低渗层的注酸量之比，因而不能使地层充分酸化。并且，稠化酸依然存在破胶难、返排差的缺陷。

（三）自转向酸分流技术

黏弹性表面活性剂最早被应用于压裂作业中，所谓清洁压裂液，就是在常规压裂液中加入黏弹性表面活性剂。为了克服基于聚合物酸液体系的潜在问题，国外在2000年前后将其引入碳酸盐岩地层的增产措施之中，并且成功研制了黏弹性表面活性剂基的酸液体系，即俗称的自转向酸。在现场运用中，自转向酸在酸化和酸压作业中都取得了良好的效果。

自转向酸液体系是指在酸液中加入了特定黏弹性表面活性剂，该体系能在地层中依靠黏弹性表面活性剂特有的黏度可变性来实现分流。当自转向酸进入地层与岩石接触后，随着酸岩反应的进行，酸液浓度不断下降，体系的pH值和$CaCl_2$、$MgCl_2$的浓度逐渐增加，盐的出现和pH值的升高会激活酸液体系中的黏弹性表面活性剂，使其从杆状胶束转变为相互缠绕在一起的螺旋状胶束，形成黏弹体，增加了液体的黏度。高黏度流体充当了暂时的屏障，迫使注酸压力提高，能够有效地将后续酸液转向到剩余未处理的低渗层中去。自转向酸的另一个特点就是在完成酸化作业后，酸液屏障遇到地层中的烃类物质或者后处理液（破胶剂）又会自动破胶，缠绕在一起的胶束又会分散成球形胶束，使得流体体系黏度迅速降低直至接近于水的黏度，能够保证残酸顺利彻底的返排。黏弹性表面活性剂的作用原理如图3-11所示。酸化处理中的酸液转向流程图如图3-12所示。

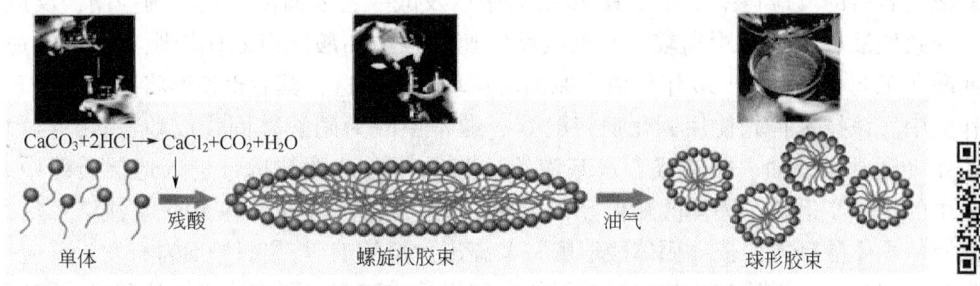

图 3-11　黏弹性表面活性剂在酸—岩反应过程中形态的变化图

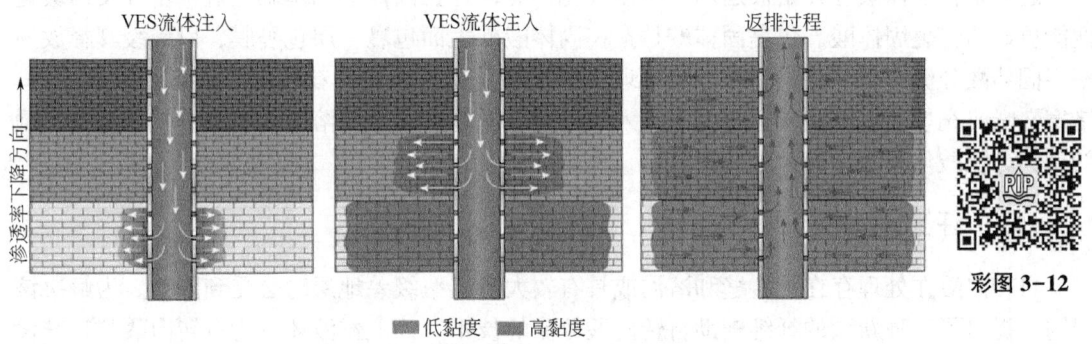

图 3-12　酸化处理中的酸液转向流程图

在国内外油田应用中，自转向酸液体系均获得了相当良好的效果。随着研究的深入，该酸液体系的适用温度范围也逐渐扩大。已有相关酸液体系的流变性研究表明，即使达到149℃的高温时，酸液体系仍然具有相当的稳定性。多孔岩心流动实验也表明了这种酸液体系对高、低渗岩心均有良好的效果。同时，岩心实验也表明，在处理岩心过程中没有对地层产生伤害。因而自转向酸分流技术是一项简单、有效、易行的酸化技术。

（四）泡沫分流技术

这种技术是在酸液之间注入一段泡沫，泡沫在高低渗透层的稳定性不同，高渗透层泡沫稳定性强于低渗透层，因此泡沫在高渗透层对液相流动的阻碍作用大于低渗透层，使液相转入低渗透层，以此达到分流目的。泡沫至少从20世纪60年代就开始用作酸化作业的转向。酸可为盐酸、氢氟酸或混合酸，气体可为氮气、天然气或者二氧化碳；表面活性剂包括起泡剂和稳泡剂，常用的起泡剂有阴离子型起泡剂、阳离子型起泡剂、非离子型起泡剂、两性离子型起泡剂、聚合物型起泡剂及复合型起泡剂等类型。泡沫转向原理与用泡沫提高采收率的原理相似，二者的区别主要是施工设计及应用上的差异。

泡沫分流的机理比黏滞分流机理更复杂，优化设计比较困难。泡沫分流对泡沫质量、泡沫性能、泡沫的稳定性、泡沫的流变性以及工艺技术要求较高，施工设备、工艺比较复杂。国外近年来在油田应用取得好的效果。

（五）包裹固体酸分流技术

常规酸液与岩石的反应速率主要受 H^+ 传质速率以及酸—岩表面反应速率的控制，反应速率较快，导致酸液有效作用距离较小。延缓反应速度是增加酸液有效作用距离的主要途径。固体酸酸压工艺于 20 世纪 90 年代由中原油田从乌克兰引进，其后也逐渐将固体酸用于基质酸化作业中。该技术首先使用固化剂将酸液（通常主酸为硝酸）固化成颗粒状，再用非反应性流体（通常是原油、柴油或者水基液体）将固体酸液颗粒携带进入地层裂缝中。随着在裂缝中的进一步运移，固体酸颗粒会在裂缝中发生沉积。等固体酸颗粒泵注结束后，再注入释放液使固体酸释放，依靠固体酸溶解并电离出大量的 H^+ 与裂缝壁面岩石发生反应，对裂缝产生非均匀刻蚀，以达到酸化地层的目的。酸岩反应速率主要取决于固体酸释放速率和酸—岩表面反应速率。

近年来，固体酸也开始被运用于分流酸化作业，并在固体酸的基础上进一步开发出缓速性能更好的包裹固体酸。包裹固体酸是指在固体酸外表面包裹一层包裹膜，以减缓其释放速率。固体酸分流原理与化学颗粒分流原理一致，都是通过固体颗粒在岩心入口端形成滤饼、堵塞孔喉、充填裂缝溶洞或在裂缝溶洞入口端形成桥塞堵塞裂缝溶洞而实现分流。这是一项新型的分流酸化技术，尚处在研究之中。

（六）纤维辅助分流

自转向酸在处理存在大裂缝和溶洞或具有较大渗透率级差地层时会受到限制。为解决该问题，提出了一种新型的纤维辅助自转向酸分流的技术。该工作液体系为自转向酸与特殊设计的可降解纤维的组合。通过在高渗裂缝处发生纤维桥架和随着酸液消耗黏度增加而暂堵或降低滤失，使得后续液体转向进入其余低渗裂缝和孔隙，达到分流酸化的目的。在基质酸化中，纤维辅助自转向酸体系被证明对高渗透率级差地层具有较好的层段增产效果。在现场应用中，该分流技术也被证明是行之有效的。

简而言之，化学分流是一种储层内部分流工艺，基本原理都是通过在储层内部增大高渗段渗流阻力而实现分流。从适用范围和应用效果来看，化学分流技术明显优于机械分流技术，因而成为现在分流酸化的主流措施。

思考题

1. Hawkins 公式表征了储层渗透率伤害的相对程度和伤害深度对表皮系数的影响，基于该公式，渗透率伤害的相对程度和伤害深度中的哪一个对表皮系数的影响更大？为什么？
2. 砂岩油气藏基质酸化增产的原理是什么？
3. 一般来说，酸化液规模越大，酸化解堵范围越大，因此酸处理增产效果越好，那是不是所有的酸化井都应该尽可能选用较大的酸处理规模呢？
4. 一般哪类井适合实施酸化解堵工艺？
5. 常规砂岩酸化的一般工序是怎样的？各段液体分别有何作用？
6. 常见的砂岩深部酸化工艺有哪些，其分别是如何实现酸液的深部穿透的呢？
7. 砂岩储层一般不实施酸压改造措施，为什么？要满足哪些条件砂岩储层实施酸压才可能取得好的增产效果？

8. 酸化过程中为何要实施酸液的分流措施？常见的酸液分流布酸工艺有哪些？各有何优缺点？

9. 设井半径为 0.12m，渗透率污染 K/K_d 为 8，试计算井的表皮系数。若污染深度分别为 0.3m、0.5m 和 1m，那么对于相同的表皮系数，分别求其 K/K_d。

10. 某井裸眼完成，均质储层无污染，井距 400m，井径 0.12m，$K = 50 \times 10^{-3} \mu m^2$，采用基质酸化处理，酸化半径为 0.8m，酸化带渗透率 $500 \times 10^{-3} \mu m^2$，求酸化后增产倍比及净增产倍数。

11. 一口井半径 0.12m，泄油半径 230m，污染带半径 0.8m，污染带渗透率为原始渗透率的 10%。试计算该井的污染表皮系数，并说明假定污染完全解除后能使产能提高多少。

第四章

碳酸盐岩油气藏酸化理论与技术

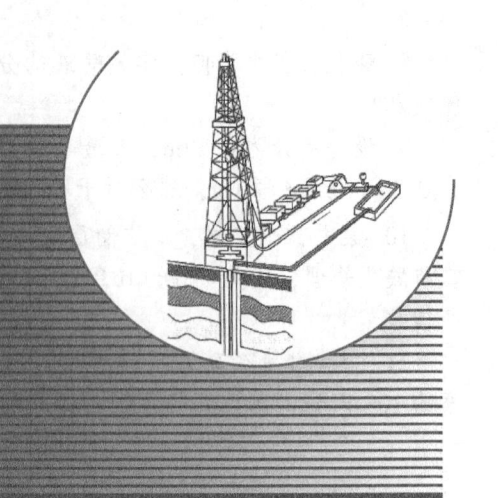

早期的酸化是将酸注入井内并加压把酸挤入地层。由于设备条件所限，当时压力均低于地层的破裂压力。出现高压泵注设备后，处理压力便有所提高。迄今为止，大部分碳酸盐岩的酸处理压力高过地层破裂压力。但是尚有一些储层，其酸处理压力还需保持在地层破裂压力以下才能奏效。

碳酸盐岩储层基质酸化与砂岩酸化相比，是更难预测的过程，因为尽管化学过程方面比砂岩要简单些，但物理方面要复杂得多。在砂岩中，表面反应速率慢，而且是相对均匀的酸液前缘通过孔隙介质的运动。在碳酸盐岩中，表面反应速率快，因此整体反应速率往往受传质情况的制约，从而导致了非常不均匀的溶解状况，并且常常产生少量的叫作酸蚀蚓孔的大通道。

第一节 碳酸盐岩油气藏基质酸化理论

为了更好地掌握酸在碳酸盐岩中的反应过程，众多的学者对主宰溶蚀孔增长的诸参数进行了数学模拟及实验研究。研究结果表明，这些酸蚀孔的形状结构将取决于许多因素，包括（但不限于）流动几何、注入速度、反应动力学和传质速率。

由于酸蚀蚓孔比非孔洞型碳盐岩的孔隙要大得多，所以通过被酸蚀蚓孔地带的压降将是很小的。因此，在基质酸化中，根据酸蚀孔洞穿透深度大小就可预测酸化对于表皮效应的影响。酸蚀洞的形成在酸压裂中也是非常重要的，因为将增加流体损失速度，限制酸沿裂缝的穿透深度。砂岩基质酸化的理论模型并不适用于碳酸盐岩，因为反应过程会受到一些非常大的孔隙控制，这种不适用是很显然的。

本节将阐述碳酸盐岩的基质酸化处理工艺，并介绍处理设计方法。

一、碳酸盐岩地层基质酸化增产原理

碳酸盐岩基质酸化处理所用酸液均以低于地层破裂压力的压力（及排量）挤入地层。

目的是使酸基本沿径向渗入地层，增大井筒周围的表观渗透率。

酸化时，盐酸与石灰岩或白云岩的反应速率很快，在地层中能形成大的流道，通称为"蚓孔"（wormhole）。溶蚀孔始于射孔孔眼，并延伸入地层中，通过这些蚓孔绕过污染区，扩大井眼有效半径，达到增产的目的，从而获得增产效果。为了保持天然液流边界以防止水、气采出，而不能冒险进行压裂酸化时，一般最有效的增产措施就是基质酸化。成功的基质酸化作业往往能够在不增大水、气采出量的情况下提高产油量。

由于蚓孔的形成而使表皮因子降低，其降低值可按如下公式计算：

$$S=\left(\frac{K}{K_s}-1\right)\ln\frac{r_s}{r_w} \quad (4-1)$$

式中　K_s——蚓孔渗透率；
　　　r_s——蚓孔长度。

显然 $K_s>K$，常规盐酸可认为其拥有无限导流能力，乳化酸形成的酸蚀孔狭长，导流能力较低，但仍可增加 10~50 倍，S 只取决于蚓孔穿透长度 r_s。

由于蚓孔的形成使产量增加的倍数可由下式计算：

$$J_A/J=\frac{\ln(r_e/r_w)}{\ln(r_e/r_w)+S} \quad (4-2)$$

无污染碳酸盐岩储层酸化的增产倍比如图 4-1 所示。溶蚀孔的长度一般较小，最大理论长度可达到 3m 左右。由于其延伸长度有限，碳酸盐岩的基质酸化通常只能沟通井筒附近的阻流区，并不能取得上述消除地层污染所获得的良好增产效果。如当蚓孔长度达到 3m 时，增产倍比为 1.7，但实际很难取得这种效果。一般地，碳酸盐岩基质酸化处理的极限增产率为无污染井的 1.5 倍。

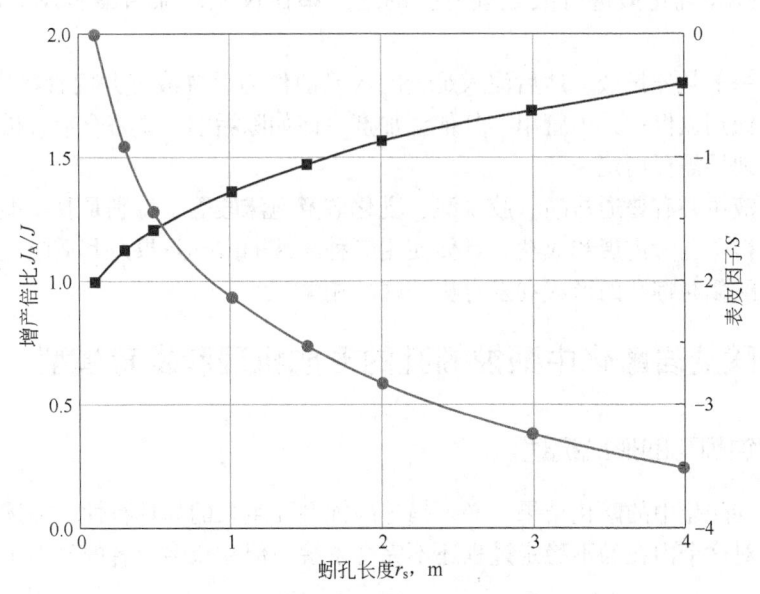

图 4-1　无污染碳酸盐岩基质酸化增产倍比

当油井受到污染时，存在正的表皮因子，酸化前后的增产倍比可由下式计算：

$$J_A/J_d=\frac{\ln(r_e/r_w)+S_1}{\ln(r_e/r_w)+S_2} \quad (4-3)$$

式中，S_1，S_2 分别为酸化前后的表皮因子，S_2 由式(4-1) 计算。取 $S_1 = 3, 5, 8$ 计算酸化前后的增产倍比，结果如图 4-2 所示。由此看出，对于污染井进行基质酸化，将会获得较好的增产效果。

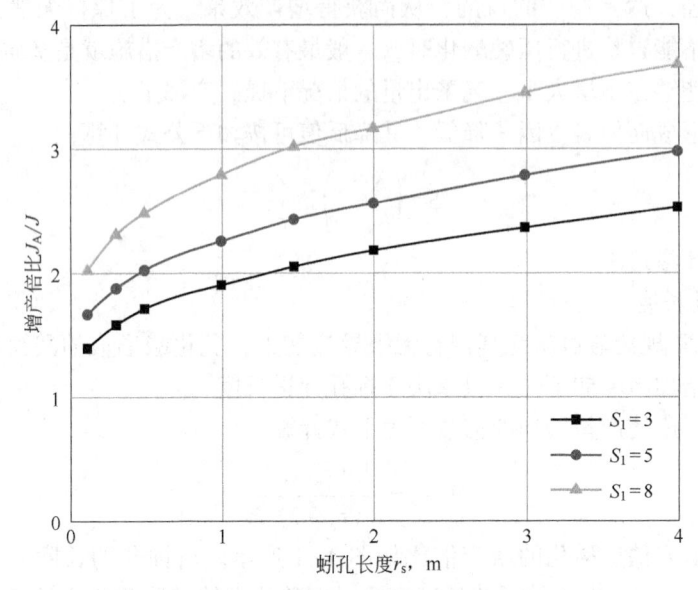

图 4-2　污染碳酸盐岩基质酸化增产倍比

某特殊情况下，对无污染井采用基质酸化处理也可获得很好的增产效果。例如，在裂缝比较发育的地层中，酸沿原生裂缝流入，从而获得较好的增产效果。一些裂缝发育的碳酸盐岩中，采用油外相乳化酸进行酸处理所获的增产率比仅靠消除污染实现增产的效果大两三倍。

酸化过程一般是先挤酸，然后注入足量的水或油作为后置液将井内管串中的酸清除掉。酸中应加入缓蚀剂以保护井内管串。其他添加剂，诸如除垢剂、铁螯合剂、破乳剂及互溶剂等，则视具体地层需要而定。

使用的酸液主要有普通盐酸、胶凝酸、乳化酸及泡沫酸等，特别是胶凝酸、乳化酸等的应用，国外取得了巨大进展和成功。具体使用三种酸液的酸化效果及其适应性与酸—岩反应特征，即基质酸化时蚓孔的形成和发育机理密切相关。

二、碳酸盐岩酸化中酸蚀蚓孔的形成机理和发育模型

（一）酸蚀蚓孔的形成机理

为了预测碳酸盐中的酸化结果，必须描述酸蚀蚓孔生长的物理特性，描述酸蚀蚓孔的形成机理。虽然对这个内在的不稳定过程还不完全了解，但在众多学者的努力下近年来已取得了可喜的进展。

在酸的溶解过程中，当大孔隙生长速度大于较小孔隙的生长速度时，就形成了酸蚀洞。因此，大孔隙中容纳了不断增长的较大比例的溶解流体，最后变成了酸蚀洞。当反应中受到传质限制或者是混合动力学因素占优势地位，也就是说，传质和表面反应速率在规模上相似时，就会发生这种情况。对于酸液在圆形孔隙内流动并参与反应，传质速率 u_d 和表面反应

速率 u_s 的相互影响可用一个动力学参数 P 来描述，即 Thiele 的模逆元，Daccord 等将其定义为扩散通量与表面反应所消耗的分子通量的比值：

$$P = \frac{u_d}{u_s} \tag{4-4}$$

$$P = \frac{D}{E_f r C^{n-1}} \tag{4-5}$$

式中 D——分子扩散系数；

E_f——表面反应速率常数；

r——孔隙半径；

C——酸浓度。

因为总反应动力学受到最慢的过程控制。因此，$P \to 0$ 对应于传质受限的反应，而 $P \to \infty$ 对应于表面反应受限的反应。当 P 接近于 1 时，反应动力学是混合型的，并且表面反应速率和传质速率两者都很重要。

当反应是有限传质型时，Schechter 和 Gidley 用孔隙生长和碰撞模型，从理论上证明了酸蚀洞形成的自然趋势。在这个模型中，孔隙截面积的变化可表示为：

$$\frac{dA}{dt} = \Psi A^{1-n} \tag{4-6}$$

式中 A——孔隙的截面积；

t——时间；

Ψ——依赖于时间的孔隙生长函数。

方程（4-6）表明，如果 $n>0$，则较小孔隙的生长快于较大孔隙的生长，并且不能形成酸蚀洞；当 $n<0$ 时，较大孔隙的生长快于较小孔隙的生长，并且将形成酸蚀洞。根据对单孔隙中具有扩散和表面反应的流动的分析，Schechter 和 Gidley 发现，当表面反应速率控制整个反应速率时，$n=1/2$，而当扩散控制整个反应速度时，$n=-1$。

通过管状孔隙束中的反应流动模式，能用来预测酸蚀孔隙的形成趋势，但不能给出酸蚀洞形成过程的完整情景，因为它们没有考虑孔隙中流体损失的影响。当酸流过大孔隙或通道时，通过分子扩散运动，酸液流动到反应表面，但当酸液接触到与大孔隙相连的较小孔隙时也存在对流传播。随着大孔隙的生长，流体损失量占流到酸蚀洞壁酸液量的比例越来越大，并且最终成为酸蚀洞生长的限制因素。因此，是否能形成酸蚀洞，以及酸蚀洞的结构，决定于表面反应、扩散和流体损失的相对速度，而所有这些速度又都取决于酸的整体对流速度。当注入速度增加时，溶解状况将进一步发展。对于一个具有很高表面反应速率的系统，例如 HCl—石灰岩系统，酸蚀模型能描述为压实溶解、有限扩散的酸蚀洞形成、有限流体损失的酸蚀洞形成以及均匀溶解。

当酸液反应活性高而注入排量又低时，酸不能实现深穿透，仅仅产生岩石表面型溶蚀。因此只能起到清洗井筒或射孔孔眼壁面的目的，不能产生高渗流能力的酸蚀通道，解堵效果差。提高排量或降低酸—岩反应速率，酸溶蚀地层将产生圆锥形通道。在合适的高排量下注入缓速酸，形成的酸蚀蚓孔细而长，在主溶蚀孔中产生一些分枝。主溶蚀孔的形成表示注入排量和反应活性达到最佳组合，也是酸蚀蚓孔穿透伤害带的最佳方式。若再进一步提高排量，主溶蚀孔将产生较多的分枝，使得酸液更多地进入分支孔中，酸蚀裂缝长度短而宽，这种方式增产效果不好，无法穿透伤害带。不同类型酸蚀蚓孔形态如图 4-3 所示。

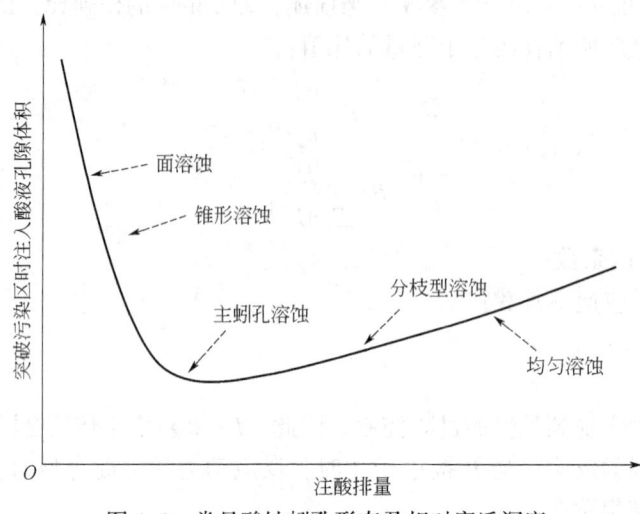

图 4-3 常见酸蚀蚓孔形态及相对穿透深度

在足够高的注入速度下，酸的传质是如此之快，以致使总反应速度变成有限表面反应速度，并且出现类似于砂岩中的均匀溶解。由于注入速度有限（以免压裂地层），所以在高反应速度的碳酸盐岩的基质处理中，绝不会出现均匀溶解。这里所提出的传质速度取决于扩散和表面反应速率的相对大小，同时，也取决于流动几何，因为它与流体损失有关。因此，由于反应速度的不同，白云岩的酸蚀洞特性与石灰岩的会有很大不同。另外，基于线性流的预测，如标准岩心驱替，对其他流型（如径向流或从孔眼的流出）可能不成立。

（二）酸蚀蚓孔的发育模型

对于碳酸盐岩酸化模型来说，基本都是参考了 Golfier、Pang 和 Glasbergen 等的研究成果，并在此基础上进行进一步研究与发展。Fredd 和 Millr 等通过不同的酸蚀方式将碳酸盐岩酸化模型分成更为详细的五类，之后不久由 Akanniol 和 Nas-EL-Din 将其更为细致地划分为七类。其分别是毛细管模型、Damkohler 数模型、孔隙理论、网格模型、Peclet 数模型、半经验法、双重尺度模型。其中 Damkohler 数模型、双重尺度模型引用较为广泛。

1. 毛细管模型

在该模型中，蚓孔被视作为恒定存在、形态已经确定好的细长圆柱。早期的蚓孔模型主要是考虑传质影响，通过模拟毛细管柱，分析流体在管柱中的反应与滤失机理。Schechter 和 Gidley 第一次在模型中考虑孔隙，并通过研究对模型进行修正。Hung 等和 Buijse 在修正后的模型基础上，发展出考虑各种因素的不同酸蚀蚓孔模型。早期模型的局限性是：都是假设蚓孔是早期形成的，需要假设蚓孔的数目、大小、岩心注酸位置等，局限性较大。

Hung 等建立的模型只用于传质控制的反应。他们认为酸蚀过程中，蚓孔扩展速率与注酸速度、酸液滤失速度等成线性关系。该模型认为将蚓孔视作为一个圆柱形细管柱，其壁面上多孔，酸液在其中流动时将穿透周围介质。该模型将质量守恒运用到轴向和径向上，通过分析，他们认为蚓孔一般形成于最大的孔隙空间内，并假设蚓孔为圆柱形细管，对流—扩散方程进行处理并数值求解。通过假定的酸—岩反应速率进行计算，使模型适用于受传质反应、扩散控制的情况。但该模型的缺点在于：未考虑滤失、无法预测蚓孔形态和表皮变化。

Gdanski 用毛细管模型描述蚓孔的形成，产生了主蚓孔数、井筒附近的主蚓孔空间分布、径向条件下主蚓孔区域的液体滤失剖面。

2. Damkohler 数方法

达姆科勒数是一个函数，用于描述同一系统中化学反应相比其他现象的相对时间尺度，一般来说它控制着蚓孔的扩展。其定义为：对流作用下，酸的反应速率与酸的运移速率之比。

为了研究蚓孔形成的酸液运移和酸—岩反应，Hoefner、Fredd 和 Fogler 通过选用不同的酸液体系来与岩石发生反应，其中包括强酸、弱酸、复合酸。该研究表明不同的酸液体系对酸—岩反应和酸液运移的影响不同，该过程受到达姆科勒数的影响。通过研究分析达姆科勒数的最优值为 0.29。但达姆科勒数模型需要计算表皮变化，该模型在应用的过程中需要蚓孔密度和蚓孔维度，而且只有线性岩心测试才能运用达姆科勒数，这是它的局限性，由此该结果与油田实际相差较大，不能直接运用于现场。之后 Fredd 对动力学模型进行修正，他将蚓孔壁面的滤失与蚓孔的竞争考虑到模型中，增大了模型的可行性，该模型基于主蚓孔的毛细管模型，在该模型中，酸—岩反应与酸液运移受到动力学参数与达姆科勒数共同决定。

3. 孔隙理论

在蚓孔模型早期没有将孔隙考虑到模型中，最早是由 Wang 等确定在基质酸化中生成主蚓孔时提出的。该研究假设在酸蚀蚓孔形成的岩石表面存在临界孔隙界面，研究表明，最优注酸量与达姆科勒数有关。并且考虑了多种因素对实验的影响，如反应温度、酸液浓度、矿物岩性等。该方法需和孔隙模型结合使用。该模型不能用于研究表皮的变化且错误地指出随着酸液浓度的增加会减少最佳注入流量。Huang 等引入流体滤失模型，希望能将实验结果运用到现场，但效果不佳，该模型与 Wang 等的模型相似，有着同样的局限性。

4. 网络模型

网格模型在 20 世纪 60 年代左右就开始了研究，Fatt 等先后研究网络模型，该模型考虑相渗、孔喉分布、流体置换等因素。之后，Fredd 和 Fogler 将模型扩展至 3D，并提出物理网络模型（PRN），通过该模型来对蚓孔形成过程中的运移和反应进行模拟。PRN 模型在 3D 的基础上研究多孔介质。PRN 模型中，酸液的运移与酸—岩反应与 2D 网络模型类似。两个模型模拟结果比较相似，同时该研究也指出存在一个最优的达姆科勒数。但由于 PRN 模型在计算时需要大量且烦琐的计算，对于现场应用或室内试验有着诸多不便，因此也限制了该模型的发展。

5. Peclet 数模型

Peclet 数模型是最早由 Daccord 等提出，该模型受到岩心尺寸的影响，通过等量的水力长度量化蚓孔。模型将岩石物性参数以及酸液参数无量纲化。该模型假定蚓孔的扩展是注入体积、Peclet 数和分形维数的函数，模型研究的是径向条件下的酸液流动。假设：将井筒半径认为是泵入足够液量时介质产生的渗透半径。之后，Frick 等在 Daccord 模型的基础上，从分形角度考虑蚓孔形态，进而改进 Daccord 模型。该模型相比对于之前的模型，考虑了更多的因素到模型之中，包括注入速率、孔隙度、注入酸量、分形维数、未污染与污染区域的渗透率之比。

6. 半经验模型

Bujse 和 Glasbergen 通过分析碳酸盐岩中蚓孔发育的物理化学特性，研究认为酸蚀蚓孔前缘的扩展速率是酸液流动速度的函数。模型将渗透率、矿物特性、温度和注酸浓度等参数用常数表示，可利用最优注酸速率和 PV 计算这些常数。假定在岩心测试中观察得到的缝内酸速率和蚓孔前缘的扩展速率同样适用于径向条件，从而得到酸蚀径向蚓孔扩展模型。Furui 等对模型进行修正，该模型通过耦合毛细管模型，并且考虑在岩性测试中岩心的维数影响。研究发现，蚓孔发育与扩展与在蚓孔端口处的注入速度有关，且在高注入速度下，蚓孔顶端的酸液浓度被视作为酸液开始酸—岩反应时的初始浓度。酸液在进行酸—岩反应后形成的反应有效表面积与蚓孔生长长度呈线性关系。由于该模型是在实验条件下进行，故在准确性方面与驱替实验的精确程度相关。

7. 双重尺度模型

双尺度模型是运用最为广泛的模型，许多模型都是在此基础上进行演化而来。Liu 等基于连续性方程建立达西尺度模型。该模型的特点是考虑诸多因素对蚓孔的影响，如物质运移、酸液流动、酸—岩反应和孔渗变化。该模型最初设计是对于砂岩的，但该模型也能模拟碳酸盐岩地层的指进和蚓孔现象，但精确程度比砂岩较低。

Golfier 等在之前模型的基础上对模型进行修正，建立碳酸盐岩溶蚀的达西尺度模型，该模型能够计算得到传质系数，进而耦合孔隙尺度求解。模型假定反应受传质控制且表现出传质控制区域的定量和定性溶解特征。Panga 等和 Ghommem 等继续对双重尺度模型进行改进，描述碳酸盐岩地层的蚓孔扩展，并考虑反应和运移机理。在模型中，主要有三个重要的无量纲数（Damkohler 数、Thiele 数、酸容量数）。模型对二维线性流动有很好适应性，但在二维径向流动中适应性较差。

Kalia 和 Balakotaiah 以 Panga 等和 Ghommem 等的研究内容为基础，之前的模型在二维径向流适应性较差，Kalia 和 Balakotaiah 便将模型扩展到径向坐标，增大了该模型在二维径向流动中适应性。研究表明，通过给原始孔隙度的平均值增加均匀分布范围内的随机数，得到近似孔隙度值。

Liu 等利用孔隙空间分布的方法进行模拟，使用非均匀孔隙度空间模拟介质分布的非均质性。研究表明，孔隙度非均匀分布的蚓孔突破孔隙体积更接近实验结果。Maheshwari 等将双重尺度模型扩展至 3D，利用稠化酸，结合双重尺度模型和半经验模型，用来解释 pH、剪切速率、温度条件下的黏度变化。Maheshwari 等利用该模型研究乳化酸。利用双重尺度模型研究蚓孔的延伸和酸蚀过程中酸液漏失的影响。双重尺度模型较好预测酸蚀溶解的部分和蚓孔的扩展。该模型也提供实验下最佳注入酸量的较好估计值，若是应用至现场需要较大的计算量进行模拟。注入酸液为乳化酸时，模型不能解释乳化酸中的乳胶粒的分布，因此模拟假定胶粒细小且不会改变酸的流动。注入酸液为稠化酸时，模型不能解释孔隙壁面的聚合物的吸附作用。

三、碳酸盐岩基质酸化过程中表皮因子的演变

碳酸盐岩地层基质酸化中产生的酸蚀洞是很大的通道，所以一般通过酸蚀洞区域的压降是可忽略的。因此，酸蚀洞对表皮效应的影响就像扩大了井筒一样。在这一假设下，碳酸盐

岩基质酸化处理中表皮系数的演变可用酸蚀洞传播模型来预测。

在一口渗透率为 K_s、污染半径为 r_s 的井中,酸化过程中表皮效应与酸蚀洞穿透半径的关系是:

$$S = \frac{K}{K_s}\ln\frac{r_s}{r_{wh}} - \ln\frac{r_s}{r_w} \tag{4-7}$$

方程（4-7）用到酸蚀洞穿透半径超过污染半径。如果油井原始未污染或酸蚀洞半径大于原始污染半径,那么酸化过程中的表皮效应可以从 Hawkins 公式得到,其条件是假设 K_s 是无穷的,或从方程（4-7）,令 $K_s = \infty$ 并且 $r_s = r_{wh}$,给出:

$$S = -\ln\frac{r_{wh}}{r_w} \tag{4-8}$$

用方程（4-7）和方程（4-8）,如果在整个处理过程中保持注入速度不变,则由 Daccord 模型预测的表皮效应为:

对于有污染带的:

$$S = -\frac{K}{K_s}\ln\left\{\frac{r_w}{r_s} + \left[\frac{bN_{Ac}V}{\pi r_s^{d_f}\phi h}D^{-\frac{2}{3}}\left(\frac{q}{h}\right)^{-\frac{1}{3}}\right]^{\frac{1}{d_f}}\right\} - \ln\frac{r_s}{r_w} \tag{4-9}$$

而对于未污染带或酸蚀洞穿透距离超过污染带的:

$$S = -\ln\left\{1 + \left[\frac{bN_{Ac}V}{\pi r_w^{d_f}\phi h}D^{-\frac{2}{3}}\left(\frac{q}{h}\right)^{-\frac{1}{3}}\right]^{\frac{1}{d_f}}\right\} \tag{4-10}$$

如果处理期间注入速度是变化的,则不能使用这些方程,因为在 Daccord 模型中酸蚀洞增长速度与注入速度有关。

利用体积模型,注入过程中表皮效应是:

对于有污染带的:

$$S = -\frac{K}{2K_s}\ln\left[\left(\frac{r_w}{r_s}\right)^2 + \frac{N_{Ac}V}{\eta\pi r_s^2\phi h}\right] - \ln\frac{r_s}{r_w} \tag{4-11}$$

而对于没有污染带或酸蚀洞穿深超过污染带的:

$$S = -\frac{1}{2}\ln\left(1 + \frac{N_{Ac}V}{\eta\pi r_w^2\phi h}\right) \tag{4-12}$$

因为酸蚀洞穿透半径仅决定于注入酸量而与注入速度无关,因此方程（4-11）可用于任何注入速度。

【例 4-1】 碳酸盐岩基质酸化中表皮效应的演变。

地层孔隙度是 0.15 的石灰岩,利用体积模型计算将酸蚀洞从半径为 0.12m 井筒穿透到 1.0m 需要 28%HCl 的量。注入速度是 $0.05\text{m}^3/(\text{m}\cdot\text{min})$,扩散系数是 $10^{-9}\text{m}^2/\text{s}$,28%HCl 的密度是 1.14g/cm^3。在线性岩心驱替中,酸蚀洞突破岩心末端需要 1.5 倍孔隙体积的酸。利用体积模型,画出表皮效应与注入酸体积（直到 $1.25\text{m}^3/\text{m}$）的关系曲线,假设初始油层渗透率 $100\mu\text{m}^2$,并且污染带从井筒扩展 1m。

解: 求得把酸蚀洞穿入地层 1.0m 距离需酸 $0.88\text{m}^3/\text{m}$。因此,应用方程（4-11）直到该累计体积达到 $0.88\text{m}^3/\text{m}$;对于 $0.88\text{m}^3/\text{m}$ 以上,应该用方程（4-12）。利用方程（4-7）,考虑到 $\eta = N_{AC}PV_{bt}$,则

$$S=-\frac{100}{2\times100}\ln\left[\left(\frac{0.12}{1.12}\right)^2+\frac{V/h}{\pi\times1.12^2\times0.15\times1.5}\right]-\ln\frac{1.12}{0.12} \qquad (4\text{-}13)$$

整理可得：

$$S=-5\ln\left(1.148\times10^{-2}+1.128\frac{V}{h}\right)-2.234 \qquad (4\text{-}14)$$

当 V/h 大于 $0.746\text{m}^3/\text{m}$ 时，由方程（4-12）得：

$$S=-\frac{1}{2}\ln\left(1+\frac{V/h}{\pi\times0.12^2\times0.15\times1.5}\right) \qquad (4\text{-}15)$$

$$S=-\frac{1}{2}\ln\left(1+98.244\frac{V}{h}\right) \qquad (4\text{-}16)$$

累计酸体积到 $1.25\text{m}^3/\text{m}$ 时应用上述方程，所得结果如图 4-4 所示。酸蚀洞穿过污染带之后，表皮效应非常小了——穿透污染带后的表皮效应是-2.3，而再注入 $0.52\text{m}^3/\text{m}$ 酸后，只减少到-2.6。但与砂岩酸化相比，碳酸盐基质酸化则有可能得到明显较低的表皮效应，因为酸蚀洞穿透相对较深。

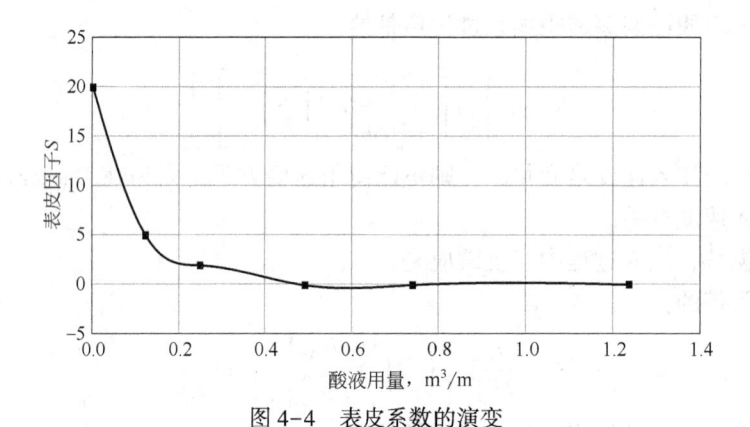

图 4-4 表皮系数的演变

四、碳酸盐岩基质酸化液体的分流

在碳酸盐岩酸化中，将足够的酸驱入所有目的层段，与砂岩酸化中一样重要，并且可用同样的流体驱替工艺。碳酸盐岩酸化分流时与砂岩酸化不同的是，碳酸盐地层是多溶洞的或含有大天然裂缝的，所以需要的暂堵剂比在砂岩中需要的粒径更大。对于多溶洞或裂缝的碳酸盐岩，推荐用蜡状暂堵剂或苯甲酸滤饼这种暂堵剂。

在不同油层段放置的酸体积也可用针对砂岩酸化所提出的类似方法来预测。当使用暂堵剂时，进入 j 层的流速由方程（4-17）给出：

$$\frac{\text{d}\overline{V}_j}{\text{d}t}=\frac{(2.066\times10^{-4})(p_{\text{wf}}-p_\text{e})K_j}{\mu[\ln(r_\text{e}/r_\text{w})+S_j+c_{1,j}\overline{V}_j]} \qquad (4\text{-}17)$$

对于砂岩酸化，假设了 S_j 随注入酸体积呈线性减少，从而得出注入每层的酸流量和累计体积的简化解。然而，对于碳酸盐岩，根据酸蚀洞传播模型的预测，表皮效应与注入酸体积将是对数关系。由于使用暂堵剂时，进入每层的流速将不断变化，所以 Daccord 模型不宜用于方程（4-17）中。但利用体积模型能得到个解。对于一个尚未穿过污染带的较大酸蚀洞，将 s_j 代入方程（4-17），得到：

$$\frac{d\bar{V}_j}{dt} = \frac{a_{3,j}}{b_{1,j}\ln(b_{2,j}+b_{3,j}\bar{V}_j)+b_{4,j}+c_{1,j}\bar{V}_j} \tag{4-18}$$

其中

$$a_{3,j} = \frac{(2.066 \times 10^{-4})(p_{wf}-p_e)K_j}{\mu}; c_{1,j} = \frac{2.26 \times 10^{-16}\alpha C_{da}\rho_{da}K_j}{r_w^2};$$

$$b_{1,j} = \frac{K_j}{2K_{s,j}}, b_{2,j} = \left(\frac{r_w}{r_{s,j}}\right)^2, b_{3,j} = \left(\frac{N_{Ac}}{\eta \pi r_{s,j}^2 \varphi_j}\right), b_{4,j} = \ln\frac{r_e}{r_{s,j}}$$

当积分时，由方程得到：

$$b_{1,j}\left[\bar{V}_j\ln(b_{2j}+b_{3,j}\bar{V}_j) + \frac{b_{2,j}}{b_{3,j}}\ln\left(\frac{b_{2,j}+b_{3,j}\bar{V}_j}{b_{2,j}}\right)\right] + \frac{c_{1,j}}{2}\bar{V}_j^2 + (b_{4,j}-b_{1,j})\bar{V}_j = a_{3,j}t_j \tag{4-19}$$

该方程不能以显式形式解出，因此可采用迭代法求 $\bar{V}_j$ 与注入时间的函数关系。

第二节　碳酸盐岩油气藏酸压理论

酸压是一种增产增注措施，该措施中在高于地层破裂压力下将酸注入，以产生水力裂缝。通常，在酸的前面注入一种黏性前置液以形成裂缝，然后注入普通酸、凝胶酸、泡沫酸或含有酸的乳状液。通过酸裂缝壁不均匀刻蚀产生裂缝的导流能力，也就是说，通过酸与裂缝壁的非均匀反应，使闭合后裂缝本身支撑了开口，那些未溶解部分起着支撑的作用，溶解较多的区域成为开口通道。所以当裂缝闭合时，通常仍能保持形成的导流通道。裂缝的有效长度按所用酸量、其反应速率和酸液从裂缝滤失于地层中来确定。酸压施工的有效性基本上由刻蚀裂缝的长度来确定。因此，酸压是使用支撑剂产生裂缝导流能力的一个替代方法。压裂过程本身等同于支撑剂压裂。读者可参阅关于一般水力压裂的有关内容。

为了有效地进行酸压设计，首先必须了解各种参数对酸压过程的影响。首先阐述工作液与地层特性对酸蚀产生的或挤酸前前置液形成的裂缝形状的影响。然后再对控制活酸沿裂缝传导的距离（即酸的穿透距离）及酸蚀裂缝的传导率的诸变量进行探讨。

一、酸压与加砂压裂的对比

酸压的基本原理和目标是与加砂压裂施工大体相同。在这两种情况中，目的就是产生有充分长度导流的裂缝，从而使油藏进行更有效的泄流。

在酸压措施设计中所遇到的主要问题是酸液的有效作用距离、酸蚀裂缝的导流能力（以及它们沿裂缝的分布）。由于酸压应看作是在碳酸盐地层中产生裂缝导流能力的替代方法，所以在酸压设计时，一般应与加砂压裂进行比较。

两种工艺的主要的差异在于如何实现其导流性。在加砂压裂施工中，砂或其他的支撑剂置于裂缝中以防止当恢复压力之时的闭合。酸压一般不使用支撑剂，但是它依赖于酸刻蚀裂缝以提供所需的导流能力。因此，酸压通常局限于石灰岩或白云岩的地层。很少用于砂岩施工，因为酸即使是氢氟酸（HF）也不能适足地刻蚀这样的裂缝面。当然，在某些含有碳酸盐填充天然裂缝的砂岩地层中也有成功应用的例子。

碳酸盐地层既可以选择支撑压裂也可以选择酸压裂。但是，选择裂缝施工的形式首要条件必须根据压裂井的动态和施工的费用来权衡考虑。对碳酸盐油藏压裂有两类考虑：第一类考虑涉及的问题是碳酸盐地层通常既适用酸压也适用支撑压裂；第二个考虑涉及两种方法的区别及两种方法彼此的相对优点。如果两者均能实现类似产量的增进，那么每一种施工方法有优点亦有缺点。

酸压和支撑压裂相比，某些优缺点是由支撑剂和施工复杂程度以及能否获得预定的导流能力引起的：

① 因为在这些油藏中存在支撑剂脱砂的问题，所以对多裂缝油藏，酸压有充填的优点。由于很多的液体漏失于天然裂缝中以及裂缝平面的不连续性，因而支撑剂的充填很困难。

② 对于裂缝扩展不受天然裂缝很大影响的地层，支撑压裂有充填的优点。

③ 在施工时，酸压复杂性小，因为没使用支撑剂。同时消除了支撑剂脱砂的危险以及支撑剂回流和在施工之后从井筒清出的问题。故压裂液输送支撑剂不再是关心的问题。然而，酸比大多数非反应施工液的费用更为昂贵。

④ 酸压也引出了许多不同性质的问题。支撑裂缝的有效长度是由支撑剂沿裂缝输送的距离所限制的，支撑导流的穿透深度和分布总是能更容易地控制。而酸化裂缝的有效长度受酸在变成废酸之前沿裂缝穿透的距离所限定。在高温时，这可能成为问题。然而，通过酸有效裂缝穿透的主要阻碍显然是过大的用液滤失。当用酸时，用液滤失是一较大的问题，而且是很难于控制的。在施工期间对裂缝面不断的酸蚀作用，使难于附着有效滤饼遮挡物。另外，酸的滤失是很不均匀的，结果形成"酸蚀孔道"以及天然裂缝的扩张。按此出现的滤失已极大地增进了有效面积，并难以控制用液滤失。

⑤ 地层嵌入强度和有效应力影响裂缝的导流能力，生产期间，酸压的导流能力损失可能更严重。

二、酸压裂缝的形状

在酸压处理中，酸或酸的前置液以高于储层所能承受的排量从套管或油管中注入。使井筒中迅速建立压力，直至超过地层的压缩应力及岩石的抗张强度为止。在该压力下地层被屈服，开始形成裂隙（裂缝）。连续注液则使裂缝延伸。

裂缝沿造缝做功量最小的方向延伸。由于上覆地层的重力及构造运动产生的诸作用力影响，地下岩石承受多种压缩应力，故裂缝的延伸方向与最小主压缩应力的轴向相垂直。垂直应力通常大于各个方向上的水平应力，故裂缝沿垂向延伸，如图4-5所示。在浅井（一般指井深小于650m），有时水平应力会大于垂直应力，裂缝可能沿水平方向延伸。

控制压裂造缝形状的因素有：地层岩石的弹性，克服裂缝流阻引起压力增加而产生的作用力（即裂缝延伸压力），与挤酸量相对应的流体注入流速。井筒处测得的裂缝宽度和裂缝长度之比与流体、地层及裂缝的性质成比例。式(4-20)从理论上描述了裂缝宽度，长度与地层性质的关系：

$$\frac{W_w}{L} \approx \left(\frac{\mu i}{EhL^2}\right)^{0.25} \tag{4-20}$$

这个关系式表明，裂缝宽度因裂缝长度 L、酸液黏度 μ，或挤酸强度（即裂缝单位高度上的挤酸速度）增加而增加，随地层杨氏模量 E 增大而减小。很多碳酸盐岩层的杨氏模量较大，因而不易形成宽裂缝。在这种地层中，采取下列措施可使裂缝增宽：①采用高黏前置液；②提高排量；③加大液量；④加入降滤剂降低滤失速度。

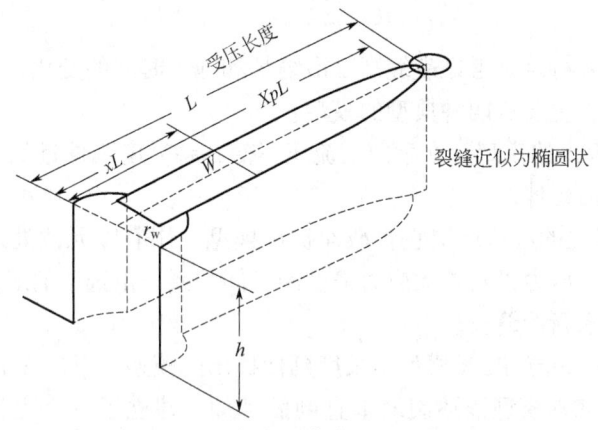

图 4-5 直线延伸裂缝的示意图

动态裂缝几何尺寸的模拟近年来从二维发展到了三维，现场酸压设计计算仍以二维模型为主。

（一）二维扩展模型

二维扩展模型有 GDK 模型、PKN 模型、BMM 模型，表 4-1 中对前两种模型进行比较。

表 4-1 二维裂缝扩展模型的比较

模型	假设前提	缝长	最大缝宽	泵入压力
PKN 模型	平面应变发生在水平剖面上，层间有滑移	$\dfrac{L(t)}{C_1\left[\dfrac{Gq_0^3}{(1-v)\mu h_f^4}\right]^{\frac{1}{5}} t^{\frac{4}{5}}}$	$\dfrac{w(0,t)}{C_2\left[\dfrac{(1-v)q_0^2\mu}{Gh_f^3}\right]^{\frac{1}{5}} t^{\frac{1}{5}}}$	$\dfrac{P(0,t)-\sigma_H}{\dfrac{C_3}{H_3}\left[\dfrac{Gq_0^3\mu L}{(1-v)^3}\right]^{\frac{1}{4}}}$
GDK 模型	平面应变发生在垂直剖面上，层间无滑移	$C_4\left[\dfrac{Gq_0^3}{(1-v)\mu h_f^2}\right]^{\frac{1}{6}} t^{\frac{2}{3}}$	$C_5\left[\dfrac{(1-v)q_0^3\mu}{Gh_f^3}\right]^{\frac{1}{6}} t^{\frac{1}{3}}$	$\dfrac{C_6}{2h_f}\left[\dfrac{Gq_0\mu h_f^3}{(1-v)^3 L^2}\right]^{\frac{1}{4}}$

注：使用原则为井深大于 1000m，目的层较薄、上下层致密页岩、泥岩遮挡层，低黏压裂液，压成长缝时采用 PKN 模型，对气井，深度小于 1000m，块状厚油层，高黏压裂液，滤失低，用 GDK 模型。GDK 模型现场应用更普遍。

GDK 模型是由 Christianovic、Geertsma、de Klert 和 Daneshy 等人提出并完善的。它是针对均质、各向同性、水平面上承受平面应变载荷的无限大弹性体提出的。裂缝的垂直剖面为矩形。1973 年，Daneshy 又研究了非牛顿液的情况，并提出了支撑剂的输送程序，推导出了很有用的数值计算模型。

PKN 模型是水力压裂设计中又一常用模型，Perkions 和 Kern 假设平面应变发生在垂直剖面上，其状态不受邻近平面的影响。当裂缝延伸时，裂缝的垂直剖面为椭圆形。1971 年，Nordgren 在上述基础上，考虑了压裂液的滤失作用对流量的影响，使之进一步完善。

（二）三维裂缝扩展模型

拟三维与真三维模型基本方程均包括：①表征缝面上压力与裂缝宽度之间关系的弹性方程；②表征缝内液体流动与液体内压力梯度之间关系的弹性方程；③破裂准则。

1. 拟三维模型

拟三维模型的重要特点是考虑裂缝高度沿缝长和施工时间的变化，不考虑压力沿缝宽和缝高方向变化。目前，主要有四种典型的模型：

① Van Eekelen 提出的模型，在垂向上流压不变，将高度延伸近似看成具有当量弹性模量的均质油层中裂纹的延伸。

② Advani 等人研究的层状地层垂直截面扩展模型，用有限元法处理应力分布，找出当前裂缝的高度、宽度、压力以及缝尖应力强度因子间关系，由选取的缝高和计算的压力校正缝宽，用体积平衡式求新的缝长。

③ Cleary 与 Settari 基于 PKN 模型中长度延伸提出的模型，以广义 PKN 模型描述裂缝水平面延伸，以广义 GGDD 模型描述裂缝垂直剖面延伸，建立了一个完整的完全耦合的拟三维模型。

④ Palmer 于 1985 年提出较完善拟三维模型，用 PKN 模型中压降方向描述缝中压力分布，利用断裂力学中裂纹延伸判别（K 判据）建立裂缝高度方程，建立作为缝高和缝内净压的缝宽分布方程，与连续性方程联立求解，其不足之处是没有考虑各层的弹性模量和断裂韧性的差异。

2. 真三维裂缝延伸模型

真三维模型把地层弹性状态看成位置的函数，并考虑流体在缝长和缝高两个方向的流动，Abousayed 和 Palmer 等人均作了研究，对于弹性方程假设地层内部液体迁移引起的弹性变化被限制在缝壁附近充分薄的层内，以略去孔隙弹性效应，由两个相互接合均质半空间弹性体组成的无限大区域内单位裂缝张开的微元环路基本解来表征层间弹性系数的差异。二维液体流动模型根据裂缝内部液体压力与远场孔隙压力之差以及液体滤失时间来确定通过孔隙壁滤失速率。在缝宽方向上积分各基本方程得到二维液体流动方程组，裂缝扩展仍采用线弹性断裂力学中断裂准则。

除此之外，Ingraffea 等人还在两维弹性概念上提出一些曲面裂缝模型。三维模型需要巨大计算工作量，求解复杂，目前主要用于检验拟三维模型精度和一些敏感性因素分析。

酸压处理的常见方法有两种。一种是单独挤酸，另一种是先用前置液造缝，待裂缝向长、宽发展，然后挤酸。不用前置液挤酸，由于酸本身的滤失度一般很高，生成的裂缝通常短而窄，而且酸的黏度低，往往会降低裂缝的延伸压力。如选用滤失可控制的高黏前置液，则可形成长而宽的裂缝。正如下节所述，开始挤酸后，裂缝的形状将要发生改变，改变程度取决于酸液的渗滤特性。

三、控制酸压效果的因素

控制酸压裂施工的两个主要因素是酸蚀裂缝长度和酸蚀裂缝导流能力（图 4-6）。有效的裂缝长度是受酸液滤失特性、酸反应速率以及裂缝中的酸液流速控制。最终，最大的酸穿透距离是受酸液滤失或酸的耗费所局限。酸反应速率通常取决于酸转移至裂缝壁的速率，而与酸的反应动力学无关。因此，酸压裂缝中的流动速率和裂缝的宽度是控制酸耗方面的主要因素。

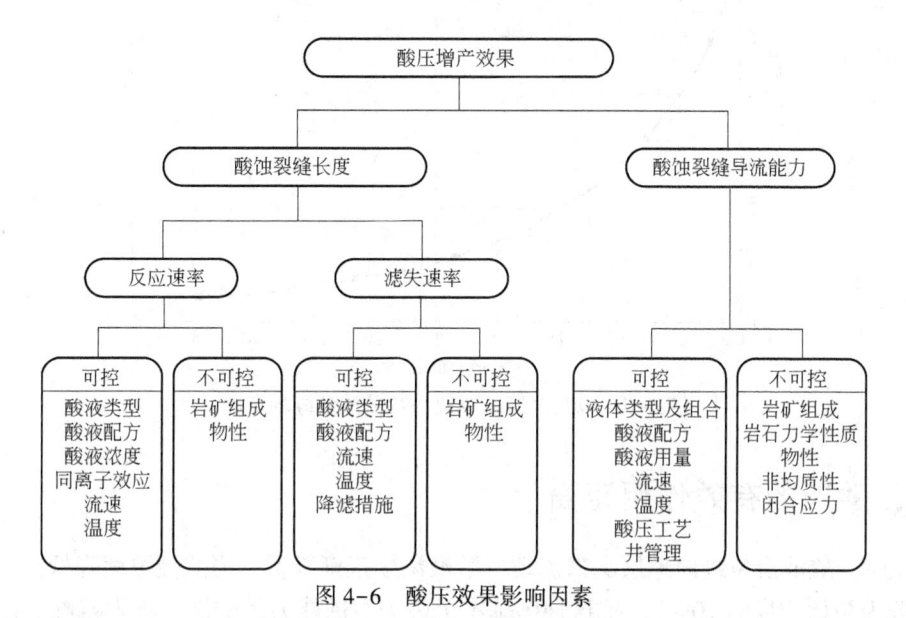

图 4-6 酸压效果影响因素

裂缝导流能力也能影响施工的有效性。为产生适足的导流能力，酸必须与裂缝面反应，并溶解足够的地层矿物量。地层被溶解的方式同消除的矿物量一样重要。为在裂缝闭合之后仍保持形成导流的流动通道，就必须以不均匀的方式刻蚀裂缝面。酸的刻蚀通常由于选择性酸破坏（起因于地层的均质性）以及诱发流动选择性刻蚀作用，因而产生极好的导流能力。导流能力是难于预测的。预测的一种简单方法是假设裂缝宽度等于沿裂缝在不同的部位处因岩石溶解而生成的裂缝量，也假设裂缝没闭合。如果做了这些假设，那么理想的导流能力可按下述的方程式来计算：

$$wK_{fmax} = 7.8 \times 10^{12} \left(\frac{w_a}{12}\right)^3 \tag{4-21}$$

式中，w_a 的单位为 in，wK_{fmax} 的单位是 mD·ft，或可以表示为：

$$wK_{fmax} = 8.4 \times 10^{10} w_a^3 \tag{4-22}$$

式中，w_a 的单位为 m，而 wK_{fmax} 的单位是 D·m。

由于这种方法忽略不计裂缝闭合的作用，因而这种方法给出了裂缝导流能力的最有利的评估。已尝试过酸刻蚀裂缝导流能力的实验测量。不过，这些试验结果通常不是可重复的，而且由于所用样品的小尺度，因而不是实际处理条件的典型。在设法克服若干不定性中，Nierode 和 Kruk 基于校正理论的理想导流能力对裂缝闭合的效应研究了估算裂缝导流能力的方法。在这一技术中，考虑到了理想的裂缝宽度、闭合应力和岩石嵌入强度，以此提供更真实估算的裂缝导流能力。Novotny 将 Nierode 和 Kruk 的导流能力预测与由 Nierode 和 Williams 所研制的酸反应模型结合起来，得到了改进的酸化模型。这一模型以溶解岩石量、岩石嵌入强度和闭合应力为函数，预测了在沿裂缝不同部位处的裂缝宽度。图 4-7 示例说明闭合应力对典型的石灰岩地层中刻蚀裂缝宽度的影响。正如所见到的，裂缝宽度随着与井筒距离的增大而急骤地变小。

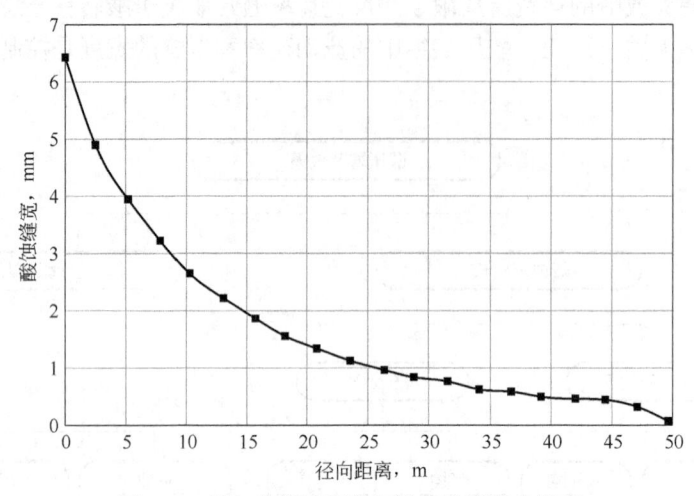

图 4-7 以与井筒的距离函数的酸裂缝的宽度

四、酸液的有效作用距离

酸压时，酸液沿裂缝向地层深部流动，酸液浓度逐渐降低。当酸液浓度降低到一定程度后（一般为初始浓度的 10%），把这种已基本上失去溶蚀能力的酸液，称为残酸。酸液由活性酸变为残酸之前所流经裂缝的距离称为酸液的有效作用距离。

显然，酸液只有在有效作用距离范围内才能溶蚀岩石，当超过这个范围后，由于酸液变为残酸，不能再继续溶蚀岩石了。由此，依靠水力压裂作用所形成的动态裂缝中，只有在靠近井壁的那一段裂缝长度内（即在有效作用距离范围内），由于裂缝壁面的非均质性被溶蚀为凹凸不平的沟槽，施工结束后，裂缝仍具有相当的导流能力。把此段裂缝的长度，称为裂缝的有效长度。

在耗尽之前，许多的变量影响着酸沿碳酸盐完裂缝行进的距离。这些变量包括所用的酸量、酸浓度、注入速率、地层温度、裂缝宽度以及地层的组分。按 Nierode 等人的研究，用理论模型验证了这些变量对酸有效穿透距离的影响。在所有的情况中，白云岩中的穿透比石灰岩中的更大，白云岩对酸的反应比石灰岩的慢。

（一）酸液滤失的影响

酸压过程中酸液的滤失直接关系酸液有效作用距离及酸压裂缝长短和裂缝最终导流能力。酸压过程中的滤失分为两类：一种为非反应性流体（如压裂液）的滤失，另一种为反应性流体（如酸液）的滤失。显然，两种类型的流体之间的滤失机理是不相同的，按照经典的水力压裂方式对以往的酸化过程中对滤失的认识，把这些流体的滤失统统归结为三个过程，即压裂液滤失进地层的三种控制机理，把整个过程分为滤饼区、滤液侵入区及油藏区三个带。而对于压裂液，主要的滤失控制是压裂液的造壁性，造壁性的好坏直接关系着压裂液的滤失性大小。其次为压裂液黏度控制的滤失性，认为压裂液的黏度高时即可有效地降滤，至于地层流体的压缩性，那是储层的自然属性。这个理论多年来为压裂液的滤失计算奠定了基础，所有的研究与改进都是一些完善过程，为压裂裂缝几何尺寸的模拟计算提供了很好的压裂液效率计算方法。

显然，对于反应性流体酸液，这套理论是不成立的。为此，许多从事酸化领域研究的学者、专家及技术人员通过大量研究，发现酸液的滤失机理完全不同于压裂液滤失机理。在碳酸盐岩酸压，选择性地形成酸蚀孔洞，并使天然裂缝扩大，并穿过碳酸盐岩裂缝面的酸液不断地溶蚀其表面，向储层滤失。这种滤失不同于一般钻井液、完井液及压裂液的滤失，酸液不停地溶蚀裂缝，选择性地形成蚓孔，使得滤失面积越来越大，一般造壁性流体很难沉积出一层有效的滤饼。一旦蚓孔形成，几乎全部酸液都流进裂缝壁内的大孔内，在裂缝壁上渗滤的少，沿裂缝反应流动的酸也大大减少。蚓孔的产生、分枝以及天然裂缝的扩大，进一步加剧了滤失。酸液过量滤失是低—中等温度碳酸盐岩地层酸压时限制裂缝增长的主要因素。

在大多数酸处理过程中，酸液最初的注入压力高于水力裂缝开启要求的压力。但继续注酸时，处理压力通常降到较低水平，且在整个处理期间连续下降。有时把这种现象视为措施取得成功的标志，实际上却是酸液过量滤失的标志。这种滤失，使得最初形成的水力裂缝无法延伸，或使裂缝中某些部位无法向动态裂缝深部推进。最终限制了有效作用距离。

考虑到酸液溶蚀的差异，过去沿用的降滤失机理几乎失败，原来采用的在非反应性介质中使用的降滤剂和胶联剂在酸液中是不稳定的。因而必须变换降滤材料，或进行工艺的变更，以降低酸液滤失，提高酸液的效率。

酸挤入由黏性前置液形成的裂缝后所引起的裂缝形状变化难以精确预计出。但可以肯定，如果酸中不加入有效的降滤剂，开始挤酸后的滤失速度将超过单独挤前置液的滤失速度，最后由于滤失速度增加，裂缝可能开始闭合。

很明显，酸中加入降滤剂是加大酸穿透距离的关键。碳酸盐岩中酸的滤失控制一般比用惰性液体在砂岩中造缝时困难得多，因为酸不断地溶解承载降滤剂的基质。而且，许多碳酸盐岩都有天然裂缝或孔洞，用添加剂难以封堵这类通道。加入有效的降滤剂可使酸的作用更加均匀，产生若干个酸蚀孔，而不是只有一个酸蚀孔，因而大大限制了裂缝的滤失率。岩石中存在天然裂缝或晶洞时，常用添加剂将对滤失现象失去控制作用。

（二）裂缝宽度的影响

裂缝宽度对酸液有效作用距离有较大的影响。酸压施工中在很大程度上是通过液体黏度的控制来实现。

在图4-8中，裂缝宽度由2.5mm增至5mm导致盐酸在白云岩中的有效作用距离由54m增至77.7m。由此说明在注酸之前用前置液和高黏酸的重要性。Geertsma等人说明裂缝宽度正比于液体黏度的0.25次幂。

（三）注酸排量的影响

注酸排量是影响有效作用距离的重要可控因素之一。提高注入排量，裂缝宽度增大，面容比降低，酸液在裂缝中推进速率加快，有效作用距离增大，如图4-9所示。

（四）温度的影响

储层进行酸压改造时，酸液在井筒和裂缝中流动、反应时都要与地层发生显著的热交换，因而温度变化很大。温度变化必然影响液体的造壁性、流变性及酸—岩反应速率，最终影响裂缝的几何尺寸、酸液有效作用距离等，最终影响酸压效果。特别是高温地层或低排量注入时，这种影响尤为显著。但是温度对酸—岩反应速率的影响而导致有效作用距离的降低

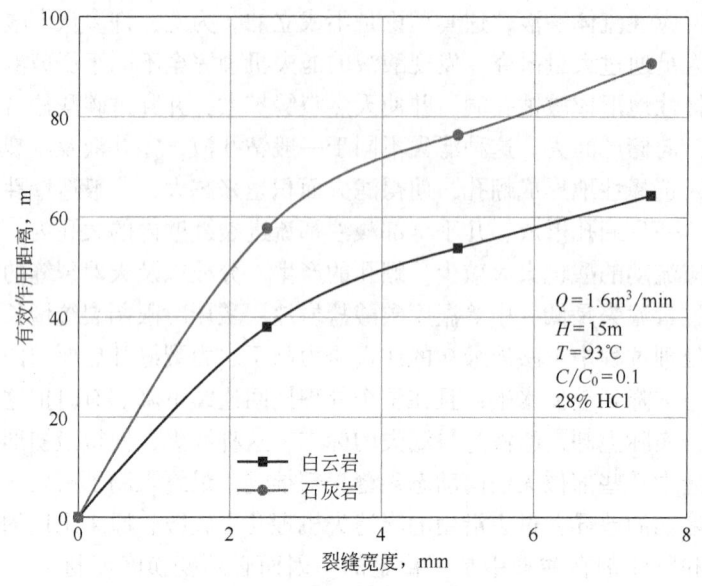

图 4-8　裂缝宽度对有效作用距离的影响

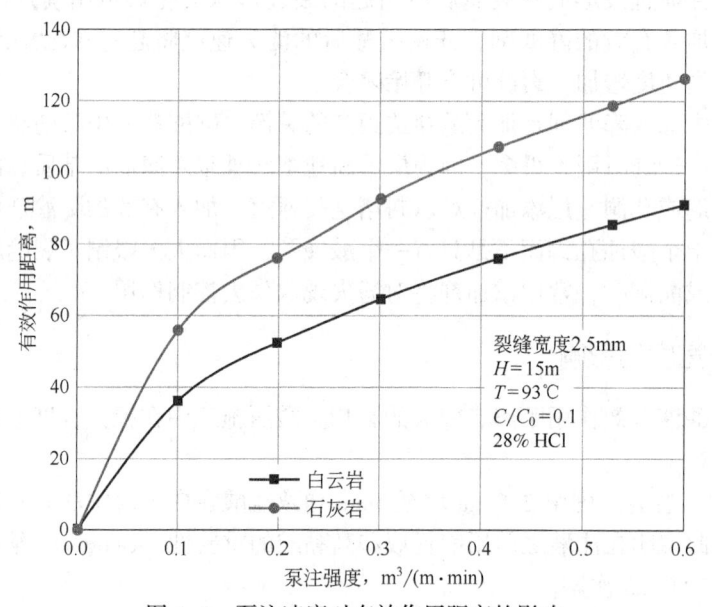

图 4-9　泵注速度对有效作用距离的影响

的幅度，对于石灰岩和白云岩是不一样的。如图 4-10 所示，温度从 38℃升至 93℃，15%盐酸在石灰岩中的穿透距离从 37.6m 降至 25m，约降低了 30%，而在白云岩中却从 89.9m 降至 37.6m，约降低了 60%。故在石灰岩中的穿透距离相对而言对温度不敏感。相反最大温度极大地限制了酸液在白云岩中的有效作用距离，这主要归结于石灰岩和白云岩与酸反应的不同反应控制机理。

当然影响有效作用距离的因素还有地层岩石类型、酸液类型等，在所有情况下酸在白云岩地层的有效作用距离大于石灰岩，这主要是酸与其反应的反应速率不同所致。前面所述的不同缓速酸都具有不同程度的缓速作用，可延缓酸—岩反应速率，酸液在变为残酸之前向地层深部推进的距离更大，即有效作用距离更大。

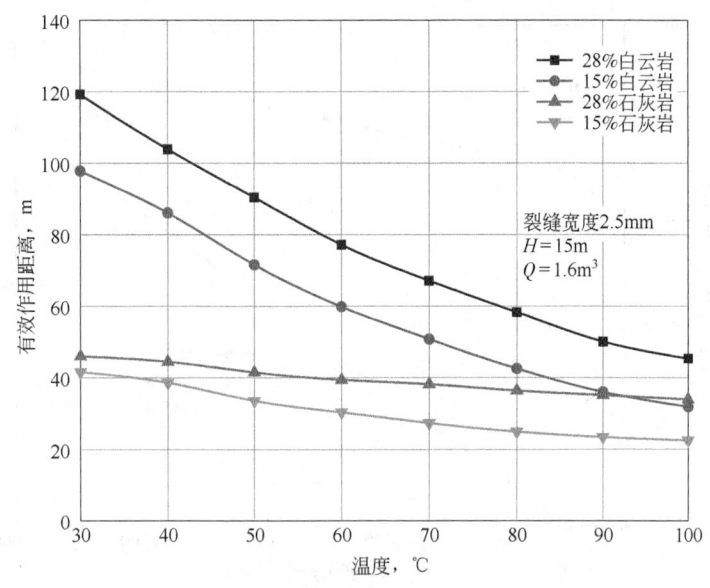

图4-10 温度对酸液有效作用距离的影响

五、酸蚀裂缝导流能力

裂缝导流能力是衡量酸压成功与否的关键因素之一。影响酸蚀裂缝导流能力的主要因素有酸—岩反应动力学参数、储层特性、储层硬度和裂缝闭合应力。动力学参数主要影响岩石的溶蚀量；储层特性决定了裂缝刻蚀的非均质性，包括物理尺寸、化学成分、溶蚀率、孔隙度（引起酸滤失速度的变化）。Malik 和 hill 考虑在无滤失的条件下酸液以线性流穿过裂缝，从而避免了流体重力的影响，使测量值更精确，导流能力计算公式采用达西公式。Nieode 和 Kruk 用 San Angelo 白云岩岩心，通过测量酸压后溶解的岩石量和导流能力，确定出计算裂缝导流能力的 Niemde-Ku（N-K）关系式。Miza 等人对裂缝导流能力进行了系统性的试验研究，研究表明按理想裂缝宽度计算，N-K 关系式的结果通常较真实值高；如果考虑滤失量，N-K 法的预测结果更接近于试验结果。Rufet 等人采用大岩心，应用表面光度仪来记录表面几何形状，应用位移传感器测量酸蚀深度，并在地貌学原理的基础之上，分析探讨了酸压过程中酸蚀裂缝壁面的几何形态以及对裂缝导流能力的影响。下面将从岩石嵌入强度、裂缝闭合应力、酸液用量、酸液滤失和注酸排量时酸蚀裂缝导流能力的影响进行分析。

（一）岩石嵌入强度对裂缝导流能力的影响

岩石嵌入强度是影响裂缝导流能力的重要因素之一。图4-11是在不同闭合压力下裂缝导流能力与岩石嵌入强度的关系。从图中可看出，当岩石嵌入强度较低时，裂缝支撑点将塌陷，裂缝导流能力值将会很低，当岩石嵌入强度较高时，裂缝支撑点能承受足够的地层压力，裂缝导流能力值要高很多。

（二）闭合应力对裂缝导流能力的影响

图4-12为采用不同酸液体系在不同闭合应力测的裂缝导流能力，图中可以看出，闭合应力的大小对酸蚀裂缝导流能力影响很大，随闭合应力增加，导流能力明显下降。这要求在

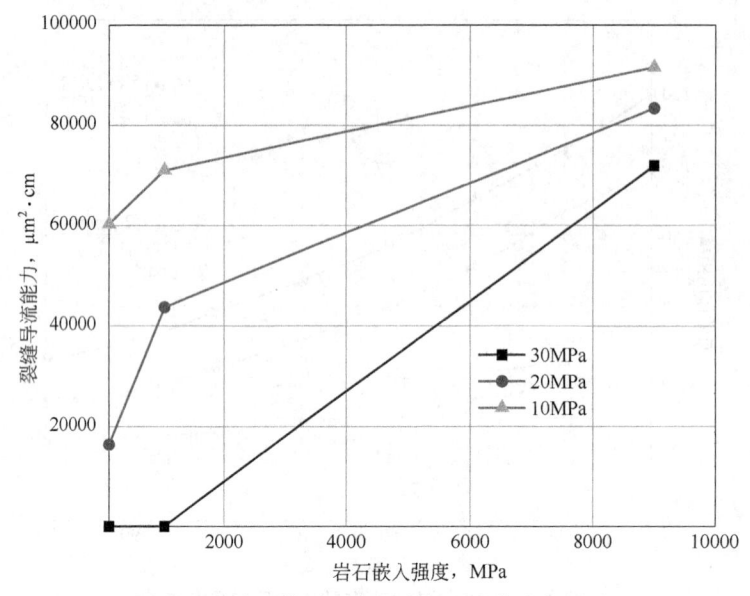

图 4-11 岩石嵌入强度对裂缝导流能力的影响

注酸、残酸返排和后期生产管理过程中要防止井底压力大幅度波动的行为，以免因裂缝净压力的变化而导致酸蚀裂缝导流能力的过多损失。

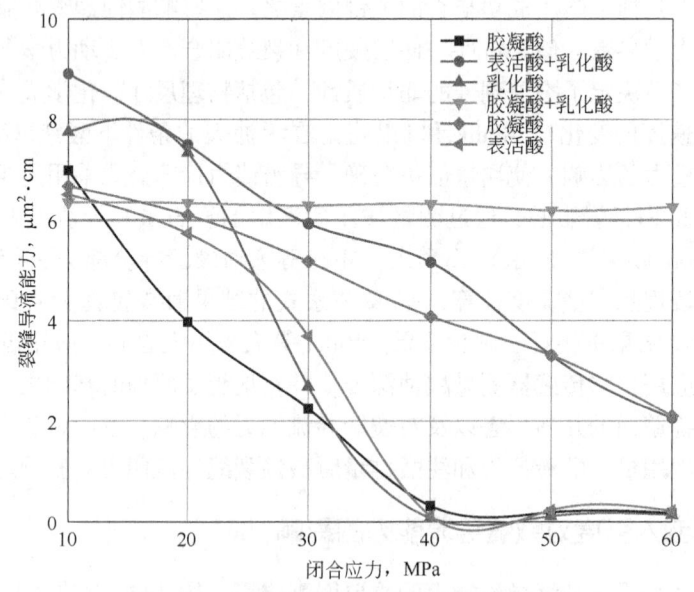

图 4-12 闭合应力对裂缝导流能力的影响

（三）酸液用量及酸液接触时间对裂缝导流能力的影响

从图 4-13 可以看出，酸液与岩石接触时间越长，岩石溶蚀量就越大，如酸液不足或接触时间短，酸溶蚀量过少，则形成的刻蚀裂缝导流能力较小。如用酸过量或接触时间长，溶蚀的体积过多，酸在裂缝壁面产生的酸蚀通道较大，但壁面上的支撑面积较小，裂缝表面的岩石结构会被削弱，导致变弱的岩石结构对闭合应力较敏感，在酸压过程中存在一个最佳的用酸量或酸液接触时间，理想的酸液用量及反应时间应以溶解岩石量最多，但仍能维持支撑作用为原则。

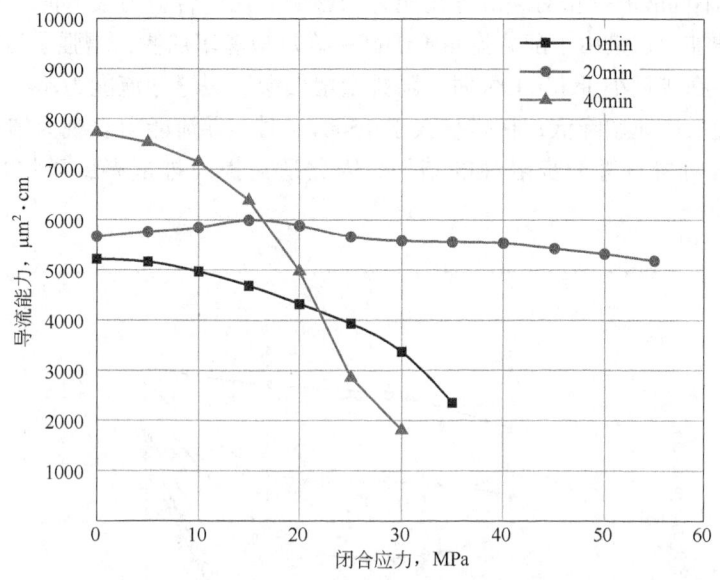

图 4-13　酸液接触时间对裂缝导流能力的影响

（四）酸液滤失对裂缝导流能力的影响

图 4-14 是在酸液有滤失和没有滤失两种情况下导流能力对比曲线。在考虑滤失的实验中，滤失量占酸液量的 15%；在没有考虑滤失中，滤失管线是闭合的，故没有酸液滤失。低闭合应力下，两个实验结果类似，但是当闭合应力超过 18MPa 时，有酸液滤失时比无滤失时产生的裂缝导流能力要高得多。

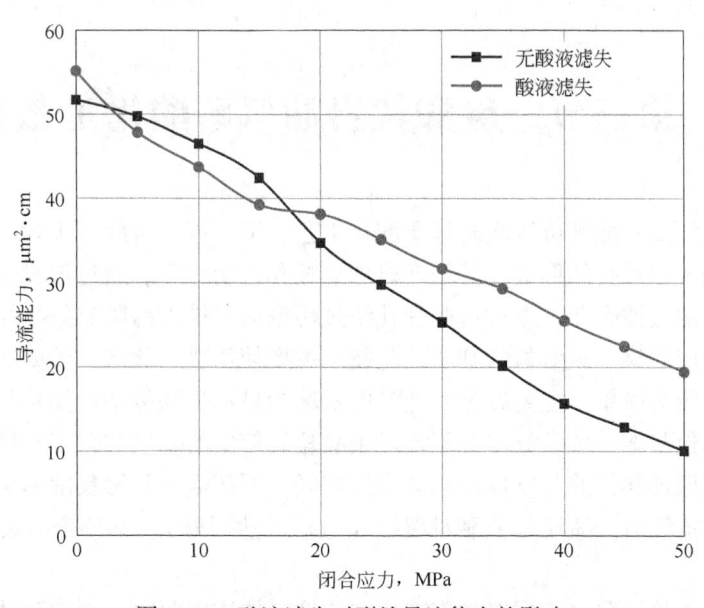

图 4-14　酸液滤失对裂缝导流能力的影响

(五) 注酸排量对裂缝导流能力的影响

图 4-15 为不同酸液排量对裂缝导流能力的影响。在闭合应力较低时，随排量增加酸蚀裂缝导流能力增加。这是由于随着排量增加酸—岩反应速率加快，增强了岩石的溶蚀，但在高闭合应力下，在排量小于 15mL/s 时，随排量增加酸蚀裂缝导流能力略有下降，这是非均质矿物的差异使反应速率降低；在排量大于 15mL/s 时，导流能力表现为增加，是反应达到一定程度后酸液对岩石进一步溶蚀的结果。因此适当提高排量有助于增加酸蚀裂缝导流能力。

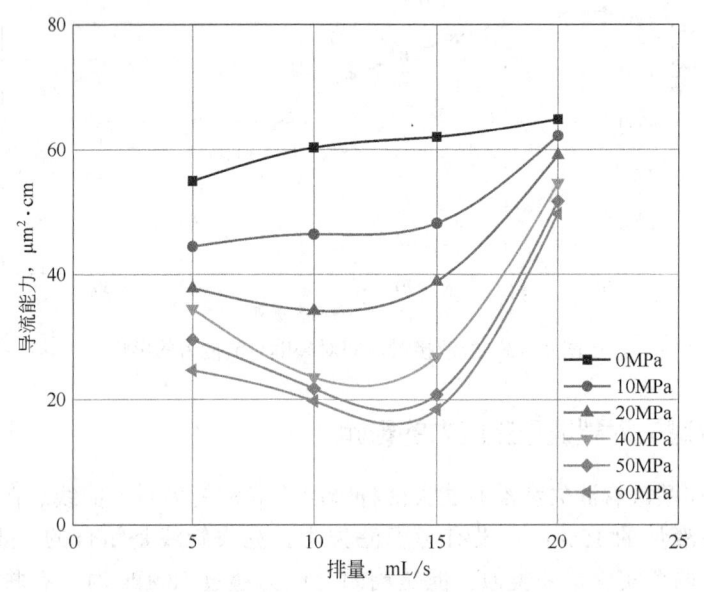

图 4-15 酸液排量对裂缝导流能力的影响

第三节 碳酸盐岩油气藏酸化工艺

碳酸盐岩油气藏一般既可以实施基质酸化工艺，又可以实施酸压工艺。碳酸盐岩基质酸化的重要特征是酸蚀蚓孔的形成，其增产机理与蚓孔密切相关。通过形成由井眼径向辐射的一定大小和长度的酸蚀蚓孔，通过这些蚓孔绕过污染区，扩大井眼有效半径，达到增产的目的，从而获得增产效果。碳酸盐岩基质酸化技术主要使用普通盐酸、胶凝酸、乳化酸及泡沫酸等，现场施工较为简单，主要以近井地带的解堵为目标，除解堵液体系与砂岩储层的基质酸化不同外，其他基本一致，故本节不再对碳酸盐岩储层的基质酸化工艺进行介绍。

酸压的基本原理和目的与支撑剂压裂大体相同，即产生有足够长度的导流裂缝，其差异在于如何获得导流能力。酸压是依靠对裂缝（包括天然裂缝）、不整合的裂缝表面酸蚀以提供导流能力。

控制酸压施工效果取决于裂缝导流能力和酸液有效作用距离，影响酸蚀缝长的最大障碍有：一是酸蚀缝长因酸液快速反应而受到限制，二是酸压流体的滤失影响酸液效果。另外，为产生适足的导流能力，酸必须与裂缝面反应并溶解足够的储层矿物量。因此，为了获得好的酸压效果，人们的研究方向主要集中在以下三个方面：①降低酸压过程中流体或酸液滤失的物质和技术；②降低注液过程中酸—岩反应速率的物质和技术；③提高酸蚀裂缝导流能力的物质和技术。

首先，对于酸压过程中酸液的滤失问题通常考虑从滤失添加剂和工艺两方面着手。

降低酸—岩反应速率也可以从缓速剂的使用及工艺上来进行。但是缓速作用只在低速下有效，在正常的酸压施工中是无效的。对工艺上而言，建议注酸前先注一段不反应的前置液（即前置液酸压）。乳化也是减缓反应速率的常用方法。醋酸与甲酸有时用于缓速，可与盐酸联用。

导流能力的提高也是酸压施工成功与否的重要因素，酸化的裂缝壁必须是被充分刻蚀的，在施工后仍保持其导流的通道，其影响因素有三：

① 动力学参数：主要是溶蚀岩石量，不仅总量重要，而且对裂缝中各元素的相关溶蚀量也不可忽视。

② 储层特性：有决定性影响，其矿物成分决定了裂缝刻蚀的非均质性，包括储层非均质性及其物理尺寸和化学成分、溶蚀率、孔隙度。

③ 储层硬度、裂缝闭合应力：当获得差异刻蚀后，裂缝导流能力可能随闭合应力的增大而降低，同时，它的降低也取决于储层硬度，支撑面积和刻蚀面积的比值。增大裂缝导流能力最普遍的技术是在注酸之前注入黏性前置液，通过黏性指进来形成良好导流通道。酸压技术以能否实现滤失控制，延缓酸—岩反应速率形成长的酸蚀裂缝和非均匀刻蚀划分为普遍酸压、深度酸压及特殊酸压工艺技术。

一、普通酸压技术

普通酸压工艺指以常规酸液直接压开地层的酸化工艺，施工中既不加砂，也不用前置液，不采用特殊的返排技术。酸液既是压开地层裂缝的流体，又是与地层反应的流体，由于酸液滤失控制差，反应速度较快，有效作用距离短，只能对近井地带裂缝系统改造。一般选用于储层损害比较严重、堵塞范围较大，而基质酸化工艺不能实现解堵目标时选用该工艺。

二、深度酸压技术

以获得较长的酸蚀裂缝为目的，采用的不同于普通酸压的酸压技术称为深度酸压技术。

（一）缓速酸类酸压技术

缓速酸酸压技术在工艺特点上与普通酸压技术相同，不同之处在于其采用的酸液是胶凝酸、乳化酸、化学缓速酸或泡沫酸等缓速酸，通过缓速酸的缓速性能达到酸液深穿透的目的。

延缓酸—岩反应速率的一种化学方法，是在酸中加入可被地层裂缝壁面吸附的表面活性剂，使裂缝壁面的碳酸盐物质受到保护，不易被酸溶蚀，从而延缓酸—岩反应速率。另一种方法是在酸中加入可使酸—岩反应生成的 CO_2 形成稳定泡沫的表面活性剂，泡沫在裂缝壁面上产生隔离层，延缓壁面碳酸盐物质与酸的反应。化学缓速酸酸压技术控制滤失较差，主要适合酸—岩反应速率受表面控制的低温白云岩地层，与多级注入技术相结合可应用于中温

（<93℃）白云岩储层。

（二）前置液酸压工艺

前置液酸压工艺的特点是首先向地层注入高黏非反应性前置压裂液，压开地层形成裂缝，然后注入酸液，对裂缝进行溶蚀，从而改善储层的导流能力，使油气井增产。该技术以前置液黏性指进酸压为主，为实现指进酸压，多采用宽间距，稀孔密射孔技术，并且要求前置液和酸液的黏度比和流速比有一定范围，否则很难达到其目的。

前置液在这种工艺中的主要作用表现为：压裂造缝；降低裂缝表面温度；降低裂缝壁面滤失。这些作用能够减缓酸—岩反应速率，延缓酸浓度的衰减，增加酸液的有效作用距离。前置液的表观黏度比酸液高几十倍到上千倍，当酸液进入充满高黏前置液的裂缝时，由于两种液体的黏度差异，黏度很小的酸液不会均匀地把前置液顶替走，而是在液体中形成指进现象，减小了酸液与裂缝壁面的接触面积，这增强酸液非均匀刻蚀裂缝的条件。此外，前置液还可作为降滤剂的载体，将降滤剂（硅粉、油溶性树脂等）带入地层，降低酸化工作液的滤失（图4-16），减小对地层的伤害，增加有效穿透距离。

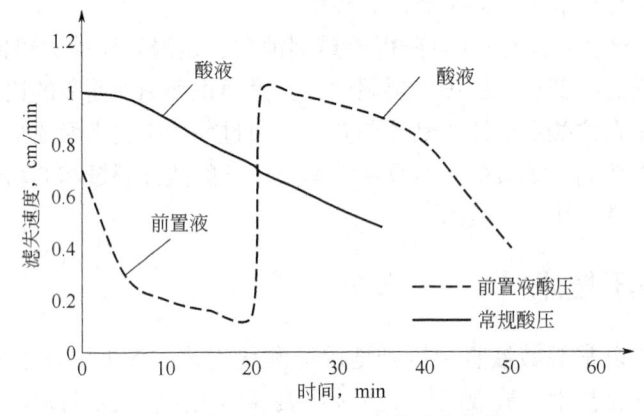

图 4-16　前置液酸压中的滤失情况

前置液酸压工艺可采用多种酸液类型搭配，除了前置液与常规盐酸搭配使用外，前置液还可与胶凝酸、乳化酸或泡沫酸进行搭配应用。上述搭配有各自的特点和应用范围，现场应用中可根据储层和井的情况进行选择。

（三）多级交替注入酸压工艺

为了更有效地控制滤失，使酸压裂缝指进沟槽更深，沟槽内刻蚀更均匀，导流能力更高，在前置液酸压的基础上发展了交替相前置液酸压工艺。它是前置液与酸液交替注入的一种酸压方法，类似前置液酸压，但其降滤失性及对储层的不均匀刻蚀优于前置液酸压。该项技术1976年由Clulter、Crowe等人首次提出，80年代中期后开始得到较为广泛的应用，90年代成为实现深度酸压的主流技术。

施工时，后继注入的前置液充填并封堵前面的酸液溶蚀壁面形成的蚓孔，从而控制滤失，使裂缝进一步延伸（图4-17）。室内试验可表明，在前置液酸压中，由于蚓孔将迅速穿透前置液形成的滤饼，滤饼的存在对酸液滤失影响很小；但在交替注入前置液与酸液时，第二次注入前置液后再注酸液，则酸液的滤失速度比上一次注酸液的滤失速度低得多，同时，酸液将在前置液中多次形成指进，可形成更深、更多的溶蚀沟槽。

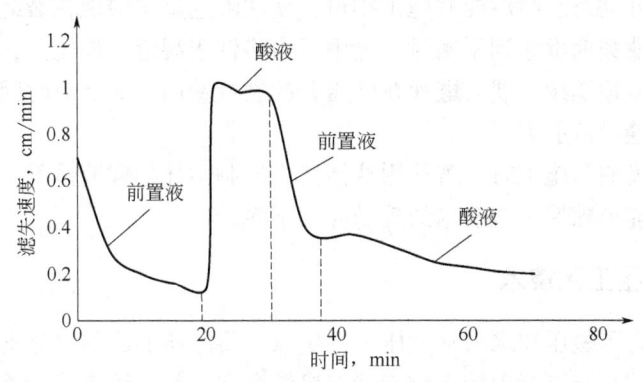

图 4-17　交替注入前置液酸压中的滤失情况

该工艺适用于滤失系数较大的储层，对储层压力小，岩性均一，如果能有好的返排技术，即可取得较好的效果。

美国在棉花谷低渗白云岩储层、卡顿伍注湾油田在大型重复酸压中采用了该项技术，油藏模拟表明有效酸蚀裂缝长度达到91～244m，增产效果显著。国内在长庆气田、塔里木高温深井、四川川东气田、大港千米桥高温深井的增产改造中取得了显著效果。

为获得理想的酸液有效作用距离，有时交替次数多达8次。这一工艺在中、低渗孔隙性及裂缝不太发育储层，或滤失性大，重复压裂储层均有较好成效。

三、特殊酸压工艺技术

据国外学者提出或发展不同于上述酸压技术、具有独特的理论及工艺特点的一些特殊酸压技术，如闭合酸压技术、平衡酸压技术及不同酸压技术的复合技术。

（一）闭合酸压技术（CFA 技术）

闭合酸压技术是针对软储层（如白垩岩）以及均质程度较高的储层发展和采用的一种技术。在实施酸压处理的储层或已经处理的储层中闭合的或部分闭合的裂缝中注入酸液，其特点是降低压力，使压力大于破裂压力，而又小于闭合压力。其优点是：注入速度低、排量小、窄缝易形成湍流，溶蚀裂缝壁面，产生非均匀溶蚀并形成沟槽，有助于提高由于大面积刻蚀后，因闭合应力而损失的导流能力。

该技术适用于已造有裂缝的碳酸盐岩。裂缝可以是：①实施CFA前被压开的裂缝；②以前酸压或水力压裂造成的裂缝；③油藏中的天然裂缝。

对均质的碳酸盐岩地层、软地层，经酸化后裂缝导流能力不佳的地层尤其适合，对某些水敏性储层（先用乳化酸压裂，再闭合酸压，避免水与支撑部分接触）也有一定的适应性。室内试验和现场应用表明该项技术对于提高近井带裂缝的导流能力是极为有效的。

（二）平衡酸压工艺技术

平衡酸压是针对低温白云岩及裂缝高度需控制的储层发展和采用的一种特殊技术，其原理及特点与闭合裂缝酸化技术恰好相反。该技术的特点是：最大限度延长酸液与裂缝面的接触时间，控制动态裂缝几何尺寸，避免压开上下非产层或水层，以获得最大增产效益，平衡酸压技术利用了裂缝扩展压力（延伸压力）和最小就地应力（裂缝张开或闭合时的压力）之间的差别，在压开动态裂缝后控制施工排量，使注液速度与酸液在裂缝壁面的滤失速度相当，当注液速度与滤失速度达到平衡时，缝中压力将低于裂缝延伸压力，裂缝将继续保持张开状态，但却不明显地继续扩展，酸液在已压开的裂缝壁面上的反应时间得以延长，从而能获得最佳的酸蚀裂缝导流能力。

在现场进行深度酸压施工时，若使用液体滤失控制不佳的酸液体系，深度酸压比较容易变成平衡酸压。目前单独使用该技术的现场应用不多。

（三）携砂酸压工艺技术

酸携砂压裂综合了酸压和水力加砂压裂的优点，将酸压形成的多分支酸蚀裂缝和水力压裂形成的较长且有较高导流能力的支撑裂缝有机结合在一起。该工艺能够形成与水力压裂相当的人工裂缝，更好地沟通储层中的微裂缝，形成具有更高、更长期的导流能力的酸蚀—支撑复合裂缝。国外于1980年开展地下交联酸携砂压裂现场试验，目前，可用于携砂的酸液体系包括交联酸、清洁酸、乳化酸。携砂酸压工艺首先需要解决酸液的携砂能力问题，即酸液要能够将支撑剂携带到地层中，这就要求酸液体系不但要具有一定初始黏度，同时还要具有一定的温度稳定性和抗剪切性能，即在地层温度和高速剪切的条件下仍具有一定的携砂能力。除此之外，酸液体系还应该具有较好的缓速性能、缓蚀性能、助排性能、破胶性能、摩阻性能和储层配伍性。

但是，携砂酸压工艺在碳酸盐岩地层仍存在较大的施工风险。首先，由于碳酸盐岩储层一般微裂缝比较发育，再加上工作液体为反应性流体，故酸液滤失会很大；其次，当裂缝扩展到天然裂缝比较发育的地方时，裂缝可能分枝或沿天然裂缝平面转向，从而导致裂缝宽度减小导致支撑剂桥塞；再次，碳酸盐岩储层一般杨氏模量较高，有的甚至达砂岩储层的2倍以上，压裂后形成的裂缝宽度一般较窄，加砂比较困难。由于以上这些原因，故携砂酸压施工中容易发生砂堵，从而导致施工失败。因此该工艺对于储层裂缝、溶洞非常发育，岩石杨氏模量非常高的碳酸盐岩储层不太适用。

（四）混氮气酸压

混氮酸压技术是为满足深层碳酸盐岩储层改造的需要而发展起来的酸压技术，是指首先用前置液压开地层，在注酸的过程中混入氮气。氮气是以球形气泡分散于酸液中，氮气干度小于52%。其主要特点如下：

① 降滤失作用。分散的气泡在部分喉道孔隙处聚集，叠加的贾敏效应大大减小了酸液的滤失；气液两相流动使得液相渗透率降低，在一定程度上也抑制了酸液滤失。

② 保护油层作用。氮气进入地层，避免了原油与压裂液、酸液形成乳状液；采用液氮做降滤剂，易于返排，避免了使用粉陶降滤对储层造成的堵塞伤害。

③ 助排作用。施工结束后放喷，大量压缩氮气卸压后膨胀有助于残酸顺利流入井筒；同时氮气与残酸流体混合，降低了井筒内流体的密度，使得排液压差增大；井筒内氮气上升过程中继续膨胀，具有一定的举升作用，从而达到酸液快速自喷返排的目的。

④ 清缝作用。混氮酸液的降滤及助排作用同时具有降低二次污染、清洁缝面的作用；由于氮气存在，残液黏度增加，另外残液中有大量气泡存在，提高了残液的携带能力；混气酸液的增能助排作用提高了排液速度，利于携带残渣，不溶物和微细颗粒，利于清洁缝面，

提高导流能力。

对于低渗、特低渗储层改造目标是获得较长的酸蚀裂缝导流能力，在中高渗储层以高导流能力为主要目标，来选择合适的酸压工艺。

（五）缝网酸压工艺

上述酸压工艺基本都是造成平面裂缝，即双翼线性沟通，只沿最大水平主应力方向延伸形成主裂缝。酸压后形成这种裂缝形态，在初期可能会取得较好的增产效果。对于致密储层酸压长期稳产，不但需要主裂缝，还依赖沟通主裂缝与基质的裂缝网络体系；此外，这对于平面裂缝侧翼非主应力方向储集体束手无策。

为了解决这个问题，发展了缝网酸压技术，酸压时不但造成主裂缝，还充分利用有利的地应力条件、岩石可压裂性和可能存在的天然裂缝等，结合完井方式，并配套机械工具和化学暂堵材料等，造成复杂的裂缝网络体系，实现较大体积储层的有效改造。

思考题

1. 碳酸盐岩储层与砂岩储层基质酸化的增产原理有何不同之处？
2. 影响酸蚀蚓孔生长发育的因素有哪些？
3. 酸化过程中注酸排量的大小对酸蚀蚓孔的形态有何影响？为了提高酸处理效果，如何优化注酸排量？
4. 常见的模拟酸蚀蚓孔发育的数学模型有哪些？各有何差异？
5. 针对酸压和水力压裂两种改造工艺的增产原理、适用条件、工艺方法、所用材料等方面对比分析其异同。
6. 酸压时为了获得较高的酸蚀裂缝宽度，可以采取哪些工艺措施？
7. 理论上讲，真三维裂缝扩展模型较拟三维和二维模型都更接近于工艺实际，为何实际应用中我们一般较少应用真三维数学模型？
8. 控制酸压效果的主要因素有哪些？为了提高酸压改造效果，可以采取哪些措施？
9. 影响酸液有效作用距离的因素有哪些？
10. 影响酸蚀裂缝导流能力的因素有哪些？
11. 普通酸压工艺一般用于哪种情况？
12. 前置液酸压工艺中，前置液都有哪些作用？
13. 多级交替注入酸压工艺交替级数是否越多越好？
14. 闭合酸压有何优势？一般如何实施？
15. 平衡酸压工艺的原理是什么？一般用于哪类地层？

第五章
油气藏酸化数值模拟

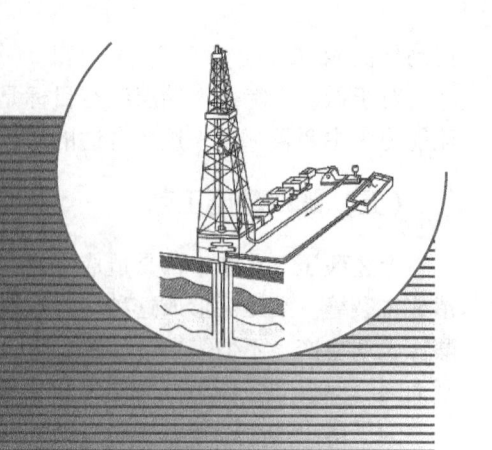

数值模拟技术是再现酸化工艺中一系列物理、化学过程的有效手段，即通过仿真模拟对酸化过程中水动力学参数、流变性参数、化学动力学参数、温度场、压力场、流速场及动态裂缝几何尺寸、酸蚀裂缝参数、储层孔喉、渗滤性能等的变化进行模拟，揭示酸化机理并优化酸化工程参数，以指导现场酸化施工，最终实现油气井的增产。本章将从砂岩油气藏基质酸化数值模拟、碳酸盐岩油气藏基质酸化数值模拟、裂缝性碳酸盐岩基质酸化数值模拟和碳酸盐岩油气藏酸压数值模拟等四个方面来进行介绍。

第一节　砂岩油气藏基质酸化数值模拟

砂岩储层酸化计算模拟是进行酸化设计、确保酸化效果的重要环节之一。通过模拟结果的分析，可以进行酸化施工方案的选择，确定最优目标，进行优化设计，以最小的投资取得较好的酸化效果。

迄今为止，还未见到完整的砂岩储层酸化模拟技术及设计方法。Williams 等人利用试验确定有效反应系数后，通过求解酸浓度分布模型，求出了酸穿距离与酸浓度、注入速度、注酸量的关系，其中反应温度为定值，并将结果绘制成图版。使用时可通过基于试验排出的余酸取样的平衡来计算孔隙度的变化。显然，这种方法要求的试验难度大，且该方法未考虑实际酸化过程的变温度、变矿物浓度及径向和垂向非均质的影响，也未进行酸化效果预测。因此，其设计是不够准确也不够完整的，但这一方法是目前所见简单的酸化设计方法。

现在较为成熟、完备的砂岩酸化数学模型包括井筒温度场模型，储层温度场模型、盐酸浓度分布及碳酸盐浓度分布模型、HF 酸沿储层径向流动时的酸浓度分布模型、储层孔隙度和渗透率分布模型、多层酸化时的酸化模型、增产效果预测模型等。本章对每个模型都给出了详细的数学表达式，并利用数值分析的方法建立了相应的数值计算模型，同时，对每个模型的求解方法和计算结果进行了分析和讨论。结果表明，这些模型能较好地描述酸液由井口到井底，再由井底沿井筒径向流动反应过程中的物理化学变化，可用于砂岩油气层基质酸化设计。

一、井筒温度场模拟

在酸化设计中，随着对影响酸化效果的实际因素考虑得越来越多，逐渐完善和发展了设计计算的模型和方法，通过众多学者多年的研究，认识到了施工过程各环节的温度分布规律对酸化效果的影响。

以前，在酸化设计时，由于没有考虑温度场的影响，认为处理液进入地层时的温度等于地层原始温度，或者认为处理液在井底进入地层时的温度等于地面泵入温度。因此，在处理设计计算中与温度有关的参数时，采用两种方法：一种是取地层原始温度下的值；另一种是取井底入口处的温度与地层原始温度的平均值。显然这两种方法都与现场实际有很大差别。温度变化势必会影响液体的流变性和酸—岩反应速率，最终必然影响酸化有效作用范围和酸化效果。因此，在酸化计算中必须综合考虑井筒和地层中的温度分布规律，以便更准确地作出施工设计方案。

（一）井筒温度模拟的现状

近几十年来，国内外许多学者提出了多种模型来描述井筒温度分布规律。从模型求解方法来分，既有数值模型又有解析模型；从换热性质来分，既有稳态换热模型，又有不稳态换热模型。

总的来说，学者们在对井筒温度场进行深入研究后，模型构建与计算主要分为半瞬态法和全瞬态法。半瞬态法的含义是将井筒内的传热（包括水泥环）考虑为稳态传热，而在地层中的传热考虑为瞬态传热。该模型最早是在20世纪60年代初期Ramey建立的第一个井筒半稳态温度预测模型，Ramey将模型油管到水泥环部分考虑为稳态传热，将地层考虑为非稳态传热。自此以后温度场模型大多基于Ramey建立的模型进行改进，并在此基础上学者们取得了许多成果。比如Willite对不同因素对综合传热系数的影响进行了分析，包括热容以及传热性质参数等等，并在此基础上推导并简化了传热系数的计算方法，进一步优化了传热模型。Fontanilla和Alves等人将Ramey的模型进一步延伸到非等温多相井筒流动，值得一提的是他们考虑了Joule-Thomson效应，并且在此基础上进一步提高了求解精度；Yoshida等人将Ramey模型应用于酸化过程，并与地层温度场耦合；Chen等人和Nian等人在前人研究的基础上，通过将Ramey模型中引入了井筒热容量的影响，分析了注入过热蒸汽时的热损失；Gu等人在Ramey模型的基础上，建立了同心双管井和水平井的传热模型，用于估算注气过程中的井筒热效率；Sun等人将半稳态模型推广到过热注气井，分析了水平井多点注气技术的传热过程。

全瞬态模型区别于半瞬态模型的不同点是将井筒区域也考虑为非稳态传热，该模型相对于半瞬态模型来讲计算精度更高，但计算更为复杂。Eickmeier建立了一个瞬态有限差分模型，修正了Ramey模型在注入初期的不适用性，准确模拟了压裂酸化等短期处理的井筒温度。You提出了一种全隐式传热模型，可应用于连续变化工况下的循环注气井和地热井。除上述数值方法外，一些研究人员还推导出了计算井筒温度分布的解析解。Hasan等人修改了Ramey提出的时间函数，以减小注入早期时的预测误差，然后引入松弛距离，建立了井筒传热的瞬态分析模型，可用于钻井完井、生产施工设计、固相沉积控制和压力瞬态试验分析。Zhang等人建立了水平井循环过程中的瞬态传热模型，对水平井钻井过程中的温度压力进行了模拟，分析了不同因素对井筒温度与压力的影响。

(二) 井筒温度场模型

流体在井筒中流动，与井筒、水泥环及地层之间要发生热交换，且是不稳定换热过程。特别是注入液到达处理层位处的温度，它是计算地层温度分布的边界条件，对计算结果影响很大。

由于酸化是不稳定短时注液过程，基于稳态衡线热源假设的解析计算方法不能用于计算井筒温度，可采用解析计算和数值计算两种方法确定不同时刻，不同深度度处井筒温度分布。

(三) 计算方法

1. 解析模型

采用解析法计算井筒温度分布相对简便，采用如下的公式可预测在不同注液时刻和不同深度处的井筒温度：

$$T(Z_H,t) = T_b + \alpha_T(Z_H - Z_b) - \alpha_T \times A + (T_f - T_b + \alpha_T) \cdot \exp\left(\frac{Z_b - Z_h}{A}\right) \tag{5-1}$$

其中 $A = \dfrac{WC[\lambda + r_{ti}u_T f(t)]}{2\pi r_{ti} u_T \lambda}$，$W = Q\rho_{HCl}$，$u_T = 1 / \left[\dfrac{1}{h_t} + \dfrac{x_t + x_c}{K_{hs}} + \dfrac{x_{an}}{K_{han}}\right]$，$h_t = 131.919\left(\dfrac{Q^{0.8}}{d_{ti}^{1.8}}\right)$

另外 $f(t)$ 可由下式给出：

$$\lg f(t) = 0.31333 \lg y - 0.06(\lg y)^2 + 0.006667(\lg y)^3 \tag{5-2}$$

其中

$$y = 0.0148387 \cdot \frac{t}{d_{ti}^2}$$

式中 $T(Z_H,t)$——任意深度 Z_H 处，t 时刻的井筒内温度，℃；

α_T——地温梯度，℃/m；

T_f——注入液地面温度，℃；

T_b——恒温点温度，℃；

Z_b——恒温点深度，m；

Z_h——井筒内任意点深度，m；

C——液体比热，kcal/(kg·℃)；

u_T——总导热系数，kcal/(m·min·℃)；

K_{hs}——钢材导热系数，kcal/(m·min·℃)；

K_{han}——环空液导热系数，kcal/(m·min·℃)；

d_{ti}——油管直径，m；

x_t, x_c, x_{an}——油管壁厚、套管壁厚、环空宽度，m。

2. 数值计算方法

1) 假设条件

① 注液前，井筒内充满液体并与地层达到热平衡；

② 忽略井筒及地层内沿井深方向的热交换；

③ 所有传热参数不随温度和时间变化，各向同性、均质地层；

④ 地面排量及注液温度不变；
⑤ 液体温度与其接触的管壁温度相同；
⑥ 油套管和井径尺寸不随井深变化；
⑦ 温度沿井深呈线性分布。符合关系：

$$T_z = T_b + (Z - Z_b) \times \alpha_T \tag{5-3}$$

2）单元体（网格系统）的划分

在上述假设条件下，采用柱坐标系研究其换热问题。

从井筒到远处油藏，从里到外依次划分单元体为油管内单元体、油管单元体、油套环空内液体单元体、套管单元体、水泥环单元体及若干油藏单元体。

设油管内半径为 r_{ti}，外半径为 r_{to}，套管外半径为 r_{co}，内半径为 r_{cl}，水泥环外半径为 r_{ce}。图 5-1 为径向单元体划分示意图。在径向上划分为 N_2 个单元，每个单元体的径向位置为 $r_i, i = 0, 2, \cdots, N_2$。其中 $r_0 = r_{ti}$，$r_1 = r_{to}$，$r_2 = r_{cl}$，$r_3 = r_{co}$，$r_4 = r_{ce}$，$r_i = aa \cdot r_{i-1}$（$i = 5, 6, \cdots, N_2-1$），aa 为等比因子，r_{N_2} 的选择应满足 $(r_{N_2} + r_{N_2+1})/2$ 处的温度 T_{N_2} 始终等于该处的地层原始温度。

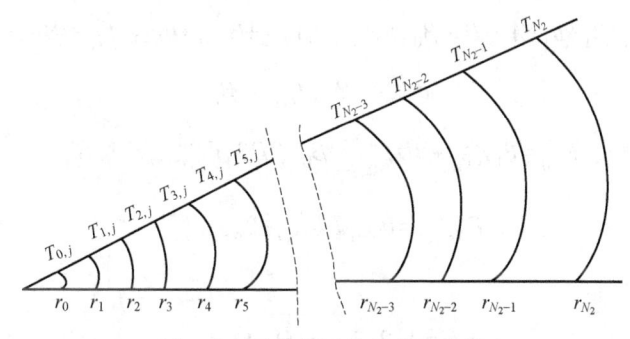

图 5-1 径向单元体划分示意图

图 5-2 为纵向单元体的划分情况，深度为 H_1，取单元体厚度为 ΔH，令 $M_1 = \mathrm{int}\{H_1/\Delta H\}$ 取 $m = M_1$，$M_1 \Delta H = H_1$，可以得出：

$$m = M_1 + 1, M_1 \Delta H < H_1$$

$$Z_j = \begin{cases} \Delta H_j, & j = 1, 2, \cdots, m-1 \\ H_1 - \Delta H_j, & j = m \end{cases}$$

3）模型的建立及求解

设径向上单元体的参数为：密度 ρ_i，比热 C_i，导热系数为 λ_i，$i = 1, 2, \cdots, N_2$；油管环空间充满液体；油管内液体与注入液体的温度相同，记为 T_0，密度为 ρ_0，比热容为 c_0。根据热平衡方程式：单位时间内流入单元体的热量＋单位时间流出单元体的热量＋单位时间内单元体内热量的变化为零，可得出热量平衡方程式：

计算公式如下：

$$\begin{cases} b_{1,j} T_{1,j}^{n+1} + d_{1,j}^{n+1} = F_{1j} \\ a_{i,j} T_{i-1,j}^{n+1} + b_{i,j} T_{i,j}^{n+1} + d_{i-1,j} T_{i+1,j}^{n+1} = F_{i,j} \\ a_{N-2,j} T_{N-2,j}^{n+1} + b_{N-1,j} T_{N-1,j}^{n+1} = F_{N-1,j} \end{cases} \tag{5-4}$$

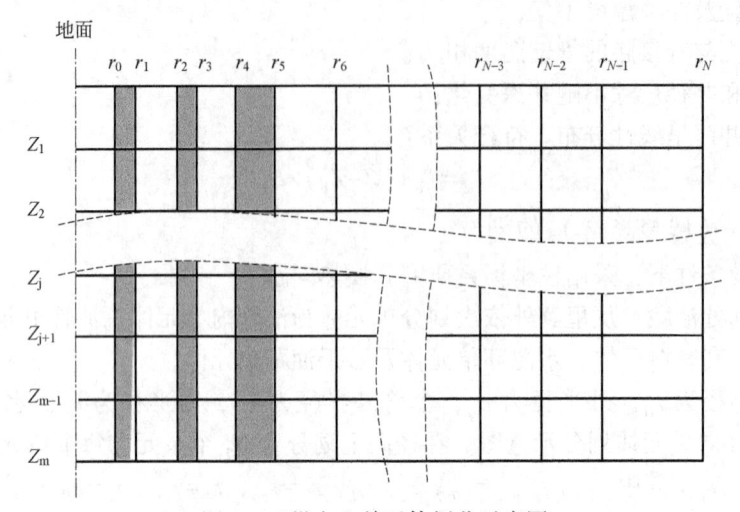

图 5-2 纵向上单元体划分示意图

其中

$$a_{i,j}=-\beta_{i-1}, a_{N-1,j}=-\beta_{N-2}$$

$$b_{1,j}=\beta_0+\beta_1+\theta_1-A\cdot D\cdot\beta_0, b_{N-1,j}=\beta_{N-2}+\beta_{N-1}+\theta_{N-1}, b_{i,j}=\beta_{i-1}+\beta_1+\theta_1$$

$$d_{1,j}=-\beta_1, d_{i,j}=-\beta_i$$

$$F_{1,j}=\theta_1 T_{1,j}^n+BDT_{0,j-\frac{1}{2}}^n\beta_0+2D\beta_0 T_{0,j-1}^{n+1}, F_{i,j}=\theta_i$$

$$F_{N-1,j}=\theta_{N-1}T_{N-1,j}^n+\beta_{N-1}T_{n,j}^{n+1}$$

下标取值为：

$$\begin{cases} j=1,2,3,\cdots,M-1,M \\ i=2,3,4,\cdots,N-3,N-2 \end{cases}$$

公式中各符号计算方式为：

$$A=\frac{2\pi r_0\Delta Z_j}{Q\rho_0 C_0}\cdot\frac{2\lambda_1}{r_1-r_0}, B=\frac{\pi r_0\Delta Z_j}{Q\Delta t}, D=\frac{1}{A+B+2}$$

$$\beta_0=\frac{r_0}{r_1-r_0}\cdot 2\lambda_1, \beta_1=\frac{r_1}{r_2-r_0}\cdot 2\lambda_2, \beta_i=\frac{r_i}{r_{i+1}-r_{i-1}}\cdot 2\lambda_{i+1}$$

$$\theta_1=\frac{(r_1^2-r_0^2)\rho_1 C_1}{2\Delta t}, \theta_i=\frac{(r_i^2-r_{i-1}^2)\rho_i C_i}{2\Delta t}$$

式中 r——径向距离，m；

λ——导热系数，kcal/(m·min·℃)；

ρ——密度，kg/m³；

C——比热，kcal/(kg·℃)；

Q——排量，m³/min；

ΔZ——纵向深度划分，m；

Δt——时间步长,min;

i——径向划分的第 i 单元;

j——纵向划分的第 j 单元;

n——时间划分 t_n 时刻;

$T_{i,j}^n$——第 i,j 单元 t_n 时刻的温度,℃。

初始条件:

$$T_{0,j-\frac{1}{2}}^0 = T_{i,j}^0 = T_b + a[(Z_j - 0.5\Delta Z_j) - Z_b] \tag{5-5}$$

计算时,由上面公式迭代求出 t_{n+1} 时刻整个油管内液体温度分布以及井筒地层径向温度分布,从而求得任意时刻、任意深度处的井筒温度分布。由图 5-3 和图 5-4 所示的井筒温度分布曲线表明:井筒内各点的温度随注酸时间的增加而降低,且注液初期井筒内液体的温度变化幅度比较大,随着时间的增加,这种变化变缓,且进入地层的温度,逐渐接近地面的注液温度。

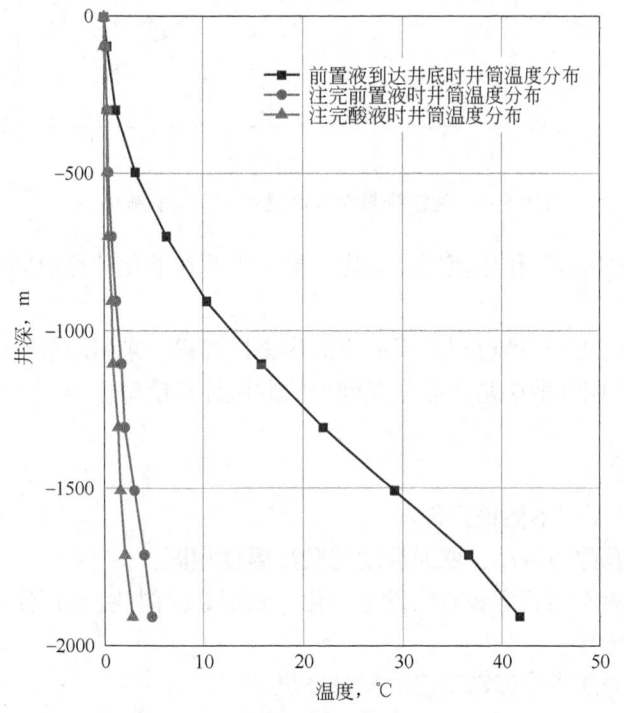

图 5-3 注液过程中井筒温度分布

进一步的计算分析表明:在其他条件相同的条件下,排量越大,井筒内同一深度处的温度越低;且排量越大,整个井筒温度下降越快。井底温度与地面注液温度差别很大。在注液初期,井底温度迅速下降,随着时间的推移,井底温度下降变缓,且逐渐趋于地面注液温度。

二、储层温度场模拟

处理液由井筒进入地层(裂缝)中流动时以及处理液在地层中与岩石反应时都要与地层发生显著的热交换,因而温度变化很大。温度变化势必影响液体的流变性和酸—岩反应速

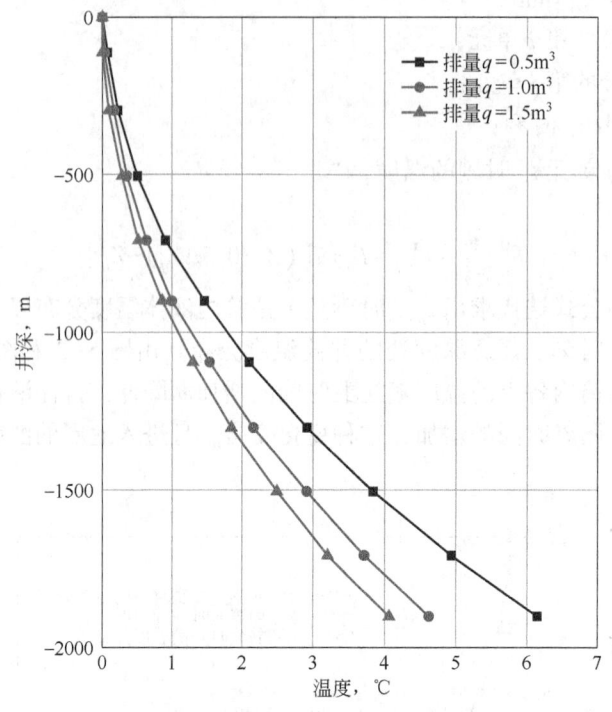

图 5-4 注液排量对井筒温度分布的影响曲线

率,最终必然影响酸化有效作用范围和酸化效果。因此在酸化计算中同样必须考虑地层中的温度分布规律。

酸液和储层发生的热交换过程为不稳定的热交换过程。采用能量平衡原理建立了一套计算垂直井均质、各向同性地层基质酸化温度场的数值计算模型。

(一) 假设条件

在模型建立时作了以下假设条件:
① 酸液在地层孔隙中流动,壁面温度与酸液温度相同;
② 所有传热参数不随温度和时间发生变化,地层各向同性、均质;
③ 不计纵向热传导;
④ 液体在孔隙介质中作流动反应时质量守恒。

(二) 地层温度场模型的建立

设井半径为 r_w,以油管为轴,采用块中心网格,在径向上划分为 N_2 个单元体。图 5-5 是径向单元体划分示意图。图 5-6 是微元体划分示意图。

在地层中取一微元体,分析流入、流出及传入、传出该微元体的热量,应用热平衡等式建立了储层温度分布的无因次偏微分方程:

$$\frac{\partial^2 T_D}{\partial r_D^2}+\frac{AAA}{r_D}\frac{\partial T_D}{\partial r_D}=BBB\frac{\partial T_D}{\partial t_D} \tag{5-6}$$

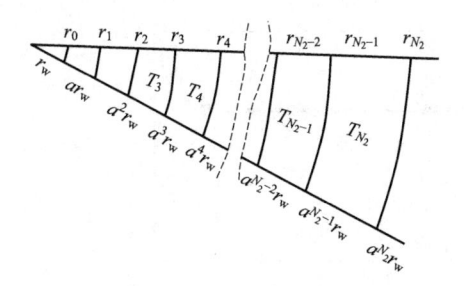

图 5-5　径向单元体划分示意图

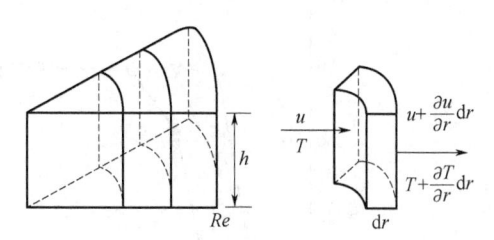

图 5-6　微元体划分示意图

对应的无因次边界条件和初始条件为：

$$\begin{cases} T_D \mid_{r_D = 1} = 0 & \text{（内边界条件）} \\ T_D \mid_{r_D = \frac{Re}{r_w}} = 1 & \text{（外边界条件）} \\ T_D \mid_{t_D = 0} = 1 & \text{（初始条件）} \end{cases} \tag{5-7}$$

其中

$$\begin{cases} T_D = \dfrac{T - T_{WH}}{T_F - T_{WH}} \\ t_D = \dfrac{t V_w}{\phi_0 r_w} \\ r_D = \dfrac{r}{r_w} \end{cases}$$

式中　T_D——内边界条件下无因次温度；

t_D——外边界条件下无因次温度；

r_D——初始条件下无因次温度。

AAA 及 BBB 是与酸液及地层岩石等热力学性质有关的系数。利用隐式差分构造数值模型，求解上述数学模型。可以得到砂岩地层酸化过程中地层温度分布，如图 5-7 所示。

由图 5-7 的模拟结果可以看出，随着酸的不断注入，近井地带地层温度变化很大，在离井壁较远处，温度上升到接近或等于地层温度。这说明短时间的注液过程，注入液仅仅改变井壁附近的地层温度分布。由于在实际酸化时，酸—岩反应发生在井筒附近，因而在进行酸化模拟计算时，必须考虑地层温度变化的影响。任何地层温度的处理方法都不能反映实际酸化过程中的温度分布，因而也是极不精确的。

而且可以看出排量越大，井壁附近的地层温度下降幅度越大。这是因为排量加大后增强了地层与注入液体之间的对流换热。

三、砂岩储层酸化酸—岩反应模型

酸液在地层多孔介质中作流动反应，引起多孔介质的孔隙几何尺寸的变化，这一过程十分复杂，许多人经过研究，提出了多种描述这一过程的数学模型，下面分别进行介绍。

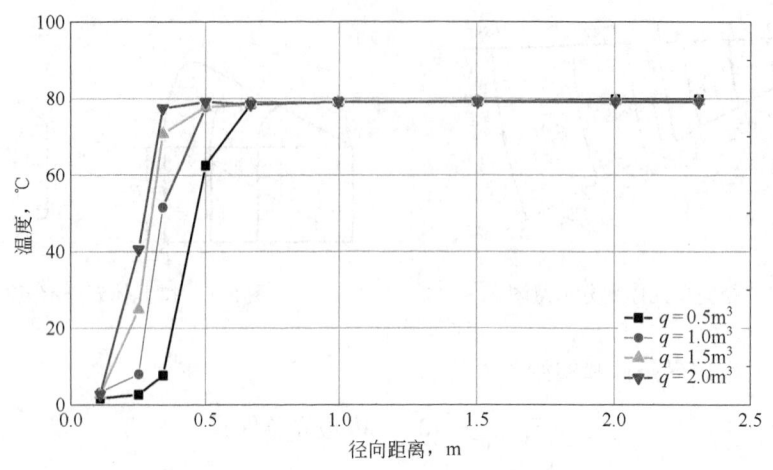

图 5-7 砂岩地层酸化过程中地层温度分布

（一）毛细管模型

R. S. Schechter 和 J. L. Gidley 建立了多孔介质酸化的毛细管模型，他们认为：多孔介质是一些随机分布于固体中短圆柱形毛细管，这些圆柱形孔隙分布的变化，可用一个微分积分方程来表示，并在两种特殊情况下可以求解。

1. 假设条件

单元体 $w^2\mathrm{d}x$ 孔隙是连通的（纵向），可看作一束具有相同长度 L 的圆柱形孔隙，横截面介于 A 及 $A+\mathrm{d}A$ 长度介于 L 及 $L+\mathrm{d}L$ 之间的毛细管单位体积数量用函数（孔隙密度大小函数）$W(A,x,L,t)\ \mathrm{d}A\mathrm{d}L$ 来表示。其含义是一定尺寸的孔隙数量随基质中的位置 X 而异，在一定位置上，则随时间的不同而异，并且与长度 L 有关。如图 5-8 所示，边界上一个孔隙体积在 $w^2\mathrm{d}x$ 体积内，则该孔隙包含在 $w^2\mathrm{d}x$ 中。

图 5-8 毛细管模型

2. 模型建立

孔隙度计算方法为：

$$\Phi = \int_0^\infty \int_0^\infty ALW(A,x,t,L)\,\mathrm{d}A\mathrm{d}L \tag{5-8}$$

为了确定渗透率，假设：流体在孔隙中作稳定层流；每个孔隙中流体平均流速 $\bar{v}$ 正比于截面积（$\bar{v}=sA$），式中 s 是取决于压力梯度，黏度和几何形状的因子：

$$s = -(\text{几何因子})\frac{1}{\mu}\frac{\partial p}{\partial x} \tag{5-9}$$

由于各孔隙几何相似，因而 s 是同样的表示，通过平面的流量 q 由各孔隙体积流量迭加得：

$$q = w^2 \int_0^\infty \int_0^\infty \bar{v} ALW(A,L,x,t) \mathrm{d}A\mathrm{d}L = sw^2 \int_0^\infty \int_0^\infty AL^2 W(A,L,x,t)\mathrm{d}A\mathrm{d}L \tag{5-10}$$

结合达西定律得到酸化前后渗透率改变：

$$\frac{K(x,t)}{K(x,0)} = \frac{\int_0^\infty A^2 \eta(A,x,t)\mathrm{d}A}{\int_0^\infty A^2 \eta(A,x,0)\mathrm{d}A} \tag{5-11}$$

要模拟酸化过程，首先必须知道作为时间函数的孔隙大小分布 $\eta(A,x,t)$ 的变化，引起孔隙大小变化的两个基本过程是：①酸与孔隙壁面的反应；②隔离流道的固体部分被溶解后孔隙互相连通。

为了描述单个孔隙面积的变化相当复杂，故该模型求解复杂，所需参数难以获取。

（二）慢反应模型

Williams 和 Whiely 从物质平衡方程入手，基于土酸与砂岩多相缓慢反应理论，通过实验确定有效反应速度常数，建立了模拟砂岩酸化的慢反应数学模型：

当酸流经多孔介质时，因表面反应使酸浓度降低，孔隙度增大，假设孔隙几何形状如图 5-9 所示。

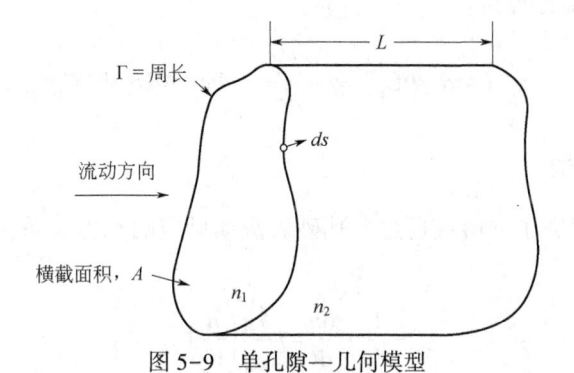

图 5-9　单孔隙—几何模型

轴向位置 z 和点 $[x_1,x_2]$ 处的反应物浓度为：$C_\mathrm{p}(z,x_1,x_2,t)$，忽略 z 方向的扩散，则孔隙中，反应物的物质平衡方程可写为：

$$\frac{\partial C_\mathrm{p}}{\partial t} + v(x_1,x_2)\frac{\partial C_\mathrm{p}}{\partial Z} = D\left\{\frac{\partial^2 C_\mathrm{p}}{\partial x_1^2} + \frac{\partial^2 C_\mathrm{p}}{\partial x_2^2}\right\} \tag{5-12}$$

式中　v——轴向速度；
　　　D——扩散系数。

初始条件：

$$t=0 \text{ 时}, C_\mathrm{p}=0 \tag{5-13}$$

边界条件：

$$z=0, C_\mathrm{p}=C(x,t) \tag{5-14}$$

在孔隙边界 r 上：

$$D\left(\frac{\partial C_\mathrm{p}}{\partial x_1}n_1 + \frac{\partial C_\mathrm{p}}{\partial x_2}n_2\right) = KC_\mathrm{p} \tag{5-15}$$

式中，K 为表面反应速率常数，假定为一级反应。结合边界条件，求解上面的微分方程得：

$$\begin{cases} \overline{C}_p = C_0\left(x, t, -\dfrac{Z}{v}\right)\exp\left(-\dfrac{\alpha k \Gamma}{\overline{A}\overline{v}}\right), & t > \dfrac{Z}{\overline{v}} \\ \overline{C}_p = 0, & t < \dfrac{Z}{\overline{v}} \end{cases} \quad (5-16)$$

式中　$C_0(x,t)$——孔隙入口处的反应物浓度。

通过取微元体，从物质平衡方程入手，最终可得线性流物质平衡方程如下：

$$\frac{\partial(\Phi\overline{C}_p)}{\partial t} + \overline{v}\frac{\partial \overline{C}_p}{\partial z} = -\Phi f(\Phi)\overline{C}_p \quad (5-17)$$

其中，有效反应速度系数 $f(\Phi) = \dfrac{B}{A^{\frac{1}{2}}}$，可得径向流的物质平衡方程为：

$$\frac{\partial}{\partial t}(2\pi r\Phi\overline{C}_p) + q_r\frac{\partial \overline{C}_p}{\partial r} = -2\pi r\Phi k f(\Phi)\overline{C}_p \quad (5-18)$$

球形流的物质平衡方程为：

$$\frac{\partial}{\partial t}(4\pi r^2\Phi\overline{C}_p) + q_r\frac{\partial \overline{C}_p}{\partial r} = -4\pi r^2\Phi k f(\Phi)\overline{C}_p \quad (5-19)$$

（三）动力学模型

Labrid（1975）研究了酸溶液通过多孔砂岩流动反应的动力关系，定义液固相反应的真实速度常数 j：

$$-\frac{1}{V_p}\cdot\frac{\mathrm{d}n}{\mathrm{d}t} = j\frac{A_{sl}}{V_p}\left(\frac{n}{V_p}\right)^m \quad (5-20)$$

其中

$$n = CV_p$$

式中　V_p——孔隙体积（$V_p = V_e$），cm^3；

　　　n——一个孔隙体积中的酸量；

　　　j——均质介质中的真实速度常数，$1/(cm\cdot s)$；

　　　A_{sl}——体积为 V 的介质中液固接触面积，cm^2；

　　　C——HF 浓度，mol/L。

定义复杂基质的反应速率为各级分反应速率之和：

$$-\frac{\mathrm{d}n}{\mathrm{d}t} = V\sum(A_s)_i j_i C^{m_1} \quad (5-21)$$

假定所有反应均为一级反应，由 $n = V_p C$ 代入式（5-21）可得：

$$-\frac{\mathrm{d}C}{\mathrm{d}t} = \frac{1}{\Phi}C\sum(A_s)_i j_i \quad (5-22)$$

复杂基质可用假想的介质与整个反应性 R 和视速度常数 j_a 联系起来：

$$R = \sum(A_s)_i j_i \quad (5-23)$$

$$j_a = \frac{\sum (A_s)_i j_i}{\sum (A_s)_i} \quad (5-24)$$

1. 线性模型

对动力学均质介质：

$$\frac{\partial}{\partial x}(\mu C) + RC + \frac{\partial}{\partial t}(\Phi C) = 0 \text{（质量平衡方程）} \quad (5-25)$$

$$\frac{\partial \Phi}{\partial t} - R \frac{F_{\sigma s}}{\rho} C = 0 \text{（化学计量方程）} \quad (5-26)$$

边界条件：

$$\begin{cases} C(t,0) = C_0 \\ C(0,x) = 0 \\ \Phi(0,x) = \Phi_0 \end{cases} \quad (5-27)$$

上述方程可推广到含有多种矿物，与 HF 为一级反应的更复杂的基质。由于每种矿物由于其本身的反应特性都起到使孔隙度增加的作用，假设各矿物具相同的反应特性，可把上述方程简化为单一矿物形式：

$$\frac{\partial \Phi}{\partial t} = \left[R_1 \frac{(F_{\sigma s})_1}{\rho_1} + R_2 \frac{(F_{\sigma s})_2}{\rho_2} + \cdots \right] C \quad (5-28)$$

试验研究得出，不同矿物 $F_{\sigma s}/\rho$ 比值各不相同。为了方便，允许作这样的假设，每种矿物的反应性都表现为反应性最好的矿物 $F_{\sigma s}/\rho$ 比值，于是：

$$\frac{\partial \Phi}{\partial t} = (R_1 + R_2 + \cdots) \frac{F_{\sigma s}}{\rho} C \quad (5-29)$$

$$\frac{\partial \Phi}{\partial t} = R \frac{F_{\sigma s}}{\rho} C \quad (5-30)$$

从动力学观点对均质介质，该模型可推广到复杂介质，近似程度很好，求解时，可用实施确定孔隙度与反应性的关系。

在视稳定条件下：

$$\mu \frac{\partial C}{\partial t} \gg \frac{\partial (\Phi C)}{\partial t} \quad (5-31)$$

求解可得：

$$C_{(x)} = C_0 e^{-R \frac{x}{\mu}} \quad (5-32)$$

用岩心流动实验，在 L 处：

$$C_{(L)} = C_0 e^{-R \frac{L}{\mu}} \quad (5-33)$$

为了确定 $\Phi = g(t)$，可按处理岩样的组成使用不同的方法，例如用纯的硅砂岩，可由下式计算：

$$\Phi(t) = \Phi_0 + \Delta \Phi(t) = \frac{1}{\rho S L} \int_0^{V(t)} C_{SiO_2} dV \quad (5-34)$$

对黏土砂岩，确定出 $F_{\sigma s}/\rho$ 可借助质量平衡方程求解，渗透率按下式计算：

$$\frac{K}{K_0} = A \left(\frac{\Phi}{\Phi_0} \right)^b \quad (b \text{ 接近 } 3) \quad (5-35)$$

2. 径向流

对于径向流而言，质量平衡方程和化学计量方程如下所示：

$$\frac{1}{r}\frac{\partial}{\partial r}(\eta\mu C)+RC+\frac{\partial}{\partial t}(\Phi C)=0 \tag{5-36}$$

$$\frac{\partial \Phi}{\partial t}-R\frac{F_{\sigma s}}{\rho}=0 \tag{5-37}$$

其中

$$F_{\sigma s}=\frac{溶解固体质量}{消耗酸质量}$$

（四）集总参数模型

该模型主要是由 Lund、McCune 等人提出的，其关键问题是认为砂岩矿物可由单一的矿物成分来处理，与土酸反应时用单一成分反应速率方程和单一成分的化学计量系数来近似计算砂岩多种矿物与土酸的反应情况。

1. 线性模型

砂岩中各矿物与酸（HCl 或土酸）反应时的溶解速度是有很大差别的。

同砂岩中其他矿物相比，石英的溶解速度很慢，其作用只是作为其他可溶矿物的非活性支撑基质。Garte Wood 等也提出了上述类似假设，但他们认为，在其酸化预测方法中非石英矿物是十分容易与酸接触的。Williams 证明了黏土和长石并非完全被溶解掉。McCune 等人对 Phacoides 砂岩的溶解反应研究表明：被溶蚀的非石英成分不到总量的一半，根据以上的研究成果，建立了集总参数模型，假定土酸与可溶性矿物成分间的反应速率可用单成分反应速率定律方程和单成分的化学计量总方程来估算。对可溶性矿物和酸之间的平衡关系及其溶解的化学计算表明，只要 HF 的浓度大于 0.01mol/L，化学计量方程中的化学计量系数 ω 为溶解 1mol 矿物（这些矿物是作为单一反应形式总计在一起的）所需 HF 的摩尔数，保持为常数。对 Phacoides 砂岩来说，$\omega=15$。

1）模型建立

根据酸液在轴向上流动和砂岩岩心室内反应时建立的摩尔微分平衡，可得方程：

$$\frac{\partial(\Phi C)}{\partial t}+V\frac{\partial C}{\partial x}-r_s=0 \tag{5-38}$$

这里 C 表示 HF 的浓度，土酸所溶解的成分是长石和黏土，砂岩中总的可溶性矿物的摩尔微分方程为：

$$\frac{\partial[(1-\Phi)C_m]}{\partial t}=r_A \tag{5-39}$$

酸浓度方程和矿物溶解方程由下式来关联：

$$r_s=\omega r_A \tag{5-40}$$

总的可溶矿物溶解速度定律由下式确定：

$$-r_s=K_R C(C_m-C_{mi}) \tag{5-41}$$

式中 K_R——反应速率常数；

C_{mi}——残余矿物浓度，即可溶矿物浓度降低的极限值。

方程（5-38）是典型的质量平衡方程式，Williams 和 Whiteley 以及 Lalrid 都曾提出过类似的关系式。Williams 和 Whiteley 通过限制有效反应速率系数 $F_j(\Phi)$（通过对线性岩心试验中流出的酸浓度分析而确定）来探讨他们自己提出的方程的解，基于余酸取样的平衡来计算孔隙度的变化，McCune 等人的模型不需进行这种分析，只需要有限的几个岩心试验来计算设计参数。

Labrid 使用的反应速率模式与 Willianms 等的稍有相似，但为了获得微分方程的解析解，假定岩心中存在拟稳态反应，这样可认为酸的浓度在时间上的变化率比在距离上的变化率小得多，McCune 等人未作稳态假设，事实上酸浓度随时间和位置的变化都较大，不能做稳态假设。

2) 模型的解析解

在砂岩酸化过程中，假设其孔隙度的变化较酸流的变化不但小而且慢的话，可通过令 $\Phi \approx \Phi_0$ 加以简化，求解时首先定义下述无因次参数。

无因次时间：

$$t_D = \frac{tV}{\Phi_0 L}$$

无因次距离：

$$X_D = \frac{X}{L}$$

无因次酸浓度：

$$C_D = \frac{C}{C_0}$$

无因次矿物浓度：

$$C_{mD} = \frac{C_m - C_{mi}}{C_{m0} - C_{mi}}$$

无因次 DamKahler 数：

$$N_{De} = \frac{K_R(C_{m0} - C_{mi})L\omega}{V}$$

无因次酸容量数：

$$N_{AC} = \frac{\Phi_0 C_0}{\omega(1-\Phi_0)(C_{m0} - C_{mi})}$$

上述无因次定义中，C_{mD} 是可溶矿物的初始浓度，Damkahler 数是酸通过砂岩的瞬时移动速度的比值，表征着酸—岩反应进行得快慢。酸的容量数 N_{AC} 是单位体积内孔隙中酸量与溶解该体积内矿物所需的酸量之比，表征着酸的溶解能力，无因次时间 t_D 是注入岩心中的酸液体积与孔隙体积的比值。

把速度方程和化学计量方程代入方程（5-38）和方程（5-39），并将方程无因次化后，利用相应的边界条件和初始条件即可求得解析解：

$$\frac{1}{C_D} = 1 + \exp\left\{N_{De}N_{AC}\left[\left(1+\frac{1}{N_{AC}}\right)X_D - t_D\right]\right\} - \exp\{N_{De}N_{AC}(X_D - t_D)\} \qquad (5-42)$$

$$\frac{1}{C_{mD}} = 1 + \exp\left\{-N_{De}N_{AC}\left[\left(1+\frac{1}{N_{AC}}\right)X_D - t_D\right]\right\} - \exp\{-N_{De}X_D\} \qquad (5-43)$$

3) 酸流动前沿和反应前沿

根据方程（5-42）和方程（5-43）可辨认出两个重要而性质截然不同的两个前沿，每个前沿都有其特征移动速度。前沿可以认为是浓度、渗透率等性质的变化率最大的地方。

（1）酸流动前沿

酸流动前沿表示注入酸与孔隙中原始流体间交界面的位置，可确定如下：设岩心中表观流速为 v，t 时刻共流入岩心的酸量及占据的岩心体积存在关系（考虑岩心面积为一个单位）：

$$\frac{v}{\Phi} \cdot t \cdot 1 = X \cdot 1$$

即：

$$X_D = t_D$$

即酸流动前沿位置为：

$$x = \frac{vt}{\Phi}$$

酸流动前沿的移动速度为：

$$v_s = \frac{v}{\Phi} = \frac{X}{t}$$

可见，由注酸浓度及注酸时间即可估算酸流动前沿及前沿移动速度。

（2）酸反应前沿

酸反应前沿是指酸的浓度和矿物度变化最大的位置，即在酸—岩反应前沿处，酸浓度梯度（或渗透率梯度）变化最大，确定如下。

任意时刻 t 流入岩心的酸量为：

$$\frac{v}{\Phi_0} \cdot 1 \cdot C_0 \cdot t \cdot \Phi_0$$

占据岩心中孔隙空间的酸量为：

$$x \cdot 1 \cdot \Phi_0 \cdot C_0$$

由于反应使酸液溶解掉岩石所消耗的酸量为：

$$(1-\Phi_0) \cdot x \cdot 1 \cdot (C_{m0}-C_{mi})\omega$$

注入的酸量充满反应前沿的所有空间：

$$\frac{v}{\Phi_0}C_0 t \Phi_0 = (1-\Phi_0)x(C_{m0}-C_{mi})\omega + x\Phi_0 C_0$$

即：

$$\left(1+\frac{1}{N_{AC}}\right)X_D = t_D$$

反应前沿位置为：

$$x = \frac{vC_0 t}{\Phi_0 C_0 + \omega(1-\Phi_0)(C_{m0}-C_{mi})} \qquad (5-44)$$

反应前沿移动速度为：

$$v_F = \frac{vC_0}{\Phi_0 C_0 + \omega(1-\Phi_0)(C_{m0}-C_{mi})} \qquad (5-45)$$

如果注入速度不变，则 v_0 和 v_F 两者都为常数，并有下面关系：

$$v_F = \frac{N_{AC}}{1+N_{AC}} v_s \tag{5-46}$$

注意：将 $v_F = \dfrac{v}{\Phi_0}$ 代入整理即可，但不能用 $v_s = \dfrac{x}{t}$ 代入。

由于 N_{AC} 是一个较小的数（对 Phacoides 砂岩其值为 0.01 左右），这说明反应前沿移动速度较酸流动前沿的移动速度要小得多。因此，酸所到达的地方并不都能溶解岩石、改变岩石渗透率。

4) 孔隙度和渗透率的计算

为求解微分方程，假定孔隙度变化很小，而孔隙度的实际变化是可以计算的。

假定酸化引起的孔隙度的增加与被溶解的矿物质量成正比，则由矿物浓度的计算可估计孔隙度的改变。

由物质平衡原理可推得：

$$\Phi_0 - \Phi = -(1-\Phi_0)(C_{m0} - C_{mi})\frac{W_r}{\rho_r} \tag{5-47}$$

若 C_m 用 C_{mi} 表示则有：

$$\Phi_0 - \Phi_{max} = -(1-\Phi_0)(C_{m0} - C_{mi})\frac{W_r}{\rho_r} \tag{5-48}$$

由 $\Phi_0 - \Phi$ 和 $\Phi_0 - \Phi_{max}$ 的表达式及 C_{mD} 的定义式可得：

$$\Delta\Phi = (1-C_{mD})\Delta\Phi_{max} \tag{5-49}$$

其中

$$\begin{cases} \Delta\Phi = \Phi - \Phi_0 \\ \Delta\Phi_{max} = \Phi_{max} - \Phi_0 \end{cases} \tag{5-50}$$

方程（5-50）即为单组分矿物溶解反应的岩石孔隙度计算式，然而渗透率的计算是较为复杂的过程，McCune 提出的试验关系式为：

$$\frac{K}{K_0} = \exp\{Z(\Delta\Phi)\} \tag{5-51}$$

式中，K_0 为原始渗透率，Z 为实验常数，改写上式为：

$$\frac{K}{K_0} = \exp\left(\beta\frac{\Delta\Phi}{\Delta\Phi_{max}}\right) = \exp[\beta(1-C_{m0})] \tag{5-52}$$

此式可以直接利用 C_{mD} 的计算结果确定 K 值，其中 β 为砂岩的特征常数，对 Phacoides 砂岩，β 为 7.5，一般应由实验测定。显然上述 K 值计算式并未考虑实际的 K 初期下降情形。

2. 径向模型

1) 计算公式

对酸液浓度沿径向流动反应，摩尔平衡微分方程为：

$$\frac{\partial(\Phi C)}{\partial t} + \frac{r_w}{r}v\frac{\partial C}{\partial r} - r_s = 0 \tag{5-53}$$

其反应速率方程和化学计量相关方程与线性模型一致。

为了求得酸液浓度的解析解，采用和线性模型类似的方法，并同样假定 $\Phi \approx \Phi_0$，酸浓度分布解析计算式为：

$$\frac{1}{C_{\mathrm{D}}} = 1 + \exp\left\{N_{\mathrm{D0}} N_{\mathrm{AC}} \left[\left(1 + \frac{1}{N_{\mathrm{AC}}}\right) A_{\mathrm{D}} - t_{\mathrm{D}}\right]\right\} - \exp\left[N_{\mathrm{D0}} N_{\mathrm{AC}} (A_{\mathrm{D}} - t_{\mathrm{D}})\right] \tag{5-54}$$

矿物浓度分布解析解计算式为：

$$\frac{1}{C_{\mathrm{mD}}} = 1 + \exp\left\{-N_{\mathrm{D0}} N_{\mathrm{AC}} \left[\left(1 + \frac{1}{N_{\mathrm{AC}}}\right) A_{\mathrm{D}} - t_{\mathrm{D}}\right]\right\} - \exp\left\{-N_{\mathrm{D0}} A_{\mathrm{D}}\right\} \tag{5-55}$$

其中

$$N_{\mathrm{D0}} = \frac{K_{\mathrm{R}}(C_{\mathrm{m0}} - C_{\mathrm{mi}}) r_{\mathrm{w}} \omega}{v}, \quad t_{\mathrm{D}} = \frac{tv}{\Phi_{\theta} r_{\mathrm{w}}} \tag{5-56}$$

$$r_{\mathrm{D}} = \frac{r}{r_{\mathrm{w}}}, \quad A_{\mathrm{D}} = \frac{r_{\mathrm{D}}^2 - 1}{2} \tag{5-57}$$

其余参数同线性模型。利用上面的计算式，即可计算酸沿径向流动反应任意时刻、任意径向位置处的酸浓度和矿物浓度分布。

2）酸流动前沿和反应前沿

（1）酸流动前沿

酸流动前沿是酸径向流动时与地层流体（或前置液）之间的交界面，设井壁处的表观流速为 v，则有

$$2\pi r_{\mathrm{w}} \frac{v}{\Phi_0} ht = \pi (r^2 - r_{\mathrm{w}}^2) h \tag{5-58}$$

式中　h——产层厚度；

　　　v/Φ_0——井壁处酸液真实流速；

　　　r_{w}——井半径。

整理得：

$$A_{\mathrm{D}} = t_{\mathrm{D}} \tag{5-59}$$

或

$$r_{\mathrm{s}} = \left(\frac{2 r_{\mathrm{w}} v t}{\Phi_0} + r_{\mathrm{w}}^2\right)^{\frac{1}{2}} \tag{5-60}$$

此即为酸流动前沿半径，r 对 t 求导可得流动前沿的移动速度：

$$v_{\mathrm{t}} = \frac{\mathrm{d} r_{\mathrm{s}}}{\mathrm{d} t} = \frac{v}{\Phi_0} \frac{r_{\mathrm{w}}}{r_{\mathrm{s}}} \tag{5-61}$$

（2）酸反应前沿

任意时刻 t 注入地层酸量为：

$$2\pi r_{\mathrm{w}} \frac{v}{\Phi_0} h \Phi_0 C_{\theta} t \tag{5-62}$$

占据地层空间酸量为：

$$\pi (r^2 - r_{\mathrm{w}}^2) h \Phi_0 C_{\theta} \tag{5-63}$$

反应消耗的酸量为：

$$\pi (r^2 - r_{\mathrm{w}}^2) h (1 - \Phi_0)(C_{\mathrm{m0}} - C_{\mathrm{mi}}) \omega \tag{5-64}$$

则酸的物质平衡式为：

$$2\pi r_{\mathrm{w}} \frac{v}{\Phi_0} h \Phi_0 C_{\theta} = \pi (r^2 - r_{\mathrm{w}}^2) h [\Phi_0 C_{\theta} + (1 - \Phi_0)(C_{\mathrm{m0}} - C_{\mathrm{mi}}) \omega] \tag{5-65}$$

整理得：

$$A_D\left(1+\frac{1}{N_{AC}}\right)=t_D \tag{5-66}$$

或

$$r_j=\left[\frac{2vr_w t}{\Phi_0\left(1+\dfrac{1}{N_{AC}}\right)}+r_w^2\right]^{\frac{1}{2}} \tag{5-67}$$

同样可得反应前沿的移动速度：

$$v_j=\frac{vr_w}{\Phi_0\left(1+\dfrac{1}{N_{AC}}\right)}\frac{1}{r_j} \tag{5-68}$$

比较 r_f 和 r_s 的表达式，总有 $r_s>r_f$。这说明，由于酸的消耗，酸液到达的地方并不是酸—岩反应发生的地方，酸液失去活性后，使酸有效作用范围减小，其影响主要由 N_{AC} 来控制。

3）酸反应前沿所需的用酸量

酸反应前沿在一定程度上标志着酸作用范围的大小，据反应前沿的表达式可大致估算用酸量。

由前式推导可得：

$$(r^2-r_w^2)\Phi_0\left(1+\frac{1}{N_{AC}}\right)=2r_w vt \tag{5-69}$$

由于 $v_A=2\pi r_w hvt$，代入式(5-69) 得：

$$v_A=\pi h\Phi_0(r^2-r_w^2)\left(1+\frac{1}{N_{AC}}\right) \tag{5-70}$$

式中 v_A——酸反应前沿达 r 处时注入的酸量。

显然，只要给定 r 值，即可确定 v_A。Dankohler 数对反应前沿曲线的斜度影响很大，因为 Damkohler 数与注入速度成反比。N_{Da} 值则反应前沿曲线陡（前沿窄），若 N_{Da} 值小，则前沿曲线趋于平缓。和线性模型一样，如果已知 β，并且假定采用 Φ_{max} 则可通过径向流在某一时刻通过某一点的孔隙度和渗透率进行计算。显然，在反应前沿过去以后，渗透率就极少增加或根本不增加（例如在岩心流动试验中，当大量酸液过去以后，渗透率曲线就稳定下来）。

上面模型中，对酸反应深度的温度影响体现在 Damkohler 数中，考虑温度影响时，只需对应温度条件下的反应常数 K_R 代入即可。

4）几点讨论

（1）酸作用半径的估计

由酸作用半径公式变形可得：

$$r^2-r_w^2=\frac{2r_w vt}{\Phi_0\left(1+\dfrac{1}{N_{AC}}\right)} \tag{5-71}$$

由于 N_{AC} 比 1 小得多（$N_{AC}=0.005{\sim}0.025$，Phacoides 砂岩），故有

$$r^2-r_w^2=\frac{2r_w vN_{AC}t}{\Phi_0} \tag{5-72}$$

可见只要求得 N_{AC}，r_j 的确定则较为方便。

由方程 (5-60) 可得：

$$r^2 - r_w^2 = \frac{2r_w vt}{\Phi_0} \tag{5-73}$$

则

$$\frac{r_j^2 - r_w^2}{r_s^2 - r_w^2} = \frac{N_{AC}}{N_{AC}+1} \approx N_{AC} \tag{5-74}$$

式(5-74)是充满酸液的体积与反应前沿已经过的体积之比。确定 N_{AC} 后，r_f 和 r_s 也就确定了。

(2) 考虑温度时的酸浓度分布计算

由于储层温度在酸化过程中不断变化，不同时刻、不同位置处储层温度不同，而温度变化影响酸—岩反应特性，应该加以考虑。简单办法是用井底温度、储层原始温度和平均值来计算反应速率常数，也可采用数值方法计算，方法如下。

划分地层网格（沿径向），下标为 i，时间网格下为 j，则可以得出：

$$N_{Dmi,j} = \frac{K_{Ri,j}(C_{m0}-C_{mi})r_w \omega}{v} \tag{5-75}$$

在此不计 ω 随温度的变化，有：

$$K_{Ri,j} = K_R \exp\left[\frac{E_a(T_{i,j}-T_0)}{RT_{i,j}T_0}\right] \tag{5-76}$$

相应有：

$$\frac{1}{C_{Di,j}} = 1 + \exp\left\{N_{D0i,j}N_{AC}\left[\left(1+\frac{1}{N_{AC}}\right)A_{Di}-t_{Di}\right]\right\} - \exp\{N_{D0i,j}N_{AC}(A_{Di}-t_{Di})\} \tag{5-77}$$

$$\frac{1}{C_{mDi,j}} = 1 + \exp\left\{-N_{D0i,j} \cdot N_{AC}\left[\left(1+\frac{1}{N_{AC}}\right) \cdot A_{Di}-t_{Di}\right]\right\} - \exp\{-N_{D0i,j}A_D\} \tag{5-78}$$

还可由 C_{Dij} 与 r_{Di} 的关系来确定酸作用半径。给定一个残酸浓度，算出对应的 A_{Ai} 值，即可确定 r_{Di}。

（五）狭义分布参数模型

Hekim 等人提出了一酸两矿物的狭义分布参数模型，该模型把砂岩酸化过程简化为 HF 与两组矿物的反应：快反应矿物和慢反应矿物。描述砂岩酸化过程和预测能力是较优的，求解方法也不复杂，人们普遍乐意采用。化学反应式可简单表示如下：

$$\sigma_1 HF + M_1 \longrightarrow H_2SiF_6 + 氟铝络合物$$
$$\sigma_2 HF + M_2 \longrightarrow H_2SiF_6 + 氟铝络合物$$

式中　M_1——快反应矿物（长石、黏土和其他胶结物）；

　　　M_2——慢反应矿物（石英、硅质岩屑）。

以无因次形式表示，则 HF 浓度和矿物浓度分布的物质平衡方程可表示为：

$$\varphi_D \frac{\partial C_{AD}}{\partial t_D} + \frac{u_D}{r_D}\frac{\partial C_{AD}}{\partial r_D} = -C_{AD}\sum_{j=1}^{2}N_{Daj}C_{mDj} \tag{5-79}$$

$$\frac{\partial C_{mDj}}{\partial t_D} = -N_{Daj}N_{ACj}C_{AD}C_{mDj}V_D \tag{5-80}$$

结合边界条件和初始条件的处理，方程（5-80）和方程（5-79）可采用数值求解。考虑不同矿物在酸中的溶解性差异时，必须使用分布参数模型来描述砂岩酸处理情况。

该模型是预测砂岩酸化效果较好的模型。其计算方法简单，需测定的参数不多，应用较为方便。实际中，考虑温度、伤害、变渗透率计算时，解析方法不能满足，只有采用数值方法求解，这将在下一节进一步讨论。该模型称为狭义分布参数模型，主要是与下面的广义分布参数模型相区分。

（六）广义分布参数模型

上述狭义分布参数模型在黏土含量较低、地层温度低或注酸速度较高时预测结果比较准确，以往人们对这类模型预测能力的实验验证也常常限于单一岩心或较低温度情形。Bryant 等人的结果则表明，该模型在预测地层温度高或多个岩心实验时遇到了一些问题，预测结果并不理想。然而作为一种好的模型理应有较强的适应性而不单适用于单一岩心或温度较低情形，而且也能适用于同一储层的其他岩心和较高温度情形。

Lindsay 等人的实验研究则指出，在 Hekim 等人的分布参数模型的基础之上，考虑另外两组反应有助于改进模型的预测能力，其预测结果与岩心驱替实验结果更相吻合。Bryant 等人的模型认为反应过程是自我抑制（self-limiting）的，也就是说，硅胶会在黏土表面形成保护层而使其变为惰性。他认为 H_2SiF_6 与黏土的反应，将产生 $Si(OH)_4$ 和 SiO_2（石英）。da Motta 提出了一较为简单的附加模型，其预测能力有所提高，预测结果与实验结果的吻合程度则与 Bryant 等人的类似。da Motta 在模型中没有作自我抑制和产生石英的假设，相比之下比较简便。在 Hekim 及 da Motta 等人的基础上，考虑到 H_2SiF_6 能够在高温条件下参与反应对快反应矿物进行溶解，以及中间产物硅胶与 HF 的反应，参照其作法，推导出了广义分布参数模型，即考虑两种酸、三种矿物的参数模型。另外两个反应是：H_2SiF_6 对快反应矿物的溶解，反应过程中产生 $Si(OH)_4$（硅胶）；硅胶和 HF 的反应。方程（5-81）至方程（5-84）是四个参数模型化学反应的简单表示式：

$$\sigma_1 HF + M_1 \longrightarrow \sigma_5 H_2SiF_6 + 氟铝络合物 \quad (5-81)$$

$$\sigma_2 HF + M_2 \longrightarrow \sigma_6 H_2SiF_6 + 氟铝络合物 \quad (5-82)$$

$$\sigma_3 HF + M_3 \longrightarrow \sigma_7 H_2SiF_6 + H_2O \quad (5-83)$$

$$\sigma_4 H_2SiF_6 + M_1 \longrightarrow \sigma_8 硅胶 + 氟铝络合物 \quad (5-84)$$

式中，M_3 表示第三类矿物硅胶。化学计量系数（σ_j）见表 5-1。

表 5-1　化学计量系数定义及近似值表

符号	定　义	近似值
σ_1	消耗的 HF 摩尔数÷反应快反应矿物 M_1 摩尔数	27
σ_2	消耗的 HF 摩尔数÷反应慢反应矿物 M_2 摩尔数	6
σ_3	消耗 HF 摩尔数÷反应硅胶 M_3 摩尔数	6
σ_4	消耗 H_2SiF_6 摩尔数÷反应快反应矿物 M_1 摩尔数	1
σ_5	产生 H_2SiF_6 摩尔数÷反应快反应矿物 M_1 摩尔数	3
σ_6	产生 H_2SiF_6 摩尔数÷反应慢反应矿物 M_2 摩尔数	1
σ_7	产生 H_2SiF_6 摩尔数÷反应硅胶 M_3 摩尔数	1
σ_8	产生硅胶 M_3 摩尔数÷反应快反应矿物 M_1 摩尔数	1.5

径向模型定义如下。

无因次孔隙度：
$$\varphi_D = \varphi/\varphi_0 \tag{5-85}$$

无因次酸浓度：
$$C_{ADj} = C_{Aj}/C_{A0j} \tag{5-86}$$

矿物 j 的无因次浓度：
$$C_{mDj} = (C_{mj} - C_{mrj})/(C_{m0j} - C_{mrj}) \tag{5-87}$$

硅胶的无因次浓度：
$$C_{mD3} = C_{m3}/\sigma_8(C_{m01} - C_{mr1}) \tag{5-88}$$

无因次表观速度：
$$U_D = U_j/U_{0j} \tag{5-89}$$

无因次时间：
$$t_D = tU_{w,0}/(\varphi_0 r_w) \tag{5-90}$$

$$N_{Daj} = \begin{cases} [k_{Rj}\sigma_j(C_{m0j} - C_{mrj})]r_w/U_{w,0} & (j=1,2) \\ [k_{Rj}\sigma_j(C_{m01} - C_{mr1})]r_w/U_{w,0} & (j=3,4) \end{cases} \tag{5-91}$$

$$V_D = \frac{1-\varphi_0}{1-\varphi} \tag{5-92}$$

$$N_{Acj} = \begin{cases} \varphi C_{A0j}/[(1-\varphi_0) \cdot \sigma_j \cdot (C_{m0j} - C_{mrj})] & (j=1,2) \\ \varphi C_{A0j}/[(1-\varphi_0) \cdot \sigma_j \cdot (C_{m01} - C_{mr1})] & (j=3,4) \end{cases} \tag{5-93}$$

Lindsay 利用与上述模型对应的线性模型对高温情况下岩心线性驱替实验结果进行了预测，预测能力与分布参数模型相比有所提高。有必要对四个动力学参数 $N_{Daj}(j=1,2,3,4)$ 的确定进行说明。对于 N_{Da1} 和 N_{Da2} 是这样考虑的：通过分布参数模型进行拟合，或利用由实验得出的作为温度函数的经验关系式来确定。对于 N_{Ac1} 和 N_{Ac2} 可由其定义得出，因为涉及的有关参数都是已知的，若有必要再进行调整。N_{Da3} 和 N_{Da4} 可由 N_{Da1} 和 N_{Da2} 计算得知，这可由其定义明显看出：

$$N_{Ac3} = \frac{\sigma_1}{\sigma_3}N_{Ac1} \tag{5-94}$$

$$N_{Ac4} = \frac{\sigma_1}{\sigma_4}N_{Ac4} \tag{5-95}$$

Lindsay 的实验与模拟所得到的无因次酸浓度与无因次矿物浓度与结果表明，可以观察到有较多的硅胶沉淀在岩心里。比较关心的问题是这些沉淀是否会导致渗透率的降低。Chueng 和 Van Arsdale、Crave 采用长岩心、在高温条件下的研究结果指出所分析的岩心渗透率没有降低。但是 Chueng 的实验则表明常规土酸（3%HF+12%HCl）的性能优于其他类型的缓速酸，穿透深度比预料结果更大。这一点可由 H_2SiF_6 参与反应后增加的溶解能力对黏土的溶解来解释。Lindsay 的实验渗透率演变曲线表明硅胶对岩心没有伤害。在 HF 驱替实验过程中，通常渗透率先降低，在注入几倍孔隙体积酸液后，渗透率恢复到初始值，之后随酸液的不断注入，渗透率持续增大。

酸液二维流动反应的封闭无因次模型如下。

HF 浓度分布物质平衡方程：

$$\begin{cases} \varphi_D \dfrac{\partial C_{AD1}}{\partial t_D} + \dfrac{u_D}{r_D} \cdot \dfrac{\partial C_{AD1}}{\partial r_D} = -C_{AD1}\left(\sum\limits_{j=1}^{2} N_{Daj} \cdot C_{mDj} + \sigma_8 N_{Da3} C_{mD3}\right) \\ C_{AD1}(r_D, 0) = 0 \\ C_{AD1}(1, t_D) = 1 \\ C_{AD1}(r_D(r_e), t_D) = 0 \\ C_{AD1}(r_D(r_{ef}), t_D) = 0 \end{cases} \tag{5-96}$$

H_2SiF_6 浓度分布物质平衡方程：

$$\begin{cases} \varphi_D \dfrac{\partial C_{AD2}}{\partial t_D} + \dfrac{U_D}{r_D} \dfrac{\partial C_{AD2}}{\partial r_D} = -\left(\sum\limits_{j=1}^{3} \dfrac{\sigma_{j+4}}{\sigma_j} N_{Daj} C_{mDj}\right) C_{AD1} - N_{Da4} C_{mD1} C_{AD2} \\ C_{AD2}(r_D, 0) = 0 \\ C_{AD2}(1, t_D) = 0 \\ C_{AD2}(r_D > r_D(r_{ef}), t_D) = 0 \\ C_{AD2}(r_D(r_e), t_D) = 0 \end{cases} \tag{5-97}$$

快反应矿物（M_1）物质平衡方程：

$$\begin{cases} \dfrac{\partial C_{mD1}}{\partial t_D} = -(N_{Da1} N_{Ac1} C_{AD1} + N_{Da4} N_{Ac4} C_{AD2}) C_{mD1} V_D \\ C_{mD1}(r_D, 0) = 1 \\ C_{mD1}(1, t_D) = 0 \\ C_{mD1}(r_D(r_e), t_D) = 1 \\ C_{mD1}(r_D > r_D(r_e), t_D) = 1 \end{cases} \tag{5-98}$$

慢反应矿物（M_2）物质平衡方程：

$$\begin{cases} \dfrac{\partial C_{mD2}}{\partial t_D} = -N_{Da2} N_{Ac2} C_{AD1} C_{mD2} V_D \\ C_{mD2}(r_D, 0) = 1 \\ C_{mD2}(1, t_D) = 0 \\ C_{mD2}(r_D(r_e), t_D) = 1 \\ C_{mD2}(r_D > r_D(\rho_e), t_D) = 1 \end{cases} \tag{5-99}$$

硅胶（M_3）物质平衡方程：

$$\begin{cases} \dfrac{\partial C_{mD3}}{\partial t_D} = -(N_{Da4} N_{Ac4} C_{AD2} C_{mD1} + N_{Da3} N_{Ac3} C_{AD1} C_{mD3}) V_D \\ C_{mD3}(r_D, 0) = 0 \\ C_{mD3}(1, t_D) = 0 \\ C_{mD3}(r_D(r_e), t_D) = 0 \\ C_{mD3}(r_D > r_D(r_e), t_D) = 0 \end{cases} \tag{5-100}$$

式中，r_e、r_{ef} 分别为外边界和有限作用范围距离。

两酸三矿物模型预测的酸和矿物浓度分布模拟计算结果如图 5-10 所示。

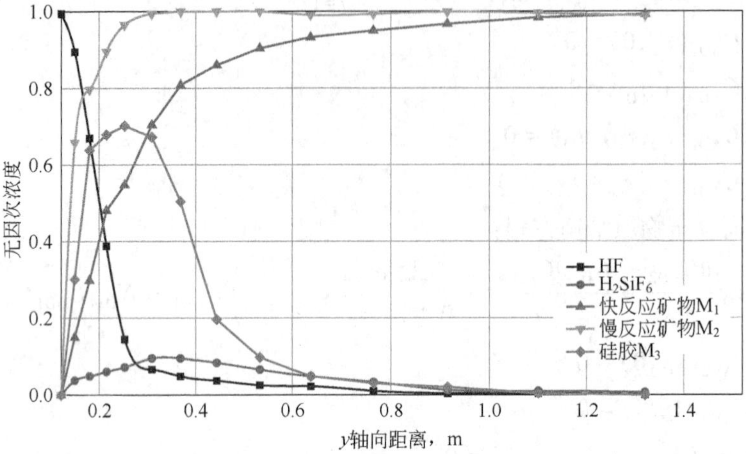

图 5-10　注完主体酸液时酸浓度、矿物浓度分布曲线

（七）各种模型对比

上述砂岩酸化模型是砂岩设计计算和效果预测的核心，总体上可以分成两大类。一类是从微观上引入孔隙大小分布函数来描述复杂的三维空间注酸后孔隙结构的变化，这类模型即 Gidley 和 Schechter 的毛细管模型以及 Williams 和 Whiteley 的慢反应模型。另外一类模型则不依赖于孔隙结构形状的描述，而是依照试验结果，通过试验确定渗透率和孔隙度的关系、可溶矿物的含量、矿物的溶解速度等，然后从宏观上描述酸—岩反应的规律，其中有代表性的有 Hekim 等人的狭义分布参数模型和 Taha 等人的非均质模型。

不管是哪一类模型，其目的都是试图建立起由于酸的溶蚀而引起的孔隙度和渗透率的变化关系。但是由于岩石孔隙介质结构和酸反应过程的复杂性，以及各个模型建模的假设条件不同，求解结果自然不一样，Schechter 等人的毛细管模型虽然较好地反映了酸液流经多孔介质时因表面反应引起的孔隙结构变化，但模型中引入了孔隙大小分布函数和孔隙度增量函数，使模型的表达式变得复杂而又难以求解；Williams 等人的模型需用实验手段确定出与岩石、酸及酸—岩反应特征有关的有效反应速度常数后，模型才得到简化和应用，但由于实验难度大，且不同岩石的有效反应速度常数相差甚远，从而限制了该模型的应用。同样，Fogler 等人的模型和 Labrid 等人的模型均有其各自的不足，所以在实际中难以应用。

Hekim 等人提出描述多种矿物与酸液竞争反应情形的狭义分布参数模型，克服 Fogler 等人集总参数模型的不足。在模型中考虑了不同矿物与酸液的反应，用化学计量系数建立酸反应速度和矿物溶解速度的关系，并考虑了孔隙度的变化。因此，Hekim 等人的模型能较真实地描述酸—岩反应过程，有较大的实用价值。

正是由于 Hekim 等人的出色工作，才使目前国内外普遍推崇的 Taha 非均质模型得以问世。由于 Taha 非均质模型根据分布参数模型将砂岩矿物分为易溶的硅酸盐和难溶的石英两大类，同时将油气藏划分为不同的小层，考虑了地层在垂直和径向渗透率的变化，故该模型较好地模拟了实际酸化过程。而赵立强、任书泉发表的多层砂岩基质酸化模型，其核心仍是 Hekim 的分布参数模型。

Da Motta 等人在狭义分布参数模型基础上，考虑到 H_2SiF_6 能够在高温条件下参与反应，对快反应矿物进行溶解，以及中间产物硅胶与 HF 的反应，导出的广义分布参数模型，即考虑两种酸、三种矿物的参数模型。该模型尽管考虑的因素更多，但是实际计算中的参数很难取全取准，且未结果广泛的测试和验证。作为理论研究有其意义，实际应用则仍有局限性。

四、酸浓度与矿物浓度分布模型

（一）盐酸与碳酸盐岩矿物浓度分布模型

盐酸前置液的主要作用之一是溶解地层中的碳酸盐矿物，随着碳酸盐矿物的溶解，地层的孔隙度和渗透率要发生变化。盐酸前置液与碳酸盐矿物反应的数学模型如下。

1. 假设条件

① 忽略 H^+ 扩散传质；
② 砂岩地层各向同性；
③ 酸在孔隙中的流动为单相径向流动，且服从达西定律；
④ 孔隙中各点的酸浓度在纵向上不发生变化，且等于孔隙壁面的酸浓度。

2. 网格的划分

以油管中心为轴，采用块中心网格，在径向上将单元体划分为 N_2 个径向网格，每个单元体的面积为：

$$\pi(r_i^2 - r_{i-1}^2), r_i = ar_{i-1}(i=1,2,\cdots,N_2), a>1$$

3. 单元体的选取

在地层中选取一个微元体，如图 5-11 所示。

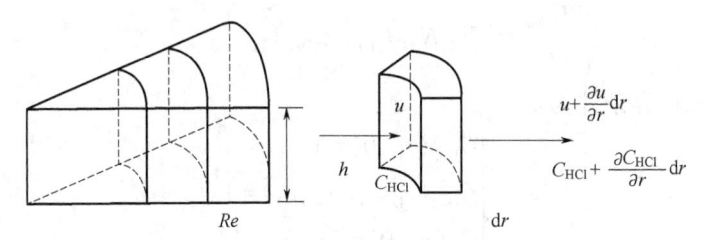

图 5-11　微元体的选取示意图

4. 盐酸浓度分布模型

前置液中盐酸参加溶蚀反应的盐酸浓度分布模型如下式所示：

$$\begin{cases} \Phi \dfrac{\partial C_{HCl}}{\partial t} + u \dfrac{\partial C_{HCl}}{\partial r} = r_{HCl} \\ \dfrac{\partial (1-\Phi) C_{ca}}{\partial t} = r_{ca} \\ r_{HCl} = \sigma_{ca} r_{ca} \\ r_{ca} = -k_{rca} C_{HCl} (C_{ca} - C_{irca}) \end{cases} \quad (5-101)$$

其初始条件和边界条件为:

$$\begin{cases} C_{ca}(r,0) = C_{ca0}, C_{HCl}(r,0) = 0 \\ C_{ca}(r_w,t) = 0, C_{HCl}(r_w,t) = C_{HCl} \\ C_{ca}(r>r_{ef},t) = C_{ca0}, C_{HCl}(r>r_{ef}) = 0 \end{cases} \quad (5-102)$$

式中 r_{HCl}——盐酸和碳酸盐反应时的反应速度;

σ_{ca}——碳酸盐矿物的化学计量系数(定义为溶解1mol碳酸盐所需盐酸的摩尔数);

r_{ca}——碳酸盐的溶解速率;

k_{rca}——碳酸盐的反应速率常数。

5. 数学模型的求解

首先,需要对公式涉及的参数进行定义,各无因次参数定义如下:

$$t_D = \frac{V_{w0}t}{\Phi_0 r_w}, r_D = \frac{r}{r_w}, C_D = \frac{C}{C_0}, C_{Dca} = \frac{C_{ca} - C_{irca}}{C_{ca0} - C_{irca}}$$

$$N_{Da} = \frac{K_{ca}(C_{ca0} - C_{ir}C_a)r_w \sigma_{ca}}{V_{w0}}, N_{AC} = \frac{\Phi_0 C_D}{\sigma_{ca}(1-\Phi_0)(C_{ca0} - C_{irca})}$$

$$\Phi_D = \frac{\Phi}{\Phi_0}, V_D = \frac{1-\Phi_D}{1-\Phi}, U_D = \frac{V_{wi}}{V_{w0}}$$

则盐酸和碳酸盐岩反应无因次数学模型可变为:

$$\begin{cases} \Phi_0 \frac{\partial C_{DHCl}}{\partial t_D} + \left(\frac{U_D}{r_D}\right)\left(\frac{\partial C_{DHCl}}{\partial r_D}\right) = -C_D N_{Da} C_{Dca} \\ \frac{\partial C_{Dca}}{\partial t_D} = -N_{Da} N_{AC} C_{DHCl} C_{Dca} V_D \end{cases} \quad (5-103)$$

其初始条件和边界条件为:

$$\begin{cases} C_{Dca}(r_D,0) = 1 \\ C_{Dca}(r_D > r_{ef}/r_w, t_D) = 1 \\ C_D(r_D,0) = 0 \\ C_D(r_D = 1, t_D) = 1 \end{cases} \quad (5-104)$$

显式差分格式的稳定性条件为:

$$\Delta t_D \leq 0.5(\Delta r_D)_{min}$$

式中,$(\Delta r_D)_{min}$ 为最小的径向步长。

(二)氢氟酸与硅质矿物浓度分布模型

酸浓度及矿物浓度分布模型是砂岩设计计算和效果预测的核心,其优劣直接明显影响酸化模拟结果。在Hekim等人提出狭义分布参数模型基础上,全面考虑温度、多组分矿物、多层及地层伤害等因素的影响,提出了单层或多层同时酸化、各层存在不同污染区时的酸浓度分布计算模型。

1. 假设条件

① 忽略分子扩散作用；
② 孔隙中酸浓度与孔隙壁面酸浓度相同；
③ 储层岩石可分为有限的几种矿物成分，酸与不同矿物的反应分别按各自的动力学方程进行；
④ 酸在储层孔隙中呈单相径向流动；
⑤ 注处理液时，假定储层中的碳酸盐类已由前置液中 HCl 溶解，处理液中 HCl 不再参加反应。

2. 单元体的划分

设井半径为 r_w，以油管为轴，采用块中心网格，将第 k 小段在径向上划分为 M 个径向单元体，图 5-12 是块中心网格示意图，微元体的选取参见图 5-13。

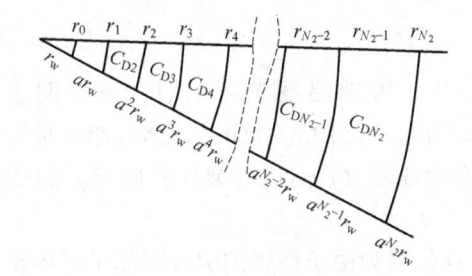

图 5-12 块中心网格示意图

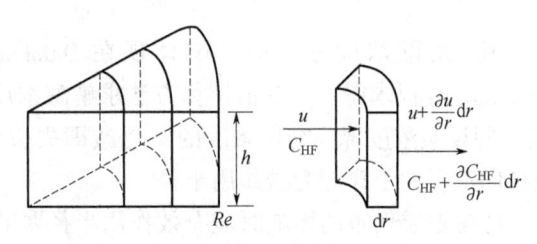

图 5-13 微元体选取示意图

3. 酸浓度、矿物浓度分布模型

利用酸—岩反应摩尔平衡式可导出酸沿地层径向流动反应的偏微分方程，无因次形式方程为：

$$\frac{\partial C_D}{\partial t_D} + \frac{U_D}{r_D}\frac{\partial C_D}{\partial r_D} = -C_D \sum_{j=1}^{j} N_{DAj} C_{Dj} \quad (5-105)$$

$$\frac{\partial C_{Dj}}{\partial t_D} = -N_{DAj} N_{ACj} C_D C_{Dj} V_D \quad (5-106)$$

式(5-105)为酸浓度分布方程，式(5-106)为矿物浓度分布方程。下标 j 为矿物各类下标，$j=1,2,\cdots,J$，J 为岩石矿物组分总数。边界条件为：

$$C_D(1,t_D)=1, C_{Dj}(1,t_D)=0$$

$$C_D\left(\frac{r_e}{r_w},t_D\right)=0, C_{Dj}\left(\frac{r_e}{r_w},t_D\right)=1$$

$$C_D(r_D>R_{efn}/r_w,t_D)=0, C_{Dj}(r_D>R_{efn}/r_w,t_D)=1$$

初始条件为：

$$C_D(r_D,0)=0, C_{Dj}(r_D,0)=1$$

构造隐式差分求解。

式中　C_D——无因次酸浓度，$C_D = \dfrac{C}{C_0}$；

　　　C_{Dj}——无因次矿物浓度，$C_{Dj} = \dfrac{C_j - C_{ir,j}}{C_{0j} - C_{ir,j}}$；

　　　r_D——无因次半径，$r_D = \dfrac{r}{r_w}$；

　　　t_D——无因次时间，$t_D = \dfrac{tV_{w,0}}{\phi_0 r_w}$；

　　　N_{DAj}——矿物 j 的 Damkohler 数，$N_{DAj} = \dfrac{K_{rj}(C_{0j} - C_{irj}) r_w \sigma_j}{V_{w,0}}$；

　　　N_{ACj}——矿物 j 的酸溶量数，$N_{ACj} = \dfrac{\phi C_0}{\sigma_j (1 - \phi_0)(C_{0j} - C_{irj})}$；

　　　V_D——无因次岩石体积，$V_D = \dfrac{1 - \phi_0}{1 - \phi}$。

温度对酸浓度分布的影响体现在 Damkohler 数中，考虑温度的影响时，可借助于 Arrhenius 方程求得。用数值计算方法求解酸浓度分布方程，解出 C_D 后即可计算酸作用半径 R_{ef}，假设酸浓度降为初始浓度的 ε 倍酸即失去活性变为残酸（ε 由试验或经验确定）时酸液径向流经的距离即为酸作用半径。

考虑地层伤害的影响时酸有效作用半径要减少，这是因为由于伤害的引入增加了可溶矿物浓度。在计算中，将引入的伤害物看作是一种可酸溶矿物，由伤害程度判别出的渗透率降低数值可计算出其孔隙度改变值，从而将引入的堵塞物浓度算出。在计算中要判断 r 是否大于污染半径，在污染半径以为污染物浓度为零。

4. 实例计算

图 5-14 至图 5-16 是利用西南石油大学研制的软件计算结果图。原始数据是我国海上某油田的储层数据，见表 5-2。

表 5-2　我国海上某油田的储层数据

层号	碳酸盐含量 %	黏土含量 %	厚度 m	渗透率 $10^{-3} \mu m^2$	孔隙度
1	5	28.6	0.6	1244.2	0.315
2	4	20.1	7.1	620.8	0.302
3	5	19.3	8.6	2077.2	0.32
4	6	14.9	7.6	2841.6	0.319
5	4	22.7	7.5	1568.8	0.319
6	5.5	4.8	11.5	1923.5	0.322
7	4	9.7	1	1076.7	0.313
8	3	11.3	10.9	2017.3	0.327

计算结果表明（图 5-14）：酸浓度沿径向下降速度很快，其作用范围从零点几米到一米多不等，这主要是因为不同的地层矿物成分的差异和伤害程度差异，使得处理液在流动过程

中的消耗速度不同。

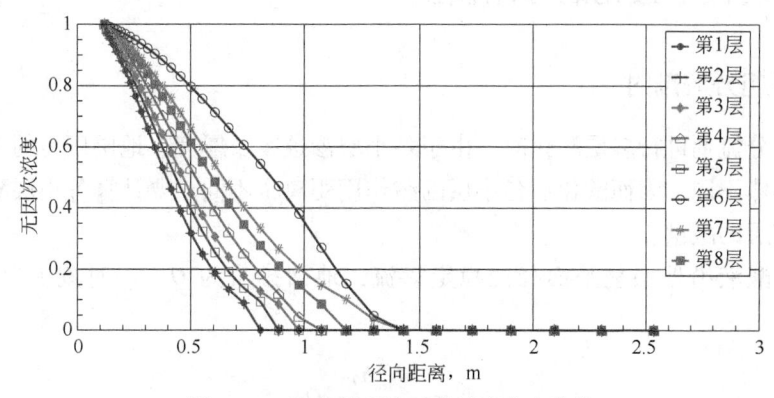

图 5-14　注完处理液时酸浓度分布曲线

由快反应矿物（硅酸盐类）浓度分布（图 5-15）可知，其矿物沿地层在处理液的有效作用范围内恢复到地层原始浓度。

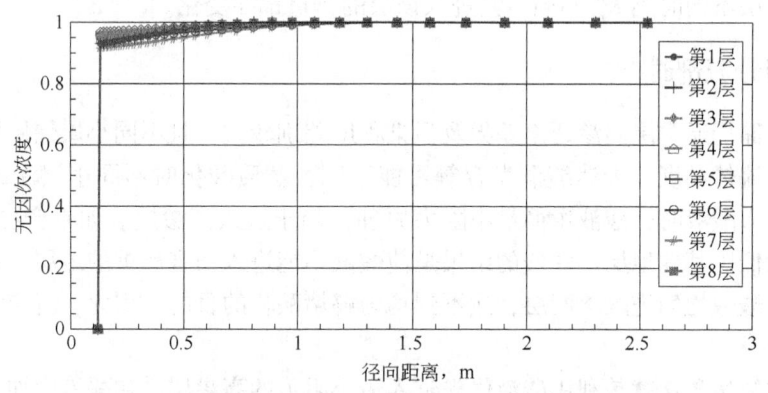

图 5-15　注完处理液时矿物浓度分布曲线（快反应矿物）

由慢反应矿物（石英类）浓度分布（图 5-16）可知，石英类的溶蚀量很少，只有近井地带很小范围内被溶蚀掉，其浓度恢复到原始浓度的速率比硅酸盐类更快。这是由于石英与活性酸反应速率较慢，一般比硅酸盐类的反应速率少两个数量级，大量的活性酸与硅酸盐类和其他伤害物反应所致。

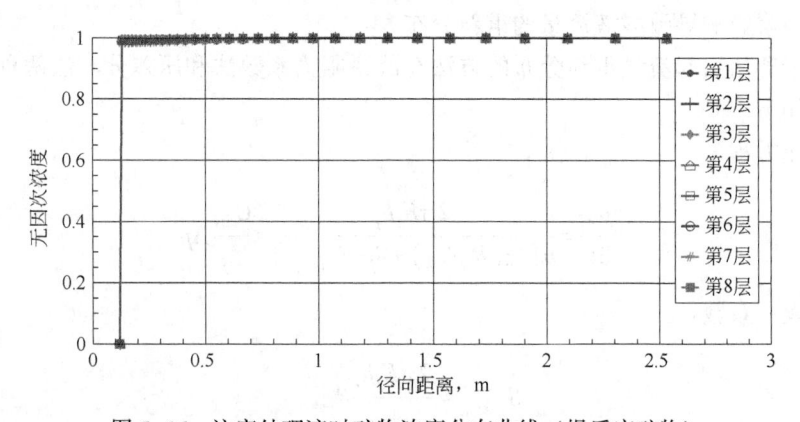

图 5-16　注完处理液时矿物浓度分布曲线（慢反应矿物）

五、砂岩储层酸化的分流模型

(一) 不加分流剂时

不加暂堵分流剂进行多层酸化时，由于各小层渗透率及厚度、地层压力的不同，进入各小层的酸量必然不同，因而酸化后各小层的酸作用距离也不同。要计算各小层酸化距离，必先计算流入该层的酸量。

设各小层酸液沿地层呈平面径向稳定渗流，地面排量为 Q，t_n 时刻 K 在小层的排量 q_i^K 为：

$$q_n^K = \frac{K_n^K h_K}{\sum\limits_{K=1}^{N_L} K_n^K h_K} Q \tag{5-107}$$

式中，K_n^K 为 K 小层 t_n 时刻地层平均渗透率，可通过不同时刻各小层渗透率面积加权平均得到。由于各小层不同时刻 K_n^K 不同，其进入该层的排量都在变化。

(二) 加分流剂时

多层砂岩储层通常层间渗透率差异及污染程度差别较大，且不同小层储层压力，所含流体的压缩性、流体黏度、天然缝洞发育等可能不同，基质酸化时不同小层注入能力十分悬殊，向地层注入酸液时，酸液遵循最小阻力原理，趋于进入高渗层。如果产层受伤害严重，其渗透率大大低于其他地层，注酸的结果是使酸液不能进入伤害严重的地层。在不采取措施时是不能保证酸液均匀进入不同层，达不到均匀解堵酸化的目的。因此，就应考虑采用分流或暂堵技术。

化学微粒暂堵酸化就是利用酸液优先进入最小阻力的高渗层，在酸液中加入适当的化学微粒暂堵剂，随着注酸过程的进行，高渗层吸酸多，暂堵剂进入量也多，对高渗层的堵塞也较大，从而逐步改变进入各小层的酸量分布，最后达到各层均匀进酸的目的。这样让酸液充分进入渗透率较低或伤害严重的层，获得较好的解堵酸化效果。

加入暂堵剂后，一方面由于酸化过程的进行，酸溶解矿物后要扩大地层渗流通道。另一方面，暂堵剂的注入，在井壁形成滤饼，阻止酸液的流动。因此，模拟计算中应充分注意到这两方面的因素影响导致酸液流量的重新分布。

确定由于暂堵引起流量重新分布的方法有滤饼阻力系数法和压差分流法两种，其中滤饼阻力系数法如下。

滤饼增速方程：

$$\frac{d\rho_{Af}}{dt} = \frac{2\pi K_j h_j}{\mu[\lg(R_e/r_w)+S_j+S_{cake,j}]} \times \frac{C_{div}}{A_j}\Delta p \tag{5-108}$$

滤饼拟表皮系数：

$$S_{cake,j} = \frac{2\pi K_j h_j}{A_j} R_{cake,j} \tag{5-109}$$

滤饼沉积面积 A_j：

$$\left.\begin{array}{ll} 裸眼井： & A_j = 2\pi r_w h_j \\ 射孔井： & A_j = N_{pj}(2\pi r_p L_{pj} + \pi r_p^2) \end{array}\right\} \quad (5-110)$$

两种方法求解式(5-108)。一种是定压方法：地面恒压注入，Δp 为常值，直接求解式(5-108)。另一种是定排量方法：地面压力变化，Δp 不为常值，由下式先计算 Δp。

设地面排量为 Q_t，则：

$$Q_t = \sum_{j=1}^{N_L} q_j = \frac{2\pi v \Delta p}{\mu} \sum_{j=1}^{N_L} \frac{K_j h_j}{\mu [\lg(R_e/R_w) + S_j + S_{cake,j}]} \quad (5-111)$$

其中

$$R_{cake,j} = \frac{\Delta p_{cake}}{\mu u}$$

式中 ρ_{Af}——岩石表面每单位面积沉积的滤饼质量；
C_{div}——考虑了温度及携带液组分的溶解效应之后的暂堵剂净浓度；
S_j——第 j 小层地层伤害引起的表皮系数；
$S_{cake,j}$——第 j 小层由于暂堵剂滤饼引起的拟表皮系数；
A_j——第 j 小层滤饼沉积的面积；
$R_{cake,j}$——滤饼阻力，由试验确定；
Δp_{cake}——流过滤饼的压降；
μ——流体黏度；
u——流体渗流速度；
r_p——射孔眼半径；
L_p——射孔眼长度；
N_{pj}——第 j 层的射孔眼总数；
Q_j——第 j 层 t 时刻的流量；
V_j——第 j 层的累计注入量。

解出 $\dfrac{d\rho_{Af}}{dt}$ 后，可计算各层 Q_j 和 V_j，a_1 和 a_2 为实验测定的暂堵剂参数。

图 5-17 和图 5-18 是西南石油大学研制的暂堵分流酸化软件模拟的注液过程中的分流情况。

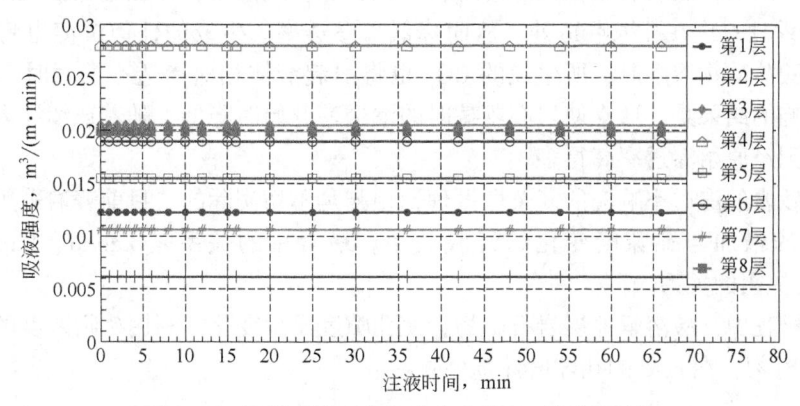

图 5-17 注处理液时流量分布曲线（不加暂堵剂）

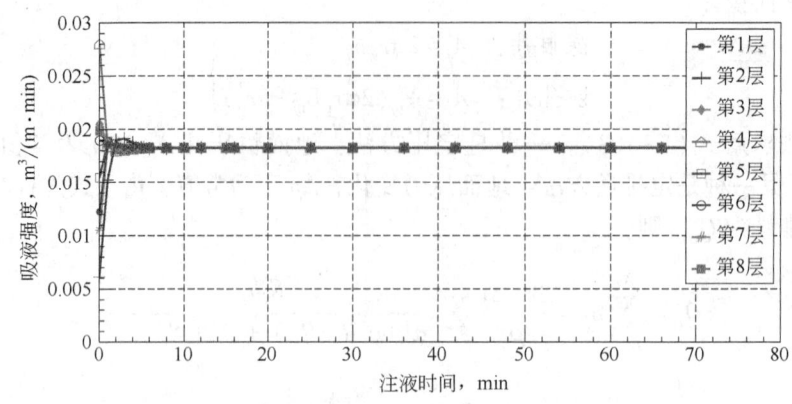

图 5-18 注处理液时流量分布数据表（加 5%暂堵剂）

图 5-17 和图 5-18 对应的不同注液时刻的分流量曲线。可以看出不加暂堵剂时第 4 层（渗透率最高，为 $2841.6\times10^{-3}\mu m^2$）吸酸强度最大，为 $0.02799 m^3/(m \cdot min)$，而渗透率最低的第 2 层（渗透率为 $620.8\times10^{-3}\mu m^2$）的吸酸强度则仅为 $0.00611 m^3/(m \cdot min)$。显然不可能达到对各小层的均匀解堵。

当加有暂堵剂时，显然在注液初期渗透率不同的各小层的流量也有很大差别，但随着暂堵剂作用的发挥，随着时间的增加，各层吸酸强度逐渐均衡，经过几分钟达到有效暂堵后，吸酸强度基本趋于一致。说明暂堵剂起到了分流效果，处理液中加入暂堵剂可以进一步保证各层均匀进酸。

由此说明，在前置液和处理液中加入暂堵剂，对达到各层均匀进酸，提高酸化效果是非常必要的。如果不加暂堵剂只能使纵向渗透率差异和非均质性加大，对低渗透层吸液或产液都十分不利。

六、砂岩储层酸化的孔隙度、渗透率分布

为了预测地层对酸化的反应，有必要预测在酸溶解某些地层矿物和另一些矿物沉淀时渗透率的变化。作为酸化的一个结果，渗透率的变化是一个复杂的过程，由于它受孔隙介质中多个不同的，有时是对抗性因素的影响。当孔隙和孔隙喉道由于矿物溶解而扩大时，渗透率因此而增大。同时，随着胶结物质的溶解，小颗粒被释放出来，并且这些颗粒的一部分将堵塞（也许是暂时的）在孔隙喉道处，从而降低了渗透率。生成的任何沉淀也将倾向于减小渗透率。碳酸盐矿物溶解时，所生成的 CO_2 也将引起液体相对渗透率的暂时降低；这些对抗性因素影响的结果是，通常使岩心驱替时的渗透率开始时降低，随着连续注入酸，渗透率最终将增加到经原始渗透率高得多。

对真实砂岩的渗透率响应的复杂性做理论预测是不切实际的。目前普遍采用的是酸化过程中渗透率的增加与孔隙度变化的经验关系。最常用的关系是 Labrid、Lund 和 Fogler、Lambert 等人提出的关系。

在酸化过程中，酸溶解地层岩石矿物，使孔隙度发生变化，利用矿物浓度的体积平衡方程可推得 t_n 时刻，在 r_i 处的孔隙度计算公式：

$$\phi = \phi_0 + (1-\phi_0)(C_{m0j} - C_{mj})\frac{W_j}{\rho_j} \qquad (5-112)$$

式中 C_{0j}——j 矿物的初始浓度；

C_j——j 矿物浓度。

酸化获得的渗透率增加是由于溶解矿物后孔隙度的改变而引起的；假设渗透率的变化完全由孔隙度的直接影响。

Labrid 提出的简单的指数关系表示：

$$\frac{K}{K_0} = M\left(\frac{\phi}{\phi_0}\right)^n \tag{5-113}$$

式中，K_0 和 ϕ_0 是初始渗透率和孔隙度，K 和 ϕ 是酸化后的渗透率和孔隙度。M 和 n 是经验常数，对于 Fontainbleau 砂岩，通常为 1 和 3。

Lund 和 Fogler 的经验关系式为：

$$\frac{K}{K_0} = \exp\left[M\left(\frac{\phi-\phi_0}{\Delta\phi_{max}}\right)\right] \tag{5-114}$$

式中，$M = 7.5$ 和孔隙度最大变化值 $\Delta\phi_{max} = 0.08$ 是 Phacoides 砂岩的最好拟和数据。

Lambert 经验关系式为：

$$\frac{K}{K_0} = \exp[45.7(\phi-\phi_0)] \tag{5-115}$$

当 $M/\Delta\phi_{max} = 45.7$ 时，Labert 的表达式等同于 Lund 和 Fogler 的表达式。

用建议的这些常数值，Labrid 关系所预测的渗透率增加最小，其次是 Lambert 关系式，然后是 Lund 和 Flgler 关系式。在用这些关系式时，最好的方式是根据岩心驱替响应（如果有的话）选取经验常数。如果缺乏具体地层的数据时，Labrid 方程将得出最保守的设计。

【例 5-1】 预测酸化的渗透率变化

一个砂岩初始孔隙度为 0.2，初始渗透率是 $20 \times 10^{-3} \mu m^2$，在污染区内含有 10%（体积分数）的碳酸盐和快速反应矿物。利用每一个渗透率关系式计算解除所有这些矿物后的渗透率。

解：酸化引起的孔隙度变化以初始总体积的分数表示，即固体 $(1-\phi)$ 体积乘以溶解的固体分数：

$$\Delta\phi = (1-0.2) \times 0.1 = 0.08 \tag{5-116}$$

因此，酸化后的孔隙度是 0.28。预测的酸化后的渗透率为如下。

Labrid 关系式：

$$K = 20 \times 10^{-3} \mu m^2 \left(\frac{0.28}{0.2}\right)^3 = 55 \times 10^{-3} \mu m^2 \tag{5-117}$$

Lund 和 Fogler 关系式：

$$K = 20 \times 10^{-3} \mu m^2 \exp\frac{7.5 \times 0.08}{0.08} = 3.6 \times 10^4 \times 10^{-3} \mu m^2 \tag{5-118}$$

Lambert 关系式：

$$K = 20 \times 10^{-3} \mu m^2 \exp(45.7 \times 0.08) = 770 \times 10^{-3} \mu m^2 \tag{5-119}$$

用这三个关系式所预测的渗透率相差达多个数量级，这说明在预测砂岩酸化后的渗透率响应方面仍有很大的不确定性。这些关系式都是基于具体砂岩的实验建立的，很明显，这些地层的孔隙结构对酸的反应可能差别极大。

有关孔隙度与渗透率关系的公式还有数种,实际中可进行选择。但所有公式都不能解释在砂岩酸化初期常常发生的渗透率的降低。计算中可由试验曲线加校正系数的办法解决。

由图 5-19 和图 5-20 所示的实际地层酸化孔隙度和渗透率分布曲线可看出,在酸液的有效作用范围内,酸化后的孔隙度和渗透率比原始值有所提高,近井地带渗透率得到了改善和恢复。由此说明基质酸化是解除近井地带堵塞的一种有效措施。

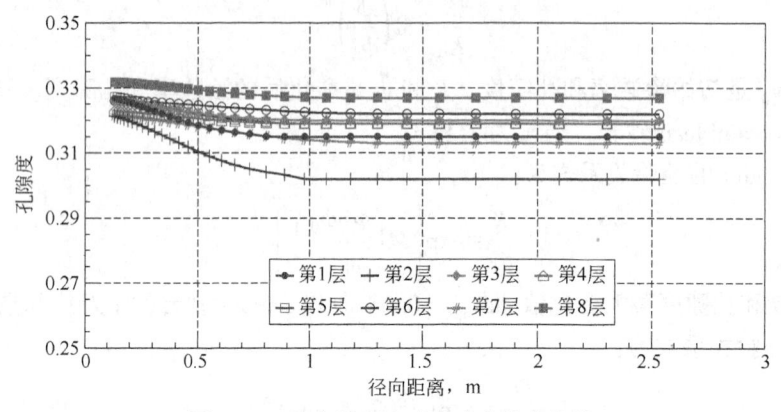

图 5-19　注完处理液时孔隙度分布曲线

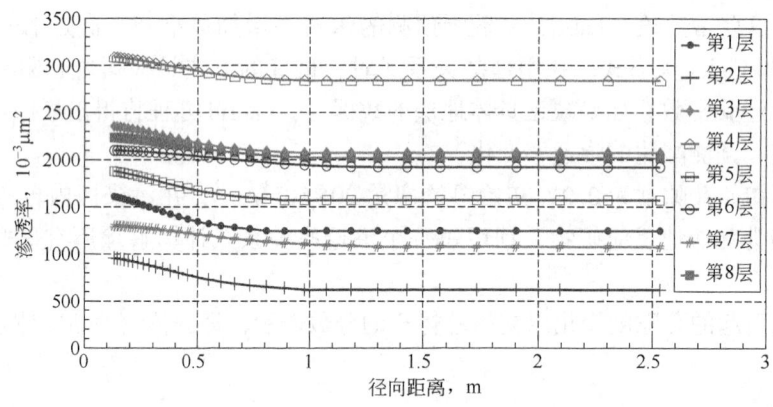

图 5-20　注完处理液时渗透率分布曲线

七、砂岩储层酸化效果预测

以酸化后增产倍比来预测酸化效果。推导增产倍比计算公式的基本假设:水平、均质等厚地层,无压缩流体作单相稳定渗流。

(一) 地层未受伤害

酸化前,其产量按稳定平面径向流计算为:

$$q_0 = \frac{h(p_e - p_{wf})}{\mu \int_{r_w}^{r_e} \frac{dr}{2\pi r K(r)}} \tag{5-120}$$

酸化后,设酸液有效作用半径为 r_a,r_a 内地层渗透率提高到 $K_a(r)$,则其产量为:

$$q_0 = \frac{h(p_e - p_{wf})}{\mu \int_{r_w}^{r_a} \frac{dr}{2\pi r K_a(r)} + \mu \int_{r_a}^{r_e} \frac{dr}{2\pi r K(r)}} \quad (5-121)$$

设 $K(r) = K_0$，$K_a(r) = K$，便可得到增产倍比表达式：

$$J/J_0 = \frac{\ln \dfrac{r_e}{r_w}}{\dfrac{K_0}{K} \ln \dfrac{r_a}{r_w} + \ln \dfrac{r_e}{r_a}} \quad (5-122)$$

式中　h——地层有效厚度，m；
　　　p_e——地层压力，MPa；
　　　p_w——井底流动压力，MPa；
　　　K_0——地层平均有效渗透率，$10^{-3} \mu m^2$；
　　　μ——黏度，mPa·s；
　　　r_e——泄流半径，m；
　　　r_w——井眼半径，m；
　　　r_a——酸化作用半径，m；
　　　K_0——酸化作用半径内平均有效渗透率，$10^{-3} \mu m^2$；
　　　J/J_0——增产倍比，小数。

（二）地层受伤害

设地层伤害带半径为 r_d，伤害带内渗透率为 K_d，根据伤害带半径和酸化半径的大小关系以及酸化范围内渗透率与原始地层平均渗透率的大小关系分三种情况讨论。

① 若酸化半径刚好等于污染带半径，而酸化后渗透率不等于原始平均渗透率，即 $r_a = r_d$，$K \neq K_0$（$K > K_0$ 或 $K < K_0$），可以推导出增产倍比的计算公式：

$$J/J_0 = \frac{\dfrac{K_0}{K_d} \ln \dfrac{r_d}{r_w} + \ln \dfrac{r_e}{r_d}}{\dfrac{K_0}{K} \ln \dfrac{r_d}{r_w} + \ln \dfrac{r_e}{r_d}} \quad (5-123)$$

② 若酸化半径大于污染带半径，而酸化后渗透率不等于原始平均渗透率，即 $r_a > r_d$，$K \neq K_0$（$K > K_0$ 或 $K < K_0$），增产倍比的计算公式为：

$$J/J_0 = \frac{\dfrac{K_0}{K_d} \ln \dfrac{r_d}{r_w} + \ln \dfrac{r_e}{r_d}}{\dfrac{K_0}{K} \ln \dfrac{r_a}{r_w} + \ln \dfrac{r_e}{r_a}} \quad (5-124)$$

③ 若酸化半径大于污染带半径，而酸化后渗透率不等于原始平均渗透率，即 $r_a < r_d$，$K \neq K_0$（$K > K_0$ 或 $K < K_0$），增产倍比的计算公式为：

$$J/J_0 = \frac{\dfrac{K_0}{K_d} \ln \dfrac{r_d}{r_w} + \ln \dfrac{r_e}{r_d}}{\dfrac{K_0}{K} \ln \dfrac{r_a}{r_w} + \dfrac{K_0}{K_d} \ln \dfrac{r_d}{r_a} + \ln \dfrac{r_e}{r_d}} \quad (5-125)$$

图 5-21 是模拟的不同小层酸化增产倍比随酸化半径的变化关系曲线。

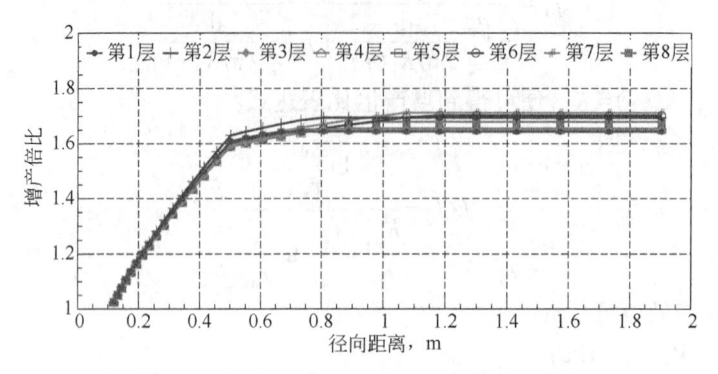

图 5-21 增产倍比随酸化半径变化关系曲线

第二节 碳酸盐岩油气藏基质酸化数值模拟

碳酸盐岩储层基质酸化与砂岩酸相比，其预测过程更加复杂。因为尽管其化学过程方面比较简单，但物理方面要复杂得多。在砂岩中，表面反应速度慢，而且是相对均匀的酸前缘通过孔隙介质的运动。在碳酸盐岩中，表面反应速率快，因此反应速率往往受传质情况的制约，从而导致了非常不均匀的溶解状况。并且常常产生少量的称为酸蚀蚓孔的大通道，如图 5-22 所示。

为了更好地掌握酸在碳酸盐岩中的反应过程，众多的学者对主宰溶蚀孔增长的诸参数进行了数学模拟及实验研究。研究结果表明，这些酸蚀孔的形状结构将取决于许多因素，包括（但不限于）流动几何、注入速度、反应动力学和传质速率。例如，图 5-23 是石灰岩岩心被盐酸非均匀溶解所形成的通道，图 5-24 显示出了酸径向流过水泥柱而产生的酸蚀蚓孔的形状；这种酸蚀蚓孔的分支情况比图 5-23 中所示的要多得多；这两个系统中酸蚀蚓孔发育所需的酸量大不一样。

图 5-22 酸蚀蚓孔模型（据 Olatokunbo，2016）

图 5-23 酸溶解石灰岩产生的溶蚀蚓孔（据张合文等，2017）

图 5-24 酸径向流过水泥柱所形成的溶蚀孔（据 Rick，1999）

由于酸蚀蚓孔比非孔洞型碳盐岩的孔隙要大得多，所以通过被酸蚀蚓孔地带的压降将是很小的。因此，在基质酸化中，根据对酸蚀孔洞穿透深度的认识，就可预测酸化表皮效应的影响。酸蚀蚓孔的形成在酸压裂中也是非常重要的，因为它将增加滤失速度，限制酸沿裂缝的穿透深度。砂岩基质酸化的理论模型并不适用于碳酸盐岩。因为反应过程受到一些非常大的孔隙所控制，这种不适用是很显然的。

一、碳酸盐岩地层基质酸化处理

碳酸盐岩基质酸处理所用酸液均以低于地层破裂压力的压力（及排量）挤入地层。目的是使酸基本沿径向渗入地层，增大井筒周围的表观渗透率。

酸化时，盐酸与石灰岩或白云岩的反应速率很快，在地层中能形成大的流道，通称为"蚓孔"。溶蚀孔始于射孔孔眼，并延伸入地层中，通过这些蚓孔绕过污染区，扩大井眼有效半径，达到增产的目的，从而获得增产效果。为了保持天然液流边界以防止水、气采出，而不能冒险进行压裂酸化时，一般最有效的增产措施就是基质酸化。成功的基质酸化作业往往能够在不增大水、气采出量的情况下提高产油量。

由于蚓孔的形成而使表皮因子降低，其值可按如下公式计算：

$$S = \left(\frac{K}{K_s} - 1\right) \ln \frac{r_s}{r_w} \tag{5-126}$$

式中 K_s ——蚓孔渗透率；
r_s ——蚓孔长度。

显然 $K_s > K$（常规盐酸可认为其是无限导流能力，乳化酸形成的酸蚀孔狭长，导流能力较低，但仍增加 10~50 倍），S 只取决于蚓孔穿透长度 r_s。由于蚓孔的形成而使产量增加倍数可由下式计算：

$$J_A/J = \frac{\ln(r_e/r_w)}{\ln(r_e/r_w) + S} \tag{5-127}$$

无污染碳酸盐岩储层酸化的增产倍比如图 5-25 所示。

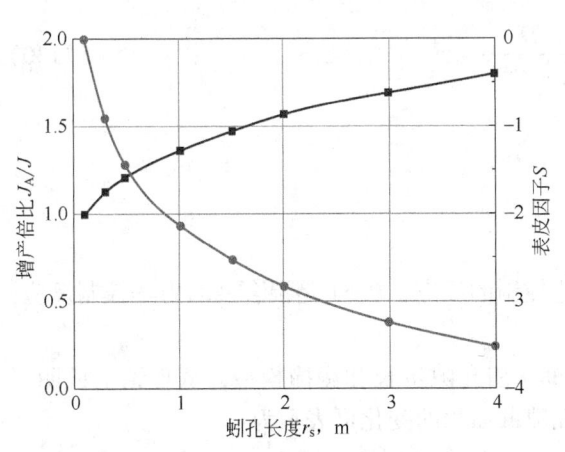

图 5-25 无污染碳酸盐岩基质酸化增产倍比

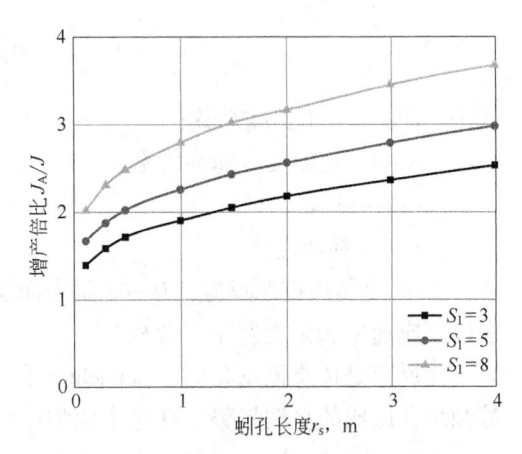

图 5-26 污染碳酸盐岩基质酸化增产倍比

溶蚀孔的长度一般较小，最大理论长度可达到 3m 左右。由于其延伸长度有限，碳酸盐岩的基质酸化通常只能沟通井筒附近的阻流区，并不能取得上述消除地层污染所获得的良好增产效果。如当蚓孔长度达到 3m 时，增产倍比为 1.7，但实际中很难取得这种效果。一般地，碳酸盐岩基质酸化处理的极限增产率为无污染井的 1.5 倍。

当油井受到污染时，存在正的表皮因子，酸化前后的增产倍比可由下式计算：

$$J_A/J_d = \frac{\ln(r_e/r_w) + S_1}{\ln(r_e/r_w) + S_2} \tag{5-128}$$

某特殊情况下，对无污染井采用基质酸化处理亦可获得很好的增产效果。例如，在裂缝比较发育的地层中，酸沿原生裂缝流入，从而获得较好的增产效果。一些裂缝发育的碳酸盐岩中，采用油外相乳化酸进行酸处理所获的增产率比仅靠消除污染实现增产的效果大 2~3 倍。使用的酸液主要有普通盐酸，胶凝酸，乳化酸及泡沫酸等，特别是胶凝酸、乳化酸等的应用国外取得了巨大进展和成功。具体使用三种酸液的酸化效果及其适应性与酸—岩反应特征即基质酸化时蚓孔的形成和发育机理密切相关。

二、酸蚀蚓孔的形成机理

碳酸盐基质的酸化效果取决于酸蚀蚓孔形成的效率。因此，为了预测酸化效果，进行酸化优化设计，必须描述酸蚀蚓孔成长的物理特性，描述酸蚀蚓孔的形成机理，预测蚓孔长度。

目前对于蚓孔的研究者较多。其中以 Daccord 等人的研究具有代表性。Daccord 等人认为在酸的溶解过程中，当大孔隙生长速度大于较小孔隙的生长速度时，就形成了酸蚀蚓孔，因此，大孔隙容纳了不断增长的较大比例的溶解流体，最后变成了酸蚀蚓孔，小孔隙则由于进入酸量少限制了其发展。这就是所谓的蚓孔的竞争发育。当传质和表面反应速率在相当时就会发出这种情况。对于具有反应的圆形孔隙内的流动、传质和表面反应速率的相对影响可用一个动力学参数 P 来表达，即 Thiele 模数的倒数，Daccord 等人定义为扩散流通量与表面反应所消耗的分子流通量的比值：

$$P = \frac{u_d}{u_s} \tag{5-129}$$

$$P = \frac{D}{K_f r_p C^{n-1}} \tag{5-130}$$

式中　D——分子扩散系数；
K_f——表面反应速率常数；
r_p——孔隙半径；
C——酸浓度。

$P \to 0$ 是传质控制反应，$P \to \infty$ 是表面反应控制的反应，$P \to 1$ 是混合型动力学控制反应，表面反应速率和传质速率两者相当。

当反应是传质控制型时，Schechter 和 Gidley 用孔隙生长和碰撞模型，从理论上证明了酸蚀蚓孔形成的自然趋势。在这个模型中，孔隙截面积的变化可表示为：

$$\frac{dA}{dt} = \Psi A^{1-n} \tag{5-131}$$

式中　A——孔隙的截面积；
t——时间；

Ψ——依赖于时间的孔隙生长函数。

$n>0$ 时,较小孔隙的生长快于较大孔隙的生长,不能形成酸蚀蚓孔;$n<0$ 时,较大孔隙的生长快于较小孔隙的生长,将产生酸蚀蚓孔。

Schechter 和 Gidley 发现,当表面反应速率控制整个反应速率时,$n=1/2$,而当扩散控制整个反应速率时,$n=-1$。

Daccord 等人的研究没有考虑酸液通过蚓孔壁面的滤失,显然有其局限性。具有柱形孔隙中的反应流动模式,能用来预测酸蚀孔隙的形成趋势,但不能给出酸蚀蚓孔形成过程的完整情景,因为它们没有包括孔隙中酸液滤失的影响。当酸流过大孔隙或通道时,通过分子扩散酸流动到反应表面,但当酸液接触到与大孔隙相连的较小孔隙时也会通过对流传播。随着大孔隙的生长,流动滤失量中,酸蚀蚓孔壁占有越来越大的部分,并且最终成为酸蚀蚓孔生长的限制因素。通过酸蚀蚓孔壁的滤失导致了如图 5.24 和图 5.25 所示的分枝情况。

因此,是否能形成酸蚀蚓孔,以及酸蚀蚓孔的结构,决定于表面反应、扩散和滤失的相对速度,而所有这些速度又都取决于酸的整个对流速度。随着注入速度增加时,溶蚀状况将进一步变化。对于一个具有很高表面反应速度的系统,例如 HCl—石灰岩系统,酸蚀模型能描述为压实溶解、扩散控制酸蚀蚓、酸液滤失控制酸蚀蚓孔以及均匀溶解型的蚓孔。这些溶蚀情景如图 5-27 所示,是用 Hoefner 和 Fogler 的网络模型预测的。

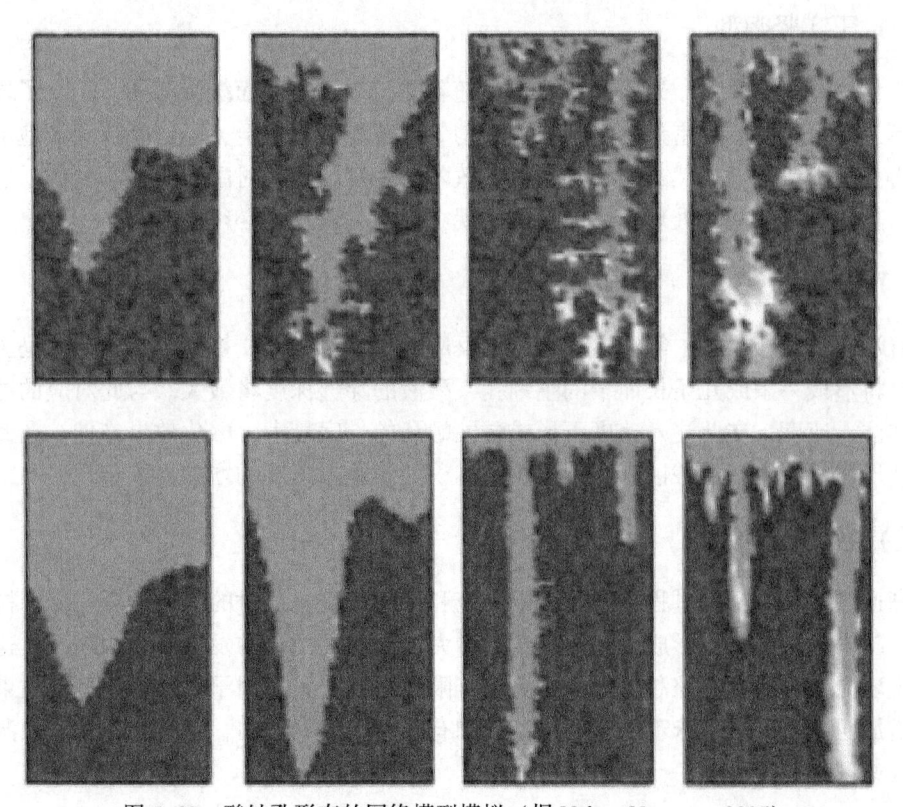

图 5-27 酸蚀孔形态的网络模型模拟(据 Mohan Murtaza,2005)

对于蚓孔的形态目前有普遍的认识是在不同注入速度反应特性下,不管是普通酸还是胶凝酸、乳化酸,都形成三种溶蚀形态(表 5-3)。

表 5-3　酸蚀蚓孔的三种基本形态

流速	低	中	高
岩石微观结构			
反应控制机理	对流扩散控制（稳定）	传质控制（不稳定）	表面反应控制（稳定）
蚓孔形态	紧密型溶蚀	主导蚓孔	多分支状（均一）
宏观结构			

（一）压实紧密型

在很低的注入速率下，岩石的入口面将随着酸扩散到表面而缓慢溶解，产生了岩石面的压实溶解。将可能形成紧密型溶蚀，酸液较均匀地消耗在岩石上，不能有效深入地层，深部地层将得到很少改造，显然这种情况不能有效降低表皮因子，对酸解堵是不利的。这种溶解类型在石灰岩的实际酸化处理中一般不会出现，因为注入速度必须低才行。

（二）主导蚓孔型

随着流速的增加，在中等注入速度下，反应过程主要受传质控制，溶蚀形态呈主导蚓孔型，这时将形成一条或几条长而窄的主蚓孔，酸液的穿透深度将最大。与此对应的注酸速度称为最佳注入速度，在此注入速度下形成酸蚀蚓孔的长度最大，酸化效果最佳。在此注入速度之前，形成给定距离的酸蚀蚓孔所需的酸体积随着注入速度的增加而减小。

（三）多分枝溶蚀孔

在高速注入下，反应过程主要受表面反应和滤失控制，这时的溶蚀形态呈多分枝状的蚓孔，由于越来越多的分枝形成，即便酸量的增大，低酸蚀蚓孔的发育速度也降低。这时蚓孔的发育主要受酸液滤失的控制，其穿透深度有限，不利于表皮因子的降低。酸化效果随注入速度的增加而减少。这意味着，在有限扩散和有限流体损失之间，存在一个让酸蚀洞发育最佳的注入速度。

（四）均匀溶解

在足够高的注入速度下，酸的传质太快，以致使总反应速率变成表面反应控制，并且出现类似于砂岩中的均匀溶解。由于注入速度有限（以免压裂地层），所以在高反应速度的碳酸盐岩的基质处理中，绝不会出现均匀溶解。

形成以上三种溶蚀形态的原因是受碳酸盐岩与 HCl 反应的微观机理所控制，蚓孔的生长和发育主要取决于三个主要参数：表面反应速率、酸扩散速度及酸注入速度。酸蚀蚓孔形成效率只有当扩散速度控制整个反应过程时最高。

这里的发育速度取决于扩散和表面反应速率的相对大小，同时，也取决于流动几何空间，因为它与滤失有关。因此，由于反应速率的不同，白云岩的酸蚀洞特性与石灰岩的会有很大不同。

三、基质酸化最佳注入速度

Wang 及 Hoefner 和 Fogler 等人用印第安石灰岩岩心进行的线性驱替试验验证了酸蚀蚓孔的发育由传质控制向滤失控制的转折点。图 5-30 表示了 Wang 及 Hoefner 和 Fogler 等人用印第安石灰岩岩心实验所得到，扩展酸蚀蚓孔所需的酸体积。扩展酸蚀蚓孔所需酸量存在一个明显的最小值，这表明了从传质控制向酸液滤失控制的酸蚀蚓孔的转变。该点对应的注酸速度称为基质酸化最佳注入速度。主要是因为在此速度下注入酸蚀蚓孔形成效率最高。

在传质控制系统中，酸蚀蚓孔扩展到某一距离所需的酸体积随着注入速度的增加而迅速减小，但当酸蚀蚓孔的扩展是滤失控制时，所需酸体积仅随注入速度的增加而逐渐增加。这意味着以高于最佳速度的速度注入，要比低速好。

HCl—白云岩的反应速率比 HCl 与石灰岩的反应速率要低得多。在较低的反应速率下，将出现酸液滤失控制酸蚀蚓孔特性，并且将酸蚀蚓孔扩展到给定距离所需酸更多，如图 5-28 所示。

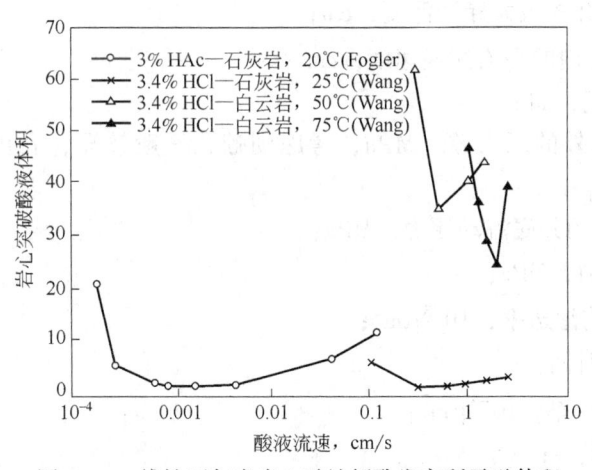

图 5-28　线性石灰岩岩心酸蚀蚓孔发育所需酸体积

四、酸蚀蚓孔的发育模型

如前所述，砂岩酸化的理论模型并不适用于碳酸盐岩。为了更好地掌握酸在碳酸盐岩中的反应过程，众多学者对主导溶蚀孔增长的诸参数进行了数学模拟及实验研究，研究的目标主要致力于酸蚀孔形成的条件，着重预测酸蚀蚓孔形成的数目（密度）、酸蚀蚓孔的空间分布（长度、半径等）以及酸液通过蚓孔的滤失等问题，确定有利于形成酸蚀蚓孔的注酸参数（如最佳注入速度等）。关于酸蚀蚓孔的长度已有较多的预测模型，蚓孔的半径以及通过它的滤失情况目前尚未解决。Halliburton 服务公司欧洲研究中心（ERC）报道说他们已完全解决了这些问题，并给出了一些图版，但未见其预测方法的报道。

早期的研究成果以 Nierode 和 Williams 为代表。他们研制了描述沿溶蚀孔酸浓度分布的理论模型。溶蚀孔的预期长度（若受酸作用所限）可近似算至酸浓度等于注入浓度十分之一处。其建立模型的方法与裂缝内酸反应的模拟方法类同。该模型考虑酸—岩反应过程以及滤失的影响，但求解麻烦。

最新的研究成果有 Hung、Schechter 等人的单酸蚀蚓孔或多酸蚀蚓孔的机械模型；Hoefner 和 Fogler、Daccord 等人的网络模型；Daccord 等人的分形模型；Economides 等人的分形模型以及体积模型；Pichler 等人提出酸蚀蚓孔增长的随机模型等。这些模型中，网络模型看来似乎在大范围条件给出了酸蚀蚓孔特性的最好代表。然而，他们对处理设计的应用是很不方便的。

（一）威廉斯计算式

威廉斯（Willams）等人从研究酸蚀蚓孔内流动速度和沿蚓孔向四周岩石滤失的关系出发，给出了酸蚀蚓孔可能达到的最大穿透深度的关系式：

$$L_e = \frac{1.018 \times 10^5 q\mu}{\Delta p K \left\{ \dfrac{1}{\ln(4t_D) - 1.154} - \dfrac{0.577}{[\ln(4t_D) - 1.154]^2} \right\}} \tag{5-132}$$

$$t_D = \frac{0.000633 K_f t}{\mu \phi C_f r_w^2} \tag{5-133}$$

式中　L_e——酸蚀蚓孔的最大穿透深度，cm；

　　　q——每条蚓孔内的平均酸液速度，cm^3/s；

　　　μ——酸液黏度，mPa·s；

　　　Δp——蚓孔内外的压力差，MPa，考虑到蚓孔一般较短，孔内压力损失不大，则 $\Delta p = p_{wf} - p_r$；

　　　p_{wf}——注酸时的井底流动压力，MPa；

　　　p_r——储层压力，MPa；

　　　K——储层平均渗透率，$10^{-3} \mu m^2$；

　　　t_D——无因次时间；

　　　K_f——储层渗透率，$10^{-3} \mu m^2$；

　　　t——泵注时间，s；

　　　ϕ——储层平均孔隙度，小数；

　　　C_f——储层流体压缩系数，MPa^{-1}；

　　　r_w——蚓孔平均直径，cm。

理论上根据这一公式，可以定量计算出酸蚀蚓孔的有效穿透深度。但计算非常复杂，并且其中还有数个不易确定的参数如蚓孔数和平均蚓孔直径等。Williams 给出了一个计算结果的例子。

当 $q=40$L/min，$\Delta p=10$MPa；$r_w=6.35$mm，$\mu=2$mPa·s，$t=60$min，$\phi=20\%$，$C_f=1.43 \times 10^{-2}$MPa^{-1}，当蚓孔数为 40 条时，计算结果见表 5-4。

表 5-4 不同储层渗透率下蚓孔穿透深度计算结果

储层渗透率, $10^{-3} \mu m^2$	1	5	25	100
蚓孔穿透深度, cm	270	61	15.2	3.05

从表中所列结果可见，虽然蚓孔穿透深度随地层渗透率变化的数值相差很大，但从其绝对数值来看，对指导施工设计并无太大的实际意义，故一般很少有人使用这种方法。

（二）尼罗德图版法

尼罗德（D. E. Nierode）等人研究了"蚓孔"中酸液浓度分布的理论模型，从酸—岩反应的角度计算酸液在蚓孔中的有效穿透距离，其基本做法同裂缝内酸岩流动反应类似。为此，定义了三个无因次变量：

蚓孔流动雷诺数：

$$N_{Re} = 2av_A\rho/\mu \tag{5-134}$$

蚓孔滤失雷诺数：

$$N_{Re}^* = 2av_N\rho/\mu \tag{5-135}$$

蚓孔施密特数：

$$N_{SC} = \mu/(\rho De) \tag{5-136}$$

式中　a——蚓孔平均直径，cm；
　　　v_A——蚓孔口酸液流速，cm/s；
　　　v_N——滤失速度，cm/s；
　　　De——有效混合系数，cm^2/s；
　　　μ——酸液黏度，mPa·s；
　　　ρ——酸液密度，g/cm^3。

在已知蚓孔数（一般为假定）后，分别计算出上述参数，再算出在蚓孔内流动的雷诺数、滤失雷诺数和表征反应的施密特数，就可按图 5-29 所示，从算出的 N_{Re}^*、N_{SC} 数组，从不同的反应程度（c/c_0 值），查出无因次数组 $4L_e N_{Re}^*/aN_{Re}$，从而计算出有效穿透距离 L_e。

（三）机械模型

酸蚀蚓孔传播的机械模型如图 5-30 所示。如果反应速率很高，所有流动到酸蚀蚓孔末端的酸将消耗在溶解酸蚀蚓孔尾部的岩石上，因此，使酸蚀蚓孔扩大。质量平衡给出的酸蚀蚓孔增长速度（dL/dt）为：

$$\frac{dL}{dt} = \frac{u_{end}C_{end}\rho_{end}\beta_{100}}{(1-\phi)\rho_{rock}} \tag{5-137}$$

式中，u 末端和 C 末端是酸蚀蚓孔末端的流通量和酸浓度（质量分数）。这也能以酸容量数写为

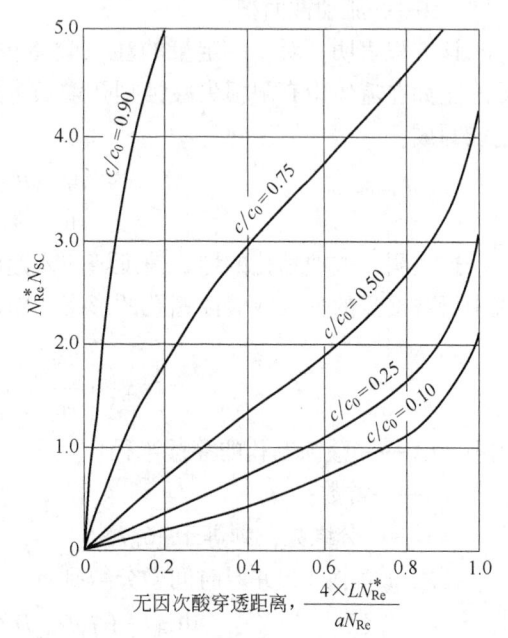

图 5-29 酸液沿的穿透距离（无因次酸穿透距离，$\dfrac{4 \times LN_{Re}^*}{aN_{Re}}$）

$$\frac{\mathrm{d}L}{\mathrm{d}t} = \frac{u_{\mathrm{end}}}{\phi}\frac{C_{\mathrm{end}}}{C_0}N_{\mathrm{Ac}} \qquad (5-138)$$

方程（5-138）表明了酸蚀蚓孔增长中扩散和滤失的作用。扩散到酸蚀蚓孔壁上的酸越多，则酸蚀蚓孔末端的酸浓度就越低。也就是说，沿酸蚀蚓孔滤失越多，酸蚀蚓孔末端的流通量越低，因此扩散和滤失倾向于使酸蚀蚓孔速度减少，为了完善酸蚀蚓孔传播模型，必须计算对酸蚀蚓孔壁的扩散和滤失流通量。利用酸在酸蚀蚓孔中传输的复杂模型，Hung 等人发现，酸蚀蚓孔的增长速度随注入酸蚀蚓孔的速度线性增加，这意味着酸蚀蚓孔传播一个给定距离所需的酸体积与注入速度无关。该模型也预测了酸蚀蚓孔增长速度将不断地减少，因为随着酸蚀蚓孔的增长，酸蚀蚓孔末端的酸流量在减小。

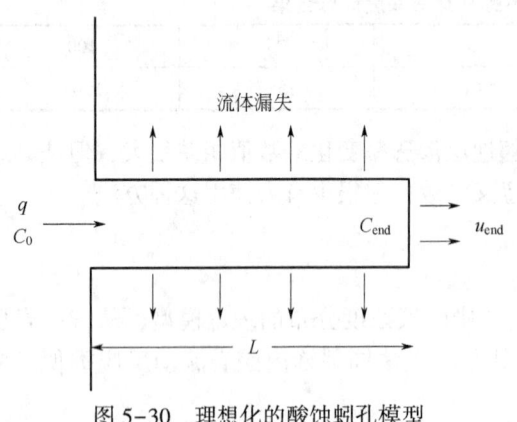

图 5-30 理想化的酸蚀蚓孔模型

（四）Daccord 分形模型

Daccord 等人基于流体滤失控制出现时所观察的酸蚀蚓孔结构，提出了酸蚀蚓孔增长模型。主要基于灰泥和水的各种实验，Daccord 等人发现，对于线性流：

$$L = \frac{\alpha V N_{\mathrm{Ac}}}{A\phi} D^{-2/3} q^{-1/3} \qquad (5-139)$$

式中 α——由实验确定的常数；
V——累计注酸体积；
D——分子扩散系数；
A——流动截面积。

该方程表明，对于一定量的注入酸体积，在较低注入速度下将得到一个较长的酸蚀蚓孔，正如在流体中有限损失酸蚀蚓孔增长中所观察的那样。因为 V 就是 qt，方程（5-138）也能写成：

$$\frac{\mathrm{d}L}{\mathrm{d}t} = \frac{aN_{\mathrm{Ac}}}{A\phi} D^{-2/3} q^{-1/3} \qquad (5-140)$$

这表明，酸蚀蚓孔的增长速度随注入速度的 2/3 次方增加。对于用水和灰泥所作的径向流中所观察到的分维数酸蚀蚓孔的形态，Daccord 等人发现：

$$r_{\mathrm{wh}} = \left[\frac{bN_{\mathrm{Ac}}V}{\pi h\phi}D^{-2/3}\left(\frac{q}{h}\right)^{-1/3}\right]^{1/d_{\mathrm{f}}} \qquad (5-141)$$

式中 r_{wh}——酸蚀蚓孔的穿透半径；
b——常数；
d_{f}——分维数，约等于-6。

再用 qt 替换 V，并对时间微分得到：

$$\frac{\mathrm{d}r_{\mathrm{wh}}}{\mathrm{d}t} = \frac{1}{d_{\mathrm{f}}}\left(\frac{bN_{\mathrm{Ac}}D^{-2/3}}{\pi\phi}\right)^{1/d_{\mathrm{f}}}\left(\frac{q}{h}\right)^{2/3d_{\mathrm{f}}} t^{1/d_{\mathrm{f}}-1} \qquad (5-142)$$

在径向中，酸蚀蚓孔的增长速度随注入速度的 0.4 次方增加，而随时间减小，Daccord 等人报道，在他们用水和泥所作的小直径岩心驱替实验中，常数 b 的大小用 SI 单位为 1.5×10^{-5}。

Daccord 模型是基于酸传输到岩石表面，只限于扩散机理，没有考虑滤失的作用，而滤失在很多情况下是酸蚀蚓孔生长的主要限制条件。该模型也基于水—泥灰实验所观察到的酸蚀蚓孔网络的几何形态，并且这些并不能严格代表碳酸盐酸溶解过程中所产生的形态。因 Daccord 模型可能过高地估计了碳酸盐酸化中酸蚀蚓孔的穿透距离，因此在使用中应多加小心。

（五）Economides 等人的分形模型

Economides 等人利用根据欧几里几何理论，考虑了酸液滤失等因素的影响，建立了酸蚀蚓孔长度的计算模型。

据欧几里几何关系，基本单元数与所求面积的半径可表为：

$$N = \xi r^{d_f} \tag{5-143}$$

其中 ζ 为比例因子，将此概念引入蚓孔分布模型，对蚓孔覆盖的面积有：

$$A_{wh} = \xi(r_{wh}^{d_f} - r_w^{d_f}) \tag{5-144}$$

总面积为：

$$A_{tot} = \pi(r_{wh}^2 - r_w^2) \tag{5-145}$$

蚓孔孔隙度为：

$$\phi_{wh} = \frac{A_{wh}}{A_{tot}} = \frac{\zeta(r_{wh}^{d_f} - r_w^{d_f})}{\pi(r_{wh}^2 - r_w^2)} \tag{5-146}$$

碳酸盐岩溶解面积为：

$$A_{diss} = A_{wh}(1-\phi) \tag{5-147}$$

则被溶解体积为：

$$V_{diss} = A_{dissh} = A_{wh}(1-\phi)h = \xi(r_{wh}^{d_f} - r_w^{d_f})(1-\phi)h \tag{5-148}$$

由物质平衡原理可知：

注入酸量 = 酸反应量 + 酸滤失量 + 进入反应产生的新孔洞的酸量

则有

$$V_{acid}C_{acid} = \eta\zeta(r_{wh}^{d_f} - r_w^{d_f})(1-\phi) + \zeta(r_{wh}^{d_f} - r_w^{d_f})hC_{acid} + V_{loss} \tag{5-149}$$

式中 η——酸消耗摩尔数/岩石溶解摩尔数；

ρ_r——被溶解岩石密度；

M_r——被溶解岩石的分子量；

ζ——比例常数；

d_f——分形维数。

忽略进入反应产生的新孔洞的酸量，则有：

$$r_{wh} = \left(r_w^{d_f} + \frac{V_{acid}C_{acid} - V_{loss}}{h\eta(1-\phi)(\rho_r/M_r)}\right)^{1/d_f} \tag{5-150}$$

该模型完全是从分形理论角度出发而得到，没有酸—岩反应特性、储层孔喉状况等因素，过于理想化。

(六) Gong 等人模型

Gong 等人其研究成果认为酸蚀蚓孔长度及其发育速度与注酸速度、时间以及酸—岩反应动力学参数、酸对流扩散及岩石的矿物组成和孔喉结构等密切相关。基于岩心驱替试验和分形理论建立了一维、二维和三维情况下预测蚓孔长度的方法，并且给出了基质酸化最佳注入速度的确定方法。但该模型没有考虑酸液通过蚓孔壁面的滤失，同 Dacord 等人一样，预测结果困难偏大。

1. 酸蚀蚓孔长度预测模型

1) 线性驱替模型

酸蚀蚓孔长度：

$$l = \frac{qt}{\pi \phi r^2} \frac{1}{PV} \tag{5-151}$$

岩心突破时间：

$$t = \frac{\pi \phi r^2 l}{q} PV \tag{5-152}$$

2) 二维径向模型

酸蚀蚓孔长度：

$$r_{wh} = \left(\frac{qt}{\pi \phi h} \frac{1}{PV} \right)^{1/d_f} \tag{5-153}$$

岩心突破时间：

$$t = \frac{\pi \phi h}{q} PV l^{d_f} \tag{5-154}$$

3) 三维模型

酸蚀蚓孔长度：

$$r_{wh} = \left(\frac{3qt}{4\pi \phi} \frac{1}{PV} \right)^{1/d_f} \tag{5-155}$$

岩心突破时间：

$$t = \frac{4\pi \phi}{3q} PV l^{d_f} \tag{5-156}$$

式中，PV 表示岩心孔隙体积倍数，且：

$$PV = f_1 \frac{N'_{Da}}{N_{Pe}} + f_2 \frac{N_{Pe}^{1/3}}{N_{ac}}$$

其中 $N'_{Da} = \dfrac{D^{2/3} K K_f C^{m-1}}{(\mu/\rho)^{2/3} q}$（石灰岩），$N'_{Da} = \dfrac{D^{5/3} K^{1/2}}{(\mu/\rho)^{2/3} q}$（白云岩）

$$N_{Pe} = \frac{qK^{1/2}}{\pi r^2 D} \text{（线性模型）}, \quad N_{Pe} = \frac{qK^{1/2}}{\pi \phi r^2 D} \text{（径向模型）}$$

$$N_{ac} = \frac{\phi \beta C_\% \rho_{acid}}{(1-\phi) \rho_{rock}}$$

式中，f_1，f_2 为与酸化条件有关的系数。对于石灰岩 f_1 为常数，f_2 为反比于酸液无因次黏度 μ_0 的平方根的数；对于白云岩，f_1 为反比于酸液无因次黏度 μ_0 的四次幂的数 f_2 为正比于酸液无因次黏度 μ_0 平方的数：

$$PV_{ls} = c_1 \frac{1}{A_\phi} \frac{N'_{Da}}{N_{Pe}} + c_2 \frac{1}{\mu_0} A_\phi^{1/3} \frac{N_{Pe}^{1/3}}{N_{ac}} \quad (\text{石灰岩}) \tag{5-157}$$

$$PV_{dl} = d_1 \frac{1}{\mu_0^4} \frac{1}{A_\phi} \frac{N'_{Da}}{N_{Pe}} + d_2 \mu_0^2 A_\phi^{1/3} \frac{N_{Pe}^{1/3}}{N_{ac}} \quad (\text{白云岩}) \tag{5-158}$$

对于混杂性碳酸盐岩，PV 值可按照白云石和石灰石的百分含量加权得到：

$$PV = ls \times PV_{ls} + dl \times PV_{dl} \tag{5-159}$$

式中 L——酸蚀蚓孔长度或模拟计算长度（线性模型）；

r_{wh}——酸蚀蚓孔半径或模拟计算半径（径向模型）；

h——径向试验岩样高度或井段长度；

r——岩心半径；

t——注酸时间或模拟时间；

q——注酸排量；

ϕ——孔隙度；

K——渗透率；

D——酸扩散系数；

K_f——反应速率常数；

m——反应级数；

$C_\%$——酸液质量百分浓度；

C——酸液摩尔浓度；

ρ_{acid}，ρ_{rock}——酸液和岩石密度；

μ——酸液黏度；

μ_w——水的黏度；

μ_0——酸液无因次黏度，$\mu_0 = \mu/\mu_w$；

ls、dl——碳酸盐岩中石灰石和白云石的百分含量；

下标 ls、dl——分别表示石灰岩和白云岩。

c_1、c_2、d_1、d_2 与岩石矿物和孔隙结构等有关的系数，由试验确定。表 5-5 是根据国外几个油田的数据计算和测试得到的部分参数。

表 5-5 国外几个油田的数据

岩石	温度，℃	K, mD	ϕ, %	C_{acid}, N	Q, mL/min	PV	常数
Indiana 灰岩	21	483	21.7	1.0	2	4.9	$c_1 = 3.20$
	21	505	21.7	1.0	5	5.43	$c_2 = 0.0293$
Austin 白垩	21	5.8	24.9	1.0	0.8	0.94	$c_1 = 0.00897$
	21	6.5	24.9	1.0	2	1.42	$c_2 = 0.0268$
Indiana 灰岩	25	7.24	10	1.0	0.5	2.3	$c_1 = 0.951$
	25	7.02	10	1.0	5	2.78	$c_2 = 0.0131$

续表

岩石	温度,℃	K, mD	ϕ, %	C_{acid}, N	Q, mL/min	PV	常数
Glen Rose 灰岩	25	8.2	20	4.4	1	1.1	$c_1 = 2.25$
	25	3.82	20	4.4	3	0.67	$c_2 = 0.0082$
San Andres 白云岩	50	0.626	5.8	1.0	0.5	63	$d_1 = 5.58 \times 10^7$
	50	0.51	7.1	1.0	2	41.3	$d_2 = 0.697$

2. 基质酸化最佳注入速度

线性模型最佳注入速度为：

$$q_{optlin} = \frac{2.155}{K^{1/14}\left(\frac{\mu}{\rho}\right)^{2/7}} \left[\frac{ls \cdot \frac{c_1 K K_f D_{ls}^{5/3}}{C^{1-m}} + dl \cdot \frac{d_1 D_{ls}^{8/3}}{\mu_0^4}}{\frac{ls \cdot c_2}{\mu_0^{1/2}} \left(\frac{N_{ac}}{D^{1/3}}\right)_{ls} + \frac{dl \cdot d_2}{\mu_0^{-2}} \left(\frac{N_{ac}}{D^{1/3}}\right)_{dl}} \right]^{3/7} \qquad (5-160)$$

对于径向模型，最佳注入速度通过转换得到：

$$q_{optrad} = q_{optlin} \frac{r^2}{r_w h} \qquad (5-161)$$

（七）Economides 等人的体积模型

假设酸将溶解穿透岩石的某一固定分数。当仅形成少量几个酸蚀蚓孔时，只溶解岩石一小部分；具有较多分枝酸蚀蚓孔结构将溶解更大部分的基质。定义 η 为被酸穿透地层内溶解的岩石部分，对于径向流可表示为：

$$r_{wh} = \sqrt{r_w^2 + \frac{N_{ac}V}{\eta \pi \phi h}} \qquad (5-162)$$

酸蚀蚓孔形成效率 η，可从线性岩心流动数据估计如下：

$$\eta = N_{ac} PV_{bt} \qquad (5-163)$$

式中，PV_{bt} 是酸蚀蚓孔突破岩心末端时注入的酸的孔隙体积数。这个方法等价于假设将酸蚀蚓孔传播到一定距离需要一固定孔隙体积数的酸。

这就是 Economides 等提出体积模型。如果从径向岩心流动试验中得到了酸蚀蚓孔效率，那么用该模型将能精确地预测径向流井的处理中的酸蚀蚓孔的增长情况，酸蚀蚓孔至少要传播岩心驱替实验同样的距离。如果用线性岩心驱替测定的 η 来估计径向流中的酸蚀蚓孔增长，那么其估计可能过高。

（八）随机模型

近年来，Pichler 等人提出了一个酸蚀蚓孔增长的随机模型，这是基于有限扩散动力学，并结合有限扩散综合模型（DLA）的随机性而提出的。该模型预测了在碳酸盐酸化中见到的如图 5-31 中所示的分枝酸蚀蚓孔结构。在大的扩散速率下酸蚀蚓孔的分枝较密[图 5-31(a)]，而较低扩散速率下预测的酸蚀蚓孔分支较稀[图 5-31(b)]。这一差别说明了酸蚀蚓孔图形从接近于压实溶解[图 5-31(a)]向更显著的酸蚀蚓孔结构的变迁[图 5-31(b)]。

Pichler 等人在他们的模型中包括了渗透率的各向异性，渗透率非均质性以及天然裂缝，也说明了这些因素怎样使生成的酸蚀蚓孔形态发生偏差。

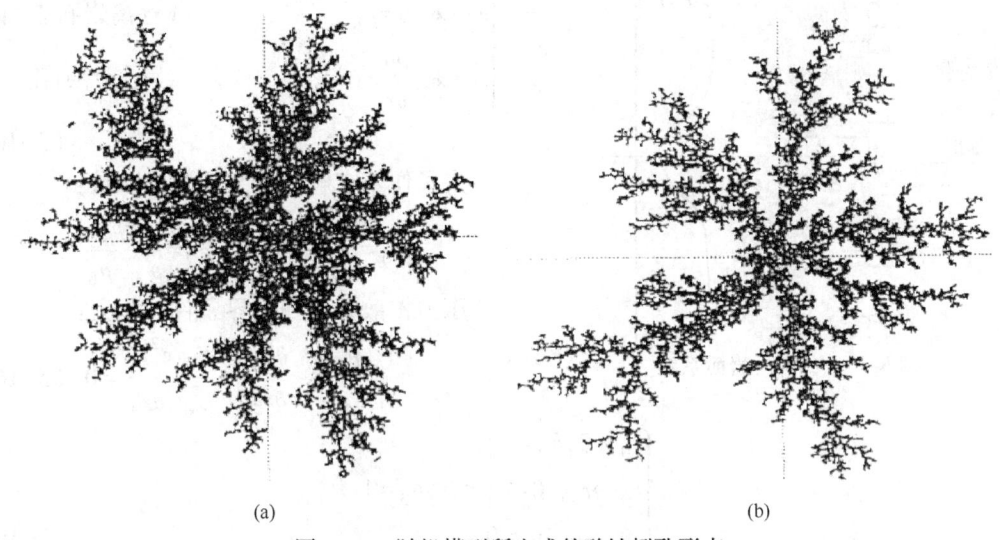

图 5-31　随机模型所生成的酸蚀蚓孔形态

在网络模型中，孔隙介质近似为互相连通的毛细管集合。为了模拟酸蚀蚓孔特性，要计算每个毛细管中的酸浓度，并且毛细管半径随溶解而增加。网络模型预测了实验观察到的酸蚀蚓孔的形态类型，但很难应用于酸化设计。

五、酸蚀蚓孔密度预测模型

如前所述，在基质酸化时存在一最佳注入速度，在此最佳注入速度下蚓孔形成效率最高（主导性蚓孔）。根据达西定律，与最佳注入速度对应的必然有一个压力梯度，该压力梯度称为蚓孔发育压力梯度（Initiation Pressure Gradient，IPG）。当蚓孔井壁在任意点开始形成时，该点周围的压力分布被破坏，如图 5.1 所示，在离该点一定距离以后，压力扰动消失，趋于平衡。当压力梯度达到 IPG 后，又形成另外的蚓孔，基于这个思想可估算给定储层和酸液条件下的蚓孔密度。

对于大面积岩石表面，可先模拟形成酸蚀蚓孔而导致压力扰动发生的面积，由此面积便可计算出单位面积上蚓孔的数目。对于实际酸化时，通过井眼—蚓孔系统压力分布模拟，计算出单位井段长度可形成蚓孔的数目。

（一）蚓孔—岩石表面系统

为了便于明确基质酸化过程中蚓孔的形成，首先假定酸液是向大面积平板碳酸盐岩表面注入，在某一时刻，岩面之间开始形成蚓孔，如图 5-32 所示。

二维系统（r-z）的压力扩散方程为：

$$\frac{1}{r}\frac{\partial}{\partial r}\left(r\frac{\partial p}{\partial r}\right)+\frac{\partial^2 p}{\partial z^2}=0 \qquad (5-164)$$

边界条件为：

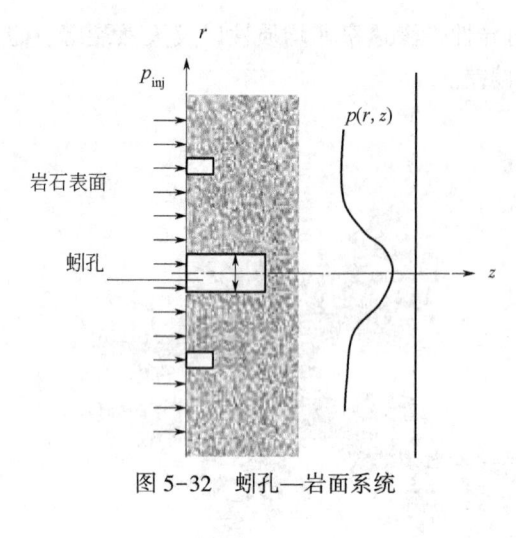

$$\begin{cases} z \to 0, p = p_{inj} & \text{(岩石表面)} \\ r \to r_{wh}, 0 \leq z \leq L_{wh}, p = p_{inj} & \text{(蚓孔内壁)} \\ z \to \infty, p = p_R & \text{(远离岩石表面)} \\ r \to \infty, \dfrac{\partial p}{\partial r} = 0 & \text{(远离蚓孔)} \end{cases} \quad (5\text{-}165)$$

图 5-32 蚓孔—岩面系统

为了便于求解，定义无因次参数：

$$r_D = \frac{r}{r_{wh}}, z_D = \frac{z}{L_{wh}}, p_D = \frac{p - p_R}{p_{inj} - p_R}$$

压力扩散方程和边界条件转化为：

$$\frac{1}{r_D}\frac{\partial}{\partial r_D}\left(r_D \frac{\partial p_D}{\partial r_D}\right) + \frac{r_{wh}^2}{L_{wh}^2}\frac{\partial^2 p_D}{\partial z_D^2} = 0 \quad (5\text{-}166)$$

$$\begin{cases} z_D \to 0, p_D = 1 \\ r_D \to r_{wh}, 0 \leq z_D \leq 1, p_D = 1 \\ z_D \to \infty, p_D = 0 \\ r_D \to \infty, \dfrac{\partial p_D}{\partial r_D} = 0 \end{cases} \quad (5\text{-}167)$$

上述方程没有解析解，通过有限差分方法求解该模型，得到压力分布。图 5-33 是某油藏酸化时压力分布求解结果。

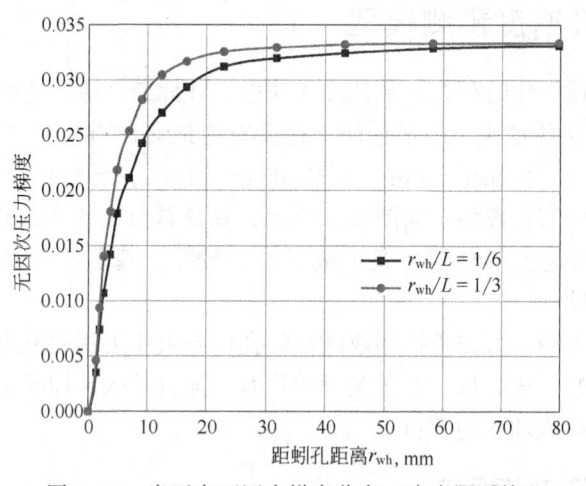

图 5-33 岩石表面压力梯度分布（半有限系统）

对于较短的蚓孔（$r_{wh} = 1mm$，$r_{wh}/L_{wh} = 1/3$），大约在距离蚓孔 30mm 区域以外，压力扰动消失，意味着在 $30r_{wh}$ 区域其他的蚓孔可以形成。对于较长的蚓孔（$r_{wh}/L_{wh} = 1/6$），半径同前，但长度增加一倍，压力扰动大约在距离蚓孔 $60r_{wh}$（60mm）区域以外。如果期望形成半径为 1mm、长度为 60mm 的蚓孔，则每平方米岩石表面内可形成 88 条蚓孔。

（二）蚓孔—井眼系统

蚓孔—岩石系统的压力扩散方程的求解仅仅是模拟蚓孔密度的第一步。为了准确模拟实际酸化条件下的形成状况，必须考虑井眼效应。因此，下一步模拟蚓孔通过圆柱形井眼穿入地层的压力分布。

如图 5-34 所示，井眼—蚓孔三维系统的无因次压力扩散方程为：

$$\frac{\partial^2 p_D}{\partial x_D^2}+\frac{\partial^2 p_D}{\partial y_D^2}+\frac{\partial^2 p_D}{\partial z_D^2}=0 \quad (5-168)$$

边界条件为：

$$\begin{cases} x_D^2+y_D^2 \leqslant r_{wD}^2, p_D=1 \\ z_D^2+y_D^2 \leqslant r_{whD}^2, r_{wD} \leqslant x_D \leqslant (r_{wD}+L_{whD}), p_D=1 \\ x_D^2+y_D^2 \to \infty, p_D=0 \\ z_D \to \pm\infty, \frac{\partial p_D}{\partial r_D}=0 \end{cases} \quad (5-169)$$

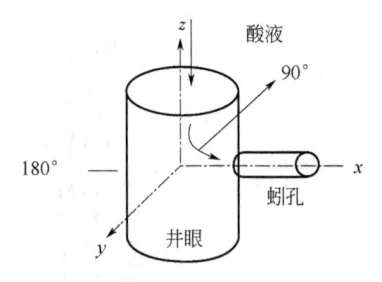

图 5-34 井眼—蚓孔系统

其中

$$x_D=\frac{x}{r_w},\ y_D=\frac{y}{r_w},\ z_D=\frac{z}{r_w}$$

$$r_{wD}=1,\ r_{whD}=\frac{r_{wh}}{r_w},\ L_{whD}=\frac{x-r_w}{L_{wh}},\ p_D=\frac{p-p_R}{p_{inj}-p_R}$$

上述模型的求解结果如图 5-35 所示。图 5-35 说明了井眼周围不同垂直位置处的压力梯度分布，当沿井轴方向距离 $40r_{wh}$ 或方位角大于 90°以后，由于蚓孔的形成导致压力扰动的区域消失，超过这个区域之外会有新的蚓孔形成。图 5-38 是 Z 轴（井轴线）方向的压力梯度分布。

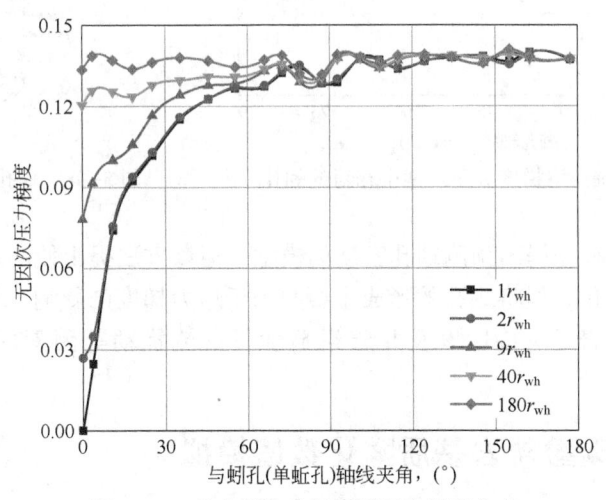

图 5-35 单个蚓孔井眼周围压力梯度分布

对于井眼另外一侧形成同样大小蚓孔的情况模拟（图 5-37）表明，这与只形成一个蚓孔的情况类似。由于单个蚓孔扰动范围约 90°，那么在井眼的同一界面上就可以形成 4 个蚓孔，在轴向其扰动区域间隔约 $40r_{wh}$（约 40mm），因此每米井段上一般可形成蚓孔的数目为 50 个。由此也可以看出，蚓孔的密度也与蚓孔的半径有关。

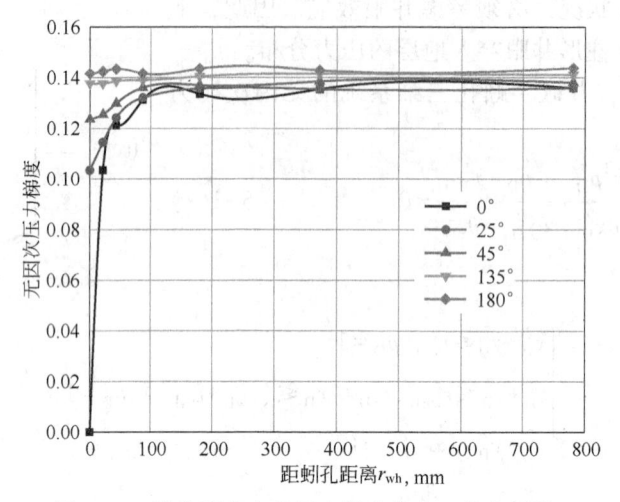

图 5-36 沿井眼方向的压力梯度分布（单个蚓孔）

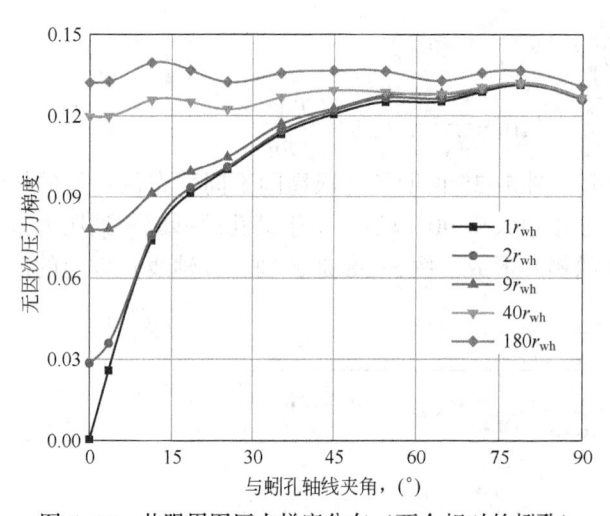

图 5-37 井眼周围压力梯度分布（两个相对的蚓孔）

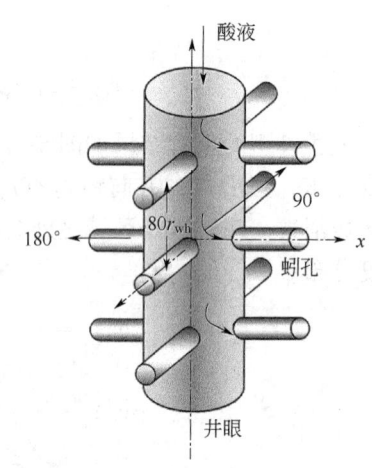

图 5-38 蚓孔在井眼周围分布图

Economides 等人率先提出预测蚓孔密度的模型，但该方法提出使的蚓孔数目的预有法可寻，使得其预测定量化。但将蚓孔的形成主要归因于压力梯度的影响，没有考虑岩石的非均质性、微裂缝、酸—岩反应特性以及井壁粗糙度及紊流扰动等因素的影响，显然有其局限性。

六、裂缝性碳酸盐岩基质酸化数值模拟

在碳酸盐岩油气藏中微裂缝的存在是非常普遍的情况，考虑单一介质的渗流条件的酸化反应来进行碳酸盐岩油气藏的酸化设计是不太准确的。

对碳酸盐岩油气藏进行基质酸化设计计算的中心内容是计算酸液在裂缝系统中流动反应时的速度场、温度场和酸液浓度分布规律。从地面向地层注酸时，酸液从井底沿裂缝径向流入地层，越流向深部，酸液流经的裂缝越多，流速、反应速率变得越来越慢，与此同时，酸液还从裂缝网向地层孔隙介质窜流。随着时间的增加，孔隙压力增大，窜流量减小。因此，

酸液在碳酸盐岩中的渗流反应是在双重介质中非稳定渗流条件下的酸—岩反应。

（一）酸液流速场模型及模型算法

1. 物理模型

地层模型如图 5-39 所示。

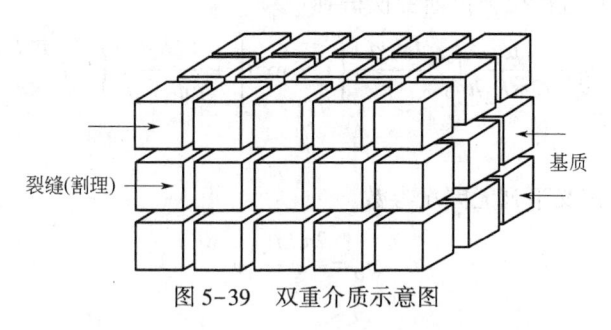

图 5-39　双重介质示意图

假设条件：

$K_1 = 0$，由于 $K_2 \gg K_1$，即裂缝与岩块相比，渗透率大得多，可以忽略发生在岩块系统中的流动；

$\phi_2 = 0$，在双重介质模型中，$\phi_1 \gg \phi_2$，裂缝系统的体积比岩块体积小得多。即与沿孔隙渗流而产生的液体质量变化项相比，由裂缝中液体压缩性引起的液体质量变化项可以忽略不计，即认为 $\phi_2 = 0$。

2. 数学模型

根据裂缝性地层的渗流理论，建立单相液体的渗流模型，即

$$\begin{cases} \phi_2 C_2 \dfrac{\partial p_2}{\partial t} - \dfrac{K_2}{\mu} \nabla \cdot (\nabla p_2) - \dfrac{SK_1}{\mu}(p_1-p_2) = 0 \\ \phi_1 C_1 \dfrac{\partial p_1}{\partial t} - \dfrac{K_1}{\mu} \nabla \cdot (\nabla p_1) + \dfrac{SK_2}{\mu}(p_1-p_2) = 0 \end{cases} \quad (5\text{-}170)$$

式中，K 是渗透率，μ 是动力黏度，p 是压力。下标 1 和 2 分别代表基质岩块介质和裂缝介质。S 是与岩块的比面成正比的裂缝性岩石的特征系数。

在上述假设条件下，式(5-170) 变为：

$$\begin{cases} \phi_1 C_1 \dfrac{\partial p_1}{\partial t} - \dfrac{SK_1}{\mu}(p_1-p_2) = 0 \\ \dfrac{K_2}{\mu} \nabla p_2 + \dfrac{SK_1}{\mu}(p_1-p_2) = 0 \end{cases} \quad (5\text{-}171)$$

初始条件为：

$$t = 0, p_1 = p_2 = p_i \quad (5\text{-}172)$$

边界条件为：

$$\begin{cases} r = r_w, q = 2\pi h \left[\dfrac{K_2}{\mu}\left(r \dfrac{\partial p_2}{\partial r}\right) + \dfrac{\mu \phi_1 C_1 K_2}{SK_1} \dfrac{\partial}{\partial t}\left(r \dfrac{\partial p_1}{\partial r}\right) \right] = \text{const} \\ r \to \infty, p = p_i \end{cases} \quad (5\text{-}173)$$

式中，h 是地层厚度。

方程（5-171）可以看作是流体通过与基质岩块的孔隙度和压缩系数等价地层的物质平衡方程，这个等价流量为：

$$\vec{V} = -\frac{K_2}{\mu}\nabla p_2 - \frac{\phi_1 C_1 K_2}{S K_1}\frac{\partial}{\partial t}(\nabla p_2) \tag{5-174}$$

对方程（5-171）进行拉普拉斯变换得到：

$$p_2(r,t) = p_i - \frac{\mu q}{2\pi K_2 h}\int_0^\infty \frac{J_0(\nu t)}{\nu}\left\{1 - \exp\left[-\frac{\nu^2 K_2 t}{\mu \phi_1 C_1}\bigg/\left(1+\frac{\nu^2 K_2}{S K_1}\right)\right]\right\}d\nu \tag{5-175}$$

3. 模型算法

为了便于求解，定义下列无因次参数：

$$v_D = \frac{2\pi h r_w}{q}v \tag{5-176}$$

$$r_D = \frac{r}{r_w} \tag{5-177}$$

$$t_D = \frac{K_1 t}{\phi_2 \mu C_2 r_w^2} \tag{5-178}$$

联立求解式(5-173) 和式(5-175) 得：

$$v_D = \frac{1}{r_D}\int_0^\infty J_1(x)\left[1 - \left(\frac{x^2}{x^2 + r_D^2 \lambda}\right)\right]\exp\left(-\frac{t_D x^2}{r_D^2 + x^2}\right) \tag{5-179}$$

求解式(5-179)得到无因次流速场分布。

（二）其他模型

微裂缝中的酸岩流动反应与酸压人工裂缝中基本类似，所以酸—岩反应模型及温度场模型（图 5-40）同前类似，主要的区别在于酸液在裂缝中的流速及裂缝中的窜流速度的计算方法同人工酸压裂缝中的滤失计算方法不同：

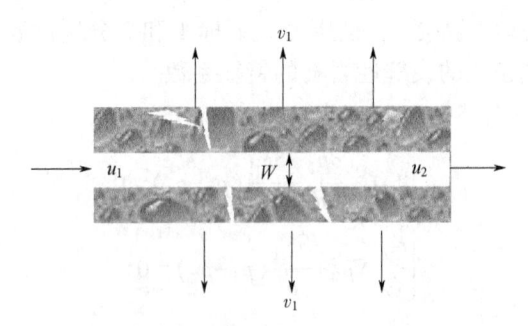

图 5-40 酸液裂缝反应示意图

根据质量守恒原理，有下列关系：

$$u_1 W h - u_2 W h = 2 v_1 L_1 h \tag{5-180}$$

即

$$v_1 = W(u_1 - u_2)/2L_1 \tag{5-181}$$

上述综合应用酸液流速模型、酸—岩反应模型、温度场计算模型等，应用与酸压一节中类似的求解方法（有限差分法或 Lumping 方法）进行求解，可得到酸液在裂缝中的流速分布、酸液浓度分布、解堵范围、溶蚀天然裂缝宽度等，进而可计算出增产幅度。

应用上述模型可进行多层分流酸化设计计算。其计算流程图如图 5-41 所示。

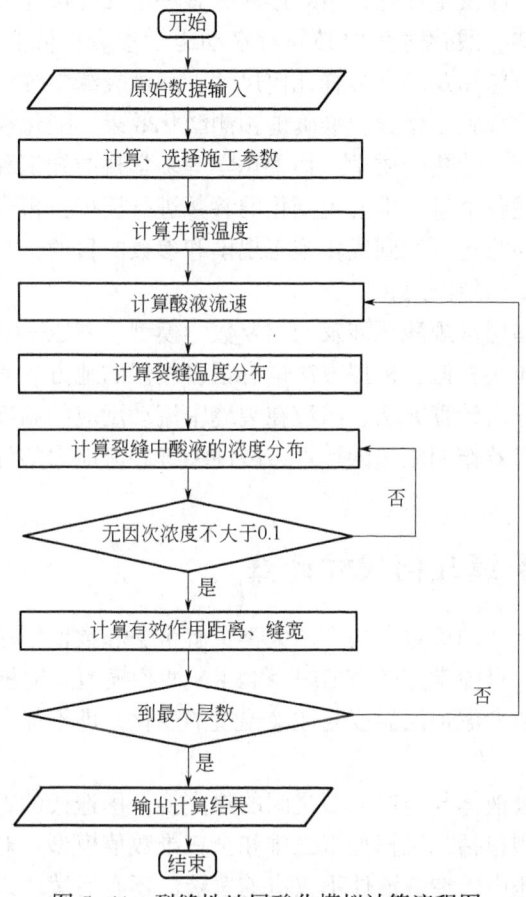

图 5-41　裂缝性地层酸化模拟计算流程图

第三节　碳酸盐岩油气藏酸压数值模拟

酸化效果不仅取决于人们对储层的认识情况、酸液性能、工艺水平，而且取决于施工设计水平。为了进一步提高施工的成功率和增产效果，必须采用科学的设计方法和模拟技术。酸压模拟就是针对各种酸化工艺的具体情况，将酸化过程作为一整体，模拟酸化过程中各种参数的变化，预测酸化效果，以使可控参数（如施工参数）和不可控参数（如地层参数）达到优化组合，指导酸化施工设计，减少施工的盲目性，提高酸化效果。

不论是哪种酸化工艺，酸液由地面到地层（裂缝）一般都经过地面管流、井筒流动及地层（裂缝）流动三个流动过程。

酸液由井底进入地层（裂缝）的流动。在基质酸化过程中，酸液沿径向孔隙及微裂缝作流动反应，溶解地层各矿物成分及胶结物，沿径向酸液浓度逐渐变小失去活性，温度发生变化，压力及流速也发生变化，近井地带的孔隙结构、渗滤性能等随之相应变化。

在酸压过程中酸液沿裂缝向地层深部流动，酸液在岩石壁面上径向非均匀溶蚀反应，同时在裂缝壁面产生蚯蚓状的酸蚀"蚓孔"，向基质滤失，酸液浓度沿裂缝长度方向逐渐降低，温度、压力及流速相应发生变化，最终形成具有一定几何尺寸和导流能力的酸蚀裂缝。

从以上过程分析可知，酸化过程中必须对水动力学参数、流变性参数、化学动力学参数、温度场、压力场、流速场及动态裂缝几何尺寸、酸蚀裂缝参数、地层孔喉、渗滤性能等的变化进行模拟，以供优选施工参数、准确地预测酸化效果。酸化模拟就是综合利用流体力学、渗流力学、油层物理、传热传质学、物理化学等多学科的知识和理论，结合物理模拟和室内试验的结果，对上述各个过程中发生变化的参数进行模拟，再现酸化过程，模拟结果对多种酸化方案进行对比和筛选，达到优化施工规模和参数的目的，指导酸化施工设计，减少施工的盲目性，提高施工的经济效益。

本节介绍碳酸盐岩储层常规酸压涉及的主要数学模型。酸压一般适用于低渗透碳酸盐岩储层，使用条件与水力压裂相似，模拟方法也有很多相似的地方。其模拟的主要数学模型有酸压时动态裂缝几何尺寸的计算方法、酸液在裂缝中流动反应的温度场、酸—岩裂缝流动反应的浓度分布、酸—岩有效作用距离的计算、酸蚀裂缝导流能力的计算、酸化增产效果及动态预测等。

一、酸压动态裂缝几何尺寸计算

酸压动态裂缝几何尺寸的确定方法有两大类：解析法和数值解法。解析法是一整套关于动态裂缝长、宽的公式。目前常用的有 GDK 和 PKN 两种模型。解析法的优点是计算相对简单，而最大的缺点是不能考虑地层温度与注液温度的变化，即不能考虑液体与地层的热交换情况。

数值解法考虑了造缝液体与地层岩石之间的热交换，用迭代的方法计算动态裂缝几何尺寸。目前使用的数值模型包括二维模型拟三维和全三维数值模型。对于一般酸压造缝液体只有酸液。而在前置液酸压中，造缝液体不仅有前置液，还有后续注入的酸液。因此前置液酸压计算中，还应考虑酸液对动态裂缝的扩张作用。

在酸化设计计中，为了考虑各种因素（如地层温度、酸—岩反应热等）对设计的影响，采用数值方法计算动态裂缝几何尺寸。

假设条件：①地面施工排量不随时间变化；②造缝流体不可压缩；③裂缝中流体作层流流动；④在裂缝延伸过程中，裂缝前沿始终充满流体。

对于压裂酸化，考虑裂缝为对称双翼裂缝，设计中只需要计算单翼裂缝的动态几何尺寸，计算步骤如下：

① 时间步长的划分。

总施工时间：

$$t = V/q \tag{5-182}$$

式中　V——造缝液用量；
　　　Q——地面施工排量。

将施工时间分成若干小段（设共有 S 段）Δt_1，Δt_2，$\cdots$，Δt_s，在每个时间段内假设缝中流体作稳定流动。考虑到数值计算的误差、收敛性和稳定性，注液初期时间步长不宜过大。

② 计算启动。

在 $t_1 = \Delta t_1$ 时刻，可采用解析公式确定一个动态裂缝初始缝长 L_1，最大缝宽 W_0^1，也可以假设一个启动值。

③ 对于 t_k 时刻假设裂缝长为 L，边界条件为：

$$\begin{cases} T|_{x=0} = Tw \\ q|_{x=0} = Q/2 \\ p - \sigma_{\min}|_{x=L} = 0 \end{cases} \quad (5\text{-}183)$$

把裂缝沿长度方向分成 N 段：

$$\Delta X_i = \begin{cases} L/N, & i = 1, 2, \cdots, N-1 \\ L - (N-1)\Delta X, & i = N \end{cases} \quad (5\text{-}184)$$

各段裂缝中心处的最大宽度为：

$$W_i = \begin{cases} W_0 \left[\dfrac{X_i}{L} \arcsin\left(\dfrac{X_i}{L}\right) + \sqrt{1-(X_i/L)^2} - \dfrac{\pi}{2}\dfrac{X_i}{L} \right]^{1/4} & (\text{PKN}) \\ W_0 \sqrt{1-(X_i/L)^2} & (\text{GDK}) \end{cases} \quad (5\text{-}185)$$

其中

$$X_i = \sum_{j=1}^{N} \Delta X_i - \Delta X_i / 2$$

④ 计算裂缝中温度场，求出各段裂缝中的平均温度 T_i，同时，计算出缝中与温度有关的参数（如稠度系数 K、流态指数 n 和黏度 μ）。

⑤ 计算缝中流速。

各段的滤失速度为：

$$\overline{v}_i = \begin{cases} C_i / \sqrt{t_k - t_i}, & t_k > t_i \\ 0, & t_k < t_i \end{cases} \quad (5\text{-}186)$$

式中 C——综合滤失系数；

t_i——裂缝单元中心接触造缝液的时间。

根据不可压缩流体的物质平衡方程可得：

$$\overline{u}_i = \begin{cases} \dfrac{\overline{W}_{i-1}\overline{u}_{i-1} - 2\Delta X_i \overline{v}_i}{\overline{W}_i} & (\text{KGD}) \\ \dfrac{\pi \overline{W}_{i-1}\overline{u}_{i-1}/4 - 2\Delta X_i \overline{v}_i}{\pi \overline{W}_i / 4} & (\text{PKN}) \end{cases} \quad (5\text{-}187)$$

⑥ 缝中压降计算。

由 Navier-Stokes 方程（KGD 模型）或 Lamd 压降方程（PKN 模型）可得：

$$\Delta p_i = \begin{cases} \dfrac{12\mu_i \overline{u}_i \Delta X_i}{\overline{W}_i^2} & (\text{KGD}) \\ \dfrac{16\mu_i \overline{u}_i \Delta X_i}{\overline{W}_i^2} & (\text{PKN}) \end{cases} \quad (5\text{-}188)$$

式中 μ——缝中流体黏度；

$\bar{u}$—流体流速。

对于非牛顿流体（幂律型），用视黏度 μ_{aid} 代替上式中的黏度 μ_i 计算。μ_{aid} 可由下式确定：

$$\mu_{ai} = K_i \left(\frac{2m+1}{3n_i}\right)^m \left(\frac{6\bar{u}_1}{\bar{W}_i}\right)^{m-1} \tag{5-189}$$

⑦ 由 Sneddon 公式重新计算井壁处的最大缝宽：

$$W_0^n = \begin{cases} \dfrac{4L(1-\mu^2)\Delta p}{E} & (\text{KGD}) \\ \dfrac{2H(1-\mu^2)\Delta p}{E} & (\text{PKN}) \end{cases} \tag{5-190}$$

其中

$$\Delta p = \sum_{i=1}^{N} \Delta p_i$$

⑧ 由不可压缩流体的质量守恒方程重新计算裂缝长度：

$$L^n = \begin{cases} \dfrac{Q\Delta t/2 + V_{\text{loss}}^k + HL^{k-1}(2V_{\text{sp}} + \pi W_0^{k-1}/4)}{H[2V_{\text{sp}} + \pi(W_0^n)^k/4]} \\ \dfrac{Q\Delta t/2 + V_{\text{loss}}^k + 2V_{\text{sp}}HL^{k-1} + \int_0^{L^k} \pi W^{k-1}/4 \mathrm{d}x}{2HV_{\text{sp}} + \dfrac{H}{L}V_0^L \dfrac{\pi W^k}{4}} \end{cases} \tag{5-191}$$

其中

$$V_{\text{loss}}^k = 2\sum_{i=1}^{N} v_i H \Delta X_i \Delta t_k$$

$$L_B = L^{k-1}$$

⑨ 误差检验。

当两次计算的参数满足一定的误差时，则可结束本时间段的迭代计算。可用最大缝宽为终止条件：

$$\frac{(W_0^k)^n - W_0^k}{(W_0^k)^n} \leq \varepsilon_1 \tag{5-192}$$

式中　ε_1——相对误差。

也可以以缝长作为终止条件。如果不满足精度则返回第3步重新计算。

二、酸液在裂缝中流动反应温度场

酸液在地层中流动必然同地层发生热交换。同时，酸—岩反应要释放热量，鉴于酸—岩反应受温度的影响，因而必须进行缝中温度场的计算。

（一）温度场模型 I

基本假设条件为：①地层岩石及流体物性不随时间和温度变化；②流体沿缝壁向地层滤失的速度 v_i 常值；③缝中流体的温度只沿缝长方向发生变化；④只考虑垂直于裂缝壁面方向上地层与缝中流体之间的热交换，忽略缝长和缝高方向的热交换。应用能量平衡方程，可以建立缝中二维温度场数学模型：

$$u\frac{\partial T}{\partial x}+v\frac{\partial T}{\partial y}=\frac{K_T}{\rho_f C_f}\frac{\partial^2 T}{\partial y^2} \tag{5-193}$$

边界条件：

$$\begin{cases} x=0, T=0 \\ y=0, \dfrac{\partial T}{\partial y}=0 \\ y=\pm\dfrac{\overline{W}}{2}, K_T\dfrac{\partial T}{\partial y}=KC^m(-\Delta H)+q_n(t) \end{cases} \tag{5-194}$$

其中

$$q_n(t)=\sqrt{\frac{M_m K_m}{\pi t}}(T_i-T_W)\left[e^{-\xi^2}-\sqrt{\pi}\xi\,\mathrm{erfc}(\xi)\right] \tag{5-195}$$

$$\xi=\frac{W_L C_f}{2(1-\phi)}\sqrt{\frac{t}{M_m K_m}}$$

$$\mathrm{erfc}(\xi)=1-\frac{2}{\sqrt{\pi}}\int_0^\xi e^{-s^2}\mathrm{d}s$$

$$M_m=C_m\rho_m$$

式中 K_m——岩石的导热系数；

C——比热容；

ρ——密度；

K_T——流体的导热系数；

ΔH——反应生成热；

T_w——井筒温度；

T_i——地层原始温度；

u,v——x、y 方向上的流体的速度分量；

t——时间；

下标 m、f——地层岩石、流体。

这一模型完全类似缝中酸液的对流扩散方程，它考虑了地层温度的影响，也考虑了酸—岩反应生成热的影响，比较准确地描述了裂缝中温度沿裂缝长宽方向的变化规律。从这一模型中可知，在缝中任一点的温度是时间的函数。它也与注液温度和地层温度之差有关。但是，这种模型使用不太方便，裂缝酸液的浓度也随地点而变（稳态时）。因此，要同时联立求解这两个方程是比较复杂的。一般要经过积分平均值处理后使用。

（二）温度场模型 II

上述温度场模型求解相对复杂，下面介绍的是一种更实用、求解方便的裂缝温度场模型。

1. 不考虑酸—岩反应热的缝中温度场模型

在建立裂缝中酸流动反应的温度场模型时，作以下基本假设条件：

① 地层岩石及流体物性不随时间变化；

② 流体沿缝壁向地层滤失的速度 v_i 为常值；

③ 缝中流体的温度只沿缝长方向发生变化；

④ 只考虑垂直于裂缝壁面方向上地层与缝中流体之间的热交换，忽略缝长和缝高方向的热交换。

基于上面的假设条件，在裂缝中取微元体，有热量平衡可得到缝中温度分布模型为：

$$\frac{T-T_W}{T_R-T_W} = 1-\left(1-\frac{2v_1 HX}{q_o}\right)\frac{\psi(\eta)}{\sqrt{\pi}\eta(1-\phi)} \tag{5-196}$$

其中

$$\eta = \frac{v_1\rho_f C_f}{2(1-\phi)}\sqrt{\frac{t}{\rho_R C_R \lambda_R}}$$

$$\psi(\eta) = e^{-\eta^2} - \sqrt{\pi}\eta\,\mathrm{erc}(\eta)$$

式中 T_R——地层原始温度；

T_W——裂缝入口温度；

T——缝中温度；

v_1——滤失速度；

q_o——裂缝入口流量；

X——缝中位置；

H——裂缝高度；

ϕ——地层孔隙度；

ρ_f, ρ_R——储层流体和储层岩石密度；

λ_R——储层岩石导热系数；

C_f, C_R——储层流体和储层岩石压缩系数；

t——滤失时间；

erfc——余误差函数。

2. 考虑酸—岩反应热的温度场模型

上面给出的温度场模型没有考虑酸—岩反应热的影响。在求解裂缝中酸液浓度分布时将裂缝分成很小的 $\Delta\zeta$ 微元段，近似认为 $\Delta\xi_k$ 内的反应热等于 $\Delta\zeta_{k+1}$ 内的反应热，即

$$\Delta T_{k+1} = \Delta H(\overline{C}_{Dk}-\overline{C}_{Dk-1})C_0\Delta\xi_K\overline{W}(C_f\rho_f\Delta\xi_{k+1}\overline{W}) \tag{5-197}$$

其中

$$\overline{C}_D = \overline{C}/C_0$$

式中 ΔH——酸—岩反应热；

C_0——酸液初始浓度；

$\overline{C}_D$——无因次酸浓度。

缝中各点的浓度为：

$$T_{k+1} = T + \Delta T_{k+1} \tag{5-198}$$

式中，T 由式(5-196) 计算。

三、酸岩裂缝流动反应的浓度分布及有效作用距离计算

酸压时，酸液沿裂缝向地层深部流动，酸液浓度逐渐降低。当酸液浓度降低到一定程度后（一般为初始浓度的10%），把这种已基本上失去溶蚀能力的酸液，称为残酸。

显然，酸液只有在有效作用距离范围内才能溶蚀岩石，当超过这个范围后，由于酸液变为残酸，不能再继续溶蚀岩石。由此，依靠水力压裂作用所形成的动态裂缝中，只有在靠近井壁的那一段裂缝长度内（即在有效作用距离范围内），由于裂缝壁面的非均质性被溶蚀成为凹凸不平的沟槽，施工结束后，裂缝仍具有相当的导流能力，把此段裂缝的长度称为裂缝的有效长度。超过活性酸的有效作用距离范围的裂缝段，由于残酸已不再能溶蚀裂缝壁面，施工结束后将会在闭合压力作用下重新闭合而失去导流能力。

因此，酸压时仅追求造成较长的动态裂缝尺寸是不够的，还必须力求形成较长的酸液有效作用距离。为此，研究影响裂缝中酸浓度的分布规律及酸液有效作用距离，就是酸压设计计算中的一个关键问题。

用数学模拟方法建立数学模型，即酸—岩反应的对流扩散方程，对方程进行求解可得出缝中酸浓度分布规律，并由此求酸液有效作用距离。

（一）酸液在裂缝中流动反应的偏微分方程

酸压时较多形成垂直裂缝。为了简化问题，把裂缝视为等宽度 $\overline{W}$ 和等高度 h 的理想裂缝。设裂缝入口处酸液初始浓度 C_0 为常数，随着酸液在裂缝中的流动反应，酸液浓度逐点降低；在裂缝高度方向上，设酸液浓度梯度为零，故酸浓度是坐标 x，y 的函数。设裂缝入口处酸液初始浓度 u_0 为常数，由于在垂直裂缝壁面方向存在滤失现象，又设在裂缝高度方向上，速度分量为 0，故酸液只沿裂缝长度方向和垂直壁面方向流动，酸液流速也是坐标 (x,y) 的函数。这样，可把酸液沿垂直裂缝三维流动反应简化为酸液在渗透性平行岩板间的二维流动，如图 5-42 所示。

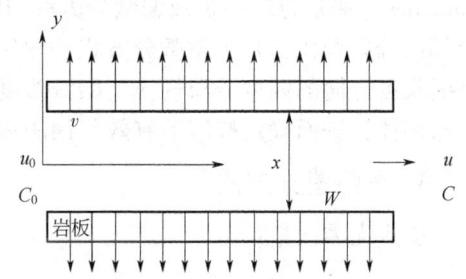

图 5-42 酸液平行裂缝反应示意图
u_0、C_0—裂缝入口断面处酸液平均流速和平均浓度；
u、C—裂缝出口断面处酸液平均流速和平均浓度；
C—任意位置的酸浓度，$C=C(x,y)$

在裂缝中取微元体，根据微元体中 H^+ 质量守恒定律，可建立描述以上酸液沿裂缝流动反应对流扩散偏微分方程。

假设：①酸液沿裂缝作二维层流流动和稳定流动反应；②酸液为不可压缩流体；③酸液密度均一，忽略自然对流体对酸—岩反应的影响。考虑同离子效应和温度场影响的酸—岩反应数学模型为：

$$u(x,y)\frac{\partial C}{\partial X}+v(y)\frac{\partial C}{\partial y}=\frac{\partial}{\partial y}\left(De\frac{\partial C}{\partial y}\right) \tag{5-199}$$

边界条件为：

$$\begin{cases} x=0, C=C_0 \\ y=0, \dfrac{\partial C}{\partial y}=0 \\ y=\pm\dfrac{w}{2}, De\dfrac{\partial C}{\partial y}=K_s(1-\phi)C_s^{n_s} \end{cases} \tag{5-200}$$

对于盐酸与石灰岩的反应主要受 H^+ 传质控制，表面反应速率可视为无限，$C_s=0$，此时

$$y = \pm \frac{w}{2}, C = 0$$

式中　C——缝中酸液浓度分布，%；

　　　u——X方向的酸液速度，m/min；

　　　v——Y方向的酸液速度，m/min；

　　　C_s——岩石表面酸液浓度，%；

　　　n_s——反应级数；

　　　K_s——反应速率常数；

　　　ϕ——孔隙度，小数；

　　　De——H^+有效传质系数，m^2/min；

　　　W——缝宽，m。

（二）酸浓度分布规律及有效作用距离的计算

对式(5-199)及式(5-200)构成的偏微分方程的求解，常用的方法是有限差分法和Lumping方法。差分方法是直接将酸—岩反应的对流扩散方程及其边界条件方程离散化，用计算机求解差分方程，得到沿裂缝方向酸浓度的分布规律，从而确定出有效作用距离。Lumping方法是将缝中扩散偏微分方程与缝中温度场结合起来，采用积分平均值方法，把两个偏微分方程化为几个常微分方程，然后再用数值方法联立求解这几个常微分方程，得到沿裂缝长度方向的温度分布规律、酸液浓度分布规律，包括裂缝壁面浓度分布规律和缝壁温度分布规律，进而确定酸液的有效作用距离。

1. 有限差分方法

引入无因次量：

$$\begin{cases} \zeta = x/(\overline{W}/2), \eta = y/(\overline{W}/2) \\ C_D = C/C_0, De^* = De/De_0 \end{cases} \quad (5-201)$$

速度分量u、v由Beman流函数确定：

$$\begin{cases} u = (2/\overline{W})(u_0\overline{W}/2 - V_1X)f_1^n(\eta) \\ v = v_1 f_1(\eta) \\ f_1(\eta) = 3\eta/2 - \eta^3/2, \eta = y/(\overline{W}/2) \end{cases} \quad (5-202)$$

其中　　　　　　　　　　$f_1^n(\eta) = (3/2)(1 - \eta^2)$

v_1为壁面酸液滤失速度。将方程(5-201)、方程(5-202)代入方程(5-199)处理后变为：

$$\begin{cases} \left(1 - \frac{R_1^n}{R^*}\zeta\right)f_1^n(\eta)\frac{\partial C_D}{\partial \zeta} + \frac{R_1^n}{R^*}f(\eta)\frac{\partial C_D}{\partial \eta} = \frac{De^*}{R^* S_c}\frac{\partial^2 C_D}{\partial \eta^2} \\ \zeta = 0, \quad C_D = 0 \\ \eta = 0, \quad \frac{\partial C_D}{\partial \eta} = 0 \\ \eta = \pm 1, \quad -\frac{\partial C_D}{\partial \eta} = PC_D^m \end{cases} \quad (5-203)$$

其中
$$\begin{cases} R^* = u_0 \overline{W}/2v \\ R_1^n = V_1 \overline{W}/2v\rho \\ Sc = v/2De_0 \\ P = K\overline{W}C_0^{m-1}(1-\phi)/2De_0 \end{cases}$$

式中　Re^*——裂缝雷诺数；

Re_1^n——滤失雷诺数；

Sc——施密特数；

P——无量纲反应速率常数。

裂缝中 η 方向差分网格划分为 N 等分。采用显式差分格式离散方程得：

$$\begin{cases} C_{dk+1,i} = (E-A)C_{Dk,i} + (1-E+A-Z)C_{Dk,i} + ZC_{k,i}(i=2,\cdots,N; k=0,1,2\cdots) \\ C_{D0,i} = 1(i=1,2,\cdots,N+1) \\ C_{Dk,i} = C_{Dk,2}(k=0,1,2,\cdots) \\ P\Delta\eta C_{Dk,N+1}^{n_s} + C_{Dk,N+1} - C_{Dk,N} = 0 \end{cases} \quad (5-204)$$

其中
$$A = \Delta\zeta\beta_i N/\alpha_i, E = \Delta\zeta\gamma_i f_{k,i-1/2}N^2/\alpha_i, Z = \Delta\zeta\gamma_i f_{k,0}N^2/\alpha_i$$
$$\alpha = (1-R_1\xi)f_1(\eta), \beta = R_1 f_1(\eta), R_1 = R_1'/R^*$$

根据差分理论，方程组（5-204）的稳定条件为：

$$\Delta\zeta \leq \frac{3}{4}C_D(\zeta)\frac{(1-R_1\zeta)Pe[N^2-(N-1)^2]e^{\beta_1(T_0-T)/(RT_0T)}}{R_1 N^4}$$

其中
$$Pe = V_1 W/(2D_\infty)$$

式中　Pe——贝克来特数。

通过计算机联立求解方程（5-204），可用缝中任意一位置酸液浓度将缝宽方向的浓度分布 $C_{Dk,i}$ 进行加权平均，缝长方向一点的酸液平均浓度：

$$\overline{C_D}(\zeta) = \frac{\int_0^1 u(\zeta,u)C_D(\zeta,\eta)\mathrm{d}\eta}{\int_0^1 u(\zeta,\eta)\mathrm{d}\eta} \quad (5-205)$$

上述模型求解中未考虑同离子效应和温度影响，考虑同离子效应和温度影响，式中参数 De 和 K_s 的计算方法如下。

① De 的计算式为：

$$De = D_{e0}ac_D^b e^{[-E_{De}(T-T_0)/r(T+273.15)(T_d+273.15)]}$$

式中，a、b 取值见表5-6。

表5-6　考虑同离子效应的 a、b 值（$Re=10^3\sim10^5$）

C_o, %	28.54	24.47	19.84	15.24
a	0.997	0.993	0.991	0.990
b	0.974	0.770	0.618	0.563

② K_s 的计算式为：
$$K_s = K_o \exp[-E_R(T-T'_0)/R(T+273.15)(T'_0+273.15)]$$
③ 酸液黏温关系的计算方法。
24%HCl：
$$\mu = (6.875+1.57C_C)\times 10^{-3}\exp[(3.387-0.1253C_C)\times 10^{-3}/RT]$$
15%HCl：
$$\mu = (2.6032+1.888C_C)\times 10^{-3}\exp[(4.249-0.735C_C+0.1C_C^2)\times 10^{-3}/RT]$$

对于其他浓度下的 a、b 值及 μ，采用拉格朗日插值求得。差分法求解的结果在很多时候作成图版，利用图版法来确定酸液有效作用距离，如威廉斯和尼洛德图版就属于此。西南石油大学则在这方面作了更为详尽的研究。图 5-43 是考虑了酸液的滤失时，盐酸与石灰岩流动反应的有效作用距离计算图版。

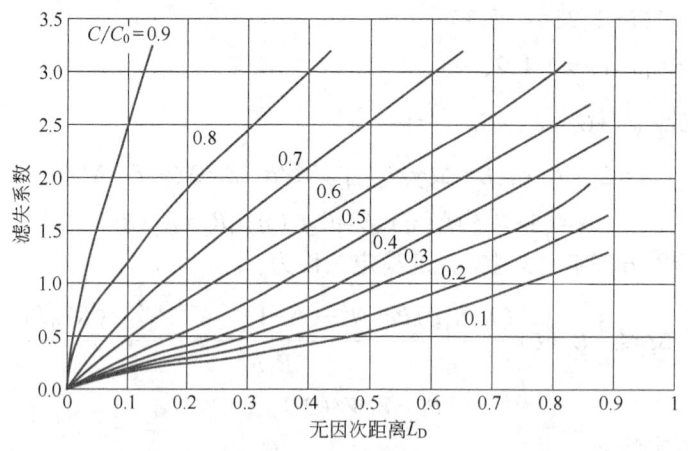

图 5-43 考虑酸液滤失时酸液有效作用距离计算图

图中定义贝克来数、无因次距离为：
$$Pe = \frac{\overline{W}\,\overline{v}}{2De};\ L_D = \frac{2\overline{v}x}{u_0\overline{W}}$$

式中 $\overline{W}$——动态裂缝宽度，cm；
$\overline{v}$——平均滤失速度，cm/s。
x——酸液有效穿透距离，cm；
De——H^+ 有效传质系数，cm^2/s，通过室内流动模拟试验确定；
u_0——裂缝入口端的酸液流速，cm/s，根据施工排量和动态裂缝几何尺寸确定。

在求得上述各项物理参数之后，就可计算出 Pe，再给定任意断面位置 x，又可计算出无因次距离 L_D。最后利用计算图版，两坐标位置的垂线相交，得到 x 位置的无因次浓度 C/C_0 值，也就是说，得到任意断面 x 处的酸液浓度值。同样根据 Pe 和给定的 C/C_0，便可查出无因次距离 L_D，从而计算出酸液浓度降至预定的 C/C_0（如 $C/C_0=0.1$），酸液的有效作用距离 x 值。

【例 5-2】 某石灰岩气层，温度 80℃，气层有效厚度 $h=30m$，渗透率 $K=0.1\times 10^{-3}\mu m^2$，气层孔隙度 $\phi=1\%$，岩石弹性系数 $E=7.03\times 10^4 MPa$，泊松比 $\nu=0.27$，破裂压力和气层压力之

差 $\Delta p = 30\text{MPa}$，用 15%盐酸，酸液黏度 $\mu = 1\text{mPa} \cdot \text{s}$，施工排量 $Q = 1.2\text{m}^3/\text{min}$，据判断压成双翼垂直裂缝，试求压破地层后 20min 时，有效裂缝的长度。

解：

① 求酸液平均滤失速度 $\bar{v}$ 因酸液黏度比气的黏度大得多，滤失主要受酸液黏度控制，近似取酸液滤失系数 $C_1 = C$，则

$$C_1 = 5.4 \times 10^{-3} \sqrt{\frac{K\phi\Delta p}{\mu}} = 5.4 \times 10^{-3} \sqrt{\frac{0.0001 \times 0.01 \times 30000}{1}} = 9.35 \times 10^{-4} (\text{m}/\sqrt{\text{min}})$$

当作无腐蚀性压裂液时，滤失速度随时间而降低，$v = \dfrac{C_1}{\sqrt{t}}$；当用有腐蚀性酸液时，因时间越长腐蚀越严重，滤失速度随时间而加快。为计算方便起见，可近似认为以上两因素相互抵消，即滤失速度基本保持不变。一般用当 $t = 1\text{min}$ 时的滤失速度，作为平均滤失速度 $\bar{v}$。

故：

$$\bar{v} = \frac{C_1}{\sqrt{t}} = 9.35 \times 10^{-4} \text{m}/\text{min} = 0.156 \times 10^{-2} (\text{cm/s})$$

② 求动态裂缝尺寸（20min）可按吉尔斯玛方法。

垂直裂缝动态深度 L：

$$L = \frac{1}{2\pi} \times \frac{Q\sqrt{t}}{hC}$$

$$= \frac{1}{2\pi} \times \frac{Q\sqrt{t}}{hC} = \frac{1}{2\pi} \times \frac{1.2\sqrt{20}}{30 \times 9.35 \times 10^{-4}} = 30.4(\text{m})$$

式中　L——裂缝长度；

　　　C——压裂液滤失系数。

动态裂缝口宽度 W_0：

$$W_0 = 0.135 \sqrt[4]{\frac{Q\mu L^2}{Gh}} = 0.135 \sqrt[4]{\frac{1.2 \times 10^{-3} \times 30.4^2}{2.77 \times 10^7 \times 30}} \approx 0.000813(\text{m}) \approx 0.813(\text{mm})$$

裂缝平均宽度 $\bar{W}$：

$$\bar{W} = 0.785 W_0 = 0.785 \times 0.813 = 0.64(\text{mm})$$

③ 求裂缝入口处流速 u_0：

$$u_0 = \frac{Q}{2\bar{W}h} = \frac{0.02}{2 \times \dfrac{0.542}{1000} \times 30} = 0.52(\text{m/s})$$

假设通过室内流动模拟试验已确定 H^+ 有效传质系数 $De = 4 \times 10^{-5} \text{cm}^2/\text{s}$。

④ 求贝克来数 Pe：

$$Pe = \frac{\bar{V}\bar{W}}{2De} = \frac{0.156 \times 10^{-2} \times 0.064}{2 \times 4 \times 10^{-5}} = 1.248$$

⑤ 查计算图 5-43，由 $C/C_0 = 0.1$ 曲线得：

当 $Pe = 1.248$ 时，无因次距离 $L_D \approx 0.85$。

⑥ 求酸液有效作用距离：

$$L_D = \frac{2\bar{v}x}{u_0 \bar{W}}$$

$$x = \frac{L_D u_0 \bar{W}}{2\bar{v}} = \frac{0.85 \times 52 \times 0.064}{2 \times 0.156 \times 10^{-2}} = 906(\text{cm}) = 9.06(\text{m})$$

可见，在酸压20min后，酸液有效作用距离仅为动态裂缝长度的30%。

上述采用图版法计算酸浓度及有效作用距离虽然有简单的优点，但由于难以考虑裂缝中温度场的影响，且将裂缝在长度方向视为定宽，其应用受到限制。随着高速计算机的发展，目前常用计算机直接求解酸对流扩散反应方程，并且综合考虑了温度、同离子效应、裂缝宽度等多种因素的影响。

2. Lumping方法

考虑温度场的影响时，计算缝中酸液浓度及有效作用距离的另外一种方法是Lumping方法。引入平均值：

$$\bar{C} = \frac{\int_0^{\bar{W}/2} uc\,dy}{\int_0^{\bar{W}/2} u\,dy} = \frac{\int_0^{\bar{W}/2} uc\,dy}{\frac{\bar{W}}{2}\bar{u}}, \quad \bar{T} = \frac{\int_0^{\bar{W}/2} uT\,dy}{\int_0^{\bar{W}/2} u\,dy} = \frac{\int_0^{\bar{W}/2} uT\,dy}{\frac{\bar{W}}{2}\bar{T}}$$

简化对流扩散方程和缝中温度场模型Ⅰ，得一组常微分方程，具体过程如下：在酸压中，通常不考虑缝宽和缝高变化引起的截面变化，则连续性方程可写为：

$$\frac{\partial u}{\partial x} + \frac{\partial v}{\partial y} = 0 \tag{5-206}$$

利用上述连续性方程：

$$\frac{\partial(uC)}{\partial X} + \frac{\partial(vC)}{\partial y} = \frac{\partial}{\partial y}\left(De \frac{\partial C}{\partial y}\right)$$

在区间$[0, \bar{W}/2]$内对方程（5-199）积分：

$$\xrightarrow{\text{对}y\text{积分}} \int_0^{\bar{W}/2}\left[\frac{\partial(uC)}{\partial x} + \frac{\partial(vC)}{\partial y}\right]dy = \int_0^{\bar{W}/2} \frac{\partial}{\partial y}\left(De \frac{\partial C}{\partial y}\right)dy$$

$$\frac{\bar{W}}{2} \frac{d(u\bar{C})}{dx} + V_1 C_s = De \frac{dc}{dy}\bigg|_{y=\frac{\bar{W}}{2}} \tag{5-207}$$

令

$$k_g = -De \frac{dc}{dy}\bigg|_{y=\frac{\bar{W}}{2}} \bigg/ [C_s - \bar{C}] \tag{5-208}$$

式中，k_g为质量传质系数。上述方程（5-207）可以写为：

$$\frac{\bar{W}}{2} \frac{d(u\bar{C})}{dx} + V_1 C_s = k_g(C_s - \bar{C}) \tag{5-209}$$

对连续性方程（5-206）作类似处理得：

$$\frac{\bar{W}}{2} \frac{d\bar{u}}{dx} + V_1 = 0 \tag{5-210}$$

将式(5-210)代入式(5-209)得：

$$\frac{\overline{W}}{2}\overline{u}\frac{d\overline{C}}{dx}=(v_1-k_g)(\overline{C}-C_s) \tag{5-211}$$

综合式(5-200) 和式(5-208) 得：

$$k_g(\overline{C}-C_s)=K_s(C_s)^{ns} \tag{5-212}$$

同理，处理裂缝温度场模型 I，有以下两式成立：

$$\frac{\overline{W}}{2}\overline{u}\frac{d\overline{T}}{dx}=\left(v_1-\frac{h_T}{\rho_f C_f}\right)(\overline{T}-T_{WF}) \tag{5-213}$$

$$h_T(T_{WF}-\overline{T})=K_s C_s^{ns}(-\Delta H)+q_h(t) \tag{5-214}$$

其中
$$h_T=K_T\frac{dT}{dy}\bigg|_{y=\frac{\overline{W}}{2}}(T_{WF}-\overline{T}) \tag{5-215}$$

式中 $\overline{C}$——缝长方向任一点的酸浓度；

$\overline{T}$——缝长方向任一点的温度；

C_s——缝壁酸浓度；

T_{WF}——缝壁酸浓度。

式(5-210)、式(5-211)、式(5-212) 和式(5-213)、式(5-214) 就是用来求解 $\overline{C}$、$\overline{T}$、C_s、T_{WF}、$\overline{u}$ 的方程组。

分析上述方程组，要联立求解这一方程组，还必须知道另外两个参数 k_g 和 h_T。下面介绍计算这两个参数的两方程组。在介绍这两组方程之前，先介绍几种无因次量：

$$N_{Sh}=2\overline{W}k_g/D_e, N_{Nu}=2\overline{W}h_T/k_T$$

$$N_{Re}=2\overline{W}u/\nu, N_{Pr}=C_f u/k_T$$

$$N_{Sc}=\nu/D_e \tag{5-216}$$

① 当 $N_{Re} \geqslant 7000$，紊流状态，Sieder-Tate 给出如下方程：

$$N_{Sh}=0.026(N_{Re})^{0.8}(N_{Sc})^{\frac{1}{3}} \tag{5-217}$$

$$N_{Sh}=0.026(N_{Re})^{0.8}(N_{Pr})^{\frac{1}{3}} \tag{5-218}$$

② 当 $1800<N_{Re}<7000$，Gill 给出以下方程：

$$N_{Sh}=0.0011038(N_{Re})^{1.1532}(N_{Sc})^{\frac{1}{3}} \tag{5-219}$$

$$N_{Sh}=0.0011038(N_{Re})^{1.1532}(N_{Pr})^{\frac{1}{3}} \tag{5-220}$$

③ 当 $N_{Re}<1800$，层流状态，这时无类似上述方程，求取方法比较复杂，其方法详见 Chang-Guin 的文献。

当计算 k_g、h_T 方法确定之后，可按下述步骤计算 $\overline{C}(x)$，$\overline{T}(x)$：

① 给定 $x=0$ 处的 $\overline{C}$，$\overline{T}$，即缝口浓度（初始浓度）和井底温度，并由此计算 $x=0$ 处的 $\overline{u}_0$，h_T，k_g，k_s；

② 用 Newton-Raphso 方法解方程，计算 C_s，可写成：

$$F(C_s)=k_s C_s^{n_s}+k_g C_s-k_g \overline{C}=0 \tag{5-221}$$

$$C_s^{i+1}=C_s^i-F(C_s^i)/F'(C_s^i) \tag{5-222}$$

迭代终止条件 $|C_s^{i+1}-C_s^i| \leq \varepsilon$（给定误差）。

③ 求解 T_{WF}；

④ 用数值计算方法联立解常微分方程组；

⑤ 判断条件 $\dfrac{\overline{C}}{C_0} \leq 0.1$ 是否满足。条件满足，计算结束。不满足，则 $x=x+\Delta x$，计算 h_T，k_g，继续从第二步开始依次重复计算直到条件满足为止。

虽然这种方法，能够考虑同离子效应温度场的影响，求解较多的参变量，如 $\overline{C}$，$\overline{T}$，C_s；T_{WF} 等。但是这种方法计算量大，并且在 $N_{Re}<1800$ 的层流状态时，k_g 和 h_T 的计算方法至今未得到令人满意的解决方法。由上述方法求解的酸浓度分布如图 5-44 所示。

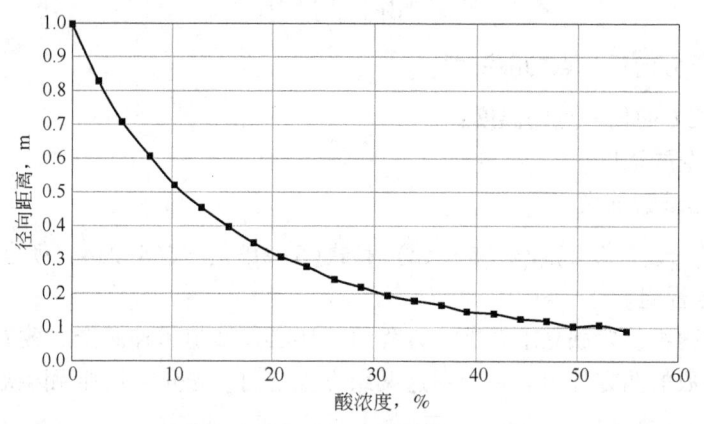

图 5-44 沿裂缝的平均酸浓度剖面

四、酸蚀裂缝导流能力的计算

酸蚀裂缝导流能力即有效作用距离范围内有效裂缝的传导能力是决定酸压效果的一关键参数，其大小及分布与酸压效果紧密相关。

酸蚀裂缝的导流能力（$K_f w$）很难预测，因为它内在地决定于一个随机过程：如果裂缝壁不是非均匀侵蚀的，则闭合后裂缝的导流能力将是很低的。因此，用来预测酸裂缝导流能力的方法只是一个经验方法。首先，根据裂缝中酸的分布，计算出沿着裂缝位置岩石溶解的数量。然后根据岩石溶解量，用一个经验关系式来计算裂缝的导流能力。最后，因导流能力通常沿裂缝变化很大，所以要用一些平均方法来得到整个裂缝的平均导流能力。预测酸裂缝导流能力的各种方法不能期望很精确。通过现场压力不稳定试井测量酸裂缝的有效导流能力，可对这些方法进行"现场校正"。

在酸裂缝中岩石的溶解量可用理想宽度 w_i 来表示，w_i 定义为裂缝闭合前被酸溶解所产生的裂缝宽度。如果所有注入裂缝中的酸都溶解裂缝表面的岩石（例如，没有活性酸穿入基质，或在裂缝壁上形成酸蚀洞），那么平均理想宽度就简单地为被溶解的岩石体积除以裂缝面积，即

$$W_{ai} = \dfrac{XV}{2(1-\phi)hL} \quad (5-223)$$

式中 X——酸的体积溶解能力；

V——注入酸的总体积，m^3；
H——裂缝高度，m；
L——裂缝半长，m；
ϕ——孔隙度，小数；
W_{ai}——酸蚀缝宽，m。

根据理想裂缝宽度预测理想裂缝导流能力：

$$(WK_f)_{理想} = 8.33 \times 10^{13} \qquad (5-224)$$

式中 $(WK_f)_{理想}$——理想裂缝导流能力，$\mu m^2 \cdot m$。

然后考虑裂缝在闭合应力下的导流能力。此时应将闭合应力及岩石的嵌入强度考虑在内。Nierode 和 Kruk 的实验研究成果给出了理想裂缝导流能力、闭合应力 σ 及岩石嵌入强度 S_{RE} 与真实裂缝导流能力之间的关系：

$$(WK_f)_i = C_i \exp(-142 C_2 \sigma) \qquad (5-225)$$

其中
$$C_1 = 0.0403[(WK_f)_{理想}]^{0.822}$$
$$C_2 = [13.457 - 1.3\ln S_{RE}]10^{-3} \quad (0 < S_{RE} < 140\text{MPa})$$
$$C_2 = [2.41 - 0.28\ln S_{RE}]10^{-3} \quad (140 < S_{RE} < 3515\text{MPa})$$

式中 σ——闭合应力，MPa；
S_{RE}——岩石嵌入压力，MPa。

模拟的酸蚀裂缝导流能力如图 5-45 所示。

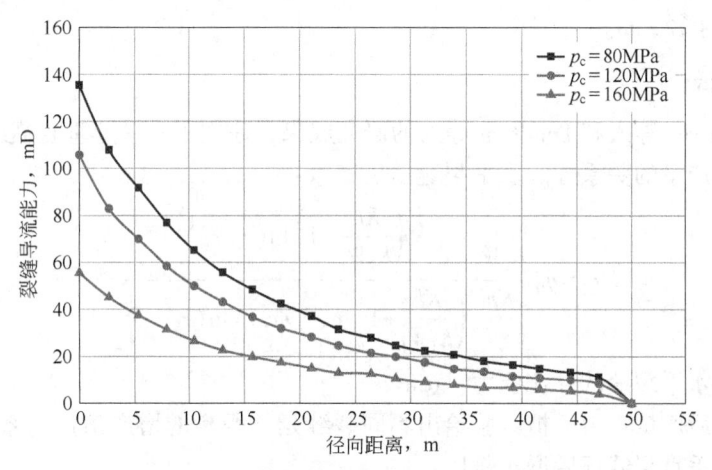

图 5-45 模拟的酸蚀裂缝导流能力分布

五、酸压井产能及其动态预测

酸压的最主要目的是提高油气井的产量和注水井的注水量，压后的增产幅度是进行酸压效果评价和施工参数优化的基础，特别是当前在以经济效益为中心的低渗透油气田开采中，对酸压后油气井产量的预测更具有重要意义。

如果酸蚀裂缝平均导流能力足以描述油井的流入动态，那么酸化压裂井的产生可以用水力压裂的相同方法来预测。目前主要有四类预测方法：解析计算法，半解析计算方法、典型曲线法和完全数值模拟法。

从 20 世纪五六十年代起，人们就开始研究压裂井的产量与裂缝参数和地层物性间的关系，最初的研究方法主要是电模拟实验，实验结果以回归的关系式或曲线形式给出，即增产倍数曲线；70 年代后对压裂井的产量预测多采用数值计算方法，但由于受当时计算机技术的限制，常把模拟结果以典型曲线表示。80 年代中期后常与油藏工程结合起来，采用完全的数值模拟计算方法。

（一）酸压井产量预测的解析计算方法

1. Van Poollen 法

Van Poollen 等人在 1958 年通过电模拟试验，对裂缝井的产能作了研究。研究指出，在均质各向同性地层中，增产倍比与裂缝渗透率与地层渗透率的比值成正比。Van Poollen 等人给出的计算水平裂缝压裂井的压后产量计算式为：

$$q_f = q_0 \frac{\lg(r_f/r_w)}{\lg(r_e/r_f) + \dfrac{\lg(r_f/r_w)}{1+(Kh)_f/(Kh)}} \tag{5-226}$$

式中 q_0, q_f——分别为压裂前后的稳定产量，m^3/d；

$(Kh)_f, K_h$——分别为裂缝和地层的产能系数，$\mu m^2 \cdot m$；

r_e——供给半径，m；

r_f——裂缝长度；

r_w——井半径，m。

2. Crafts 法

Crafts 综合 Dyes 等人和 Landtum 等人的研究成果，建立了水平及垂直裂缝导流能力和无因次缝长与压后产量的关系式。水平裂缝压后产量：

$$q_f = q_0 \frac{K_f W_f}{Kh} \frac{\left(\dfrac{Kh}{K_f W_f}+1\right)\ln(r_f/r_w)}{\left(\dfrac{Kh}{K_f W_f}+1\right)\ln(r_e/r_f)+\ln(r_f/r_w)} \tag{5-227}$$

式中 $K_f W_f$——水平裂缝的导流能力，$\mu m^2 \cdot m$。

垂直裂缝压后产量：由模拟试验给出不同裂缝延伸距离的增产倍比与系数 Cr 的关系数据，就可以确定垂直裂缝压后增产倍比：

$$Cr = \frac{K_f W_f}{Kh} \tag{5-228}$$

3. Prats（1961）对垂直裂缝增产效果研究成果

Prats 对具有一定径向延伸范围和导流能力的垂直裂缝中不可压缩流体油藏动态的影响进行数学分析指出，压开的垂直裂缝相当于扩大了井的有效半径。如果井的半径小，裂缝导流能力大，则井的有效半径可定为裂缝半长的 1/4，压后的增产倍比可用下面的公式计算：

$$\frac{q_f}{q_0} = \frac{\ln(r_e/r_w)}{\ln(4r_e/r_f)} \tag{5-229}$$

适用条件为：对称于井眼的垂直裂缝；裂缝具有一定导流能力和径向延伸范围；不可压

缩流体。

4. Bearden（1953）对水平裂缝增产效果研究成果

Bearden 在研究压裂与油井产量的关系后指出，如果在均匀地层中压开对称水平裂缝，则可用下述任意一种方法估算增产倍比。

1）扩大井眼法

油井压后获得最大稳定产量，可以利用将井眼扩大为裂缝半径的方式径向近似计算。也就是近似假设井眼半径等于裂缝半径，然后用径向流公式计算压后产量：

$$q_f = \frac{5.4287 \times 10^2 Kh\Delta p}{\mu B \ln(r_e/r_w)} \quad (5-230)$$

2）径向渗透率突变法

该方法将渗透率近似看成沿径向不连续变化，即裂缝使近井带渗透率与远井带渗透率不相同（以裂缝长度为基准）。地层平均渗透率由下式给出：

$$K_a = \frac{\lg(r_e/r_w)}{\frac{1}{K_{fr}}\lg\left(\frac{r_f}{r_w}\right) + \frac{1}{K}\lg\left(\frac{r_e}{r_w}\right)} \quad (5-231)$$

其中

$$K_{fr} = \frac{Kh + W_f K_f}{h} \quad (5-232)$$

压后的稳定产量为：

$$q_f = \frac{5.4287 \times 10^2 K_a h\Delta p}{\mu B \ln(r_e/r_w)} \quad (5-233)$$

增产倍比为：

$$\frac{q_f}{q_0} = \frac{K_a}{K} \quad (5-234)$$

式中 q_0, q_f——分别为压裂前后的稳定产量，m^3/d；
K——地层原始渗透率；
K_a——压后地层平均渗透率；
K_{fr}——裂缝区有效平均渗透率。

5. Flichinger 水平裂缝井增产倍比公式

Flichinger 水平裂缝井增产倍比公式为：

$$\frac{q_u}{q_d} = 1 + x\left(\frac{K_2}{K_1} - 1\right) \quad (5-235)$$

其中

$$x = \frac{受污染地层厚度}{地层总厚度}$$

式中 q_u——未受污染井段的产量；
q_d——受污染井段的产量；
K_2——未受污染地层渗透率；
K_1——受污染地层渗透率。

适用条件为：均质地层稳定流动；水平裂缝。

6. Raymend 提出的垂直或水平裂缝压裂井的计算式

Raymend 提出的垂直或水平裂缝压裂井的计算公式为：

$$\frac{q_0}{q_d} = \frac{\frac{K_0}{K_d}\ln\frac{r_d}{r_w} + \ln\frac{r_e}{r_d}}{\ln\frac{r_e}{r_w}} \tag{5-236}$$

式中 q_0——无伤害地层应有的产量；
q_d——有伤害地层应有的产量；
K_0——无伤害地层渗透率；
K_d——伤害地层渗透率；
r_d——伤害半径。

7. McGuire-Sikora 增产倍数曲线及计算关系式

如图 5-46 所示，该图是由电模拟实验得到的，其基本假设为：拟稳态流动、定产量生产、正方形泄油面积、外边界封闭、微可压缩流体、裂缝穿过整个生产层。

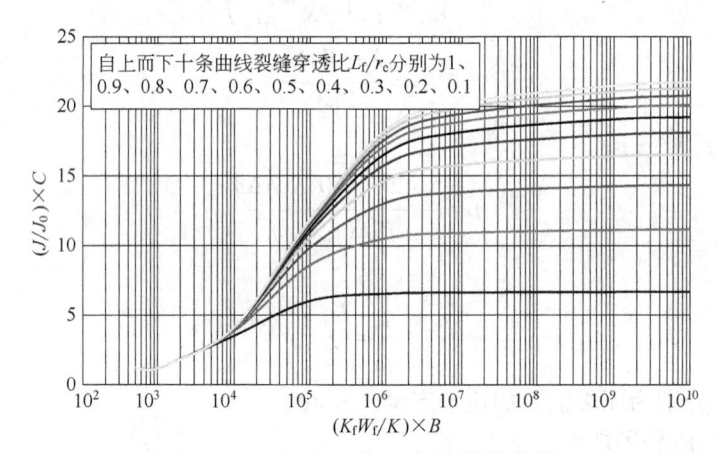

图 5-46 McGuire-Sikora 增产倍数曲线

纵坐标是无量纲增产倍数：

$$(J/J_0) \times C \tag{5-237}$$

横坐标是裂缝与地层导流能力的比值（无因次裂缝导流能力）：

$$\frac{K_f W_f}{K} \times B \tag{5-238}$$

其中

$$C = \frac{7.13}{\ln(0.472 r_e/r_w)}$$

$$B = \sqrt{\frac{40 \times 4046.9}{2.471 \times 10^{-4} A}}$$

式中 J_0, J——压裂前后采油指数；
r_e, r_w——泄油面积和完井半径；
C——泄油半径和井径的修正因子；

K_fW_f——裂缝导流能力；

K——地层渗透率；

A——泄油面积，m^2；

B——当井的控制面积不是 $40×4046.9m^2$ 时的修正系数。

不同曲线表示不同的裂缝穿透比，即裂缝半长与泄油半径的比值。图中增产倍比及无因次裂缝导流能力及裂缝穿透比三者之间的关系，可用下面的关系式来表示：

$$(J/J_0) \times C = 1 + M\arctan\left(\frac{L_f}{r_e M}\right) \quad (5-239)$$

其中

$$M = 7.27 + 6.09\arctan[0.524 \times \ln(X/3)]$$

$$X = 3.28 \times 10^{-5}\frac{W_f K_f}{K}B$$

从图中可以看到，在同样条件下，裂缝的导流能力越高，增产倍数越大；裂缝越长，增产倍数也越大。对图 5-46 分析不难发现，对于低渗透层酸压改造应以追求长的酸蚀裂缝为目标，采用深度酸压技术，而对中高渗透层（相对而言）应以增加裂缝导流能力为主要目标，采用能够获得非均匀刻蚀程度高的酸压技术。

8. 模型分析与对比

① 当裂缝导流能力比较高时，用 Prats 方法预测的产量与现场结果比较一致；

② Bearden 的扩大井眼法适用于薄油层，而径向渗透率突变法较井眼扩大法准确；径向渗透率法计算出的产量与地层的渗透率有关，而且地层渗透率又与裂缝导流能力及垂向渗透率变化有关，故该方法的计算精度取决于 K_a 的计算精度；

③ McGuire-Sikora 方法预测的压后产量，一般都低于现场实际产量。不够准确的原因是对裂缝导流估计不正确所致；

④ Crafts 等人方法预测的准确性比 Prats 方法和 McGuire-Sikora 方法都要差；

⑤ 解析方法简单，求解方便，但都是用于较理想情况。

（二）半解析增产倍比计算方法

由于解析计算法都是基于很多理想化的假设条件而导出，与实际有较大偏差。McGuire 和 Sikora 通过电模拟得到的图版来预测增产倍比，由于电模拟没有考虑裂缝导流能力随缝长的变化，井底污染以及压裂或酸液对裂缝壁面的污染等因素的影响，只能对酸化施工效果作粗略估计。

Raymond 和 Binder 最先提出了计算增产倍比的理论公式。该模型的运用中，为了考虑裂缝导流能力随缝长变化的影响，作了将裂缝沿径向划分为许多单元的改进，以提高计算精度。基本假设为：

① 水平均质油藏孔隙中充满单相流体；

② 流体不可压缩，黏度为常值；

③ 井位于圆形泄油面积中心，双翼垂直裂缝由井筒向地层对称延伸；

④ 裂缝壁面未受污染；

⑤ 施工后等压面为以井轴为中心同心圆柱面。

1. 无污染均质地层，裂缝导流能力随缝长变化

将裂缝分为 N 个单元，假定每个单元段裂缝中导流能力为常值，则

$$\begin{cases} r_w \leqslant r \leqslant r_e, K(r) = K_o (除裂缝外) \\ r_w \leqslant r \leqslant r_{f1}, \overline{W}K_f(r) = (\overline{W}K_f)_1 \\ r_{fi-1} \leqslant r \leqslant r_{fi}, \overline{W}K_f(r) = (\overline{W}K_f)_i, i=2,3,\cdots,N-1 \\ r_{fN-1} \leqslant r \leqslant r_f, \overline{W}K_f(r) = (\overline{W}K_f)_N \end{cases}$$

$$J/J_0 = \frac{\ln(r_e/r_w)}{\ln(r_e/r_f) + \ln\dfrac{r_{f1} + (\overline{W}K_f)_1/\pi K}{r_w + (\overline{W}K_f)_1/\pi K} + \sum_{i=2}^{N}\ln\left(\dfrac{r_{fi} + (\overline{W}K_f)_i/\pi K_i}{r_{fi-1} + (\overline{W}K_f)_i/\pi K}\right)} \quad (5\text{-}240)$$

2. 地层受污染，裂缝导流能力分段计算

设污染区半径为 r_d，其渗透率为 K_d，地层渗透率为 K，将 $r_w \sim r_d$ 分为 N_1 段，将 $r_d \sim r_f$ 分为 N_2 段：

$$J/J_0 = \frac{\dfrac{K}{K_d}\ln(r_d/r_w) + \ln(r_e/r_w)}{\ln(r_e/r_f) + \dfrac{K}{K_d}\ln\dfrac{r_{f1}+(\overline{W}K_f)_1/\pi K_d}{r_w + (\overline{W}K_f)_1/\pi K_d} + \sum_{i=2}^{N_1}\dfrac{K}{K_d}\ln\left(\dfrac{r_{fi}+(\overline{W}K_f)_i/\pi K_d}{r_{fi-1}+(\overline{W}K_f)_i/\pi K_d}\right) + \sum_{i=1}^{N_2}\ln\left(\dfrac{r_{fi}+(\overline{W}K_f)_i/\pi K_d}{r_{fi-1}+(\overline{W}K_f)_i/\pi K_d}\right)} \quad (5\text{-}241)$$

式中 r_w——井眼半径，m；

r_e——泄油半径，m；

K——地层平均渗透率，$10^{-3}\mu m^2$；

$K_f(r)$——裂缝渗透率，$10^{-3}\mu m^2$；

$WK_f(r)$——裂缝导流能力，$10^{-3}\mu m^2 \cdot m$；

$W(r)$——裂缝宽度，m。

（三）数值模拟方法

目前我国压裂形成的裂缝主要为垂直裂缝，研究这类井的压后动态对低渗透油田的开发具有十分重要的作用。

1. 数学模型的建立

1）基本假设

模型的建立基于如下假设：裂缝关于井筒对称，为双翼垂直裂缝，缝高等于油层厚度；裂缝导流能力为有限值，且随位置变化；无限大地层或有限边界，中心一口井，油藏非均质、水平、各向异性；地层和流体均为微可压缩；考虑毛管力作用。

2）数学模型

数学模型大致分为两大类：一种是将油藏和裂缝视为统一渗流系统，能较好地模拟裂缝系统的流动，且求解工作量较小；另一种是将油藏和裂缝当作两个流动系统，分别建立模

型，根据压力和产量相等条件进行耦合求解。但大多数模型在求解裂缝流动时，为了简化起见，将其维数设定为比油藏少一维。

(1) 裂缝油藏统一渗流模型

为了减化计算，采用裂缝和地层为同一渗流体系的数模方法，渗流方程如下：

$$\frac{\partial}{\partial x}\left[\frac{\lambda_1}{B_1}\frac{\partial p}{\partial x}\right]+\frac{\partial}{\partial y}\left[\frac{\lambda_1}{B_1}\frac{\partial p}{\partial y}\right]+q=\frac{\phi}{B_1}\frac{\partial S_1}{\partial t}+\left[\frac{S_1}{B_1}\frac{\partial \phi}{\partial P_1}-\frac{S_o \phi}{B_1^2}\frac{\partial B_1}{\partial p_1}\right]\frac{\partial p_1}{\partial t} \qquad (5-242)$$

其中

$$\lambda_1 = \frac{K_1}{\mu_1}$$

式中，1 为 o 或 w，分别表示油相和水相。

上式可进一步简化为：

$$\frac{\partial}{\partial x}\left[\frac{\lambda_1}{B_1}\frac{\partial p}{\partial x}\right]+\frac{\partial}{\partial y}\left[\frac{\lambda_1}{B_1}\frac{\partial p}{\partial y}\right]+q=\frac{\phi}{B_1}\frac{\partial S_1}{\partial t}+\phi S_1\left[C_p-\frac{C_1}{B_1}\right]\frac{\partial p_1}{\partial t}$$

$$S_o + S_w = 1$$

$$p_c = p_o - p_w \qquad (5-243)$$

(2) 裂缝油藏耦合渗流模型

将裂缝和油藏视为两个渗流系统，油藏是三维系统，裂缝是二维系统。通过裂缝所处的油藏网格和裂缝对应网格间的流量和压力关系将二者耦合起来。

① 油藏模型。

油相方程：

$$\frac{\partial}{\partial x}\left[\frac{K_o}{\mu_o B_o}\frac{\partial p}{\partial x}\right]+\frac{\partial}{\partial y}\left[\frac{K_o}{\mu_o B_o}\frac{\partial p}{\partial y}\right]+q=\frac{\phi}{B_o}\frac{\partial S_o}{\partial t}+\phi S_o\left[C_p-\frac{C_o}{B_o}\right]\frac{\partial p_o}{\partial t} \qquad (5-244)$$

水相方程：

$$\frac{\partial}{\partial x}\left[\frac{K_w}{\mu_w B_w}\frac{\partial p}{\partial x}\right]+\frac{\partial}{\partial y}\left[\frac{K_w}{\mu_w B_w}\frac{\partial p}{\partial y}\right]+q=\frac{\phi}{B_w}\frac{\partial S_w}{\partial t}+\phi S_w\left[C_p-\frac{C_w}{B_w}\right]\frac{\partial p_w}{\partial t} \qquad (5-245)$$

② 裂缝模型。

油相方程：

$$\frac{\partial}{\partial x}\left[\frac{(WK)_f K_{ro}}{\mu_o B_o W_f(x)}\frac{\partial p}{\partial x}\right]+\frac{\partial}{\partial y}\left[\frac{(WK)_f K_{ro}}{\mu_o B_o W_f(x)}\frac{\partial p}{\partial y}\right]+q=\frac{\phi_f}{B_o}\frac{\partial S_o}{\partial t}+\phi_f S_o\left[C_f-\frac{C_o}{B_o}\right]\frac{\partial p_o}{\partial t} \qquad (5-246)$$

水相方程：

$$\frac{\partial}{\partial x}\left[\frac{(WK)_f K_{rw}}{\mu_w B_w W_f(x)}\frac{\partial p}{\partial x}\right]+\frac{\partial}{\partial y}\left[\frac{(WK)_f K_{rw}}{\mu_w B_w W_f(x)}\frac{\partial p}{\partial y}\right]+q=\frac{\phi_f}{B_w}\frac{\partial S_w}{\partial t}+\phi_f S_w\left[C_f-\frac{C_w}{B_w}\right]\frac{\partial p_w}{\partial t} \qquad (5-247)$$

其中

$$\phi_f = 12\times 10^{-11}(WK)_f/W_f^3$$

式中 ϕ_f——裂缝孔隙度；

$(WK)_f$——裂缝导流能力，$10^{-3}\mu m^{-3} \cdot mm$；

W_f——酸蚀裂缝宽度，mm；

C_f——裂缝压缩系数。

在裂缝模型中为了避免计算裂缝渗透率将其用裂缝导流能力和酸蚀裂缝宽度的比值来代替。

③ 裂缝—油藏耦合模型：

$$q_{in} = q_{out} \tag{5-248}$$

式中，q_{in} 和 q_{out} 分别表示油藏网格流入和裂缝网格流出的流量。

2. 定解条件

1）边界条件

（1）内边界条件

内边界条件是指源、汇项（即注入井和采出井）的情况，分为定压和定产两种情况。

定压内边界：

$$p|_{x=0, y=0} = p_{wf} \tag{5-249}$$

定产内边界：

$$q_i = 常数 或 \frac{dq_i}{dt} = 0 \tag{5-250}$$

式中　p_{wf}——井底流压；

q_i——流量。

（2）外边界条件

外边界条件是指计算区域的外部边界情况，可分为定压外边界和封闭外边界两种情况。

定压外边界：

$$p(x,y,t) = 常数 或 \frac{\partial p(x,y,t)}{\partial t}\bigg|_{\Omega} = 0 \tag{5-251}$$

封闭外边界：

$$\frac{\partial p(x,y,t)}{\partial \Sigma}\bigg|_{\Sigma \in f(x,y)} = 0 \tag{5-252}$$

2）初始条件

投产酸压：

$$p(x,y,0) = p_i, S_w(x,y,0) = S_{wc} \tag{5-253}$$

投产酸压：

$$p(x,y,0) = p, S_w(x,y,0) = f(x,y) \tag{5-254}$$

式中　$p(x,y,t)$——地层内任意点压力；

p_i——某点处的压力；

S_w——流体饱和度；

S_{wc}——束缚水饱和度；

Ω——计算外边界。

3. 求解方法

由数学模型和初始边界条件可以唯一地确定任意时刻地层的内压力和饱和度分布，进而求出生产井的油水产量和注水井的注水量等。求解方法可采用有限差分方法,有限元方法或边界元法求解,目前有限差分法形成了较为完备的理论体系,应用最为广泛。

思考题

1. 为何要进行酸化数值模拟?砂岩酸化数值模拟一般包括哪些数学模型?
2. 注酸过程中,注酸排量是如何影响井筒温度分布的?
3. 常见的砂岩储层酸化酸—岩反应模型有哪些?各模型有何差异?
4. 两酸三矿物模型分别是指哪两种酸和哪三种矿物?
5. 砂岩储层酸化的分流模型中如何考虑分流剂的影响?
6. 某石灰岩油层,储层中部深度3000m,储层有效厚度20m,渗透率$10×10^{-3}\mu m^2$,孔隙度0.11,岩石弹性模量$7.03×10^4$MPa,泊松比$\nu=0.25$,破裂压力梯度0.018,油层压力25MPa,温度75℃,用15%盐酸压裂,酸液黏度1mPa·s,施工排量$1.0m^3$/min,据判断压成双翼垂直裂缝,注入储层$30m^3$酸时,试利用图版法计算酸液有效作用距离。
7. 在上题中,计算残酸液中$CaCl_2$的浓度及游离态的CO_2在标准状态下的体积。
8. 在上例中若岩石抗压强度125MPa,试计算在闭合应力为0、7MPa、15MPa、25MPa下的酸蚀裂缝平均导流能力。
9. 酸压井产能动态预测方法有哪些,各有何差异?
10. 简要区分有限差分方法、有限元方法或边界元法的求解思路分别是什么?
11. 在一个孔隙度为10%的石灰岩地层中,用28%HCl以$0.026m^3$/(min·m)速度注入$1.25m^3$/m后,试用Daccord模型和体积模型计算酸蚀洞的穿透半径。分子扩散系数是$10^{-9}m^2$/s,在岩心驱替中酸蚀突破时需要1.5倍孔隙体积的酸。
12. 针对酸蚀洞突破需要10倍孔隙体积酸的白云岩,重复计算问题11。
13. 井筒半径为0.12m,在孔隙度为12%的石灰岩中,如果注入速度是$0.026m^3$/(min·m),则使酸蚀蚓孔扩展至距离井筒0.6m,试计算所需15%HCl的体积,在岩心驱替中突破需要两倍体积的酸,分别利用Daccord及体积模型进行计算。

第六章
油气藏酸化工作液体系与添加剂

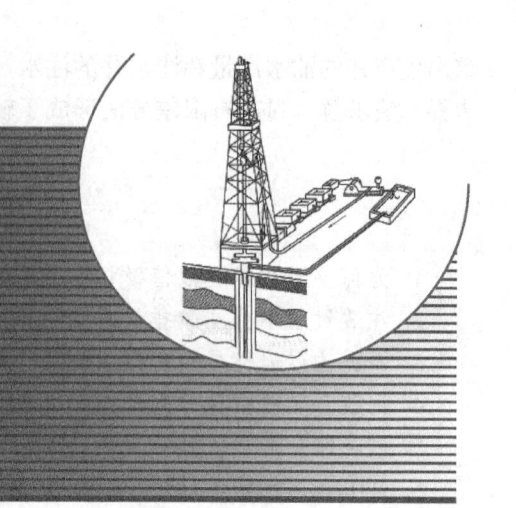

酸液及添加剂体系的科学选择和合理使用是确保酸化效果和作业安全的关键。本章从砂岩油气藏酸化酸液体系、碳酸盐岩油气藏酸化酸液体系和酸液添加剂三个方面对油气藏酸化工作液体系与添加剂进行介绍。

第一节 砂岩油气藏酸化酸液体系

从酸液体系的发展来看，目前的砂岩储层基质酸化酸液体系以含氟体系为主，其研究主要集中在以下四个方面：①延缓 HF 的消耗使之穿透得更深；②阻止二次沉淀的发生；③阻止酸的过度溶蚀导致岩石软化或伤坏岩石骨架；④稳定黏土矿物颗粒。

围绕上述研究方向，形成一系列的适用于各种砂岩储层条件的酸化酸液体系。表 6–1 对目前国内外主要用于砂岩储层酸化的各种酸液体系的化学组成、性能特点及使用条件进行了系统总结和归纳。

一、土酸体系

土酸是砂岩酸化中最常用的酸液体系，典型的配方为 8%~12%HCl、0.5%~3%HF 和添加剂。其中盐酸与地层中铁、钙质矿物发生反应，氢氟酸与地层中的硅酸盐如石英、黏土、泥质等发生反应。常规土酸酸化主要用于解除钻井、完井造成钻井液污染的新注水井和老井的铁锈、水质中钙垢堵塞。其解堵优点在于溶蚀能力强，解堵、增注效果较好，动用设备少，施工成本适中，原料来源广。但是酸液有效作用距离有限，腐蚀严重，易生成酸渣，引起二次伤害。

表 6-1 砂岩酸化用酸型的化学组成、性能特点及适用条件

序号	酸液类型	化学组成	性能特点	适用条件
1	土酸	HCl+HF+其他辅助添加剂	(1) 反应速率快，有效作用距离短； (2) 对黏土的溶解力强，使地层变得疏松和胶结不稳固； (3) 易产生二次污染； (4) 配置简单，施工方便； (5) 价格便宜	(1) 解除近井地带伤害； (2) 节约施工成本
2	氟硼酸	HCl+HBF$_4$+其他辅助添加剂	(1) 反应速率慢，水解速度受温度影响大； (2) 可使黏土微粒产生化学凝聚作用； (3) 具有抑制黏土膨胀的能力； (4) 处理范围大	(1) 黏土含量较高地层； (2) 水敏地层或液相伤害为主的地层； (3) 某些酸敏地层，含大量钾的硅铝酸盐，如伊利石
3	自生氟硼酸	HCl+硼酸+氟盐（或 HF）+其他辅助添加剂	(1) 反应速率慢，水解速度受温度影响大； (2) 可使黏土微粒产生化学凝聚作用； (3) 具有抑制黏土膨胀的能力； (4) 处理范围大； (5) 对酸化管柱腐蚀小	(1) 黏土含量较高地层； (2) 水敏地层或液相伤害为主的地层； (3) 某些酸敏地层，含大量钾的硅铝酸盐； (4) 高温深井地层
4	多氢酸	HCl+SA601+SA701+其他辅助添加剂	(1) 具有很好的缓速性。特别是在反应初期，其反应速度约是其他酸液的 30%左右； (2) 具有极强的吸附能力，对石英的溶解度比土酸的要高出 50%左右； (3) 具有较好的分散性和防垢性能； (4) 能保持或恢复地层的水湿性	(1) 黏土含量较高地层； (2) 地层深部酸化； (3) 高温深井地层； (4) 水井、油井、气井均有很好的适用性
5	潜在酸	顺序注 HCl-NH$_4$F+其他辅助添加剂	(1) HCl 和 NH$_4$F 根据需要多次重复使用； (2) 处理深度取决于 HCl 和 NH$_4$F 的用量和浓度	(1) 地层深部酸化； (2) 高温深井地层
6		含 F$^-$ 的溶液+水解后生成有机酸的脂类+其他辅助添加剂	(1) 脂类化合物按储层温度条件进行选择； (2) 关井时间较长； (3) 对添加剂性能要求高，易造成二次伤害	(1) 适合不同温度条件地层； (2) 地层深部酸化； (3) 关井时间长，工艺复杂，建议慎重选用
7		有机酸+对应有机酸的铵盐+氟化物+其他辅助添加剂	(1) 该酸 pH 值较高，对金属的腐蚀较弱； (2) 可不加缓释剂用于高温井酸化	(1) 高温深井地层； (2) 深部解堵酸化
8		金属钛络合氟离子 TiF$_6^{2-}$+其他辅助添加剂		(1) 含黏土高的地层和酸敏地层； (2) 温度在 50~140℃ 的地层

续表

序号	酸液类型	化学组成	性能特点	适用条件
9	磷酸缓速土酸	H_3PO_3+HCl+HF+其他辅助添加剂	(1) 反应速率慢； (2) 高温下（大于90℃）酸—岩反应速率快，难以达到深度酸化目的； (3) 对缓蚀剂选择性强； (4) 成本高	(1) 碳酸盐含量、泥质含量高地层； (2) 含有水敏及酸敏性黏土矿物地层（即土酸敏感性地层）； (3) 解除硫化物、腐蚀产物及碳酸盐类堵塞物
10	有机土酸	甲酸或乙二酸+HF+其他辅助添加剂	(1) 高温下缓速效果好，腐蚀性弱； (2) 可以减少酸渣的形成； (3) 溶蚀能力弱； (4) 成本相对较高	(1) 盐酸敏感性地层； (2) 高温砂岩储层
11	铝盐缓速土酸	HCl+HF+铝盐+其他辅助添加剂	(1) 易产生氟化铝和氟铝酸盐沉淀； (2) 流动试验表明该体系有效作用距离小	一般不推荐使用
12	胶束酸	HCl+HF+胶束剂+其他辅助添加剂	(1) 既具胶束酸特点，又具土酸化功能； (2) 胶束剂用量大，胶束剂在90℃以上土酸中分散性较差； (3) 胶束溶液功能受浓度、温度限制； (4) 成本较高	(1) 稠油地层； (2) 有机质污染地层
13	硝酸粉末酸	HCl+硝酸粉末+其他辅助添加剂	(1) 反应副产物少，对地层伤害小； (2) 酸—岩反应速率慢，可实现深部解堵； (3) 对含盐岩心的溶蚀量比单纯采用盐酸、土酸大； (4) 可溶解多数盐酸和土酸难溶的堵塞物； (5) 起到类似于胶束剂或降滤失剂的作用； (6) 成本高，工序复杂； (7) 对铝硅酸盐的溶解能力较低	(1) 解除土酸难溶的堵塞物； (2) 高温深井地层； (3) 地层深部地层； (4) 裂缝性地层、高渗透地层、非均质地层酸化
14	氟硅酸	HCl+氟硅酸+其他辅助添加剂	(1) 地层石膏骨架结构破坏小； (2) 温度对氟硅酸与黏土反应影响较大； (3) 对地层二次伤害小	解除砂岩储层深部黏土堵塞
15	醇土酸	HCl+HF+异丙醇或甲醇（大于50%）+其他辅助添加剂	(1) 乙醇稀释作用降低酸—岩反应速率； (2) 醇降低酸液表面张力，有助于土酸返排； (3) 减少水饱和程度来提高气体的渗透率	(1) 低渗透气藏； (2) 地层水为低矿化度的气藏
16	粘弹性表面活性剂酸	HCl+HF+阳离子粘弹性表面活性剂+其他辅助添加剂	只局限于作为分流剂的地面预形成的胶体系	高渗透率和严重非均质性的砂岩储层
17	盐酸	HCl+其他辅助添加剂	(1) 反应速率快，腐蚀严重； (2) 价廉货源广	碳酸盐含量高，且地层岩石胶结良好的特殊砂岩储层

二、氟硼酸体系

氟硼酸酸化是砂岩地层深部解堵的又一措施。它是利用氟硼酸进入地层后，水解生成氢氟酸溶解硅质矿物，解除较深部地层的堵塞、恢复、提高渗透率，增加油井产量和注水井的注入量。其化学反应方程式如下：

$$HBF_4 + H_2O \Longrightarrow HBF_3OH + HF \quad \text{(反应慢)}$$
$$HBF_3OH + H_2O \Longrightarrow HBF_2(OH)_2 + HF \quad \text{(反应快)}$$
$$HBF_2(OH)_2 + H_2O \Longrightarrow HBF(OH)_3 + HF \quad \text{(反应快)}$$
$$HBF(OH)_3 \Longrightarrow H_3BO_3 + HF \quad \text{(反应快)}$$

氟硼酸由于第一级水解慢，故限制了酸液中 HF 的生成速度。氟硼酸通过在地层中水解生成氢氟酸，溶解黏土矿物及颗粒。被溶蚀的黏土会覆盖在其表面，封锁了黏土表面离子交换点，降低黏土阳离子交换能力，使潜在的黏土颗粒原地胶结，从而达到清除堵塞、胶结黏土、防止微粒运移的目的。因而它具有疏通孔道和稳定黏土的作用，是进行砂岩油气层深部酸化的一种酸液。

氟硼酸缓速酸化技术，是 20 世纪 70 年代发展起来的，在美国、苏联等国家曾多次应用。由于氟硼酸与岩石反应速度比常规土酸慢得多，酸作用距离较远，在清除近井地层表皮损害时，处理效果不如土酸。因此，氟硼酸酸化通常与土酸联合使用。要求适当的施工工序及选择合理施工参数。

(一) 施工工序

典型施工工序为：①洗油管，8%~12%HCl；②盐酸，8%~12%HCl；③HBF₄，8%~12%HBF₄；④土酸，12%HCl+3%HF；⑤过量驱替液，可注几种液体，如柴油、4%NH₄Cl、活性水、黏土稳定剂。

美国 DS 公司、EXXON 公司也提出过 HBF₄ 施工工序，其不同之处是第④步改为第③步施工，而第③步改为第④步施工。

(二) 酸液用量及配酸要求

氟硼酸酸化半径应以 HBF₄ 能达到的深度进行计算，一般建议用量范围为：

盐酸：浓度 7%~12%，每米井段用量 $0.5~1.0m^3$；

HBF₄：浓度 8%~12%，每米井段用量 $1.0~1.5m^3$；

土酸：浓度 12%HCl+3%HF，每米井段用量 $0.5~0.7m^3$。

酸液中应尽量采用配伍性好的防腐剂、防膨剂和表面活性剂等添加剂。

国外氟硼酸（黏土酸）处理的典型设计方案如下：

① 先用过滤淡水配制 3% 的 NH₄Cl 溶液，确定注入速度。

② 注 15%HCl，用量为 $0.62~1.24m^3/m$。

③ 挤 7.5%HCl+3%HF，用以清除井壁周围的黏土矿物，其用量为 $1.24~1.86m^3/m$。

④ 用 3%NH₄Cl 溶液作隔离液，以免氟硼酸与土酸混合。

⑤ 挤氟硼酸，其用量为 $1.24~1.86m^3/m$。

⑥ 用 3% NH₄Cl 溶液或柴油顶替，将氟硼酸替入地层。

美国东海湾地区用氟硼酸在大批油井进行了酸化，效果很好。我国西南石油大学、胜利油田、华北油田等先后在20世纪80年代初就开展了砂岩油层氟硼酸深部酸化工艺的研究，并进行了现场施工。

西南石油大学在渤海SZ36-1油田采用的多段注入酸化工艺如下：

① 注入4%NH_4Cl；

② 注入5%HCl前置液，用量为$0.5\sim1.2m^3/m$；

③ 注入氟硼酸（5%HCl+10%HBF_4），用量为$0.6\sim1.4m^3/m$；

④ 注入土酸（5%HCl+0.5%~1%HF），用量为$0.5\sim1.2m^3/m$；

⑤ 注入5%HCl后置液，用量为$0.4\sim0.8m^3/m$。

该工艺与美国的氟硼酸酸化工艺的区别在于先注HBF_4，后注土酸。其理由是，在前置液HCl预处理后，若先注土酸，土酸可溶蚀疏松地层，被溶蚀的松散固体颗粒有可能被后面注入的HBF_4酸液推到地层深部，形成阻塞。还有，先注入土酸，由于时间过长，不能及时返排，有害的反应物也影响酸化效果。而用盐酸预处理后，先注氟硼酸，由于氟硼酸的反应速度慢，对地层岩石骨架破坏小，又有一定的抑制黏土膨胀作用，后注入的土酸可以把氟硼酸推到地层深处，达到深部酸化的目的。土酸还可扩大近井地带的渗透率，且易于排出。因此，因氟硼酸与土酸联合使用，在前置液处理后，先注入氟硼酸，再注入土酸是较好的砂岩油层深部酸化方法。

根据9井次的试验统计，有效率达100%，单井平均日增油$36m^3$，平均有效期220天，平均单井增产原油$7920m^3$，胜利油田、华北油田、江汉油田等也进行了氟硼酸酸化，增注效果也很明显。

氟硼酸酸化由于其水解速度随温度升高而加快，因此它不适用高温地层的酸化。由于氟硼酸价格昂贵，因而在推广应用中受到了限制。

三、磷酸体系

油藏碳酸盐含量、泥质含量高，含有水敏及酸敏性黏土矿物，污染较重，又不易用土酸处理的地层，可用磷酸/HF处理。

（一）解堵机理

磷酸（H_3PO_4）可以解除硫化物，腐蚀产物及碳酸盐类堵塞物，其主要反应是：

$$MCO_3+2H_3PO_4 = M(H_2PO_4)_2+CO_2\uparrow+H_2O$$

$$MS+2H_3PO_4 = M(H_2PO_4)_2+H_2S\uparrow$$

$$FeO+2H_3PO_4 = Fe(H_2PO_4)_2+H_2O$$

$$Fe_2O_3+6H_3PO_4 = 3Fe(H_2PO_4)_2+3H_2O$$

式中，M表示两价金属离子。此外，HF可溶解黏土矿物。

（二）缓速反应机理

由于H_3PO_4是中强酸，又是三元酸，在水中发生三级离解，离解平衡式可表示如下：

$$H_3PO_4 \longrightarrow H^+ + H_2PO_4^- \text{（慢）}$$

$$H_2PO_4^- \longrightarrow H^+ + HPO_4^{2-}$$

$$HPO_4^{2-} \longrightarrow H^+ + PO_4^{3-}$$

25℃条件下它的三级离解常数为：

$$K_1 = \frac{[H^+] \times [H_2PO_4^-]}{[H_3PO_4]} = 7.5 \times 10^{-3}$$

$$K_2 = \frac{[H^+] \times [HPO_4^{2-}]}{[H_2PO_4^-]} = 6.3 \times 10^{-8}$$

$$K_1 = \frac{[H^+] \times [PO_4^{3-}]}{[HPO_4^{2-}]} = 3.6 \times 10^{-13}$$

可见，酸性强弱由第一级电离所决定，H_3PO_4 的 $K_1 = 7.5 \times 10^{-3}$，而通常的 HCl，电离常数为 10，显然它比 H_3PO_4 的 K_1 大得多，因此，磷酸酸化可延缓反应，达到深穿透目的。反应产物 CO_2 残留在酸液中，也可抑制正反应的进行，起一定缓速作用。

（三）磷酸的一些特性

磷酸和地层的碳酸盐岩反应后可生成磷酸二氢盐，磷酸与磷酸二氢盐可形成缓冲溶液，保持 pH 值在一定范围。

Creig J. Clark 等人指出：在地层条件下磷酸便成为一种"自生缓速"的酸，因此，即使与地层接触时间较长，其 pH 值很少增加到 3 以上，室内常压下的试验表明，在碳酸盐岩过量的情况下，24 小时 pH 值仍在 3 以下，pH 值低可防止许多不利产物的沉淀。

（四）磷酸酸化的应用

PPAS 就是一种以磷酸为基液的酸液，当配入一定强极性表面活性剂、铁腐蚀抑制剂。磷酸盐结晶改良剂、羧基醋酸及酸稳定防沫剂和其他表面活性剂后，具有如下特点：
① 能延缓酸的反应速率，使活性酸穿透距离大；
② 在有钙质的情况下，能自身延缓反应速度，并保证有最大的铁螯合能力，对硅质具有独特的选择性；
③ 具有良好的黏土稳定性、低腐蚀速度和湿水性能。

将纯 PPAS 与 28%~30% 的 HCl 混合，再用清水稀释，这种稀释液既保持了自身缓速、防腐、铁螯合及黏土稳定等优点，其活性又比纯 PPAS 强。对含有 15%~20% 钙质的砂岩储层酸化特别有效。向稀释的 PPAS 中加入足量的氟化氢或氟化铵，使酸液中 HF 浓度保持在 5% 以上，这种酸可用于低钙质含量的砂岩储层酸化。PPAS 是较新的酸化方法，性能优异，但试剂成本高于土酸。

四、固体酸体系

（一）固体酸酸化背景及工艺适应性

上述酸化工艺的实施都是借助于盐酸、氢氟酸、磷酸、甲酸等无机酸和有机酸溶解，由于外来物形成的堵塞物或地层矿物分散运移形成的堵塞物或地层岩石矿物本身，从而达到疏通油气渗流通道或扩大孔隙喉道、形成人工裂缝的目的。然而，随着油田开发的深入，钻井完井工艺的发展及地层情况的变化，人们发现目前使用的有些堵漏材料及在地层中形成的堵塞物，对地层产生了较为严重的伤害。使用常规酸液很难解除这些堵塞物，造成了酸化效果差，油气井产能难以恢复或提高。例如，在钻井过程中曾使用了核桃壳、花生壳、棉籽壳和废橡胶粉末作为堵漏材料，这些材料在地层中形成堵塞，则很难用现有无机酸和有机酸体系加以解除。因为，常规使用的盐酸—氢氟酸及甲酸等都不能很好地溶解这些物质，因而不能解除由这些材料造成的地层堵塞。

针对油田存在的实际地层堵塞情况，寻求新的酸液体系，使之能有效溶解这些特殊物质，使之既具有和 HCl、HF 等相似的酸化功效和能力，同时还能有效地溶解这些堵塞物。西南石油大学酸化课题组研制出王水酸化技术，用其可以实现上述目标。王水强腐蚀、高溶解能力，而且还具有比较强的氧化能力，能使一些不溶于水的有机物通过氧化而生成能溶于水的物质或氧化成 CO_2 等物质，达到解堵目的。但由于王水的强腐蚀性而不能方便地由地面直接进入地层，可考虑采用固体王水酸化工艺，避免酸在地面管线或井筒中对管材的腐蚀，让其在地下产生王水，实现解堵目的。

（二）王水固化原理

王水固化时采用的固化剂为固体化合物，其水溶液的 pH 值为 7.2，其互变异构体具有两性离子的结构，能够和酸反应生成盐，其过程表示如下：

$$M=O \quad \overset{+}{M}—\overset{-}{O} \xrightarrow{HY} \overset{+}{M}—OH \cdot \overset{-}{Y}$$

中性化合物　　两性离子化合物　　盐

式中，Y 表示 Cl 或 NO_3。

通过上述过程实现对王水的固化。

（三）固体王水刻蚀石灰岩和白云岩原理

固化王水进入地层后，由于温度、压力等条件的变化，而在地下释放出硝酸和盐酸，于石灰岩和白云岩发生如下的反应：

石灰岩：

$$2\overset{+}{M}—OH \cdot \overset{-}{Y}+CaCO_3 \longrightarrow CaY_2+CO_2\uparrow+H_2O+M=O$$

白云岩：

$$4\overset{+}{M}—OH \cdot \overset{-}{Y}+CaMg(CO_3)_2 \longrightarrow CaY_2+MgY_2+2CO_2\uparrow+2H_2O+M=O$$

（四）固体王水氧化棉籽壳、核桃壳、橡胶小颗粒混合物原理

因为王水中的硝酸具有较强的氧化性，它能将棉籽壳、橡胶颗粒、核桃壳等物质慢慢氧化成含氧化合物，从而逐渐形成可溶于水的化合物。同时硝酸可促使橡胶老化，使得橡胶结构慢慢变成脆性材料，从而使堵塞物强度变小，易于解堵。

五、多氢酸体系

一般砂岩酸化中，常规土酸所提供于地层的是一种强酸性环境（pH<4），酸—岩反应速率受溶液中 HF 浓度的控制，HF 浓度越高，反应进行得越快。HF 浓度太高会破坏地层岩石的强度。对常规土酸酸化的最初改进是所谓的低浓度小排量酸化法，采用这种方法，氢氟

酸仍是消耗在井筒周围几英寸范围，无法解除油层深部的外来污染物和黏土伤害。研究表明，如果减缓 HF 在油层的生成速度，延长酸液在油层内的作用时间，就不仅能使远离井筒的油层深部有活性 HF，而且还能提供充分的反应时间使黏土溶解。基于这一理论，西南石油大学研制出一种低伤害缓速多氢酸体系，并得到广泛应用。

（一）酸度特性研究

由于多氢酸为 HF 酸液体系，不能直接由玻璃电极测 pH 值，应采用锑电极酸度变送器测电极电位。锑电极酸度变送器是由锑电极与参考电极组成的 pH 值测量系统。在被测酸性溶液中，由于锑电极表面会生成三氧化二锑氧化层，这样在金属锑表面与三氧化二锑之间会形成电位差。电位差的大小取决于三氧化二锑的浓度，该浓度与被测酸性溶液中氢离子的适度相对应。实验中由电极电位间接表示多氢酸酸液体系的酸度。下文中所述 SA601、SA701 为多氢酸体系的主体成分。

1. HCl 和 SA601 酸度曲线

从图 6-1 可以看出，HCl 的酸度曲线只有一个突变点，而且曲线的突变部分是很陡峭的，几乎就是直线，说明 HCl 是一元强酸，而且在溶液中 H^+ 处于全部离解状态。SA601 的酸度曲线有多个突变点，而且突变部分是平滑的，说明 SA601 是多元弱酸，在溶液中 H^+ 是部分离解出来的，在加入 NaOH 的过程中随着 H^+ 的消耗溶液中还会有 H^+ 逐渐离解以达到离解平衡。HCl 和 SA601 的酸度曲线对比看出，HCl 的初始 pH 值比 SA601 低，就是说 HCl 溶液中［H^+］比 SA601 高。SA601 随着 H^+ 的消耗会逐渐再离解 H^+，而 HCl 不会再有 H^+ 离解出来。

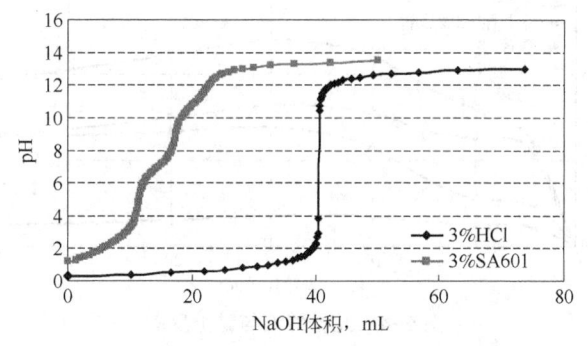

图 6-1 3%SA601 与 3%HCl 对比酸度曲线

由图 6-2 可以看出，对于不同浓度的 SA601 的初始 pH 值差别不大。而从 NaOH 的消耗可以看出浓度越大的最终能释放的 H^+ 量越大。SA601 的浓度越大曲线变化越平缓，说明 SA601 的浓度越大酸液的缓冲效果越好。

2. 多氢酸体系酸度曲线

由锑电极测得的电极电位间接地表示了［H^+］，即间接地表示了溶液的 pH

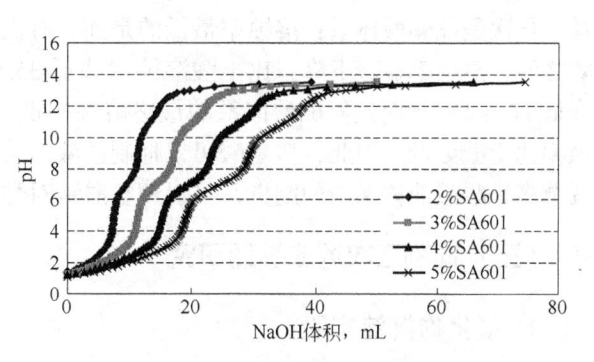

图 6-2 不同浓度 SA601 酸度曲线

值。由图6-3可以看出，多氢酸体系的H^+也是逐级电离的，而且曲线变化也比较平滑，说明多氢酸同样具有缓冲性。从图还可以看出随着SA701的增加溶液的初始pH值也增加了，说明SA701也具有缓冲性能。

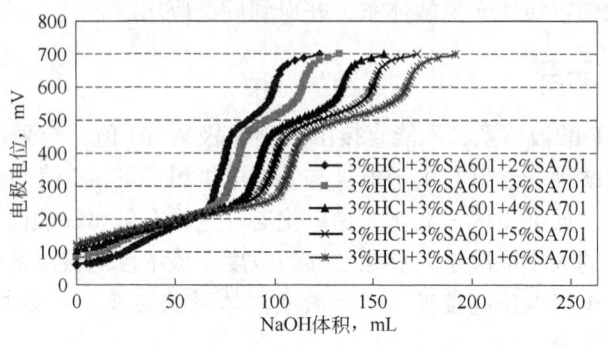

图6-3 不同浓度多氢酸电位曲线

（二）缓速性能研究

实验设计了四种酸液与黏土反应，考察在不同时间酸液对黏土的溶蚀率，以及最终的溶蚀率，研究多氢酸酸液体系的缓速机理。实验采用黏土是山东潍坊出产的安丘土，安丘土的主要成分为膨润土，化学成分主要是蒙脱石，因此以下称为蒙脱土。实验温度70℃。分别是：土酸3%HF+12%HCl、氟硼酸9%HBF_4+12%HCl、3%SA601+6%SA701+3%乙酸、3%SA601+6%SA701+3%HCl，实验结果如图6-4所示。

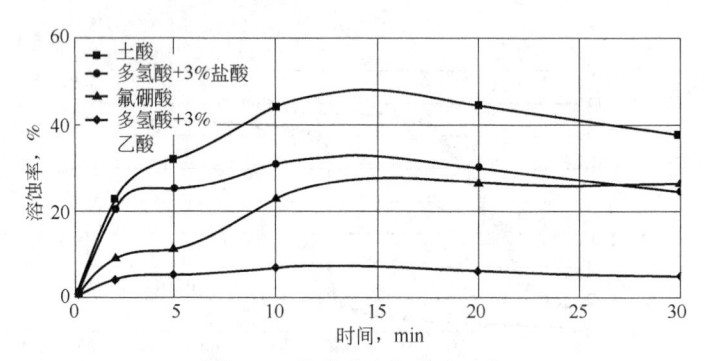

图6-4 几种酸液与黏土反应

实验结果表明，土酸与黏土反应速率最快，溶蚀率最高；其次是加入盐酸的多氢酸体系；再次是氟硼酸体系；溶蚀率最低的是加入有机酸的多氢酸体系。多氢酸体系中加入有机酸之后，溶蚀率显著下降；比土酸溶蚀率降低35.9%；比加入盐酸的多氢酸体系的溶蚀率降低22.4%；同时比氟硼酸体系的最终溶蚀率低18.4%。两种多氢酸酸液体系对黏土的溶蚀率比土酸更低，因此，多氢酸可以抑制酸液与蒙脱土的反应速率。实验结果还表明，通过调节多氢酸酸液体系中的配方，可以调整酸液对黏土的溶蚀率和反应速率。

（三）抑制二次沉淀机理研究

1. 氟化物沉淀实验

用盐水试验来模拟油气田地层酸化的各种条件，考察多氢酸对氟化物沉淀的抑制作用。

盐水由 2%KCl、2%NaCl、2%CaCl$_2$、2%MgCl$_2$ 以及蒸馏水组成，分两次用碳酸钠调高溶液的 pH 值，观测沉淀情况，试验温度 24℃。用各种酸液进行反应对比试验，试验设计步骤如下：

① 酸液用塑料瓶配制，盐水由以上浓度配制；
② 试验在可视条件下进行，每个样品反应 1h 测定 pH 值；
③ 在各种酸液中加入等量的碳酸钠，每升酸液加入 12g 碳酸钠；
④ 测定各个酸液的 pH 值；
⑤ 加入额外等量的碳酸钠，每升酸液加入 12g 碳酸钠；
⑥ 测定各个酸液的 pH 值。

试验结果列于表 6-2 中，从试验数据结果可以看出，土酸在第一次加入碳酸钠之后，溶液就产生了浑浊现象，而两种多氢酸酸液体系在第一次调高 pH 值之后，溶液都没有出现浑浊。虽然在这三种酸液体系中，土酸体系的 pH 值始终是保持最低的水平，但是土酸抑制氟化物沉淀的能力不如多氢酸体系。使用两种多氢酸 SA601 和 SA602 的 HF 酸液，虽然 pH 值一直较高，但是到第二次调高 pH 值也没有产生沉淀。实验结果表明，多氢酸酸液体系具有较好的抑制氟化物沉淀的性能。

表 6-2 多氢酸对氟化物沉淀的抑制作用

酸液	初始状态 pH 值	初始状态 沉淀	第一次加碳酸钠 pH 值	第一次加碳酸钠 沉淀	第二次加碳酸钠 pH 值	第二次加碳酸钠 沉淀
12%HCl+3%HF	1.1	无	1.4	浑浊	2.1	有
9%HCl+3%HF+3%SA602	1.9	无	2.2	无	3.5	有
3%HF+3%SA602+9%SA601	2.6	无	4.4	无	7.6	无

2. 硅酸盐沉淀实验

以上的实验没有包括铝盐和硅酸盐，而这两者是溶解黏土的产物，因此设计以下的实验来观察各种酸液中硅铝酸盐的沉淀规律。用自来水配制 100mg/L 的 CaCl$_2$、40mg/L 的 MgCl$_2$、40mg/L 的 AlCl$_3$、100mg/L 的 NaHCO$_3$ 的盐水。将酸液与盐水等体积混合，在 1h 内分三次加入含 2.9g/kg 二氧化硅的硅酸钠溶液 1mL。实验步骤如下：

① 酸液用塑料瓶配制，盐水由以上浓度配制；
② 试验在可视条件下进行，混合等体积（50mL+50mL）盐水和酸液；
③ 反应 1h；
④ 缓慢加入 1mL、2mL、3mL 硅酸钠溶液，观察沉淀情况。

实验结果见表 6-3。其中，RHF 酸是指由 12%HCl 和 3%HF 组成的缓速酸体系，该体系是通过水解氟化氢铵生成 HF 来达到缓速的目的。实验结果表明，多氢酸对硅酸盐沉淀具有更好的抑制作用。

表 6-3 多氢酸对硅酸盐沉淀的抑制作用

酸液	加入不同体积的硅酸钠溶液后沉淀情况 1mL	2mL	3mL
12%HCl+3%HF	无	无	有
12%HCl+3%HF+1.2%SA602	无	无	微浑浊

(四)静态腐蚀试验

在不加缓蚀剂的情况下吊片反应,水浴恒温,分别在 60℃和 90℃下反应 4h,结果见表 6-4。

表 6-4 静态腐蚀试验结果

试验编号	酸液体系	试验温度,℃	酸蚀速率,g/($m^2 \cdot h$)
1	土酸	60	506.072
2	多氢酸	60	111.886
3	土酸	90	2097.751
4	多氢酸	90	537.232

(a) 钢片初始状态　(b) 60℃静态腐蚀后　(c) 90℃静态腐蚀后

图 6-5　多氢酸与土酸腐蚀速率对比

在 60℃时土酸的腐蚀速率是多氢酸腐蚀速率的 4.5 倍;在 90℃时土酸的腐蚀速率是多氢酸腐蚀速率的 3.9 倍。可见多氢酸较土酸而言具有较好的缓蚀性。

(五)润湿性研究

试验采用多氢酸和土酸分别考察其与黏土试验样品反应之后在甲苯和甲醇中的互溶情况。从试验结果发现,土酸体系处理之后的黏土样品在甲苯中分散,在甲醇中凝聚。试验结果表明用多氢酸和土酸体系处理后的地层是水湿性质。这说明多氢酸体系能够在黏土地层保持水湿,有利于储层渗流。测量多氢酸和土酸与石英的润湿接触角。从图 6-6 中可以看出

(a) 多氢酸　　　　　(b) 土酸

图 6-6　多氢酸和土酸与石英的润湿接触角

多氢酸与石英的润湿角为 24°，土酸与石英的润湿角为 38°。多氢酸溶蚀面积大于土酸溶蚀面积。

第二节　碳酸盐岩油气藏酸化酸液体系

酸液的合理选用是十分重要的，其选用往往直接关系到酸化效果的好坏。因此，必须针对施工井的具体情况选择适当的酸液。

所选用的酸液应满足以下要求：

① 溶蚀能力强，生成的产物能够溶解于残酸中，与地层流体配伍性好，对地层不产生伤害；

② 加入化学添加剂后所配置成的酸液的物理、化学性质能够满足施工要求；

③ 运输、施工方便，安全；

④ 价格便宜，货源广。

随着酸化工艺技术的发展，国内外酸化用酸液越来越多。目前常用的酸可分为无机酸、有机酸、粉状酸、多组分（或混合）酸、缓速酸和延迟酸等类型。每类酸的常用品种见表 6-5。

表 6-5　碳酸盐岩储层酸化常用酸型

酸类	名称	英文名称
无机酸	盐酸	hydrochloric acid
有机酸	甲酸（蚁酸）	formic acid
	乙酸	acetic acid
粉状酸	氨基磺酸	sulfaminic acid
	氯醋酸	
	SAR 固体酸	
多组分酸	乙酸—盐酸混合酸	
	甲酸—盐酸混合酸	
缓速酸	稠化酸	gelled acid
	乳化酸	emulsified acid
	交联酸	
	化学缓速酸	chemical retarded acid
	泡沫酸	foamed acid
延迟酸	RA 系列	

上述酸都可用于碳酸盐岩层的增产措施。各种酸的特性及其主要用途具体如下。

一、盐酸

盐酸系无机强酸，它是氯化氢的水溶液。纯盐酸是无色透明的液体，因含 $FeCl_3$ 及其他杂质，故常看到的工业盐酸略呈黄色，盐酸气体具特有的刺激性气味。在空气中，浓盐酸常冒出白色酸雾。盐酸是一种具有强腐蚀性的强酸还原剂。绝大多数碳酸盐岩层的酸处理都是采用的盐酸，某些碳酸盐岩含量较高的砂岩也采用盐酸进行酸化。酸化常用工业盐酸，其质量分数为30%~32%。其标准见表6-6。

表6-6 工业盐酸标准

品 质	指标，%
氯化氢含量	≥31
铁含量	≤0.01
硫酸盐含量	≤0.03
铅含量	≤0.00002

盐酸一直被沿用的原因是成本低，对地层的溶蚀力强，反应生成物（氯化钙、氯化镁及二氧化碳）可溶，不产生沉淀；酸压时对裂缝壁面的不均匀刻蚀程度高。最初由于缺乏早期缓蚀剂，而酸的浓度过高会给井下管柱防腐带来困难，所以当时曾采用浓度为15%的盐酸，一般称为常规酸。随缓蚀剂的改进，现场已可采用高浓度盐酸，某些情况下，高浓度盐酸的处理效果更为显著：

① 酸—岩反应速率相对变慢，有效作用范围大；

② 单位体积盐酸可产生较多的二氧化碳，利于残酸的排出；

③ 单位体积盐酸可产生较多的氯化钙、氯化镁，提高残酸的黏度，控制了酸—岩反应速率，并有利于悬浮、携带固体颗粒从地层中排出。

盐酸的主要缺点是与石灰岩反应速率太快，特别是高温深井，由于地层温度高，盐酸与地层岩石反应速率太快，处理范围有限。此外，对井中管柱具有很强的腐蚀性，温度高时腐蚀性更强，防腐费用很大，而且容易损坏泵内镀铝或镀铬的金属部件。

二、甲酸和乙酸

甲酸和乙酸均为有机酸，主要优点是反应速率慢、腐蚀性较弱，在高温下易于缓速和缓蚀。它主要用于特殊地层的酸处理（如高温井）及酸与油管接触时间长的带酸射孔等作业，或用于酸须与镀铝或镀铬部件接触的场合。可供使用的有机酸品种很多，但在酸处理中乙酸和甲酸用得较广。

甲酸又名蚁酸（HCOOH），是无色透明的液体，熔点8.4℃，有刺激的苛性气味。易溶于水，水溶液呈弱酸性。我国的工业甲酸浓度为90%以上。

乙酸又名醋酸（CH_3OOH），我国工业乙酸的浓度为93%以上，因为乙酸在低温时会凝成像冰一样的固态，故俗称为冰醋酸。在有机酸中，乙酸是酸处理中用量最大的一种。酸浓度一般不超过15%（重量）。在此浓度下的反应生成物（醋酸钙、镁）在残酸中一般呈溶解状态。除了用此作射孔液，用于与易腐蚀金属接触等场合外，醋酸还常与盐酸配成混合酸用于特殊地层酸处理。

甲酸和乙酸都是有机弱酸，离解度小，与同浓度盐酸相比，腐蚀性小，反应速率慢几倍到几十倍，有效作用距离大。如果完全与碳酸盐反应，其溶蚀能力较同浓度盐酸小1.5~2倍（见表6-7）。但溶蚀能力小且价格昂贵，欲达到盐酸的溶蚀能力，用酸量大，成本高，低渗透层排液困难。另外，酸压时，甲酸均匀溶蚀缝面，裂缝导流能力小。所以，只有在高温（120℃以上）深井中，盐酸液的缓速和缓蚀问题无法解决时，才使用它们酸化碳酸盐岩储层。

表 6-7　盐酸与甲酸、乙酸的溶蚀能力、反应速度比较表

酸液种类及浓度	1m³ 酸耗完溶蚀碳酸钙质量，kg	相对反应时间*
7.5%盐酸	106.5	0.7
15%盐酸	220.4	1.0
28%盐酸	440.0	6.0
10%甲酸	109.0	5.0
10%乙酸	85.0	12.0
15%乙酸	127.0	18.0
14%盐酸+7.5%甲酸	290.0	6.0

* 以15%盐酸浓度降低到1.5%时，消耗时间为1。

甲酸或乙酸与碳酸盐作用生成的盐类，在水中的溶解度较小。所以，酸处理时采用的浓度不能太高，以防生成甲酸或乙酸钙盐沉淀堵塞渗流通道。一般甲酸浓度不超过10%，乙酸的浓度不超过15%。

三、多组分酸

所谓多组分酸，就是一种或多种有机酸与盐酸的混合物。20世纪60年代初，国外一度采用这种多组分酸来缓速，取得显著效果。

酸—岩反应速率依氢离子浓度而定。因此当盐酸中混掺有离解常数小的有机酸（甲酸、乙酸、氯乙酸等）时，溶液中的氢离子数主要由盐酸的氢离子数决定。根据同离子效应，极大地降低了有机酸的离解程度，因此当盐酸活性耗完前，甲酸或乙酸几乎不溶解，盐酸活性耗完后，甲酸或乙酸才进而离解起溶蚀作用。所以，盐酸在井壁附近起溶蚀作用，甲酸或乙酸在地层较远处起溶蚀作用，混合酸液消耗时间近似等于盐酸和有机酸反应时间之和，因此可以得到较长的有效距离。

四、缓速酸类

缓速酸类是为了减缓酸—岩反应速率，增加酸液有效作用距离而发展起来的酸型。它们是通过对酸的稠化、乳化、泡沫化等，降低酸液中氢离子传质速率或酸与岩石的表面反应速率等得到的。

（一）稠化酸

稠化酸（胶凝酸）是指加入稠化剂提高黏度的酸液体系。其作用原理在于，通过高分子抑制涡能量耗散，从而降低了酸液流动的摩阻；通过酸液中长分子链间产生的缠结和摩擦，使得酸液黏度变大；由于酸液黏度增大，减慢了H⁺向岩石表面扩散的速度，降低了酸液的消耗速率，同时降低了酸液的滤失速率，从而实现延缓酸—岩反应、增加裂缝宽度、提高裂缝导流能力，提高储层渗透率、增加酸液穿透距离。

稠化酸的配置过程如下：

盐酸+稠化剂（胶凝剂）+其他添加剂──→稠化酸

在盐酸中加入增稠剂（或胶凝剂），使酸液黏度增加，降低了氢离子向岩石壁面的传递速度。由于稠化剂分子的网状结构，束缚氢离子的活动，从而起到缓速作用。高黏度的稠化酸与低黏度的盐酸溶液相比，还具有能压成宽裂缝、滤失量小、摩阻低、能悬浮固体微粒等特性。主要用于碳酸盐岩储层酸压或天然裂缝发育地层的深部酸化处理。

酸液的稠化剂有：含有半乳甘露聚糖的天然高分子聚合物，如瓜尔胶、刺梧桐树胶等；有工业合成的高分子聚合物，如聚丙烯酰胺，纤维素衍生物等。

稠化酸中聚合物和酸的质量比为1∶10~1∶125。用该方法配成的稠化酸的黏度为50~500mPa·s，加入的聚合物越多，黏度就越高。

通过试验可以确定，按不同比例配成的稠化酸的稳定性和时间与温度之间的关系，因此可选择恰当的比例预先配置，然后在一定温度和确信不会破胶的时间内，运往井场挤入地层，稠化酸在地层温度条件下，经过一定时间，即自动破胶，便于返排。

利用稠化酸处理的优点是：①缓速效果好；②黏度高，滤失小；③携带酸化后不溶性岩石颗粒及淤泥能力强。

其缺点是：①稠化剂增加了酸液的黏度，破胶不好不利返排；②温度较高时，大部分稠化剂在酸液中迅速降解，热稳定性差，因此只限于低温地层使用；③残酸液中杂质及反应产物较常规酸对储层伤害较大。

（二）交联酸

为了进一步提高稠化酸黏度和热稳定性，在稠化酸中加入交联剂制成交联酸：

$$\left.\begin{array}{l}\text{盐酸+稠化剂+其他添加剂} \longrightarrow \text{稠化酸} \\ \text{交联剂}\end{array}\right\}\text{交联酸}$$

常用的交联剂有甲醛、聚甲醛、乙醛、丙醛、2-羟基丁醛、戊醛等有醛类化合物，无机交联剂有氯化锂、硝酸铝、硫酸铝等。加入交联剂，交联剂分子把稠化剂分子结成网状结构，黏度甚至可达数万毫帕秒，因而可使配制稠化酸所需的聚合物用量减少，成本也就可以降低。

由于交联酸黏度很高，残酸返排困难，还需加入破胶剂，常用的破胶剂有高锰酸钾、过硫酸铵等。

使用交联酸的主要优点为：①缓速效果及热稳定性都较稠化酸好；②酸液配置成本较稠化酸低；③能抑制黏土分散，控制酸液滤失；④能够减缓酸液的腐蚀性；⑤酸化可排出不溶解的微粒及淤泥。

存在的主要问题是酸化后残酸返排困难，其中不溶反应物可能会对地层造成二次伤害，同时在高温井中的应用受限制。

（三）乳化酸

乳化酸即油包酸型乳状液，一般用原油作外相，其内相一般为15%~31%浓度的盐酸，或根据需要用有机酸、土酸等。为了降低乳化浓度也可在原油中混合柴油、煤油、汽油等石油馏分，或者用柴油、煤油等轻馏分作外相。其配置过程如下：

酸（盐酸或有机酸）+乳化剂（表面活性剂）+油+其他添加剂

为了配制油包酸型乳状液，需选用"HLB值"（亲水亲油平衡值）为3~6的表面活性剂作为 W/O 型乳化剂，如酰胺类（炕基酸胶）、胶盐类（烷基苯磺酸胶）、酶类（山梨糖醇配油酸酯-Span80）等。乳化剂吸附在油和酸水的相界面上形成有韧性的薄膜，可防止酸滴发生聚结而破乳，有些原油本身含有表面活性剂（烷基磺酸盐等），当它们与酸水混合，不另加乳化剂，经过搅拌也会形成乳化液。

对乳化酸总的要求是在地面条件下稳定（不易破乳）和在地层条件下不稳定（能破乳）。所以，乳化剂的选择及其用量、油酸体积比例，应由当地的具体条件，通过实验的方法确定。国内外乳化剂的用量一般为 0.1%~1% 不等，油酸体积比为 1:9~1:1 不等。

由于乳化酸的黏度较高，因此用乳化酸压时，能形成较宽的裂缝。乳化酸进入地层后，被油膜所包围的酸滴不会立即与岩石接触，只有当乳化酸进入地层一定时间后，因吸收地层热量，温度升高而破乳，或者当乳化酸中的酸滴通过窄小直径的孔道时，油膜被挤破而破乳，此时油和酸分开，酸才能溶蚀岩石裂缝壁面。因此，乳化酸可把活性酸携带到地层深部，扩大了酸处理的范围，增加酸非均匀刻蚀程度。

乳化酸除了缓速作用外，由于在乳化酸的稳定期间内，酸液并不与井下金属设备直接接触，因而可很好地解决防腐问题。现场在配制乳化酸时，为了保险，一般仍在酸液中加入适量的缓蚀剂。

乳化酸作为高温深井的缓速缓蚀酸，在国内外都被采用。它存在的主要问题是摩阻较大，从而排量受到限制。为此施工时可用"水环"法降低油管摩阻，以提高排量。此外，如何提高乳化液的稳定性，寻找在高温下能稳定而用量少的乳化剂，如何使乳化酸在地层中最终完全破乳降黏，以利于排液，如何寻找内相和外相用量的合理配方等，今后仍需选行研究。

（四）表面活性酸

表面活性酸又称化学缓速酸，是指在酸液中加入表面活性剂或加入使酸—岩反应生成的 CO_2 形成稳定泡沫的表面活性剂而构成的酸液体系。表面活性剂使酸—岩反应生成的 CO_2 形成稳定泡沫，在裂缝壁面上产生隔离层，延缓壁面与酸的反应。其缺点是控制滤失性较差，主要适合酸—岩反应速率受表面控制的低温白云岩地层，与多级交替注入技术相结合可应用于中温白云岩地层。使用这种酸时，整个施工过程需连续注液。在高流速和地层高温情况下，吸附作用将受到限制，大部分表面活性剂就会失去作用。

（五）泡沫酸

泡沫酸是一种混合物，它由酸液（一般为盐酸）、气体（一般用氮气或二氧化碳）、起泡剂和稳定剂混合制成。其中酸液为连续相，气体为非连续相，它是一种类似于宾汉流体的酸包气流体。气体的体积（泡沫干度）占 65%~85%，酸液量为 15%~35%。表面活性剂的含量为 0.5%~1% 的酸液体积，表面活性剂要与缓蚀剂有较好的配伍性。由于气泡的存在减小了酸与岩石接触的面积，限制了酸液中 H^+ 的传质，因而能延缓酸—岩反应速率。

对起泡剂的要求是：
① 低浓度高效率，能在高浓度酸液中产生稳定的泡沫；
② 起泡剂的亲水性，憎水性平衡，乳化小，发泡性强；

③ 泡沫能在高温下保持一定的稳定时间，泡沫酸与油气或卤水接触能保持稳定；

④ 压力下降时，泡沫酸容易破裂；

⑤ 凝点和毒性低。

常用的起泡剂，可选用阳离子型和非离子型表面活性剂，就是氟化物表面活性剂，或是碳氢化合物基的表面活性剂，如烷基苯磺酸钠、聚氧乙烯辛基苯酚醚等。泡沫酸的稳定性取决于泡沫质量，而酸液在地层中的反应时间又取决于泡沫的稳定性。因此，在整个酸化过程中必须保持气相分散在液相中，保持泡沫稳定。

常用的稳定剂有羧甲基纤维素、硅酸（水玻璃）、改性淀粉、聚丙烯酰胺等。提高稳定性的方法有：

① 增加酸液黏度来降低液体排出速度，减缓泡沫破裂。

② 使用能产生更大弹性的起沫剂，高浓度加入时，过量的表面活性剂必将引起液膜修复。

③ 采用起泡剂复配和稳定剂复配的方法，加入适量的电解质，加可溶于水的极性有机物等。

泡沫酸用于油气井的增产处理，已近几十年的历史。泡沫酸处理具有下述优点：

① 液体含量低（20%~40%），对地层污染小，处理水敏性地层尤为优越；

② 酸液漏失量小，酸穿距离长；

③ 黏度高，酸压时可获得较宽的裂缝；

④ 泡沫酸中的高压气体有助于排液，悬浮力强，可带出固体颗粒，一般无需抽吸排液。

因此，泡沫酸在油气井的酸压作业中，取得了较大的成功。泡沫酸可用于碳酸盐油气井，尤其适用于低压、低渗、水敏性强的地层的酸化施工，泡沫酸在降低黏土之不利影响方面的作用，使它得到广泛应用。

目前，泡沫酸的应用日益普遍，在酸化中所占的比例越来越大。主要存在问题是：

① 成本高，深井使用受到限制；

② 地层压力高时，不能用泡沫酸处理；

③ 在高度发育的天然裂缝性地层中，泡沫液滤失过大；

④ 泡沫酸的静压头太低，不足以克服深井的井筒摩擦力和破裂压力，地面施工压力高。

（六）螯合酸

螯合酸是指添加了螯合剂的酸液体系。常见的螯合剂包括乙二胺四乙酸（EDTA）、N-β-羟基乙基乙二胺三乙酸（HEDTA）、二乙基三胺五乙酸（DTPA）、乙二醇二乙醚二胺四乙酸（DEGTA）、三乙四胺六乙酸（TTHA）、次氮基三乙酸（NTA）、乙醇基双甘氨酸（EDG）等有机多元酸。其作用原理在于，螯合剂可与金属形成稳定的络合物，从而减小金属离子的活性，抑制酸液对管柱的腐蚀，防止酸液在地层形成沉淀，不会对储层造成二次伤害，还能稳定黏土和微粒的运移；同时螯合酸兼具降低酸—岩反应速率的效果，可以有效提高酸液的有效作用距离，实现深度酸压。

（七）变黏酸

变黏酸又称控滤失酸，也称高效酸，是指在酸液中加入合成聚合物，在地层中形成交联凝胶增加黏度，当酸液消耗为残酸后能自动破胶降黏的酸液体系。目前常用的变黏酸酸压组合工艺有：变黏酸与普通酸组合酸压技术；变黏酸、前置液与普通酸压组合多级注入酸压技术；变黏酸与前置液多级注入酸压技术。在美国的现场试验效果表明：变黏酸对温度较高地层更具有滤失控制作用，对实施大型重复酸压改造效果更为明显。

（八）自生酸

自生酸是指利用酸母体在地层条件下通过化学反应就地生成酸的酸液体系。自生酸可以产生盐酸和氢氟酸或两者的混合物。酸母体主要包括卤代烃（卤代烷烃和卤代芳烃）、卤盐（卤的碱金属盐和铵盐氯羧酸盐）、含氨酸及盐（氟硼酸，氟磷酸，氟磺酸及其水溶性碱金属盐和铵盐）、氯羧酸盐、酯、酸酐和酰卤等。利用自生酸可对以前酸化工艺无法处理的高温层进行酸化。其作用原理在于，由于添加了添加剂，生成酸的速率很小，减慢了酸—岩石反应速率，增加了酸的消耗耗时间，从而提高酸的穿透距离，同时也能减缓对管柱和设备设备的腐蚀，但应避免铁离子引起沉淀从而伤害储层。

（九）转向酸

常规酸液在处理非均质碳酸盐岩储层时，根据最小阻力原理，酸液优先进入高渗透层，导致需要处理的低渗透层进酸很少，因此，需要酸液在地层中转向。由于黏弹性表面活性剂（VES）在不同 pH 值和 Ca^{2+}、Mg^{2+} 浓度下呈现不同的胶束形态。因此，VES 酸化转向技术是一种潜力巨大的酸化转向技术。鲜酸状态下 VES 以球状胶束形态存在，黏度较低，易泵入地层，残酸状态下，VES 以蠕虫状胶束存在，为高黏冻胶，封堵高渗透层以实现酸液转向，残酸与地层烃类物质接触后自动破胶，易于返排，对地层伤害小，已报道的 VES 转向剂主要为两性表面活性剂和阳离子季铵盐类表面活性剂，其中甜菜碱类两性表面活性剂使用最为广泛。

五、延迟酸

延迟酸是为了对付高温深井碳酸盐岩储层酸化的难点，延缓酸—岩反应速率，增加酸液有效作用距离，西南石油大学研制出的新型酸液体系。

延迟酸 RA 体系（液体类），系由 R-2、R-3 和 R-4 三种物质组成。其中，R-2 为延迟主剂，由烯烃类化合物、氯气与催化剂在一定条件下反应后制得，R-3 为延迟剂副剂，由芳烃类化合物在一定条件下氧化后制得；R-4 为助溶剂，由无机类物质及表面活性剂复配而成。R-2，R-3，R-4 三种物质加水配制成延迟酸，在地层温度下，可缓慢释放出酸液（无需加入 HCl），从而达到延迟酸—岩反应速率的目的。延迟酸 RA 系列与酸液添加剂配伍性好，在高温下不会产生对地层的伤害。目前所使用的大多数添加剂就配伍性而言可以使用。酸液表面张力低，在高温和剪切后黏度降低不大，较为稳定。

从理论上，200mL 20%HCl 可以溶解 $CaCO_3$ 质量为 54.889g，15%HCl 可以溶解 $CaCO_3$ 质量为 4.167g，而 RA 酸可以溶解 $CaCO_3$ 质量为 46.3600g，可见，RA 酸产生的酸溶解能力属于 15%~20%HCl 之间。而且，残余 RA 酸仍有 2.6%的残酸浓度，理论上，全部消耗完后可溶解 $CaCO_3$ 质量约 7.136g，因此理论上 200mL RA 酸可溶解 $CaCO_3$ 质量约 53.4960g，近似于 20%HCl 溶解 $CaCO_3$ 的能力。但由于 RA 酸与 $CaCO_3$ 是在释放过程中进行的反应，很可能其实际 RA 酸还未释放完全。实际的溶解能力应该超过此值。

RA 酸主要受温度控制，试验测定了不同温度下 RA 产生 HCl 的条件，试验曲线如图 6-7 所示。

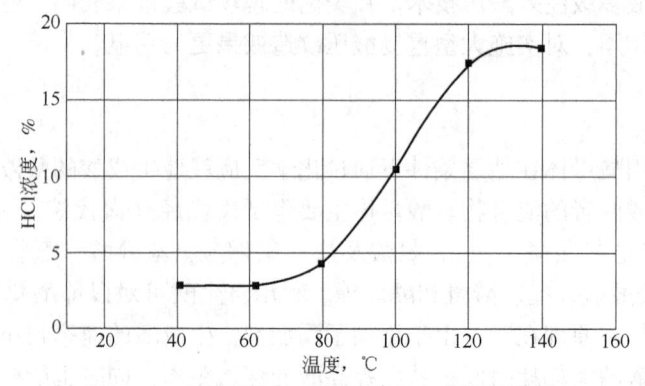

图 6-7　延迟酸产生 HCl 浓度与温度关系曲线

可见，延迟酸在低温下（<80℃）有少量酸液产生，温度超过 80℃以后，延迟酸黏度随温度升高而急剧增大，温度超过 100℃，延迟酸可达到 15%以上盐酸的酸性。

六、加重酸

加重酸酸化技术是通过提高酸化工作液密度，增加井筒液柱压力，降低井口施工泵压和提高施工排量保证酸化效果，进而为后续储层改造创造条件。加重酸通常通过将酸与卤化物盐或浓缩卤化物盐水混合来制备，所用的酸可以是盐酸（HCl）、盐酸—氢氟酸（HCl—HF）、有机酸（如乙酸和甲酸）或它们的组合。加重剂主要用的是氯化钠（NaCl）、氯化钙（CaCl$_2$）、溴化钠（NaBr）、溴化钙（CaBr$_2$）或溴化锌和溴化钙的组合（ZnBr$_2$/CaBr$_2$）等。加重酸化是针对深井、超深井高破裂储层酸化压裂改造的降低地层破裂压力的预处理技术，具有操作简单、安全和对高破裂压力储层预处理能力强等优点，可有效解决深井、超深井异常高破裂压力储层增产改造中面临的难题。但是在处理高温井时，加重酸相对于普通酸的风险更高，所使用的盐/盐水类型会显著影响加重酸的腐蚀性。加重酸腐蚀实验显示，加重酸腐蚀性较高，所以，在设计加重酸化处理时，需进行实验室酸腐蚀测试，以确认缓蚀剂或缓蚀剂组合的有效性。出于经济考虑，加重酸通常使用的加重剂是三盐溴化锌/溴化钙/氯化钙盐水，对于密度较大（>14.2lb/gal）的加重酸，含 CaBr$_2$ 和/或 CaCl$_2$ 的卤水会对地层存在伤害，这主要是由酸溶性钙盐的沉淀引起的。但是，对于含硫地层，ZnBr$_2$ 高密度盐水的长期使用会导致硫化锌结垢，需要使用除垢剂。

第三节　酸液添加剂

为了改善酸液性能，防止酸液在地层中产生有害的影响，需要在酸液中加入某些化学物质，这些化学物质统称为酸液添加剂。常用添加剂的种类有：缓蚀剂、缓速剂、稳定剂、表面活性剂等，有时还加入增黏剂、减阻剂、暂堵剂、破乳剂、杀菌剂等。

对酸液添加剂的总的要求是：

① 效能高，处理效果好；
② 与酸液、地层流体及岩石配伍性好；
③ 来源广，价格便宜。

随着酸化工艺技术的发展，国内外采用的酸化酸液添加剂越来越多，类型和品种也在不断改进，本节就常用的主要添加剂类型作介绍。

一、缓蚀剂

无论是盐酸还是氢氟酸对金属都有很强的腐蚀作用。酸处理时，由于酸直接与储罐、压裂设备、井下油管、套管接触，特别是深井井底温度很高，而所用的酸又比较浓时，便会给这些金属设备带来严重的腐蚀。缓蚀剂是通过物理吸附或化学吸附而吸附在金属表面，从而把金属表面覆盖，使其腐蚀得到抑制。因而凡是影响覆盖面积大小的因素以及影响吸附易难的因素都会对缓蚀效果有很大影响。如果不加入有效的缓蚀剂，不但会使设备损坏，缩短使用寿命，甚至造成事故，而且因酸和钢铁的反应产物被挤入地层，造成地层堵塞而降低酸处理效果。因此，必须将注入酸液对钢材的腐蚀速度控制在允许的安全标准之内。

（一）缓蚀剂评价方法

缓蚀剂的室内评价一般是使被保护金属试样与酸接触，将金属试样插入盛酸与缓蚀剂的高压釜内，在一定温度、压力、搅动条件下测定金属的失重。试验前后或试验期间定时对试样称重便可确定试样的腐蚀量，缓蚀效果用腐蚀速度（单位时间内与酸接触的单位面积金属的失重量）或用缓蚀率来衡量：

$$缓蚀率 = \frac{v_1 - v_2}{v_1} \times 100\%$$

式中　v_1——未加缓蚀剂时的腐蚀速度，$g/(m^2 \cdot h)$；

　　　v_2——加缓蚀剂后的腐蚀速度，$g/(m^2 \cdot h)$。

一般认为加缓蚀剂后，缓蚀率应大于 98% 以上。国外的一般要求是在整个施工过程中，腐蚀总量不超过 $98g/m^2$，高温深井的腐蚀总量不得超过 $245g/m^2$。我国的规定见表 6-8。国内外都规定，在有效缓时间内，不允许产生"点蚀"（或坑蚀）现象。

表 6-8　我国酸化缓蚀剂评价指标

评价标准	酸液类型	试验温度 ℃	试验压力 MPa	搅拌速度 r/min	反应时间 h	酸液质量分数 % HCl	酸液质量分数 % HF	缓蚀剂质量分数 %	缓蚀剂评价指标 一级 $g/(m^2 \cdot h)$	二级	三级
常压静态腐蚀速率评价	盐酸	60	常压	0	4	15	—	0.3~1.0	2~3	>3~4	>4~5
						20	—		3~4	>4~5	>5~8
		90				15	—	0.5~1.0	3~4	>4~5	>5~10
						20	—		3~5	>5~10	>10~15
	土酸	60				7.5	1.5	0.3~0.5	0.5~1	>1~3	>3~8
						12	3		2~3	>3~5	>5~10
		90				7.5	1.5	0.5~1.0	2~3	>3~5	>5~10
						12	3		3~5	>5~10	>10~15

续表

评价标准	酸液类型	试验温度 ℃	试验压力 MPa	搅拌速度 r/min	反应时间 h	酸液质量分数 % HCl	酸液质量分数 % HF	缓蚀剂质量分数 %	缓蚀剂评价指标 一级 g/(m²·h)	缓蚀剂评价指标 二级 g/(m²·h)	缓蚀剂评价指标 三级 g/(m²·h)
高温高压动态腐蚀速率评价	盐酸	100	16.0	60	4	15	—	1.0~2.0	3~5	>5~10	>10~15
						20			5~10	>10~15	>15~20
		120				15	—	1.0~2.0	10~20	>20~30	>30~40
						20			20~30	>30~40	>40~50
		140				15	—	2.0~3.0	30~40	>40~50	>50~60
						20			40~50	>50~60	>60~70
		160				15	—	3.0~4.0	70~80	>80~90	>90~100
						20			60~70	>70~80	>80~100
		180				15	—	4.0~5.0	70~80	>80~100	>100~120
						20			70~80	>80~100	>100~120
	土酸	100				7.5	1.5	1.0~1.5	3~5	>5~7	>7~15
						12	3		4~7	>7~12	>12~20
		120				7.5	1.5	1.5~2.0	10~15	>15~25	>25~30
						12	3		15~20	>20~30	>30~40
		140				7.5	1.5	2.0~3.0	20~25	>25~30	>30~40
						12	3		25~30	>30~40	>40~50
		160				7.5	1.5	3.0~4.0	30~40	>40~50	>50~60
						12	3		35~50	>50~60	>60~70
		180				7.5	1.5	4.0~5.0	50~70	>70~80	>80~100
						12	3		60~80	>80~90	>90~110

由于酸的类型及浓度，酸液中其他添加剂的存在不对缓蚀剂的效能有影响，因此，在评价缓蚀剂时，应加入其他添加剂配制好酸液后，用此酸液来作缓蚀剂的评价试验。

（二）缓蚀剂类型及选择

国内外对盐酸的缓蚀问题进行了大量的研究、试验工作，提供了许多种类的缓蚀剂。综合起来主要可分为两大类：

① 无机缓蚀剂，如含砷化合物等。

② 有机缓蚀剂，如砒啶类，炔醇类、醛类、硫脲类、胺类等。

表6-9是我国常用的高温缓蚀剂及适用条件。选用时一般应根据下列处理条件及井况后即可选用缓蚀剂的类型及浓度：

① 酸型及浓度；

② 与酸接触的金属类型；

③ 最高油管温度；

④ 酸与管件的接触时间。

表 6-9 酸化常用高温缓蚀剂

生产单位	酸液浓度	缓蚀剂名称	缓蚀剂成分	用量 %	温度 ℃	缓蚀速率 g/(m²·h)
华中科技大学	28%HCl+2%HAc	7701	苄基吡啶类的季铵盐+表面活性剂	3	150	65
		7801	胺醛酮缩合物+丙炔醇+六亚甲基四胺和脂肪醇环氧缩合物	3	150	25
				3	160	40
	20%HCl+2%HAc	8601-G	季铵盐+乌洛托品/甲醛+KI+CuCl	—	180	<80
					200	<120
	12%HCl+6%HF	8703-A	苄基喹啉/吡啶季铵盐+平平加+金属碘化物	—	150	7.95
沙洋科若星	20%HCl+3%HF	CRS-6	喹啉季铵盐复配	4	160	<40
		CRS-9	2-甲基喹啉苄基季铵盐	4.5	200	<53.60
天然气研究院	20%HCl+2%HAc	CT1-2	胺醛酮缩合物+甲酰胺+丙炔醇+磺化醚+有机溶剂	2	150	36.64
				2.5	160	35.40
				3	170	47.96
				3.5	180	61.87
				4	190	86.99
中石油工程院	12%HCl 或 12%HCl+3%HF	GC-203L	喹啉/曼尼希碱季铵盐+氧化物	3.5~4	150~180	一级品
哈里伯顿	15%HCl	HAL-75	+0.6%HF-124 缓蚀增效剂	2	176	<40.3
			+0.6%HF-500 缓蚀增效剂		190	<38.5
南京华洲新材料	20%HCl	HAI-180	复合吡啶季铵盐+胺+金属氧化物+表面活性剂	2.5	180	一级品

有时也要考虑诸如硫化物引起的强度破坏（如硫化氢产生的氢脆）等其他因素。为了保险起见，应据具体使用酸液配方，储层温度条件等进行试验选择，一般来说，能用于 HCl 的缓蚀剂，多半也能用于土酸等其他酸液，但最好做试验确定。

二、表面活性剂

（一）表面活性剂种类

表面活性剂是所有酸液添加剂中最常见也是功能最多的。表面活性剂可分为几大类，但每类中仍可细分。表面活性剂的作用是降低表面张力、促进返排、破乳和抗酸渣，以及按要求改变地层的润湿性。表面活性剂还可用于分散和悬浮溶液中的固体以及分散油或水中的其他添加剂。表面活性剂是能促进或阻碍近井流体流动的化学物质，因此，在进行完井、修井和增产措施时应重点研究。

表面活性剂可描述为一类集中在界面并能改变界面性质的分子。从化学角度讲，表面活性剂与油和水都具有亲和力。表面活性剂分子由两个部分组成，一部分亲水，而另一部分亲油。因此，表面活性剂分子部分溶于水和油。这一特点促使表面活性剂聚集在两种液体、液体和气体以及液体与固体间的界面。

表面活性剂能通过吸附在液气界面来降低液体与所接触的气体间的表面张力。表面活性剂也能通过吸附在液体间的界面来降低两种互不相溶的液体间的界面张力，也能通过吸附在液体与固体间的界面来降低界面张力并改变接触角。表面活性剂的功能的主要机理为互溶性，这是因为表面活性剂具有双极性（即含亲水基团和亲油基团）。表面活性剂可根据水溶部分（或称为亲水部分或亲水基团）分类。一般地，表面活性剂的分子结构可表示为图 6-8 所示结构。图中圆形部分表示亲水基团，而矩形部分表示亲油基团。

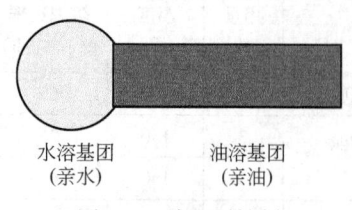

图 6-8 表面活性剂

表面活性剂可分为阳离子类、阴离子类、非离子类、两性类。下面将对这些表面活性剂的特点进行介绍。

1. 阳离子表面活性剂

阳离子表面活性剂是指亲水基团带正电的有机化合物，这电荷由阴离子（X^-）平衡，如氯离子（Cl^-）。阳离子表面活性剂为长链胺（$R—NH_3$）或季铵盐，如

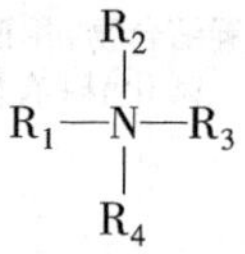

$$\begin{array}{c} R_2 \\ | \\ R_1—N—R_3 \\ | \\ R_4 \end{array}$$

式中，R、R_1、R_2、R_3 和 R_4 为有机链。

阳离子表面活性剂的化学结构如图 6-9 所示。阳离子表面活性剂主要用作缓蚀剂、破乳剂和起泡剂。

2. 阴离子表面活性剂

阴离子表团活性剂是指亲水基团带负电的有机化合物。所带负电由金属离子（M^+）平衡，如钠离子（Na^+）（图 6-10）。

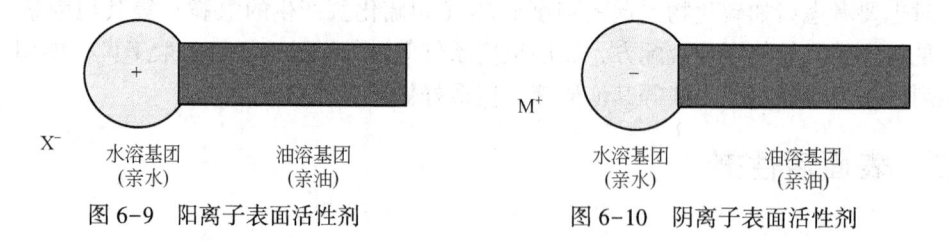

图 6-9 阳离子表面活性剂　　　　图 6-10 阴离子表面活性剂

阴离子表面活性剂常为硫酸盐（$R—OSO_3$）、磺酸盐（$R—SO_3$）、磷酸盐（$R—OPO_3$）和磷酸盐（$R—PO_3$），式中"R"为油溶性有机基团。

阴离子表面活性剂的最主要用途为清洗剂和破乳剂。

3. 非离子表面活性剂

非离子表面活性剂包含亲水基团和亲油基团，但它们不电离。水溶性基团常为聚氧乙烯或聚甲基环氧乙烷。其他非离子表面活性剂为胺的氧化物或醇胺。油溶部分为长链烃（烷烃）。最常见的非离子表面活性剂的一般分子式为：聚氧乙烯——$R—O—(CH_2CH_2O)_xH$；②聚甲基环氧乙烷——$R—O—[(CH_2CH(CH_3)O)]_xH$。其中 R 代表亲油烷烃。含氧基团具有亲水性并溶于水。

非离子表面活性剂最常见，而且最常采用，因为很少有物质与它们不配伍。非离子表面

活性剂间的配伍性也好，而且与阴离子表面活性剂和阳离子表面活性剂也配伍。而阴离子表面活性剂和阳离子表面活性剂不配伍，因为它们所带电荷相反。

4. 两性表面活性剂

两性表面活性剂不常见，但也偶尔使用。如某些起泡剂为两性表面活性剂。两性表面活性剂是指亲水基团带正电、带负电或不带电荷的有机化合物。两性表面活性剂有磷酸胺类，RNH—$(CH_2)_x$OPO$_3$H 和磺酸胺类 RNH—$(CH_2)_x$SO$_3$H。R 代表亲油烷烃。

亲水基团所带电荷的性质决定于表面活性剂所在溶液的 pH 值。磷酸胺类和磺酸胺类这两类表面活性剂的亲水基团由两种带相反电荷的基团组成。特别是，当 pH 值升高时，所带电荷由阳离子变为非离子，再变为阴离子。两性表面活性剂可表示如图 6-11 所示结构。

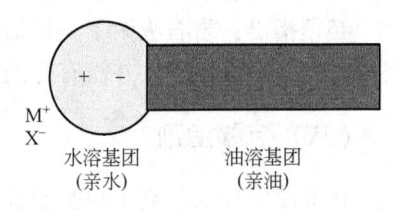

图 6-11 两性表面活性剂

5. 氟碳表面活性剂

氟碳表面活性剂是种特殊的表面活性剂。氟碳表面活性剂，或称为氟表面活性剂，在降低表面张力方面非常有效。氟碳表面活性剂有阳离子、阴离子及非离子三种类型。其中非离子表面活性剂最常见。氟碳表面活性剂最适合用作助排剂和改善润湿性（不润湿性）。

在酸液中加入表面活性剂，其作用是多方面的。下面将按表面活性剂在酸化中的应用进行论述。

（二）助排剂

主要采用阴离子型或非离子型表面活性剂及其调配物，将其添加剂加到酸液中以降低酸液和原油之间的表面张力，降低毛管阻力，调整岩石润湿性，帮助酸液返排，提高净井作业效果。

常用的表面活性剂为烷基芳基磺酸盐（阴离子型）或氧化乙基烷基醚（非离子型），可与互溶剂一起使用，以增加表面活性剂进入储层深度。助排剂浓度一般不超过1%，高浓度的表面活性剂将引起乳化和起泡。助排剂评价方法参见行业标准《压裂酸化用助排剂性能评价方法》（SY/T 5755—2016）。

（三）破乳剂

在酸液中加入活性剂，可以抵消原油中原有的投入乳化剂（石油酸等）的作用，防止酸与地层原油乳化，此类表面活性剂为破乳剂。常用的破乳剂有阴离子型活性剂如烷基磺酸钠、烷基苯磺酸钠等；非离子型活性剂如聚氧乙烯辛基苯酚醚等。过量的使用防乳剂将引起乳化而不是防治乳化，一般推荐的浓度是 0.1%~1%。

（四）分散剂及悬浮剂

由于在酸化过程中，酸液溶解不掉的黏土、淤泥等杂质颗粒会从原来的位置上松散下来，形成絮凝团，这些团块移动并可能聚集。以致堵塞地层孔隙。因此应设法使杂质可悬浮在酸液中，随残酸排出。为达到此目的而加入的一种添加剂称为悬浮剂。使残酸液的杂质颗粒保持分散而不聚集而加入的添加剂称为分散剂。

常用的悬浮剂和分散剂是非离子型的和阴离子型的表面活性剂复配。

（五）缓速剂

为了延缓酸—岩反应速率，在酸液中加入一种活性剂，其在岩石表面吸附，使岩石具有油湿性。岩石表面被油膜覆盖后，阻止了 H^+ 与岩面接触，降低酸—岩反应速率。用于此目的的活性剂称为缓速剂。由缓速剂配置而成缓速酸性能评价方法参见行业标准 SY/T 5886—2018《酸化工作液性能评价方法》。

必须指出，岩石吸附了大量活性剂，水湿地层变为油湿地层后，将会影响油的流动及最终采收率，对油田开发并没有好处。

（六）抗酸渣剂

在酸液中加入阴离子烷基芳香基磺酸盐与非离子表面活性剂的复配物，并添加芳族溶剂及能在酸性条件下络合铁离子的络合剂，将其加入酸液或前置液中，防止沥青质原油在酸化时形成酸渣堵塞。常用烷基芳香基磺酸盐、芳香族互溶剂、乙二醇醚类。其中，烷基芳香基磺酸盐在酸中溶解度非常小，加入非离子表面活性剂可增加其溶解度，另外它与原油接触将产生乳状液，因此还必须加入优良的防乳化剂。

三、互溶剂

互溶剂顾名思义就是可与烃和水互溶的化合物。最有效的互溶剂是乙二醇醚。常用的是乙二醇单丁乙醚（EGMBE），或更高分子量的醚，如双乙二醇单丁醚（EGMEB）及丁氧基三乙醇（BOTP），这些物质相对安全且使用方便，将其加入前置液或后置液中，可保持岩石水润湿性，减少储层微粒运移，减少酸液中表面活性剂或缓蚀剂在储层中的吸附损失，增强酸中各种添加剂的配伍性，另外还可以起到破乳、促进残酸返排等系列作用。互溶剂在油井和气井中都有效，但在油井中更有效。

互溶剂多用于砂岩酸化，也可用于碳酸盐岩层，在挤注盐酸前用 EGMBE 来预洗石灰岩储层，起清洗剂及除油剂的作用，使酸处理效果得到改善。EGMBE 的最大浓度是 10%，3%~5% 的浓度是足够的。如果其他添加剂如缓蚀剂或阳离子表面活性剂过量使用，就需要使用更高浓度的 EGMBE。互溶剂的评价方法参见行业标准《油田酸化互溶剂性能评价方法》（SY/T 5754—2016）。

四、铁离子稳定剂（络合剂）

（一）稳定机理

在油气层酸化处理过程中，由于酸液与施工设备、井下管柱等金属（Fe），以及铁锈（Fe_2O_3）相接触，因而在酸液中引入铁离子。

$$2HCl + Fe \longrightarrow Fe^{2+} + 2Cl^- + H_2 \uparrow$$

$$6HCl + Fe_2O_3 \longrightarrow 2Fe^{3+} + 6Cl^- + 3H_2O$$

此外，油层本身或多或少含有一定的三价铁和二价铁的化合物，当酸液进入地层后，盐酸和这些氧化铁反应，也会在酸液中引进铁离子：

$$2HCl+FeO \longrightarrow 2Fe^{2+}+2Cl^-+H_2O$$

由此可见，有两种氧化态的铁离子可能存在于酸液中，一种是三价铁离子（Fe^{3+}），另外一种是二价铁离子（Fe^{2+}）。Fe^{3+}和Fe^{2+}在酸液中能否沉淀，取决于酸液的pH值与铁盐$FeCl_2$、$FeCl_3$的含量。当$FeCl_3$的含量大于0.6%及pH值大于1.86时，Fe^{3+}会水解生成凝胶状沉淀。

因此，如果酸液中存在的是二价铁离子，由于残酸的pH值一般不会超过6.84，所以一般不必过于担心二价铁的沉淀问题。如果酸液中存在三价铁离子，由于残酸的pH值一般都超过1.86，所以在必须考虑三价铁的沉淀问题。在酸化施工中，有Fe^{2+}也有Fe^{3+}，但由于金属铁的存在，在盐酸和金属铁构成的强还原性环境中，酸液中的Fe^{3+}能很快被还原成为Fe^{2+}：

$$2Fe^{3+}+Fe \longrightarrow 3Fe^{2+}$$

因此，从设备机管道中进入酸液的铁离子主要是Fe^{2+}。但是，如果地层中存在的三价铁离子，由于没有金属铁的存在，不能发生转变为二价铁离子的反应，当pH值上升到3.3~3.5以上时，就会产生$Fe(OH)_3$沉淀堵塞地层，所以来源于施工设备和井下管柱的铁并不危险，而真正有危害的是地层的三价铁。

经验表明，在碳酸盐岩地层中，主要含有二价铁的矿物，三价铁的含量可按总铁量的1/8~1/10来估算。因此，应根据岩心分析，来确定地层中Fe^{3+}的含量来选择铁离子稳定剂。

为了减少氢氧化铁沉淀，堵塞地层的现象，而加入的某些化学物质，称为铁离子稳定剂。稳定剂能于酸液铁离子结合生成溶于水的络合物，从而减少了氢氧化铁沉淀的机会。如醋酸能与酸液中的铁离子结合生成能够溶于水的六乙酸铁络离子。其反应如下：

$$Fe^{3+}+6CH_3COO^- \longrightarrow [Fe(CH_3COO)_6]^{3-}$$

正因为铁离子和醋酸根的结合能力，要比铁离子和氢氧根的结合能力强，所以酸液中的铁离子优先和醋酸根结合，而生成溶于水的六乙酸铁络离子，这样就减少了产生氢氧化铁沉淀的机会。此外，由于醋酸与地层及氧化铁等的反应很慢，在酸化过程中其浓度变化小，因此可使酸液保持较低的pH值。

（二）稳定剂的种类及应用

国内常用铁离子稳定剂及选用条件见表6-10。

表6-10 常用酸化铁离子稳定剂

序号	名称	一般加量，kg/m³	稳定效果	使用温度，℃	备注
1	醋酸	10~30	用量为12kg/m³酸可稳定2.1kg/m³酸的Fe^{3+}（38℃）	<66	价廉，过量使用不会沉淀
2	柠檬酸（CA）	<15	93℃以上效果增加较快	<204	过量使用会沉淀钙盐
3	醋酸—柠檬酸混合物	醋酸22∶柠檬酸12（L/m³）	<65℃可稳定10kg/m³酸的Fe^{3+}，65℃以上效果下降	<171	酸中Fe^{3+}含量小于2kg/m³会沉淀钙盐
4	乙二胺四乙酸钠盐（EDTA）	2	同剂量较柠檬酸稍差	<204	过量使用不会沉淀

续表

序号	名称	一般加量，kg/m³	稳定效果	使用温度，℃	备注
5	氮川三乙酸（NTA）	<12	用量为12kg/m³酸可稳定4.2kg/m³酸的Fe^{3+}（93℃以上）	<204	过量使用不会沉淀
6	异抗坏血酸及其钠盐	0.6~2.4	用量为2.4kg/m³酸可稳定6.0kg/m³酸的Fe^{3+}（93℃以上）	<204	过量使用不会沉淀
7	L41 U42	<9.6~24 <21~52	93℃以上效果很好，149℃以上效果减半	<149	Dowell公司
8	CT1-7	2~10	用量为5kg/m³酸可稳定近4kg/m³的Fe^{3+}（90℃）	<204	天然气研究院

应用和分析表明，EDTA、NTA、柠檬酸在高温和低温下稳定Fe^{3+}效果都好，而醋酸和乳酸在低温下效果好。但由于EDTA价格昂贵，应用受到限，柠檬酸的价格较低，但用量过度易产生沉淀，NTA的效果优于柠檬酸，仅次于EDTA，而价格也介于二者之间，可依实际情况选用。但存在H_2S时，只能选用柠檬酸、EDTA和NTA。铁离子稳定剂效果评价方法参见行业标准SY/T 6571—2012《酸化用铁离子稳定剂性能评价方法》。

五、黏土稳定剂

在酸液中加入黏土稳定剂的作用是防止酸化过程中酸液引起储层中黏土膨胀、分散、运移，造成对储层的伤害。常用的黏土稳定剂如下：

① 简单阳离子类黏土稳定剂，主要是K^+、Na^+、NH_4^+等氯化物，如KCl、NH_4Cl等，添加在酸液中依靠离子交换作用稳定黏土。但其效果不佳，一般不在酸液中使用，而在前置液或后置液中使用。

② 无机聚阳离子类黏土稳定剂，如羟基铝及锆盐，氢氧化锆可加在酸液中使用，羟基铝在酸处理后的后置液中，能较好地防止黏土分散、膨胀。

③ 聚季铵盐，加在酸液中，兼有稠化和缓速酸液的作用，用于前置液或后置液中。该类黏土稳定剂可用于温度高达200℃的井中，稳定效果好。目前，许多油田均广泛将其用于压裂、酸化施工作业中取得显著的效果。

其他类型的黏土稳定剂还包括聚胺类、季铵盐类等黏土稳定剂，但因其可使岩石油湿，导致酸后产水量上升，已较少使用。黏土稳定剂的评价方法可参考行业标准SY/T 5971—2016《油气田压裂酸化及注水用黏土稳定剂性能评价方法》进行。

表6-11 常用的黏土稳定剂

名称	一般加量	使用效果	应用范围	备注
KCl	0.5%~3.0%		HF体系不能用	—
NH_4Cl	0.5%~3.0%		各种酸液体系	—
CT12-1	1.0%~3.0%		可用于HF体系	国内产品
羟基铝	>2.5%	稳定黏土长期有效	温度小于95℃，不适合碳酸盐地层	国内产品
氢氧化锆	1.0%	稳定黏土，矿物微粒长期有效		国内产品

续表

名称	一般加量	使用效果	应用范围	备注
TDC15, X2035, PTA, DMEPCP13, DMEPCP15	0.5%~1.0%	稳定黏土, 矿物微粒永久有效	任何 pH 值	国内产品
X2033 通化 CPAM	0.5%~1.0%	与 TDC15 相当	任何 pH 值	国内产品
X2005	0.5%~1.0%	与 TDC15 相当	任何 pH 值	国内产品
COP 型	0.033%~0.04%	稳定黏土, 矿物微粒永久有效	任何 pH 值	国外产品
CLA-STA 类 FS	1.0%	FS 稳定硅胶、高岭土、碳酸盐、赤铁矿特别有效	含水化膨胀黏土 2%~5% 地层	Halliburton
CLA-STA 类 H、B	2.0%	H 和 B 稳定水化黏土特别有效, 对控制微粒运移也有一定效果	含水化膨胀黏土大于 5% 的地层	
PMTTHD	一般 0.01%~5%, 最佳 0.25%~0.75%, 配入 2.0%NH$_4$Cl 更好	稳定含铁矿、碱土金属碳酸盐、硅粒等粒径小于 10μm 的微粒特别有效	可与多种酸一起使用, 酸浓度小于 15% 为宜	国外产品
含 N-乙基吡咯烷酮的共聚物	0.25%~1.0%, 配入 2.0%NH$_4$Cl 更佳	稳定方解石、高岭石、赤铁矿等矿物微粒特别有效	任何 pH 值及水基液均可配伍, 酸浓度小于 15% 最宜	国外产品

六、暂堵剂（分流剂/转向剂）

酸化常在注入能力十分悬殊的多层油（气）藏中进行，向地层注入酸液时，酸液遵循最小阻力原理，趋于进入高渗层。如果产层受伤害严重，其渗透率大大低于其他地层，注酸的结果是使酸液不能进入伤害严重的层，从而不能很好解堵，酸化效果差。这就需要对酸液进行分流和转向。

在酸液中加入适当的暂堵剂，暂时封堵已酸化层（或高渗透层），使后续的酸液转向到另外一层或低渗层（损害严重层），达到均匀进酸、最终实现均匀酸化的目的。

目前采用的暂堵剂主要有水溶性聚合物（聚乙烯、聚甲醛、聚丙烯酰胺、瓜尔胶等）、惰性固体（硅粉、岩盐、油溶性树脂等）、萘、苯甲酸颗粒等（表 6-12）。

表 6-12 常见化学暂堵剂性能

序号	类型	熔点,℃	相对密度	溶解介质	井别	存在问题
1	岩盐	800	2.164	水、稀酸	油井[①]、气井[①]	产生氟硅酸钠沉淀, 不能与 HF 同时使用。悬浮性能差
2	油溶剂	165	1.062	油	油井、气井[②]	
3	油溶性树脂	165	1.062	油、凝析物	油井、气井[②]	
4	苯甲酸薄片	122	1.316	油、水、酸、气	油、气、注水井	颗粒较大, 储层过程中易凝聚, 难以控制颗粒尺寸
5	苯甲酸颗粒[③]	122	1.361	油、水、酸、气	油、气、注水井	颗粒较大, 储层过程中易凝聚, 难以控制颗粒尺寸
6	苯甲酸盐	122	1.0	油、水、酸、气	油、气、注水井	苯甲酸钠产生氟硅酸钠沉淀, 不能与 HF 同时使用
7	水杨酸			油、水、酸、气	油、气、注水井	同苯甲酸, 但成本高

续表

序号	类型	熔点,℃	相对密度	溶解介质	井别	存在问题
8	氨基磺酸			盐水、稀酸	注水井	在盐水和废酸中溶解度较高,有效期极短,暂堵性能有限
9	刺梧桐树胶			活性酸	油、注水井	在酸中稳定性差,51℃以上无效。通过返排或活性酸接触消除
10	黏性流体			水稀释	油、注水井	耐高温,耐酸,通过水稀释或返排消除
11	凝胶液			酸破胶	油、注水井	需要通过破胶消除

①油气井不产水,可能需要用稀酸或盐水进行清洗作业;
②气井无凝析物溶解 OSR,不能使用;
③颗粒将通过 20/40 目砾石。

这些暂堵剂也可以降低碳酸盐岩储层酸压时酸液沿裂缝壁面滤失的作用,所以,也可以作为酸压时的降滤剂。

七、稠化剂和降阻剂

由于高黏度酸液能够实现:①在酸压时增大动态裂缝宽度、降低裂缝的面容比;②高黏能够降低 H^+ 传质速率;③降低酸液滤失等,因而高黏度酸液能够延缓酸—岩反应速率,增大酸液有效作用距离。

这就需要在酸液中加入一种能够提高酸液黏度的物质,称为稠化剂或增黏剂。常用的增黏剂为聚丙烯酰胺、羟乙基纤维素和瓜尔胶。

以上的增黏稠化剂同时又是很好的降阻剂,能够在注酸时有效降低酸液在井筒中的摩阻。虽然许多直链的投入或人造聚合物都有降阻的作用,但不一定能够使酸液增黏。酸化用稠化剂评价方法参见行业标准 SY/T 6214—2016《稠化酸用稠化剂》。

八、醇类

在酸液中使用醇类的目的是解除水锁,促进流体返排,延缓酸的反应和降低水的浓度。酸化中最常用的醇类异丙醇和甲醇。通常异丙醇的最大使用浓度为 20%(体积分数),甲醇的使用浓度范围较宽,但常用的浓度为 25%(体积分数)。通常醇用于酸化有以下几个目的。

(一) 解除水堵

严重降低原油产量的原因之一为孔隙空间充填的水,即水堵。水堵易产生于高毛管力的孔隙介质中。气相渗透率低于 120mD 的地层存在最严重的水锁。处理液中的醇可降低油藏中的毛管力,从而使液相较易排出。

(二) 促进流体返排

油、气井酸化的另一问题为处理液的返排,对于气井尤为重要。水或酸的高表面张力阻碍它们的注入和流出。尽管被吸附降低了活性,常用的表面活性剂仍然能促进处理液的返排。酸中加入的醇降低表面张力。为促进返排,醇的浓度应足够高,以至于吸附使浓度的降低不会带来问题。

（三）延缓酸的反应

醇具有降低酸的反应速率的功能，降低的比例与添加醇的种类和浓度有关。

（四）降低酸液中水的浓度

对于某些水敏性地层，为了降低酸液中水的浓度，可以用醇代替稀释用水。

酸液中使用醇也存在一些缺点，主要体现在：

① 使用浓度高，增加酸液成本。为起到有效的作用，不得不加入大量的醇，一般为20%或以上，使得酸液的成本大大提高。

② 安全风险。异丙醇、甲醇以及含20%或以上醇的酸液均为低闪点。

③ 增加酸液的腐蚀性。试验表明醇酸混合物比不含醇的相同酸液需要更高浓度的缓蚀剂。

④ 盐析。若地层盐水浓度较高时，醇的注入则将引起盐析，为防止盐的沉淀，处理液中加入异丙醇的浓度不能高于25%，甲醇的浓度不能高于40%。

⑤ 副反应。在中等温度条件下，醇易于酸反应。当有机酸存在时，醇与之反应生成酯，后果是使用于反应的酸量减少。这倒是一小问题，因为酯化反应是可逆的。然而在含盐酸的醇溶液中，生成氯化物的反应将发生，且反应不可逆。有机氯化物会污染下游炼油厂的催化剂，所以醇只能用于气井酸化添加剂。具体反应过程如下：

$$CH_3COOH + CH_3OH \longrightarrow CH_3COOCH_3(乙酸甲酯) + H_2O$$

$$CH_3OH + HCl \longrightarrow CH_3Cl(一氯甲烷) + H_2O$$

$$CH_3CHOHCH_3 + HCl \longrightarrow CH_3CHClCH_3(一氯丙烷) + H_2O$$

九、醋酸

在土酸溶液中加入醋酸可以 pH 值上升时，帮助减少某些铝硅酸盐的沉淀。少量的醋酸可以通过缓冲混合酸（保持足够的 pH 值）和通过复合铝（螯合效应）来延缓铝硅酸盐沉淀的产生，一般推荐浓度为3%。

第四节 酸液添加剂及酸液体系性能评价

对于任何一个地区，在进行酸化施工设计之前（除非在该地区已有十分丰富而又成功的酸化工作经验），都必须进行系统的实验室内试验。这些试验主要包括储层岩石物性及化学组分分析、酸液性能评价、酸—岩反应特征试验、酸化效果试验等。通过试验研究，一方面为可优选酸液及添加剂、酸化工艺，另外为酸化设计提供参数，预测酸化效果。

一、酸液性能评价试验

不同的酸液有不同的使用性能，因此，试验的内容和方法也就不同。为了便于应用，将其分为常规试验和特殊试验两类。

（一）酸液常规评定试验

1. 腐蚀性评价

酸化施工常用酸液（盐酸或土酸）都是腐蚀性很强的强酸，空白酸会对地面泵注设备、井口装置和井下管柱造成很大腐蚀，特别是井下管柱和井下工具在高温下酸液接触，腐蚀的速度更快。因此，几乎所有的酸液都必须添加性能符合要求的缓蚀剂。而腐蚀试验就是对这些缓蚀剂使用效果的模拟评定。

1) 静态评价方法

在高温、高压及酸液不流动的条件下，测定酸液对钢材的腐蚀速度。

用途：作为选择和评价缓蚀剂的常规试验。

评价方法：失重法。

2) 动态评价方法

在高温、高压，并且模拟流体流动条件，测定腐蚀速度。

用途：作为选择和评价缓蚀剂的使用数据。

仪器：动态腐蚀试验仪或酸液环流装置。

试样尺寸：3cm×1cm×0.5cm。

试验温度：21~180℃。

试验压力：常压至 10MPa。

剪切速率：$50 \sim 1180 s^{-1}$。

评价方法：失重法。

2. 酸液的溶蚀性试验

试验方法：将岩粉抽提洗油、烘干碾磨、过筛保存。用不同酸液配制成不同浓度的酸液，分别取一定量装入烧杯中，用分析天平称取一定量烘干过筛的岩粉加入不同浓度的酸液中混合均匀，在试验温度下恒温、定时反应，然后取出试验样品，用定量滤纸过滤、蒸馏水冲洗、烘干，放入干燥器中冷却后称量，试验前后称量结果。

用途：作为选择酸液浓度和酸型的常规试验。

评价方法：失重法。

3. 酸液添加剂的单项试验评价

一种好的酸液配方，必须具有配伍性好，表面张力低，破乳效率高，能稳定胶状铁的沉淀和防膨性能等特点。因此，在选择酸液配方前，应对酸液中的各种添加剂进行单项性能筛选，综合分析，优选出性能好的添加剂。

1) 破乳剂的破乳试验

若储层流体为原油，且其中含有某些可能产生乳化的活性物质时，在酸化施工的泵注和返排过程中，可能会因流动搅拌而产生乳化。在这种情况可能发生时，须在酸液中加入防乳破乳剂。乳化和破乳试验就是用来了解乳化程度并评价防乳破乳剂的使用效果。

试验原油：未处理原油。

试验温度：模拟地层温度。

试验仪器：高速搅拌器、恒温水浴。

试验方法：在酸液中分别加入一定浓度的破乳剂，然后取 40mL 酸液与 40mL 原油混合，在高转速下搅拌形成乳状液，在试验温度下放入恒温水浴中，记录 2h 的破乳情况，由破乳量的多少评价各种破乳剂的破乳率。

用途：作为选择破乳剂及测定其破乳效果的常规试验。

2）酸液与各种表面活性剂的表面张力测定

试验仪器：界面张力仪。

试验温度：室温。

试验方法：将配制好的酸液加入不同助排剂，装入测定器皿中，放入测定仪支架上，调节旋钮，测定各酸液的表面张力。

用途：作为选择表面活性剂的常规试验。

3）黏土稳定剂防膨性能测定

试验仪器：页岩膨胀仪。

试验方法：采用石油总公司页岩膨胀推荐测定方法。将黏土捣碎，研磨过 100 目筛，烘干 4h，然后取出试样置于干燥器中冷却，称取 50g 在岩样成形机上制成薄片，采用膨胀仪测定各种溶液对试样的线膨胀率。

用途：作为选择黏土稳定剂的常规试验。

4）酸液添加剂与地层水单项配伍试验

试验方法：将加有不同添加剂的酸液与地层水按一定比例混合，静置一定时间，用目测法观察颜色、透明度、是否有沉淀及分层等现象。

用途：考察酸液配方与地层水配伍性的常规试验。

5）铁离子稳定剂评价

试验方法：邻菲罗啉法。

试验仪器：722 型分光光度计和酸度计。

用途：选择铁离子稳定剂和考察酸液稳定铁离子能力的常规试验。

4. 残酸性能评定试验

目前现场主要评定两种指标：① 残酸表面张力；② 接触角。

用途：测定残酸液的表面张力和岩面上的接触角，定性评价残酸返排的难易程度。

仪器：表面张力仪、润湿角仪或接触角仪。

试验条件：室温、以拟试地层岩心制作固相表面，反应完毕的残酸为液相。

试验方法：按仪器使用说明书进行。

（二）流变性试验

用途：测定已改造成非牛顿液体的酸液体系（如胶凝酸、乳化酸及泡沫酸等）的流变性参数，并用来进行施工设计计算。

仪器：Fann 50C 旋转黏度计及酸液环流试验装置等。

方法：按选用仪器的操作手册进行。

（三）摩阻试验

用途：测定酸液（主要用于非牛顿型酸液体系）在管内流动中的摩擦阻力系数 R：

$$R = \Delta p_{试验液体} / \Delta p_{清水}$$

仪器：摩阻仪、酸液环流试验装置等。

试验方法：用清水在要求的剪切速率（或流动雷诺数）条件下流过仪器，测定清水在此种流态下的压力降，即 $\Delta p_{清水}$。再以待试酸液在相同的条件下流动并测出压力降 $\Delta p_{试验酸液}$，则可计算出在该流动条件下的摩擦阻力系数 R。一般来讲，当流动条件（剪切速度或雷诺数）不同时，摩阻系数 R 也不相同。

二、酸—岩反应速率及反应特性参数测定

酸与储层岩石的反应速率取决于储层岩石的性质和地层温度，也与酸液中的添加剂（如表面活性剂、缓速剂等）有关。一般都采用试验方法测定出代表反应速率的参数，作为酸化施工设计的基础数据。

（一）酸—岩反应速率测定

酸—岩反应试验一般有三种方法。

1. 静态反应评价法

将一定体积的岩石放在高压反应釜内，保持恒温、恒压和一定的面容比，使酸岩在高压釜内静止反应，每隔一定时间取酸样滴定酸浓度和岩石失重量，作酸—岩反应速率随时间的变化关系。

用途：由于静态试验不能反映地下酸—岩反应的真实情况，其数据不能作为酸化设计的依据，只能作为优选酸液配方和添加剂的依据。

仪器：高温高压反应釜，二氧化碳法常压反应试验仪等。

方法：滴定法，失重法。

2. 动态反应评价试验

1）旋转岩盘试验

利用岩盘在酸液中旋转，来模拟流动状态，并测定酸—岩反应速率。

用途：利用旋转岩盘试验仪，可以确定恒温、恒压、恒转速条件下的酸—岩反应动力学参数以及酸液中氢离子的传递规律，研究不同盐酸浓度与反应速率的关系，分析各种因素对反应速率的影响，为酸压裂设计计算定量参数的氢离子有效传质系数、表面和系统反应动力学参数。

仪器：旋转岩盘试验仪（图6-12）。

试验方法：利用试验地层露头岩样或岩心制成直径为3cm、厚度约1.5cm的圆盘，固定在反应釜内特制的转动轴下方，用环氧树脂将不参加反应的顶面和侧面封闭，环氧树脂固化后方可进行试验。酸液置于反应釜内加热加压至试验温度和压力后，启动电动机使转动轴以恒定的角速度旋转，并下放转轴使其与酸液接触，记录接触时间（即开始试验时间）。定时从取样口取样滴定酸液浓度，利用对流扩散偏微分方程在不滤失条件下的数值解图版，可计

(a) 反应釜与岩盘示意图　　(b) 圆盘表面流线分布　　(c) 圆盘表面上方流线分布

图 6-12　旋转圆盘试验仪简图

算出该角速度（或雷诺数）条件下的氢离子有效传质系数。

试验基本理论如下。

酸—岩反应是复相反应，面容比对酸—岩反应速率的影响较大。因此，实际试验数据处理时，采用面容比校正后的反应速率：

$$J = -\frac{\partial C}{\partial t} \frac{V}{S} \tag{6-1}$$

式中　J——反应速率（物流量），表示单位时间流到单位岩石面积上的物流量，mol/(s·cm^2)；

　　　V——参加反应的酸液体积，L；

　　　S——岩盘反应表面积，cm^2；

　　　C——t 时刻的酸液内部酸浓度，mol/L。

利用旋转岩盘试验仪可测得一系列的 C 和 t 值，绘制成关系曲线，采用微分法，确定酸—岩反应速率，即：

$$\left(-\frac{\partial C}{\partial t}\right)\frac{V}{S} = \frac{C_2 - C_1}{\Delta t}\frac{V}{S}$$

对式(6-1)两边取对数，得：

$$\lg J = \lg K + m \lg C \tag{6-2}$$

因为反应速率常数 K 和反应级数 m 在一定条件下为常数，因此，用 $\lg J$ 和 $\lg C$ 作图得一直线，如图 6-13 和图 6-14 所示（塔北灰岩+20%盐酸，温度 353K，压力 7MPa，转速 500r/min），此直线的斜率为 m，截距为 $\lg K$。

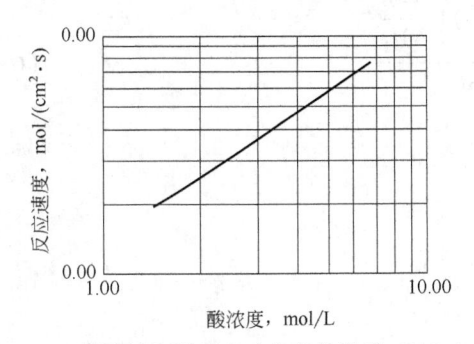

图 6-13　酸液浓度随反应速率变化关系（$\lg C$-$\lg J$） 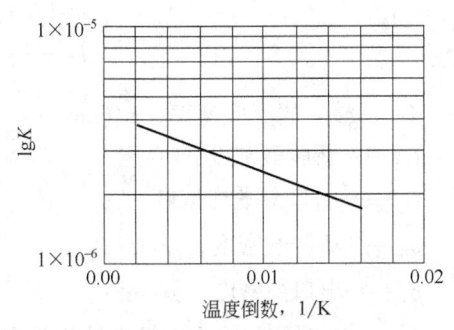　　图 6-14　活化能与温度的关系

也可采用最小二乘法，对 $\lg J$ 和 $\lg C$ 进行线性回归处理，求得 m 和 K 值，从而确定酸—岩反应动力学方程。

2) 酸—岩反应活化能的确定

各地区、各油田，甚至同一油田各油气层，深度不同，实际地层温度也不相同。实际酸化施工设计时，应对不同地层温度采用相应的温度条件下的酸—岩反应参数，建立实际地层条件下的反应动力学方程。根据 Arrhenius 理论，反应速度常数与温度的变化规律可用下列方程表示：

$$K = K_0 e^{\frac{-E_a}{RT}} \tag{6-3}$$

式中　K_0——频率因子，$(mol/L)^{-m} \cdot mol/(s \cdot cm^2)$；
　　　E_a——反应活化能，J/mol；
　　　R——气体常数，8.314 J/(mol·K)；
　　　T——热力学温度，K。

对两边取对数得：

$$\lg K = \lg K_0 - (E_a/2.303R) \cdot (1/T) \tag{6-4}$$

由式(6-4)可知，在浓度不变的条件下，将 $\lg K$ 对 $1/T$ 作图应为一直线。直线斜率为 $-(E_a/2.303R)$，截距为 $\lg K_0$，从而可求出 E_a、K_0 值。

3) 流动试验方法

采用反应体系为开系的平行板模拟裂缝流动试验方法更能够比较真实地模拟高温高压条件下酸液沿裂缝流动的实际情况。

多功能酸液环流装置就是这样一种反应器。在此反应器中，酸在反应性岩石与惰性反应器间的环空中流动。用滴定残酸浓度计算或红外线分析仪器来连续监测反应产生的 CO_2 量，可获得反应过程中反应速率变化情况，由于环空中的流体流动稳定且充分发展，因此可较为实际地模拟地下的实际反应过程。但该仪器将环空视为一窄缝，求得的速度场仅限于层流，因此方程解不如旋转岩盘实验仪的精确。

由于反应体系为开系，新鲜酸液不断从裂缝入口流入，反应后从裂缝出口流出，所以测得的酸—岩反应速率实际上是新鲜酸从流入到流出这段时间内的平均值。如果在规定的时间间隔内取酸液总流出量的平均浓度来计算反应速率，那么反应速率是上述反应在这段时间间隔内的平均值。计算公式为：

$$J = \frac{(C_0 \rho_0 - C_1 \rho_1) V \frac{M_2}{4M_1}}{S \cdot \Delta t} \tag{6-5}$$

式中　J——酸—岩反应速率，$g/(cm^2 \cdot s)$；
　　　C_0——新鲜酸浓度，%；
　　　C_1——出口酸平均浓度，%；
　　　ρ_0——新鲜酸密度，g/cm^3；
　　　ρ_1——出口酸密度，g/cm^3；
　　　V——Δt 时间间隔内酸液总流出体积，cm^3；
　　　M_1——HCl 分子量；
　　　M_2——$CaMg(CO_3)_2$ 分子量；
　　　S——酸—岩反应面积，cm^2；

Δt——规定的时间间隔，s。

通过改变新鲜酸浓度、温度、压力、流速、缝宽等因素进行试验，就可以确定这些因素对反应速率的影响。

用途：测定的氢离子有效混合系数，可作为酸压裂设计计算的定量参数；定量分析影响酸—岩反应速率的因素。

仪器：高温高压流动模拟试验装置及酸液环流试验装置等。

试验方法：利用地层露头岩样制成已知几何形状（长、宽、高）的人工裂缝（图6-15），并安装在仪器的岩心夹持器上，加热至试验温度后，用已知初始浓度的试验酸液，在高压下以某一固定流量流过裂缝。在出口取样并测定流出的酸液浓度，利用酸—岩反应对流扩散偏微分方程在无滤失条件下的数值解图版，可计算出该流动条件下（一般用雷诺数表征）的氢离子有效混合系数。

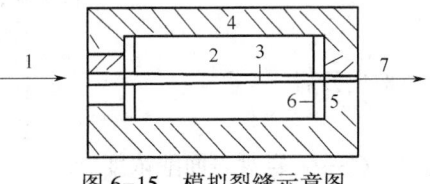

图6-15 模拟裂缝示意图

（二）H⁺有效传质系数试验测定方法

在反应速率与浓度梯度的关系式中，存在一个系数De，对于酸—岩反应这个系数就是H^+传质系数。影响酸—岩反应的因素很多。但对HCl—碳酸盐岩反应实质上是这些因素影响了H^+向岩面的传递速度所致。H^+的传递速度是由其传质系数De来表示的。

氢离子有效传质系数是酸压设计的重要参数。酸压时，酸液沿裂缝流动反应，浓度逐渐降低，氢离子有效传质系数De将发生变化。要科学地指导酸压施工设计，必须确定不同酸液浓度和流动状态下的氢离子传质系数。采用试验求得的传质系数称为H^+有效传质系数，用De来表示。

1. 仪器

旋转岩盘试验仪、酸环流试验装置及膜式扩散筒，应用最多的是旋转岩盘试验仪。

2. 旋转岩盘试验仪测定理论

作旋转运动时，将带动反应釜内的酸液以一定的角速度旋转，紧靠岩面处的酸液几乎和盘面一起旋转，远离盘面的酸液将不发生转动，仅向岩面流动，即发生对流传递；另一方面，由于岩盘表面反应降低了H^+的浓度，使岩盘表面与酸液内部间存在离子浓度差，H^+受扩散作用不断向岩盘表面传递。由此可见，旋转试验时，高压釜体内的酸液将作三维流动。在柱坐标系中，任意一点M点的酸液流速可用径向速度分量V_r，切向速度分量V_φ，垂直速度分量V_y表示，即：

$$V_m = V_m(V_r, V_\varphi, V_y)$$

各点速度用奈维—斯托克斯方程和连续性方程联合表示。根据质量守恒定律可建立定常条件下酸液旋转时的对流扩散偏微分方程：

$$V_r \frac{\partial C}{\partial r} + \frac{V\varphi}{r}\frac{\partial C}{\partial \varphi} + V_y \frac{\partial C}{\partial y} = De\left(\frac{\partial^2 C}{\partial y^2} + \frac{\partial^2 C}{\partial r^2} + \frac{1}{r}\frac{\partial C}{\partial r} + \frac{1}{r^2}\frac{\partial^2 C}{\partial \varphi^2}\right) \quad (6-6)$$

假设酸浓度分布只与垂直距离y有关，而与r、φ无关，则对流扩散偏微分方程变为：

$$V_y \frac{\partial C}{\partial y} = De \frac{\partial^2 C}{\partial y^2} \tag{6-7}$$

式中 V_y——垂直于盘面方向上的速度分量；

C——酸液浓度。

边界条件：

对石灰岩
$$\begin{cases} y=0, C=0 & (岩石表面) \\ y=\infty, C=C_0 (酸液内部浓度) \end{cases} \tag{6-8}$$

对白云岩
$$\begin{cases} y=0, C=C_s \\ y=\infty, De\left(\frac{\partial C}{\partial y}\right) = KC_s^m \end{cases} \tag{6-9}$$

式中 C_s——岩盘表面酸浓度。

对于边界条件式(6-8)，偏微分方程有解析解；对于边界条件式(6-9)，偏微分方程(6-7) 只有数值解。

对于石灰岩，解方程 (6-7) 得解析解为：

$$J = De\left(\frac{\partial C}{\partial y}\right)_y = 0.62 De^{\frac{2}{3}} \nu^{-\frac{1}{6}} \omega^{\frac{1}{2}} C_t \tag{6-10}$$

式中 ω——旋转角速度，1/s；

C_t——时间为 t 时酸液内部浓度，mol/L。

由式(6-10) 可得：

$$De = (1.6129 \nu^{\frac{1}{6}} \cdot \omega^{-\frac{1}{2}} \cdot C_t^{-1} \cdot J)^{\frac{3}{2}} \tag{6-11}$$

由上式可知，H^+ 有效传质系数与旋转角速度 ω 有关，即与酸液流态有关。因此，为了应用方便，常作不同温度下的一系列 De-NRe 关系曲线。NRe 称为旋转雷诺数（无因次），由下式确定：

$$NRe = \omega R^2 / \nu \tag{6-12}$$

式中 NRe——旋转雷诺数，无因次；

R——岩盘半径，cm。

试验时，在给定的 R 下，测定 J、C_t、ν 和 ω，计算出 NRe，利用式(6-12) 可求出 De 值，从而作出 De-NRe 关系曲线以备查用（图 6-16）。

3. 影响 H^+ 有效传质系数的因素

1) 酸液浓度

随着酸液浓度的升高，H^+ 的有效传质系数降低，如图 4-7 所示。这主要是因为酸液浓度越高，对 H^+ 的传递阻力增大，同时随酸液浓度升高，H^+ 的数量增多，离子之间的牵制和干扰作用加强。

2) 温度的影响

温度升高分子运动加剧，导致 H^+ 的有效传质系数增加，这种现象可近似用 Arrhenius 方程来描述：

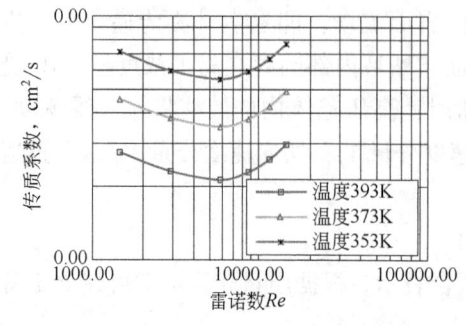

图 6-16 H^+ 传质系数与旋转雷诺数的关系曲线

塔北灰岩+20%盐酸，温度353K，压力7MPa，转速500r/min

$$De = De_0 \exp\left(-\frac{E_a(T_0-T)}{RTT_0}\right) \tag{6-13}$$

式中 De_0——温度 T_0 下 H^+ 的有效传质系数。

3) 同离子效应的影响

同离子效应对酸—岩反应速度的影响是通过对 H^+ 的有效传质系数的影响来实现的。对灰岩的试验表明，某一温度下 H^+ 的有效传质系数随余酸浓度的变化可用下式来表示：

$$De = De_0 a C_D^b \tag{6-14}$$

式中 C_D——无因次余酸浓度，$C_D = \bar{C}/C_0$；

C_0、$\bar{C}$——分别为酸液的初始浓度与余酸浓度；

a, b——分别为与 C_0、$\bar{C}$, N_{Re} 有关的常数（表6-13）。

表6-13 考虑同离子效应的 a, b 值（$Re = 103 \sim 105$）

C_0,%	28.54	24.47	19.84	15.24
a	0.997	0.993	0.991	0.990
b	0.974	0.770	0.618	0.563

对于其他浓度下的 a、b 值，采用拉格朗日插值求得。通过对余酸酸液由于浓度提高、H^+ 浓度降低及同离子效应等对 H^+ 有效传质系数的影响的研究，得到如下规律：

$$De^* = a\exp(b, C_D) \tag{6-15}$$

$$De^* = De/\nu \tag{6-16}$$

式中 De^*——无因次 H^+ 有效传质系数；

ν——酸液的运动黏度，cm^2/s。

计算结果表明，同时考虑余酸浓度及同离子效应时，酸液的有效作用距离大约增加2.5倍。鲜酸与加入钙离子酸液的传质系数，可从图6-17比较它们之间的数量关系，无因次化数据整理结果见表6-14。

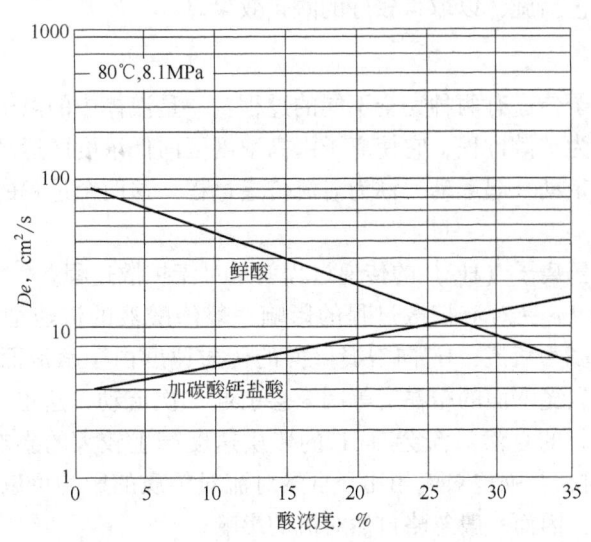

图6-17 鲜酸与加碳酸钙盐酸的氢离子传质系数与酸浓度的对比曲线

表 6-14　无因次化数据整理结果表

C_0,%	ν	De^* / Re / C_D	\multicolumn{7}{c}{$De^* \times 10^{-3}$}
			1000	2000	3000	4000	5000	7000	10000
28.54	1.042	1.000	2.50	3.41	4.65	5.85	7.49	10.94	15.83
	1.150	0.843	1.81	2.57	3.48	4.39	5.57	8.43	12.17
	1.325	0.665	1.25	1.81	2.53	3.25	4.00	6.04	8.60
	1.475	0.552	0.85	1.22	1.69	2.10	2.68	3.93	5.76
	1.740	0.348	0.48	0.72	0.99	1.26	1.61	2.30	3.45
24.47	0.966	1.000	3.83	5.67	7.45	8.90	10.46	13.48	18.01
	1.000	0.820	3.10	4.60	6.10	7.40	8.70	11.40	15.00
	1.120	0.630	2.10	3.21	4.29	5.36	6.34	8.30	10.80
	1.280	0.416	1.31	2.09	2.81	3.52	4.22	5.47	7.34
19.84	0.895	1.000	5.14	8.94	13.41	18.21	23.91	35.75	53.87
	0.950	0.770	3.89	7.11	10.53	14.53	18.95	27.89	43.16
	1.070	0.530	2.76	5.14	7.76	10.53	13.56	20.09	30.84
15.24	0.823	1.000	9.84	16.40	24.30	33.41	43.74	64.40	99.64
	0.876	0.650	6.34	10.63	17.71	24.00	32.00	49.14	78.86
	0.945	0.400	4.34	7.83	12.70	17.46	23.28	35.98	59.26

因为酸液在裂缝中各处的 H^+ 有效传质系数不同，故在计算有效作用距离时，应采取分段计算的方法。

为了提高有效作用距离，从上述理论看来，在酸化中产生较宽的裂缝，较低的 H^+ 有效传质系数，较高的排量及尽可能小的滤失速度都可使有效作用距离增加。因此，在现场上使用泡沫酸、乳化酸、胶凝酸等缓速酸体系以降低 H^+ 有效传质系数，采用前置液、多级交替注入等工艺方法以增加裂缝宽度，降低滤失速度，适当提高排量及加入降滤剂以增加酸液深入裂缝中的能力等工艺措施，以取得较好的酸化效果。

4）酸液流态

运动液体中的离子传递有两种完全不同的过程：一是液体中的离子在浓度差的作用下发生运动，这个过程称为扩散过程，它使离子由高浓度区向低浓度区运动；二是液体中的离子在液体运动时被液体带动一起运动，称为对流传递过程。这两个过程的传递通称为对流扩散过程。

酸—岩反应时，氢离子（H^+）的传递过程就是对流扩散过程。

H^+ 有效传质系数 De 受对流扩散过程的影响一般随酸液的流速增大而增大。实际施工中，裂缝内酸液流动多为紊流，H^+ 向裂缝壁面的传质速度由于紊流而加快。由于酸—岩反应而引起的密度差、裂缝壁面的粗糙度等因素会引起二次流动，这也会增加 De 值。尤其是垂直裂缝中由密度引起的自然对流会对 H^+ 的传质速度产生较大的影响。有学者研究指出，当 $V_{强迫对流} > V_{自然对流}$ 时，与强迫对流相比，自然对流对传质的影响可以忽略。由于裂缝内强迫对流大于自然对流，因而一般忽略自然对流的影响。

（三）酸—岩反应过程中离子扩散系数的测定及影响因素

美国 Stimlab 公司利用旋转圆盘和膜式扩散筒测定法（图 6-18 至图 6-20）对 H^+ 传质系数和酸—岩反应过程中的 Ca^{2+}，Mg^{2+} 等的扩散速度作了较为全面的研究。

关系式的建立：据其研究成果对常规酸、胶凝酸和乳化酸三种酸型建立了描述离子扩散系数的经验关系式，关系式中考虑了温度、酸液浓度及岩性的影响。岩性主要影响反应产物及浓度，进而影响酸的扩散系数。试验结果表明扩散系数随酸浓度和温度的增加而增加，随同离子的增加而减少。温度、H^+ 浓度及产物浓度对酸扩散系数的影响可用下面的关系式表示：

$$D_{(H^+)} = \exp\left(-\frac{A}{T} + B\sqrt{\frac{[Ca^{2+}]}{[H^+]}} + C\sqrt{\frac{[Mg^{2+}]}{[H^+]}} + D[H] + E\right)$$

(6-17)

式中，各参数取值为：$A = -2918.54$；$B = -0.589$；$C = -0.789$；$D = 0.0452$；$E = -4.995$、-5.47、-7.99（分别对应常规酸、胶凝酸和乳化酸）。

方程（6-17）中，温度的单位是 $°F$，浓度的单位是摩尔。通常，酸浓度可用平均值。Ca^{2+}、Mg^{2+} 的浓度可根据反应情况输入，在残酸中往往可达到 100%。利用该关系式可预测不同条件下的扩散系数。表 6-15 中列出了计算值和实测值。由表中数据可见温度是影响扩散

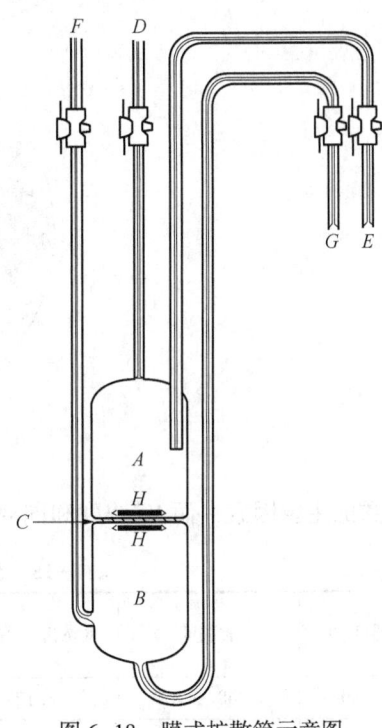

图 6-18 膜式扩散筒示意图

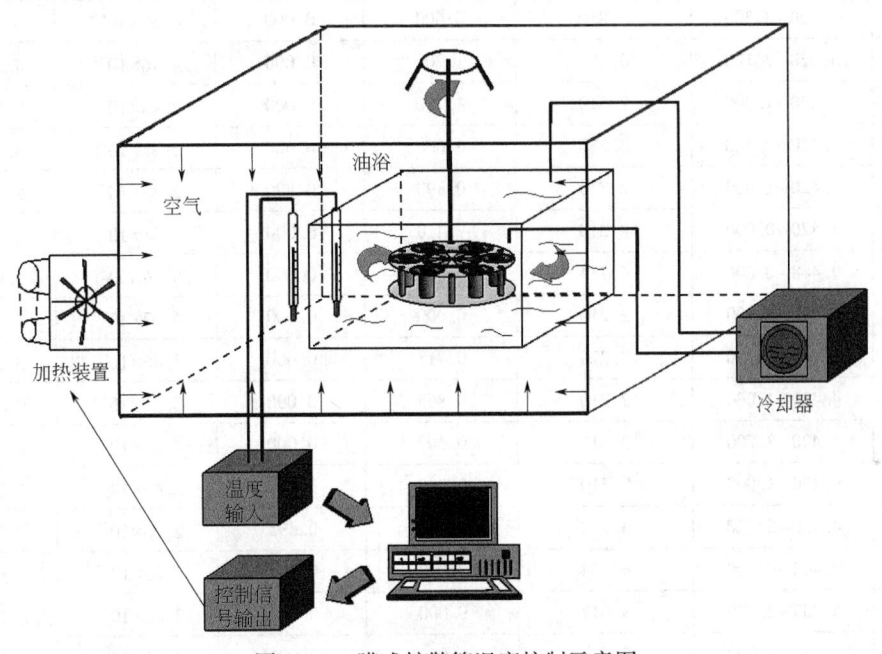

图 6-19 膜式扩散筒温度控制示意图

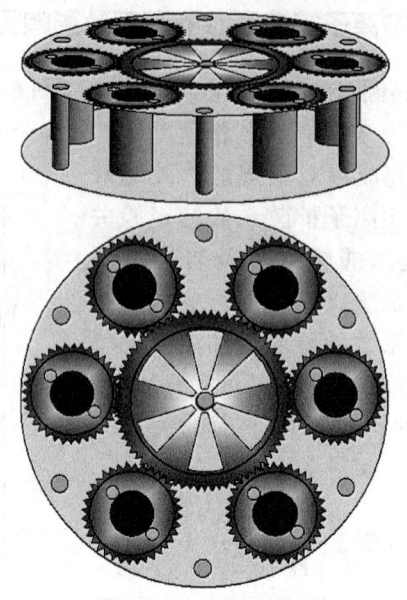

图 6-20 膜式扩散筒支持部件

系数的主要因素，而 H^+ 浓度和同离子浓度的影响则较小。

表 6-15 盐酸在不同温度浓度条件下扩散系数

温度,℉	酸浓度	酸浓度（平均）	[Ca^{2+}], mol	[Mg^{2+}], mol	扩散系数 测量值	扩散系数 计算值
150	9.468~2.877	6.173	0.000	0.000	9.89×10^{-5}	7.48×10^{-5}
150	9.468~0.000	4.734	0.000	0.000	8.02×10^{-5}	7.01×10^{-5}
150	4.420~0.000	2.210	0.000	0.000	6.48×10^{-5}	6.25×10^{-5}
150	4.420~3.200	3.810	0.600	0.000	4.56×10^{-5}	5.32×10^{-5}
150	4.420~2.120	3.270	1.200	0.000	4.76×10^{-5}	4.59×10^{-5}
150	4.420~1.000	2.710	1.770	0.000	3.48×10^{-5}	3.97×10^{-5}
150	4.420~2.120	3.270	0.600	0.600	2.47×10^{-5}	3.64×10^{-5}
150	4.420~1.000	2.710	0.890	0.890	2.28×10^{-5}	2.90×10^{-5}
150	4.420~0.000	2.210	2.410	0.000	3.31×10^{-5}	3.38×10^{-5}
110	9.468~0.000	4.734	0.000	0.000	5.56×10^{-5}	5.01×10^{-5}
110	4.420~0.000	2.210	0.000	0.000	4.67×10^{-5}	4.47×10^{-5}
110	4.420~2.120	3.270	0.718	0.000	3.46×10^{-5}	3.56×10^{-5}
110	4.420~1.000	2.710	0.865	0.000	3.38×10^{-5}	3.28×10^{-5}
110	4.420~3.200	3.810	0.307	0.000	4.08×10^{-5}	4.07×10^{-5}
110	4.420~1.000	2.710	0.949	1.597	2.43×10^{-5}	1.76×10^{-5}
110	4.420~2.120	3.270	0.289	0.495	2.76×10^{-5}	2.90×10^{-5}
85	9.468~0.000	4.734	0.000	0.000	5.23×10^{-5}	3.96×10^{-5}
85	6.033~0.000	3.017	0.000	0.000	3.83×10^{-5}	3.67×10^{-5}
85	4.420~0.000	2.210	0.000	0.000	4.05×10^{-5}	3.54×10^{-5}

续表

温度,℉	酸浓度	酸浓度（平均）	[Ca^{2+}], mol	[Mg^{2+}], mol	扩散系数 测量值	扩散系数 计算值
85	2.877~0.000	1.439	0.000	0.000	3.82×10^{-5}	3.41×10^{-5}
85	4.420~3.200	3.810	0.600	0.000	2.58×10^{-5}	3.01×10^{-5}
85	4.420~3.200	3.810	0.300	0.300	2.86×10^{-5}	2.58×10^{-5}
85	4.420~2.120	3.270	1.200	0.000	1.40×10^{-5}	2.60×10^{-5}
85	4.420~1.000	2.710	1.770	0.000	1.59×10^{-5}	2.25×10^{-5}
85	4.420~1.000	2.710	0.890	0.890	1.02×10^{-5}	1.64×10^{-5}
85	4.420~0.000	2.210	2.400	0.000	2.70×10^{-5}	1.91×10^{-5}
85	4.420~0.000	2.210	1.200	1.200	1.93×10^{-5}	1.28×10^{-5}
85	8.753~4.440	6.597	2.320	0.000	2.11×10^{-5}	3.04×10^{-5}
85	8.753~0.000	4.377	4.530	0.000	1.87×10^{-5}	2.14×10^{-5}
85	8.753~0.000	4.377	2.270	2.270	1.48×10^{-5}	1.45×10^{-5}
70	9.468~0.000	4.734	0.000	0.000	4.62×10^{-5}	3.40×10^{-5}
70	6.033~0.000	3.017	0.000	0.000	3.66×10^{-5}	3.15×10^{-5}
70	4.420~0.000	2.210	0.000	0.000	3.36×10^{-5}	3.04×10^{-5}
70	4.420~3.200	3.810	0.600	0.000	2.35×10^{-5}	2.59×10^{-5}
70	4.420~2.120	3.270	0.600	0.600	1.48×10^{-5}	1.77×10^{-5}
70	4.420~3.200	3.810	0.300	0.300	2.62×10^{-5}	2.22×10^{-5}
70	4.420~1.000	2.710	1.770	0.000	2.80×10^{-5}	1.93×10^{-5}
70	4.420~1.000	2.710	0.890	0.890	9.05×10^{-6}	1.41×10^{-5}
70	4.420~0.000	2.210	2.410	0.000	3.10×10^{-5}	1.64×10^{-5}
70	4.420~0.000	2.210	1.210	1.210	1.61×10^{-5}	1.10×10^{-5}

在试验中通过测定 Ca^{2+} 和 Mg^{2+} 的浓度梯度，同样也可计算出其扩散系数，见表 6-16。同盐酸一样，温度仍然是影响它的主要因素。基于试验结果，给出了 Ca^{2+} 和 Mg^{2+} 扩散系数的计算：

$$D_{(Ca)} = \exp\left(-\frac{A}{T} + B\sqrt{\frac{[Mg^{2+}]}{[Ca^{2+}]}} + C\sqrt{\frac{[H^+]}{[Ca^{2+}]}} + D[Ca^{2+}] + E\right) \tag{6-18}$$

表 6-16 Ca^{2+}、Mg^{2+} 的扩散系数

温度,℉	[Ca^{2+}], mol	[Mg^{2+}], mol	[HCl]（平均）	Ca^{2+}传质系数 测量值	Ca^{2+}传质系数 计算值
150	0.60	0.00	3.81	4.23×10^{-5}	1.95×10^{-5}
150	1.20	0.00	3.27	4.92×10^{-5}	1.82×10^{-5}
150	1.77	0.00	2.71	1.15×10^{-5}	1.70×10^{-5}
150	0.60	0.60	3.27	1.28×10^{-5}	1.18×10^{-5}
150	0.89	0.89	2.71	9.74×10^{-6}	1.14×10^{-5}
150	2.41	0.00	2.21	1.51×10^{-5}	1.59×10^{-5}

续表

温度,℉	[Ca²⁺], mol	[Mg²⁺], mol	[HCl]（平均）	Ca²⁺传质系数 测量值	Ca²⁺传质系数 计算值
110	0.72	0.00	3.27	6.27×10^{-6}	1.62×10^{-5}
110	0.87	0.00	2.71	1.26×10^{-5}	1.59×10^{-5}
110	0.31	0.00	3.81	1.57×10^{-5}	1.71×10^{-5}
110	0.95	1.60	2.71	4.16×10^{-6}	8.22×10^{-6}
110	0.29	0.50	3.27	1.07×10^{-5}	8.87×10^{-6}
85	0.60	0.00	3.81	8.41×10^{-6}	1.46×10^{-5}
85	0.30	0.30	3.81	9.04×10^{-6}	9.20×10^{-6}
85	1.20	0.00	3.27	7.56×10^{-6}	1.36×10^{-5}
85	1.77	0.00	2.71	1.22×10^{-5}	1.28×10^{-5}
85	0.89	0.89	2.71	7.80×10^{-6}	8.53×10^{-6}
85	2.40	0.00	2.21	9.02×10^{-6}	1.19×10^{-5}
85	1.20	1.20	2.21	1.42×10^{-5}	8.23×10^{-6}
85	2.32	0.00	6.60	9.10×10^{-6}	1.21×10^{-5}
85	4.53	0.00	4.38	7.68×10^{-6}	9.51×10^{-6}
85	2.27	2.27	4.38	7.52×10^{-6}	7.35×10^{-6}
70	0.60	0.00	3.81	1.61×10^{-5}	1.35×10^{-5}
70	0.60	0.60	3.27	8.34×10^{-6}	8.18×10^{-6}
70	0.30	0.30	3.81	1.17×10^{-5}	8.52×10^{-6}
70	1.77	0.00	2.71	2.52×10^{-5}	1.18×10^{-5}
70	0.89	0.89	2.71	5.57×10^{-6}	7.90×10^{-6}
70	2.41	0.00	2.21	2.51×10^{-5}	1.10×10^{-5}
70	1.21	1.21	2.21	9.87×10^{-6}	7.61×10^{-6}
150	0.60	0.60	3.27	1.04×10^{-5}	1.03×10^{-5}
150	0.89	0.89	2.71	8.89×10^{-6}	9.50×10^{-6}
110	0.95	1.60	2.71	3.97×10^{-6}	5.43×10^{-6}
110	0.29	0.50	3.27	9.35×10^{-6}	6.90×10^{-6}
85	0.30	0.30	3.81	8.93×10^{-6}	1.02×10^{-5}
85	0.89	0.89	2.71	7.24×10^{-6}	8.28×10^{-6}
85	1.20	1.20	2.21	1.28×10^{-5}	7.70×10^{-6}
85	2.27	2.27	4.38	6.96×10^{-6}	6.57×10^{-6}
70	0.60	0.60	3.27	7.58×10^{-6}	8.67×10^{-6}
70	0.30	0.30	3.81	1.11×10^{-5}	9.84×10^{-6}
70	0.89	0.89	2.71	5.33×10^{-6}	7.98×10^{-6}
70	1.21	1.21	2.21	8.94×10^{-6}	7.41×10^{-6}

$$D_{(Mg)} = \exp\left(-\frac{A}{T} + B\sqrt{\frac{[Ca^{2+}]}{[Mg^{2+}]}} + C\sqrt{\frac{[H^+]}{[Mg^{2+}]}} + D[Mg^{2+}] + E\right) \qquad (6-19)$$

式中，$A = -700.61$，$B = 1.496$，$C = 0.066$，$D = 0.151$，$E = -11.89$、-12.535、-15.225（分别对应常规酸，胶凝酸和乳化酸）。

在盐酸—方解石反应时，由式(6-16)计算的温度升高对扩散系数的影响如图 6-21 所示。在 100℉ 下，白云石含量（0~100%）对盐酸扩散系数的影响的计算结果如图 6-22 和图 6-23 所示。对于矿物充分由 100% 方解石到 100% 白云石，离子扩散系数从 $2.5 \times 10^{-5} cm^2/s$ 变化到 $1.6 \times 10^{-5} cm^2/s$。

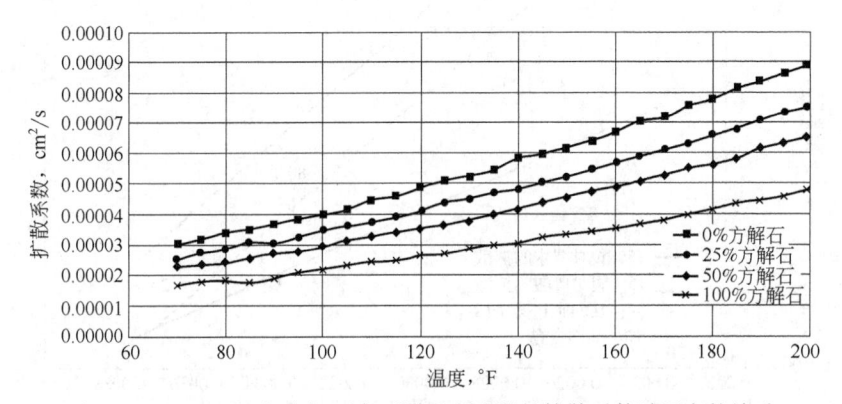

图 6-21 15% HCl 与方解石在不同反应阶段的扩散系数随温度的关系

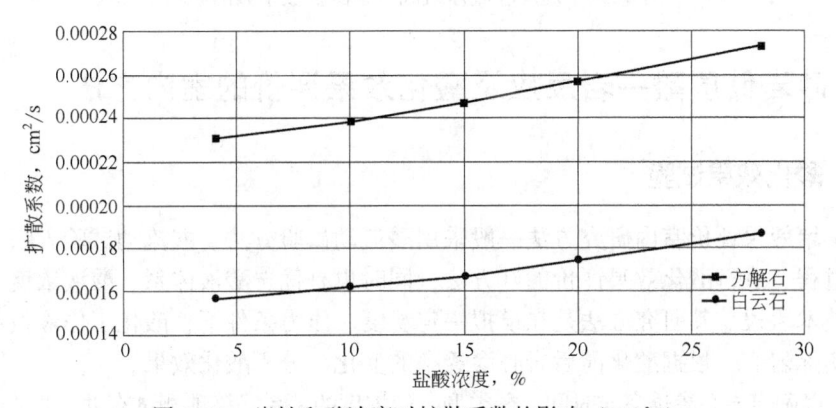

图 6-22 岩性和酸浓度对扩散系数的影响（110℉）

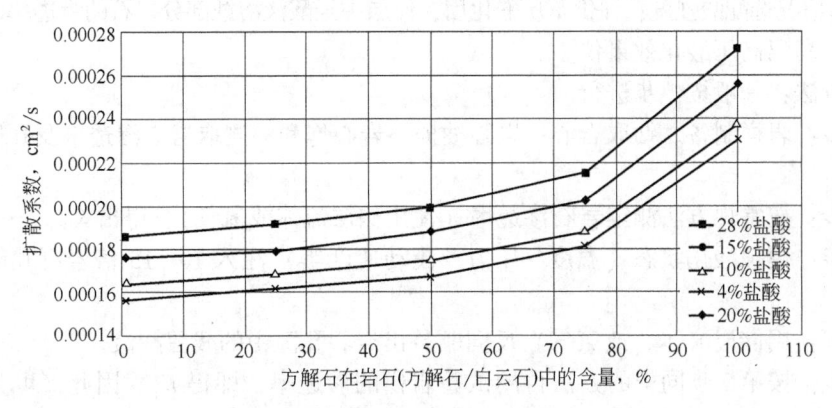

图 6-23 岩石组成对扩散系数的影响（110℉）

对于利用膜式扩散筒测定法测定的扩散系数与利用旋转圆盘试验得到的结果对比表明二者吻合率较高。如图6-24所示，计算所得到酸向残酸和清水的扩散系数与文献中给出的旋转圆盘试验结果很接近。由此也说明了在酸—岩反应过程中扩散假设的正确性。由于旋转圆盘试验结果随岩性变化而有很大变化，因此有了具体岩样的试验结果后，便可利用其预测油气藏的扩散系数。

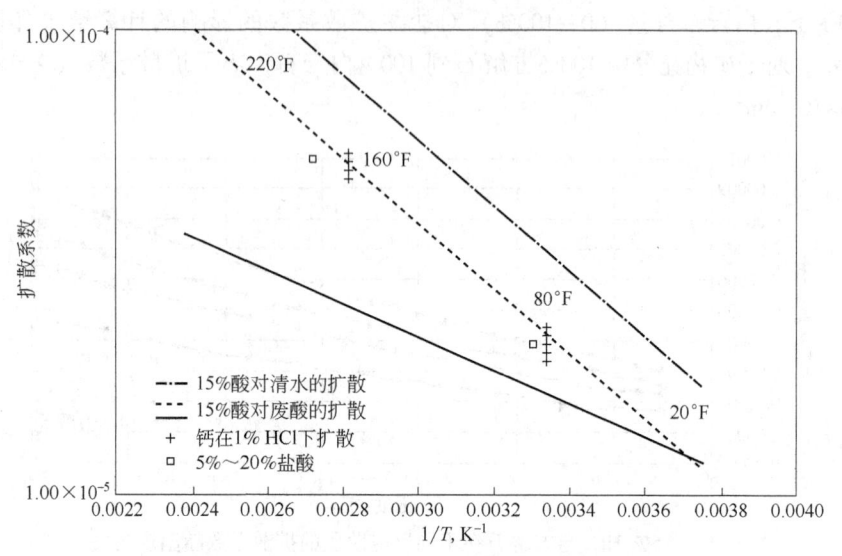

图6-24 温度和流体组成对预测扩散系数的影响

三、砂岩储层酸—岩反应及酸化效果评价的室内方法

（一）酸化效果试验

酸化解堵效果评价室内研究方法一般采用酸流动试验方法。酸流动试验方法是模拟现场酸化工艺过程、进行酸化效果评价的好方法，同时也是优选酸液体系、酸液浓度、用量、排量的有力技术手段。其研究方法是在模拟一定温度、压力条件下，酸化工作液按一定的施工顺序注入实际岩心，根据酸化前后岩心渗透率的变化，分析酸化效果。

用途：以确定岩心渗透率与时间、酸类型、酸浓度的关系。该项测试有助于根据地层条件及存在的伤害情况选配酸强度；评价基质酸化后，储层中经酸液溶蚀部分岩石的渗透率改善程度。

仪器：高温高压酸化效果仪。

试验方法：一般按5步进行。

第1步：岩样制备。钻取岩心→岩心抽提→岩心饱和→测取岩心渗透率及孔隙度→制备污染岩心。

第2步：按常规方法测定岩石渗透率（使用储层流体或氮气），得出K_0。

第3步：模拟酸化状态（温度、压力、流动速度等）注入10~15倍岩石孔隙体积的试验酸液。

第4步：用储层流体（或氮气）反向驱替出岩心孔隙中的残留酸液。

第5步：按第2步同样的方法再测试验岩样的渗透率，即得K_1。因此，可计算出评价酸液对拟施工储层的酸化效果。

岩心渗透率按下式计算：

$$K = \frac{V_1 \mu L}{A \Delta p \Delta t_1} \times 10^{-1} \tag{6-20}$$

其中

$$\Delta p = p_1 - p_2$$

式中 K——岩心渗透率，μm^2；
　　Δp——岩心两端压差，MPa；
　　p_1——岩心入口端压力（注入压力），MPa；
　　p_2——岩心出口端压力（驱替回压），MPa；
　　μ——液体黏度，mPa·s；
　　L——岩心长度，cm；
　　A——岩心横截面积，cm^2；
　　V_1——Δt_1 时间内流出液体体积，cm^3；
　　Δt_1——取样时间，s。

PV 按下式计算：

$$PV = \sum V_1 / V_\Phi \tag{6-21}$$

式中 PV——以孔隙体积倍数表示的累积注入液量；
　　V_Φ——孔隙体积。

在直角坐标纸上作出 K_1/K_0—PV 关系曲线，分析 K_1/K_0—PV 的变化，即可分析该注酸顺序下的酸化效果。

（二）伤害评定

酸化过程中，一方面酸液溶解储层中可溶矿物，增大储层渗流能力，另一方面酸液与储层矿物反应产生沉淀及引起储层水敏矿物的膨胀及颗粒运移堵塞，造成储层伤害，降低储层渗流能力。因此，评价酸液对储层造成的污染程度，必须排除酸液对储层的溶解性而导致渗透率增大的一面，只考查带来污染的一面。

伤害评价所用仪器和方法与酸化效果评价基本相同，但为了能模拟高压泵注的施工条件，所用仪器承受的试验压力较高。现已有耐压 40MPa 和 70MPa 的伤害仪。

试验结果表现为 K_2 和 K_1 两值。但因伤害，$K_2 < K_1$。常用一系数——伤害比 $F_d = (K_1 - K_2)/K_1$ 来表示其伤害程度。

试验方法如下：

① 将储层岩心用前置液进行预处理，用储层水测定岩心渗透率 K_1，接着用 10PV 4% NH_4Cl 置换储层盐水备用。

② 用配好的酸液与储层岩心粉末反应制备不同 pH 值的残酸液。

③ 将预处理后备用的岩心用 0.5PV 的不同 pH 值残酸进行处理，反应 3h，然后用 4% NH_4Cl 进行顶替，再用储层盐水测其渗透率 K_2。

④ 算出 K_2/K_1 比值，按表 6-17 判断酸液对储层产生的损害程序。

表 6-17 酸液污染程度评价标准（推荐值）

污染程度	强	中等偏强	中等	中等偏弱	弱	无污染
K_2/K_1	0~0.2	0.2~0.4	0.4~0.5	0.6~0.8	0.8~1.0	1.0

酸液对储层污染程度超过中等偏弱范围，认为酸液不宜用于该类储层酸化，应重选酸液。

在以上的污染中，除了产生沉淀引起渗透率下降外，还包括残酸液与储层岩心的配伍性问题，即残酸液接触储层岩心时引起的黏土矿物的膨胀，导致渗透率下降。因此，还应用储层岩心粉末作膨胀试验。

四、压裂酸化测试试验

在进行压裂酸化设计时，除了第二节应用旋转圆盘测定 H^+ 有效传质系数和反应动力学参数以外，为了使设计更科学、合理，一般还需做两项试验：裂缝刻蚀形态和导流能力试验、滤失试验。

（一）裂缝刻蚀和导流能力试验

这是专门评价酸压裂施工后，裂缝导流能力的试验。用来酸压裂施工设计时的增产效果计算。

仪器：酸蚀裂缝导流能力试验仪，酸环流试验装置（图 6-25 和图 6-26）。

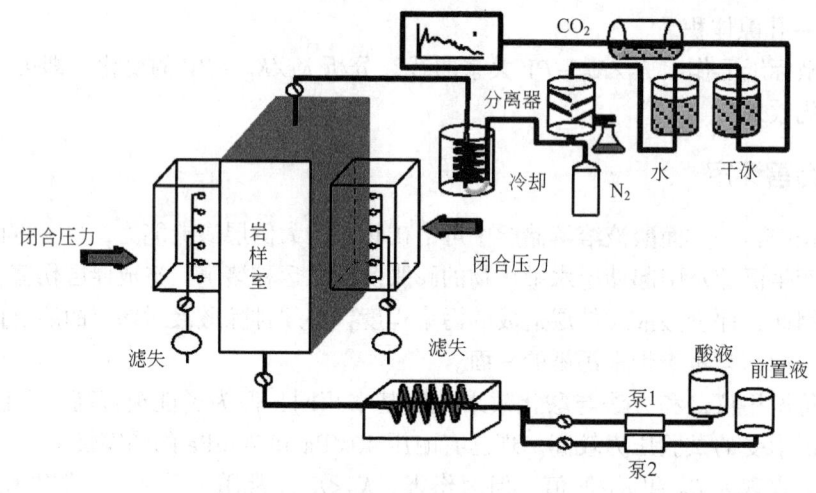

图 6-25　压裂酸化导流能力试验装置图

1. 试验方法

用碳酸盐岩岩心或白云岩岩心，进行压裂酸化模拟试验。测试过程将根据压裂酸化设计的用液顺序进行，随时间变化测试岩石溶解速度，并根据压裂酸化步骤，对应不同的闭合力，测试导流能力。

一般分 6 步进行。

第 1 步：用施工井层的有代表性的岩心（本井层岩心、邻井同层岩心或同层露头岩石）加工试验仪器要求的人工裂缝。

第 2 步：模拟酸压裂施工条件（储层温度、流动速度和流过酸量等）注入一定量的酸液，并通过已在夹持器中安装好的人工裂缝。

第 3 步：用清水驱替出人工裂缝中的残留酸液并冲洗干净。

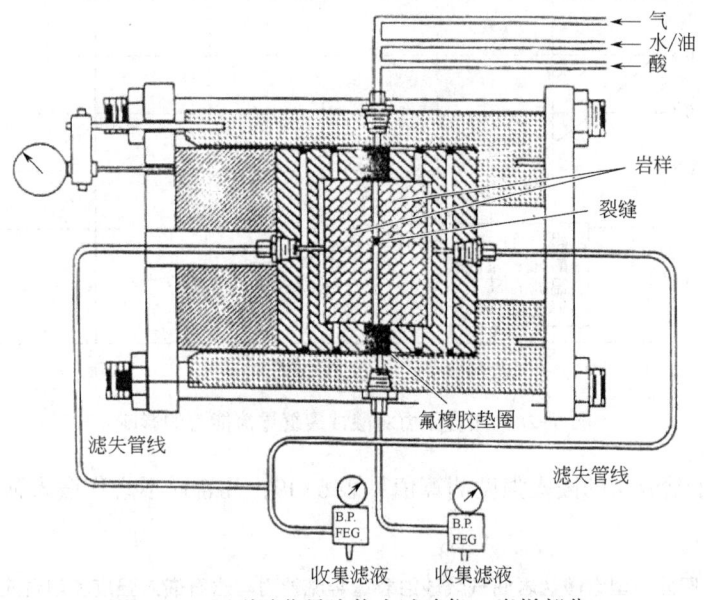

图 6-26 压裂酸化导流能力试验仪（岩样部分）

第 4 步：在人工裂缝的两面施加闭合应力。
第 5 步：用清水测定裂缝导流能力。
第 6 步：改变闭合应力，重复 4~5 步。

用途：研究酸—岩反应速率；优选施工工艺；评价添加剂对滤失的影响；研究闭合应力对导流能力的影响。不同酸刻蚀情况如图 6-27 所示。

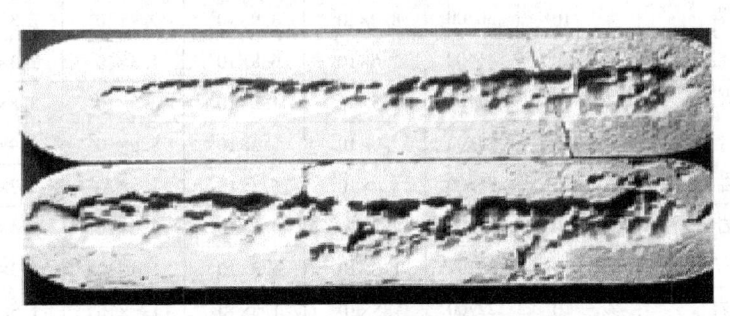

图 6-27 不同的酸液、岩性及酸压工艺，刻蚀形态各异

2. 导流能力数据分析方法

计算时采用达西定律：

$$wK_f = 1000Q\mu L/H\Delta p \tag{6-22}$$

式中 wK_f——酸蚀裂缝导流能力，$\mu m^2 \cdot m$；

　　　Q——排量，mL/s；

　　　μ——黏度，mPa·s；

　　　L——缝长，cm；

　　　Δp——压差，Pa。

酸蚀裂缝导流能力试验测定结果以 Nierode 及 Kruk 等人的实验结果具代表性（表 6-18）。

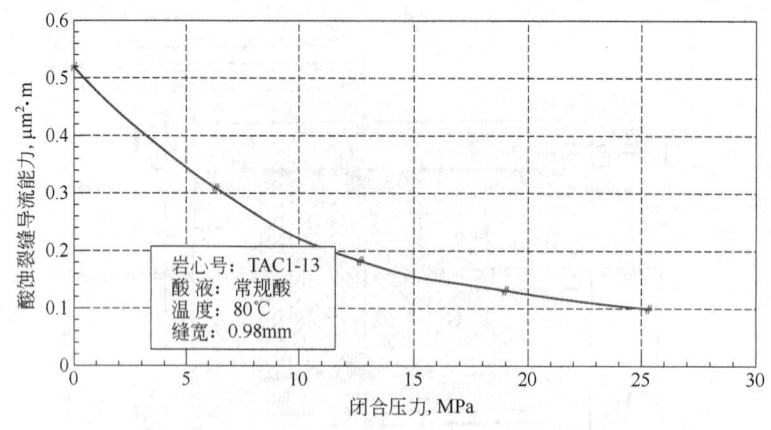

图 6-28 闭合压力对酸蚀裂缝导流能力的影响

关于几种典型碳酸盐岩层的嵌入强度测算值见表 6-19，凡岩样不宜作嵌入强度试验者均参考表中数值。

表 6-18 国外典型碳酸盐岩油气藏酸蚀裂缝导流能力与岩石嵌入强度和闭合应力的关系

地层	wK_{fl} mD·ft	SRE psi	各种闭合应力（psi）下的导流能力（mD·ft)				
			0	1000	3000	5000	7000
San Andres 白云岩	2.7×10^6	76000	1.1×10^4	5.3×10^3	1.2×10^3	2.7×10^2	6.0×10^1
San Andres 白云岩	5.1×10^8	63800	1.2×10^6	7.5×10^5	3.0×10^5	1.2×10^5	4.7×10^4
San Andres 白云岩	1.9×10^7	62700	2.1×10^5	9.4×10^4	1.9×10^4	3.7×10^3	7.2×10^1
Canyon 石灰岩	1.3×10^8	88100	1.3×10^4	7.6×10^5	3.1×10^5	4.8×10^4	6.8×10^2
Canyon 石灰岩	4.6×10^7	30700	8.0×10^5	3.9×10^5	9.4×10^4	2.3×10^4	5.4×10^2
Canyon 石灰岩	2.7×10^8	46400	1.6×10^5	6.8×10^5	1.3×10^5	2.3×10^4	4.4×10^3
Cisco 石灰岩	1.2×10^5	67100	2.5×10^3	1.3×10^3	3.4×10^2	8.8×10^1	2.3×10^1
Cisco 石灰岩	3.0×10^5	14800	7.0×10^3	3.4×10^3	8.0×10^2	1.9×10^2	4.4×10^1
Cisco 石灰岩	2.0×10^6	25300	1.4×10^6	6.2×10^4	1.3×10^3	2.7×10^2	5.7×10^1
Capps 石灰岩	3.2×10^5	13000	9.7×10^6	4.2×10^3	7.6×10^2	1.4×10^2	2.5×10^1
Capps 石灰岩	2.9×10^3	30100	1.8×10^4	6.8×10^3	1.4×10^2	1.3×10^2	1.8×10^1
Indinia 石灰岩	4.5×10^5	22700	1.5×10^5	1.5×10^5	1.5×10^2	1.5×10^3	1.5×10^2
Indinia 石灰岩	2.8×10^7	21500	7.9×10^5	3.0×10^5	4.3×10^4	6.3×10^3	9.0×10^2
Indinia 石灰岩	3.1×10^3	14300	7.4×10^6	2.0×10^6	1.4×10^5	1.0×10^4	7.0×10^2
Austin 石灰岩	3.9×10^6	11100	5.6×10^4	1.6×10^3	1.3×10^0	—	—
Austin 石灰岩	2.4×10^6	5600	3.9×10^4	1.2×10^2	1.2×10^0	—	—
Austin 石灰岩	4.8×10^5	13200	1.0×10^4	1.7×10^3	4.9×10^1	1.4×10^6	
Clearfork 白垩岩	3.6×10^4	35000	3.4×10^3	1.7×10^3	4.1×10^2	1.0×10^2	2.4×10^6
Clearfork 白垩岩	3.3×10^4	11800	9.3×10^3	1.6×10^3	4.5×10^1	1.3×10^0	—
Clearfork 白垩岩	3.3×10^6	14400	2.5×10^5	4.0×10^4	1.0×10^3	2.5×10^1	—
Greyburg 白云岩	3.9×10^6	12200	2.1×10^5	7.9×10^3	1.0×10^2	1.5×10^3	2.0×10^2
Greyburg 白云岩	3.2×10^6	16500	8.0×10^4	1.5×10^4	2.8×10^2	1.6×10^1	—
San Andres 白云岩	1.0×10^6	46500	8.3×10^4	4.0×10^4	9.5×10^3	2.2×10^3	5.2×10^2

续表

地层	wK_{fl} mD·ft	SRE psi	各种闭合应力（psi）下的导流能力（mD·ft)				
			0	1000	3000	5000	7000
San Andres 白云岩	$2.4×10^6$	76500	$1.9×10^4$	$6.8×10^3$	$8.5×10^2$	$1.0×10^2$	$1.3×10^1$
San Andres 白云岩	$3.4×10^6$	17300	$9.4×10^3$	$2.8×10^3$	$2.5×10^2$	$2.3×10^1$	—

表 6-19 各种干燥碳酸盐岩的嵌入强度测量值

地层	岩石嵌入强度，psi	地层	岩石嵌入强度，psi
Desert Creek B 石灰岩	42000	Indiana 石灰岩	45000
San Andres 白云岩	50000~175000	Novl 石灰岩	106000
Austin 白垩岩—Buda 石灰岩	20000	Penn 石灰岩	48000
Bloomberg 石灰岩	93000	Wolfcamp 石灰岩	63000
Caddo 石灰岩	38000	Clearfork 白云岩	49000~200000
Canyon 石灰岩	50000~90000	Greyburg 白云岩	75000~145000
Capps 石灰岩	50000~85000	Rodessa Hill 选层	170000
Cisco 石灰岩	40000	San Angelo 白云岩	1000000~160000
Edwards 石灰岩	53000		

（二）酸液滤失速度评价

酸压过程中酸液的滤失直接关系到酸液有效作用距离及酸压裂缝长短和裂缝最终导流能力。酸液滤失量是酸压裂施工设计计算必需的参数之一。但因酸液是可反应液体，滤失将随溶蚀增加而变化，测定难度比较大，故应使用精度高的仪器。

酸液滤失机理不同于水力压裂过程中压裂液的滤失，按照经典的水力压裂方式对以往的酸化过程中对滤失的认识，把这些流体的滤失统统归结为三个过程：即压裂液滤失进地层的三种控制机理，把整个过程分为滤饼区，滤液侵入区及油藏区三个带。

显然，对于反应性流体酸液，这套理论是不成立的。在碳酸盐岩储层中酸压、选择性的形成酸蚀孔洞，使天然裂缝扩大，并穿过碳酸盐岩裂缝面的酸液不断地溶蚀其表面，向储层滤失。这种滤失不同于一般钻井液、完井液及压裂液的滤失，酸液不停地溶蚀裂缝，选择性地形成蚓孔，使得滤失面积越来越大，一般造壁性流体很难沉积出一层有效的滤饼。一旦蚓孔形成，几乎全部酸液都流进裂缝壁内的大孔内，在裂缝壁上渗滤的少，沿裂缝反应流动的酸也大大减少。蚓孔的产生、分枝以及天然裂缝的扩大，进一步加剧了滤失。酸液过量滤失是低-中等温度碳酸盐岩地层酸压时限制裂缝增长的主要因素。

由于储层的非均质性、微裂缝及酸蚀蚓孔分布发育的随机性，滤失的变化规律十分复杂，目前还没有很好的模型计算滤失量。在设计中建议用室内测定方法或现成小型压裂测试方法确定。

1. 仪器

所需仪器包括酸液动态滤失仪和酸反应环流试验装置（图 6-29）。

2. 方法

在一定压差下，酸和添加剂流过岩心，从而测定酸滤失速度或者蚓孔形成速度。

在实验过程中，将酸液从岩心表面注入且通过，岩心两端压差模拟酸压施工裂缝净延伸

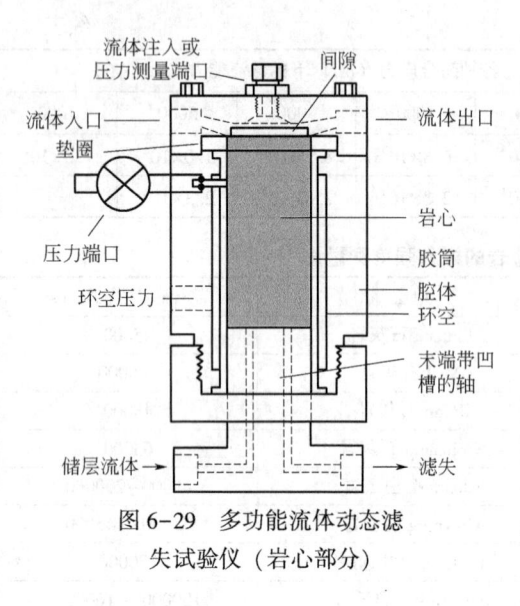

压力。通过测量进出口压差、流体流量、滤液质量、滤失时间来研究滤失规律。试验可研究不同排量、酸浓度、黏度、温度等对酸滤失速度的影响。实验流程如下：

① 采集储层实际岩心，一定直径和长度的岩样；
② 抽空岩样、饱和地层水或标准盐水；
③ 将岩心装入岩心夹持器中；
④ 将围压、温度、回压加至设计值；
⑤ 模拟酸化施工过程，依次注入压裂液、酸液，注入压力恒定为裂缝净延伸压力；
⑥ 记录压力、温度、流量、滤液体积等数据；
⑦ 绘制滤失时间的平方根与滤液体积的关系曲线。

图 6-29 多功能流体动态滤失试验仪（岩心部分）

3. 实验数据处理

1）液体渗透率的计算

液体渗透率的计算式为：

$$K_L = \frac{Q\mu L T_{ef}}{60 A \Delta p} \times 100 \qquad (6-23)$$

式中　K_L——液体渗透率，$10^{-3} \mu m^2$；
　　　Q——体积流速，mL/min；
　　　μ——液体黏度，mPa·s；
　　　L——岩心流向上的长度，cm；
　　　T_{ef}——温度膨胀系数；
　　　A——岩心横切面积，cm^2；
　　　Δp——穿过岩心的压降，MPa。

2）作图

以酸液滤失量为横坐标，以时间平方根为纵坐标作标准图（图6-30），求出截距和直线段斜率 m，则初滤失量为：

$$L_{v0} = 截距/A$$

酸液滤失系数为：

$$C_w = 0.005 m/A$$

酸液滤失黏度为：

$$\mu = \frac{0.6 K_0 A \Delta p}{QL} \qquad (6-24)$$

式中　L_{v0}——初滤失量，cm；
　　　C_w——酸滤失系数，$cm/min^{0.5}$；

μ——酸滤失黏度，mPa·s。

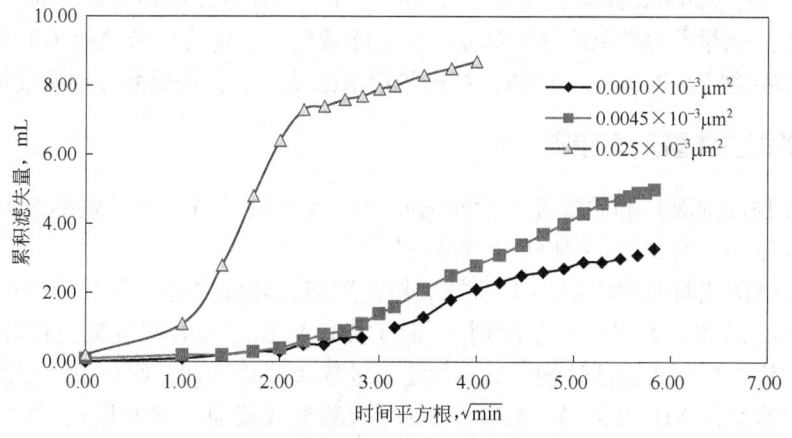

图 6-30　酸液滤失量与时间关系曲线

4. 用途

评价不同条件下酸液滤失速度和效率；评价添加剂对滤失的影响；还可测定碳酸盐岩基质酸化时酸蚀蚓孔发育速度。

第五节　酸液体系选择

一、酸液体系的选用原则

目前国内外在砂岩酸化的酸液体系及添加剂方面的研究发展很快，产品种类也较多，怎样选择以及为什么选择这些酸液和添加剂来达到酸化增产的目的一直为人们所关注。对于砂岩酸化时酸液体系及添加剂的选择应遵循以下基本原则。

（一）矿物学原则

从矿物学观点看，砂岩矿物的化学组成及其表面积是用来确定其潜在敏感性的重要因素。因此，在选择酸液体系时，应该针对酸化各个施工阶段的条件进行与储层配伍性的室内试验分析。与碳酸盐岩酸化不同的是，砂岩酸化处理的主要目的不在于溶解地层，而主要是溶解堵塞孔道的损害物。因而，岩石矿物含量及其在地层中的分布对于酸化液的选择十分重要，特别是砂岩孔隙中黏土和碳酸盐岩的含量与分布形式。一般来说，当砂岩地层中碳酸盐矿物含量高于20%时，一般选用盐酸基酸液液体系进行酸化作业，这样可避免氢氟酸与碳酸钙反应产生 CaF_2 沉淀；而当砂岩地层中碳酸钙含量低于20%时，则通常使用氢氟酸基酸液体系施工。

（二）避免二次沉淀原则

由于砂岩矿物成分复杂，酸化后容易产生大量二次沉淀堵塞地层渗流通道，使得酸化无法达到预期效果，甚至还可能产生负面效应。因此在砂岩地层土酸酸化液中，强调低 HF 浓度配方。1984 年，McLeod 根据前人关于氢氟酸与砂岩相互作用的研究结果提出了砂岩基质酸化用酸指南，推荐了为避免或延缓沉淀的专用酸液配方，认为降低 HF/HCl 比是延缓沉淀生成的一个重要途径。Bertuax（1986）在这些指南的基础上，提出酸液选择决策树。

（三）提高主体酸效率原则

前置液（预冲洗液）和后置液（后冲洗液）可极大地提高主体酸效率，因此常规土酸酸化的典型程序是：前置液+主体酸+后置液。

在常规土酸酸化时通常用 8%~15% 盐酸作前置液，除此之外，芳香族溶剂也常用作预处理液来清除石蜡和沥青组分；互溶剂（如 EGMBE）也常与盐酸或氯化铵联用作为前置液；而其他的添加剂如表面活性剂、黏土稳定剂及铁离子稳定剂，则可按需要进行配制。至于后置液，通常采用 NH_4Cl 溶液、5%~7.5% 的盐酸液或柴油（油井用），将处理液顶至远井地带，以避免残酸中的反应产物发生沉淀影响油气井产量。而选择有关表面活性剂或互溶剂、残酸助排剂等添加剂时，一般应遵循保持地层的亲水性且有利于残酸返排的原则。在低压井中，Gidley 推荐使用氮气或液氮以利于残酸的返排。

（四）克服常规土酸不足的原则

虽然常规土酸酸化是使用时间最早、油田应用十分普遍的工艺技术，但用土酸解除砂岩地层伤害时存在大量不足，因此，在选择酸液体系时，应尝试使用新的酸液体系，如氟硼酸、多氢酸、自生成酸、有机酸以及醇土酸等新的酸液体系，以克服常规土酸的不足。

（五）解除伤害机理原则

该原则应该受到格外重视，选择酸液体系时，应考虑酸可溶性表皮伤害，针对不同的伤害类型和程度选用不同的酸液体系及用酸强度。

（六）渗透率原则

地层渗透率对选择酸液体系的影响有两方面：一是渗透率影响伤害的类型和程度，高渗透的地层易于外来固体颗粒或液体侵入，伤害深度可能大些，而低渗砂岩虽然仅会受到外来液体侵入的伤害，但此类地层较高渗透地层而言，对外来液体的侵入会更敏感；二是渗透率影响储层对二次伤害的敏感程度，一般而言，低渗地层孔喉小，对二次伤害更为敏感。因此，在选择酸液及添加剂的种类、浓度及强度时应考虑渗透率的影响。

（七）产出液原则

在某些情况下，产出液的类型会妨碍一些处理液的应用。一般地，对于气井，宜尽量减少使用纯水基液而建议选择一些能降低表面张力的添加剂或气体，如表面活性剂、乙醇、泡沫等；当考虑到酸液与地层油或地层水之间的配伍性时，则采用与这些产出液配伍的专用酸液配方。

（八）油气井条件原则

地层温度、压力是砂岩酸化时必须考虑的两个重要因素，地层温度常常影响缓蚀剂的效率及酸—岩化学反应速率,而地层压力则会影响残酸返排。为了减少或避免这两类油气井实际条件给酸化带来的不利影响,确保酸化增产效果,在确定砂岩酸化酸液配方时,应高度重视缓蚀增效剂、高温缓速剂和残酸助排剂的应用。

(九) 非酸液处理原则

在有些情况下,由于伤害机理的不同,应采用非酸液来处理。

二、砂岩酸化用酸指南

砂岩酸化酸液配方的设计取决于伤害类型、储层矿物特征及物性特征,一般通过现场经验根据储层矿物特征及物性特征确定或通过室内试验确定。

(一) 根据储层矿物及物性特征确定

1. 土酸体系用酸指南

表 6-20 为 1984 年 McLeod 根据现场经验给出的土酸用酸指南,后来 R. L. Thomas 对该指南进行了修正(表 6-21),并给出了氟硼酸的用酸指南。1982 年 Walsh 等基于 AlF_3 或 CaF_2 沉淀给出了相应的土酸施工液体选择,如图 6-31 所示。

表 6-20 土酸体系用酸指南(据 McLeod,1984)

类别	渗透性	储层矿物	推荐酸液	备注
1	$K>100\times10^{-3}\mu m^2$	HCl 溶解度>20%	只用 HCl	
2		高石英(>80%)	12%HCl+3%HF	用 15%HCl 预冲洗
3		低黏土(<5%)	13.5%HCl+1.5%HF	用 15%HCl 预冲洗
4		高长石(>20%)		
5		高黏土(>10%)	6.5%HCl+1%HF	
6		高绿泥石	3%HCl+0.5%HF	用螯合 5%HCl 预冲洗
7	$K<10\times10^{-3}\mu m^2$	低黏土	6.5%HCl+1.5%HF	用 7.5%HCl 或 10%CH_3OOOH 预冲洗
8		高绿泥石	3%HCl+0.5%HF	用 5%CH_3OOOH 预冲洗

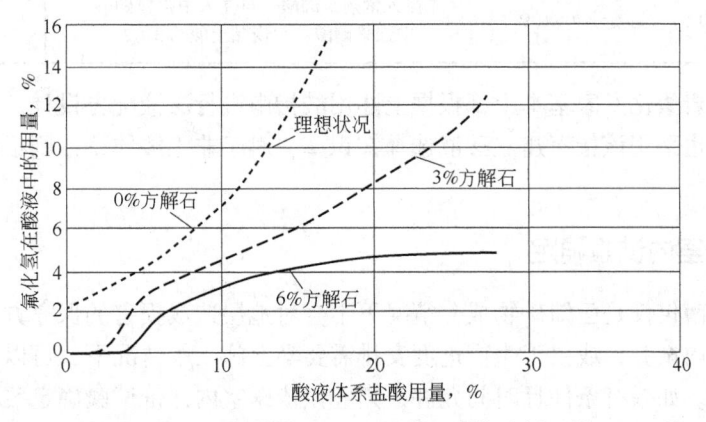

图 6-31 基于 AlF_3 或 CaF_2 沉淀的 HCl—HF 施工液体选择(据 Walsh 等,1982)

2. 修正的土酸体系用酸指南

修正的土酸体系用酸指南见表 6-21。

表 6-21 修正的土酸体系用酸指南（据 R. L. Thomas 等，2000）

类别	矿物组成	液体名称	井底温度小于93℃			井底温度大于93℃		
			>100×10⁻³ μm²	20×10⁻³ ～ 100×10⁻³ μm²	<20×10⁻³ μm²	>100×10⁻³ μm²	20×10⁻³ ～ 100×10⁻³ μm²	<20×10⁻³ μm²
1	高石英（>80%）低黏土（<10%）	前置液	15%HCl	15%HCl	10%HCl	15%HCl	10%HCl	7.5%HCl
		处理液	12%HCl—3%HF	6%HCl—1%HF	4%HCl—0.5%HF	10%HCl—2%HF	6%HCl—1.5%HF	6%HCl—1%HF
2	高黏土（>10%）低粉砂（<10%）	前置液	10%HCl	7.5%HCl	5%HCl	7.5%HCl	5%HCl	5%HCl
		处理液	7.5%HCl—1.5%HF	6%HCl—1%HF	4%HCl—0.5%HF	6%HCl—1%HF	4%HCl—0.5%HF	4%HCl—0.5%HF
3	高黏土（>10%）高粉砂（>10%）	前置液	10%HCl	7.5%HCl	5%HCl	7.5%HCl	5%HCl	5%HCl
		处理液	10%HCl—1.5%HF	8%HCl—1%HF	6%HCl—0.5%HF	8%HCl—1%HF	6%HCl—0.5%HF	6%HCl—0.5%HF
4	低黏土（<10%）高粉砂（>10%）	前置液	15%HCl	10%HCl	7.5%HCl	10%HCl	5%HCl	5%HCl
		处理液	12%HCl—1.5%HF	10%HCl—1%HF	8%HCl—0.5%HF	10%HCl—1%HF	8%HCl—0.5%HF	8%HCl—0.5%HF

注：当地层绿泥石含量大于4%时，应用渗透率小于20mD的情况；6%时，用10%的醋酸并用土酸过量冲洗；8%时，用有机土酸，并用醋酸进行预处理。

3. 氟硼酸（HBF₄）体系用酸指南

氟硼酸用酸指南见表 6-22。

表 6-22 氟硼酸用酸指南（据 R. L. Thomas，2000）

类别	矿物组成	井底温度小于93℃	井底温度大于93℃
1	高石英（>80%），低黏土（<10%）	中强氟硼酸	中强氟硼酸
2	高黏土（>10%），低粉砂（<10%）	常规氟硼酸	先注入常规氟硼酸，再注入中强氟硼酸 中强氟硼酸：常规氟硼酸约4:1
3	高黏土（>10%），高粉砂（>10%）	常规氟硼酸	
4	低黏土（<10%），高粉砂（>10%）	先注入常规氟硼酸，再注入中强氟硼酸 中强氟硼酸：常规黏土酸约3:2	

目前国外砂岩酸化专家基本上都根据上述用酸指南进行酸液配方设计。本研究的酸液配方设计系统模块也采用该指南建立酸液选择知识库，对于非土酸体系，则根据该指南采用其相当浓度。

（二）根据室内试验确定

上述酸液指南仅仅是已知矿物成分情况下不会对地层造成损害的保守方案，在因无试验岩心不能进行室内试验，或由于生产进度安排需要马上施工等情况下，可以依据上述酸液指南确定酸液配方。如果有条件且时间允许，则应该依据室内评价试验确定酸液配方。

酸液配方室内确定流程如图 6-32 所示。

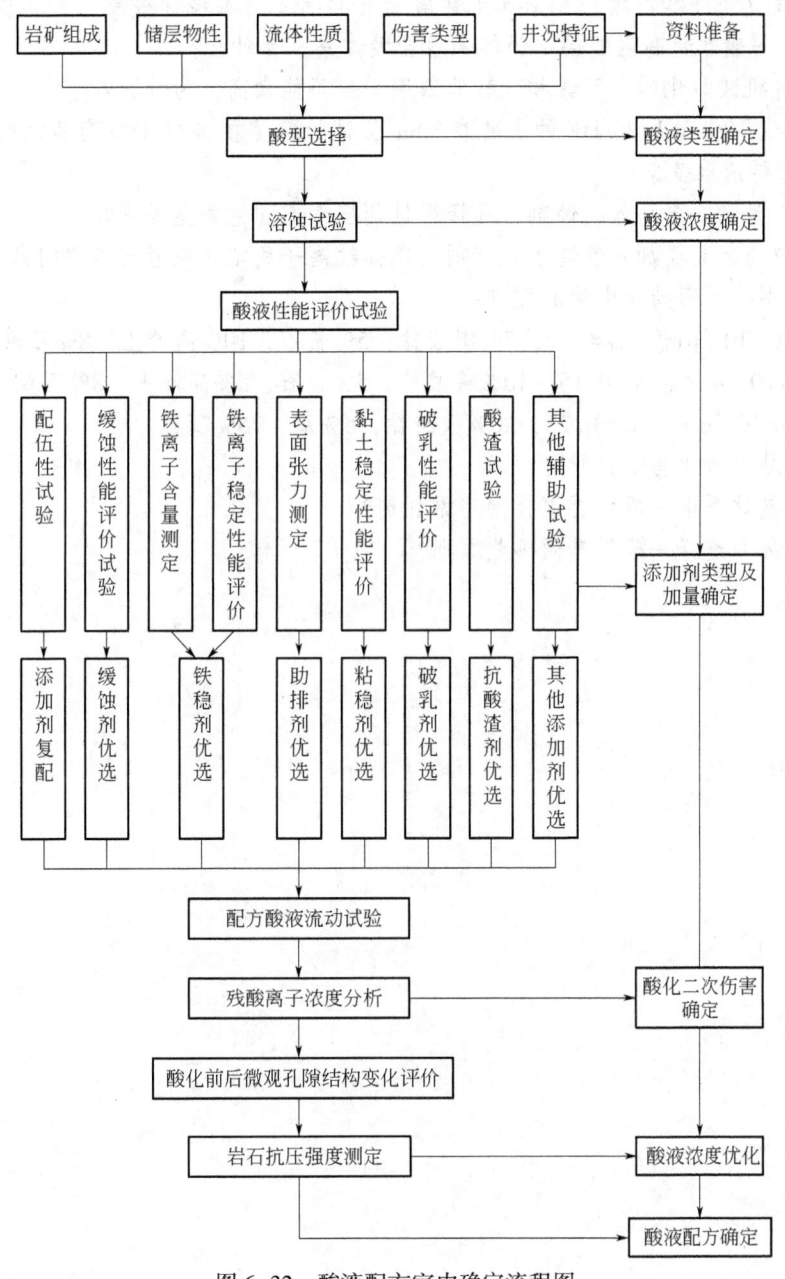

图 6-32 酸液配方室内确定流程图

思考题

1. 从酸液体系的发展来看，目前的砂岩储层基质酸化酸液体系以含氟体系为主，其研究主要集中在哪些方面？
2. 常见的砂岩酸化酸液体系有哪些，各自的适用条件是什么？
3. 常见的碳酸盐岩储层酸化缓速酸液体系有哪些，各自的适用条件是什么？
4. 为了提高酸化处理效果，酸液的溶蚀率越大越好吗，为什么？

5. 有机酸（甲酸和乙酸）相对无机盐酸而言具有更好的缓速效果，为了提高酸液的有效作用时间，一般非超高温地层都仍然采用盐酸体系，为什么？

6. 采用有机酸酸化时，甲酸和乙酸的浓度一般不能太高，为什么？

7. 若需配置8%HCl+3%HF的土酸液30m³，试计算需要多少31%商品盐酸和40%的商品氢氟酸？需要清水多少？

8. 酸液中为什么要加入缓蚀剂，选择缓蚀剂应考虑注意哪些因素？

9. 酸液中为什么要加入铁离子稳定剂，选择铁离子稳定剂应考虑哪些因素？

10. 选择用于下面储层中酸的配方：

① $K=200\times10^{-3}\mu m^2$，$\phi=0.2$，5%碳酸盐，5%长石，10%高岭土，8%石英；

② $K=5\times10^{-3}\mu m^2$，$\phi=0.15$，10%碳酸盐，5%长石，5%高岭土，8%石英；

③ $K=30\times10^{-3}\mu m^2$，$\phi=0.25$，20%碳酸盐，5%氧，75%石英。

11. 醇对地层酸化有哪些好处？

12. 酸化液体系中一般主要包含哪些添加剂？

13. 酸液体系选择一般要遵循哪些原则？

第七章

油气藏酸化方案设计与效果评价

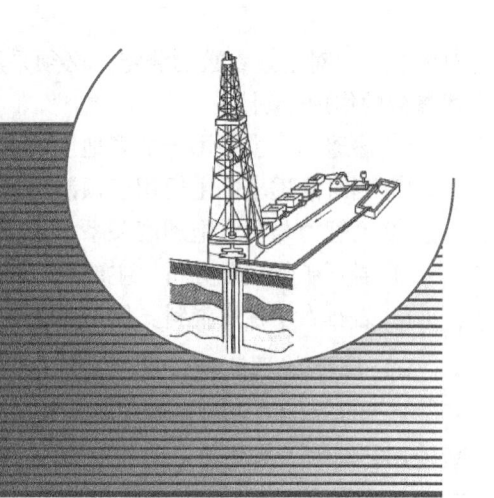

酸化施工的目的是使油气井增产或注水井增注。施工设计是在综合考虑储层及其流体和工作液（酸液和其他液体）的性质及其相互间物理化学作用的基础上，计算酸化的有效作用范围，对比不同施工方案的经济投入增产增注效果，达到用最少的经济投入获得最大增产收益的优化施工方案。一个好的施工设计是成功酸化施工的基础和关键。

第一节　油气藏酸化选井选层

一、酸化选井选层的依据与原则

酸化处理效果虽然与工艺方法、施工参数及材料等有关，但是起决定作用的还是地质因素。因此，酸化处理井层的选择是酸化工作的重要环节，对酸化作业的效果具有十分重要的意义。多年的实践证明，井层选择的偏差和错误，将会导致工艺设计的不当和盲目性。

酸化处理选井选层的目标是：

① 客观地描述储层的渗流条件；

② 通过不稳定试井技术，描述储层的渗滤特征及表皮堵塞特征；

③ 推荐可供增产作业改造的井和层段。

酸化选井选层技术经过多年的发展，已基本形成一套较为完善的工作系统。

（一）资料分析和应用

1. 静态地质资料

静态地质资料分析的主要任务是准确描述所需改造层的物性参数，如渗透率、孔隙度、含水饱和度在纵向和横向上的变化规律。

1) 岩心分析资料

室内岩心分析的主要目的是获得改造层段的渗透率、孔隙度、含水饱和度、毛管力和相对渗透率。对上述参数的测定，必须采用专门的测定仪器，测定过程必须模拟地层条件。上述参数的作用分别是：

① 渗透率：主要用于估算地层的流动能力和工作液的滤失，优选降滤工艺和降滤剂。
② 相对渗透率：主要用于预测增产作业后的油气井产量。
③ 毛管力与含水饱和度关系：用于估算残酸进入地层深部孔隙后造成水堵的可能性。
④ 岩石矿物成分分析：主要用于酸液的配伍性实验。
⑤ 岩石力学性质资料：用于施工设计计算造缝长度和宽度。

2) 地球物理测井分析资料

通常通过测井资料分析和解释获得储层的物性参数。例如确定碳酸盐岩有效孔隙度，一般使用补偿中子测井和自然伽马能谱测井方法。含水饱和度和渗透率，则采用井眼补偿声波、双感应或双侧向测井方法获得。电磁波传播和微集焦电阻率测井也可获得渗透率数据。

将测井所获资料与岩心分析资料、动态试井分析资料汇编并综合进行参数的确定，用于储层基本特性的客观描述。

静态地质分析中，除通过测井、岩心分析获得上述资料外，还将收集钻井录井显示、钻井液及其浸泡时间、气水界面和储层有效厚度等资料。

2. 动态地质资料

通过动态试井可获得如下地层参数：

① 地层系数 K_h（地层渗透率与储层有效厚度的乘积）。若地层厚度可定，则能求出地层平均渗透率 K。
② 表皮堵塞系数 S，若 S 值为正值，其数值越大，则说明井眼附近堵塞越严重；若 S 为负值，其绝对值越大，则说明井眼附近堵塞越小。

上述参数是动态试井中的最重要的参数，这些参数将作为选择酸化工艺类型和施工规模最重要的依据。一般情况，当 K_h 数值大，S 为正值的井，经过常规增产作业后都能获得较好的增产效果。反之，K_h 数值小，S 为负值的井，经过常规作业后其增产效果较差。

3. 选井选层的综合分析

通过测井、静态、动态等资料综合分析，准确地确定地层的物性参数，如渗透率、孔隙度、储层有效厚度、地层压力、供给半径等。通过上述参数，基本可确定该井的天然产能，天然产能则是提供井可被改造程度的参数。通过渗透率、孔隙度、饱和度、表皮系数、地层系数和岩石矿物成分来分析油气井产量下降或低产的原因。一般是从下述几方面确定：

① 首先确定射孔是否完善或产生误射孔；
② 完井过程中造成的储层损害程度，可能出现的污染类型；
③ 是否形成了水突进，形成水堵；
④ 控制储量小或供给面积小；
⑤ 地层能量太低；
⑥ 生产制度不合理或地层胶结条件差，导致固体微粒游离而堵塞基质孔喉。

针对上述各种导致低产或产量下降的原因，综合利用地质分析资料、钻井录井资料、试油资料、邻井情况进行分析，准确地找出气井低产的原因和该井的可改造程度，从而作出详细的地质分析报告。为增产作业施工设计提供准确的地质依据。

（二）选井选层的基本原则

确定一口井是否适合酸化，首先必须明确其低产的原因，一般可能的原因有近井地带渗透率严重下降或储层渗透率很低，或井地层能量枯竭等。

油气井的关井压力恢复数据反映了井下油层的状况，压力恢复资料可作为选井选层的依据，确定地层参数和对曲线形态分析，可解释储层特征，预测酸化的可行性。压力恢复曲线形态可分为五类，见表 7-1。

表 7-1 压力恢复曲线形态

类 型	曲线特征	形 状	储层状况	酸化效果
"厂"形曲线	关井压力迅速上升，曲线有拐点和上翘点及近似水平的直线段	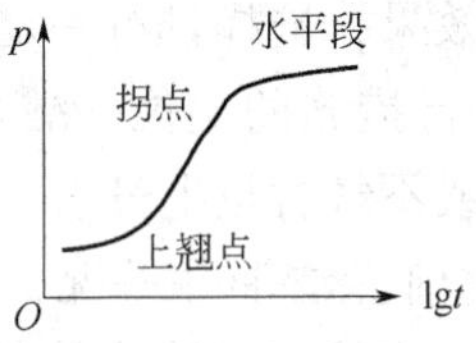	井筒附近地层裂缝发育，具有产能，但存在污染	作为处理井增产幅度预计较高
快速上翘形	曲线上翘点出现过早，且过此点后，井底压力上升较快	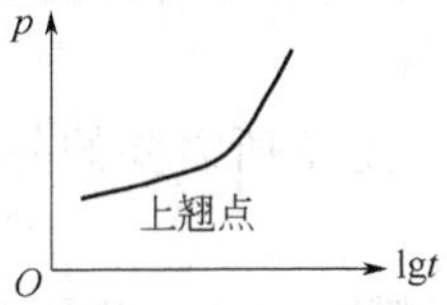	井下裂缝发育，为良好渗透层，但表皮阻力大	酸化（酸压）有增产希望，幅度不会太大
慢速上翘形	曲线上翘点出现延迟，且过此点后的关井压力上升较慢	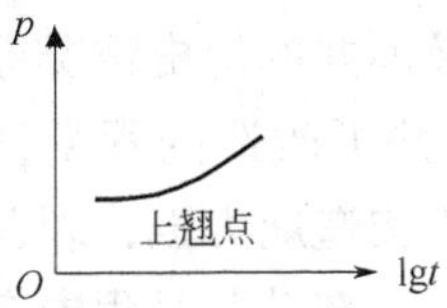	井下孔隙、裂缝不发育，为低渗透层；地层未受污染	酸化一般无效
"S"形曲线	曲线有拐点、上翘点和上翘的直线	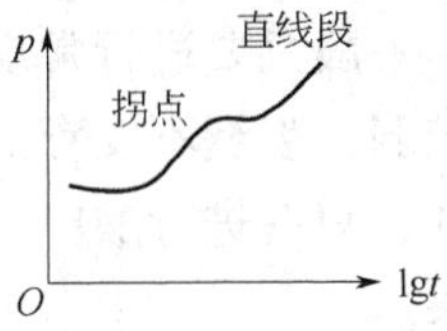	可能为双重介质储层，地层未污染	酸化一般无效
近似直线形	曲线近似水平直线	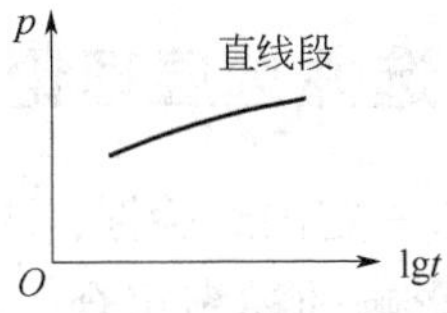	井下为大裂缝系统，井底渗透性好，无污染	不必酸化

一般地，选井选层的基本原则如下：

① 地层能量较为充足。酸化后要使油气井具备一定的生产能力，油气层应当储有足够的油气，同时还应具有相当的压力梯度，驱使流体进入井筒。因此，应结合地质资料，试油资料及生产等综合分析，选择含油充足而且具备一定地层能量的井进行酸化。

② 产层受污染的井。判断产层是否受污染可据生产资料，邻井生产情况，钻井、完井情况等进行分析，特别是利用试井方法，可大致定量地判断产层污染情况，确定表皮系数等参数，从而判断伤害半径和伤害带渗透率，进而决定产层伤害程度，以便采取酸化措施确定酸化施工规模。

③ 邻井高产而本井低产的井应优先选择。

④ 优先选择在钻井过程中油气显示好，而试油效果差的井层。

⑤ 产层岩心成分分析。产层矿物成分直接影响酸化效果，储层岩石的胶结情况，胶结成分决定酸化规模及用酸类型，如果黏土胶结成分太多，酸化后岩石可能解体，造成岩层松散及大量出砂甚至岩层坍塌，带来不良后果。对于砂泥岩夹层的井段，应隔离泥岩夹层，若采用全井段酸化，由于 HF 主要与泥岩的反应，溶解后产物成为"钻井液"状，随酸进入产油砂层可能严重堵塞砂层，造成酸化失败。

⑥ 产层应具有一定的渗流能力。在低渗透层，注酸困难，地面压力较高，高压可能压破储层，造成酸化失败；控制压力，排量较小，酸主要在井壁与岩石反应，进入储层的酸量很少，达不到解堵效果，即使勉强将酸注入储层，残酸返排也困难。酸液能顺利注入，也能顺利返排。因此，要想取得好的酸化效果，选择具有一定渗透能力的储层极为重要。

⑦ 油、气、水边界清楚。选准进行措施的层位，酸化目的层若油气水边界不明，可能未处理目的层而造成过早见水、见气或不气含量上升。

⑧ 固井质量和井况好的井。酸化前弄清油井井况，防止由于固井质量差使酸液窜层，达不到处理效果。对于套管破裂变形，管外窜槽等井况不宜酸化的井，应先待井况改善后再处理。

⑨ 井场考虑。酸化井所处的位置、施工所需要的井场地面积、交通、地面条件物等有利于安全施工。

在考虑具体井的酸化方案和酸化规模时，应对井的动态资料和静态资料进行综合分析，确定地层物性参数，并根据物性参数及油井的历史情况综合分析，准确确定出油气井处理下降或低产（水井欠注）的原因以及该井可改造的程度，为酸化作业提供地质依据。例如，油井位于断层附近、鼻状凸起、长轴等构造应力强，裂缝较发育的的构造部位，岩性条件较好，电测曲线解释为具有渗透层的特征，在钻井过程中有井涌井喷、放空等良好油气显示的井，低产的原因主要是地层损害所致，一般只要进行常规解堵酸化，均能取得较好的酸化效果。反之，对于位于岩层受构造应力较弱，裂缝不发育，岩性致密，在电测曲线上渗透率层特征不明显，钻井中油气显示不好的井，只有进行酸压，造成较长的人工裂缝，沟通远离井底的缝洞系统才能获得较好的处理效果。

二、基于模糊物元的酸化选井选层理论

目前酸化井层选择的方法，都带有一定的经验性，对许多因素的影响，并未作全面的综合考虑。有些因素本身是一个多因素影响的模糊集合，如油气藏的含油性等；有的带灰色性，如可采储量、生产压差用区间描述等。因此，下面在模糊数学理论的基础上，采用模糊物元分析方法建立酸化井层选择模型。

（一）评价指标的确定

根据影响酸化效果的各项因素，主要从油气藏的含油性、物性和生产井的产能三个方面中的 11 项指标来评判（决策）。

① 渗透率 K。对于岩性过于致密地层，由于渗透率很低，即使在地层压力很高的情况，又储有大量的可采油气，对其进行酸化也无法取得很理想的效果，只能通过人工造缝实现增产。

② 油层压力 p_o。油层压力低，大部分一次性可采原油及天然气已被采出时，应采取补充地层能量的措施（注气、注水），采用酸化措施效果一般不佳。

③ 表皮系数 S。S 值反映了井底的污染程度。S 值越大，证明井底污染越严重，酸化解堵效果越理想。

④ 可采储量 Q_s。对于可采储量已殆尽的油气层，采取任何措施都无法实现增产。

⑤ 生产压差 Δp。生产压差大，表明油气从供给边缘运移到井底时，压力的损失大，反映了产层的连通性差，通过酸化疏通近井地带，可起到好的解堵增产效果。

⑥ 有效孔隙度 ϕ。有效孔隙度的高低反映了油气藏残余油气量的大小。同样，采出程度大的井，采取酸化措施的经济效果差。

⑦ 含水饱和度 S_w。含水饱和度的大小，反映了采出单位体积流体含水量的多少。含水量高的井，施工后效果不好，还会导致油气井的报废。因此，对高含水井不主张采取压裂酸化措施。

⑧ 产量 Q。油气井产量的高低，可以直接反映该井是否有酸化必要的信号，对于已经达到理想产量的井，无须再实施酸化。

⑨ 采出程度 τ。采出程度越低，酸化可行性越强。

⑩ 产层厚度 H。产层厚度的大小，从另一个方面反映了产层的好坏。

⑪ 流通系数 K_h/μ。反映了油气从供给边缘流到井底的能力，流通系数越大越好。

（二）模糊物元分析数学模型

1. 模糊物元概念

在物元分析中，用"事物、特征、量值"三个要素来描述事物。如果量值要素具有模糊性，则这样的物元就是模糊物元。模糊物元可表示为：

$$\underline{R} = \begin{bmatrix} & M \\ C & \mu(x) \end{bmatrix} \tag{7-1}$$

式中　$\underline{R}$——模糊物元；

　　　M——事物；

　　　$\mu(x)$——与事物特征；

　　　C——相应量值 x 的模糊量值（隶属度）。

如果事物 M 用 n 个特征 C_1，C_2，…，C_n，则形成 n 维模糊物元，对 n 维模糊物元有：

$$\underline{R}_n = \begin{bmatrix} & M \\ C_1 & \mu(x_1) \\ C_2 & \mu(x_2) \\ \vdots & \vdots \\ C_n & \mu(x_n) \end{bmatrix} \tag{7-2}$$

若有 m 个事物 M_1，M_2，…，M_m 具有 n 个共同的特征 C_1，C_2，…，C_n 及对应的模糊量值 $\mu(x_{1i})$，$\mu(x_{2i})$，…，$\mu(x_{mi})$（$i=1,2,…,n$），则称为 m 个事物 n 维复合模糊物元。有：

$$R_{mn} = \begin{bmatrix} & M_1 & M_2 & \cdots & M_m \\ C_1 & \mu(x_{11}) & \mu(x_{21}) & \cdots & \mu(x_{m1}) \\ C_2 & \mu(x_{12}) & \mu(x_{22}) & \cdots & \mu(x_{m2}) \\ \vdots & \vdots & \vdots & \cdots & \vdots \\ C_n & \mu(x_{1n}) & \mu(x_{2n}) & \cdots & \mu(x_{mn}) \end{bmatrix} \tag{7-3}$$

2. 权重复合物元

1) 单层的权重复合物元

若以 R_w 表示每一事物各项特征的权重复合物元，以 $w_i(i=1,2,\cdots,n)$ 表示每一事物第 i 项特征的权重，则有：

$$R_w = \begin{pmatrix} & C_1 & C_2 & \cdots & C_n \\ w_i & w_1 & w_2 & \cdots & w_n \end{pmatrix} \tag{7-4}$$

2) 双层的权重复合物元

事物的特征可以有若干层次，对应的权重也分为若干层次。双层的权重复合物元为：

$$R_w = \begin{pmatrix} & C_1 & C_2 & \cdots & C_n \\ w_i & w_1 & w_2 & \cdots & w_n \\ & C_{11}C_{12}\cdots C_{1P} & C_{21}C_{22}\cdots C_{2P} & \cdots & C_{n1}C_{n2}\cdots C_{nP} \\ w_{ik} & w_{11}w_{12}\cdots w_{1P} & w_{21}w_{22}\cdots w_{2P} & \cdots & w_{n1}w_{n2}\cdots w_{nP} \end{pmatrix} \tag{7-5}$$

这里 $w_{ik}(i=1,2,\cdots,n;k=1,2,\cdots,p)$ 表示第二层的权重。

3) 关联分析

(1) 关联度定义

关联度指两事物间关联性大小的量度，记为 K_j。这里 K_j 系指第 j 口油气井与理想油气井间关联性大小的量度，即第 j 口油气井的关联度。

(2) 关联变换

关联系数与隶属度可以互相转换，称这种转换为关联变换。要了解关联系数，首先要知道什么是关联函数。

所谓关联函数，就是用代数式来描述可拓集合量值的函数，记为 $\xi(x)$。由于关联函数 $\xi(x)$ 和隶属函数 $\mu(x)$ 中所含元素 x 均属中介元，两者是等价的，但也有区别，仅仅是关联函数较隶属函数多一段有条件可以转化的量值范围。

(3) 从优隶属原则

这就是各单项指标从属于理想油气井隶属程度的原则。从优原则有以下两种模式。

模式1：

$$\text{越大越优 } \mu_{ji} = X_{ji}/\max X_{ji} \tag{7-6}$$

$$\text{越大越优 } \mu_{ji} = X_{ji}/\max X_{ji} \tag{7-7}$$

$$\text{越接近某个常数越优 } \mu_{ji} = \min(X_{ji}, u_0)/\max(X_{ji}, u_0) \tag{7-8}$$

模式2：

$$\text{越大越优 } \mu_{ji} = (X_{ji} - \min X_{ji})/(\max X_{ji} - \min X_{ji}) \tag{7-9}$$

$$\text{越小越优 } \mu_{ji} = (\max X_{ji} - X_{ji})/(\max X_{ji} - \min X_{ji}) \tag{7-10}$$

越接近某个常数越优 $\mu_{ji} = \min(X_{ji}, u_0) / \max(X_{ji}, u_0)$ (7-11)

$$j = 1, 2, \cdots, m; \quad i = 1, 2, \cdots, n$$

式中 μ_{ji}——第 j 个方案（事物）第 i 项指标（特征）的从优隶属度；

$\max X_{ji}$——各评价方案中每一项指标所有的 X_{ji} 量值中的最大值；

$\min X_{ji}$——各评价方案中每一项指标所有的 X_{ji} 量值中的最小值；

$\max(X_{ji}, u_0)$——在 X_{ji} 和 u_0 中取最大值；

$\min(X_{ji}, u_0)$——在 X_{ji} 和 u_0 中取最小值。

如果直接给定各项指标的隶属度，则无须采用模式1或模式2进行变换。

(4) 计算关联度向量

在关联系数矩阵中的每一个事物都有 n 个关联系数，每口油气井各项指标的关联系数比较分散，不利对比，有必要集中为某一个值，此集中值就是关联度。M 口井的关联度组成关联度向量。

以 R_w 表示每一个方案各项评价指标的权重复合物元，以 $\underline{R}_K$ 表示由 m 个关联度所组成的关联度复合模糊物元（关联度向量），采用加权平均集中处理，则有：

$$\underline{R}_K = R_W * \underline{R}_\xi$$

这里 "*" 表示运算符，可以有5种情况。

① $M(\cdot, +)$，先乘后加：

$$\underline{R}_K = \begin{pmatrix} & M_1 & M_2 & \cdots & M_m \\ K_j & K_1 = \sum_{i=1}^{n} W_i \xi_{1i} & K_2 = \sum_{i=1}^{n} W_i \xi_{2i} & \cdots & K_m = \sum_{i=1}^{n} W_i \xi_{mi} \end{pmatrix} \quad (7\text{-}12)$$

在这种情况下，所有的权重都参与运算，关联度包括所有因素的共同作用。

② $M(\wedge, \vee)$，先取小后取大：

$$\underline{R}_K = \begin{pmatrix} & M_1 & M_2 & \cdots & M_m \\ K_j & K_1 = \bigvee_{i=1}^{n}(W_i \wedge \xi_{1i}) & K_2 = \bigvee_{i=1}^{n}(W_i \wedge \xi_{2i}) & \cdots & K_m = \bigvee_{i=1}^{n}(W_i \wedge \xi_{mi}) \end{pmatrix} \quad (7\text{-}13)$$

③ $M(\cdot, \vee)$，以乘代替取小然后再取大：

$$\underline{R}_K = \begin{pmatrix} & M_1 & M_2 & \cdots & M_m \\ K_j & K_1 = \bigvee_{i=1}^{n}(W_i \cdot \xi_{1i}) & K_2 = \bigvee_{i=1}^{n}(W_i \cdot \xi_{2i}) & \cdots & K_m = \bigvee_{i=1}^{n}(W_i \cdot \xi_{mi}) \end{pmatrix} \quad (7\text{-}14)$$

④ $M(\wedge, \oplus)$，先取小后进行有界和运算：

$$\underline{R}_K = \begin{pmatrix} & M_1 & M_2 & \cdots & M_m \\ K_j & K_1 = \wedge\left(1, \sum_{i=1}^{n}(W_i \wedge \xi_{1i})\right) & K_2 = \wedge\left(1, \sum_{i=1}^{n}(W_i \wedge \xi_{2i})\right) & \cdots & K_m = \wedge\left(1, \sum_{i=1}^{n}(W_i \wedge \xi_{mi})\right) \end{pmatrix}$$

(7-15)

⑤ $M(\cdot, \oplus)$，先相乘后进行有界和运算：

$$\underline{R}_K = \begin{pmatrix} & M_1 & M_2 & \cdots & M_m \\ K_j & K_1 = \wedge\left(1, \sum_{i=1}^{n}(W_i \cdot \xi_{1i})\right) & K_2 = \wedge\left(1, \sum_{i=1}^{n}(W_i \cdot \xi_{2i})\right) & \cdots & K_m = \wedge\left(1, \sum_{i=1}^{n}(W_i \cdot \xi_{mi})\right) \end{pmatrix}$$

(7-16)

有界和运算为：$a \oplus b = \min(1, a+b) = \wedge(1, a+b)$。

(5) 排序选井

按关联度大小进行优劣排序，从中选出酸化的目的井。

采用模糊物元分析法优选酸化井层的流程如图7-1所示。

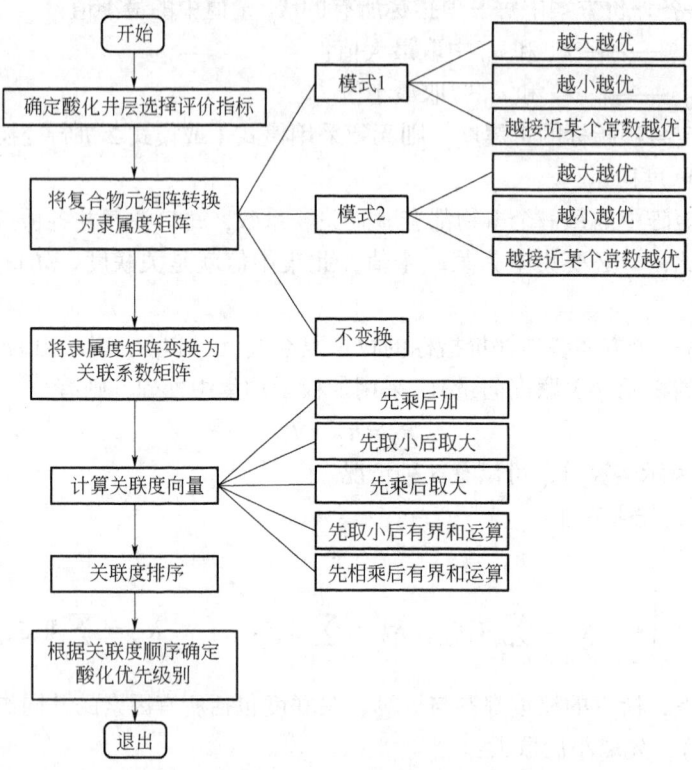

图7-1 酸化井层选择模糊物元分析流程图

（三）实例分析

选用6口井作为样本井，进行模糊物元分析，其11项评价指标参数见表7-2。

表7-2 样井评价指标参数

评价指标	M_1	M_2	M_3	M_4	M_5	M_6
渗透率，mD	0.71	9.48	0.83	3.32	1.49	1.526
有效孔隙度，%	5.59	5.50	4.87	4.80	6.15	3.79
表皮系数	6.48	-0.76	11.35	9.31	2.01	7.71
采出程度	3.25	2.75	0.326	6.70	0.031	6.22
产层厚度，m	6.98	24.20	6.50	11.45	20.13	18.30
可采储量，$10^3 m^3$	15.94	9.44	1.19	12.84	13.06	5.17
含水饱和度，%	23.83	17.10	20.34	27.04	25.18	15.30
流通系数，mD·m/cP	397.77	871.71	150.63	683.38	352.49	388.04
地层压力，MPa	39.68	49.89	47.52	49.93	49.83	47.97
产量，$10^4 m^3/d$	4.0	21.57	2.44	14.37	10.47	5.2
生产压差，MPa	8.91	9.93	12.0	7.03	15.07	9.34

构造 6 口井 11 项指标的 6×11 维复合物元矩阵：

$$\underline{R}_{6,11} = \begin{bmatrix} & M_1 & M_2 & M_3 & M_4 & M_5 & M_6 \\ C_1 & 0.71 & 9.48 & 0.83 & 3.32 & 1.49 & 1.526 \\ C_2 & 5.59 & 5.50 & 4.87 & 4.80 & 6.15 & 3.79 \\ C_3 & 6.48 & -0.76 & 11.35 & 9.31 & 2.01 & 7.71 \\ C_4 & 3.25 & 2.75 & 0.326 & 6.70 & 0.031 & 6.22 \\ C_5 & 6.98 & 24.20 & 6.50 & 11.45 & 20.13 & 18.30 \\ C_6 & 15.94 & 9.44 & 1.19 & 12.84 & 13.06 & 5.17 \\ C_7 & 23.83 & 17.10 & 20.34 & 27.04 & 25.18 & 15.30 \\ C_8 & 397.77 & 871.71 & 150.63 & 683.38 & 352.49 & 388.04 \\ C_9 & 39.68 & 49.89 & 47.52 & 49.93 & 49.83 & 47.97 \\ C_{10} & 4.0 & 21.57 & 2.44 & 14.37 & 10.47 & 5.2 \\ C_{11} & 8.91 & 9.93 & 12.0 & 7.03 & 15.07 & 9.34 \end{bmatrix} \quad (7-17)$$

根据理论分析和现场经验，对油气井的 3 项特征的 11 项指标的权重组成的一级权重复合物元：

$$R_w^1 = \begin{bmatrix} & K & \phi & S & H & Q_s & S_w & \dfrac{Kh}{\mu} & p_o & Q & \tau & \Delta p \\ W_i & 0.45 & 0.2 & 0.35 & 0.35 & 0.15 & 0.4 & 0.1 & 0.4 & 0.15 & 0.4 & 0.05 \end{bmatrix}$$

$$(7-18)$$

对物性、含油性和产能的权重组成的二级权重复合物元 R_w^2 为：

$$R_w^2 = \begin{bmatrix} & 物性\ C_1 & 含油性\ C_2 & 产能\ C_3 \\ 权重\ W_i & 0.65 & 0.1 & 0.25 \end{bmatrix} \quad (7-19)$$

1. 一级评价

根据已知数据，构造每口井各项指标的关联系数复合物元为：

$$\underline{R}_\xi^1 = \begin{bmatrix} & M_1 & M_2 & M_3 & M_4 & M_5 & M_6 \\ C_1 & 1 & 0 & 0.9863 & 0 & 1 & 0.9803 \\ C_2 & 0 & 0.125 & 1 & 0.572 & 0 & 1 \\ C_3 & 0.6379 & 1 & 0 & 1 & 0 & 0.7808 \\ C_4 & 1 & 0.171 & 0 & 0 & 1 & 0.072 \\ C_5 & 0.0271 & 1 & 0 & 0 & 1 & 0.7892 \\ C_6 & 1 & 0.5341 & 0 & 0.9721 & 1 & 0 \\ C_7 & 0 & 1 & 0.5186 & 0 & 0.1584 & 1 \\ C_8 & 0.3427 & 0 & 1 & 0 & 1 & 0.1074 \\ C_9 & 0 & 1 & 0.232 & 1 & 0.946 & 0 \\ C_{10} & 0.9185 & 0 & 1 & 0 & 0.9353 & 1 \\ C_{11} & 0 & 0.3301 & 1 & 0 & 1 & 0.2813 \end{bmatrix} \quad (7-20)$$

一级评价 6 口井的关联度组成关联度系数矩阵：

$$\underline{R}_K^1 = \begin{bmatrix} & M_1 & M_2 & M_3 & M_4 & M_5 & M_6 \\ K_{j1} & 0.6733 & 0.375 & 0.5945 & 0.4644 & 0.4500 & 0.9144 \\ K_{j2} & 0.1938 & 0.8301 & 0.2074 & 0.2458 & 0.6634 & 0.6869 \\ K_{j3} & 0.5378 & 0.4849 & 0.2928 & 0.4000 & 0.8284 & 0.1932 \end{bmatrix} \quad (7-21)$$

2. 二级评价

把一级评价各关联度作为二级评价的相应关联系数，即

$$\underline{R}_\xi^2 = \begin{bmatrix} & M_1 & M_2 & M_3 & M_4 & M_5 & M_6 \\ C_1 & 0.6733 & 0.375 & 0.5945 & 0.4644 & 0.4500 & 0.9144 \\ C_2 & 0.1938 & 0.8301 & 0.2074 & 0.2458 & 0.6634 & 0.6869 \\ C_3 & 0.5378 & 0.4849 & 0.2928 & 0.4000 & 0.8284 & 0.1932 \end{bmatrix} \quad (7-22)$$

计算二级评价 6 口井的关联度系数矩阵：

$$\underline{R}_K^2 = \begin{bmatrix} & M_1 & M_2 & M_3 & M_4 & M_5 & M_6 \\ K_1 & 0.7655 & 0.448 & 0.4623 & 0.4265 & 0.5659 & 0.7146 \end{bmatrix} \quad (7-23)$$

从上式显然看出，对各施工井关联度排序有 $M_1>M_6>M_5>M_3>M_2>M_4$；由以上过程分析可得，M_1 的关联度值为最大，应首选作酸化的目的井。在选择酸化措施的目的井时，可按照以上排序优先选择关联度大的井。

第二节 砂岩油气藏酸化方案设计

一、影响作业设计的主要因素

砂岩酸化作业的主要目标是解除井筒附近的地层污染。一个不太主要但同等重要的目标是减小酸处理本身所引起的伤害。这两个目标有时不能两全其美。例如，如果在射孔周围存在一个浅的伤害带（例如 0.05m 或更小的伤害区），这种伤害能够用少量的酸，慢速注入以使大部分酸与 0.05m 伤害带反应解除。然而，这种慢速可能会使射孔附近的酸形成沉淀，而降低了酸的总效果。

因此，仅根据污染区内的矿物溶解所选出的最佳注入速度，可能比考虑了整个酸化处理过程而选的最佳注入速度要小。

最佳酸体积的选择也因对抗因素的影响而复杂化。首先，所需的酸体积受伤害带深度的重要影响，而这个深度又很少能精确知道。在对伤害带深度作了假设的情况下，对于具体位置的井，可根据实验室的酸响应曲线或酸化模型做出最佳体积选择。

二、酸液用量计算

（一）基于酸—岩反应模型确定最佳注入体积

如前所述，最常用的模型是两矿物模型，该模型把所有矿物分成两种，即快速反应物和

慢速反放物。在该模型中每种矿物出现两个无因次数组，N_{Da} 是 Damkohler 数，N_{Ac} 是酸能力数。这两组数群描述了 HF—矿物反应的动力和化学计量法。Damkohler 数是酸耗速率与酸对流速率之比，酸能力数是单位岩石孔隙体积的酸所溶解的矿物量与单位体积岩石中存在的矿物量之比。慢速反应矿物和快反应矿物的 Damkohler 数和酸能力数有类似定义，其定义式见酸反应数学模型一章。

当酸被注入砂岩中时，HF 与快速反应矿物间的反应建立了反应前缘。前缘的形状决定于快速反应矿物的 Damkohler 数。在低的 Damkohler 数下，对流速度相对于反应速率要高，而前缘将是散射状的。在高的 Damkohler 数下，因反应速率比对流速度要快，所以反应前缘相对要尖锐一些。

Schechter 提出了一个近似解，这个解把 HF—快反应矿物前缘近似看成为一个尖锐的前缘，因此，前缘之后的所有快速反应矿物都已耗尽。相反，前缘之前没有溶解反应发生。前缘之后慢速反应矿物与 HF 之间的反应，起着减少到达前缘的 HF 浓度的作用。前缘位置由下式给出：

$$\theta = \frac{\exp(N_{Da,S}\varepsilon_f) - 1}{N_{Ac,F}N_{Da,S}} + \varepsilon_f \tag{7-24}$$

这个公式把无因次时间（或等价的酸体积）与无因次前缘位置 ε_f 定义为前缘位置除以线性流的岩心长度。前缘后的无因次酸浓度：

$$C_D = \exp(-N_{Da,S}\varepsilon) \tag{7-25}$$

这个近似式的特点是通过对无因次变量和数组群的适当定义，可把该式用于线性流、径向流和椭圆形流场中。径向流可代表从裸眼井中流出的酸流，也可以近似代表从足够射孔密度的射孔井中流出的酸流。椭圆流动几何形状近似于射孔周围的流动，如图 7-2 所示。这三种流场的合适的无因次变量和数组群在表 7-3 中给出。对射孔的几何形状，前缘位置 ε_f 取决于射孔位置。在表 7-3 中给出了从射孔末端的酸扩展前缘位置的表达式，以及沿井筒壁酸穿透的表达式。这两个位置对设计目的应该是足够了的。

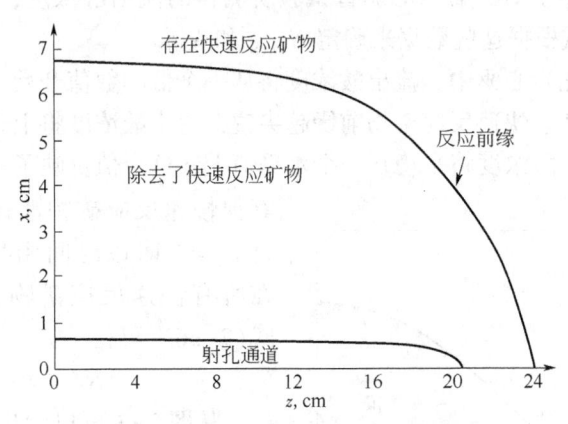

图 7-2　孔眼周围的椭圆形流动

表 7-3　砂岩酸化模型的无因次数组

流体的几何形态	ε	θ
线性流	$\dfrac{x}{L}$	$\dfrac{ut}{\phi L}$

续表

流体的几何形态	ε	θ
径向流	$\dfrac{r^2}{r_w^2}-1$	$\dfrac{q_i t}{\pi r_w^2 h \phi}$
椭圆形流	从射孔末端的穿透 $\dfrac{1}{3}\bar{Z}^3-\bar{Z}+\dfrac{2}{3}$；$\bar{Z}=\dfrac{Z}{l_{\text{perf}}}$ 从井筒附近的穿透 $\dfrac{1}{3}\left(\bar{X}+\dfrac{1}{\bar{x}+\sqrt{x^2+1}}\right)^3-\dfrac{1}{3}$ $\bar{X}=\dfrac{x}{l_{\text{perf}}}$	$\dfrac{q_{\text{perf}} t}{2\pi l_{\text{perf}}^3 \phi}$

值得注意的是，慢速反应矿物的 Damkohler 数和快速反应矿物物酸容量数，即是在这些解中出的无因次数组。$N_{\text{Da,S}}$ 调节到达前缘的活酸量；如果慢速反应矿物的反应速度相对于对流速快，将很少有酸能传播到快速反应矿物的前缘。慢速反应矿物的酸容量数并不重要，因为慢速反应矿物的供应在前沿后几乎是恒定的。$N_{\text{Ac,F}}$ 直接影响前缘传播速度，快速反应矿物存在得越多，前缘运移的将越慢。因为假设前缘是尖锐的，所以 $N_{\text{Da,F}}$ 没有出现，这意味着 $N_{\text{Da,F}}$ 是无限的。这个解可用来估计除去井筒或射孔周围给定区域内的快速反应矿物所需的酸体积。

无因次组 $N_{\text{Ac,F}}$ 和 $N_{\text{Da,S}}$ 可用公式(7-24) 和表 7-3，根据岩石矿物学计算出来，也可由实验获得，下例说明这点。

下面通过下面两个实例来说明计算最佳注入体积的方法。

【例 7-1】 由实验数据确定 $N_{\text{Ac,F}}$ 和 $N_{\text{Da,S}}$。

Da Motta 等人在直径为 2.2cm、长为 4cm 的泥盆纪砂岩岩心上，用 1.5%（质量分数）HF，13.5%（质量分数）HCl 做岩心驱替试验所测得的流出酸浓度，如图 7-3 所示。酸流速是 0.346cm/min。试根据这些数据来确定 $N_{\text{Da,S}}$ 和 $N_{\text{Ac,F}}$。

解： 在典型的酸化岩心驱中，流出酸浓度将从一个低的数值开始，然后随着快速反应矿物的消耗，而逐渐增加。快速反应矿物前缘越尖锐，流出酸浓度将上升得越快。当所有快速反应矿物都已溶解时，酸浓度将平稳在一个水平值上，这个值反映了残留于岩心中的石英和其他慢速反应矿物消耗 HF 的量。流出浓度是 $C_D = 1$ 时以时间函数表示的浓度。因此，在所有快速反应矿物都已溶解后，由方程式(7-26) 可得

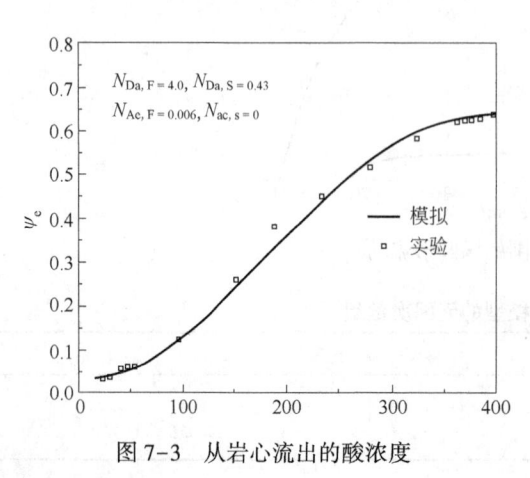

$$N_{\text{Da,S}} = -\ln(C_{\text{De}}) \tag{7-26}$$

从图 7-3 可以看出，无因次流出酸浓度 C_{De}，在最后 50 倍孔隙体积的驱替时间内，从 0.61 逐渐增加到 0.65（轻微的增加是由于少量快速反应矿物的消除，或由于慢速反应矿物表面积的减少）。在方程式(7-26) 中用平均值 0.63 得 $N_{\text{Da,S}} = 0.46$。

图 7-3 从岩心流出的酸浓度

快速反应矿物的酸容量数,用方程式(7-24)由反应前缘的突破时间来估算。前缘位置可近似地认为是酸浓度等于供给前缘酸浓度一半处的位置。用 0.63 作为提供给前缘酸的无因次浓度,那么,当流出酸浓度是 0.315 时,则前缘将从岩心中突破出来。当 $\varepsilon_f=1$ 时,从方程式(7-27)解出 $N_{Ac,F}$ 为

$$N_{Ac,F} = \frac{\exp(N_{Da,S}-1)}{(\theta_{bt}-1)N_{Da,S}} \tag{7-27}$$

因此

$$N_{Ac,F} = \frac{\exp(0.46-1)}{(180-1)\times 0.46} = 0.007077 \tag{7-28}$$

这些结果与 Da Motta 等人复杂的数值模型所确定的,$N_{Da,S}=0.43$ 和 $N_{Ac,F}=0.006$ 的值相比要好。

【例 7-2】 径向流酸体积设计。

假设裸眼完井,酸以径向流方式进入地层,试用酸容量和 Damkohler 数,确定从一口半径为 0.12m 的井筒,把所有快速反应矿物排到 0.1m 以外所需要的酸体积(m^3/m)。注酸速度是 $1m^3/min$,孔隙度是 0.2。

解:用下式把径向流与线性流的 Damkohler 数关联起来

$$(N_{Da,S})_{radial} = (N_{Da,S})_{linear} \left(\frac{\pi r_w^2 h}{q_i}\right)_{well} \left(\frac{u}{L}\right)_{core} \tag{7-29}$$

因此

$$(N_{Da,S})_{radial} = (0.46)\frac{\pi(0.12m)^2}{(1m^3/min \cdot m)} \cdot \frac{0.364cm/min}{4cm} = 0.00189 \tag{7-30}$$

径向流前缘的无因次位置与径向穿透间的关系见表 7-3。

$$\varepsilon_f = \left(\frac{0.12m+0.1m}{0.12}\right)^2 - 1 = 2.361 \tag{7-31}$$

利用方程式(7-24)有

$$\theta = \frac{\exp[(0.0189)(2.361)]-1}{(0.00707)(0.00189)} + 2.361 = 336.7 \tag{7-32}$$

根据表 7-3 径向流 θ 的定义,$q_i t/h$ 是单位厚度注入体积,有

$$\frac{q_i t}{h} = \theta \pi r_w^2 \phi_0 \tag{7-33}$$

$$\frac{q_i t}{h} = 336.7\pi(0.12m)^2 \times 0.2 = 3(m^3/m) \tag{7-34}$$

这是一个不合理的大体积。这一特定地层具有高的快反应矿物浓度(低 $N_{Ac,F}$)和相对高的慢反应矿物的反应速率(高 $N_{Da,S}$),使得 HF 很难传播到远的地层中。要想用同样体积的酸得到较深的穿透,则需要用较高浓度的酸。

【例 7-3】 射孔井椭圆形流动的酸体积设计

一口以 13 孔/m 完井的井,用酸除去射孔后 0.1m 以内的所有快速反应矿物,根据上例中的实验室数据,试计算所需要的酸体积(m^3/m)。孔眼长度 0.15m,孔隙度为 0.2,注入速度是 $1m^3/(min \cdot m)$。同时也计算注入这一酸体积时,酸前沿与井筒的距离。

解:把椭圆形流与线性流的 Damkohler 数关系起来:

$$(N_{Da,S})_{ellipsoidal} = (N_{Da,S})_{linear} = \frac{2\pi l_{perf}^3}{q_{perf}} \frac{u}{L} \tag{7-35}$$

因为这里有 13 孔/m，q_{perf} 是 $q_i/13$，因此

$$(N_{Da,S})_{ellipsoidal} = 0.46 \frac{2\pi(0.15m)^3}{1/13} \cdot \frac{0.364 cm/min}{4cm} = 0.0115 \tag{7-36}$$

用无因次前缘位置与孔眼后酸穿透深度关系的表达式，并注意是从井筒量起的（孔眼的起点），得到

$$\bar{z} = \frac{z}{l_{perf}} = \frac{0.15+0.1}{0.15} = 1.67 \tag{7-37}$$

$$\varepsilon_f = \frac{1}{3}(1.67)^3 - 1.67 + \frac{2}{3} = 0.543 \tag{7-38}$$

然后有

$$\theta = \frac{\exp[(0.0115)(0.543)] - 1}{(0.00707)(0.0115)} + 0.543 = 77.5 \tag{7-39}$$

每孔注入的体积是 $q_{perf}t$，因此，从表 8.2 可得

$$q_{perf}t = 2\pi l_{perf}^3 \phi \theta \tag{7-40}$$

$$q_{perf}t = (2\pi)(0.15m)^3(0.2)(77.5) = 0.33 m^3/perf \tag{7-41}$$

由于 13 孔/m，每米的总酸体积是 $4.29 m^3/m$。在孔眼周围任意位置处，无因次酸穿透距离 $\varepsilon_f = 0.292$，并用试算法计算 X 值，可得到从井筒算起的酸穿透深度，结果穿透深度距井筒 0.12m。

（二）基于经验的酸液用量计算

土酸酸化通常必须注入的液体包括前置液（常以盐酸为主）、处理液（土酸液）及后置液。

1. 前置液用量计算

据碳酸盐含量，酸化半径确定前置液酸浓度及用量，一般用盐酸作前置液，浓度 3%~15%。

① 文献推荐用前置液：Exxon，15% HCl，用量 $0.5~1.2 m^3/m$；Williams，15% HCl，用量 $0.61 m^3/m$；Conoco Inc.，据储层渗透性、黏土含量等确定。

高渗透率储层 $K > 100 \times 10^{-3} \mu m^2$ 时，黏土含量小于5%，石英含量80%以上，用 15% HCl。此外还推荐：长石含量大于20%，用15%HCl；黏土含量大于10%，用5%HCl+络合剂；绿泥石含量高，用5%HCl+络合剂。

低渗透储层 K 小于 $10 \times 10^{-3} \mu m^2$ 时：黏土含量小于5%，用7.5%HCl 或10%乙酸；绿泥石含量高，用5%乙酸；实际中，最好由实验确定。

② 确定方法。10%~12%盐酸，用量有两种计算方法：

方法一：

$$V_p = \frac{3.77(1-\phi_0)C(R_d^2 - r_w^2)}{\beta_{HCl}} \xi_1 (m^3/m) \tag{7-42}$$

式中 ϕ_0——孔隙度，小数；

C——HCl 可溶物百分浓度；

R_d——伤害半径，m；

ξ_1——大于 1 的系数；

β_{HCl}——酸溶解力，按盐酸溶解碳酸盐岩计算，$\beta_{HCl} = \dfrac{\rho_{HCl} \times 1.372 \times C_{HCl}}{\rho_{CaCO_3}}$。

方法二：假定 HCl 与碳酸盐岩的反应非常迅速，HCl 沿径向均匀推进溶解碳酸盐岩。

a. 溶解 R_d 范围内的方解石体积：

$$V_{CaCO_3} = \pi(R_d^2 - r_w^2)(1-\phi_0)C$$

根据溶解力 X 的定义，溶解 V_{CaCO_3} 所需的盐酸体积为：

$$V_1 = V_{CaCO_3}/X$$

b. 清除碳酸盐后，井筒酸化半径（等于伤害带半径）内的孔隙体积为：

$$V_p = V_o + V_{CaCO_3} = \pi(R_d^2 - r_w^2)[\phi_0 + C(1-\phi_0)]$$

c. 所需注入的盐酸的总体积为：

$$V_{HCl} = V_1 + V_p$$

式中　V_{CaCO_3}——碳酸盐岩的体积，m^3/m；

V_1——溶解 V_{CaCO_3} 所需的 HCl 体积，m^3/m；

V_p——清除碳酸盐后的孔隙总体积，m^3/m；

V_o——原始孔隙体积，m^3/m；

V_{HCl}——注入的盐酸的总体积，m^3/m；

C——储层碳酸盐岩含量，小数；

X_{HCl}——盐酸溶解力，岩石体积/消耗的酸液体积。

2. 土酸液用量

一般用的酸液配方是 3%~12% 盐酸与氢氟酸的混合物并加有缓蚀剂及其他所处理地层需要的包括分流剂之类的特殊添加剂。其他的酸强度和其他的 HCl 与 HF 的比值的酸可用以防止二次沉淀问题。HCl 维持低 pH 值可避免 CaF_2、AlF_3 及其他复杂反应产物的沉淀。

1) 国外推荐用量

Gidley 等人对世界上许多次处理和得克萨斯海湾 174 次处理的统计指出：对一般的土酸最佳设计量为 $1.55 \sim 2.48 m^3/m$。这与 Lafleur 和 Johnson 及 Smith 等人结果是一致的。

2) 用量确定方法

方法一：经验方法。

对于采用 3%HF+12HCl，则用量可用如下关系式计算：

$$V = \frac{3V_a}{C_{HF}} \left[\frac{(r_w' + \Delta r_d')^2 - r_w'^2}{(3 + \Delta r_d')^2 - 9} \right] \times 3.281 \, (m^3/m) \tag{7-43}$$

$$\begin{aligned}V_a = 140 &+ c_1 + c_2 x + c_3 y + c_4 x^2 + c_5 xy + c_6 y^2 + c_7 x^3 \\ &+ c_8 x^2 y + c_9 xy^2 + c_{10} y^3 + c_{11} z + c_{12} zx + c_{13} zy + c_{14} zx^2 \\ &+ c_{15} xyz + c_{16} zy^2 + c_{17} zx^3 + c_{18} zx^2 y + c_{19} zxy^2 + c_{20} zy^3 \end{aligned} \tag{7-44}$$

$$x = \Delta r_d / 0.0254 - 4 \qquad (7\text{-}45)$$

$$y = \lg\left(1.7255 \frac{Q}{h}\right) \qquad (7\text{-}46)$$

$$z = \left(\frac{9}{5} \times T_s + 32 - 175\right) / 100 \qquad (7\text{-}47)$$

$$r'_w = r_w \times 39.372 \qquad (7\text{-}48)$$

$$\Delta r'_d = \Delta r_d \times 39.372 \qquad (7\text{-}49)$$

$$\Delta r_d = R_d - r_w \qquad (7\text{-}50)$$

各系数的值为：

$c_1 = -88.836$、$c_2 = 18.72$、$c_3 = 0.67336$、$c_4 = 4.4285$

$c_5 = -22.83$、$c_6 = 21.975$、$c_7 = 1.3124$、$c_8 = -9.473$

$c_9 = 6.8514$、$c_{10} = 1.511$、$c_{11} = -15.226$、$c_{12} = 6.0995$

$c_{13} = -62.05$、$c_{14} = 6.051$、$c_{15} = -24.813$、$c_{16} = -14.834$

$c_{17} = 0.3812$、$c_{18} = -0.8450$、$c_{19} = -3.8846$、$c_{20} = 0.9988$

方法二：设计计算方法。

据解堵的时间 t_f 反算：

$$V_a = t_f \cdot Q \qquad (7\text{-}51)$$

此外，还可用估算法，如每米地层用酸量 $1.2 \sim 2.2 \mathrm{m^3/m}$。

3. 后置液用量计算

类型：$3\% \sim 10\% \mathrm{HCl}$；$\mathrm{NH_4Cl}$ 水溶液；柴油或轻质油等气井也可用氮。为了特殊目的，可用其他后置液配方。后置液推荐用量：$0.62 \mathrm{m^3/m}$——土酸用量的 1.5 倍。

用量（$\mathrm{m^3/m}$）：

$$V_b = 12\phi(r_{d1}^2 - r_w^2) \cdot \xi_2 \qquad (7\text{-}52)$$

注：此处 R_{d1} 应取实际驱替半径，$R_{d1} \geq 0.5$。

4. 顶替液

类型：活性水。

常用活性水或 $\mathrm{NH_4Cl}$ 水溶液，一般据井筒及地面管线容积确定。

用量（$\mathrm{m^3}$）：

$$V_d = \zeta_3 \pi \sum_{j=1}^{m} r_{ti,j}^2 L_j \qquad (7\text{-}53)$$

式中 $r_{ti,j}$——第 j 级油管内半径，m；

L_j——第 j 级油管长度；

ζ_3——考虑余量进行修正系数，可按照实际情况选取，一般 $1.1 < \zeta_3 < 1.2$。

三、破裂压力确定

砂岩酸化要求在不压破地层的情况下向地层注酸。因此，根据地层破裂压力，可确定最大施工排量，施工时控制排量低于最大排量。

地层破裂压力的确定有三种方法：①利用压力施工曲线的瞬时关井压力确定；②根据地

应力分布进行理论计算；③按矿场统计资料计算。

一般情况下，对于老区油气井酸化，通常都有各区块的破裂压力统计资料，可参照选取；对于新区油气井酸化。可用小型压裂测取有关地层破裂资料后，确定破裂压力；如不能进行小型压裂，就需据地应力分布计算确定破裂压力，施工后再进行检验，积累资料。这里按矿场统计资料确定：

$$p_f = \alpha H \tag{7-54}$$

式中　α——地层破裂压力梯度，MPa/m；
　　　H——地层深度，m；
　　　p_f——地层破裂压力，MPa。

四、最佳注入排量的确定

因为污染区及矿物溶解和反应产物沉淀这些对抗影响等因素的不确定性，使得砂岩酸化的最佳注入速度，它就是使 HF 在污染区消耗最大的速度。虽然 da Motta 等人早已提出了这一方法，但是，污染深度在任何程度上都很难知道，并且仅根据矿物溶解确定的最佳速率，也可减小反应产物沉淀的伤害效应。事实上，用两酸、三矿物模型所得的结果表明，酸化对于浅层污染，在注入 1.2m³/m 酸的情况下，注入速度对表皮效应基本没什么影响；对于深层污染，注入速度越高酸化后的表皮效应越低。

对于砂岩酸化，现场实验也与最佳注入速度相矛盾。Mcleod 根据观察，认为酸与地层接触 2~4h 效果最好，因此他推荐用相对较低的注入速度。另一方面，据 Paccaloni 等和 Tambini 报道，用尽可能高的注入速度在很多现场作业中取得了高的成功率。Paccaloni 认为在最高 Δp，最高速度下的成功可能是由于提高了酸的作用距离和减小了沉淀污染等原因。除非在一个具体地区已有一定的经验，否则，将推荐 Paccaloni 的最大速度处理法。

根据渗流力学的理论，假设酸液沿径向流入地层，流动符合达西定律，不压开地层的最大允许施工排量 $Q_{\max}$ 为：

$$Q_{\max} = \frac{0.3796 K_{av} H_e (g_f H - p_s)}{\mu_a [\ln(r_e/r_w) + S]} \tag{7-55}$$

式中　g_f——地层破裂压力梯度，MPa/m；
　　　H——井深，m；
　　　p_s——地层压力，MPa；
　　　K_{av}——地层原始渗透率，μm^2；
　　　r_e——供油半径，m；
　　　r_w——井底半径，m；
　　　μ_a——酸液黏度，mPa·s；
　　　$Q_{\max}$——不压开地层的最大允许注液排量，m³/min；
　　　S——表皮系数，无因次。

因为在酸化过程中表皮效应在减小，因此在不压裂地层的条件下用较高的注入速率是可行的。为了确保不产生裂缝，常常推荐地面油管压力保持在大约低于地层破裂压力的 10%。

五、井口泵压计算方法

① 最大注液压力 p_{max}：

$$p_{max} = p_F + \Delta p_f + \Delta p_m - p_H \tag{7-56}$$

式中　p_F——井底破裂压力，MPa；
　　　Δp_f——液体在井筒里的沿程摩阻损失，MPa；
　　　Δp_m——井底射孔孔眼液流摩阻，MPa；
　　　p_H——井底液柱压力，MPa。

② p_H 的确定：

$$p_H = \rho_a H \tag{7-57}$$

式中　ρ_a——酸液密度，kg/m³。

③ Δp_m 的确定。

根据理论计算公式：

$$\Delta p_m = 2.29 \times 10^{-10} \frac{\rho_a Q_{max}^2}{\alpha^2 N_P^2 d^4} \tag{7-58}$$

Amoco 石油生产公司计算孔眼摩阻的表达式为：

$$\Delta p_m = 1.8 \times 10^{-4} \frac{\rho_a Q_{max}^2}{N_P^2 d}$$

式中　α——孔眼流量系数（一般为 0.8~0.85）；
　　　N——射孔孔眼的孔数，孔；
　　　D——射孔孔眼的直径，m。

④ Δp_f 的确定。

a. 水力学计算方法：

$$\Delta p_f = \lambda \frac{H}{D_e} \frac{v^2}{2g} \frac{\rho_a}{10^5} \tag{7-59}$$

式中　λ——水力沿程摩擦阻力系数，无因次；
　　　D_e——当量水力直径，与注液方式有关，m；
　　　v——管内液体平均流速，m/s；
　　　g——重力加速度常数，$g = 9.8 \text{m/s}^2$。

如果从油管注液，最大注液速度为 $Q_{max}(\text{m}^3/\text{min})$，油管直径为 $D(\text{m})$，则：

$$v = \frac{Q_{max}}{\pi/4 \cdot D^2} \frac{1}{60} = 0.02122 \frac{Q_{max}}{D^2}$$

$$\Delta p_f = 2.29738 \times 10^{-10} \lambda \frac{HQ_{max} \rho_a}{D^5} \tag{7-60}$$

若为套管注液，套管直径为 $D_t(\text{m})$，则：

$$v = \frac{Q_{max}}{\pi/4 \cdot (D_t^2 - D^2)} \frac{1}{60} = 0.02122 \frac{Q_{max}}{D_t^2 - D^2}$$

此时

$$\Delta p_f = 2.29738 \times 10^{-10} \lambda \frac{H \cdot Q_{max} \cdot \rho_a}{(D_t - D)^3 (D_t + D)^2} \quad (7\text{-}61)$$

上式中，只要知道了 λ 就可以计算出 Δp_f，下面给出的 λ 计算式：

$$N_{Re} = \frac{1000 \rho_a V^{2-n'} D^{n'}}{8^{n'-1} K'} \quad (\text{油管注液})$$

$$N_{Re} = \frac{1000 \rho_a V^{2-n'} (D_t - D)^{n'}}{8^{n'-1} K'} \quad (\text{套管注液})$$

式中，n' 为酸液的流态指数，无因次；K' 为稠度系数，$mPa \cdot s^n$。若酸液为牛顿型流体，$n'=1$，K' 即为酸液黏度。

然后根据雷诺数的大小分区计算 λ：

当 $N_{Re} \leq 2300$ 时，$\lambda = 64/N_{Re}$；

当 $2300 \leq N_{Re} \leq 10^5$ 时，$\lambda = 0.3164/(N_{Re})^{0.25}$；

当 $N_{Re} \geq 10^5$ 时，$\lambda = 0.0032 + 0.221 N_{Re}^{-0.237}$。

对于多级管柱，则将各级管柱的摩阻分别计算，叠加得到沿整个井深的摩阻。

值得说明的是，上面的计算方法对于非牛顿体（特别是压裂液）由于其流变性不同，计算结果可能有较大误差。

b. 摩阻系数法。

按照水力学的计算方法由于酸液流变性的差异、管柱内壁粗糙度等的不同，其计算结果可能有较大差异。现场为了方便起见，常常采用摩阻系数法计算泵酸过程中的沿程摩阻损失。摩阻系数 f 定义为单位长度管柱上的压力摩阻损失，单位为 MPa/m 或 MPa/100m。若获得了 f 值，则与酸化层中部深度的乘积即为摩阻损失。

由于不同酸液类型其摩阻损失不同，为了计算方便，通常先计算出同等条件下的清水的摩阻系数，在将清水的摩阻系数乘以对应酸液的降阻率便得到其摩阻系数。国外一些服务公司提供了在不同排量和管柱尺寸下的摩阻系数图版。

为了便于计算，回归得到清水摩阻系数计算式：

$$f = Q^{1.8063}/10^x \quad (7\text{-}62)$$

式中　　Q——排量，m^3/min；

f——清水摩阻系数，MPa/m。

x——不同管柱时的系数，见表 7-4。

表 7-4　系数 x 值

管柱或管柱组合	x	管柱或管柱组合	x
2in 油管	1.9089	5½in 套管	3.8272
2½in 油管	2.3621	7in 套管	4.3705
3½in 油管	2.7656	2⅞~5½in 油套组合环空	3.0000
4½in 油管	3.3979	2⅞~7in 油套组合环空	3.8542

对于酸液，其摩阻系数为：

$$f_a = f \times (1 - FR) \quad (7\text{-}63)$$

其中

$$FR = \frac{清水摩阻 - 酸液摩阻}{清水摩阻} \tag{7-64}$$

式中　FR——对应酸液的降阻率。

c. 摩阻曲线。

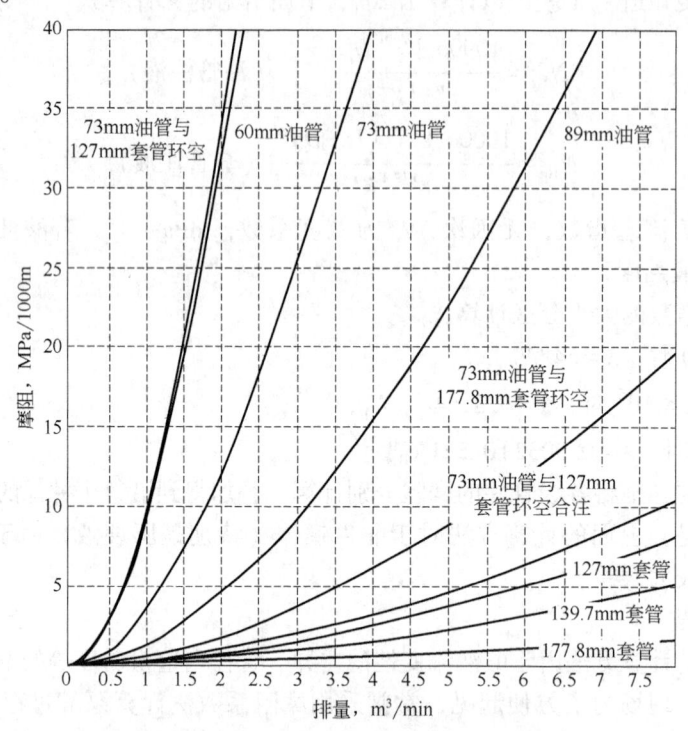

图 7-4　压裂酸化施工注入管柱理论摩阻曲线

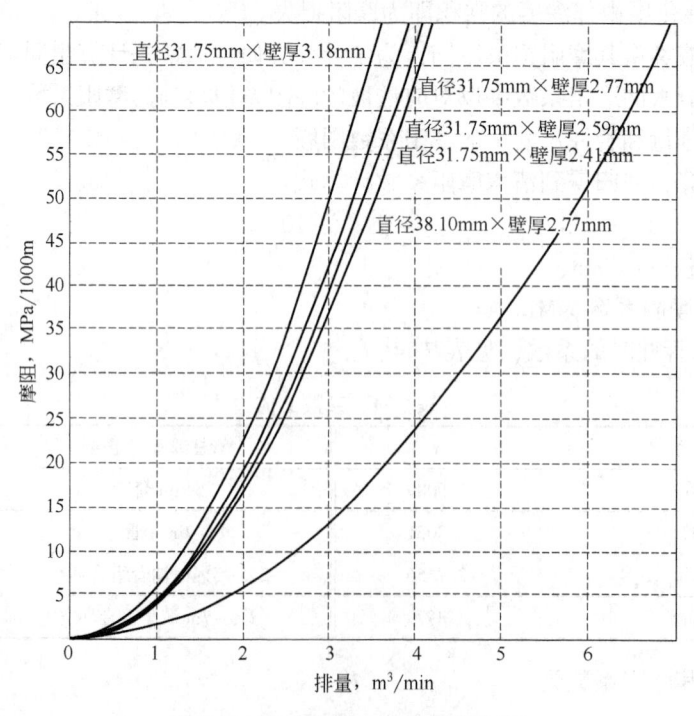

图 7-5　连续油管内摩阻理论曲线

上述摩阻曲线均是由 $\rho=1\text{g/cm}^3$、$\mu=1\text{cP}$ 的清水介质在直井段下计算的理论摩阻值绘制而成的。

第三节 碳酸盐岩油气藏酸化方案设计

一、碳酸盐岩基质酸化处理设计

只有当井筒附近存在有污染且能用酸解除时，基质酸化才是一种有效的技术。因此，在设计任何基质酸化处理时，应首先仔细分析引起油井生产下降的各种原因。一般说来，因钻井液侵入或微粒迁移而产生的污染能用酸成功地处理掉。

（一）酸液驱替工艺的确定

酸化驱替工艺的确定主要是指分层措施及适当的用酸选择和注酸顺序，一般说来，用酸选择及注酸顺序应结合岩心流动试验等室内研究确定，注酸工艺主要依据产层情况，即产层厚度，水层分布情况以及各产层吸酸能力等综合决定。

常用的注酸工艺有笼统酸化和分层酸化工艺。

1. 笼统酸化工艺

笼统酸化就是全井筒酸化，整个酸化井段处于一个压力系统下，施工工艺较为简单，但由于酸化井段的地层渗透率不尽相同，因此整个井段的吸酸强度不同，高渗透层可能酸化强度过大，而低渗透层可能酸不到酸化，容易引起或扩大层间矛盾。笼统酸化注入方式又分为油管注入、油套环空注入及油套同注。但为了保证酸液不受腐蚀基本上都采用油管注入。

2. 分层酸化工艺

分层酸化工艺分为机械分层和化学暂堵剂转向酸化两种方式。机械分层酸化的首要条件是各层之间要有足够的夹层厚度，便于坐封封隔器和桥塞。酸化管柱的组合可以达到封隔上层酸化下层，封隔上、下层酸化中间层，封隔下层酸化上层。若加上其他根据还可达到一次酸化多层的目的。

化学封堵转向酸化，可达到分层酸化和均匀布酸的目的。这种方法特别使用于套管变形无法下封隔器的井和多层段的井。通过暂堵剂暂堵高渗透层，可酸化低渗透层。若多机械几次交替、转向，则可达到分层酸化和均匀布酸的目的。

（二）酸液类型和浓度

在碳酸盐岩基质酸化中，目前最常用的酸是盐酸。表7-5列出了碳酸盐岩地层的各种酸处理中所推荐的几种酸。建议在清洗井筒时采用弱酸，相反，在其他情况下推荐用 HCl 的浓溶液。对于基质酸化的处理，应用 HCl 酸液体系，除非出于腐蚀考虑需要用弱酸外（如高温深井中）。所有酸蚀洞发育模型，在较高酸浓度下都呈现出较深的穿透，因此，高浓度的 HCl 是可取的。此外，在碳酸盐岩中，不像砂岩中那样，它没有沉淀反应限制用酸浓度。

表 7-5 用酸指南：碳酸盐酸化

用酸位置	井筒	污染的射孔孔眼	深度污染
用酸类型	5%乙酸	9%甲酸	15%HCl
		10%乙酸	28%HCl
		15%HCl	乳状 HCl

同砂岩地层酸化一样，碳酸盐岩储层酸化时为了改善酸液性能，需要在酸液中加入添加剂。碳酸盐岩酸化时常用添加剂的种类有：缓蚀剂、缓速剂、稳定剂、表面活性剂，有时还加入增黏剂、减阻剂、暂堵剂（降滤剂）、破乳剂等。关于各种添加剂的性能及使用范围，在第六章已有详尽的论述，可参阅有关章节。

（三）酸液用量和注酸排量

利用酸蚀洞传播模型（Daccord 的模型或体积模型）来确定酸液用量，然后根据作业实施监测来调整实际泵入速度和体积。

目前的酸蚀洞传播模型预测，酸蚀洞的扩展速度随注入排量的 1/2~1 次幂而增加。因此，为了最迅速地将酸蚀洞扩展到一个给定距离，应选用最大注入速度。然而，该方法所用酸量可能并不是最少，如果酸量是有限的，那么可选用较慢的注入速度。一般说来，对于石灰岩地层应备有足够量的酸（如果使用 HCl，花费并不大），以便推荐以最大注入速度注入。

在白云岩中，可选用较低注入速度。随着注入速度的减少，进入地层酸的温度增加，从而增加了反应速率。在足够高的温度下，白云岩——HCl 反应可能变为受扩散所限制的，从而导致相当快的酸蚀洞传播；也就是说，在高温情况下，白云岩的反应特性和石灰岩非常相似。

【例 7-4】 酸液用量设计计算实例。

将酸蚀洞从半径为 0.12m 井筒值传播到 1.0m 所需要的酸量，地层孔隙度是 0.15 的石灰岩，用 Daccord 模型和体积模型计算需要 28%HCl 的量。注入速度是 $0.05\text{m}^3/(\text{m}\cdot\text{min})$，扩散系数是 $10^{-9}\text{m}^2/\text{s}$，28%HCl 的密度是 1.14g/cm^3。在线性岩心驱替中，酸蚀洞突破岩心末端需要 1.5 倍孔隙体积的酸。

解： Daccord 模型，解出单位厚度地层所需的酸体积：

$$\frac{V}{h} = \frac{r_{wh}^{d_f} \pi \phi D^{2/3} (q/h)^{1/3}}{bN_{Ac}} \tag{7-65}$$

与孔隙度为 0.15 石灰岩反应的 28%HCl 的酸容量数是：

$$N_{Ac} = \frac{0.15 \times 1.37 \times 0.28 \times 1.14}{(1-0.15) \times 2.71} = 2.85 \times 10^{-2} \tag{7-66}$$

$$\frac{V}{h} = \frac{(1.12)^{1.6} \pi \times (0.15 \times 10^{-9})^{2/3} (8.33 \times 10^{-4})^{1/3}}{1.5 \times 10^{-5} \times 2.85 \times 10^{-2}} = 0.12 \text{m}^3/\text{m} \tag{7-67}$$

模型预测表明，将酸蚀洞从井筒传播 1m 只需要 $0.12\text{m}^3/\text{m}$ 酸。首先：

$$r_{wh} = \sqrt{r_w^2 + \frac{V}{\pi \phi h p V_{bt}}} \tag{7-68}$$

并解出 V/h 得：

$$\frac{V}{h} = \pi\phi(r_{wh}^2 - r_w^2)pV_{bt} \tag{7-69}$$

这表明所需酸量正好是酸蚀洞穿透区域的孔隙体积乘以把酸蚀洞穿过给定岩石体积所需酸的孔隙体积数，对于给定的情况：

$$\frac{V}{h} = \pi \times 0.15 \times (1.12^2 - 0.12^2) \times 1.5 = 0.88 \text{m}^3/\text{m} \tag{7-70}$$

体积模型所预测的体积明显大于由 Daccord 模型所得到的体积。现场实践表明，体积模型所预测较大体积比 Daccord 模型所预测的较小体积要真实得多。

（四）最大施工排量的确定

基质酸化要求在不压破地层的情况下向地层注酸。因此，根据地层破裂压力，可确定最大施工排量，施工时控制排量低于最大排量。

考虑井底压力达到破裂压力 p_F 地层即被压开。因此，最大排量据 p_F 由下式确定：

$$q_{imax} = 3.77 \times 10^{-4} \frac{K_{av}h(p_F - p_s)}{\mu\left(\ln\frac{r_e}{r_w} + S\right)} \tag{7-71}$$

式中　K_{av}——地层平均渗透率，多层油藏可按小层厚度加权平均得到，$10^{-3}\mu\text{m}^2$；

h——储层厚度，m；

p_s——储层压力，MPa；

μ——流体黏度，mPa·s；

S——储层表皮因子，无因次，由试井资料获得。

q_i——施工排量，$q_i < q_{imax}$，按经验常取 $q_i = 0.9 q_{imax}$。

（五）施工过程中井底压力的确定

井底压力可由下式确定：

$$p_{wf} = p_B + p_h - p_f - p_{hole} \tag{7-72}$$

式中　p_{wf}——井底压力；

p_B——井口泵压；

p_h——液柱压力；

p_f——液体在井筒内产生的摩阻；

p_{hole}——在孔眼处产生的阻力。

对于某一时刻的 p_{wf}，是由该时刻的泵压 p_B、井筒内液柱对井底的重力 p_h、井筒内酸液产生的摩阻 p_f 与孔眼处阻力 p_{hole} 四大部分构成。其中 p_h、p_f 是在不断随时间变化的。尤其是 p_f 与排量 Q、管径 d、管筒水力摩阻系数 λ 紧密相关的，变化较大。

假设管柱为多级，地面到地层中部深为 L，井筒内任一位置有一微元段酸液 $\text{d}x$，则液柱重力计算为：

$$p_h = \sum_{i=0}^{L} \gamma_i \text{d}x \tag{7-73}$$

式中，γ_i 为液体重度。

$$p_f = \sum_{i=0}^{L} \lambda_i \frac{v_i^2}{2gd_i} dx \qquad (7-74)$$

$$v_i = \frac{Q_i}{\frac{\pi d_i^2}{4}} \qquad (7-75)$$

式中 λ_i——该 dx 段在该时刻的摩阻系数；

g——重力加速度；

v_i——酸液速度；

Q_i——酸液排量；

d_i——管径。

由于 Q_i 不同，d_i 不同，λ_i 不同，最后得到的 p_f 就不同，所以各时刻 p_f 是变化的。其中，λ_i 的求法如下：

层流：

$$Re \leqslant 2000, \quad \lambda = 64/Re$$

紊流：

水力光滑区 $\quad 2000 < Re < \dfrac{59.7}{\varepsilon^{8/7}}, \quad \lambda = \dfrac{0.3164}{\sqrt[4]{Re}}$

混合摩擦区 $\quad \dfrac{59.7}{\varepsilon^{8/7}} < Re < \dfrac{665-756\lg\varepsilon}{\varepsilon}, \quad \dfrac{1}{\sqrt{\lambda}} = -1.8\lg\left[\dfrac{6.8}{Re}+\left(\dfrac{\Delta}{3.7d}\right)^{1.11}\right]$

水力粗糙区 $\quad Re > \dfrac{665-756\lg\varepsilon}{\varepsilon}, \quad \lambda = \dfrac{1}{\left(2\lg\dfrac{3.7d}{\Delta}\right)^2}$

其中

$$\varepsilon = \frac{2\Delta_i}{d_i}$$

二、酸压处理设计

目前酸压工艺常用的有用盐酸直接酸压（也称常规酸压）和前置液酸压。两者比较起来，前置液酸压有效作用距离长，增产效果好而且常用。前置液酸压和常规酸压设计的步骤和方法完全一样。在此重点介绍前置液酸压设计方法和步骤。

（一）酸化处理设计应收集的资料

酸化处理设计是酸化系统工程的具体体现。完善的酸化处理设计应设计下列数据项：井的数据、地层参数、岩石力学数据、压裂液数据、酸液数据、岩心分析数据及泵注数据等。

（二）酸化处理设计包括的内容

酸化处理设计一般应包括下列内容：井的基本数据，钻井、试油、采油简史，综合分析施工目的及效果预测，主要施工参数及泵注程序，施工准备，施工步骤，施工质量要求及安全注意事项，施工后井的管理，施工劳动组织及环境保护，施工所需设备、材料及费用预算等。

1. 井的基本数据

主要是施工井层的一些基本数据，它是酸化处理设计的基本依据。主要包括油井基本情况数据、钻头套管程序及套管试压情况、油层套管数据及主要地层参数等。

2. 处理层钻井、试油、采油（气）简史

包括钻井、地质录井、测井情况、地层测试资料及评价，射孔资料、射孔后显示及上一次酸化、排液、测试、关井压力恢复资料，采油（气）历史等。

3. 综合分析、施工目的及效果预测

通过对上述资料的综合分析，评价该处理层，并根据该构造上同一层位的井生产情况提出酸化目的和酸处理工艺，并预测增产效果。

4. 主要施工参数

根据施工目的、井及地层途径、室内岩心数据等选择适合的酸化工艺，确定酸化工作液（前置液、酸液、顶替液）的类型、配方、用量及施工压力、排量等参数。

1）前置液的要求、种类及用量

对前置液的基本要求是：

① 遇酸不降解，具有较好的滤失控制性能；

② 在地层条件下具有足够的浓度；

③ 对地层无伤害，易于返排；

④ 成本低，使用安全。

前置液酸压使用的前置液类型同水力压裂在此不赘述。用量的选择一般主要根据施工经验和施工规模及施工的要求而定。现在也可用计算机进行优化而得到。

2）酸液类型、浓度及用量

对于碳酸盐岩储层的酸化处理可采用的酸液及其性能在前面已作了介绍。但最常用的还是盐酸体系，主要有常规盐酸体系、稠化酸体系、泡沫酸体系、乳化酸体系、化学缓速酸体系，在设计时可根据室内试验和实际情况进行选择。

虽然高浓度酸液酸化，酸化效果较好，但酸化效果并非总随酸液浓度的提高而变得更佳。浓度的确定可由溶蚀试验来确定。目前国内酸化处理酸液浓度多介于15%~20%。酸液用量则据酸化改造的范围和力度据试验来确定。有文献指出，酸液用量一般为动态裂缝体积的1.5~5倍。目前，酸液用量也可根据优化设计的要求由计算机模拟确定。具体的配方由酸化试验确定。

3）顶替液的类型、用量

顶替液的目的是将井筒及地面管线中的酸液全部顶入地层中，一般用活性水，或氯化铵溶液，用量以地面管线和井筒体积再附加一定的余量。

4）施工压力、排量

在酸压处理时要求施工排量大于地层的吸收能力，以保证裂缝的形成及延伸。在井身质量等不存在问题时，应充分发挥设备的能力，以高的排量注入，有利于造宽缝、长缝，也有利于酸液快速向地层深部推进，提高有效作用距离。一般地，排量提高，施工费用也会相应提高，但酸化效果并不一定都能提高。因此，为了选出最佳的施工方案，可以考虑几种注液排量。酸压时现行的排量一般为 $1.5\sim3\mathrm{m}^3/\mathrm{min}$，当产层特别厚度时，排量有时大于此值。

施工井底压力应大于地层破裂压力。

（三）施工酸化处理设计计算

1. 地面施工泵压和压裂车台数的确定

地面施工压力等于岩石的破裂压力和摩阻之和。地面注酸压力：

$$p_\text{泵} \geqslant p_F + p_f + p_m - p_H \tag{7-76}$$

式中　p_F——井底破裂压力，MPa；
　　　p_f——液体在井筒中的沿程摩阻损失，MPa；
　　　p_m——井底射孔孔眼摩阻（注水泥射空完井方式），MPa；
　　　p_H——注入点静水压力，MPa。

1）井底破裂压力的确定

地层破裂压力的确定有三种方法：①利用压力施工曲线的瞬时关井压力确定；②根据地应力分布进行理论计算；③按矿场统计资料计算。

一般情况下，对于老区油气井酸化，通常都有各区块的破裂压力统计资料，可参照选取；对于新区油气井酸化。可用小型压裂测取有关地层破裂资料后，确定破裂压力；如不能进行小型压裂，就需据地应力分布计算确定破裂压力，施工后再进行检验，积累资料。这里按矿场统计资料确定：

$$p_F = \alpha H \tag{7-77}$$

式中　α——地层破裂压力梯度，MPa/m；
　　　H——地层深度，m；
　　　p_F——地层破裂压力，MPa。

2）静水压力 p_H 的确定

静水压力 p_H 的计算公式如下：

$$p_H = \rho_\text{acid} H g / 10^6 \tag{7-78}$$

式中　ρ_acid——酸液密度，$\mathrm{kg/m^3}$；
　　　g——重力加速度，$9.8\mathrm{m/s^2}$。

3）p_m 的确定

对于裸眼完井方式：$\Delta p_m = 0$，对于注水泥下套管射孔完井，按如下公式计算：

$$p_m = 0.2998 \times 10^{-10} \times \frac{\rho_\text{acid} q_\text{inj}^2}{\alpha^2 N d} \tag{7-79}$$

式中　α——孔眼流量系数（一般为 0.8~0.85）；
　　　N——射孔孔眼数；
　　　D——孔眼直径，m。

4）沿程阻力 Δp_f 的确定

一般有两种计算方法：水力学摩阻计算方法和输入管柱摩阻系数直接计算的方法。水力学计算方法如下：

$$\Delta p = \lambda \frac{L}{D_e} \frac{v_t^2}{2g} \frac{\rho_{acid}}{10^5} \tag{7-80}$$

式中　λ——水力沿程摩阻系数；
　　　L——油管长度，m；
　　　D_e——当量水力直径，与注液方式有关，m；
　　　v_t——管内液体平均流速，m/s；
　　　g——重力加速度常数，$g=9.8\text{m/s}^2$。

从油管注液，最大注液速度为 q_{imax}（m^3/min），油管直径为 D（m），则：

$$v_t = \frac{q_{imax}}{\pi/4 D^2} \frac{1}{60} = 0.02122 \frac{q_{imax}}{D^2}$$

此时

$$\Delta p_f = 2.29738 \times 10^{-10} \lambda \frac{H q_{imax} \rho_{acid}}{D^5} \tag{7-81}$$

式（7-81）中，只要知道 λ 就可以计算出 Δp_f。

水马力计算公式为：

$$H_p = p_泵 q_{imax} / 4.563$$

压裂车台数 N：

$$N = \frac{H_p}{h_p \eta} + (1 \sim 2)$$

式中　h_p——压裂车单车水马力；
　　　η——综合效率系数，小数。

2. 酸化过程的模拟计算及效果预测

综合应用前面部分碳酸盐岩酸压模拟数学模型：动态裂缝尺寸、酸液浓度分布规律及有效作用距离、酸蚀裂缝导流能力及增产倍比等进行酸化设计模拟，分析不同施工参数对酸化效果的影响，指导酸化设计，优选施工方案，减少酸化施工的盲目性。

三、水平井酸压施工参数优化设计

（一）水平井酸压工艺参数优化

水平井段地质特征是决定酸压层段的主要因素，结合岩心观察、钻井资料、测录井资料、地震资料综合识别有利储层段分布，据此确定水平井酸压分段数及分段位置。在储层地质分层分段的基础上，根据研究区目的层段物性和油气显示划分压裂单元进行不同规模的压裂改造，使不同层段都能得到充分有效地改造。

1. 措施段长度优化

进行水平井酸压设计时，酸压水平井段长度的确定一般由地质研究人员根据钻录井显示情况、测井解释成果等资料来选择油气显示好的层段进行酸压，而且为了实现单井产能的最大化，一般会要求尽可能地增大水平段打开程度，设计较长的酸压水平段长度。然而，当酸压吸酸水平段长度过大时,受地面排量限制,难以在井底憋起足够的压力,导致无法压开地层而使得酸压工艺失败。对于研究区碳酸盐岩储层,天然裂缝发育,液体滤失严重的地层,井筒憋压困难,措施段长度优化是能否压开地层的重要因素。

另外,措施井段越长,酸压产生多裂缝的可能性越大,就越难以形成长的主裂缝,沟通裂缝储集体的概率就越小,酸压效果越差,因此,需要对措施段长度进行优化。

1) 地层破裂条件

酸压施工需要使井底压力达到储层的破裂压力即可压开储层,流体在井筒内流动中,主要受到井口压力、静液柱压力以及流动过程中流体与井筒产生的摩擦阻力的影响。

$$p_{wf}=p_a+p_h-p_f \tag{7-82}$$

式中 p_a——井口压力,MPa;

p_h——井筒内静液柱压力,MPa;

p_f——井筒摩阻,MPa。

2) 井筒摩阻计算

通过线性回归绘制不同管柱尺寸的清水摩阻图版,并结合现场经验公式对井筒流体的降阻率进行计算,最终计算出流体在井筒中的摩阻。现场将不同管柱的清水摩阻系数和排量绘制成了双对数曲线,为了计算方便,将清水摩阻图版进行回归,见表7-6。

表7-6 清水的排量和清水摩阻系数之间的关系

注液方式	管柱尺寸,in		清水摩阻系数 f_{fw}(kPa/m) 和排量 Q(m³/min) 的关系
油管	1¼		$\lg f_{fw}=1.8055\times\lg Q+1.8541$
	1½		$\lg f_{fw}=1.8379\times\lg Q+1.5394$
注液方式	管柱尺寸,in		清水摩阻系数 f_{fw}(kPa/m) 和排量 Q(m³/min) 的关系
油管	2⅜		$\lg f_{fw}=1.8644\times\lg Q+1.1005$
	2⅞		$\lg f_{fw}=1.8032\times\lg Q+0.6579$
	3½		$\lg f_{fw}=1.8198\times\lg Q+0.2212$
油套环空	4½	2⅜	$\lg f_{fw}=1.8327\times\lg Q+0.4297$
	5½	2⅞	$\lg f_{fw}=1.8210\times\lg Q-0.0039$
	5½	2⅜	$\lg f_{fw}=1.8302\times\lg Q-0.2580$
	7	2⅞	$\lg f_{fw}=1.8170\times\lg Q-0.8798$
	7	2⅜	$\lg f_{fw}=1.8159\times\lg Q-1.0066$

井筒内工作液的摩阻为:

$$p_f=f_{fw}\times L\times(1-\lambda_{fw}) \tag{7-83}$$

式中 p_f——管柱摩阻,MPa;

f_{fw}——清水摩阻系数,MPa/m;

λ_{fw}——降阻率,%;

L——管柱长度,m。

试算流体流到距离井口 h 深度的位置时,其需要克服的摩擦阻力为:

$$p_f=f_{fw}\times h\times(1-\lambda_{fw}) \tag{7-84}$$

3) 井筒憋压模型

由于裂缝性储层中工作液的滤失量大且水平井酸压吸酸井段长,使得憋压比较困难,为了模拟憋压过程，流体的压缩系数 β_p：

$$\beta_p = -\frac{dV}{Vdp} \tag{7-85}$$

式中　V——流体受力之前的体积，m^3；

　　　dp——压力变化量，MPa；

　　　β_p——流体的压缩系数，MPa^{-1}。

式中"-"仅表示变化趋势相反。由于液体分子力的作用，压缩系数通常比较小，数量级一般为 10^{-4}。

假设标准压力为 0.101MPa，井筒内压裂液的变化量为：

$$dV = -V(p_{动} - p_s)\beta_p \tag{7-86}$$

式中　$p_{动}$——压裂液在井筒中流动时在距井口 h 处的流动压力，MPa；

　　　p_s——标准大气压，0.101MPa；

　　　V——压裂液压缩前的体积，m^3。

注入井筒前，压裂液的原始体积 V 为：

$$V = h \cdot \pi \cdot r_w^2 + dV \tag{7-87}$$

由方程式(7-86) 和方程式(7-87) 得到：

$$\begin{aligned} dV &= (dh \cdot \pi r^2 + dV)\beta_p dp = dh\pi r^2\beta_p dp + dV\beta_p dp \\ &= \frac{\pi r^2 \beta_p dp}{1-\beta_p dp}dh = -\pi r^2 \frac{1-\beta_p dp - 1}{1-\beta_p dp}dh = \pi r^2\left(\frac{1}{1-\beta_p dp} - 1\right)dh \\ &= \frac{\pi r^2 dh}{1-\beta_p(p_{动} - p_s)} - \pi r^2 dh \end{aligned} \tag{7-88}$$

假设 V_e 为井中流体的体积变化量。对式(7-88) 进行积分，得：

$$\begin{aligned} V_e &= \int_0^L \frac{\pi r^2}{1-\beta_p\{p_a - p_s + [\rho_{液}g - f_{fw}(1-\lambda_{fw})]h\}}dh - \int_0^L \pi r_w^2 dh \\ &= \frac{\pi r^2}{-\beta_p[\rho_{液}g - f_{fw}(1-\lambda_{fw})]}\ln\{1-\beta_p\{p_a - p_s + [\rho_{液}g - f_{fw}(1-\lambda_{fw})]L\}\} - \pi r_w^2 L \end{aligned} \tag{7-89}$$

根据质量守恒定律：

$$V_{注入} = V_e + V_{滤失} \tag{7-90}$$

式中　$V_{注入}$——井口压力下的工作液注入量，m^3；

　　　V_e——井筒中流体的总体积变化量，m^3；

　　　$V_{滤失}$——井底流压下工作液的滤失量，m^3。

现场施工过程中，由于是瞬间压开储层，认为起裂时间为单位时间，即 $t = 1\min$。根据下式可知：

$$Q_{注入} \times t = Q_{滤失} \times t + V_e \tag{7-91}$$

压裂施工时，需要井底压力达到储层的破裂压力才能压开储层，即：

$$p_{wf} > p_F \tag{7-92}$$

式中　p_{wf}——井底压力，MPa；

p_F——破裂压力，MPa。

4) 起裂排量与酸压井段长度关系图版

在综合考虑裂缝性储层酸液滤失和破裂压力预测模型研究基础上，研究井筒憋压、裂缝性地层渗流与排量之间的关系，结合研究区储层实际情况，建立不同地层条件下（裂缝密度、裂缝开启度、基质渗透率）压开地层所需排量与处理井段长度关系图版，优化酸压措施水平段长度。

基于储层特征及裂缝发育特征，拟定基础计算参数见表7-7，绘制压开地层所需排量与处理井段长度关系图版（如图7-6至图7-8所示）。

表7-7 基础参数表

参数	值	参数	值
埋藏深度，m	2850	油管尺寸，in	$3\frac{1}{2}$
基质渗透率，mD	0.1、1、5、10	地层压力，MPa	24
裂缝开启度，mm	0.5、1、2、4	地层流体黏度，mPa·s	30
裂缝密度，条/m	1、2、3、4	酸液密度，g/cm³	1.05
破裂压裂梯度，MPa/m	0.018	酸液降阻率，%	60

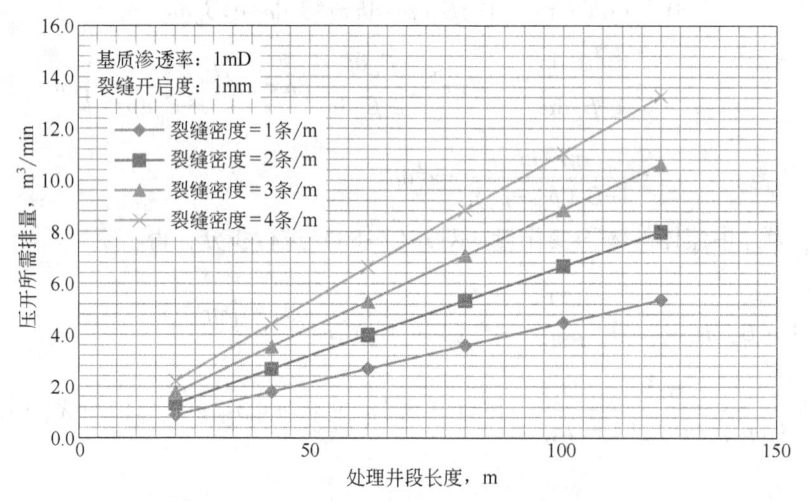

图7-6 天然裂缝密度与压开排量关系图版

优化水平井单段措施井段长度时，可以结合地层情况及施工设备能力，参考上述图版优化水平井措施段长度。根据计算图表显示，裂缝开度及密度对压开排量影响较大，而基质渗透率影响相对较小。一般来说，为了确保有效压开储层及裂缝的深部延伸，每段措施水平段长度一般不要超过100m，尽可能提高酸液置放的针对性；平均压开段长度为100m时，针对裂缝发育特征，压开地层所需注液排量应至少大于$6\sim8\text{m}^3/\text{min}$。

2. 用酸强度优化

酸压期望获得尽可能长的刻蚀裂缝，沿裂缝推进酸—岩反应速率相对较慢，酸蚀距离相对较大，但是由于裂缝性地层的酸液滤失量较大，酸—岩反应复杂，使得在制定施工方案时，难以科学的确定酸压用酸强度。通过建立酸液在基质和天然裂缝中的渗流模型、反应模

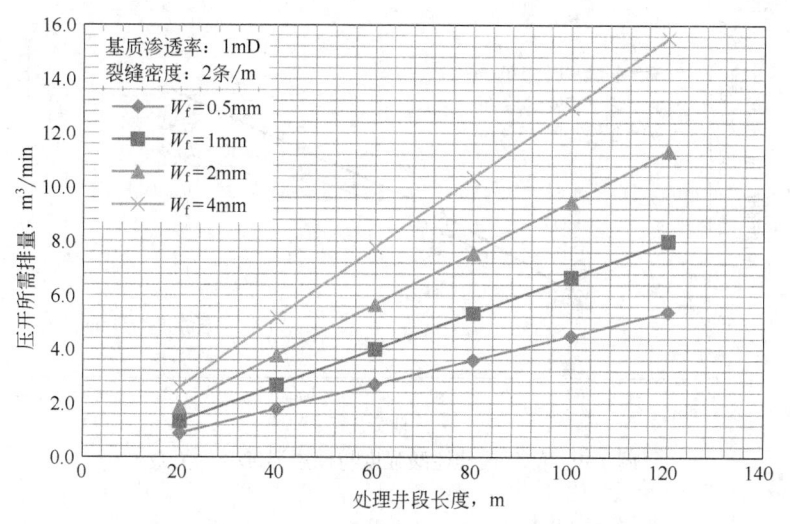

图 7-7 天然裂缝开启度与压开排量关系图版

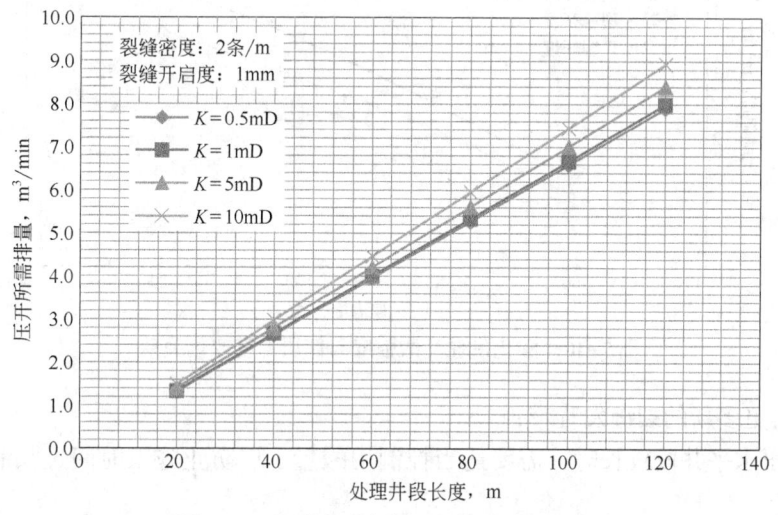

图 7-8 基质渗透率与压开排量关系图版

型和温度场模型,结合室内试验研究结果,综合考虑地层温度,反应热及同离子效应等因素的影响,模拟了天然裂缝中酸分布对注酸强度和注酸速度的影响,并对影响酸液穿透距离的一些因素(注入速度、注酸强度、天然裂缝分布等)做了研究。

对注酸强度影响较为明显的因素温度,裂缝分布等,由图 7-9、图 7-10 即可查得对应的注酸强度。

具体确定最佳注酸强度时可按以下准则进行:

① 根据储层温度,井层裂缝分布情况(裂缝频度,裂缝宽度等)查相应图版,得出注酸强度基准值;

② 对于天然裂缝发育,地应力方向匹配较差,酸液滤失较大时,适当加大注酸强度;当储层孔隙条件较好、地应力方向匹配较好时,则控制用酸量;

③ 裂缝发育带离井眼较远时则增大用酸强度,相反则降低用酸强度;

④ 对于已进行过酸化作业的井,可根据以往施工经验,重复酸化次数等适当增加注酸

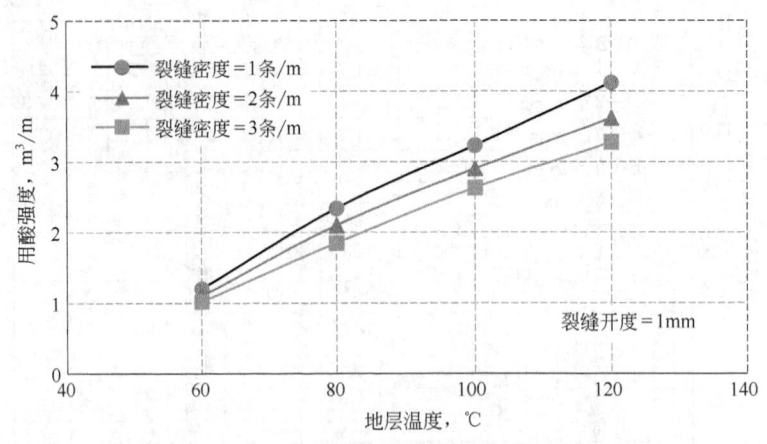

图 7-9 酸化最佳注酸强度与储层温度变化关系

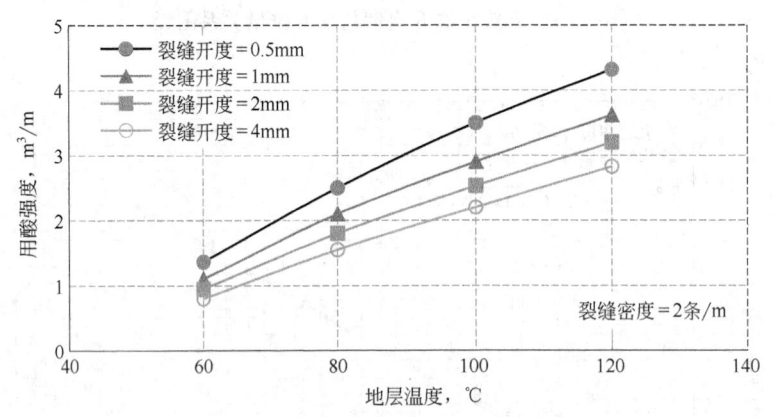

图 7-10 酸化最佳注酸强度与储层温度变化关系

强度,以沟通更多新的裂缝发育带;

⑤ 当酸压水平井段较长时,需要适当控制用酸量,以防止施工时间过长和单井施工成本过高。

3. 注酸排量优化

综合考虑储层条件、酸—岩反应机理、注酸速度、酸液滤失等确定最佳注酸速度。在储层条件等一定的情况下,注酸强度一定时,注酸速度越大,酸液穿透距离就越大,处理效果就越佳,因此酸压作业时,只要地面设备和井的质量可以承受,尽可能地提高排量。

排量一定范围的提高会有助于提高酸处理效果,但并非可无限制的提高,提高到一定程度后继续提高处理效果得以改善的程度很小,但往往是使施工费用增大。通过对酸化过程的全面分析,认为只要在酸—岩反应有效时间内注完酸液,且在注酸过程中让注入量大于滤失量,即保证动态缝在注酸过程不闭合,这样随酸液的不断注入,有效处理范围就会继续增大。在此基础上若继续提高排量,意义不大。因此要求在有效作用时间内注完酸液,且保证注入速度大于滤失量,即:

$$q \geq \frac{Q}{t_e} \tag{7-93}$$

且

$$q \geqslant \frac{V_N}{h} \quad (7-94)$$

式中 q——注酸速度，$m^3/(m \cdot min)$；
　　　Q——注酸强度，m^3/m；
　　　t_e——有效作用时间，min；
　　　h——产层厚度，m。

由式（7-93）和式（7-94）约束的注入速度范围如图 7-11 所示。

在实际施工时，尽可能将注入速度保持在图 7-11 阴影部分内，图中最大注入能力由地面施工设备、井口及管柱所能承受的压力决定，有效注酸速度由酸液的反应速度或酸液的有效作用时间决定，酸液的滤失速度则由储层渗流能力及酸液性质决定，因此合理的注酸速度是由上述多因素决定的。

图 7-11　注酸速度范围示意图

（二）水平井分段酸压裂缝参数优化

碳酸盐岩非均质性强，针对水平井未钻遇有利储层时需要采用储层改造进一步沟通有利储层，从而实现最大程度的增大单井控制储量，从而实现经济开采。

常规水平井笼统改造由于改造目的性差，滤失严重，且储层存在非均质性，虽然采取限流压裂等措施，形成的裂缝分布情况往往如图 7-12 所示，裂缝分布极不理想，只有水平井的趾部和根部得到改造，水平井产能完全得不到充分发挥，为克服此类情况，形成如图 7-13 所示理想裂缝分布形态，则需要对水平井进行分段改造，实现人工裂缝的均匀分布，而充分发挥水平井改造增产的潜能。

(a) 横切缝　　　　　　　　(b) 纵向缝

图 7-12　水平井改造非理想人工裂缝分布图

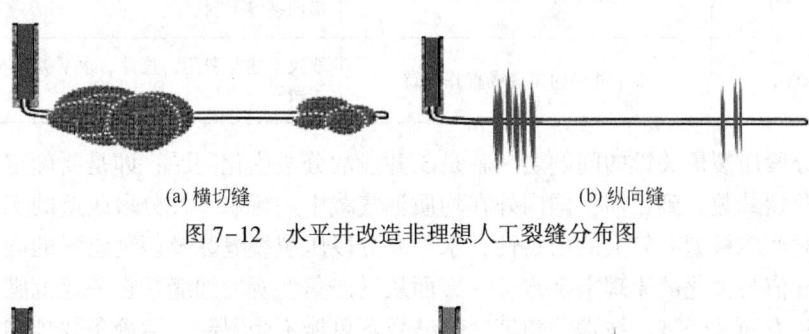

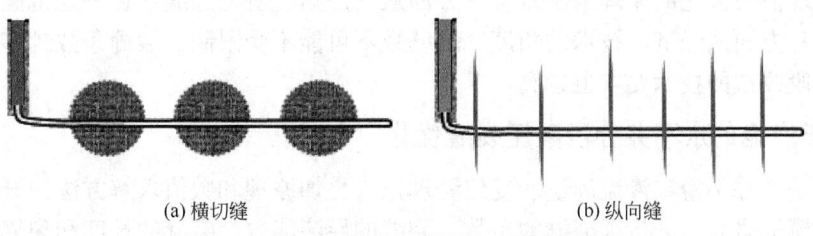

(a) 横切缝　　　　　　　　(b) 纵向缝

图 7-13　水平井改造理想人工裂缝分布图

数值模拟结果表明，对于中、高渗（大于 0.5mD）储层，由于湍流效应和节流表皮效应的影响，水平井的无因次生产指数很小，较直井无优势，而对于低渗透储层（小于 0.5mD），若在水平井进行分段改造的情况下，产能优势明显。

基于渗透率对水平井产能影响研究，进一步研究了水平井分段数对产能的影响情况（图 7-14），图中纵坐标为水平井的等效直井数，从图中可以看到对于低渗储层（小于 0.5mD），当裂缝条数大于 4 时，$X>1$，即水平井 4 条横切缝等效直井数大于 1，其产能大于直井。同时，渗透率越低，水平井横切缝越具有吸引力。总结产能模拟情况，不同渗透率对应推荐技术措施见表 7-8。

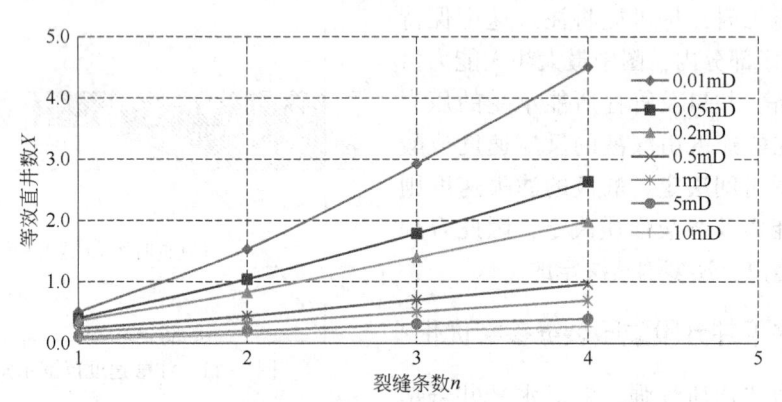

图 7-14 裂缝条数对等效直井数（$X=J_{DTH}/J_{DV}$）的影响

表 7-8 不同渗透率气井适合工艺措施

序号	渗透率，mD	技术措施	备注
1	>5	水平井、纵向裂缝	各种情况
2	0.5~5	水平井、纵向裂缝或直井压裂	取决于建井经济性和直井、水平井及分段技术的相关费用
3	0.1~0.5	水平井、横向裂缝	大于 0.5mD 时，裂缝与井筒连通的节流效应使得横向裂缝不利
4	<0.1	水平井横向裂缝或直井压裂	取决于建井费用、直井、水平井及分段技术的相关费用

水平井分段压裂最关键的问题之一就是长井段的分段优化问题，即是要确定分段改造时的分段位置及裂缝数。到目前，国内外在均质油气藏中进行水平井分段改造的实例较多。对均质储层，对产能模型有较大的依耐性，水平井分段压裂裂缝数及裂缝位置的确定主要是依据产能与净现值最大化的原理来确定，一方面从增产角度看增加缝数在一定范围内可以使产量增加；另一方面从经济和技术的角度，裂缝数不可能不受限制，裂缝条数越多，增产成倍越大，对分段改造的技术要求也越高。

1. 基于产能的水平井分段酸压裂缝优化

基于水平气井不稳定渗流理论、复位势理论、叠加原理和数值求解方法，开展水平井分段酸压产能模拟研究，分析了裂缝的条数、裂缝的导流能力、裂缝的长度和裂缝平面与水平井井筒夹角以及裂缝位置分布等参数对酸压水平气井产量的影响，确定水平井分段酸压裂缝优化的一般策略。水平井酸压裂缝参数见表 7-9。

表 7-9　水平井酸压裂缝参数

裂缝夹角, (°)	30, 45, 60, 90	裂缝条数	2, 4, 6, 8
裂缝半长, m	20, 60, 80, 100	导流能力, $\mu m^2 \cdot cm$	10, 30, 50, 60

1) 裂缝平面与水平井井筒夹角

裂缝延伸方向主要是受地应力所控制,将人工裂缝的延伸方向与水平井主井筒之间的夹角定义为裂缝夹角。通过数值模拟计算出不同裂缝夹角情况下对应的水平井产量。

水平段长度为 600m、4 条裂缝、裂缝半长 60m、导流能力为 $30\mu m^2 \cdot cm$ 的条件下,不同的裂缝夹角情况下水平井衰竭生产 1 年的累计产量变化情况如图 7-15 所示。

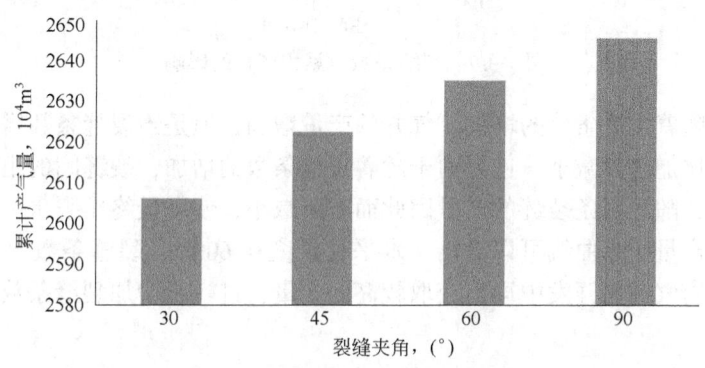

图 7-15　裂缝夹角对产量的影响

模拟结果表明,随着裂缝夹角的角度增加,压裂水平井累计产量逐渐增加,但随着夹角的不断增大产量增幅会不断地减小。从图中可以看出夹角为 90°的时候即横切裂缝,裂缝面与水平井筒垂直,获得的水平井产量最高,所以对于低渗致密气藏水平井,压裂多段横切裂缝的效益要优于其他角度的裂缝。

2) 裂缝条数

水平井长度为 600m、裂缝半长 60m、导流能力为 $30\mu m^2 \cdot cm$ 的条件下,压裂不同裂缝条数时气井日产量和累计产量随生产时间的变化如图 7-16 和图 7-17 所示。

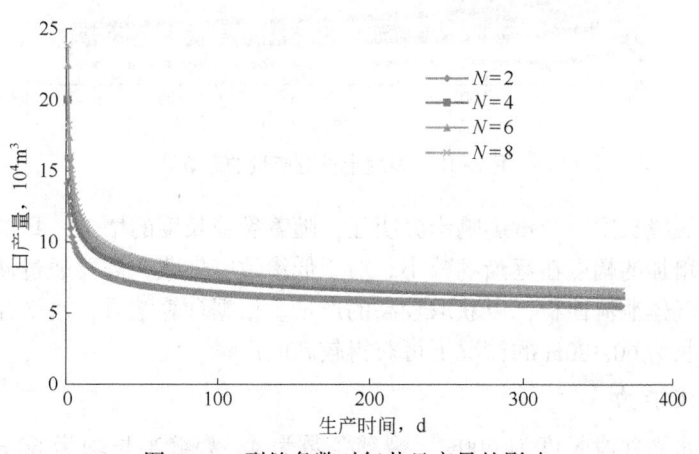

图 7-16　裂缝条数对气井日产量的影响

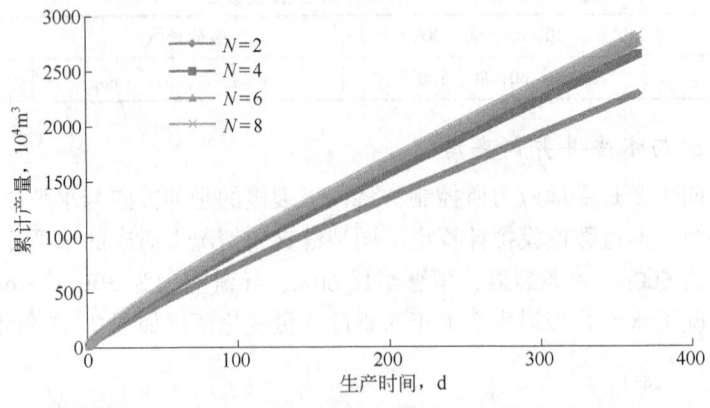

图 7-17 裂缝条数对累积产量的影响

结果表明：随着裂缝条数的增加，气井的产量增加，但是当裂缝条数增加到一定程度之后，气井产量的增加幅度减小。这是由于随着裂缝条数的增加，裂缝间的距离更短，裂缝相互间的干扰加重，随之每条裂缝的产量因此而有所减小，使得最终压裂水平井累计产量增幅减小。从图中的产量结果曲线可以看出，水平井长度在 600m、裂缝条数 4 条的情况下压裂水平井在低渗致密气藏的开发中即能获取较高的产量，进一步增加裂缝条数，对产量的贡献不大。

3）裂缝长度

水平井长度为 600m、4 条裂缝、导流能力为 $30\mu m^2 \cdot cm$ 的条件下，不同裂缝长度时压裂水平井日产量及累计产量变化情况如图 7-18 和图 7-19 所示。

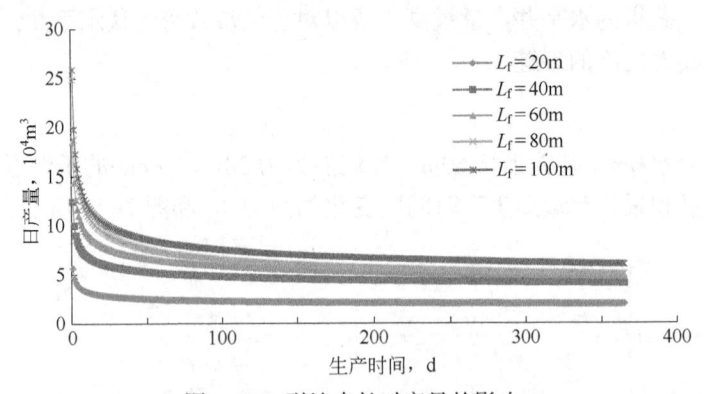

图 7-18 裂缝半长对产量的影响

结果表明：裂缝长度对产量影响十分明显，随着裂缝长度的增加，日产量和累计产量均不断增加，但是增加的幅度在逐渐的减小。对于低渗致密气藏，需要通过储层改造增加裂缝长度，从而增大气体泄流面积，以获取较高的产量。根据计算结果，水平井长度为 600m，4 条裂缝，裂缝半长为 60~80m 的情况下可获得较高的产量。

4）裂缝导流能力

计算时假设水平井段长度为 600m、裂缝条数为 4、裂缝半长均为 60m，裂缝等间距分布，裂缝导流能力分别为 $10\mu m^2 \cdot cm$、$30\mu m^2 \cdot cm$、$50\mu m^2 \cdot cm$、$60\mu m^2 \cdot cm$ 时累计产量计算结果如图 7-20 所示。

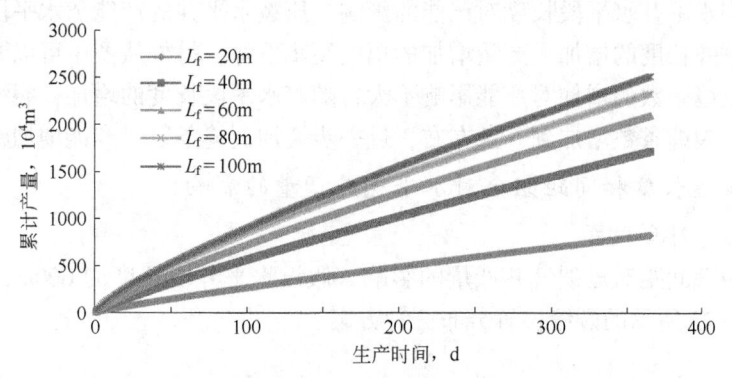

图 7-19　不同裂缝半长时累积产量随时间变化曲线图

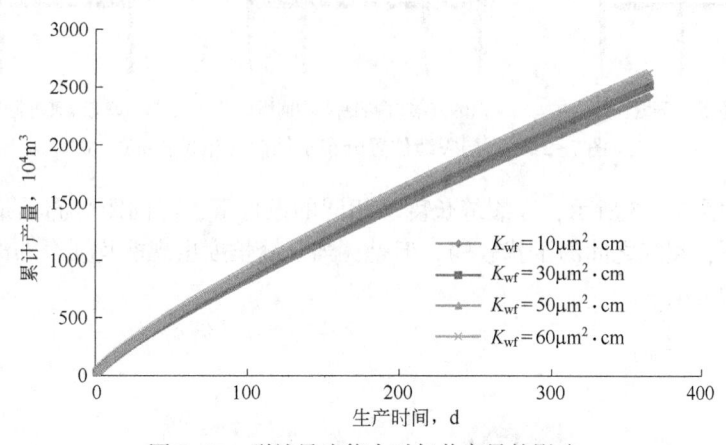

图 7-20　裂缝导流能力对气井产量的影响

结果表明：随着裂缝导流能力的增加，压裂水平井的累计产量逐渐增加，且产量的增幅逐渐变小。对于低渗致密气藏，裂缝导流能力的增加对产能的影响相对较小，相对而言增加裂缝长度对产能的影响要大得多。

5）不同水平段长度时裂缝条数优化

图 7-21 为裂缝半长、裂缝导流能力一定的条件下（$K_{wf}=30\mu m^2 \cdot cm$；$X_f=60m$）不同

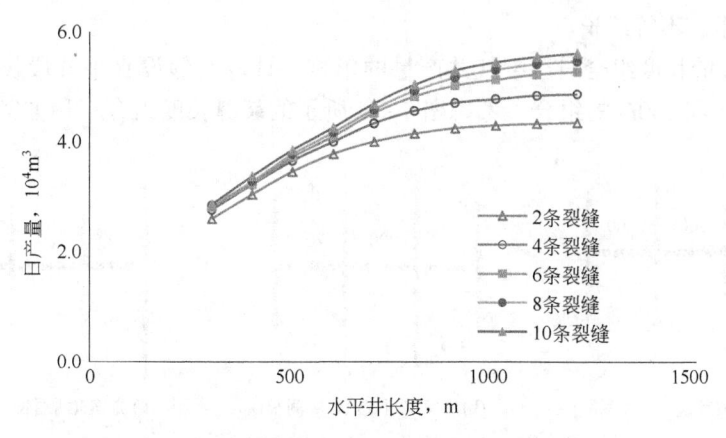

图 7-21　不同裂缝条数下的水平井长度对产能的影响

裂缝条数下压裂水平井水平段长度对产能的影响，压裂水平井的产能随水平段长度的增加而增加，但随水平井长度的增加，产量增加的幅度逐步下降。另外从图中可以看出，当水平段长度较短时，裂缝条数的增加对产能影响不大；随着水平段长度的增加，裂缝条数对产能的影响逐渐增大，裂缝条数增加到 6 条左右，进一步增加裂缝条数，产能增加幅度较小。

6) 不同裂缝长度和间距组合对水平气井产量的影响

（1）等缝长、不等间距

为了研究裂缝间距对压裂气井产量的影响，假设水平井段长度为 600m，裂缝的半长为 60m，考虑图 7-22 所示的裂缝位置分布三种方案。

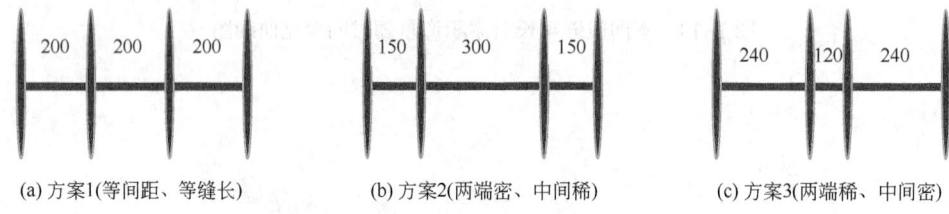

(a) 方案1(等间距、等缝长)　　(b) 方案2(两端密、中间稀)　　(c) 方案3(两端稀、中间密)

图 7-22　不同裂缝位置分布示例图（单位：m）

计算结果如图 7-23 所示，在裂缝长度均相同的条件下，等间距分布是最优的方案，因为在这种情况下，裂缝之间的干扰较弱，但是，当裂缝长度出现非均质分布时，这种等间距分布未必是最优方案。

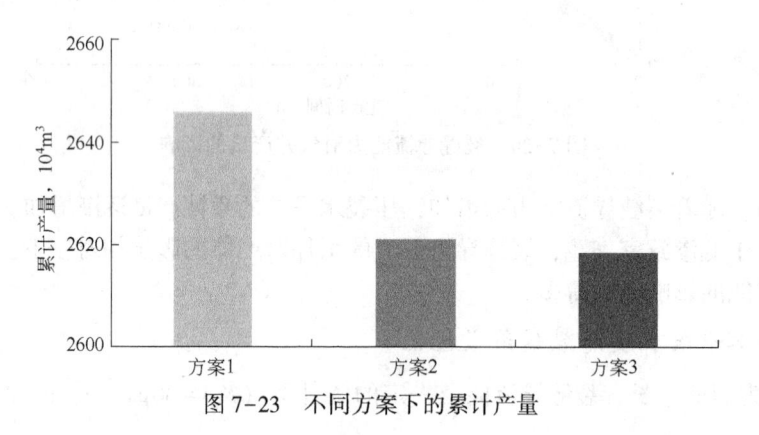

图 7-23　不同方案下的累计产量

（2）等间距、不等缝长

为了研究裂缝长度组合对压裂气井产量的影响，计算时假设水平井段长度为 600m，裂缝的半长为 60m 和 100m 的组合，考虑图 7-24 所示的裂缝长度组合三种方案。

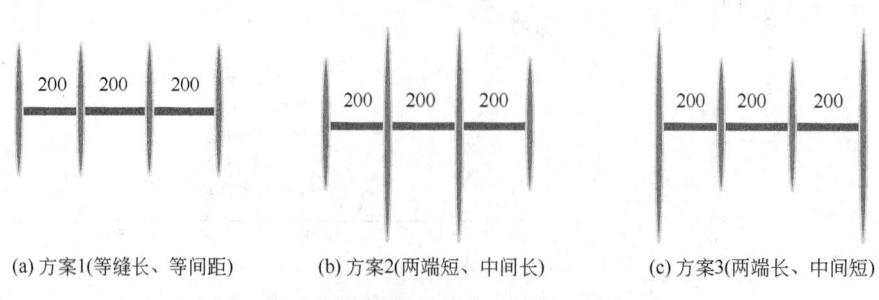

(a) 方案1(等缝长、等间距)　　(b) 方案2(两端短、中间长)　　(c) 方案3(两端长、中间短)

图 7-24　不同裂缝半长组合示例图（单位：m）

计算结果显示（图7-25），三种方案中方案3是最优方案，这种方案最优的原因是在相同的裂缝长度下，首尾两条裂缝对产量的贡献值很大，远大于中间两条缝对产量的贡献，那么增加首尾裂缝的长度具有较大的增产潜力。

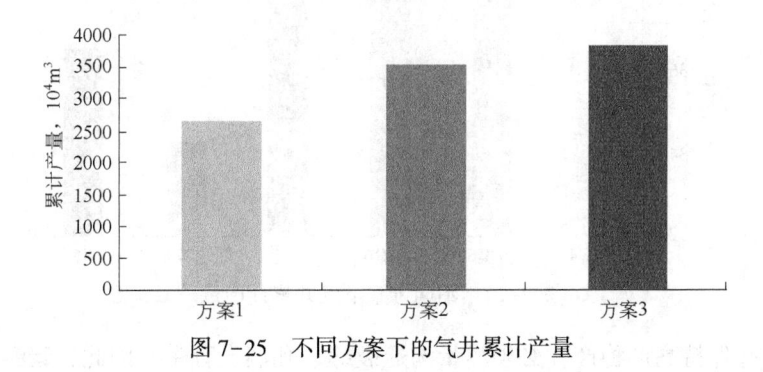

图7-25　不同方案下的气井累计产量

（3）变间距、变缝长

为了研究不同裂缝长度和间距组合对压裂气井产量的影响，考虑以下六种方案的不同组合（图7-26）。

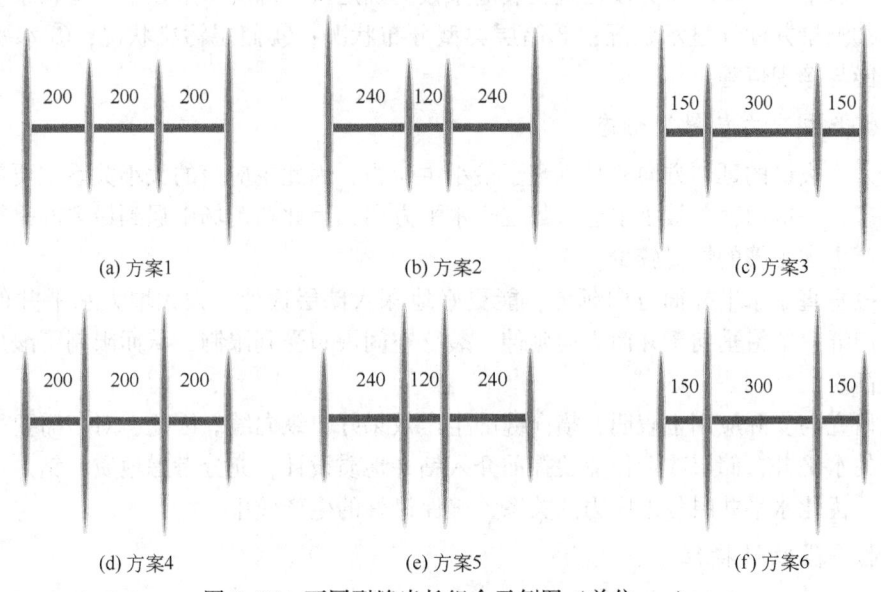

图7-26　不同裂缝半长组合示例图（单位：m）

计算结果显示，6种方案中方案2为最优方案，原因是：一方面，在相同的裂缝长度下，首尾两条裂缝对产量的贡献值很大，远大于中间两条缝对产量的贡献，那么增加首尾裂缝的长度具有较大的增产潜力；另一方面，中间两条缝间距缩小可以减弱对首尾两条裂缝的干扰，同时增加了中间两条缝的控制区域，但是中间两条缝的相互干扰在原来基础上增加了，所以中间两条缝的间距不能太小，否则会使这种增产优势被中间两条裂缝干扰限制。

2. 裂缝性碳酸盐岩储层水平井分段酸压裂缝优化原则

计算结果显示（图7-27），6种方案中方案6为最优方案，原因是：碳酸盐岩储层不同于均质砂岩储层，该类储层非均质性较强，裂缝及溶蚀孔洞发育，且分布极不规则，要想获

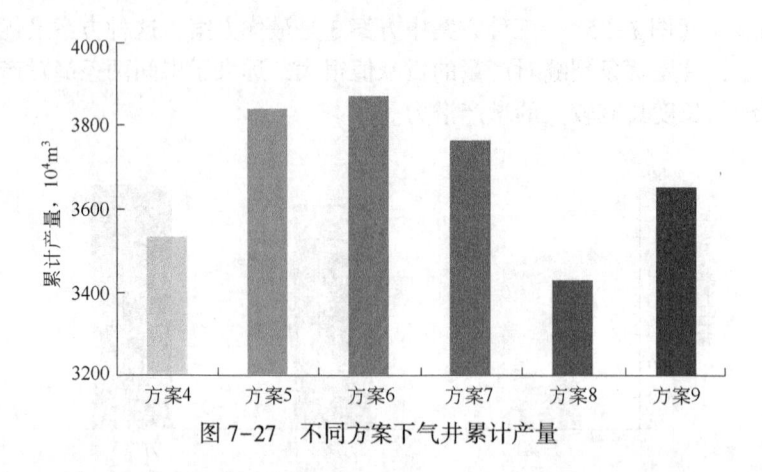

图 7-27 不同方案下气井累计产量

得工业油气流并保持高产稳产，必须尽量沟通裂缝、孔洞发育带，因此，碳酸盐岩储层水平井酸压还不能完全照搬均质油气藏分段酸压优化方法，还将结合其他资料来确定水平井的分段。为了实现对水平井层段的精确划分，综合利用地质资料、钻录井资料、测井资料、地震资料来评价水平段储层情况，优化水平井分段酸压裂缝条数及裂缝位置。针对碳酸盐岩储层的特殊性，水平井分段酸压分段位置及裂缝条数的确定可以综合考虑以下一些因素：①地应力状况；②测录井油气显示状况；③储层类型分布状况；④储层污染状况；⑤水平井段长度；⑥产能与净现值等。

1) 水平主应力与裂缝形态

由于人工裂缝的延伸方向总是垂直于最小主应力，因此主应力的大小关系主要影响人工裂缝的形态，一般而言，最小主应力都位于水平方向，因此在现场中遇到最多的是横向缝和纵向缝，产生水平缝的情况较少。

横向缝垂直于水平井筒方向延伸，能更好地深入储层远处，大大增大水平井的泄油面积；而纵向缝只能沿垂向于井筒方向延伸，裂缝空间展布受到限制，从而限制了酸压效果的进一步提高。

理论研究与实际应用也表明，横向缝的生产效果好于纵向缝。因此，对于需要采取分段酸压改造的水平井，储层改造作业要提前介入钻井地质设计，充分考虑地质、钻井、储层改造等因素，优化水平井眼与地应力的关系，确保最好的生产效果。

2) 水平段物性特征

碳酸盐岩储层具有强烈非均质性，水平井段的储层地质特征是决定水平井分段改造裂缝数最主要的因素，因此，加强水平井段地质分层分段研究相当重要。可结合岩心观察、钻井资料、测录井资料、地震资料综合识别储层类型及特征，判断有利储层段分布情况，据此确定水平井酸压分段数及分段位置。

在储层地质分层分段的基础上，综合标定储层分类分布状况，主要依据优质储层优先压裂，物性相近储层合层压裂的原则来优化分段，具体来讲就是优先将物性和油气显示较好且相对集中的层段分隔为一个单元进行改造，而将物性和油气显示均较差的层段作为一个压裂单元进行大规模改造。这样好的层段和不好的层段都能分别得到充分有效的改造。

3) 水平段长度

在均质砂岩油藏中，根据 Soliman 等人的研究，水平井最佳横向裂缝的条数为 3~5 条，具体是分 3 条、4 条还是 5 条，就要根据水平段实际地质情况而定。根据前面模拟计算结果来看，当水平段长度较短时，裂缝条数的增加对产能影响不大；随着水平段长度的增加，裂缝条数对产能的影响逐渐增大，裂缝条数增加到 5~6 条，进一步增加裂缝条数，产能增加幅度较小。而对于研究区碳酸盐岩储层，应在此基础上，结合水平段油气显示情况及缝洞发育与分布情况综合考虑确定。

4) 水平段污染状况

水平段污染状况也是水平井分段酸压裂缝条数优化考虑的因素之一，同时也是考虑相应酸压改造规模的主要因素。由于水平段物性的差异，在钻完井过程中钻完井液对地层的损害程度就有所不同。尤其在钻遇缝洞体发育层段钻完井液漏失严重，对地层损害极其严重，而缝洞体又是油气的良好储集体，因此，对这样的层段应该重点分段改造，主要以解除地层损害为主，从酸压规模上优选小型解堵酸化。对一般的裂缝—孔洞型储层，设计时考虑沟通更多的天然裂缝，以中等规模酸压为主；测井解释物性较好，但未钻遇良好储集体，并且隔层以Ⅱ+Ⅲ类储层为主，有一定遮挡作用，设计考虑造长缝、沟通储层发育带，采用大规模酸压施工。

5) 产能与净现值

根据碳酸盐岩储层的特殊性，在考虑以上一些地质因素优化分段以外，还可以借用均质砂岩油藏水平井分段压裂净现值最大化的原理来优化裂缝条数。

压后产能计算的研究表明，水平井压后产能随裂缝条数和裂缝长度的增加而增加，增加幅度不断减小，最后几乎不增加。而且，各条裂缝对产能的贡献不同，边缘裂缝的贡献值较中间的裂缝大。同时，随着裂缝条数和长度增加，酸压技术难度和投资也在增大。综合水平井产能预测模型和净现值计算，便可得到不同裂缝条数的净现值，最终得到最优的裂缝条数。

第四节 酸化效果矿场评价方法

酸化是油气田增产、增注的重要措施，但酸化需要耗费一定的人力、物力，酸化后是否有高的投入产出比，是否具有好的经济效果，这是必须考虑的问题。因此，要对酸化后的油（气）、水井及时进行效果评价，从中总结经验，吸取教训。以便进一步调整酸液配方和施工工艺，不断提高和完善酸化工艺技术，提高酸化成功率和酸化效果。

一、酸化效果评价指标及标准

油气井经酸化处理，其生产能力将发生变化，如何定量评价油气井的变化呢？可用以下参数作为评价指标，说明酸化效果。

（一）表皮系数（S）

它是描述在井底附近地带的油气层受伤害，而引起流体渗流阻力增加的常数，油层损害越大，S 值越大，当伤害被解出后 S 值为零。甚至负值，这时井底处于超完善条件，增产措施见效。

由压力恢复曲线确定 S 值可用霍纳法：

$$S = 1.151\left[\frac{p_{ws(1h)} - p_{wf}}{m} - \left(\lg\frac{K}{\phi\mu C_t r_w^2} + \lg\frac{t}{t+1} + 0.91\right)\right] \quad (7-95)$$

式中　m——霍纳法分析图中直线段斜率，MPa/cycle；

　　　p_{wf}——关井前流压，MPa；

　　　$p_{ws(1h)}$——霍纳直线段或其延长线上对应于 $\Delta t = 1h$ 的压力，MPa。

（二）条件比（CR）

它是指在油气层受到污染或酸化后，油气井供给半径之内的平均有效渗透率与远离井底附近地层的理想的有效渗透率之比值：

$$CR = \frac{\overline{K}}{K} = \frac{\lg(r_e/r_w)}{\lg(r_e/r_w) + 0.4342S} \quad (7-96)$$

该比值越接近 1 则地层受损害的程度越小，当 CR 值比 1 越小时，则表示受伤害越严重。

（三）产能比（PR）

它是指在相同生产压差的条件下，油气层的产量与其理想产量比，当油气层受伤害时 $PR<1$，未受伤害时 $PR=1.0$，有

$$PR = Q_a/Q_i \quad (7-97)$$

或

$$PR = \frac{\lg(r_e/r_w)}{\lg(r_e/r_w) + 0.4342S} \quad (7-98)$$

$$PR = 0.87m\lg(r_e/r_w)/(p_e - p_{wf}) \quad (7-99)$$

（四）流动效率（FE）

它表示在相同的产量条件下，油气层受酸化前的采油指数 PI_a 与其未受伤害的理想采油指数 PI_i 之比值：

$$FE = PI_a/PI_I \quad (7-100)$$

或

$$FE = (p_e - p_{wf} - p_s)/(p_e - p_{wf}) \quad (7-101)$$

或

$$FE = (p_e - p_{wf} - 0.8686mS)/(p_e - p_{wf}) \quad (7-102)$$

式中 Δp_s 为表皮附加压降，MPa。在产量一定条件下，流体通过表皮区产生的附加压力降，与表皮有如下的关系：$\Delta p_s = 0.87mS$。FE 值越小，油气层伤害越严重，显然当 $S=0$ 时 $FE=1$。

（五）污染系数（DF）

它表示井底附近地带的油层受伤害的程度：

$$DF = \frac{P_{\text{ws1hr}} - P_{\text{wf}}}{m\left(\lg\dfrac{k}{\varphi\mu C_t r_{w2}}\right) + 0.91} \tag{7-103}$$

$DF=1$ 时油层未受污染，$DF>1$ 时污染越严重。

用上述指标评价酸压效果是可以的，但是它们是将酸化后的变化程度与井的理想值对比，这在某种程度上是不够好的，比如一口处于地层有效渗透率很高的井，酸压前地层伤害，渗透率低了，酸压解除了伤害，使渗透率有所增大，但未能达到原地层有效渗透率的大小，用上面的指标（如 R,PR,FE）则可能得出错误的结论，以为酸压无效，因此可增加评价指标，主要是将酸化后的参数同酸压前的相比较，可建立如下指标。

（六）效能比（ER）

油气井酸压后和酸压前的产量比：

$$ER = Q_a/Q_b \text{（相同油嘴）} \tag{7-104}$$

（七）增产比（IR）

油气井酸压后与酸压前的采油指数比：

$$IR = J_a/J_b \tag{7-105}$$

（八）阻力比（SR）

油气井酸压后与酸压前的表皮系数之差：

$$SR = S_a - S_b \tag{7-106}$$

（九）流动系数比（BR）

酸压后与酸压前的流动系数比：

$$BR = \left(\frac{Kh}{\mu}\right)_a \bigg/ \left(\frac{Kh}{\mu}\right)_b \tag{7-107}$$

（十）潜能比（QR）

酸压后与酸压前的油气井潜在产能比：

$$QR = Q_a'/Q_b' \tag{7-108}$$

根据实际情况建立如下评价标准（表 7-10）。

表 7-10　酸化效果评价指标

评价指标	符号	酸化效果 好	酸化效果 中	酸化效果 差
表皮系数	S	<0	=0	>0
条件比	CR	>1	=1	<1
产能流动	PR	>1	=1	<1
流动效率	PE	>1	=1	<1
污染系数	DF	>1	=1	<1

续表

评价指标	符号	酸化效果		
		好	中	差
效能比	ER	>1	=1	<1
增产比	IR	>1	=1	<1
阻力比	SR	<0	=0	>0
流动系数比	BR	>1	=1	<1
潜能比	QR	>1	=1	<1

二、酸化效果矿场评价

酸化效果评价方法主要有以下五种。

（一）酸压施工曲线分析评价

酸压施工曲线是现场第一手资料，它反映了施工中各种工艺参数的变化（如吸收指数、排量、累计排量、压力等），直接反映出酸压时处理液在储层中流动的状态和地层渗透性的变化，用它分析酸化效果是实用且可靠的。分析酸化施工曲线的变化可以检查施工的连续性，井下封隔器密封程度，以及主要施工参数是否达到要求，根据施工工艺曲线的变化特征，判断分析酸化是否起到解堵、沟通、压开、二次压开等作用。按施工曲线的特征可将其分为七类：

1. "压开型"施工曲线

其特征是：①高压挤液一开始，施工压力急骤上升，达到一定值后，施工压力突然下降，但一般不会降得很低；②施工一开始，排量和地层吸收指数都非常小。当压开裂缝后，排量和吸收指数都急骤增加，直至施工结束。

这种类型的曲线表明：井底附近渗透性极差，与大裂缝系统不连通，酸压中压开了低渗透带，造成一条人工裂缝，若它与大裂缝系统连通，则会获得增产。

这类曲线包括下面三种类型：

① "快速压开型"施工曲线（图 7-28）：一开泵，压力急骤上升，在高压下，只需很短的时间，如几分钟，便压开裂缝。

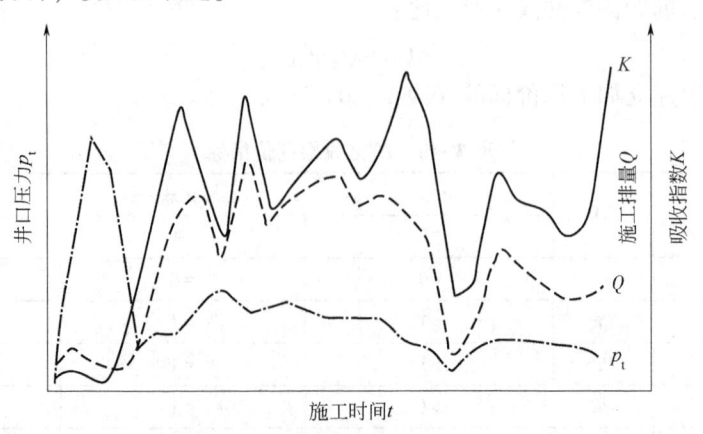

图 7-28 典型的"快速压开型"压裂酸化施工曲线

② "慢速压开型"施工曲线（图7-29）：一开泵，压力急骤上升，在高压下，需较长时间，如10min以上才压开裂缝。

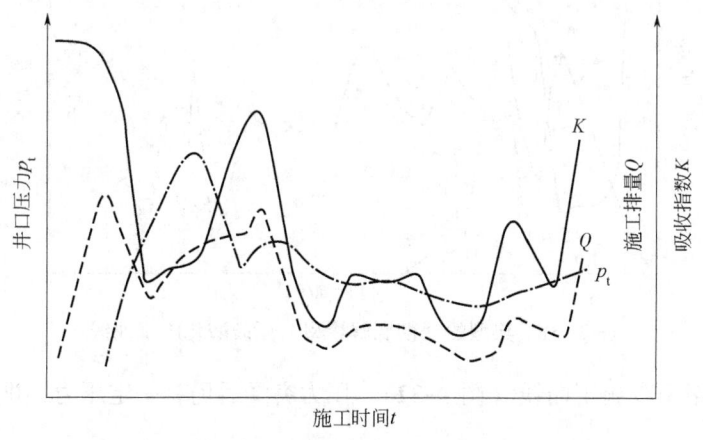

图 7-29 典型的"慢速压开型"压裂酸化施工曲线

③ "二次压开型"施工曲线（图7-30）：在施工曲线上出现两次压开现象，而后再也没有遇到低渗透堵塞区。

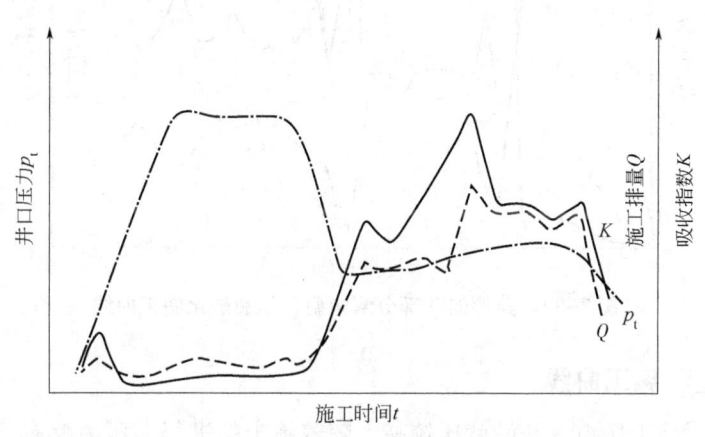

图 7-30 典型的"二次压开型"压裂酸化施工曲线

2. "解堵型"施工曲线

其特征是：①高压挤液一开始，施工压力逐渐升高，而施工排量和吸收指数都比较小，施工压力达到一定值后，压力突降到零或很低，而排量和吸收指数却大幅度增加，且吸液指数一般都异常地高，直至施工结束；②压力一般不很高，并且排量小，施工时间短，压力突降后，吸收指数、排量上升很快。

这种曲线表明：油气井井底附近存在着高渗透的天然裂缝，近井附近发生堵塞，酸化清除了堵塞物，沟通了天然裂缝，扩大了天然裂缝，若地层含油气好，地层压力充足，则可望增产见效大。

这种施工曲线包括下面两种类型：

① "彻底解堵型"施工曲线（图7-31）：施工压力一般都突然降至零，排量骤增，吸收指数异常大。

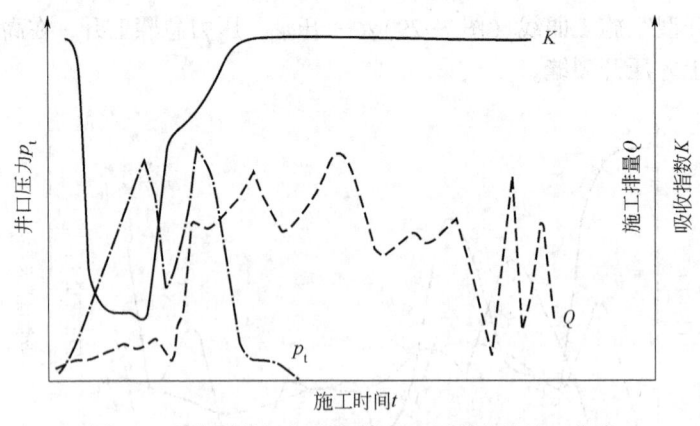

图 7-31 典型的"彻底解堵型"压裂酸化施工曲线

②"部分解堵型"施工曲线（图 7-32）：压力突降后仍有一定压力，排量和吸收指数都大幅度地提高。

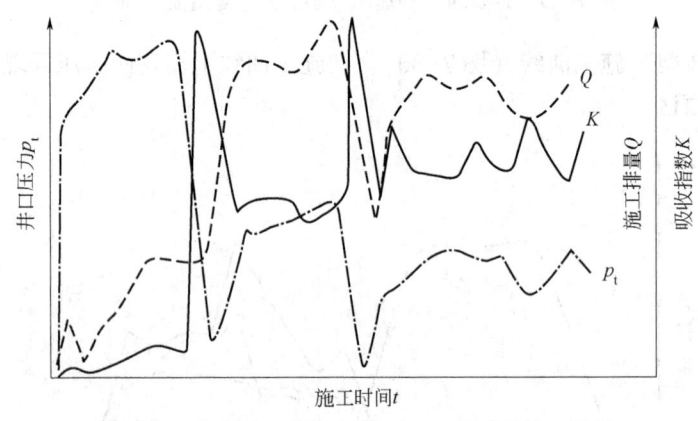

图 7-32 典型的"部分解堵型"压裂酸化施工曲线

3. "扩大型"施工曲线

其特征为：①施工压力一开始就比较高，随着施工的进行，压力略有下降或上下波动，直到施工结束（图 7-33）；②在施工压力下降的同时，施工排量和吸收指数都逐渐上升，直到施工结束。

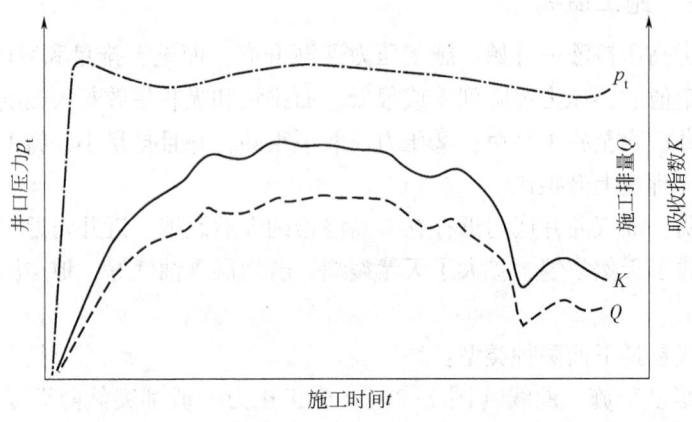

图 7-33 典型的"扩大型"压裂酸化施工曲线

这种曲线表明：井底附近有一些不很发育的天然裂缝，酸压中处理液在高压，大排量的作用下，沿着很少的自然裂缝流动，主要靠酸的化学作用，扩大裂缝通道，酸压可见效。

4. "均匀吸酸型"施工曲线

其特征是：施工压力不太高，排量也不太大，排量和吸收指数随压力变化而变化，直到施工结束（图7-34）。

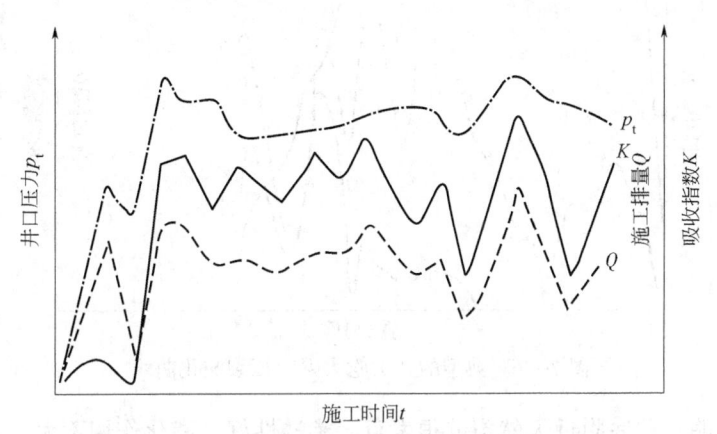

图7-34 典型的"均匀吸酸型"压裂酸化施工曲线

这种曲线表明：井底附近虽存在着一些裂缝，但很不发育，裂缝渗透性较差，井距大的裂缝系统远。酸化施工中未沟通大裂缝系统，酸化效果不明显。

5. "未压开型"施工曲线

其特征是：①施工曲线上开始压力就较高，不但不降反而越来越高，排量和吸收指数开始就比较小，而且越来越小（图7-35）；②施工曲线一开始压力较高，压力突降，排量和吸收大幅度增加，但之后压力又突升，排量和吸收指数又降低，排量越来越低，直到施工结束。

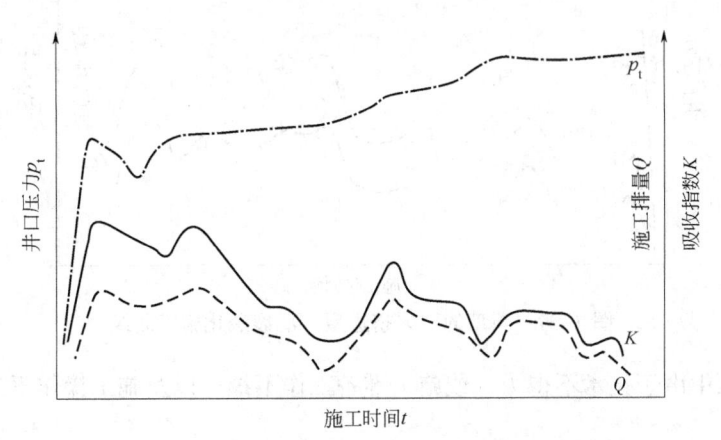

图7-35 典型的"未压开型"压裂酸化施工曲线

这种曲线表明：井底附近天然裂缝不发育，地层渗透率极低，在很高的施工压力之下，虽强行挤入一定数量的处理液，但未压开裂缝，酸压效果不明显。

6. "大吃大喝型"施工曲线

其特征是：高压挤酸一开始就打不起压力或要挤入很多处理液以后才稍有点压力，而排量非常大，吸收指数异常高，一直到施工结束（图 7-36）。

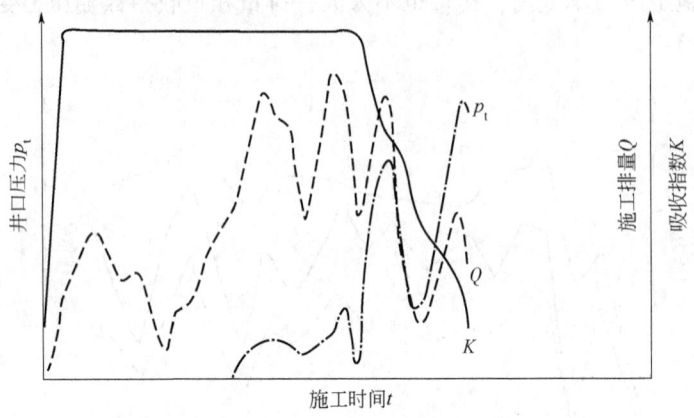

图 7-36　典型的"大吃大喝"压裂酸化曲线

这类曲线说明：井底附近天然裂缝很发育，渗透性好，酸化作用不大。

7. "未挤进型"施工曲线

其特征是：①高压挤酸一开始，压力往往很高，而排量和吸收指数却很小，并且在施工中还没有压力下降和排量上升的趋势，直到施工压力超过了套管允许强度而被迫停泵，或待压力降落后再挤，施工曲线往往出现不连续的现象；②由于工程事故，如套管压坏、挤窜、水泥环窜槽等，施工曲线出现"压开现象"（图 7-37）。

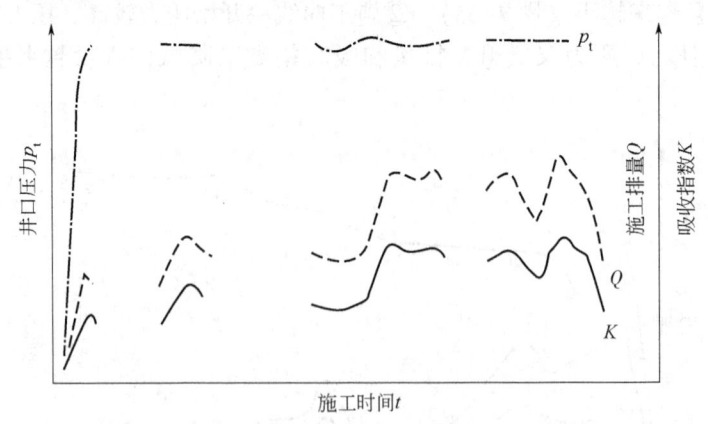

图 7-37　典型的"未挤进型"压裂酸化施工曲线

这说明酸压中由于技术不得力，或施工准备工作不细，以及施工操作不当，造成施工失败，酸压无效。

(二) 产量、注入量和采油（采气）指数、吸水指数评价

该评价方法是通过酸化前后在相同工作制度下，根据油气井日产量或采油（采气）指数或注水井吸水指数的变化进行单井或多井效果对比评价。酸化后日产量、采油（采气）

指数、吸水指数上升幅度越大，即表明酸化效果越好。酸化后的数值比酸化前数值大于1，则认为有效，反之则认为无效。也可从多井酸化后的日产量、采油（采气）指数、吸水指数、措施成本进行综合对比，来评价该项酸化工艺技术的水平和总体效果。

（三）试井评价

采用试井方法测得酸化前后的压力恢复曲线，求取表皮系数 S、堵塞比 DR，进行酸化效果评价。如果酸化表皮系数、堵塞比明显降低，说明酸化是有效的；如果酸后表皮系数小于0、堵塞比小于1则认为堵塞已解除，酸化非常成功。

1. 用稳定试井资料评价酸压效果

试井是通过对油气井生产动态的测试来研究储层各种物理参数及油气井生产能力。稳定试井又称回压试井或系统试井，它是研究油气井产能的主要方法。其基本作法是：在改变油嘴和节流器尺寸的条件下，测量稳定的产量和相应的井底流动压力。通过建立油气井的指示曲线来确定的油气井产能大小。

1）油井稳定试井

油井的产量公式为：

$$Q_0 = J(p_e - p_{wf}) \tag{7-109}$$

$$J = \frac{2\pi Kh}{\mu B \left(\ln \frac{r_e}{r_w} - 0.75 + S \right)} a \text{（定压边界）}$$

或

$$J = \frac{2\pi Kh}{\mu B \left(\ln \frac{r_e}{r_w} - 0.5 + S \right)} a \text{（封闭边界）}$$

式中　a——与单位有关的换算系数。

若将不同油嘴于测量的产量 Q_0 与井底流压 p_w 数据在直角坐标纸上作图，就得到一条直线，称为 IPR 曲线图。直线的斜率的负倒数为采油指数 J。其物理含义为：油井单位生产压差的日产油量，单位 $m^3/(MPa \cdot d)$，它反映了油层产能大小。

要评价酸压效果，须将处理前后的 IPR 曲线绘在一张图上。由图直观看出，有效的酸化能提高油井潜在产能。这种方法可以清除有关产量的变化，但究竟是由于改善了地层流动状态还是仅仅改变了产油条件（如提高了泵效、清洗了井底、换用了不同尺寸的油管等缘故），视其潜在产能的变化，而不必去计较在处理前后的流量有多大。

2）气井稳定试井

气井的产量公式为：

$$Q_g = C(p_e^2 - p_{wf}^2) \tag{7-110}$$

其中

$$C = \frac{1.1736 \times 10^{-2} Kh p_{sc}}{p_{sc} [ZT\mu \lg(r_e/r_w) + 0.4342]}$$

由于气体流动状态为非稳定层流，故将上式修改为：

$$Q_g = C(p_e^2 - p_{wf}^2)^n \tag{7-111}$$

式中，C 为产能系数；n 为紊流指数。将上式变形为：

$$\lg(p_e^2-p_{wf}^2) = D\lg Q_g - E \tag{7-112}$$

其中
$$D = 1/n, \quad E = \lg C/n$$

由式7-112可看出，在双对数坐标纸上 $p_e^2-p_{wf}^2$ 与 Q_g 呈线性关系（图7-38），直线的斜率为 D，称为气井产能曲线。

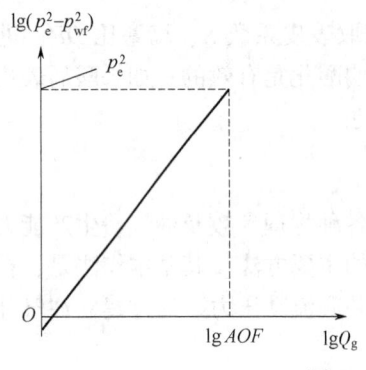

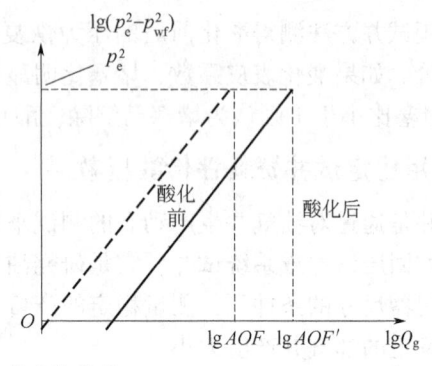

图 7-38 对比气井产能曲线

当气井的产量特别高，流态可能被端流控制，此时可利用二项式（Forchheimer）方程式处理测试资料：

$$p_e^2-p_{wf}^2 = AQ_g + BQ_g^2 \tag{7-113}$$

或

$$(p_e^2-p_{wf}^2)/Q_g = A_g + BQ_g \tag{7-114}$$

而

$$A = 1/C = 84.84 p_{sc}ZT\mu g(\lg\frac{r_e}{r_w}+0.434S)/KhT_{sc} \tag{7-115}$$

$$B = 1.966\times10^{-2} p_{sc}^2 ZT\gamma_g\beta(1/r_w-1/r_e)/Kh^2T_{sc}^2 \tag{7-116}$$

由式(7-114)知：在直线坐标纸上绘制 $(p_e^2-p_{wf}^2)/Q_g$ 与 Q_g 的关系图，是一条斜率为 B、截距为 A 的直线。当 A、B 值确定后，就可求出气井绝对无阻流量 AOF：

$$AOF = Q_g/p_{wf}=0 = (-A+\sqrt{A^2+4Bp_e^2})/2B \tag{7-117}$$

比较酸处理前后确定的 AOF 值，AOF 增大，则产能提高酸化是有效的。

2. 用不稳定试井资料评价酸压效果

矿场不稳定试井方法是：对于一口生产井，当关闭已达静止条件时，以某一稳定产量开井生产，通过事先下入井底应变压力计或电子压力计测井底流压随开井时间的变化数据，此即压降曲线，当取得达到要求的测试资料后将井关闭，即可测得井底压力恢复随关井时间变化数据，即压力恢复曲线。

矿场不稳定试井的主要功能在于确定油气藏的地层压力、地层参数、完井效率以及判断油气藏的边界性质和估计油气井控制的地质储量。所以，分析酸压后的不稳定试井资料，可见评价酸压效果。

（四）生产测井评价

用测井方法可以评价酸化效果。测井工艺过程大致相同。生产测井一般是指油气井进入正常生产以后，为了解井剖面生产状况的一系列测井。其项目一般包括：油层分层测试，放射性示踪测井，微井径测井，井温和微差井温测井，地层测试器测井等。生产测井一般采取组合仪方式进行测量，即把多种仪器组合在一起，一次下井测多条曲线。

为了确定酸化作业中酸液进入不同层的情况，是否压开或实际压开了哪一层或哪几层，裂缝的方向如何，垂直的还是水平的，垂直裂缝缝高和方位角等信息，从而分析酸化失败的原因（如是否固井质量不好，或处理液是否在井下乱窜，以及裂缝是否过余延伸），在酸化前后进行生产测井是评价酸化效果的重要方法。目前，用于评价酸化效果的测井方法主要有梯度井温、微差井温、声波幅度、声波变密度、放射性示踪法等。最常见的是井温测井和放射性示踪测井。根据这些测井资料，结合其他油气井动态资料等，对酸化效果综合解释，判断酸化层位及裂缝延伸等情况。

酸化前后的井温测井，放射性测井是评价裂缝的好方法。井温法主要是根据在酸化施工时，酸液进入井层所引起的热场的变化情况来判断酸化效果的。放射性同位素示踪法是利用活性酸进入酸化层段来确定酸化效果。声波幅度法则是用来检查酸化前后套管和水泥环胶结状况，作为评价酸化效果的辅助手段。

应看到在用一种方法判断酸压效果时存在一定的局限性，所以比较可靠的是采用井温、放射性同位素、声波幅度、声波变密度等油井资料进行综合分析。

对分层酸化的井，包括转向酸化的井，可以根据酸化前后井温曲线的变化情况进行酸化效果对比。油井出油量增多，井温则增高，故从井温曲线的变化可反映出酸化效果。也可通过酸化前后采油剖面和吸水剖面的变化对比，评价酸化效果。酸化后使原来不出油或出油少的层段、使原来不吸水或吸水少的层段得到改善，就说明酸化是有效的、成功的。

1. 井温测井（TL）

1）应用井温测井评价酸化效果的理论

酸化后对应的层位的温度会出现异常，由此可解释酸化层位、压开裂缝的位置及垂直裂缝高度（裂缝上、下分界限）。

酸化中离开井筒进入地层孔隙或裂缝的处理液的温度，在停泵以前基本上变化不大。停泵后，井内压力重新建立平衡，井内外的流体流动基本上停止，但在酸化后进行 TL 测井时，发现对应酸化井温却有异常显示，这种异常现象是由于停泵后，井筒中各点温度衰减的快慢不同（地层吸酸后发生的酸反应为一放热过程）而发生的。

酸化中井温分布与井底温度的大小，取决于排量，注入时间，地层液体的温度与酸浓度，井温曲线异常的幅度则取决于流入裂缝的时间，液体与地层的温度差，及停泵后测量的时间。

2）井温测井技术

在进行评价酸压效果的井温测井时，为了获得高质量的测井曲线，避免严重问题的发生，须做以下考虑：

① 酸化之前测一条井温曲线作为基线，让其反映正常的井温异常和井下已存在的异常。

② 为了使酸化后测的井温异常幅度较大，井温测井应在酸压后尽早进行，因为时间一长，井内达到热平衡，由井温曲线难以看出温度异常现象。选择的时间不同，异常幅度也不同。

③ 要保证在地温与进入裂缝时的液体温度之前有一定温差，越大越好。

④ 最好在地面上采用一套连续记录温度仪，有时需对井深进行修正，对不寻常的现象进行复测多次。

⑤ 作业井的防喷管与井口密封要好，保证在高压下测试时，不致发生井内回流，因为回流将破坏射孔段以上温度异常的真实面貌。

⑥ 储层的渗透性会影响处理液的返排速度，渗透性好，返排快，井温曲线上异常段存在的时间就短，故渗透性好的井层酸化后应尽快测井温。处理液体积越多，异常越明显，存在时间越长。

⑦ 可配以放射性示踪测井作参考。

2. 放射性同位素示踪测井（RTS）

放射性同位素示踪测井（即 RTS）是利用放射性同位素作为示踪剂，人为地向井内注入被放射性同位素活化了的溶液或活化物，通过测量注入示踪剂前后对应层段的伽马射线强度来分析解释问题的测井方法，又称为放射性示踪测井。其测量系统很简单，就是一自然伽马测井仪，其成败的关键在于能否正确配制和使用示踪剂。

1）用放射性示踪测井评价酸后效果

将配有同位素踪剂的酸液，即活化酸，注入井内，在地层返排残酸之前测一条伽马曲线，将它与酸化前测得的自然伽马曲线相对比，确定活化酸在井剖面的分布情况，不难发现在处理层段曲线有明显幅度差。

2）放射性示踪测井技术

① 清理井底，保证井中砂面不掩盖欲测段。用通井规通井，保证下井仪自由起下。

② 在注活化酸之前，测出一条自然伽马曲线作对比基线。

③ 示踪剂的选择要适当，保证它有较高的能量，能被射线探测器记录到，半衰期不可太短，以免时间稍久就测不到。示踪剂要与处理液配伍。

④ 由活化酸带入井中的示踪剂要关井吸附若干小时后，再大泵量反循环洗井。

⑤ 放射性测井，测速低，成本高，放射性对人体有害。

⑥ 放射性示踪曲线幅度很高，则是被压开的表示，垂直裂缝的高度一般等于曲线异常幅度的半幅点宽度，缝高大于 5m 时曲线峰值较平缓，峰高小，曲线形态呈较窄，较尖的峰值，若分析到在其上下有隔层遮挡，则可能形成水平裂缝。

（五）酸化后有效期评价

酸化后油（气）、水井的有效期越长，则效果越好。有的油水井或区块尽管酸后初始获得较好的增产、增注效果，但有效期很短，也说明酸化不成功。这要从酸液类型、添加剂、与地层配伍性、有无伤害等方面进行深入试验，从而选择适合于该地区的酸液类型和添加剂。同时，还必须对储层特征（如地层连通性、供油面积等）进行综合研究，从中找出影响酸化效果的因素，以便采取相应措施，确保酸化成功。

第五节　酸化效果经济评价方法

酸化施工的经济分析是一个比较复杂的问题。国际各石油公司对施工的经济分析和评价十分重视，在某一次施工之前，除了进行较完整和较准确的设计计算之外，还必须进行可行性研究，包括可能会亏损吗、可能会盈利吗、盈利多少、贷款的偿还期和利息等问题。

经济效益评价方法考虑酸化措施处理费用、产量初期增长幅度以及酸化前递减率的变化、投资回收率，等进行多项经济指标的对比分析。酸化后产量越高，有效期越长，增产油（气）就越多，酸化的综合成本就越低，也就是经济效益越好。

一、成本核算

酸化施工成本核算包括的内容很多。它包括从组织、设计这次施工开始，直至完成整个施工过程中的所有费用。

① 车辆设备成本费。车辆包括这次施工所用的所有车辆，车辆设备成本费包括压裂车、平衡车、连续油管车、工具车、运输车、储酸车、仪表车、载人用车，以及酸罐，管汇等设备费用。这些成本，一般按每台车每小时多少费用进行计算。这里就涉及到施工总时间的计算，施工总时间一般包括现场施工时间，从车队所在地到现场的往返时间，甚至有时还包括车辆的准备时间。我国很多油田设备费用不是按照时间计算，而是按照施工次数计算的。

② 酸液及添加剂费用。

③ 与酸化施工有关的其他费用，包括：

a. 酸液及添加剂、设备的运输费；

b. 有关的评估、测试（含室内实验、可行性论证及评价）费用；

c. 现场准备、修井、管线租用、射孔等费用。

④ 施工人员费用。这项成本主要是指施工人员当天工资的，加班费，现场施工补助费等。

⑤ 组织、设计费用。设计费包括收集资料、上机计算费以及其他费用。组织费用应包括起草计划、联系车辆、酸液以及管理费用等。

⑥ 生产管理成本费用。这项成本主要是指施工后恢复生产到下次施工前油气井生产时的管理费、生产成本费等。

⑦ 环境保护费。这项成本指为了处理酸化前后各种液体及气体对环境的污染（如返排的残酸）而付出的费用。

⑧ 其他费用及不可预见费用，如意外人身伤亡或赔款等。

酸化总费用为：

$$TC = \sum_{i=1}^{n} (cost)_i \tag{7-118}$$

式中 $(cost)_i$——施工成本中第 i 项的费用；

n——施工成本包括的项数。

二、酸化初期产量预测

施工处理后的产量 q_a 等于增产倍数与施工的前产量 q_0 的乘积：

$$q_a = q_0 \frac{J}{J_0} \tag{7-119}$$

式(7-119)是在酸化前后生产压差相同的前提下使用的。如果酸化前后生产压差不同，则用下面公式：

$$q_a = q_0 \frac{J}{J_0} \frac{\Delta p}{\Delta p_0} \tag{7-120}$$

$$\Delta p = p_e - p_w \tag{7-121}$$

式中 q_a——酸化初始产量；

q_0——压前产量；

J/J_0——增产倍比；

Δp_0——酸化前生产压差；

Δp——酸化之后的生产压差；

p_e——供油边缘半径 r_e 对应的压力；

p_w——井半径 r_w 对应的流压。

三、产量递减模式及增产有效期

油井产量出现递减以后，描述产量递减速度的递减率微分方程可写成下述形式：

$$D = \frac{dq}{q dt} = Kq^n \tag{7-122}$$

式中 D——产量递减率，mon^{-1} 或 a^{-1}；%/mon 或%/a；

q——t 时间的油气产量；

n——递减指数；

K——比例常数；

t——递减阶段的时间，mon 或 a。

式(7-122)中用 n 来判别产量的递减类型，n 值越大则递减越快。$n=0$ 时，为恒定百分数递减；$0<n<1$ 时，为双曲线型递减；$n=1$ 时，为调和型递减。

酸化有效期及有效期内累计产量：

① 双曲递减：

$$q = q_i [1 + nD_i(t-t_0)]^{-1/n} \quad (\text{双曲递减}) \tag{7-123}$$

$$t_e = t_0 + \frac{1}{nD_i}\left[\left(\frac{q_i}{q}\right)^n - 1\right]\bigg|_{q=q_0} \tag{7-124}$$

$$N_P = \frac{q_i}{D_i(1-n)}(q_i^{1-n} - q^{1-n})\bigg|_{q=q_0} \tag{7-125}$$

$$= q_i\left\{\frac{1}{D_i(1-n)}\left\{1-[1+nD_i(t-t_0)]^{\frac{n-1}{n}}\right\} + t_0\right\}\bigg|_{t=t_e} \tag{7-126}$$

式中 q——出现递减以后 t 时刻的产量；

q_i——开始递减时的产量（酸化后初始产量 q_a）；

D_i——初始递减率，mon^{-1} 或 a^{-1}；%/mon 或%/a；

t_e——酸化有效期，酸化后产量递减到酸化前产量的时间，mon 或 a；

t_0——酸化后稳产时间，mon 或 a；

N_P——酸化后有效期内累计产量，10^4m^3；

② 指数递减：

$$q = q_i e^{-D(t-t_0)} \quad (\text{指数递减}) \tag{7-127}$$

$$t_e = t_0 + \frac{\ln q_i - \ln q}{D}\bigg|_{q=q_0}$$

$$N_P = \frac{q_i - q}{D}\bigg|_{q=q_0} = q_i\left[\frac{1-e^{-D(t-t_0)}}{D}+t_0\right]\bigg|_{t=t_e}$$

式中 D——递减率，mon^{-1} 或 a^{-1}；%/mon 或 %/a。

③ 调和递减：

$$q = q_i[1+D_i(t-t_0)]^{-1} \quad (\text{调和递减}) \tag{7-128}$$

$$t_e = t_0 + \frac{q_i}{D_i}\left(\frac{1}{q}-\frac{1}{q_i}\right)\bigg|_{q=q_0}$$

四、净增产量

一般依据井的生产历史、上次施工后产量的递减率来预测施工处理后递减类型和产量递减率。按照酸化前递减规律计算所得到在 t_e 时间内的累计产量减去酸化后 t_e 时间内的累计产量即为酸化累计增产量。产量净增值如图 7-39 所示，曲线Ⅰ、Ⅱ分别是酸化前后产量的递减规律。假设，酸化后曲线Ⅱ继续保持递减趋势，则二线间产量差为酸化前后净增产量：

$$DN_P = N_{P后} - N_{P前} \tag{7-129}$$

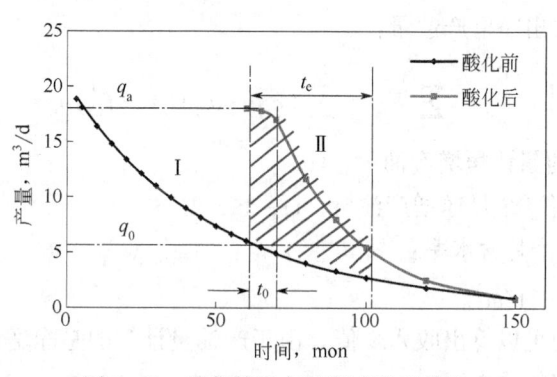

图 7-39 酸化前后产量递减关系曲线

对于三种不同的递减规律，计算式如下。

① 双曲递减：

$$\Delta N_P = q_i\left\{\frac{1}{D_{i后}(1-n_{后})}\left\{1-[1+n_{后}D_{i后}(t-t_0)]^{\frac{n_{后}-1}{n_{后}}}\right\}+t_0\right\}\bigg|_{t=t_e} \tag{7-130}$$

$$-q_0\left\{\frac{1}{D_{i前}(1-n_{前})}\left\{1-[1+n_{前}D_{i前}(t-t_0)]^{\frac{n_{前}-1}{n_{前}}}\right\}+t_0\right\}\bigg|_{t=t_e}$$

式中 $D_{i前}$，$D_{i后}$——酸化前后初始递减率，mon^{-1} 或 a^{-1}；%/mon 或 %/a；

$n_{前}$，$n_{后}$——酸化前后递减指数；

ΔN_P——酸化后有效期内累计净产量，$10^4 m^3$。

其他同前所注。

② 指数递减：

$$\Delta N_P = \left\{ q_i \left[\frac{(1-e^{-D_{后}(t-t_0)})}{D_{后}} + t_0 \right] - q_0 \left[\frac{(1-e^{-D_{前}(t-t_0)})}{D_{前}} + t_0 \right] \right\} \bigg|_{t=t_e} \quad (7-131)$$

式中 $D_{前}$，$D_{后}$——酸化前后递减率，mon^{-1} 或 a^{-1}；$\%/\text{mon}$ 或 $\%/\text{a}$。

其他同前所注。

③ 调和递减：

$$\Delta N_P = q_i \left\{ \frac{1}{D_{i后}} \ln[1+D_{i后}(t-t_0)] + 1 \right\} - q_0 \left\{ \frac{1}{D_{i前}} \ln[1+D_{i前}(t-t_0)] + 1 \right\} \bigg|_{t=t_e} \quad (7-132)$$

为了简便起见，也可按照下面的公式计算：

在图 7-39 中的累计净增产量为：

$$\Delta N_P = \sum_{j=1}^{t_e} (q_{aj} - q_{0j}) \quad (7-133)$$

式中 q_{aj}——酸化后的第 j 个月的产量；

q_{vj}——未酸化继续递减的产量（第 j 个月）；

ΔN_P——酸化井 t_e 个月累计净增产液量。

五、收入现值与生产成本

由净增产液量可求出净增产油量：

$$W_o = \sum_j W_{oj} = \sum_{j=1}^{t_e} (q_{aj} - q_{0j})(1-f_{wj})\rho_o \quad (7-134)$$

式中 W_o——酸化井的累计净增产油量，t；

W_{oj}——酸化后第 j 个月净增产油量，t；

f_{wj}——酸化第 j 个月含水率；

ρ_o——原油密度，t/m^3。

有了净增油量，便可以算出收入现值。由于产油量计算的是净增油量，那么酸化生产成本也计算净增油量对应的成本：

收入现值：
$$PV = \sum_{j=1}^{t_e} \frac{OP \times W_{oj}}{(1+i)^j} \quad (7-135)$$

生产成本：
$$PC = \sum_{j=1}^{t_e} \frac{MC \times W_{oj}}{(1+i)^j} \quad (7-136)$$

式中 PV——收入现值，万元；

PC——生产成本，万元；

OP——原油价格，万元/t；

MC——原油生产管理费，万元/t；

W_{oj}——酸化后第 j 个月净增的原油产量，t；

i——月贷款利率；

j——压后原油生产的第 j 个月；

t_e——酸化有效期，月。

六、酸化经济分析

进行酸化经济分析时一般考虑以下五个方面的准则。

① 酸化施工现值。酸化施工现值 PV，是指井因酸化、生产和开支而形成的现金流动，即在一定收益率下，将未来的某一金额转换为现在的价值。

② 酸化施工的净现值。酸化施工的净现值 NPV 定义为酸化后的现值减去酸化前的现值，再减去与施工有关开支的现值。酸化施工的经济效益由投入和收入关系来体现，通过计算投入和收入的现值，进而计算其净现值，就可评价酸化施工的经济效益。NPV 法评价酸化效果也是国际石油公司采用的最普遍的方法。

由 NPV 即可评价酸化效果：$NPV>0$，说明酸化在经济上可行；$NPV \leq 0$，说明酸化在经济上不可行。NPV 越大经济效益越好。用公式表示为：

$$NPV = PV - PC - TC (万元) \tag{7-137}$$

式中　NPV——净现值；
　　　PV——收入现值；
　　　PC——生产成本现值；
　　　TC——施工成本。

③ 投资回收期。酸化措施带来的收入增加在正好收回支出的全部费用（总成本）所需的时间定义为投资回收期，累计现金流量等于 0 的点，如图 7-40 中 A 点，其值越小越好。投资（动态）回收期计算公式为：

$$\sum_{t=0}^{T} CF_t (1+i)^t = 0 \tag{7-138}$$

式中，CF_t 为酸化后第 t 月（年）的净现金流量，指同一个月（年）现金流入与流出之差；t 为动态投资回收期；i 为贴现率。求解上式可得动态投资回收期。若动态投资回收期小于标准投资回收期，则认为该次酸化在经济上是可行的，否则，不可行。动态投资回收期越小说明酸化经济性越好。

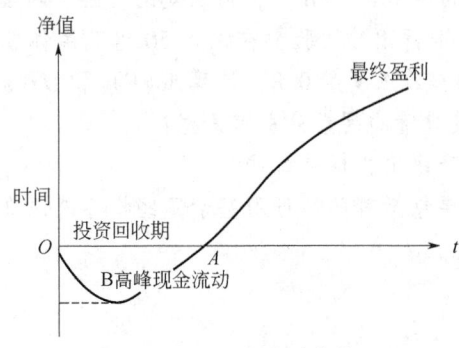

图 7-40　现金流动曲线

④ 酸化施工的投资回收（ROI）或贴现的投资回收（$DROI$）。酸化施工的投资回收是在酸化后有效期内累计现金与施工投资的比值。贴现的投资回收 $DROI$ 则指在整个开采期限内，累计净现金的现值与施工投资现值的比值。

⑤ 酸化施工的投资回收率（ROR）。酸化施工的投资回收率 ROR，是指将使酸化施工净

现值等于零时的贴现率：

$$\sum_{t=0}^{t_e} CF_t (1 + ROR)^t = 0 \tag{7-139}$$

通过迭代方法求解式(7-139)，得到投资回收率 ROR，其主要用于酸化井的盈利能力。将求得的 ROR 与标准回收率相比较，一般当 ROR 大于标准回收率时认为酸化在经济上可行。事实上，投资回收率与投资回收期方法在经济上是等价的。总之，对酸化效果的评价，是一项综合性的分析工作，目前尚没有一个规范的计算方法，必须结合本油田的具体情况而定。

思考题

1. 酸化选井选层的原则有哪些？进行井层选择时一般需要收集分析哪些资料？
2. 简要描述基于模糊物元的酸化选井选层的思路。
3. 一口井半径 0.12m，孔隙度 0.2，$CaCO_3$ 的体积含量为 10%。如果在注入土酸之前先用盐酸前置液溶解井筒 0.3m 范围内所有的碳酸盐岩，试计算需要多少体积的前置液（每米厚度储层酸液的体积）。
4. 某砂岩，储层中部深度 3000m，储层有效厚度 20m，渗透率 $10 \times 10^{-3} \mu m^2$，孔隙度 0.25，碳酸盐含量 8%，污染半径 0.8m，若采用 $3\frac{1}{2}$in 油管，试计算前置液、处理液及顶替液用量，施工最大排量、井口泵压以及所需水马力。处理液用量按 $0.8 m^3/m$ 计算。
5. 某砂岩储层初始孔隙度 0.2，初始渗透率 $20 \times 10^{-3} \mu m^2$，污染半径 0.5m，污染区内含有 15%（体积分数）的碳酸盐和快速反应矿物。利用渗透率关系式计算解除所有这些矿物后的渗透率，并计算平均增产倍比。
6. 在岩心驱替中，$AC(F) = 0.024$ 和 $Da(s) = 0.6$。在快速反应前缘突破岩心末端时，需要注入多少孔隙体积的酸？
7. 在一个 12in 长的岩心驱替中，当前缘已进入岩心 3in 时，快速反应矿物前缘的无因次酸浓度是 0.7。当前缘已传播 6in、9in 时，前缘处的无因次闪酸浓度是多少？
8. 在一个 6in 的岩心中进行驱替实验，在注入 50 倍孔隙体积后，快速反应矿物前缘突破岩心末端。突破后的无因次酸浓度是 0.8，计算 $Ac(F)$ 和 $Da(s)$。
9. 影响酸液用量和注酸排量的因素分别有哪些？
10. 油井酸化效果的矿产评价指标有哪些？
11. 一口井酸化成本主要包括哪些？可用基于哪些指标来评价酸化经济效果？

参 考 文 献

[1] 戴彩丽，张贵才，葛际江．油气层损害的机理及处理［J］．钻采工艺，1998，3：36-38+4．

[2] 宫秀坤．吉林油田新型缓速酸酸化技术研究与应用［D］．大庆：东北石油大学，2012．

[3] 苟波，马辉运，刘壮，等．非均质碳酸盐岩油气藏酸压数值模拟研究进展与展望［J］．天然气工业，2019，39（6）：87-98．

[4] 韩振华，赵强．碳酸盐岩基质酸化工艺技术在华北油田的应用［J］．油气井测试，1998，3：65-70，78．

[5] 何春明，雷旭东，卢智慧，等．VES自转向酸破胶问题研究［J］．钻井液与完井液，2011，28（4）：60-63．

[6] 黄立新，张光明．固相颗粒封堵孔隙喉道的机理研究［J］．江汉石油学院学报，1999，2：50-52．

[7] 李富俊，张烨．复合酸压工艺技术在塔河油田的研究与应用［J］．天然气勘探与开发，2010，33（4）：73-76+96-97．

[8] 李年银，赵立强，张倩，等．酸压过程中酸蚀裂缝导流能力研究［J］．钻采工艺，2008（6）：59-62+168．

[9] 李年银，赵立强．砂岩储层酸化专家决策支持系统理论与实践［M］．北京：石油工业出版社，2015．

[10] 李年银．多孔介质中酸液流动反应行为研究［M］．北京：科学出版社，2019．

[11] 李年银，代金鑫，刘超，等．致密碳酸盐岩气藏体积酸压可行性研究及施工效果：以鄂尔多斯盆地下古生界碳酸盐岩气藏为例［J］．油气地质与采收率，2016，23（3）：120-126．

[12] 李年银，代金鑫，张倩，等．一种有效开发致密碳酸盐岩气藏的新工艺：体积酸压［J］．科学技术与工程，2015，15（34）：27-38．

[13] 李年银，马旭，刘平礼，等．我国复杂砂岩储层酸化改造关键技术及成功案例分析（英文）［J］．科学技术与工程，2013，13（18）：5141-5220．

[14] 李年银，赵文，贾慧，等．泡沫酸配方体系研究及性能评价［J］．石油与天然气化工，2012，41（3）：311-360．

[15] 李年银，赵立强，刘平礼，等．多氢酸酸化技术及其应用［J］．西南石油大学学报（自然科学版），2009，31（6）：131-134．

[16] 李年银，赵立强，张倩，等．油气藏压裂酸化效果评价技术研究进展［J］．油气井测试，2008，17（6）：67-71．

[17] 李年银，赵立强，张倩，等．裂缝高度延伸诊断与控制技术［J］．大庆石油地质与开发，2008，27（5）：81-84．

[18] 李年银，刘平礼，赵立强，等．水平井酸化过程中的布酸技术［J］．天然气工业，2008，28（2）：104-106．

[19] 李年银，赵立强，张倩，等．水平井酸化伤害特征研究［J］．石油地质与工程，2008，22（1）：92-97．

[20] 李年银，赵立强，张倩，等．基于模糊评判的人工裂缝高度延伸遮挡层评价技术［J］．石油地质与工程，2007，21（6）：85-87．

[21] 李年银，赵立强，刘平礼，等．复杂砂岩储层平衡酸压闭合酸化技术［J］．石油天然气学报，2007，29（3）：142-145．

[22] 李年银，赵立强，刘平礼，等．轮南潜山裂缝性油藏酸压工艺评价［J］．海洋石油，2006，26（2）：53-57．

[23] 李年银，赵立强，刘平礼，等．裂缝高度延伸机理及控缝高酸压技术研究［J］．特种油气藏，2006，13（2）：61-63．

[24] 李涛．渭北长3低渗储层注水损害机理与储层保护技术研究［D］．成都：西南石油大学，2015．

[25] 李雪凝，管保山，张付生，等．油田注入水防垢除垢技术概述［C］．第二十一届全国缓蚀剂学术讨论会论文集，2020：92-95．

[26] 马中国，张文柯，李成福．复合酸压技术在延长气田的应用［J］．中国石油和化工标准与质量，2013，33（12）：89-90．

[27] 秦积舜，彭苏萍．注入水中固相颗粒损害地层机理分析［J］．石油勘探与开发，2001（1）：87-88+10-0．

[28] 任冀川，郭建春，苟波，等．深层裂缝性碳酸盐岩油气藏立体酸压数值模拟［J］．天然气工业，2021，41（4）：61-71．

[29] 舒勇，鄢捷年，熊春明，等．低渗致密砂岩凝析气藏液锁损害机理及防治：以吐哈油田丘东气藏为例［J］．石油勘探与开发，2009，36（5）：628-634．

[30] 唐永凡，史光荣．酸化作业中的地层保护剂［J］．石油与天然气化工，1992（2）：110-116．

[31] 田巍．低渗储层液锁损害的精确测量与评价［J］．科学技术与工程，2020，20（22）：8957-8963．

[32] 王丰文,李建荣,焦红岩,等.注入水中固相颗粒对地层的损害分析[J].断块油气田,2003(4):30-32+91.

[33] 王世强,王笑菡,王勇.油田结垢及防垢动态评价方法的应用研究[J].中国海上油气工程,1997(1):39-48+52-6.

[34] 王道成,李年银,黄晨直.高温高压油气井储层改造液体技术进展[M].北京:石油工业出版社,2022.

[35] 胥耘.碳酸盐岩储层酸压工艺技术综述[J].油田化学,1997,2:80-84+101.

[36] 杨前雄,单文文,熊伟,等.碳酸盐岩储层深层酸压技术综述[J].天然气技术,2007(5):46-49+94-95.

[37] 原励.胶凝酸化技术在磨溪气田应用效果的认识[J].石油与天然气化工,2004(2):116-118+126-3.

[38] 朱德兴.FR-203酸液降阻剂降阻效果的研究[J].油田化学,1987(2):75-80.

[39] Akanni O O, Nasr-El-Din H A. Modeling of wormhole propagation during matrix acidizing of carbonate reservoirs by organic acids and chelating agents[C].SPE Annual Technical Conference and Exhibition. OnePetro, 2016.

[40] 张合文,邹洪岚,鄢雪梅,等.碳酸盐岩酸蚀蚓孔分形模型及酸化参数优化[J].西南石油大学学报(自然科学版),2017,39(2):105-110.

[41] 张倩,李年银,李长燕,等.中国海相碳酸盐岩储层酸化压裂改造技术现状及发展趋势[J].特种油气藏,2020,27(2):1-7.

[42] GDANSKI R. A fundamentally new model of acid wormholing in carbonates[C].SPE European Formation Damage Conference. OnePetro, 1999.

[43] PANGA M K R, ZIAUDDIN M, Balakotaiah V. Two-scale continuum model for simulation of wormholes in carbonate acidization[J].AIChEJournal, 2005, 51(12):3231-3248.

[44] HOUEHIN L R. Evaluation of Oil-Soluble Resin as an Acid-Diverting Agent[J].SPE 15574, 1986.

[45] Al-Ghamdi A H, Mahmoud M A, Hill A D, et al. When Do Surfactant-Based Acids Work as Diverting Agents[C].SPE 128074, 2010.

[46] ABDULWAHAB H Al-GHAMDI, SAUDI ARAMC, et al. Acid Diversion using Viscoelastic Surfactants: The Effects of Flow Rate and Initial Permeability Contrast[C].SPE 142564, 2011.

[47] AHMED M GOMAA, WANG G, NASR-EL-DIN H A. An Experimental Study of a New VES Acid System: Considering the Impact of CO_2 Solubility[C].SPE 141298, 2011.

[48] AKANNI O O, NASR-EL-DIN H A. The Accuracy of Carbonate Matrix-Acidizing Models in Predicting Optimum Injection and Wormhole Propagation Rates[C].SPE Middle East Oil & Gas Show and Conference, 2015:67-71.

[49] AKANNI O O. NASR-EL-DIN H A, GUSAIN D. A Computational Navier-Stokes Fluid-Dynamics-Simulation Study of Wormhole Propagation in Carbonate-Matrix Acidizing and Analysis of Factors Influencing the Dissolution Process[J].SPE Journal, 2017, No. 187962:2049-2065.

[50] ALVES I N, ALHANATI F J, SHOHAM O. A Unified Model for Predicting Flowing Temperature Distribution in Wellbores and Pipelines. SPE Production Engineering[J], 1992, 7:363-367. 10.2118/20632-PA.

[51] BEG MIRZA S, KUNAK A OGUZ, et al. A Systematic Experimental Study of Acid Fracture Conductivity[J].SPE Formation Damage Control Symposium, 1996.

[52] BUIJSE M A. Understanding Wormholing Mechanisms Can Improve Acid Treatments in Carbonate Formations[J].SPE Production & Facilities, 2000, 15(3):168-175.

[53] Chang F F. Experience in acid diversion in high permeability deep water formations using viscoelastic-surfactant[J].SPE 68919, 2001.

[54] CHENG W L, HUANG Y H, LU D T, et al. A novel analytical transient heat-conduction time function for heat transfer in steam injection wells considering the wellbore heat capacity[J].Energy, 2011, 36:4080-4088.

[55] Crowe C W. Evaluation of oil Soluble Resin Mixtures as Diverting Agent for Matrix Aciding[J].SPE 13505, 1971.

[56] DACCORD G, TOUBOUL E, LENORMAND R. Carbonate Acidizing: Toward a Quantitative Model of the Wormholing Phenomenon[J].SPE Production Engineering, 1989, 4(4):63-68207.

[57] EICKMEIER J R, ERSOY D, RAMEY H J. Wellbore Temperatures and Heat Losses During Production Or Injection Operations[J].Journal of Canadian Petroleum Technology, 1970, 9(2):6.

［58］ERICK T P, KUERMAYR M, ECONOMIDES M J. Modeling of fractal patterns in matrix acidizing and their impact on well performance［J］. SPE Journal, 1994, 23789, 9: 1（1）: 61-68.

［59］FATT I. The Network Model of Porous Media［J］Society of Petroleum Engineers, 1956, 10（1）: 144-181.

［60］SUN F, YAO Y, LI X, et al. A numerical study on the non-isothermal flow characteristics of superheated steam in ground pipelines and vertical wellbores［J］. ScienceDirect, 2017, 159: 68-75.

［61］FONTANILLA J P, AZIZ K. Prediction of Bottom-hole Conditions For Wet Steam Injection Wells［J］. Journal of Canadian, 1982, 21: 82-88. 10. 2118/82-02-04.

［62］FREDD C N, FOGLER H S. Optimum Conditions for Wormhole Formation in Carbonate Porous Media: Influence of Transport and Reaction［J］. SPE Journal, 1999, 4（3）: 196-205.

［63］FREDD C N, MILLER M J. Validation of Carbonate Matrix Stimulation Mode ls［J］. Society of Petroleum Engineers, 2000, 2: 39-52.

［64］FURUI K, BURTON R, BURKHEAD D, et al. A Comprehensive Model of High-Rate Matrix-Acid Stimulation for Long Horizontal Wells in Carbonate Reservoirs: Part II: Wellbore/Reservoir Coupled-Flow Modeling and Field Application［J］. SPE Journal, 2012, 17（17）: 280-291.

［65］GDANS KI R. A Fundamentally New Model of Acid Wormholing in Carbonates［J］. SPE 54719, 1999.

［66］GHOMMEM M, BRADY D. Multifidelity Modeling and Analysis of Matrix Acidizing under Radial Flow Conditions［C］. SAUDI ARABIA: SPE Kingdom of Saudi Arabia Annual Technical Symposium and Exhibition, 2016, 17（4）: 175-190.

［67］GLAS BERGEN G. KALIA N, TALBOT M S. The Optimum Injection Rate for Wormhole Propagation: Myth or Reality?［C］. SPE Journal, 2009, 121464: 34-38.

［68］GOLFIER F, ZARCONE C, BAZIN B, et al. On the ability of a Darcy-scale model to capture wormhole formation during the dissolution of a porous medium J7. Journal of Fluid Mechanics, 2002, 457（457）: 213-254.

［69］GU H, CHENG L, HUANG S, et al. Thermophysical properties estimation and performance analysis of superheated-steam injection in horizontal wells considering phase change［J］. Energy Conversion Management, 2015, 99: 119-131.

［70］HASAN A R, KABIR C S. Wellbore heat-transfer modeling and applications［J］. Journal of Petroleum Science and Engineering, 2012, 86-87: 127-136. https: //doi. org/10. 1016/j. petrol. 2012. 03. 021.

［71］HASAN A R, KABIR C S, LIN D. Analytic Wellbore Temperature Model for Transient Gas-Well Testing［J］. SPE Reservoir Evaluation Engineering Fracture Mechanics, 2005 8: 240-247.

［72］HASAN R, KABIR S, WANG X. A Robust Steady-State Model for Flowing-Fluid Temperature in Complex Wells［J］. SPE Production Operations, 2009, 24: 269-276.

［73］HUANG T, HILL A D, SCHECHTER R S. Reaction Rate and Fluid Loss: The Keys to Wormhole Initiation and Propagation in Carbonate Acidizing［J］. SPE Journal, 2000, 5（3）: 287-292.

［74］HUNG K M, HILL A D, SEPEHRNOORI K. A Mechanistic Model of Wormhole Growth in Carbonate Matrix Acidizing and Acid Fracturing［J］. Journal of Petroleum Technolgy, 1989, 41（1）: 59-66.

［75］KALIA N, BALAKTALAH V. Modeling and analysis of wormhole formation in reactive dissolution of carbonate rocks［J］. Chemical Engineering Science, 2007, 62（4）: 919-928.

［76］KANG J, LI N Y, ZHAO L Q, et al. Construction of complex digital rock physics based on full convolution network［J］. Petroleum Science, 2022, 19（2）: 651-662.

［77］LI N Y, YU J J, WANG C, et al. Fracturing technology with carbon dioxide: A review［J］. Journal of Petroleum Science and Engineering, 2021, 205（1）: 108793.

［78］LI N Y, WANG C, ZHANG S, et al. Recent advances in waterless fracturing technology for the petroleum industry: an overview［J］. Journal of Natural Gas Science and Engineering, 2021, 92（1）: 103999.

［79］LI N Y, CHEN F, YU J J, et al. Pre-acid system for improving the hydraulic fracturing effect in low-permeability tight gas reservoir［J］. Journal of Petroleum Exploration and Production, 2021, 11（4）: 1761-1780.

［80］LI N Y, KANG J, ZHANG H, et al. Y numerical simulation of scale formation for injection-production units in oil reservoirs [J]. Arabian Journal for Science and Engineering, 2019, 44 (12): 10537-10545.

[81] LI N Y, LI J, ZHAO L, et al. Laboratory Testing on proppant transport in complex-fracture systems [J]. SPE production & operation, 2017, 32 (4): 382-391.

[82] LI N Y, ZENG Y, LI J, et al. Kinetic mechanics of the reactions between HCl/HF acid mixtures and sandstone minerals [J]. Journal of Natural Gas Science and Engineering, 2016, 34: 792-802.

[83] LI N Y, HE D, ZHAO L, et al. An Alkaline barium- and strontium-sulfate scale dissolver [J]. Chemistry and Technology of Fuels and Oils, 2016, 52 (2): 141-148.

[84] LI N Y, FENG Y, LIU P L, et al. Study of acid-rock reaction kinetics under high temperature and pressure conditions based on the rotating disk instrument [J]. Arabian Journal for Science and Engineering, 2015, 40 (1): 135-142.

[85] LI N Y, ZHANG Q, WANG Y, et al. A New multi chelating acid system for high-temperature sandstone reservoirs [J]. Journal of Chemistry, 2015: 1-9.

[86] LI N Y, DAI J, LIU P L, et al. Experimental study on influencing factors of acid-fracturing effect for carbonate reservoirs [J]. Petroleum, 2015, 1 (2): 146-153.

[87] LI N Y, DAI J, LIU C, et al. Feasibility study on application of volume acid fracturing technology to tight gas carbonate reservoir development [J]. Petroleum, 2015, 1 (3): 206-216.

[88] LIU Y, SUN C, XIONG Y, WU G, et al. Kinetics study of surface reaction between acid and sandstone based on the rotation disk instrument [J]. Chemistry and Technology of Fuels and Oils, 2020, 55 (6): 765-777.

[89] LIU M, ZHANG S, MOU J. Effect of normally distributed porosities on dissolution pattern in carbonate acidizing [J]. Journal of Petroleum Science & Engineering, 2012, 94-95 (5): 28-39.

[90] LIU X, ORMOND A, BARTKO K, et al. A geochemical reaction-transport simulator for matrix acidizing analysis and design [J]. Journal of Petroleum Science & Engineering, 1997, 17 (1): 181-196.

[91] YU M, MAHMOUD M A, NASR-EL-DIN H A. Propagation and Retention of Viscoelastic Surfactants Following Matrix Acidizing Treatments in Carbonate Cores [C]. SPE 128047, 2011.

[92] YU M, MAHMOUD M A, NASR-EL-DIN H A. Quantitative Analysis of Viscoelastic Surfactants [C]. SPE 121715, 2009.

[93] MAHES HWARI P, MAXEY J, BALAKTAIAH V. Simulation and Analysis of Carbonate Acidization with Gelled and Emulsified Acids [C]. ABU DHABI: International Petroleum Exhibition and Conference, 2014: 177-178.

[94] MAHESHWARI P, RATNAKAR R R, KALIA N, et al. 3-D simulation and analysis of reactive dissolution and wormhole formation in carbonate rocks [J]. Chemical Engineering Science, 2013, 90 (90): 258-274.

[95] MALIC M A, HILL A D. A New Technique for Laboratory Measurement of Acid Fracture Conductivity. The University of Texas at Austin [J]. SPE 19733.

[96] MSALLI A AL-OTAIBI, GHAITHAN A AL-MUNTASHERU, IBNELWALEED A HUSSEIN, et al. Experimental Evaluation of Viscoelastic Surfactant Acid Diversion for Carbonate Reservoirs: Parameters and Performance Analysis [C]. SPE 141993, 2011.

[97] NIAN Y L, CHENG W L, LI T T, et al. Study on the effect of wellbore heat capacity on steam injection well heat loss [J]. Applied Thermal Engineering, 2014, 70: 763-769.

[98] NIERDE. An Evaluation of Acid FluidLoss Aaaitives Retarded Acids and Acid ized Frac ture Conductivity [J]. SPE 4549.

[99] PANGA M K R, ZIAUDDIN M, BALAKOTAIAH V. Two-scale continuum model for simulation of wormholes in carbonate acidizationJ7. Aiche Journal, 2005, 51 (12): 3231-3248.

[100] PANGA M, BALAKTAIAH V, ZIAUDDIN M. Modeling, Simulation and Comparison of Models for Wormhole Formation during Matrix Stimulation of Carbonates [C]. Texas: SPE Annual Technical Conference and Exhibition, 2002, 16 (3): 47-53.

[101] RAMEY H J. Wellbore heat transmission [J]. Journal of Petroleum Technology, 1962, 14: 427-435.

[102] RUFFET C, FERY J J, ONAISI A. Total Acid Fracturing Treament: a Surface Topography Analysis of Acid Etched Fractures to Detem ine Residual Conductivity. SPE Journal, 1995, 3 (2): 155-162.

[103] SCHECHTER R S, GIDLEY J L. The change in pore size distribution from surface reactions in porous media [J]. Aiche

Journal, 1969, 15 (3): 339-350.

[104] WANG Y, HILL A D, SCHECHTER R S. The Optimum Injection Rate for Matrix Acidizing of Carbonate Formations [C]. Texas: SPE Annual Technical Conference and Exhibition, 1993.

[105] WILLHITE G P. Over-all Heat Transfer Coefficients in Steam And Hot Water Injection Wells [J]. Journal of Petroleum Technology, 1966, 19: 607-615.

[106] YOSHIDA N, ZHU D, HILL A D. Temperature Prediction Model For A Horizontal Well With Multiple Fractures In A Shale Reservoir [J]. SPE Production and Operations, 2014, 29: 261-273.

[107] YOU J, RAHNEMA H, MCMILLAN M. Numerical modeling of unsteady-state wellbore heat transmission [J]. Journal of Natural Gas Science Engineering Fracture Mechanics, 2016, 34: 1062-1076.

[108] ZHANG Z, XIONG Y, GAO Y, et al. Wellbore temperature distribution during circulation stage when well-kick occurs in a continuous formation from the bottom-hole [J]. Energy, 2018a, 164: 964-977.

[109] ZHANG Z, XIONG Y, GUO F. Analysis of Wellbore Temperature Distribution and Influencing Factors During Drilling Horizontal Wells [J]. Journal of Energy Resources Technology, 2018b, 140 (9).

[110] ZHANG Z, XIONG Y, PU H, et al. 2021. Effect of the variations of thermophysical properties of drilling fluids with temperature on wellbore temperature calculation during drilling [J]. Energy, 2021, 214: 119055.

[111] Zhao L, Chen X, Zou H, et al. A review of diverting agents for reservoir stimulation [J]. Journal of Petroleum Science and Engineering, 2020, 187: 106734.

[112] Zhao X, Cun X H, Li N Y, et al. Simulation of volumetric acid fracturing fracture in low permeability carbonate rock [J]. Petroleum Science and Technology, 2022, 40 (19): 2336-2360.